Hummel
Köhn
Soemers
Weber

# Kompaktwissen und Prüfungstraining

Fachkraft für Lagerlogistik

Hummel
Köhn
Soemers
Weber

# Kompaktwissen und Prüfungstraining

## Fachkraft für Lagerlogistik

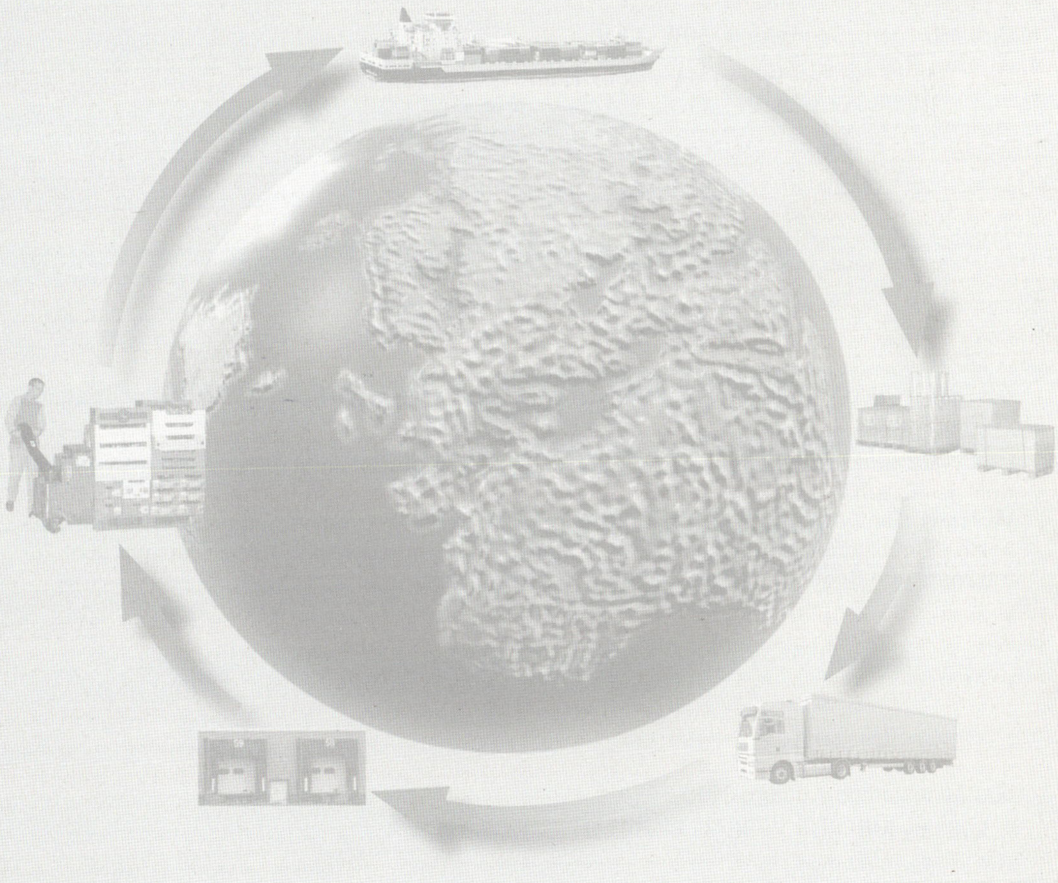

Merkur
Verlag Rinteln

Wirtschaftswissenschaftliche Bücherei für Schule und Praxis
Begründet von Handelsschul-Direktor Dipl.-Hdl. Friedrich Hutkap †

Verfasser:

Dipl.-Hdl. Christof Hummel (StD), Köln

Dipl.-Hdl. Dipl.-Kfm. Holger Köhn (StD), Hürth

Dipl.-Hdl. Jens Soemers (OStR), Hürth

Dipl.-Betriebsw. Rolf Weber (FL Sek II), Köln



* * * * *

5., überarbeitete Auflage 2015



Gesamtherstellung:
MERKUR VERLAG RINTELN Hutkap GmbH & Co. KG, 31735 Rinteln

E-Mail: info@merkur-verlag.de
lehrer-service@merkur-verlag.de

Internet: www.merkur-verlag.de

ISBN 978-3-8120-**0570-8**

## Vorwort zur 1. Auflage

Anforderungen ändern sich stetig. Der Logistiksektor steht dafür beispielhaft und mit ihm die Anstrengungen in den lagerlogistischen Ausbildungsberufen.

Dieses Buch wurde speziell konzipiert zur Vorbereitung auf die IHK-Abschlussprüfung im Ausbildungsberuf Fachkraft für Lagerlogistik. Es wendet sich zunächst an Prüflinge im letzten Ausbildungsjahr, aber auch an Lehrer, Prüfungstrainer und Prüfer. Es orientiert sich durchgehend am aktuellen AkA-Stoffkatalog und dem gültigen Rahmenlehrplan in diesem Beruf.

Berücksichtigt werden

- beide lagerlogistischen Prüfungsbereiche der schriftlichen Abschlussprüfung,
- alle 12 Lernfelder des Rahmenlehrplans sowie
- prüfungsbereich- und lernfeldübergreifende Prüfgebiete.

Aus unserer langjährigen Erfahrung im Lehr- und Prüfgeschäft wissen wir, dass der Kenntnisschatz der Auszubildenden mit zunehmender Prüfungsnähe oft als ungeordnet und ohne Verständnistiefe empfunden und deshalb ziellos auswendig gelernt wird. Überforderungen sind vorprogrammiert.

Unser Ziel ist es deshalb, mit diesem Prüfungsbuch vor allem den Auszubildenden eine neuartige Hilfestellung zu geben, und zwar auf zwei Ebenen. Im **Kompaktwissen** sollen sie bereits vorhandenes, altes, möglicherweise verschüttetes und ungeordnetes Kernwissen aktivieren, erweitern und gezielt prüfungsrelevantes Kompaktwissen aufbauen, das auch Schwierigkeiten und Kniffen standhält. So kann sich Stoffsicherheit in kompaktem Umfang bilden.

Im **Prüfungstraining** steht prüfungsnahes Anwenden, Sichern, Vertiefen und Üben im Vordergrund. Dies geschieht in Form von komplexen Prüfungssituationen, aber auch durch programmierte Aufgaben und Arbeitsaufträge. Alle Fragen im Trainingsteil werden im **Lösungsteil** ausführlich beantwortet, die Ergebnisse können damit selbstständig kontrolliert werden.

Wir weisen darauf hin, dass die im Buch erwähnten „Kenntnisse" selbstverständlich mehr als „Wissen" sind, indem sie Vernetzungen mit allen berufsrelevanten Kompetenzbereichen unterstellen. Die wichtigste berufliche Zukunftschance besteht letztlich in der Selbstlernfähigkeit der Handelnden. Dabei ist pure Einsamkeit im Lernen zuweilen nötig, wenn auch nicht immer hilfreich. Gemeinsam und mit Unterstützern lernt es sich oft leichter und erfolgreicher! Beides ist mit diesem Buch möglich.

Hierzu einen Beitrag zu leisten, ist unser Anliegen.

Wir bedanken uns für alle Anregungen, die wir von Auszubildenden, Lehrerinnen und Lehrern, Ausbilderinnen und Ausbildern erhalten haben, und für die Unterstützung unserer Familien.

Wir bleiben offen für Kritik und Verbesserungsvorschläge.

Köln, im Februar 2008

Die Verfasser

## Vorwort zur 5. Auflage

In der fünften Auflage haben wir folgende Veränderungen vorgenommen:

- In das *Kapitel A (Hinweise zur IHK-Abschlussprüfung)* haben wir anhand von Beispielrechnungen aufgezeigt, wie sich eine mündliche Ergänzungsprüfung auf das Bestehen bzw. Nichtbestehen der schriftlichen Prüfungsbereiche auswirkt bzw. wie sich ein Gesamtergebnis errechnen lässt.
- Im *Kapitel 1 (Güter annehmen und kontrollieren)* sind kleinere Aspekte des Zollwesens sowie die Staffelung der Rechte bei Schlechtleistungen („mangelhafte Lieferung") aufgenommen, den Trainingsteil haben wir mit veränderten Formularen und erweiterten Inhalten entsprechend angepasst.
- Das *Kapitel 3 (Güter bearbeiten)* hat einen komplett überarbeiteten Trainingsteil erhalten.
- Im *Kapitel 4 (Güter kommissionieren)* haben wir zwei aktuelle Diskussionsthemen aufgegriffen: Zum einen zur Dimensionalität der Fortbewegungsmöglichkeiten (neue Frage 10!), zum anderen zur Frage der tatsächlichen Einsparpotenziale der auftragsorientierten, parallelen Methode. Hier stellen wir die zwei Varianten „mit Basiswartezeit" und „ohne Basiswartezeit" dar und zeigen in der neuen Aufgabe 6 im Trainings- und Lösungsteil auf, worin genau die Unterschiede und Potenziale bestehen. Die Unsicherheiten sollten damit vorerst beendet sein.

  Zusätzlich haben wir eine Erweiterung der Pick-by-Passagen um die Bereiche Pick-to-light und Pick-by-weight vorgenommen.
- Das *Kapitel 5 (Güter verpacken)* haben wir um Grundlagendetails zum Kreislaufwirtschaftsgesetz (KrWG) und zur Verpackungsverordnung erweitert, die Bereiche Beanspruchungen und Packmittel (hier vor allem die Diskussion zur Akzeptanz der EUR-Paletten zwischen EPAL und der Deutschen Bahn AG) überarbeitet und den Aspekt der Verpackungskosten (z. B. „brutto für netto", u. a.) mit aufgenommen.

  Alle Aspekte sind im Trainingsteil angepasst.
- Das *Kapitel 13 (Sicherheit und Gefahrenabwehr)* hat eine Aktualisierung erhalten, die im Unfallschutz durch das neue Nummern- und Bezeichnungssystem der früheren BGV´s in DGUV vorzunehmen war. Zusätzlich haben wir neue Piktogramme bei den Sicherheits- und Gesundheitsschutzkennzeichen abgebildet und den Aspekt „richtiges Heben und Tragen" mit einer eigenen Aufgabe versehen.
- Das *Kapitel 15 (Information und Kommunikation)* hat eine überarbeitete Aufgabe 6 zur Tabellenkalkulation erhalten.
- In *Kapitel 16 (Logistikrechnen)* haben wir die SEPA-Thematik berücksichtigt sowie alle Währungskurse, Güterpreise und Zinssätze den aktuellen Marktgegebenheiten angepasst.
- Ganz neu ist unsere neue Lernhilfe Vokabular Englisch-Deutsch und Deutsch-Englisch mit den wichtigsten Begriffen rund um die Lagerlogistik.

Auch für unsere fünfte Auflage haben wir wichtige Rückmeldungen aus der Leserschaft, vor allem aus den Reihen der Auszubildenden, erhalten und aufgegriffen. Das Erscheinungsbild dieses Buches bleibt aber wunschgemäß erhalten.

Erneut gilt unser Dank allen, die in der Lagerlogistik zu Hause sind und unsere Arbeit an diesem Buch so konstruktiv unterstützen, vor allem unseren Schülerinnen und Schülern. Wir bedanken uns ebenfalls für die verlässliche betriebliche Unterstützung, und die ganz vielfältigen positiven Begleitungen unserer Arbeit.

Wir bleiben auch weiterhin offen für konstruktive Kritik und Verbesserungsvorschläge.

Köln, im Januar 2015

Die Verfasser

# Inhaltsverzeichnis

# A. Hinweise zur IHK-Abschlussprüfung

Durch die folgenden Informationen möchten wir allen Auszubildenden des Ausbildungsberufs Fachkraft für Lagerlogistik Sicherheit über die Inhalte und die Zuordnung der Prüfungsbereiche sowie über das Zustandekommen und die Berechnung der Prüfungsergebnisse geben.

## 1 Welche Lehrpläne/Stoffgebiete liegen der Abschlussprüfung zugrunde?

Die Abschlussprüfung erstreckt sich auf

- den betrieblichen Ausbildungsrahmenplan (sachliche und zeitliche Gliederung) und
- den im berufsschulischen Rahmenlehrplan zu vermittelnden Lehrstoff, soweit er für die Berufsausbildung wesentlich ist.

## 2 Was sind die schriftlichen Prüfungsbereiche?

1. Prozesse der Lagerlogistik — Prüfungsdauer höchstens 150 Minuten
2. Rationeller und qualitätssichernder Güterumschlag — Prüfungsdauer höchstens 90 Minuten
3. Wirtschafts- und Sozialkunde — Prüfungsdauer höchstens 60 Minuten

Im Prüfungsbereich 1 „Prozesse der Lagerlogistik" soll der Prüfling zeigen, dass er Prozesse analysieren und Problemlösungen ergebnisorientiert entwickeln kann. Dieser Bereich wird in **ungebundener** Form geprüft.

Die Prüfungsbereiche 2 und 3 , also „Rationeller und qualitätssichernder Güterumschlag" sowie „Wirtschafts- und Sozialkunde", werden in **gebundener** Form („multiple choice") geprüft.

In den Prüfungsbereichen 1 und 2 („Prozesse der Lagerlogistik" und „Rationeller und qualitätssichernder Güterumschlag") sind **komplexe lagerlogistische Abläufe** darzustellen. Sie enthalten Verknüpfungen mit informationstechnischen, organisatorischen, technologischen und mathematischen Sachverhalten. Die Prüflinge sollen diese Sachverhalte unter Berücksichtigung der Gütereigenschaften und rechtlicher, betrieblicher sowie außenwirtschaftlicher Vorschriften analysieren, bewerten und mit geeigneten Lösungswegen klären.

## 3 Wann ist eine mündliche Ergänzungsprüfung möglich?

Sind die Prüfungsleistungen in bis zu zwei der drei schriftlichen Prüfungsbereiche mit „mangelhaft" und in den übrigen schriftlichen Prüfungsbereichen mit mindestens „ausreichend" bewertet worden, so ist auf Antrag des Prüflings oder nach Ermessen des Prüfungsausschusses in **einem (!)** der mit „mangelhaft" bewerteten Prüfungsbereiche die schriftliche Prüfung durch eine mündliche Prüfung von etwa 15 Minuten zu ergänzen, **wenn (!)** diese für das Bestehen der Prüfung den Ausschlag geben kann. Der Prüfungsbereich ist vom Prüfling zu bestimmen. Bei der Ermittlung des Ergebnisses für diesen Prüfungsbereich sind die Ergebnisse der schriftlichen Arbeit und der mündlichen Ergänzungsprüfung im Verhältnis 2 : 1 zu gewichten, die „alte" schriftliche Leistung hat dabei also doppeltes Gewicht.

**Beispiel a.: Mündliche Ergänzungsprüfung, die nicht zum Bestehen führt**

| Schriftliches Prüfungsergebnis | | | | | |
|---|---|---|---|---|---|
| Fach | schr. Ergebnis | **Ergebnis mdl. Ergänzungsprüfung** | neues Ergebnis | Gewichtung | gesamt |
| Prozesse der Lagerlogistik | 45 | – | **45** | x 5 | 225 |
| Rationeller und qualitätssichernder Güterumschlag | 42 | **66** | **50** | x 3 | 150 |
| WiSo | 59 | – | **59** | x 2 | 118 |
| | | | | 10 | **493** |
| **Schriftliches Prüfungsergebnis: 493 : 10 = 49,3 Punkte → 49 Punkte = Note 5 (nicht bestanden)** | | | | | |

**Beispiel b.: Ergänzungsprüfung, die zum Bestehen führt**

| Schriftliches Prüfungsergebnis | | | | | |
|---|---|---|---|---|---|
| Fach | schr. Ergebnis | **Ergebnis mdl. Ergänzungsprüfung** | neues Ergebnis | Gewichtung | gesamt |
| Prozesse der Lagerlogistik | 45 | **60** | **50** | x 5 | 250 |
| Rationeller und qualitätssichernder Güterumschlag | 42 | – | **42** | x 3 | 126 |
| WiSo | 61 | – | **61** | x 2 | 118 |
| | | | | 10 | **498** |
| **Schriftliches Prüfungsergebnis: 498 : 10 = 49,8 Punkte → 50 Punkte = Note 4 (bestanden)** | | | | | |

## 4 Was sind die praktischen Prüfungsbereiche („praktische Arbeitsaufgaben")?

Der Prüfling soll im Prüfungsbereich „Praktische Arbeitsaufgaben" in insgesamt höchstens fünf Stunden zwei Aufgaben aus verschiedenen Prüfungsgebieten lösen. Innerhalb dieser Zeit wird hierüber ein insgesamt bis zu 15-minütiges Fachgespräch geführt. Der Prüfling soll zeigen, dass er Arbeitsabläufe und Teilaufgaben zielorientiert unter wirtschaftlichen, technischen, organisatorischen, rechtlichen und zeitlichen Vorgaben selbstständig planen, durchführen und kontrollieren kann. Ebenso soll er den Sicherheits- und Gesundheitsschutz bei der Arbeit, den Umweltschutz sowie qualitätssichernde Maßnahmen berücksichtigen. Als Prüfungsgebiete kommen insbesondere in Betracht:

- Erfassung von Güterbewegungen unter Anwendung betrieblicher Informations- und Kommunikationsmittel,
- Erstellen eines Beladeplans für unterschiedliche Güter unter Berücksichtigung eines Tourenplans,
- versandfertiges Verpacken von Gütern, Beladen und Sichern der Ladung,
- Ein-, Um- und Auslagern von Gütern unter Berücksichtigung der Umschlaghäufigkeit, der Güterbeschaffenheit und der Wegzeiten,
- Feststellen und Dokumentieren von Mängeln, Ergreifen von Maßnahmen zur Mängelbeseitigung.

### 5 Wie wird der gewogene Durchschnitt der schriftlichen Prüfungsgebiete ermittelt?

| | |
|---|---|
| Endergebnis Prüfungsbereich Prozesse der Lagerlogistik | 50 % (= x 5) |
| Endergebnis Prüfungsbereich Rationeller und qualitätssichernder Güterumschlag | 30 % (= x 3) |
| Endergebnis Prüfungsbereich Wirtschafts- und Sozialkunde | 20 % (= x 2) |
| | (Summe : 10) |

### 6 Wie wird das Gesamtergebnis ermittelt?

Bei der Ermittlung des Gesamtergebnisses haben die einzelnen Prüfungsbereiche folgendes Gewicht:

| | |
|---|---|
| 1. Prüfungsbereich Praktische Arbeitsaufgaben | |
| a. Aufgabe 1 | 25 % (= x 2,5) |
| b. Aufgabe 2 | 25 % (= x 2,5) |
| 2. Prüfungsbereich Prozesse der Lagerlogistik | 25 % (= x 2,5) |
| 3. Prüfungsbereich Rationeller und qualitätssichernder Güterumschlag | 15 % (= x 1,5) |
| 4. Prüfungsbereich Wirtschafts- und Sozialkunde | 10 % (= x 1) |
| | (Summe : 10) |

### 7 Wann ist die Prüfung bestanden?

Die Prüfung ist bestanden, wenn **jeweils (!)** mindestens ausreichende Leistungen erbracht worden sind

1. im Gesamtergebnis
2. **und (!)** im Prüfungsbereich Praktische Arbeitsaufgaben (Durchschnitt)
3. **und (!)** im **gewogenen** Durchschnitt der schriftlichen Prüfungsbereiche (siehe Punkt 6)
4. **und (!)** in mindestens zwei der schriftlichen Prüfungsbereiche.

Die Prüfung ist nicht bestanden, wenn die Prüfungsleistungen in einem schriftlichen Prüfungsbereich oder in einer der Aufgaben des Prüfungsbereiches Praktische Arbeitsaufgaben mit „ungenügend“ bewertet werden.

**Beispiel: Gesamtergebnis**

| **Schriftliches Prüfungsergebnis** | | | | | |
|---|---|---|---|---|---|
| Fach | schr. Ergebnis | **Ergebnis mdl. Ergänzungsprüfung** | neues Ergebnis | Gewichtung | gesamt |
| Prozesse der Lagerlogistik | 74 | – | **74 (bestanden)** | x 2,5 | 185 P. |
| Rationeller und qualitätssichernder Güterumschlag | 84 | – | **84 (bestanden)** | x 1,5 | 126 P. |
| WiSo | 64 | – | **64 (bestanden)** | x 1,0 | 64 P. |
| **Summe** | | | | **x 5,0** | **375 P.** |
| **gewogener Durchschnitt schriftliche Prüfung: 375 : 5,0 = 75 Punkte (bestanden)** | | | | | |
| **Praktisches Prüfungsergebnis** | | | | | |
| Aufgabe 1 | 44 | – | **44 (nicht bestanden)** | x 2,5 | 110 P |
| Aufgabe 2 | 88 | – | **88 (bestanden)** | x 2,5 | 220 P |
| **Summe** | | | | **x 5,0** | **330 P.** |
| **Durchschnitt praktische Prüfung: 330 : 5,0 = 66 Punkte (bestanden)** | | | | | |
| **Gesamtsumme** | | | | **x 10,0** | **705 P** |
| **Gesamtergebnis: 705 : 10,0 = 70,5 Punkte → 71 Punkte/ Note: 3 (bestanden)** | | | | | |

## 8 Welche Aufgabentypen gibt es?

### (1) Ungebundene („konventionelle") Aufgaben

Der Prüfling muss die Antwort frei formulieren. Dabei sind aber die Vorgaben innerhalb der Frage genau zu beachten.

*Beispiel:*

Kundenaufträge können grundsätzlich nach verschiedenen Methoden kommissioniert werden.

a) Nennen („nennen" heißt: Stichworte sind erlaubt) Sie drei Kommissioniermethoden!

b) Beschreiben („beschreiben" heißt: in vollständigen Sätzen antworten) Sie zwei dieser Methoden!

*Lösung:*

a) ➢ auftragsorientierte, serielle Kommissioniermethode
   ➢ auftragsorientierte, parallele Kommissioniermethode
   ➢ serienorientierte, parallele Kommissioniermethode

b) Bei der auftragsorientierten, seriellen Kommissioniermethode werden alle Artikel nacheinander getrennt nach Kundenaufträgen kommissioniert. Dies kann von einem Kommissionierer alleine oder von mehreren Kommissionierern im Übergabeverfahren erledigt werden.

   Bei der auftragsorientierten, parallelen Kommissioniermethode werden die Kundenaufträge zwar immer noch nacheinander kommissioniert, innerhalb eines einzigen Auftrages aber kann gleichzeitig (parallel) kommissioniert werden, etwa indem in verschiedenen Lagerzonen mehrere Kommissionierer für diesen Auftrag gleichzeitig tätig werden. Am Ende müssen die kommissionierten Teilaufträge wieder zusammengeführt werden.

### (2) Gebundene („multiple choice") Aufgaben

#### Auswahlaufgaben

Die richtige Antwort ist aus mehreren vorgegebenen Anworten auszuwählen, indem die zugehörige Lösungsziffer in das Lösungskästchen eingetragen wird.

*Beispiel:*

Bei welcher der unten stehenden Güterart wird die Inventurerfassung durch „Schätzen" vorgenommen?

[1] 6-mm-Schrauben als Einzelware
[2] Schrumpfschläuche – nicht konfektioniert – auf Trommeln
[3] Waschmittelpakete in Verbundstapelung auf Paletten → [5]
[4] Luftfilter als Einzelstücke
[5] Quarzsand im offenen Lager
[6] Bücher

#### Mehrfachauswahlaufgaben

Mehrere richtige Antworten sind aus mehreren vorgegebenen Antworten auszuwählen, indem die zugehörigen Lösungsziffern in die Lösungskästchen eingetragen werden.

*Beispiel:*

Ordnen Sie den unten stehenden Bezeichnungen aus dem Bundesimmissionsschutzgesetz die passenden Begriffe/Aussagen zu, indem Sie die zugehörigen Ziffern in die Lösungskästchen eintragen.

| | Begriffe/Aussagen |
|---|---|
| 1 | Ein umweltbelastender Pkw |
| 2 | Die Abgase des in 1 genannten Pkw |
| 3 | Abgasschäden an den Bäumen einer Straßenallee |
| 4 | Eine Ölverseuchung lässt Tausende Wasservögel verenden |
| 5 | Das auslaufende Öl eines leckgeschlagenen Tankers vor einer Küste |
| 6 | Trotz Lärmschutz leiden viele Stahlkocher an Gehörschäden |
| 7 | Einem Chemieunternehmen ist es genehmigt, bestimmte Abwässer in einen Fluss einzuleiten |

| | | |
|---|---|---|
| Immission | → | 3 |
| | → | 4 |
| | → | 6 |
| Emission | → | 2 |
| | → | 5 |
| | → | 7 |

## Zuordnungsaufgaben

Zusammengehörendes muss herausgefunden und einander zugeordnet werden.

*Beispiel:*

Ordnen Sie den unten stehenden Fällen/Aussagen die angemessene Inventurart zu, indem Sie die passende Ziffer eintragen.

| | Fall |
|---|---|
| 1 | Eine Tierhandlung will nicht wegen ihrer Inventur schließen und nimmt den 1. Januar als Zähltag. |
| 2 | Ein Chemieunternehmen mit 93 % B- und C-Gütern (mit insgesamt 55 % Lagerwert) spart so Zählpersonal und Zeitaufwand, ohne dass der Aussagegehalt der Inventur beeinträchtigt wird. |
| 3 | Ein Spielzeughersteller will bei der Wahl von Inventurterminen frei sein und auf keinen Fall sein Geschäft dafür schließen. |
| 4 | Eine Boutique schließt am 31. Dezember um 13.00 Uhr und lädt nach der Inventur alle Mitarbeiter zu einer Silvesterparty ein. |
| 5 | Eine andere Boutique schließt am 30. April um 13.00 Uhr und lädt nach der Inventur alle Mitarbeiter zum Tanz in den Mai ein. Die Bilanz ist auf den 30.04. datiert. |
| 6 | Eine Möbelhandlung schließt am 31. Oktober um 13.00 Uhr und lädt nach der Inventur alle Mitarbeiter zur Halloweenparty ein. Die Bilanz ist auf den kommenden 31. 12. datiert |
| 7 | Ein Autohersteller mit 96 % B- und C-Gütern (mit insgesamt 61 % Lagerwert) darf diese Inventurart nicht wählen. |


2 Hummel - ISBN 978-3-8120-0570-8

| | | |
|---|---|---|
| permanente Inventur | → | 3 |
| verlegte Inventur | → | 6 |
| zeitnahe Inventur | → | 1 |

## Reihenfolgeaufgaben

Ungeordnete Bestandteile eines Sachverhaltes müssen in die korrekte Reihenfolge gebracht werden, indem Ziffern der Reihenfolge entsprechend in die Lösungskästchen eingetragen werden.

*Beispiel:*

Bringen Sie die unten stehenden Begriffe aus dem Kreislaufwirtschafts- und Abfallgesetz in die Reihenfolge des in diesem Gesetz jeweils genannten Vorranges.

| | | |
|---|---|---|
| stoffliche Verwertung | → | 3 |
| Beseitigung | → | 4 |
| Wiederverwendung | → | 2 |
| Vermeidung | → | 1 |

## Offen-Antwort-Aufgaben

Es ist ein Ergebnis auszurechnen und entsprechend den Vorgaben in die Lösungskästchen einzutragen. In diesem Fall ist der Rechenweg nicht anzugeben.

*Beispiel:*

Paul Rio möchte ein Kapital von 2800,00 € zu einem Jahreszinssatz von 4,5 % für 5 Monate bei seiner Bank anlegen.

Wie viel € Zinsen würde er dafür erhalten?

| € | | , | Cent | |
|---|---|---|---|---|
| 5 | 2 | , | 5 | 0 |

## Kontierungsaufgabe (Buchführung)

Es ist ein Buchungssatz einzutragen. Eine Auflistung von Konten ist vorgegeben.

*Beispiel:*

Geben Sie die Buchungssätze für folgende Geschäftsvorfälle an! Benutzen Sie dabei die folgenden Konten:
Waren,
Forderungen,
Schlussbilanz(-konto),
Umsatzerlöse,
Verbindlichkeiten.

a) Einkauf von Waren auf Ziel
b) Verkauf von Waren auf Ziel
c) Warenendbestand laut Inventur

| | Soll | an | Haben |
|---|---|---|---|
| a) | Waren | an | Verbindlichkeiten |
| b) | Forderungen | an | Umsatzerlöse |
| c) | Schlussbilanz(-konto) | an | Waren |

# B. Tipps zur eigenen Arbeitstechnik

### Wie können Sie erfolgreich mit diesem Buch arbeiten?

Auszubildenden, die im selbstständigen Lernen noch wenig Erfahrung haben, möchten wir die folgenden Hinweise geben:

Es ist wichtig, beim Lernen, Üben und Wiederholen den Nutzen zu maximieren, denn die Zeit, die zur Verfügung steht, ist vorgegeben und knapp.

- **Arbeiten Sie langsam und in kleinen Abschnitten!** So fördern Sie Ihre Konzentration, können besser Ihren Lernerfolg überprüfen und sichern und vermeiden den drohenden Verlust von Überblick.
- **Machen Sie häufige, aber kurze Pausen!** Sie halten damit Ihre Konzentration aufrecht!

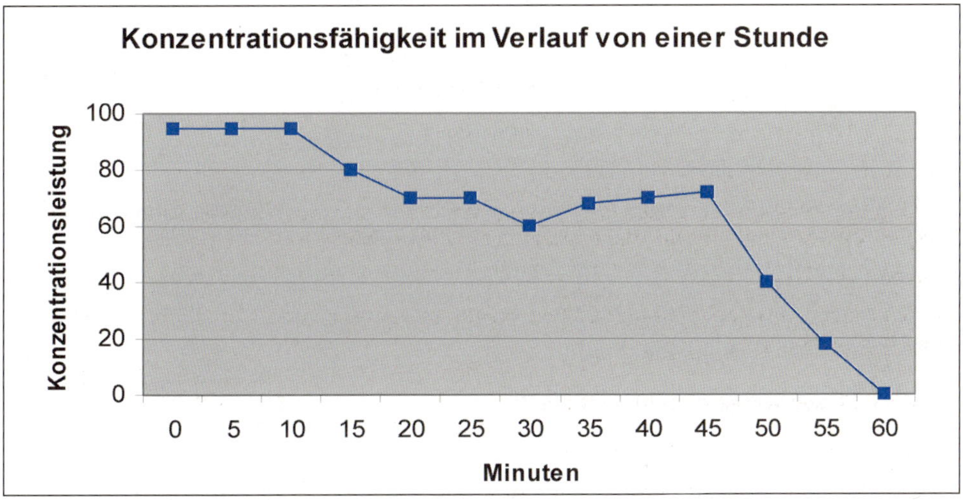


- **Üben Sie!** Üben bedeutet Wiederholen, „ohne dabei dasselbe noch mal zu tun“ (Roth).

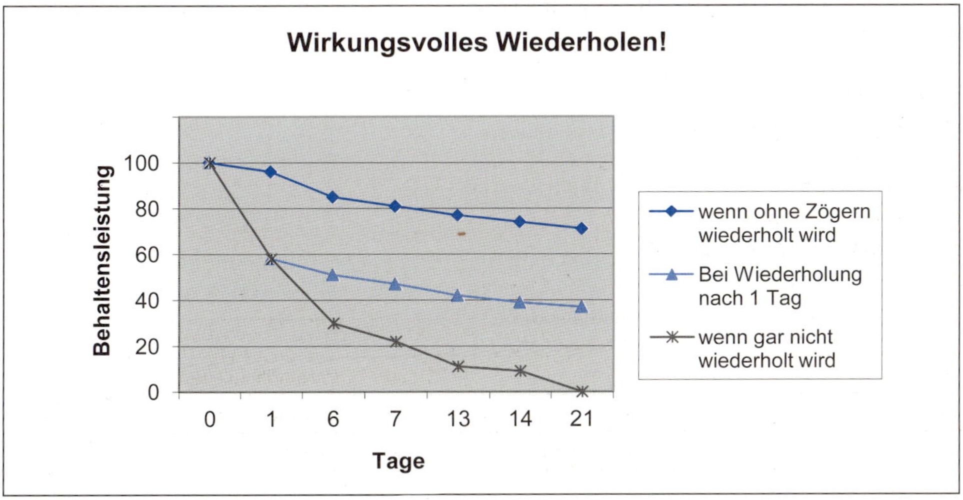

- **Vermeiden Sie Auswendiglernen!** Es hindert Sie, die Stoffgebiete sinnvoll und als Ganzes aufzunehmen und angemessen wiederzugeben.

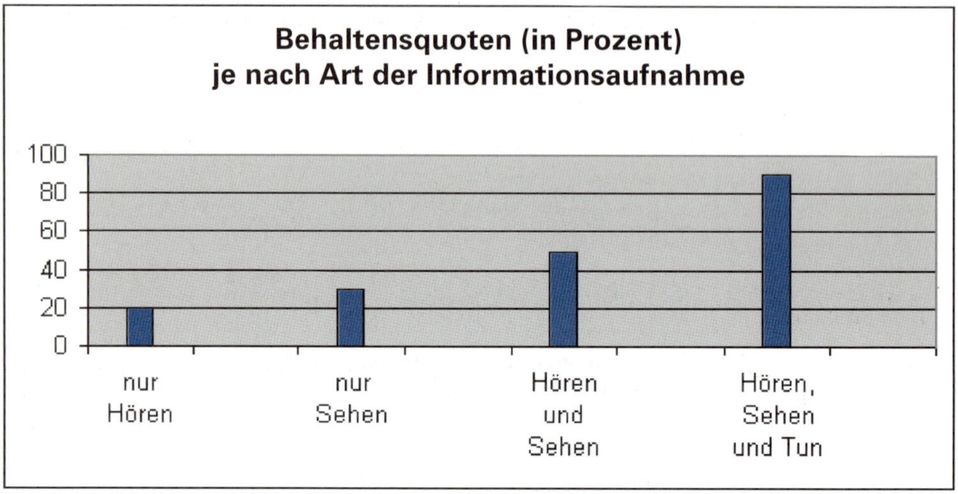


- **„Verarbeiten" Sie das Buch!** Markieren Sie, ergänzen Sie, schreiben Sie auf jeden Fall (!) hinein. Dadurch wird das Buch zu Ihrem individuellen Prüfungs-Buch, es ist ja für Sie!
- **Lernen Sie strukturiert, also „mit System!"** Untersuchen Sie genau die jeweiligen Aufgabenstellungen! Es ist wichtig, dass Sie dabei voll aufmerksam sind, damit Sie verstehen, was genau (!) von Ihnen erwartet wird. Es kann nämlich entscheidend sein, ob Sie bestimmte Gesichtspunkte/Tätigkeiten

  – aufzählen, beschreiben, zuordnen („Nennen Sie …", „Beschreiben Sie …", „Ordnen Sie … zu"), → Ordnungs- und Aufzählungskenntnisse

  – hinsichtlich ihrer Vor- und Nachteile abwägen („Vergleichen Sie …") → Vergleichskenntnisse

  – nach einer bestimmten (meist zeitlichen) Reihenfolge ordnen („Planen Sie …", „Schildern Sie, wie …") → Ablaufkenntnisse

  – in neue Zusammenhänge oder eigene Schlussfolgerungen bringen („Was schließen Sie aus der Tatsache, dass ...") → vernetzte Kenntnisse

sollen. Je nach Anforderung brauchen Sie also bestimmte Kenntnisarten. Sie bauen aufeinander auf. Man kann sie sich erwerben, indem man je nach verlangter Kenntnisart mit bestimmten Techniken übt und lernt. Einige dieser Techniken sind im nachfolgenden Schaubild „Lernen mit System!" dargestellt. Sie finden alle im Buch wieder!

# Lernen mit System![1]

(Aufbau von Selbstlernkompetenz bei Fachkräften für Lagerlogistik)

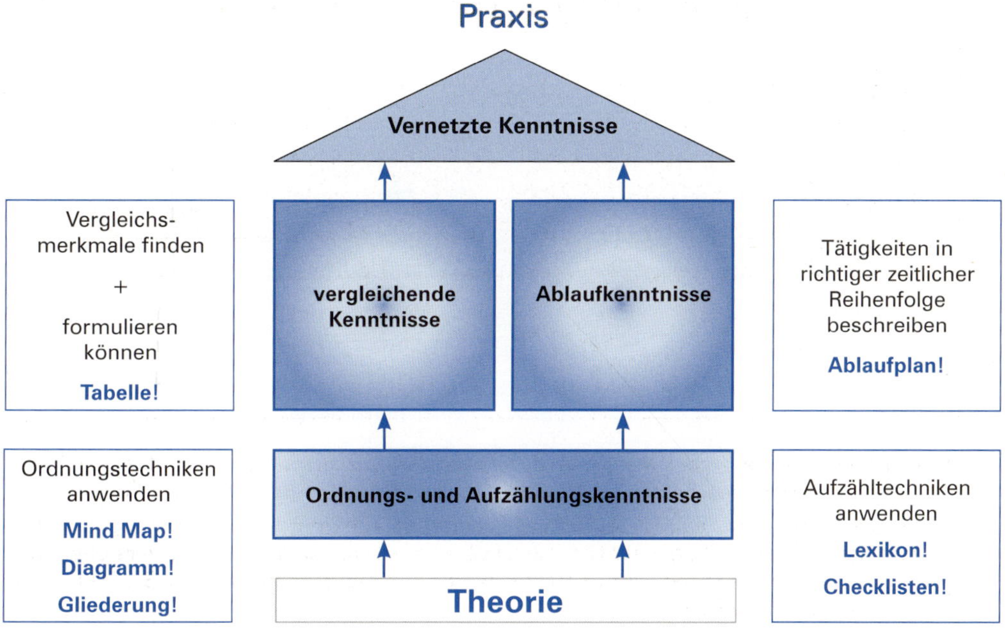


- **Bilden Sie Arbeitsgruppen!** Bilden Sie in diesen Gruppen den Schwerpunkt bei der Bearbeitung von Übungsaufgaben oder beim Abfragen von Stoffzusammenhängen, weniger bei der Stoffaufnahme.
- **Fragen Sie Ihre Lehrerinnen und Lehrer, Ihre Ausbilderinnen und Ausbilder, wenn Sie etwas nicht verstehen!** Ihr Engagement wird sich auszahlen.

1 Vgl.: Hansis, Harzheim, Scherer, Hummel: Aufbau überfachlicher Kompetenzen auf der Grundlage lernfeldstrukturierter Lehrpläne, in: Horlebein, Schanz (Hrsg.): Wirtschaftsdidaktik für berufliche Schulen, Bd. 8, Hohengehren 2005, S. 96–118.

# C. Entsprechungen Kapitel im Buch ≙ AkA-Prüfungsbereiche

| Kapitel im Buch | | AkA-Prüfungsbereich |
|---|---|---|
| Güter annehmen und kontrollieren (Lernfeld 1) | ≙ | Prozesse der Lagerlogistik |
| Güter lagern (Lernfeld 2) | ≙ | Prozesse der Lagerlogistik |
| Güter bearbeiten (Lernfeld 3) | ≙ | Prozesse der Lagerlogistik |
| Güter im Betrieb transportieren (Lernfeld 4) | ≙ | Rationeller und qualitätssichernder Güterumschlag |
| Güter kommissionieren (Lernfeld 5) | ≙ | Prozesse der Lagerlogistik |
| Güter verpacken (Lernfeld 6) | ≙ | Prozesse der Lagerlogistik |
| Touren planen (Lernfeld 7) | ≙ | Prozesse der Lagerlogistik |
| Güter verladen (Lernfeld 8) | ≙ | Rationeller und qualitätssichernder Güterumschlag |
| Güter versenden (Lernfeld 9) | ≙ | Prozesse der Lagerlogistik |
| Logistische Prozesse optimieren (Lernfeld 10) | ≙ | Rationeller und qualitätssichernder Güterumschlag |
| Güter beschaffen (Lernfeld 11) | ≙ | Rationeller und qualitätssichernder Güterumschlag |
| Kennzahlen ermitteln und auswerten (Lernfeld 12) | ≙ | Prozesse der Lagerlogistik |
| Sicherheit und Gefahrenabwehr (lernfeldübergreifend) | ≙ | Prozesse der Lagerlogistik/Rationeller und qualitätssichernder Güterumschlag |
| Umweltschutz (lernfeldübergreifend) | ≙ | Prozesse der Lagerlogistik/Rationeller und qualitätssichernder Güterumschlag |
| Information und Kommunikation (lernfeldübergreifend) | ≙ | Prozesse der Lagerlogistik/Rationeller und qualitätssichernder Güterumschlag |
| Logistikrechnen (lernfeldübergreifend) | ≙ | Prozesse der Lagerlogistik/Rationeller und qualitätssichernder Güterumschlag |

# D. Prozesse der Lagerlogistik

## 1 Güter annehmen und kontrollieren (Lernfeld 1)

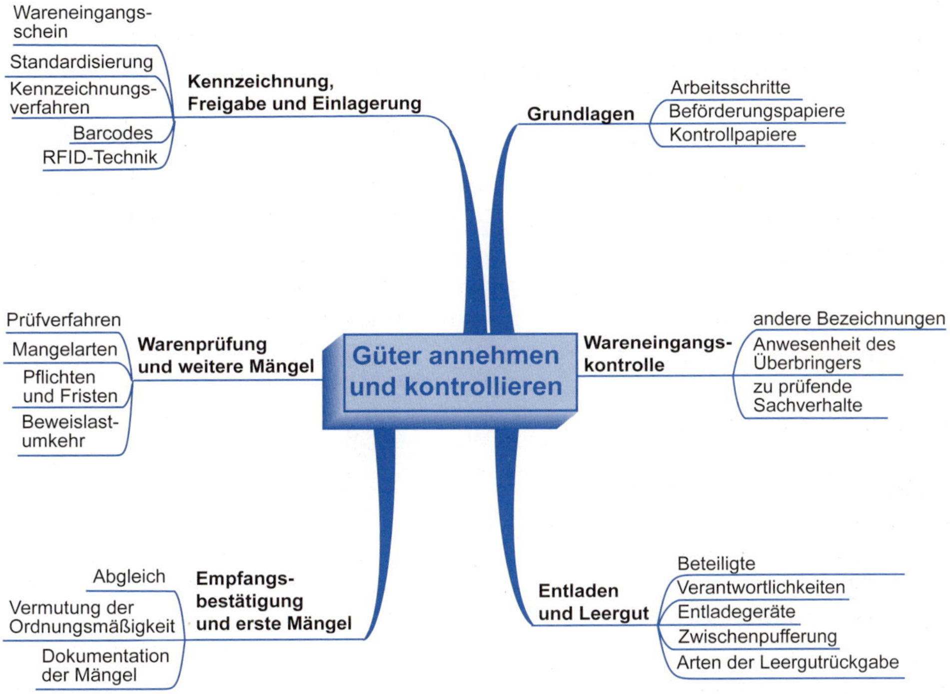

# KOMPAKTWISSEN

## 1.1 Grundlagen

1. Nennen Sie in sinnvoller Reihenfolge sieben Arbeitsschritte bei der Annahme von Gütern!

Bei der **Annahme von Gütern** sollten nacheinander folgende Schritte vollzogen werden:

- **Wareneingangskontrolle,** während der Überbringer noch anwesend ist,
- **Entladen** in Verantwortung des Empfängers,
- evtl. Bearbeitung von **Leergut** bei Mehrwegverpackungen,
- **Empfangsbestätigung,** evtl. mit Mangelbestätigung des Überbringers,
- **Warenprüfung** nach Identität, Quantität, Qualität und Beschaffenheit, evtl. mit Mängelbearbeitung,
- **Warenkennzeichnung** mit Hilfe von Sichtvermerken, Barcode oder RFID-Technik,
- **Warenfreigabe,**
- **Wareneinlagerung.**

→ zur RFID-Technik s. Kap. 4.3 Beleglose Kommissionierung!

2. Was versteht man unter Beförderungspapieren?

**Beförderungspapiere** sind rechtlich notwendige oder organisatorisch sinnvolle **Begleitdokumente für einen Gütertransport.** Sie werden häufig auch Begleitpapiere genannt.

3. Nennen Sie zehn Begleitpapiere, die bei der Anlieferung durch den Überbringer übergeben werden können!

- Die wesentlichen Begleitpapiere sind **Lieferschein** und **Frachtbrief,**
- häufig werden auch **Rechnung** und **Packzettel** sowie **Palettenschein für EUR-Palettentausch** mitgeliefert,
- seltener sind **Bestellkopie** oder **Versandanzeige,**
- im Schiffsverkehr werden **Ladeschein** und **Konnossement** benutzt,
- Gefahrgüter verlangen bestimmte **Gefahrgut-Beförderungspapiere,**
- Importgüter benötigen **Zolleinheitspapiere.**

4. Nennen Sie Kontrollpapiere, die der Empfänger zum Zeitpunkt der Anlieferung bereits besitzt oder selbst erstellt hat!

- Häufig benutzt der Empfänger eine **Kopie der eigenen Bestellung**, aber auch ein **schriftliches Angebot** des Lieferanten,
- manchmal werden auch Unterlagen der eigenen **Qualitätssicherung** bzw. **Checklisten** eingesetzt.

## 1.2 Wareneingangskontrolle

5. Warum muss der Überbringer während der Wareneingangskontrolle anwesend sein?

Er muss anwesend sein, weil er

- dem Empfänger evtl. **Auskünfte erteilen** bzw. **Dokumente aushändigen** muss,
- das **Entladen abwarten** muss,
- eine **Empfangsbestätigung beanspruchen** kann,
- auf Verlangen des Empfängers einen evtl. **Sichtmangel bestätigen** muss.

6. Welche drei Sachverhalte werden bei der Wareneingangskontrolle geprüft?

Es wird geprüft,

- ob die **Lieferadresse** mit der Empfängeradresse übereinstimmt,
- ob die **Menge der Packstücke** den Angaben auf den Begleitpapieren entspricht,
- ob äußerlich erkennbare **Schäden** an der Verpackung oder der Ware vorliegen.

**Hinweis:**

Zuweilen wird als vierter Sachverhalt die **Art der Verpackung (Packstücke)** überprüft.

Beispiel: falsche Paletten, Eimer statt Säcke können abgelehnt werden.

7. Wie wird die Wareneingangskontrolle noch bezeichnet?

Die Wareneingangskontrolle wird oft **Erste Prüfung** oder auch **Sichtkontrolle** genannt.

8. Welche weiteren Sachverhalte können bei der Wareneingangskontrolle geprüft werden?

Man kann einen **Abgleich mit der eigenen Bestellung** vornehmen (Lieferberechtigung) und dabei das **Einhalten der Lieferzeit** feststellen.

**Hinweis:**

Verplombte Packstücke haben keine Freigabe (z. B. vom Zoll) und dürfen weder geöffnet noch vereinnahmt werden.

→ s. Kap. 12 Güter beschaffen!

9. Unter welchen Umständen kann die Wareneingangskontrolle auch nach (!) dem Entladen stattfinden?

Die **Wareneingangskontrolle** kann auch noch **nach dem Entladen** stattfinden, wenn eine bessere Übersichtlichkeit über den Lieferumfang dies gebietet, damit die Teilbereiche **Menge** und **Schäden** der Sichtkontrolle auch durchführbar sind.

## 1.3 Entladen und Leergut

10. Wer ist üblicherweise für das Entladen verantwortlich

Für das Entladen ist in der Regel der **Empfänger** verantwortlich.

Hinweis: Das HGB (§ 412) sieht zunächst die Entladepflicht **beim Absender (!),** was aber meist nicht praktikabel ist und deshalb durch eine Pflicht, für die Entladung **zu sorgen,** ersetzt wird. Das geschieht meist durch Vereinbarung. So geht die Entladepflicht üblicherweise auf den Empfänger über.

Der **Fahrer oder Frachtführer** hat keine Entladepflicht.

11. Was bedeutet die Entladepflicht des Empfängers für den Fall, dass der Fahrer oder Frachtführer selbst entlädt oder mithilft?

Die Entladepflicht des Empfängers bedeutet, dass der Empfänger auch dann **haftet,** wenn der Frachtführer bzw. Fahrer vom Empfänger **aufgefordert** oder gebeten wurde, beim Entladen mitzuhelfen. Hilft der Fahrer/Frachtführer dagegen **unaufgefordert** mit, kann die Haftungspflicht des Empfängers entfallen.

→ s. Kap. 10 Güter verladen!

12. Wann ist es sinnvoll, dass der Fahrer bzw. Frachtführer selbst entlädt?

Das Entladen durch den Fahrer bzw. Frachtführer ist dann sinnvoll, wenn auf das Verwenden **fahrzeugeigener** Entladegeräte (Kranförderer, Hubtische u. a.) nicht verzichtet werden kann oder wenn Spezialgut (Gefahrgut u. a.) zu entladen ist, mit dem der Fahrer bzw. Frachtführer vertrauter als der Empfänger ist. Hier ist es ratsam, die Entladepflicht des Fahrers bzw. Frachtführers **vertraglich** zu vereinbaren.

**13.** Wovon hängt der Einsatz von Entladegeräten ab?

Die Wahl des angemessenen Entladegerätes richtet sich

- nach den **Eigenschaften der Ware** (Gewicht, Sperrigkeit, Empfindlichkeit u. a.),
- nach der **Fahrzeug- bzw. Großbehälterart** bei Anlieferung (Container, Lkw u. a.),
- nach den benutzten **Packmitteln** (Kisten, Paletten, Behälter u. a.).

> Oft sind die Entladegeräte auch gleichzeitig die Transportmittel im Betrieb.

→ s. Kap. 9 Güter im Betrieb transportieren!

**14.** Was versteht man unter einer Zwischenpufferung und wozu dient sie?

Unter **Zwischenpufferung** versteht man das Zwischenlagern von Waren. So muss etwa für die abgeladene Ware **ausreichend Stellfläche** reserviert werden, die es erlaubt, weitere Lieferungen, Gefahrgüter, verderbliche Lebensmittel und empfindliche Güter voneinander abzugrenzen, bevor sie geprüft und vereinnahmt werden.

**15.** Wie ist die Rückgabe von Leergut, Verpackung und Ladehilfsmitteln durchzuführen?

- **Einwegverpackungen** werden einbehalten und meist nicht eigens dokumentiert,
- **Mehrwegtransportverpackungen (MTV)** gelangen entweder über einen Systembetreiber **(Poolsystem** und **Pfandsystem)** zurück in den Kreislauf, wofür kein (!) Leergutkonto zu führen ist. Der Empfänger kontrolliert lediglich den Zustand bei Anlieferung, der Betreiber holt später vor Ort ab, solange muss das Leergut gelagert werden,
- oder über eine gegenseitige Verrechnung aller MTV-Nutzer im Wege von **Bestandskonten mit regelmäßigem Saldoausgleich** können sie im Betrieb verbleiben. Hier muss bei der Anlieferung außer der Zustandskontrolle auch die getauschte Anzahl auf dem Begleitpapier (voll gegen leer) dokumentiert werden (Leergutkonto).
- MTV können auch im **Kauf-Rückkauf-Verfahren** (wie z. B. bei Umzugskartons!) genutzt oder **gemietet** werden.

→ s. Kap. 14.3 Kreislaufwirtschaft!

→ s. Kap. 5.1 Fachbegriffe aus dem Verpackungsbereich!

## 1.4 Empfangsbestätigung und erste Mängel

**16.** Wie wird der Empfang einer Lieferung bestätigt, die nach der ersten Prüfung für einwandfrei befunden wurde?

Die **Empfangsbestätigung** geschieht durch die datierte Unterschrift des Empfängers auf dem Warenbegleitpapier (Lieferschein oder Frachtbrief) oder dem Scannerdisplay des Überbringers. Der Frachtbrief ist zusätzlich zu stempeln.

**17.** Was genau wird mit der Empfangsbestätigung bestätigt?

Es wird

- die richtige **Lieferadresse,**
- die Übereinstimmung der **Anzahl (und Art!) der Packstücke** mit den Angaben der Begleitpapiere sowie
- die **äußerlich einwandfreie** Verpackung bzw. Ware

bestätigt.

> Man vergleicht hier nicht mit der bestellten (!), sondern mit der auf den Papieren (!) stehenden Anzahl!
>
> Abweichungen von der Bestellung können nämlich auch noch später beanstandet werden.

**18.** Begründen Sie, ob bei der Empfangsbestätigung der Vermerk „u. V." (unter Vorbehalt) nötig ist!

Bei der Unterschrift durch den Empfänger gilt die sogenannte Vermutung der Ordnungsmäßigkeit. Es bedeutet, dass die Ware vorbehaltlich späterer Mängel angenommen ist. Ein Vorbehaltsvermerk („u. V.") ist also **nicht** (!) unbedingt erforderlich. Zur Klarheit wird er dennoch häufig benutzt.

**19.** Beschreiben Sie, wie bei erkannten Mängeln mit der Empfangsbestätigung umzugehen ist!

Alle bereits bei der **Ersten Prüfung** erkannten **Beanstandungen** werden auf dem Begleitpapier oder einem gesonderten Formular schriftlich festgehalten. Der Empfänger kann vom Überbringer die Bestätigung dieser Mängel durch Unterschrift mit Orts- und Datumsangabe verlangen.

**20.** Wodurch können erkannte Mängel sonst noch festgehalten bzw. nachgewiesen werden?

Neben einer **Durchschrift der Mangelbestätigung** des Überbringers kann auf **weitere Mittel** wie

- Tatbestandsaufnahme,
- Reklamationsmeldung,
- Heranziehung von Zeugen,
- Fotos,
- datierten Zusatzvermerk,
- Transportschadensbericht,
- u. a.

zurückgegriffen werden.

## 1.5 Warenprüfung und weitere Mängel

**21.** Erläutern Sie durch Beispiele zwei unterschiedliche Prüfverfahren!

- **Zerstörungsfreie Prüfverfahren** werden etwa
  - durch **Zählen, Messen, Wiegen** anhand von Vorlagen, Mustern, Plänen, Checklisten, Bildern u. a. vorgenommen,
  - geforderte Produkteigenschaften (Luftdurchlässigkeit, Biegsamkeit u. a.) werden durch aufwendige **Funktionsprüfungen** mit eigenen Prüfgeräten getestet,
  - Rezepturen durch **chemische Nachweise** überprüft,
  - u. a.
- **Zerstörende Prüfverfahren** ermitteln in Crash-, Brand-, Bruch-, Belastungstests Grenzen der Produkteigenschaften.

**22.** Beschreiben Sie, auf welche möglichen Mängel hin eine Warenprüfung vorgenommen wird!

Man unterscheidet eine Prüfung

- nach **Identität,** bei der die Ware gesichtet und auf Falschlieferung („Mangel in der Art") hin geprüft wird,

  **Beispiel:**

  Statt Tennis- werden Squashschläger geliefert,
- nach **Quantität,** bei der die Warenmenge mit der Bestellmenge verglichen und auf Zuweniglieferung („Mangel in der Menge") hin geprüft wird,

  **Beispiel:**

  Statt 132 Mützen werden 123 Mützen geliefert,
- nach **Qualität,** bei der die vereinbarten Produkteigenschaften, Montagen, zugesicherten Werbeaussagen u. a. auf Einhaltung („Mangel in der Qualität") hin geprüft werden,

  **Beispiel:**

  Die Skistöcke brechen bereits bei 200daN Belastung,
- nach **Beschaffenheit,** bei der auf Beschädigungen („Mangel in der Beschaffenheit") hin geprüft wird,

  **Beispiel:**

  Die gelieferten Alubleche haben Beulen.

**23.** Nennen Sie die vier Pflichten eines Empfängers bei der Warenprüfung beim zweiseitigen Handelskauf!

Um rechtlich und betriebswirtschaftlich sinnvoll auf Mängel reagieren zu können, hat der Empfänger

- Prüfpflichten,
- Aufbewahrungspflichten,

- Rügepflichten/Reklamationspflichten,
- die Pflicht zur Beachtung der Verjährungsfristen.

**24.** Beschreiben Sie die Prüffristen des Empfängers beim zweiseitigen Handelskauf!

Es gelten folgende **Prüffristen**:

Der Empfänger muss die Ware **unverzüglich** (ohne schuldhaftes Zögern) prüfen. In der Praxis prüft er deshalb die **Lieferung** vor dem Wegfahren des Überbringers („Erste Prüfung"), die **Ware** vor dem Einlagern („Warenprüfung").

**25.** Welche Abteilungen im Betrieb müssen über festgestellte Mängel informiert werden?

Über festgestellte Mängel müssen informiert werden:

- die **Einkaufsabteilung,** um Mängelanzeigen an Frachtführer und/oder Lieferant zu schreiben,
- die **Buchhaltung,** um ggf. die Zahlung aufzuhalten,
- die **Lagerverwaltung,** um die Vereinnahmung zu korrigieren.

**26.** Beschreiben Sie die Aufbewahrungsfristen des Empfängers beim zweiseitigen Handelskauf!

Es gelten folgende **Aufbewahrungsfristen**:

- Bei **Distanzkäufen** (Käufer und Verkäufer wohnen an verschiedenen Orten) ist die beanstandete Ware einstweilig **aufzubewahren** (mit Sperrvermerk) oder bei einem Lagerhalter **einzulagern** (verderbliche Ware kann sogar durch öffentlichen „Notverkauf" **versteigert** werden!).
- Bei **Platzkäufen** (Käufer und Verkäufer wohnen am gleichen Ort) kann sie **zurückgesendet** werden.
- Bei Mängeln während der Übergabe kann die Annahme **verweigert** werden.

**27.** Beschreiben Sie die Rügefristen des Empfängers beim zweiseitigen Handelskauf!

Es gelten folgende **Rügefristen/Reklamationsfristen**:

- Gegenüber dem **Frachtführer** (Transportschäden) müssen offene (sofort erkennbare) Mängel unverzüglich und versteckte Mängel unverzüglich nach Entdeckung, aber innerhalb von 7 Tagen angezeigt werden.
- Gegenüber dem **Lieferanten** (Lieferschäden) müssen offene Mängel unverzüglich, versteckte Mängel unverzüglich nach Entdeckung angezeigt werden. Hat der Lieferant den Mangel arglistig verschwiegen, muss dieser ebenfalls unverzüglich nach Entdeckung angezeigt werden, es gelten aber längere Verjährungsfristen.

**Sonderfall:**

Eine Überschreitung der Lieferfrist muss binnen 21 Tagen gerügt werden (Lieferungsverzug). Dies wird allerdings nicht bei der Warenannahme festgestellt.

28. Was versteht man unter Verjährungsfristen?

**Verjährungsfristen** bezeichnen die Zeiträume, innerhalb derer ein Käufer/Empfänger Ansprüche gegen den Verkäufer/Absender wegen Mängeln gerichtlich geltend machen kann (Gewährleistungsansprüche). Sind sie **abgelaufen,** erlischt diese Möglichkeit.

Das Einhalten der Rügepflichten wird dabei vorausgesetzt.

29. Erläutern Sie die gesetzlichen Verjährungsfristen des Empfängers beim zweiseitigen Handelskauf!

Es gelten **folgende gesetzliche Verjährungsfristen/ Gewährleistungsfristen:**

- **bei offenen Mängeln:**

  Die Frist beginnt mit der Auslieferung/Übergabe und endet nach deren Abschluss (also sehr kurz!),

- **bei versteckten Mängeln:**

  Die Frist beginnt mit der Auslieferung/Übergabe und endet zwei Jahre danach.

- **bei arglistig verschwiegenen Mängeln:**

  Die Frist beginnt mit dem Schluss des Jahres, in dem die Täuschung entdeckt wurde und endet drei Jahre danach.

**Hinweis:** Beim zweiseitigen Handelskauf gibt es die sog. „Beweislastumkehr" nicht!

30. Wo gilt die Beweislastumkehr und was bedeutet sie?

Die **Beweislastumkehr** gibt es nur beim **Verbrauchsgüterkauf,** also zwischen privatem Verbraucher und Unternehmer. Sie teilt die zweijährige Verjährungsfrist in zwei Phasen auf, um den privaten Verbraucher zusätzlich zu schützen. Denn bei versteckten Mängeln ist oft strittig, ob der beanstandete Mangel bereits bei der Übergabe vorlag oder erst durch fehlerhafte Bedienung entstanden ist. Die **Beweislastumkehr** besagt, dass innerhalb der **ersten 6 Monate** nach Auslieferung/Übergabe der **Verkäufer/Absender (Unternehmer)** beweisen muss, dass die Übergabe mangelfrei erfolgte. **Nach** 6 Monaten (also für die restlichen 18 Monate der zweijährigen Verjährungsfrist) muss der **Käufer/ Empfänger (Verbraucher)** beweisen, dass ein Mangel bereits bei Übergabe bestand.

**31.** Welche Rechte hat der Käufer bei Schlechtleistungen („mangelhafter Lieferung“)?

Die Rechte des Käufers gliedern sich nach zeitlicher Reihenfolge in

die **vorrangigen** Rechte (= „Nacherfüllung“):

- Nachbesserung (Reparatur) + Schadenersatz
- Neulieferung (Umtausch/Ersatz) + Schadenersatz
- Nachlieferung (bei Fehlmengen) + Schadenersatz

und die **nachrangigen** Rechte:

- Rücktritt vom Kaufvertrag + Schadenersatz
- Minderung des Kaufpreises + Schadenersatz

> **Hinweis:**
> Zum Schadenersatz s. Antwort zur nächsten Frage.

**32.** Erläutern Sie die vorrangigen Rechte bei Schlechtleistung!

Grundsätzlich hat der Käufer die Wahl, aber der Verkäufer kann die vom Käufer gewählte Art der Nacherfüllung dann ablehnen, wenn diese mit unverhältnismäßig hohen Kosten verbunden ist.

**Beispiele:**

Die Reparatur einer Kaffeemaschine ist teurer als eine neue. Oder: Der Umtausch einer bereits monatelang benutzten Bohrmaschine wäre teurer als ihre Reparatur.

Die entstehenden Kosten (z. B. des Rücktransports) hat der Verkäufer zu tragen.

**Schadenersatz** kann nur bei Verschulden des **Verkäufers** durchgesetzt werden. Er umfasst z. B.

- den entgangenen Gewinn (weil die Ware nicht weiterverkauft werden kann)
- den Differenzbetrag bei einem teureren Deckungskauf (weil die Bedarfslücke geschlossen werden muss)
- einen evtl. vertraglich vereinbarten Strafbetrag („Konventionalstrafe“) für nicht erfüllte Leistungen
- Schäden wegen Produktionsstopp, Folgeschäden an Maschinen, Porto, Taxi, Rechtsanwälte u. a.

33. Erläutern Sie die nachrangigen Rechte bei Schlechtleistung!

Erst wenn der **Verkäufer zwei vergebliche Versuche einer Nacherfüllung** (also die vorrangigen Rechte) unternommen hat oder wenn ein **ergebnisloser Nachfrist-Ablauf** besteht, kann der Käufer weitere, sogenannte nachrangige Rechte ausüben.

Der **Rücktritt vom Kaufvertrag + Schadenersatz (bei Verschulden)** bedeutet: „Ware zurück, Geld zurück". Der Käufer kann vom Kaufvertrag zurücktreten, wenn

- ein ergebnisloser Nacherfüllungsfrist-Ablauf besteht (s. o.)
- der Mangel erheblich ist (z. B. Kratzer auf einer Armbanduhr).
  Bei nur geringem Mangel hat der Käufer kein Rücktrittsrecht! (z. B. ein schiefes Etikett auf einer Getränkeflasche)

Die **Minderung des Kaufpreises + Schadenersatz (bei Verschulden)** ist möglich

- wenn ein ergebnisloser Nacherfüllungsfrist-Ablauf besteht (s. o.)
- auch bei geringen Mängeln

Zum **Schadenersatz** gilt das Gleiche wie bei den vorrangigen Rechten.

## 1.6 Kennzeichnung, Freigabe und Einlagerung der Ware

34. Welches Wareneingangspapier wird vom Empfänger eingesetzt?

Als Wareneingangspapier wird vom Empfänger ein **Wareneingangsschein/eine Wareneingangsmeldung** eingesetzt.

Dieses Papier wird nach abgeschlossener Warenprüfung meist per EDV erstellt und enthält alle wichtigen Informationen über die Lieferung, wie

- Artikelnummer,
- Bezeichnung,
- Stückzahl,
- Lagereinheit,
- Datum des Wareneingangs,
- Lieferant,
- Bestellnummer,
- Lieferfahrzeug,
- u. a.



3 Hummel - ISBN 978-3-8120-0570-8

**35.** Begründen Sie, welche Abteilungen eine Kopie des Wareneingangsscheins bzw. eine elektronische Information über den Wareneingang erhalten sollten!

Eine Kopie des Wareneingangsscheins sollte erhalten:

- der **Einkauf,** um einen Bestellabgleich durchzuführen,
- die **Buchhaltung,** um eine Rechnungsprüfung durchzuführen und die Zahlungsabwicklung einzuleiten,
- die **Lagerverwaltung,** um die Ware durch Bestandseinbuchung und Lagerplatzvergabe vereinnahmen zu können.

**36.** Was versteht man unter dem Ziel, logistische Einheiten zu standardisieren?

Es wird angestrebt, die jeweiligen logistischen Einheiten im Verlauf der **logistischen Kette** nicht zu verändern.

| |
|---|
| Bestelleinheit = Verkaufseinheit = Transporteinheit = Entladeeinheit = Lagereinheit = Kommissioniereinheit (= Bestelleinheit der Folgekette!) |

**37.** Wie sollte im Anschluss an die Warenlieferung die Ware gekennzeichnet werden?

Aus der Warenlieferung werden **Lagereinheiten** gebildet (die möglichst den Entladeeinheiten entsprechen). Jede Lagereinheit bekommt eine **Wareneingangsnummer,** die auf den Warenbegleitpapieren festgehalten wird. Folgende Verfahren können unterschieden werden:

- Das Begleitpapier wird (mit Wareneingangsnummer) an der Lagereinheit befestigt.
- Bei der Lagerverwaltung werden **codierte** oder **Klartext-Etiketten** erstellt, gedruckt und an der Lagereinheit angebracht.
- Man bedient sich der **RFID-Technik.**

→ Zur RFID-Technik s. Kap. 4.3 „Beleglose Kommissionierung“!

**38.** Erläutern Sie, welche Elemente ein Barcode enthält!

Ein **Barcode** enthält folgende Elemente:

- **Start- und Stoppzeichen:** Diese Zeichen stehen am Anfang und am Ende eines Barcodes. Sie weisen den Scanner auf die Scan-Richtung hin.
- **Quiet Zones:** Das sind Zonen, die keine Daten enthalten. Sie befinden sich hinter dem Start- und vor dem Stoppzeichen.
- **Barcode-Information/Symbologie:** Bei den Bezeichnungen geht es um Zeilenanzahl (ein- oder mehrdimensional), Zeichenanordnung (Gitter, Kreis, Stab u. a.), Speicherkapazität, Lesesicherheit u. a.

**Beispiele:**

interleaved 2/5, Code 128, Code 93i, Data-Mix, U.P.C., Aztec Mesas, GTIN (Globale Artikelidentnummer, frühere Bezeichnung: EAN beide Bezeichnungen sind geläufig) u. a.

39. Nennen Sie vier Vorteile einer Barcode-Etikettierung!

**Barcodes** haben unter anderem die **Vorteile,** dass sie

- viele **Informationen auf kleinem Raum** aufnehmen, die zentral hinterlegt sind,
- die gesamte lagerlogistische **Dokumentation** übernehmen (auf Lieferscheinen, Lagereinheiten, Lagerfächern u. a.),
- als Entscheidungsbasis ständig Produktions- und Waren**bestandsdaten** zur Verfügung stellen (permanente Inventur),
- ein Instrument sind, um das gesamte Lager- und Transportsystem **automatisch zu steuern.**

40. Welche Auswirkungen hat die Freigabe der Ware?

Die **Freigabe der Ware** wirkt sich folgendermaßen aus:

- Die Ware macht die Stellfläche frei und bekommt entweder einen Lagerplatz und wird **eingelagert** oder sie wird ohne Lagerplatzvergabe an die Produktion **weitergegeben.**
- Der Einkauf kann den **Bestellvorgang abschließen.**
- Die Buchhaltung kann die **Zahlung** vornehmen.
- Die Lagerverwaltung kann die neuen **Bestände einbuchen.**

# PRÜFUNGSTRAINING

## Der Prüfungsfall

### Der TOP Baumarkt stellt am Wareneingang und bei der Warenprüfung Mängel fest

Beim TOP Baumarkt trifft eine Lieferung der Gartenfabrik DACHS KG aus Pirmasens mit Möbeln und Zubehör ein. Der Auszubildende Sebastian Fischer arbeitet im Wareneingang. Der Fahrer hat es eilig. Er händigt ihm den Lieferschein aus, bittet Sebastian, ihn aus Zeitgründen gleich zu unterschreiben und beginnt von sich aus, die Ware mit einem fahrzeugeigenen Entladegerät von der Ladefläche auf die Rampe zu fahren und dort abzustellen.

Sebastian zählt in Anwesenheit des Fahrers 8 Schachteln Vorschlaghämmer vom Typ „Reus" und erkennt erst später beim Auspacken, als der Fahrer schon weg ist, dass bei 22 von ihnen der Stiel angebrochen ist. Zu dieser späteren Warenprüfung kommt auch Frau Rose aus der Einkaufabteilung mit der Bestellung an die Gartenfabrik in der Hand. Schnell wird erkannt, dass die Gartentische von der Marke „Roma" statt „Napoli" bestellt waren. Bei den Stühlen wird beim Auspacken festgestellt, dass 7 von ihnen Löcher im Stoff aufweisen. Es waren 28 Großschachteln davon vorhanden.

TOP Baumarkt GmbH
Am Güterbahnhof 3
50969 Köln

Gartenfabrik
**Dachs KG**
Am Naturheil 6, 66954 Pirmasens

## Lieferschein

Bestell-Nr. 427955 Beleg-Nr. 341865 Lieferdatum: 20.05.20..

Bestellung vom: 13.05.20..

| Lfd. Nr. | Artikel Nr. | Bezeichnung des Gutes | Stückzahl | Packstücke | Bemerkungen |
|---|---|---|---|---|---|
| 1 | 1223 | Stühle „TOSKANA" | 30 Stck. | 30 Großschachteln | −2 |
| 2 | 4456 | Gartentische „NAPOLI" | 60 Stck. | 60 Großschachteln | ✓ |
| 3 | 9988 | Steckzwiebeln „ADONISRÖSCHEN" | 100 Stck. | 1 Schachtel | ✓ |
| 4 | 0011 | Rasensaatgut „APULIA" | 50 Stck. | 50 Schachteln | ✓ |
| 5 | 8787 | Vorschlaghammer „REUS" extra stark | 45 Stck. | 9 Schachteln | −1 |
| | | | | | |

| Frachtführer/ Überbringer/Fahrer Name/Unterschrift | Empfänger Name/Unterschrift | Annahmedatum: | |
|---|---|---|---|
| | | | |

**Aufgabe 1**

Erläutern Sie die rechtlichen Folgen einer sofortigen (!) Unterschrift auf dem Lieferschein!

er bestätigt nur die Annahme und die oberflächliche unversehrtheit

**Aufgabe 2**

Welche Kontrollen muss Sebastian in Bezug auf das ihm ausgehändigte Begleitpapier zunächst vornehmen? sichtkontrolle gerade wie viele Kolli Stückzahl sind

**Aufgabe 3**

Welche nötigen Eintragungen muss Sebastian Fischer gemäß den obigen Schilderungen auf dem Lieferschein vornehmen bzw. vornehmen lassen? die falsch, kaputt lieferung

**Aufgabe 4**

Die Lieferung ist auf Paletten verpackt. Begründen Sie, welches Entladegerät sich für die Entladung eignet. Handgabelniederhubwagen damit kommt man perfekt unter die Paletten

**Aufgabe 5**

Begründen Sie die Folgen für den TOP Baumarkt, wenn der Fahrer beim Entladen Schäden an der Ware verursachen würde! muss die Lieferung liegt beim fahrer er wird zur unaufgeforderten

**Aufgabe 6**

Begründen Sie, wohin die Ware abgeladen werden sollte!

Sperrlager

**Aufgabe 7**

Zu welchem Zeitpunkt kann der Fahrer das Werksgelände wieder verlassen?

wenn er die Lieferung unterschrieben hat

**Aufgabe 8**

Sebastian hilft bei der späteren Warenprüfung mit. Einige der oben geschilderten Beanstandungen müssen nun in der Tatbestandsaufnahme eingetragen werden.

Füllen Sie unten stehende Tatbestandsaufnahme korrekt aus.

| **Tatbestandsaufnahme Reklamationen/Beanstandungen** | | | | | | |
|---|---|---|---|---|---|---|
| | | | | | | |
| **Lieferschein-Nummer:** 34186 | | | | **Datum:** 1.1.10 | | |
| **Pos.** | **Artikel-Nr.** | **Stück** | **Bezeichnung** | **auf Lieferschein stehende Menge** | **fehlerhafte bzw. fehlende Menge** | **Beanstandung** |
| 1 | 1223 | 7 | Stühle Toscana | 30 | 7 | Mangel Beschaffenheit |
| 2 | 4456 | 60 | Tisch Nagori | 60 | 60 | Identität |
| 3 | 8787 | 22 | Vorschlag | 45 | 22 | Beschaffenheit |
| 4 | | | | | | |
| 5 | | | | | | |
| **Datum:** | | | | **Ware angenommen und kontrolliert von:** | | |

## Aufgabe 9

Bezeichnen Sie die eingetragenen Sachmängel an der Ware mit dem korrekten Fachbegriff.

## Aufgabe 10

a) Bis zu welchem Kalenderdatum hätte der TOP Baumarkt längstens Zeit gehabt, den Mengenfehler bei den Stühlen „Toskana" zu reklamieren?

b) Bis zu welchem Kalenderdatum hätte der TOP Baumarkt längstens Zeit gehabt, die Lieferung des Artikels „Napoli" zu reklamieren?

c) Bis zu welchem Kalenderdatum hätte der TOP Baumarkt längstens Zeit gehabt, einen beim Abladen vom Fahrer verursachten verborgenen Transportschaden zu reklamieren?

d) Bis zu welchem Kalenderdatum hätte der TOP Baumarkt längstens Zeit gehabt, den Fehler an den Stielen der Hämmer zu reklamieren?

## Aufgabe 11

a) Begründen Sie, welche **vorrangigen** Rechte der TOP Baumarkt wegen der Schlechtleistungen bei den Vorschlaghämmern „Reus" in Anspruch nehmen sollte und welche nicht!

b) Begründen Sie, welche **nachrangigen** Rechte der TOP Baumarkt wegen der Schlechtleistungen bei den Stühlen „Toskana" in Anspruch nehmen sollte und welche nicht!

## Aufgabe 12

Erläutern Sie die Begriffe

a) Deckungskauf

b) Konventionalstrafe

# 2 Güter lagern (Lernfeld 2)

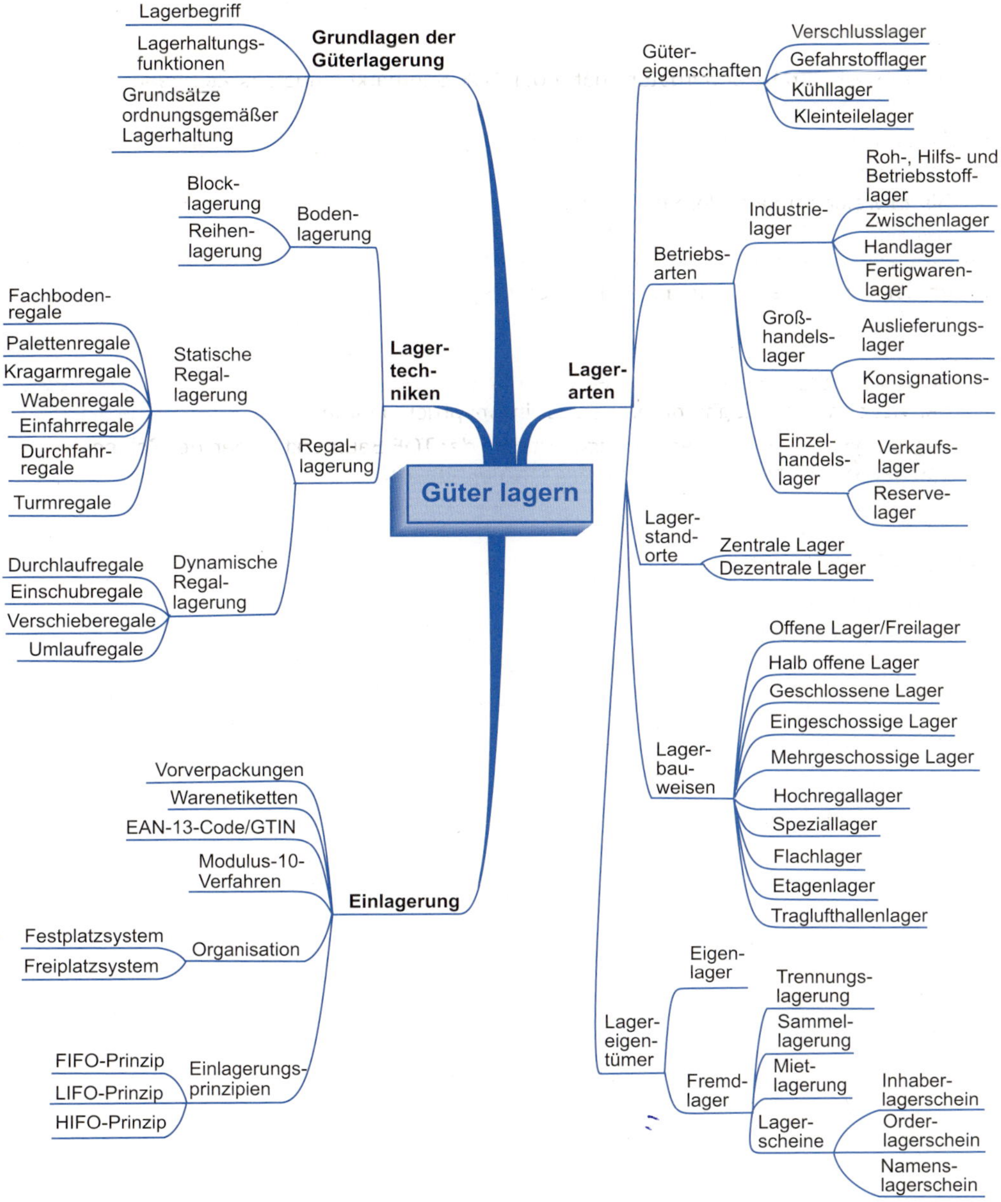

# KOMPAKTWISSEN

## 2.1 Grundlagen der Güterlagerung

1. Was versteht man unter einem Lager?

Ein **Lager** bezeichnet sowohl einen Raum, in dem Güter aufbewahrt werden, als auch die Güter selbst.

2. Unterscheiden Sie die fünf Funktionen der Lagerhaltung!

Die fünf Funktionen der Lagerhaltung sind:

- **Sicherungs- bzw. Vorratsfunktion**: Schutz bei erhöhter Nachfrage vor Lieferengpässen,
- **Spekulationsfunktion**: Preisvorteile durch frühzeitigen Kauf bei Preisanstiegen,
- **Überbrückungsfunktion**: Zeitausgleich zwischen Warenanlieferung und Bedarf,
- **Veredelungs- bzw. Reifefunktion**: Wertsteigerung der Ware während der Lagerdauer,
- **Umformungsfunktion**: Umfüllen, mischen oder aussortieren von Gütern.

3. Erläutern Sie die Grundsätze ordnungsgemäßer Lagerhaltung!

Grundsätze ordnungsgemäßer Lagerhaltung sind:

- Räume, Arbeitsmittel etc. sind **sauber** zu halten.
- **Geräumige** Verkehrswege, angemessen große Regalfächer etc. erleichtern die Arbeit.
- Lagerzoneneinteilung, Lagerplatznummernvergabe, selbstprüfende Materialnummern etc. erhöhen die **Übersichtlichkeit**.

## 2.2 Lagerarten

4. Wie können Lagerarten unterschieden werden?

**Lagerarten** können unterschieden werden nach:

- **Betriebsarten**
  - Industrie
  - Großhandel
  - Einzelhandel
- **Gütereigenschaften**
  - Wert
  - Volumen
  - Gefährlichkeit
  - u.a.

- **Lagerstandorten**
  - zentral
  - dezentral
- **Lagerbauweisen**
  - offene Lager (Freilager)
  - halb offene Lager
  - geschlossene Lager
  - eingeschossige Lager
  - mehrgeschossige Lager
  - Hochregallager
  - Speziallager
- **Lagereigentümern**
  - Eigenlager
  - Fremdlager

## 2.2.1 Betriebsarten

5. Unterscheiden Sie die Industrielager!

- In Industriebetrieben versorgen **Roh-, Hilfs- und Betriebsstofflager** die Produktionsstätten mit dem notwendigen Material.
- In **Zwischenlagern** werden Produkte bis zur Weiterverarbeitung zwischengelagert.
- **Handlager** befinden sich zur direkten Materialversorgung an den Arbeitsplätzen der Mitarbeiter.
- Die hergestellten Erzeugnisse werden bis zum Verkauf in **Fertigwarenlagern** aufbewahrt.

6. Unterscheiden Sie die Großhandelslager!

- **Auslieferungslager** werden von Großhandelsunternehmen in Kundennähe errichtet, um Lieferzeiten und Lieferkosten zu senken.
- Steht ein Lieferant mit einem Großhandelsunternehmen in einer engen Geschäftsbeziehung, betreibt er zur Senkung der Transportkosten und zur Sicherstellung der Versorgung am Ort des Großhandelsunternehmens oft ein **Konsignationslager,** in dem die Ware bis zur Entnahme durch den Großhändler rechtlich Eigentum des Lieferanten bleibt (Lagerung auf Kommission).

7. Unterscheiden Sie die Einzelhandelslager!

- Kunden wird Ware im **Verkaufslager** angeboten.
- Verkaufslager werden mit Ware aus dem **Reservelager** aufgefüllt.

8. Welcher Lieferzusammenhang besteht zwischen den Betriebsarten?

- Kerngeschäft der **Industriebetriebe** ist die Produktion von Ware, die nach der Fertigstellung in großen Mengen an den Großhandel geliefert wird.
- Im **Großhandel** wird die Ware umgefüllt, gemischt, sortiert etc. und an den Einzelhandel geliefert.
- Im **Einzelhandel** wird die Ware umgepackt, ausgezeichnet und dem Endverbraucher zum Erwerb angeboten.

### 2.2.2 Gütereigenschaften

9. Unterscheiden Sie Lagerarten anhand eingelagerter Güter!

**Lagerarten** sind:

- **Verschlusslager** für hochwertige Güter wie z. B. Navigationsgeräte, Schmuck, Parfüm,
- **Kühllager** für verderbliche Güter wie z. B. Fertigpizza, Spinat,
- **Gefahrstofflager** für Gefahrstoffe wie z. B. Phosphor, Säuren,
- **Kleinteilelager** für Kleinteile wie Schrauben, Dichtungsringe,
- u. a.

### 2.2.3 Lagerstandorte

10. Was ist ein zentrales Lager?

Wird die Materialversorgung der verschiedenen Abteilungen eines Unternehmens durch ein einziges Lager sichergestellt, handelt es sich um ein **zentrales Lager.**

In dem Unternehmen wird somit nur ein Lager an einem zentralen Ort betrieben.

11. Nennen Sie Vorteile eines zentralen Lagers!

**Vorteile** eines zentralen Lagers sind z. B.:

- gute Übersicht über Gesamtbestände im Unternehmen,
- hohe Flächen- und Raumausnutzung,
- effizienter Einsatz von Fördermitteln,
- u. a.

**Hinweis:**
Die Vorteile eines zentralen Lagers sind zugleich mögliche Nachteile eines dezentralen Lagers.

12. Was sind dezentrale Lager?

Von **dezentralen Lagern** spricht man, wenn mehrere Lager die Materialversorgung der Abteilungen eines Unternehmens sicherstellen.

In dem Unternehmen wird somit an mindestens zwei verschiedenen Orten ein Lager betrieben.

13. Nennen Sie Vorteile eines dezentralen Lagers!

**Vorteile** eines dezentralen Lagers sind z. B.:

- gute Übersicht über Gesamtbestände im dezentralen Lager,
- einfachere Abstimmung mit den jeweiligen Bedarfsstellen,
- schnelle Bereitstellung des benötigten Materials durch die räumliche Nähe,
- u. a.

**Hinweis:**

Die Vorteile eines dezentralen Lagers sind zugleich mögliche Nachteile eines zentralen Lagers.

### 2.2.4 Lagerbauweisen

14. Unterscheiden Sie offene, halboffene und geschlossene Lager!

- **Offene Lager (Freilager)** sind zum Schutz vor Diebstahl oft seitlich eingezäunt, haben aber kein Dach.
- Weil sie keinen Schutz vor Niederschlägen bieten, eignen sie sich in erster Linie zur Lagerung witterungsunempfindlicher Güter wie bspw. Kies oder Holz.
- **Halb offene** Lager sind seitlich offen und schützen Lagergüter wie bspw. Autos und Maschinen durch eine Überdachung vor Witterung.
- **Geschlossene Lager** sind Hallen oder Gebäude, in denen die gelagerten Güter vor Diebstahl und Witterungseinflüssen geschützt sind.

  Hier werden neben der Lagerung der Güter auch die notwendigen Verwaltungsarbeiten vorgenommen.

15. Was versteht man unter ein- und mehrgeschossigen Lagern?

- **Eingeschossige Lager** dienen der Lagerung auf einer Ebene. Zum Bau eines eingeschossigen Lagers benötigt man eine relativ große Grundstücksfläche, dafür entfallen die Kosten für den Bau von Treppen und Aufzügen.
- **Mehrgeschossige Lager** dienen der Aufbewahrung von Gütern auf mehreren Etagen. Die Fläche des benötigten Grundstücks ist zwar geringer, allerdings ergeben sich besondere Anforderungen an die Tragfähigkeit der Decken und Aufzüge.

16. Was sind Hochregallager?

**Hochregallager** sind Gebäude mit einer Höhe von über 12 m bis zu maximal 45 m.

Bei der **Silobauweise** wird das Gebäude für das Hochregallager so gebaut, dass die Gebäudewände als Regale nutzbar sind.

Bei der **Betonbauweise** ist die Regalanlage freistehend. Sie wird erst nach der Fertigstellung des Gebäudes aufgestellt.

**17.** Wozu werden Speziallager errichtet?

**Speziallager** wie Silos oder Tanks werden extra für die Lagergüter und deren besonderen Beschaffenheiten wie Schwefel, Treibstoff etc. gebaut.

**18.** Was versteht man unter einem Flachlager?

Unter einem **Flachlager** versteht man ein eingeschossiges Lager mit einer Bauhöhe bis zu maximal 7 m.

Flachlager eignen sich gleichermaßen zur Boden- und Regallagerung.

**19.** Was versteht man unter einem Etagenlager?

Ein **Etagenlager** ist ein mehrgeschossiges Lager, in dem die verschiedenen Ebenen über Aufzüge oder Treppen erreichbar sind.

**20.** Erläutern Sie die Funktionsweise eines Traglufthallenlagers!

Ein **Traglufthallenlager** besteht aus einer Spezialplane, die luftundurchlässig und Regen abweisend ist.

Mit Hilfe eines Gebläses wird die Spezialplane auf einer befestigten Bodenfläche aufgestellt und für den Zeitraum der Lagerung aufrecht gehalten.

Traglufthallenlager bieten zwar nur eine begrenzte Lagerfläche, sind aber sehr flexibel einsetzbar.

### 2.2.5 Lagereigentümer

**21.** Unterscheiden Sie Eigen- und Fremdlagerung!

- Bei der **Eigenlagerung** betreibt ein Unternehmer ein eigenes Lager.

  Sämtliche Lagertätigkeiten werden von den Beschäftigten des Unternehmers vorgenommen.
- Im Fall der **Fremdlagerung** beauftragt der Unternehmer einen gewerblichen Lagerhalter mit der Einlagerung und Aufbewahrung seiner Lagergüter.

  Sämtliche Lagertätigkeiten werden von dem Lagerhalter als selbständigem Kaufmann vorgenommen.

**22.** Welche Arten der Fremdlagerung gibt es?

Fremdlagerung gibt es als:

- **Trennungslagerung,** bei welcher der Lagerhalter die Güter verschiedener Einlagerer getrennt voneinander einlagert.
- **Sammellagerung,** bei welcher der Lagerhalter gleiche Güter wie Mehl oder Getreide verschiedener Einlagerer zusammen einlagert.
- **Mietlagerung,** bei welcher der Lagerhalter dem Einlagerer nur einen Lagerraum vermietet.

**23.** Nennen Sie Rechte und Pflichten eines Lagerhalters!

Der Lagerhalter hat z. B. das **Recht**:

- auf Vergütung seiner Leistungen,
- Auskunftsrecht über Besonderheiten der Ware (z. B. Gefährlichkeit),
- auf Schadenersatz durch mangelnde Verpackung der Ware durch den Einlagerer,
- auf Kündigung des Lagervertrags bei Vorliegen eines wichtigen Grundes,
- Pfandrecht an der Ware bei Nichtzahlung,
- u. a.

Der Lagerhalter hat z. B. die **Pflicht**:

- die Ware wie vereinbart und ordnungsgemäß zu lagern,
- dem Einlagerer erkennbare Schäden an der Ware sofort mitzuteilen und Gegenmaßnahmen zu ergreifen,
- die Ware gegen Vorlage des Lagerscheins herauszugeben,
- die Ware auf Verlangen zu versichern,
- Schadenersatz (z. B. bei Verderb) zu leisten,
- u. a.

**24.** Was ist ein Lagerschein?

Ein **Lagerschein** ist eine Urkunde, in der sich der Lagerhalter verpflichtet, das eingelagerte Gut gegen Aushändigung herauszugeben.

**25.** Welche Arten von Lagerscheinen werden unterschieden?

Man unterscheidet:

- den **Inhaberlagerschein,** bei dem jede Person, die im Besitz des Lagerscheins ist, die Ware beim Lagerhalter gegen Vorlage des Lagerscheins in Empfang nehmen kann,
- den **Orderlagerschein,** bei dem das Recht zur Abholung der Ware durch einen Vermerk auf der Rückseite des Lagerscheins an eine andere Person weitergegeben werden kann,
- den **Namenslagerschein,** bei dem nur die auf dem Lagerschein namentlich aufgeführte Person einen Anspruch auf Herausgabe der Ware hat.

**26.** Wie erfolgt die Übertragung des Rechts zur Herausgabe der Ware bei den drei Lagerscheinen?

Die **Übertragung des Rechts zur Herausgabe der Ware** erfolgt beim

- Namenslagerschein durch eine extra angefertigte Abtretungserklärung **(Zession),**
- Inhaberlagerschein durch einfache Übergabe des Lagerscheins an die berechtigte Person,
- Orderlagerschein durch einen Vermerk auf der Rückseite des Lagerscheins **(Indossament).**

**27.** Nennen Sie für jeden Lagerschein einen Nachteil!

Ein **Nachteil** ist beim
- Namenslagerschein, dass eine Abtretungserklärung angefertigt werden muss, um das Recht zur Herausgabe der Ware zu übertragen,
- Inhaberlagerschein, dass beim Verlust des Scheins auch Unberechtigte die Ware abholen können,
- Orderlagerschein, dass die Übertragung zwingend auf der Rückseite des Lagerscheins notiert werden muss.

**28.** Was ist ein Lagerempfangsschein?

Ein **Lagerempfangsschein** ist eine Quittung für den Einlagerer, auf der der gewerbliche Lagerhalter den Erhalt der einzulagernden Ware bestätigt.

**29.** Nennen Sie Vorteile der Eigenlagerung!

**Vorteile** der Eigenlagerung sind z. B.:
- bessere Bestandsübersicht,
- keine Transportkosten zum Lagerhalter,
- jederzeit Zugriff auf die gelagerte Ware,
- kein Abwicklungsaufwand mit dem Lagerhalter,
- Maßnahmen zum Erhalt der Ware bei drohendem Verderb sind unmittelbar möglich,
- u. a.

**30.** Nennen Sie Vorteile der Fremdlagerung!

**Vorteile** der Fremdlagerung sind z. B.:
- Einsparung von Lagerbaukosten,
- keine Leerkosten bei schlechter Lagerauslastung,
- einfache Eigentumsübertragung mit Hilfe des Lagerscheins,
- weniger Personal- und Materialkosten,
- einfache Abtretung des Lagerrisikos,
- u. a.

## 2.3 Lagertechniken

**31.** Was sind Lagertechniken?

**Lagertechniken** sind Möglichkeiten der Güterlagerung.

Man unterscheidet **Bodenlagerung** und **Regallagerung.**

**32.** Was versteht man unter Bodenlagerung?

Als Bodenlagerung bezeichnet man die Lagerung fester Güter auf dem Boden.

Man unterscheidet innerhalb der Bodenlagerung die Aufbewahrung von Gütern
- **ohne Lagergeräte,** bei der z. B. Schüttgüter direkt auf dem Boden gelagert werden,
- **mit Lagergeräten,** bei der z. B. verpackte Güter zur besseren Stapelung in Gitterboxen oder auf Paletten gelagert werden.

**33.** Wovon hängt die Stapelhöhe bei der Bodenlagerung ab?

Die **Stapelhöhe** ist abhängig von
- der Beschaffenheit des Bodens,
- der Höhe des Raumes, in dem der Stapel errichtet werden soll,
- den Fördermitteln, die zur Stapelung eingesetzt werden können,
- u. a.

**34.** Nennen Sie Sicherheitsvorschriften für die Bodenlagerung!

Wichtige **Sicherheitsvorschriften** sind:
- zulässige Nutzlasten, Auflasten und Stapelhöhen der Lagergeräte dürfen nicht überschritten werden,
- schwere Lasten sind unten, leichte Lasten sind oben zu lagern,
- Stapel, deren Neigung mehr als 2 % betragen, sind abzubauen,
- das Verhältnis der Stapelhöhe zur schmalsten Seite des Lagergerätes darf nicht größer als 6:1 sein,
- Gitterboxpaletten dürfen maximal fünffach gestapelt werden,
- Gitterboxpaletten dürfen maximal mit 1 000 kg belastet werden,
- u. a.

**35.** Unterscheiden Sie Block- und Reihenlagerung!

Bei der **Blocklagerung** werden die Lagereinheiten in Blöcken ohne Zwischenräume neben- und übereinander zusammengestellt, sodass ohne Umräumen nicht unmittelbar auf jede Lagereinheit zugegriffen werden kann.

Bei der **Reihenlagerung** werden die Lagergüter in Reihenstapeln neben- und übereinandergestellt, sodass ohne Umräumen unmittelbar auf jede Lagereinheit zugegriffen werden kann.

**36.** Wann sind Blocklager geeignet?

**Blocklager** sind z. B. geeignet, wenn
- Güter gleicher Art wie Wasserflaschen einer Marke eingelagert werden,
- wenn bestimmte Güter hinten im Block gelagert werden können, weil bekannt ist, dass sie zuletzt gebraucht werden,
- die Güter nicht verderblich sind.

**37.** Wann sind Reihenlager geeignet?

**Reihenlager** sind z. B. geeignet, wenn
- auf die Lagergüter wie Wasserflaschen unterschiedlicher Hersteller ohne Umräumarbeiten ein direkter Zugriff bestehen soll,
- wenn der Zeitpunkt des Verbrauchs unbestimmt ist,
- es sich um verderbliche Güter handelt.

38. Nennen Sie Vor- und Nachteile der Blocklagerung!

**Vorteile** der Blocklagerung sind z. B. die
- hohe Flächen- und Raumausnutzung,
- gute Bestandsübersicht aufgrund gleichartiger Lagergüter,
- u. a.

**Nachteile** der Blocklagerung sind z. B., dass
- nur das LIFO-Prinzip möglich ist,
- der Zugriff auf jede Lagereinheit nur durch Umräumarbeiten möglich ist,
- u. a.

39. Nennen Sie Vor- und Nachteile der Reihenlagerung!

**Vorteile** der Reihenlagerung sind z. B., dass
- auch das FIFO-Prinzip möglich ist,
- ein unmittelbarer Zugriff auf jede Lagereinheit besteht,
- u. a.

**Nachteile** der Reihenlagerung sind z. B. die
- geringe Flächen- und Raumausnutzung,
- erschwerte Bestandsverwaltung aufgrund der verschiedenartigen Lagergüter,
- u. a.

## 2.4 Lagereinrichtungen

40. Was versteht man unter dem Begriff Lagereinrichtung?

Zur **Lagereinrichtung** zählen sowohl im Lagerboden fest verankerte als auch bewegliche Regale und Schränke.

Die Einrichtung eines Lagers hängt u. a. von der jeweiligen Lagerart ab
→ s. Kap. 2.2 Lagereigentümer!

41. Unterscheiden Sie die Formen der Regallagerung!

Lagerung in Regalen kann **statisch** oder **dynamisch** erfolgen.
- bei der statischen Regallagerung werden Güter in feststehenden Regalen gelagert und während der Lagerung nicht bewegt,
- bei der dynamischen Regallagerung werden Güter während ihrer Lagerung bewegt.

42. Nennen Sie statische Regale!

Beispiele für **statische Regale** sind:
- Fachbodenregale,
- Palettenregale,
- Kragarmregale,
- Wabenregale,
- Einfahrregale,
- Durchfahrregale,
- Turmregale,
- u. a.

**43.** Unterscheiden Sie dynamische Regale!

Man unterscheidet:
- Regale, die z. B. wie **Durchlaufregale** und **Einschubregale** fest im Boden verankert sind, in denen die gelagerten Güter aber während ihrer Lagerzeit bewegt werden,
- Regale, in denen die Güter wie z. B. in **Verschieberegalen** und **Umlaufregalen** feststehen, sich aber während ihrer Lagerung mit der Regalanlage bewegen.

## 2.4.1 Fachbodenregale

**44.** Beschreiben Sie den Aufbau eines Fachbodenregals!

**Fachbodenregale** bestehen aus mehreren übereinander angeordneten Regalbrettern, die seitlich in die Rahmen eingehängt oder fest verschraubt werden. Querverbindungen der Rahmen auf der Regalrückseite verleihen Fachbodenregalen zusätzliche Stabilität und schützen gegen Kippen und Verbiegen.

**45.** Wozu sind Fachbodenregale geeignet?

Da die Lasten in **Fachbodenregalen** gleichmäßig verteilt werden müssen, eignen sich Fachbodenregale besonders zur Lagerung und Kommissionierung von Kleinteilen.

**46.** Was versteht man unter Fachlast und Feldlast?

**Fachlast** und **Feldlast** sind Belastungsangaben.
- Fachlast bezeichnet die maximale Tragfähigkeit der einzelnen Regalfächer.
- Feldlast gibt die maximale Belastbarkeit des Bodens durch das gesamte Regal an.

**47.** Welches Zubehör wird zur Lagerung in Fachbodenregalen eingesetzt?

**Zubehörteile** für Fachbodenregale sind z. B.:
- Kästen, Kisten, Boxen,
- ausziehbare Fachböden, Schubladen,
- abschließbare Türen,
- u. a.

**48.** Nennen Sie Vor- und Nachteile von Fachbodenregalen!

**Vorteile** von Fachbodenregalen sind:
- geringe Kosten,
- einfache Bestandsübersicht,
- unmittelbarer Zugriff auf die Ware,
- u. a.

**Nachteile** von Fachbodenregalen sind:
- begrenzte Tragfähigkeit,
- hoher Flächen- und Raumbedarf,
- geringe Automatisierbarkeit,
- u. a.


4 Hummel - ISBN 978-3-8120-0570-8

### 2.4.2 Palettenregale

49. Beschreiben Sie den Aufbau von Palettenregalen!

In **Palettenregalen** werden Lagergüter nicht wie beim Fachbodenregal auf Regalbrettern, sondern auf Längs- oder Querstreben zwischen den Regalrahmen gestellt.

Die Konstruktion von Palettenregalen gewährleistet eine hohe Gewichtsbelastbarkeit, sodass mehrere Paletten unabhängig voneinander gestapelt und kommissioniert werden können.

50. Was sind Traversen?

**Traversen** sind Auflageträger zwischen den Rahmen eines Palettenregals, auf welche die Paletten abgestellt werden.

- **Längstraversen** ermöglichen, dass auf der Stirnseite jedes Regalfachs mehrere Paletten nebeneinander gestellt werden können. Sie führen zum Mehrplatzsystem.
- **Quertraversen** ermöglichen, dass in einem Regalfach mehrere Paletten hintereinander angeordnet werden können. Da auf der Stirnseite jedes Regalfachs nur eine Palette abgestellt werden kann, führen Quertraversen zum Einplatzsystem.

51. Nennen Sie Vor- und Nachteile von Palettenregalen!

**Vorteile** von Palettenregalen sind:
- hohe Flächen- und Raumausnutzung,
- einfache Bestandsübersicht,
- für verschiedenartige Güter,
- u. a.

**Nachteile** von Palettenregalen sind:
- hohe Investitionskosten,
- Ausfallrisiko bei Automatisierung,
- hohe Sicherheitsanforderungen,
- u. a.

### 2.4.3 Kragarmregale

52. Beschreiben Sie den Aufbau eines Kragarmregals!

**Kragarmregale** bestehen aus einem Stahlstützwerk und waagerecht zum Boden hervorragende Metallarme, auf die das Lagergut abgelegt wird.

53. Wozu sind Kragarmregale geeignet?

**Kragarmregale** eignen sich zur Lagerung von Langgut wie Eisenträger, Stangen, Rohre, Balken, Stäbe etc.

Das Langgut kann manuell oder maschinell als Bündel oder einzeln auf die Metallarme gelegt werden.

54. Nennen Sie Vor- und Nachteile von Kragarmregalen!

**Vorteile** von Kragarmregalen sind:
- niedrige Investitionskosten,
- einfache Erweiterbarkeit,
- geringe Störanfälligkeit,
- u. a.

**Nachteile** von Kragarmregalen sind:
- begrenzte Tragfähigkeit,
- ohne Umräumen meist nur LIFO-Prinzip möglich,
- geringe Automatisierbarkeit,
- u. a.

### 2.4.4 Wabenregale

55. Beschreiben Sie den Betrieb eines Wabenregals!

**Wabenregale** werden wie Kragarmregale zur Lagerung von Langgut verwendet.

Zur Einlagerung wird das Lagergut von der Frontseite des Regals in die wabenförmigen Regalfächer geschoben.

56. Nennen Sie Vor- und Nachteile von Wabenregalen!

**Vorteile** von Wabenregalen sind:
- hohe Flächen- und Raumausnutzung,
- gute Bestandsübersicht,
- u. a.

**Nachteile** von Wabenregalen sind:
- nur auf Langgutlagerung ausgerichtet,
- keine Verstellbarkeit der Regalfächer,
- u. a.

### 2.4.5 Einfahrregale

57. Beschreiben Sie den Aufbau eines Einfahrregals!

Ein **Einfahrregal** ähnelt einem Palettenregal mit Längstraversen, auf denen die Paletten abgestellt werden.

Es verfügt über eine offene Regalseite, durch welche die Paletten mit Hilfe eines Fördermittels eingefahren und auch wieder kommissioniert werden.

58. Nennen Sie Vor- und Nachteile von Einfahrregalen!

**Vorteile** von Einfahrregalen sind:
- hohe Flächenausnutzung,
- Lagerung auf mehreren Ebenen,
- u. a.

**Nachteile** von Einfahrregalen sind:
- nur LIFO-Prinzip möglich,
- keine freie Lagerplatzzuordnung,
- u. a.

### 2.4.6 Durchfahrregale

59. Beschreiben Sie den Aufbau eines Durchfahrregals!

Ein **Durchfahrregal** ist wie ein Einfahrregal aufgebaut, verfügt aber über zwei offene Regalseiten, durch welche die Paletten mit Hilfe eines Fördermittels eingefahren und auch wieder kommissioniert werden können.

60. Nennen Sie Vor- und Nachteile von Durchfahrregalen!

**Vorteile** von Durchfahrregalen sind:
- hohe Flächenausnutzung,
- Lagerung auf mehreren Ebenen,
- auch FIFO-Prinzip möglich,
- u. a.

**Nachteile** von Durchfahrregalen sind:
- kein direkter Zugriff auf alle Paletten,
- keine freie Lagerplatzzuordnung,
- u. a.

### 2.4.7 Turmregale

61. Beschreiben Sie den Aufbau eines Turmregals!

Ein Turmregal, auch Liftregal genannt, ist ein vollautomatisches Lager mit einer Höhe von bis zu 10 m.

In einem Turmregal werden die Güter, die sich in Behältern (sog. Tablaren) befinden, mit einem Aufzug auf verschiedene Regalebenen gehoben und dort in die Fächer sortiert.

62. Nennen Sie Vor- und Nachteile von Turmregalen!

**Vorteile** von Turmregalen sind:
- hohe Flächen- und Raumausnutzung,
- freie Lagerplatzwahl,
- einfache, automatische Kommissionierung,
- u. a.

**Nachteile** von Turmregalen sind:
- hohe Investitions- und Instandhaltungskosten,
- geringe Erweiterbarkeit,
- hohe Störanfälligkeit,
- u. a.

### 2.4.8 Durchlaufregale

63. Beschreiben Sie den Aufbau eines Durchlaufregals!

Ein **Durchlaufregal** besteht aus einem Stahlrahmen und Durchlaufbahnen, die bis zu 8 Grad geneigt und auf verschiedenen Ebenen angebracht sind. Je nach Gewicht des Lagergutes sind in die Durchlaufbahn Tragrollen oder Röllchen eingelassen.

Ein Durchlaufregal verfügt über zwei offene Regalseiten.

64. Beschreiben Sie die Funktionsweise eines Durchlaufregals!

Die **Einlagerung** von Kartons etc. erfolgt von der Regalrückseite. Dabei rutscht das Lagergut durch das leichte Gefälle bis zur Regalvorderseite oder bis zum bereits eingelagerten Gut nach vorne.

Die **Entnahme** des Lagergutes erfolgt auf der Regalvorderseite. Später eingelagerte Einheiten rutschen nach.

65. Nennen Sie Vor- und Nachteile von Durchlaufregalen!

**Vorteile** von Durchlaufregalen sind:

- einfache Kommissionierung,
- FIFO-Prinzip wird eingehalten,
- keine Leerräume wegen nachrutschenden Gütern,
- u. a.

**Nachteile** von Durchlaufregalen sind:

- hohe Investitionskosten,
- nur artikelreine Bahnen sinnvoll,
- Unfallgefahr bei schweren Gütern,
- u. a.

### 2.4.9 Einschubregale

66. Beschreiben Sie den Aufbau eines Einschubregals!

Ein **Einschubregal** dient der Lagerung palettierter Güter.

Es besteht aus einem Stahlrahmen, in dem auf verschiedenen Ebenen Rollenbahnen mit einer Neigung von bis zu 5 Grad angeordnet sind.

Ein Einschubregal verfügt über eine offene Regalseite.

67. Beschreiben Sie die Funktionsweise eines Einschubregals!

**Einlagerungen** und **Entnahmen** der Paletten erfolgen von der Regalvorderseite.

Bei der Einlagerung werden die Paletten, die sich bereits in dem Regalfach befinden, über die Rollen nach hinten geschoben und die einzulagernde Palette wird an der Regalvorderseite abgesetzt.

Bei der Entnahme wird die zuletzt eingelagerte Palette zuerst entnommen. Das dahinterliegende Lagergut rutscht durch das leichte Gefälle bis zur Regalvorderseite nach vorne.

68. Nennen Sie Vor- und Nachteile von Einschubregalen!

**Vorteile** von Einschubregalen sind:

- hohe Flächenausnutzung,
- keine Leerräume wegen nachrutschenden Paletten,
- u. a.

**Nachteile** von Einschubregalen sind:

- nur artikelreine Bahnen sinnvoll,
- kein FIFO-Prinzip möglich,
- schlechte Übersicht über Bestände,
- u. a.

### 2.4.10 Verschieberegale

69. Beschreiben Sie den Aufbau eines Verschieberegals!

**Verschieberegale** gleichen im Aufbau Fachbodenregalen, die auf dem Boden auf Laufschienen montiert und dadurch verschiebbar sind.

Je nach Größe der Regale und Art der Lagergüter werden die Regale mit der Hand oder motorbetrieben verschoben.

70. Beschreiben Sie die Funktionsweise eines Verschieberegals!

Verschieberegale werden zur **Einlagerung** und **Auslagerung** so verschoben, dass sich zwischen den Regalen ein Gang bildet, der das Erreichen des Lagerplatzes möglich macht.

71. Nennen Sie Vor- und Nachteile von Verschieberegalen!

**Vorteile** von Verschieberegalen sind:
- hohe Flächen- und Raumausnutzung,
- kurze Kommissionierwege,
- u. a.

**Nachteile** von Verschieberegalen sind:
- hohe Sicherheitsanforderungen,
- hoher Wartungsaufwand,
- hohe Investitionskosten,
- u. a.

### 2.4.11 Umlaufregale

72. Was sind Umlaufregale?

**Umlaufregale** sind bewegliche Regalanlagen, in denen die Güter zwar in Boxen, Kästen, Fächern etc. liegen, sich aber während ihrer Lagerung mit der Regalanlage bewegen.

Sie befördern die Lagergüter bei Bedarf automatisch zur Entnahmestation.

73. Unterscheiden Sie Arten von Umlaufregalen!

Arten von Umlaufregalen sind z. B.:
- das **Paternosterregal,** in dem die Güter in die Höhe gelagert sind und sich gleichmäßig vertikal bewegen,
- das **Karussellregal,** in dem die Güter nebeneinandergelagert sind und sich gleichmäßig horizontal bewegen.

74. Nennen Sie Vor- und Nachteile von Umlaufregalen!

**Vorteile** von Umlaufregalen sind:
- hohe Flächen- und Raumausnutzung,
- FIFO-Verfahren anwendbar,
- freie Lagerplatzwahl,
- u. a.

**Nachteile** von Umlaufregalen sind:
- lange Zugriffszeiten,
- ungeeignet für sperrige Güter,
- hohe Investitionskosten,
- u. a.

## 2.5 Einlagerung

75. Nennen Sie vorbereitende Maßnahmen zur Einlagerung!

**Maßnahmen zur Einlagerung** von Waren sind:
- **Vorverpacken** in Kartons, Beutel, Kisten etc.,
- **Komplettieren** durch Umfüllen, Mischen, Sortieren etc. zu einer Kombinationsverpackung,
- **Etikettieren** mit verschlüsselten Angaben für den Verkauf im Einzelhandel,
- **Codieren** mit der europäischen Artikelnummer (EAN-Code) bzw. mit der globalen Artikelidentnummer (GTIN),
- u. a.

76. Welche Vorteile bietet eine Vorverpackung?

Vorteile einer **Vorverpackung** sind z. B.:
- hohe Bestandsübersicht bei Inventur,
- Schutz der gelagerten Ware,
- schnelle Kommissionierung,
- einfache Stapelung,
- Platzersparnis wegen geringerer Leerräume,
- u. a.

77. Welche Angaben enthalten Warenetiketten?

**Warenetiketten** geben z. B. Auskunft über:
- Artikelnummern,
- Warenbezeichnungen,
- Endpreise,
- Umsatzsteuern,
- Lieferdatum,
- u. a.

78. Woraus besteht der EAN-13-Code bzw. die GTIN (globale Artikelidentnummer)?

Der **EAN-13-Code** bzw. die **GTIN** (globale Artikelidentnummer) setzt sich zusammen aus der Nummer:
- des Herkunftslandes,
- des Herstellerbetriebes,
- des Artikels,
- der Prüfziffer.

79. Was ist das Modulus-10-Verfahren?

Das **Modulus-10-Verfahren** ist ein Verfahren zur Ermittlung einer Prüfziffer, die als letzte Stelle an eine Grundnummer wie bspw. an eine Artikelnummer angehängt wird. Da die Prüfziffer aus den Stellen der Grundnummer ermittelt wird, lassen sich Falscheingaben wie Tippfehler etc. mit einer Wahrscheinlichkeit von etwa 99 % ausschließen.

80. Nach welchen beiden Systemen kann eine Einlagerung organisiert werden?

Eine Einlagerung kann organisiert sein nach dem:

- **Festplatzsystem,** auch starre oder systematische Einlagerung genannt, bei dem jedem Lagergut ein eigener, fester Lagerplatz zugeordnet wird,
- **Freiplatzsystem,** auch chaotische Einlagerung oder flexible Einlagerung genannt, bei dem jedes Lagergut auf einem gerade freien Lagerplatz eingelagert wird.

81. Nennen Sie Vor- und Nachteile des Festplatzsystems!

**Vorteile** des Festplatzsystems sind z. B.:

- die gute Lagerübersicht wegen gleichbleibender und bekannter Lagerplätze,
- dass die Lagerplatzverwaltung auch ohne EDV-System möglich ist,
- u. a.

**Nachteile** des Festplatzsystems sind z. B.:

- die geringe Flächen- und Raumausnutzung wegen freibleibender Lagerplätze,
- der erhöhte organisatorische Aufwand bei Lagererweiterung.
- u. a.

82. Nennen Sie Vor- und Nachteile des Freiplatzsystems!

**Vorteile** des Freiplatzsystems sind z. B.:

- die hohe Flächen- und Raumausnutzung, weil keine Lagerplätze freigehalten werden müssen,
- dass Lagergüter problemlos zugelagert werden können,
- u. a.

**Nachteile** des Freiplatzsystems sind z. B.:

- die Probleme bei Ausfall des EDV-Systems,
- der hohe Suchaufwand bei falschen Einlagerungen,
- u. a.

83. Was versteht man unter Einlagerungsprinzipien?

**Einlagerungsprinzipien** sind:

- **FIFO-Prinzip** (first in – first out), bei dem die zuerst eingelagerte Ware zuerst wieder ausgegeben wird,
- **LIFO-Prinzip** (last in – first out), bei dem die zuletzt eingelagerte Ware zuerst wieder ausgegeben wird,
- **HIFO-Prinzip** (highest in – first out). Bei diesem buchhalterischen Prinzip wird die teuerste Ware zuerst verbraucht.

84. Nennen Sie Beispiele für die Anwendung des FIFO-Prinzips und des LIFO-Prinzips!

| Beispiele für das FIFO-Prinzip | Beispiele für das LIFO-Prinzip |
|---|---|
| ➢ Lagerung von Kartons in Durchlaufregalen → s. Kap. 2.4 Lagereinrichtungen<br>➢ Lagerung von Mehl in Silos<br>➢ Lagerung verderblicher Ware wie Milch | ➢ Lagerung gleichartiger Güter in Blöcken → s. Kap. 2.3 Lagertechniken<br>➢ Lagerung von Paletten in Einschubregalen → s. Kap. 2.4 Lagereinrichtungen<br>➢ Lagerung von Schüttgütern wie Sand |

85. Nach welchen Kriterien werden Güterlagerplätze vergeben?

**Güterlagerplätze** werden vergeben aus Gründen der

- **Sicherheit,** wie z. B. bei der Befolgung von Zusammenlagerungsverboten,
- **Wirtschaftlichkeit,** wie z. B. bei der Lagerung von Schnelldrehern in Griffhöhe,
- **Technik,** wie z. B. bei der Lagerung von Weinen in temperierten Räumen,
- u. a.

# PRÜFUNGSTRAINING

## Aufgabe 1

Welche Funktionen der Lagerhaltung werden in den folgenden Beispielen jeweils angesprochen?

a) In einem Baumarkt werden aufgrund erwarteter Preissteigerungen die Einkaufsmengen erhöht.

b) Um Produktionsausfälle zu vermeiden, wird in einem Industriebetrieb ein Mindestbestand gehalten.

c) In einem Einzelhandelsunternehmen wird eine große Lieferung Schrauben in kleine Verkaufseinheiten umgepackt.

d) In einer Winzerei lagern Weine viele Jahre, damit sie ihre vollen Qualitäten entfalten können.

e) In einem Industrieunternehmen werden Produkte vom Zeitpunkt der Fertigstellung bis zum Versand in einem Auslieferungslager gelagert.

## Aufgabe 2

Entscheiden Sie, ob folgende Lagerzonen jeweils nach den Gütermerkmalen

1 = Wert

2 = Volumen

3 = Materialart

4 = Gefährlichkeit

5 = Umschlagshäufigkeit

eingeteilt wurden!

a) Kleinteile oder Großteile ☐

b) Holz oder Metall ☐

c) Schnelldreher oder Ladenhüter ☐

d) Glas und Kunststoff ☐

e) Säuren oder Gase ☐

f) Billigware oder Verschlussware ☐

## Aufgabe 3

Entscheiden Sie, ob folgende Aussagen eher auf

1 = zentrale Beschaffungslager

2 = dezentrale Beschaffungslager zutreffen!

a) Die Raumausnutzung ist günstiger. ☐

b) Der Informationsfluss zwischen den Abteilungen an einem Standort verläuft schneller. ☐

c) Die Abstimmung zwischen Lager und Produktion ist einfacher. ☐

d) Der Gesamtbedarf ist leichter feststellbar. ☐

e) Es wird mehr Personal benötigt. ☐

### Aufgabe 4

Entscheiden Sie, ob folgende Aussagen über dezentrale Auslieferungslager

1 = richtig oder

9 = falsch sind!

Dezentrale Auslieferungslager ...

a) senken die gesamten Lagerkosten eines Unternehmens. 9 ☐
b) ermöglichen eine schnellere Belieferung der Kunden. 1 ☐
c) führen zu erhöhtem Personalbedarf. 1 ☐
d) erhöhen die Transportkosten bis zum Kunden. 9 ☐
e) vereinfachen den Informationsfluss im Gesamtunternehmen. 9 ☐

### Aufgabe 5

Entscheiden Sie, ob folgende Beschreibungen über die Bauweisen von Lagern auf

1 = offene Lager (Freilager)

2 = halb offene Lager

3 = geschlossene Lager zutreffen!

Die Lagerung ...

a) erfolgt auf einer überdachten Lagerfläche, die seitlich keinen Schutz bietet. 2 ☐
b) ist ideal für witterungsunempfindliche Güter. 1 ☐
c) bietet bestmöglichen Schutz vor Diebstahl. 3 ☐
d) schafft bestmögliche Voraussetzungen für Verwaltungsarbeiten. 3 ☐

### Aufgabe 6

Entscheiden Sie, ob folgende Aussagen über die Fremdlagerung

1 = richtig oder

9 = falsch sind!

a) Ein Einlagerer kann seine Ware jederzeit besichtigen. 9 ☐
b) Ein Lagerschein verbrieft das Recht auf Herausgabe des Lagergutes. 1 ☐
c) Eine Privatperson ist verpflichtet, das einzulagernde Gut ordnungsgemäß zu verpacken und zu kennzeichnen. 9 ☐
d) Der Lagerempfangsschein ist ein Warenwertpapier. 9 ☐
e) Ein Einlagerer haftet verhaltensunabhängig für Schäden, die bei ungenügender Verpackung und Kennzeichnung der Ware entstehen. 1 ☐
f) Stellt der Lagerhalter Schäden am Lagergut fest, muss er beim Einlagerer Weisungen zum Erhalt des Lagergutes einholen. 9 ☐

### Aufgabe 7

Erläutern Sie fünf Kriterien, von denen die Stapelhöhe von Gitterboxpaletten abhängig ist!

### Aufgabe 8

Ermitteln Sie die Prüfziffer für die GTIN-13 (13-stellige Artikelnummer) 610425938126 nach dem Modulus-10-Verfahren!

6

### Aufgabe 9

Entscheiden Sie, ob folgende Aussagen über die Bodenlagerung

1 = richtig oder

9 = falsch sind!

a) Bodenlagerung ermöglicht bei hohen Beständen eine gute Lagerübersicht. 9 ☐
b) Bodenlagerung kann nur in geschlossenen Lagern erfolgen. 9 ☐
c) Lagergeräte verbessern die Stapelbarkeit und erlauben den Einsatz von Hubwagen. 1 ☐
d) Bei der Blocklagerung stehen immer zwei Stapelsäulen in der Tiefe hintereinander. 9 ☐
e) Ein Vorteil der Reihenlagerung ist die hohe Flächen- und Raumausnutzung. 9 ☐
f) Das FIFO-Prinzip wird eher bei der Reihen- als bei der Blocklagerung angewendet. 1 ☐
g) Blocklager sind besonders zur Lagerung verschiedenartiger Güter geeignet. 9 ☐
h) Reihenlagerung eignet sich insbesondere für die Lagerung verderblicher Güter. 1 ☐
i) Bodenlagerung ist wie auch die Regallagerung eine Lagertechnik. ~~8~~ 1 ☐
j) Bei der Blocklagerung ist ein direkter Zugriff zu jeder Ware möglich. 9 ☐

### Aufgabe 10

Erläutern Sie anhand von Beispielen die drei Formen der dynamischen Lagerung!

### Aufgabe 11

Entscheiden Sie, ob folgende Aussagen über die Regallagerung

1 = richtig oder

9 = falsch sind!

a) Fachbodenregale dienen insbesondere der Aufnahme von palettiertem Lagergut. 9 ☐
b) Paternosterregale arbeiten nach dem Prinzip „Ware zum Mann". 1 ☐
c) Beim Einschubregal erfolgt die Ein- und Auslagerung von der Regalvorderseite. 1 ☐
d) Palettenregale bieten gute Möglichkeiten zur dynamischen Lagerung. 9 ☐
e) Neben Regalen bezeichnet man auch ortsfeste Schränke als Lagereinrichtung. 1 ☐
f) Durchfahrregale haben nur eine offene Stirnseite. 9 ☐
g) In Durchlaufregalen dienen Röllchenbahnen oft als Antriebselemente der Lasten. 1 ☐
h) Langgüter werden in Kassettenregalen, nicht in Wabenregalen gelagert. 9 ☐
i) Auf Stetigförderanlagen werden Güter nur zwischengelagert. 1 ☐

### Aufgabe 12

Erläutern Sie die Organisation der Einlagerung nach dem Festplatz- und nach dem Freiplatzsystem! Fest: jeder A einen Eign platz

### Aufgabe 13

Aus der Lagerfachkarte des Top-Baumarktes wurden für den Artikel „Neonleuchte Pluto" zu verschiedenen Zeitpunkten folgende Lagerzugänge und Beschaffungspreise ermittelt:

| Beschaffungszeitpunkte | 1 | 2 | 3 | 4 | 5 |
|---|---|---|---|---|---|
| Beschaffungspreise in € | 27 | 22 | 31 | 29 | 30 |
| Lagerzugänge in Stück | 60 | 40 | 25 | 35 | 30 |

a) Wie hoch ist der Wert eines Lagerendbestands von 70, wenn die „Neonleuchten Pluto" nach dem FIFO-Prinzip eingelagert wurden?

b) Wie hoch ist der Wert eines Lagerendbestands von 110, wenn die „Neonleuchten Pluto" nach dem LIFO-Prinzip eingelagert wurden?

c) Wie hoch ist der Wert eines Lagerendbestands von 50, wenn Sie ihn nach dem buchhalterischen HIFO-Prinzip bewerten?

### Aufgabe 14

Die Impex GmbH lagert eine Großlieferung Kosmetikartikel bei einem gewerblichen Lagerhalter, der Primus Logistik OHG, ein. Die Primus Logistik OHG stellt der Impex GmbH den abgebildeten Orderlagerschein aus.

**Primus Logistik OHG**

Rhöndorferstraße 19
50969 Köln
Tel. 0221 61479999
Fax: 0911 61478888

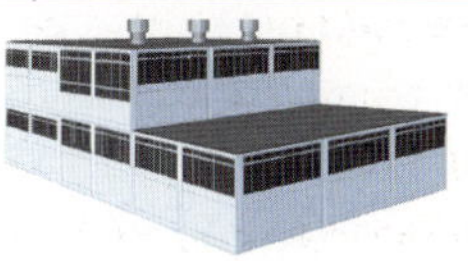

**Orderlagerschein**

**WARRANT**

Lagerschein-Nr. PSI 1278
WARRANT Number

Lagerbuch 21/8721

Wir lagerten ein für
We warehoused for

Impex GmbH, Brüggener Straße 1, 50969 Köln — oder Order
or order

auf unserem Lager
in our warehouse

Primus Logistik OHG, Rhöndorferstraße 19, 50969 Köln — am 29. Oktober 20..
on

| Artikel | Anzahl und Art der Packstücke | Inhalt je Packstück | Bruttogewicht | Bemerkungen |
|---|---|---|---|---|
| K-PS | 30 EUR-Paletten | Dusch-Gel GRÄFIN SOFIA, elegant-nature, 250 ml, 48 Pack à 12 Stck | 5.245 kg (Tara: 925 kg) | Miete bezahlt bis einschließlich 29. Dezember 20.. |
| – | – | – | – | – |
| – | – | – | – | – |

Wir verpflichten uns, das Gut nur gegen Rückgabe dieses Lagerscheins nach Maßgabe der aus dem Schein ersichtlichen Bedingungen an den Einlagerer oder dessen Order auszuliefern. Bei Teilauslieferungen ist der Lagerschein zwecks Abschreibung vorzulegen.

We guarantee to deliver the goods only against return of this warrant in accordance with the regulations visable on the warrant to, the firm mentioned or their order. For part deliveries the warrant is to be presented for writing-off.

Köln, den 29. Oktober 20..
Date

N. Kaiser
(Unterschrift Lagerhalter)

Die Lagerordnung ist einsehbar.

Rechtsverbindlich: die deutsche Fassung des Orderlagerscheins
In case of disputs the German text of this warrant is to apply

a) Nennen Sie drei Rechte und drei Pflichten, die der gewerbliche Lagerhalter mit der Einlagerung übernimmt!

b) Erläutern Sie die Bedeutung eines Orderlagerscheins!

c) Übersetzen Sie die auf dem Orderlagerschein blau unterlegten Begriffe ins Englische!

d) Errechnen Sie die Anzahl der eingelagerten 250-ml-Flaschen!

e) Für welchen Zeitraum ist diese Fremdlagerung zunächst geplant?

## Der Prüfungsfall

**Frau Cornelissen erweitert die Lagerkapazität der Impex GmbH**

Die Unternehmerin Cornelissen überlegt, ob sie zur Erweiterung der Lagerkapazität der Impex GmbH ein eigenes Lager bauen oder die Dienste des Lagerhalters Klaas in Anspruch nehmen soll.

Frau Cornelissen hat ermittelt, dass im Fall einer Eigenlagerung 150 000 € Fixkosten und 40 € variable Kosten je gelagertem Artikel anfallen.

Im Fall der Fremdlagerung rechnet sie mit 115 € je eingelagertem Artikel.

a) Erläutern Sie jeweils drei verschiedene Gründe, die Frau Cornelissen dazu veranlassen könnten, sich für eine Eigen- bzw. für eine Fremdlagerung zu entscheiden!

b) Erläutern Sie für den Fall der Fremdlagerung jeweils drei verschiedene Rechte und Pflichten des Lagerhalters Klaas gegenüber Frau Cornelissen.

c) Stellen Sie die Kostenfunktionen für die Eigen- und für die Fremdlagerung auf und ermitteln Sie *rechnerisch* die Lagermenge, bei der die Kosten gleich sind!

d) Ermitteln Sie die Menge, bei der die Kosten der Eigen- und der Fremdlagerung gleich sind, *zeichnerisch* mit Hilfe des dargestellten Koordinatensystems!

**Kostenverläufe bei Eigen- und Fremdlagerung**

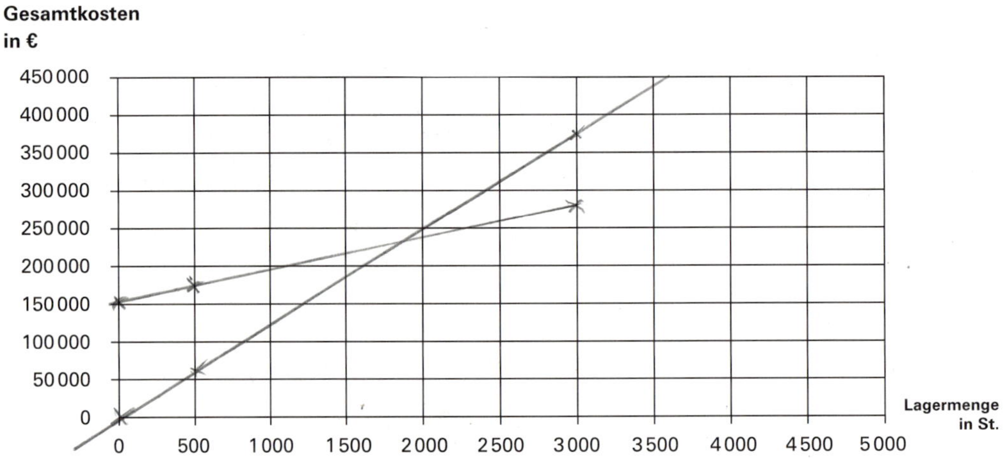


e) Welche Empfehlung würden Sie der Unternehmerin Cornelissen aufgrund ihrer bisherigen Ergebnisse aussprechen?

# 3 Güter bearbeiten (Lernfeld 3)

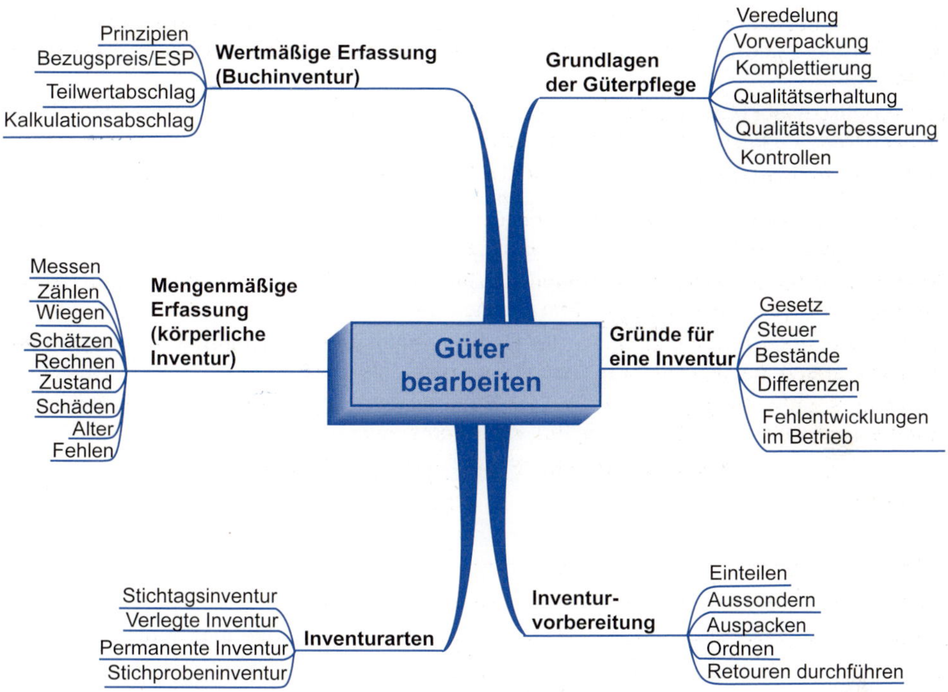

## KOMPAKTWISSEN

### 3.1 Grundlagen der Güterpflege

**1.** Nennen Sie wichtige Schädigungseinflüsse für Güter während der Lagerung!

**Güter** sind allen **Beanspruchungen** ausgesetzt, denen auch ihre Verpackung ausgesetzt ist. Das sind vor allem

- mechanische Beanspruchungen,
- klimatische Beanspruchungen,
- Schäden durch Menschen,
- Schäden durch Tiere und Pflanzen.

→ zu den Beanspruchungen s. Kap. 5 Güter verpacken!

**2.** Was versteht man unter einem Verfallsdatum?

Ist das **Verfallsdatum** überschritten, darf ein Produkt nicht mehr verkauft werden. Befindet es sich bereits beim Endverbraucher, sollte es nicht mehr benutzt werden.

**3.** Was versteht man unter einem Mindesthaltbarkeitsdatum?

Ist ein **Mindesthaltbarkeitsdatum** (MHD), engl.: „best before", überschritten, geht die Qualitätsgewähr des Herstellers verloren.

| |
|---|
| Das MHD ist kein Verderbdatum! |

**4.** Welche Maßnahmen zur Güterpflege können im Lager ergriffen werden?

Die **Maßnahmen zur Güterpflege** hängen von der Art der Güter ab.

Manche Güter

- unterliegen einem Reifungs- und Veredelungsprozess. Sie gewinnen durch bestimmte Lagerbedingungen ihre Qualität. Dazu gehören Temperaturkontrollen, Wenden oder Umdrehen, Lüftung, Stille u. a.,
- müssen in der logistischen Kette noch um- oder vorverpackt werden,
- benötigen Sicht- oder Prüfkontrollen,
- müssen gesäubert oder bewegt werden.

→ s. Kap. 2 Güter lagern!

## 3.2 Gründe für eine Inventur

5. Wozu dient eine Inventur?

Eine **Inventur** dient dazu, festzustellen, über welche **Vermögenswerte** einerseits und **Schulden** andererseits ein Kaufmann verfügt.

6. Was ist der Unterschied zwischen mengenmäßiger und wertmäßiger Erfassung?

- Die **mengenmäßige Erfassung** betrifft körperliche **Gegenstände** (Güter, Gebäude, Transportmittel u. a.) und erfolgt durch
  - Messen,
  - Zählen,
  - Wiegen,
  - Schätzen,
  - u. a.

  Sie heißt deshalb auch **körperliche Inventur**.
- Die **wertmäßige Erfassung** betrifft buchmäßige **Werte** (Forderungen gegenüber Kunden, eigener Kontostand u. a.) und heißt deshalb auch **Buchinventur**.

7. Was ist der Unterschied zwischen Erfassung und Bewertung?

Eine **Erfassung** ermittelt Mengen, eine **Bewertung** ermittelt Geldgrößen bzw. Preise (= Wertansätze).

Jeder körperlichen Inventur muss deshalb eine Bewertung folgen, während dies bei einer Buchinventur zeitgleich möglich ist.

8. Aus welchen Gründen findet eine Inventur statt?

Eine Inventur findet statt, weil sie
- vom Gesetz vorgeschrieben ist (§ 240 HGB),
- steuerlich relevante Angaben liefert,
- die aktuellen Bestände im Betrieb feststellt, die das Inventar und die Bilanz voraussetzen,
- Ansatzpunkte zur Erfolgseinschätzung liefert,
- aus den aktuellen Beständen mögliche Fehlentwicklungen im Betrieb aufzeigt,
- Ansatzpunkte zu Verbesserungen liefert,
- u. a.

9. Nennen Sie fünf mögliche Gründe für Inventurdifferenzen!

**Inventurdifferenzen** können entstehen, weil
- stattgefundene Wareneingänge (Überbestände) oder Warenausgänge (Fehlbestände) nicht oder falsch gebucht wurden,
- Warenein- und -ausgänge gebucht wurden, obwohl sie nicht stattgefunden haben,
- falsche Lagerplätze benutzt wurden,
- Umlagerungen nicht erfasst wurden,


5 Hummel - ISBN 978-3-8120-0570-8

- Schwund (Verdunstung u. a.) stattgefunden hat,
- Diebstahl vorkam,
- Zählfehler bei der Inventur entstanden sind,
- Schreibfehler bei der Erfassung entstanden sind,
- u. a.

## 3.3 Inventurvorbereitung

10. Beschreiben Sie sieben Tätigkeiten zur Vorbereitung einer Inventur!

Es sollten folgende Tätigkeiten zur **Vorbereitung einer Inventur** durchgeführt werden:

- in einer Liste die Lagerorte festhalten (Verkaufslager, Reservelager, Schaufenster, Auswahlsendungen an Kunden, Freilager u. a.),
- fremdes Eigentum aussondern,
- alle Artikel übersichtlich anordnen, damit leichter gezählt werden kann,
- Retouren an Lieferanten zurückschicken,
- alle Wareneingänge auspacken und einlagern,
- Inventurlisten vorbereiten,
- Inventurbereiche festlegen und verantwortliche Mitarbeiter bestimmen,
- pro Zählort zwei Mitarbeiter einteilen („Vier-Augen-Prinzip")
- u. a.

→ s. Kap. 8.2 Inventur, Inventar und Bilanz!

## 3.4 Inventurarten

11. Nennen Sie vier Inventurarten!

Folgende vier **Inventurarten** werden unterschieden:

- Stichtagsinventur (inkl. zeitnaher Inventur),
- verlegte Inventur,
- permanente Inventur,
- Stichprobeninventur.

12. Nach welchen drei Gesichtspunkten können die vier Inventurarten gegeneinander abgegrenzt werden?

Die Inventurarten unterscheiden sich voneinander zunächst hinsichtlich der Fragen,

- ob **alle** Artikel gezählt werden,
- ob die Artikel zu **einem** Zeitpunkt gezählt werden,
- ob der **Zähltag** auch der Bilanz**stichtag** ist.

13. Was ist der Bilanzstichtag?

Der **Bilanzstichtag** ist der Tag, der beim Wertansatz für Vermögen und Schulden zugrunde gelegt wurde. Er liegt oft am 31. 12. eines Jahres, kann aber auch davon abweichen.

14. Beschreiben Sie die Stichtagsinventur!

Bei der **Stichtagsinventur** werden alle Artikel zu einem Zeitpunkt gezählt. Der Zähltag ist gleichzeitig der Bilanzstichtag.

15. Wann spricht man von einer zeitnahen Inventur?

Von der Sonderform der **zeitnahen Inventur** spricht man dann, wenn im Rahmen einer Stichtagsinventur der Zähltag bis zu 10 Tage vom Bilanzstichtag abweicht.

16. Beschreiben Sie die verlegte Inventur!

Bei der **verlegten Inventur** werden alle Artikel zu einem Zeitpunkt gezählt, aber der Zähltag darf höchstens bis zu drei Monate vor oder bis zu zwei Monate nach dem Bilanzstichtag liegen. Daraus ergibt sich dann entweder die Pflicht zu einer Fortschreibung oder einer Rückrechnung der inventierten Ist-Werte.

17. Beschreiben Sie die permanente Inventur!

Bei der **permanenten Inventur** werden zwar alle Artikel gezählt, aber artikelweise zu unterschiedlichen Zeitpunkten. Der Zähltag entspricht nicht dem Bilanzstichtag.

Wie bei der verlegten Inventur müssen hier Fortschreibungen oder Rückrechnungen stattfinden, allerdings für jede Artikelgruppe mit eigenen Zeiträumen.

18. Beschreiben Sie die Stichprobeninventur!

Bei der **Stichprobeninventur** werden nicht alle Artikel und nicht zu einem Zeitpunkt gezählt. Der Zähltag muss auch nicht der Bilanzstichtag sein.

Betriebe müssen dabei allerdings folgende **Voraussetzungen** erfüllen:

- Das Lager muss mindestens 2000 Artikelarten umfassen.
- Es muss ein EDV-System mit Bestandserfassung vorliegen.
- Die Berechnung muss mit anerkannten mathematischen Methoden erfolgen.
- Mindestens 5 % der Güter**mengen** sollten A-Güter sein (A-Güter bedeutet hier mindestens 40 % der Güter**werte**).
- Nur diese A-Güter sowie bestimmte Gütergruppen (Verderbware u. a.) werden voll gezählt, alle anderen Artikel werden in Stichproben erfasst.

## 3.5 Mengenmäßige Erfassung (körperliche Inventur)

19. Nennen Sie verschiedene Möglichkeiten, wie die körperliche Inventur erfolgen kann!

Die **körperliche Inventur** kann erfolgen durch

- Zählen (Einzelware u. a.),
- Messen (Meterware u. a.),
- Wiegen (verderbliche Güter u. a.),
- Schätzen (Schüttgüter u. a.),
- Rechnen (Getränkekästen u. a. Güter in Längs- und Queranordnung),
- u. a.

20. Worauf muss bei der körperlichen Erfassung bei den Gütern geachtet werden?

Es ist zu achten

- auf den **Zustand** der Güter,
- auf feststellbare **Schäden,**
- auf **Altersspuren,**
- auf sonstige **Mängel** (Farbeinbußen, Gerüche u.a.),
- u. a.

## 3.6 Wertmäßige Erfassung (Buchinventur)

21. Welche drei Grundsätze sind bei der Ermittlung der Wertansätze zu beachten

Bei der **Ermittlung der Wertansätze** sind die folgenden Grundsätze zu beachten:

- Das **Realitätsprinzip** verlangt, dass realistische (aktuelle) Werte des Bilanzstichtages heranzuziehen sind.

  **Beispiel:**

  Der Preis für den Rohstoff Aluminium ist seit dem letzten Einkauf gesunken. Die eingelagerte Aluminiummenge wird am Bilanzstichtag mit dem realistischeren aktuellen Wert angesetzt.

- Das **Vorsichtsprinzip** verlangt unternehmerische Zurückhaltung bei positiven Erwartungswerten, die noch nicht eingetreten sind.

  **Beispiel:**

  Die Kundenaufträge steigen, wodurch der Wert der Fertigerzeugnisse im Grunde steigt. Sie werden aus Vorsicht dennoch mit den ursprünglichen Werten angesetzt.

- Das **Niederstwertprinzip** verlangt, dass im Zweifel der niedrigere Wert anzusetzen ist.

**Beispiel:**

Ein Wasserschaden wird zu deutlichen Werteinbußen bei gelagerter Ware führen. Zwei unterschiedliche Schätzungen kommen zu verschiedenen Ergebnissen. Man nimmt den Wert, der den Warenwert am niedrigsten schätzt.

22. Zu welchem Preis findet nach der körperlichen Inventur die wertmäßige Erfassung statt?

Die **Bewertung der Güterbestände** erfolgt entweder zum Einkaufspreis oder zum Bezugspreis/Einstandspreis, aber nicht zum Verkaufspreis, da sie noch nicht verkauft sind **(Vorsichtsprinzip!)**.

23. Was ist zu tun, wenn die körperliche Inventur zu Verkaufspreisen erfolgt ist?

Rein rechnerisch werden die **Verkaufspreise** auf die ursprünglichen Einstandspreise **heruntergerechnet.** Zur Vereinfachung geschieht dies auf umgekehrtem Weg wie die Verkaufskalkulation, also durch eine Rückrechnung.

24. Was versteht man unter einem Kalkulationsabschlag?

Der **Kalkulationsabschlag** ist der Prozentsatz, der vom Verkaufspreis abzuziehen ist, um auf den ursprünglichen Bezugspreis/Einstandspreis zu kommen, den man als Inventurwert benötigt. Er wird ermittelt durch Rückrechnung oder durch eine Formel.

$$\textbf{Kalkulationsabschlag} = \frac{\text{Verkaufspreis} - \text{Bezugspreis}}{\text{Verkaufspreis}} \cdot 100$$

25. Was versteht man unter einem Teilwertabschlag?

**Teilwert** ist ein Begriff aus dem Steuerrecht. Wenn die Verkäuflichkeit eines Artikels (wegen Beschädigung oder Überalterung u. a.) am Inventurtag niedriger ist als zum Zeitpunkt des Einkaufs, wird ein unter dem Einstandspreis liegender Wertansatz, der Teilwert, gewählt.

Teilwerte sind Schätzwerte, die den Finanzämtern gegenüber glaubwürdig gemacht werden müssen. Für Teilwertabschläge ist auch die Bezeichnung Abschreibung gebräuchlich.

## PRÜFUNGSTRAINING

### Aufgabe 1

Ordnen Sie den unten stehenden Produkten die angemessene Erfassungsart zu, indem Sie die passende Ziffer eintragen. (Mehrfachnennungen sind möglich!)

**Erfassungsart:**

1 = Rechnen
2 = Schätzen
3 = Wiegen
4 = Messen
5 = Zählen

| | Produkte | Ziffer |
|---|---|---|
| a) | Zündkerzen als Einzelstücke | 5 |
| b) | Bücher | 5 |
| c) | Verpackungsband – nicht konfektioniert – auf Trommeln | 5 |
| d) | Goldstaub beim Juwelier | 3 |
| e) | Windelpakete in Verbundstapelung auf Paletten | 1 |
| f) | Rohrzangen als Einzelware | 5 |
| g) | Rollsplitt im offenen Lager | 2 |

### Aufgabe 2

Ordnen Sie den unten stehenden Fällen/Aussagen die angemessene Inventurart zu, indem Sie die passende Ziffer eintragen.

**Inventurart:**

1 = Stichprobeninventur
2 = permanente Inventur
3 = verlegte Inventur
4 = zeitnahe Inventur
5 = Stichtagsinventur

| | Fall | Ziffer |
|---|---|---|
| a) | Eine Drogerie will bei der Wahl von Inventurterminen frei sein und auf keinen Fall ihr Geschäft dafür schließen. | 2 |
| b) | Eine Tierhandlung schließt am 31. Dezember um 13:00 Uhr und lädt nach der Inventur alle Mitarbeiter zu einer Silvesterparty ein. | 5 |
| c) | Ein Pharmaunternehmen mit 90 % Mengenanteilen bei B- und C-Gütern (mit insgesamt 55 % Warenwert) spart so Zählpersonal und Zeitaufwand, ohne dass der Aussagegehalt der Inventur beeinträchtigt wird. | 1 |
| d) | Ein Modehaus schließt am 30. April um 13:00 Uhr und lädt nach der Inventur alle Mitarbeiter zum Tanz in den Mai ein. Die Bilanz ist auf den 30.04. datiert. | 3 |
| e) | Ein Autohersteller mit 96 % B- und C-Gütern (mit insgesamt 61 % Lagerwert) darf diese Inventurart nicht wählen. | 1 |

| | Fall | Ziffer |
|---|---|---|
| f) | Eine Fotohandlung will nicht wegen ihrer Inventur schließen und nimmt den 1. Januar als Zähltag. | 3 4 |
| g) | Eine Möbelhandlung schließt am 31. Oktober um 13:00 Uhr und lädt nach der Inventur alle Mitarbeiter zur Halloweenparty ein. Die Bilanz ist auf den kommenden 31. 12. datiert. | 3 |

## Aufgabe 3

Bei zwei verlegten Inventuren gab es folgende Werte:

| | |
|---|---|
| Wert Abgänge vom 31. 12. – 20. 02. | 31 200,00 € |
| Wert Zugänge vom 15. 10. – 31. 12. | 80 400,00 € |
| Bestandswert am Zähltag 20. 02. | 8 100 000,00 € |
| Wert Abgänge 15. 10. – 31. 12. | 85 800,00 € |
| Bestandswert am Zähltag 15. 10. | 5 580 000,00 € |
| Wert Zugänge 31. 12. – 20. 02. | 2 556 000,00 € |

Ermitteln Sie den jeweiligen Stichtagswert zum 31. 12.

a) bei der verlegten Inventur am 15. 10.! 5660400

b) bei der verlegten Inventur am 20. 02.! 5544000

## Aufgabe 4

Ein Haushaltswarengeschäft rechnet mit einem Handlungskostenzuschlag von 39 %, einem Gewinnzuschlag von 11 % und Verkaufszuschlägen (Skonto 3 % und Rabatt 4 %).

Der Bezugspreis/Einstandspreis des Produktes 1 beträgt 180,00 €, des Produktes 2 beträgt 95,00 €. Berechnen Sie für beide Produkte

a) den Verkaufspreis (netto),

b) den Verkaufspreis (brutto),

c) den Kalkulations**zuschlag,**

d) den Kalkulations**abschlag**!

## Aufgabe 5

In einem Kaufhaus wird Inventur gemacht. Es werden 37 Fußbälle zu einem Verkaufs-Stückpreis von 44,95 € gezählt. Der Zustand der Ware ist einwandfrei. Die Fußbälle sind vor drei Tagen geliefert worden. Der Kalkulationsabschlag beträgt 56 %.

a) Berechnen Sie den Betrag, der als Wertansatz für die Inventur ausgewiesen werden muss!

b) Begründen Sie, ob hier ein Teilwertabschlag für das Kaufhaus von Interesse sein könnte!

## Der Prüfungsfall

**Sebastian und Sandra helfen bei der Inventur in der Impex GmbH**

Sebastian ist im Verkaufsraum und steht vor den Haushaltsgeräten, während Sandra die Inventurliste nach seinen Angaben ausfüllt ...

Sebastian: „... Pastamaschinen 12 Stück, Verkaufspreis 58,31 €, schon 3 – 6 Monate alt, Espressokocher 7 Stück, Verkaufspreis 17,85 €, neuwertig, Espressotassen 24 Stück, Verkaufspreis 15,47 €, neu, aber total verschmutzte Verpackung! 5 mal Kochset SIGNUM, Verkaufspreis 82,11 €, schon fast ein Jahr alt, Auflaufform 20 Stück, Verkaufspreis 34,51 €, Küchenuhr, 2 Stück, haben beide verkratzte Zifferscheiben! Verkaufspreis 141,61 € ...“

a) Füllen Sie die folgende Inventurliste (mengenmäßige Erfassung) nach Sebastians Angaben aus!

| **Mengenmäßige Erfassung** | | | | | | |
|---|---|---|---|---|---|---|
| Warengruppe: Haushaltswaren (Küche) | | Zähltag: 31.12.20 .. | | Blatt-Nr. 14 | | |
| 1 | 2 | 3 | 4 | 5 | 6 | 7 |
| Nr. | Warenbezeichnung | Stück | Brutto-Verkaufspreis/ St. in € | Alter (Monate) | Zustand | Gesamtpreis in € |
| 501 | Pastamaschine | | | | | |
| 502 | Espressokocher | | | | | |
| 503 | Espressotassen | | | | | |
| 504 | Kochset SIGNUM | | | | | |
| 505 | Auflaufform | | | | | |
| 506 | Küchenuhr | | | | | |
| | SUMME | | | | | |

b) Die Impex GmbH rechnet mit folgenden Kalkulationszahlen:

| | | | |
|---|---|---|---|
| Handlungskostenzuschlag: | 41 % | Teilwertabschlag für 3 – 6 Monate: | 5 % |
| Gewinnzuschlag: | 13 % | Teilwertabschlag für 6 – 12 Monate: | 10 % |
| Umsatzsteuer: | 19 % | Teilwertabschlag für Verschmutzung oder Beschädigung: | 50 % |

Füllen Sie nach diesen Angaben die folgende Inventurliste (wertmäßige Erfassung) aus!

| **Wertmäßige Erfassung** | | | | | | | | | |
|---|---|---|---|---|---|---|---|---|---|
| Warengruppe: Haushaltswaren (Küche) | | | Zähltag: 31.12.20 .. | | | Blatt-Nr. 14 | | | |
| 1 | 2 | 3 | 4 | 5 | 6 | | 7 | | 8 |
| Nr. | Warenbezeichnung | Stück | Verkaufspreis/St. in € (netto) | Verkaufspreis gesamt in € (netto) | Kalkulationsabschlag | | Teilwertabschlag | | Wertansatz für die Inventur in € |
| | | | | | in % | in € | in % | in € | |
| 501 | Pastamaschine | | | | | | | | |
| 502 | Espressokocher | | | | | | | | |
| 503 | Espressotassen | | | | | | | | |
| 504 | Kochset SIGNUM | | | | | | | | |
| 505 | Auflaufform | | | | | | | | |
| 506 | Küchenuhr | | | | | | | | |
| | SUMME | | | | | | | | |

# 4 Güter kommissionieren (Lernfeld 5)

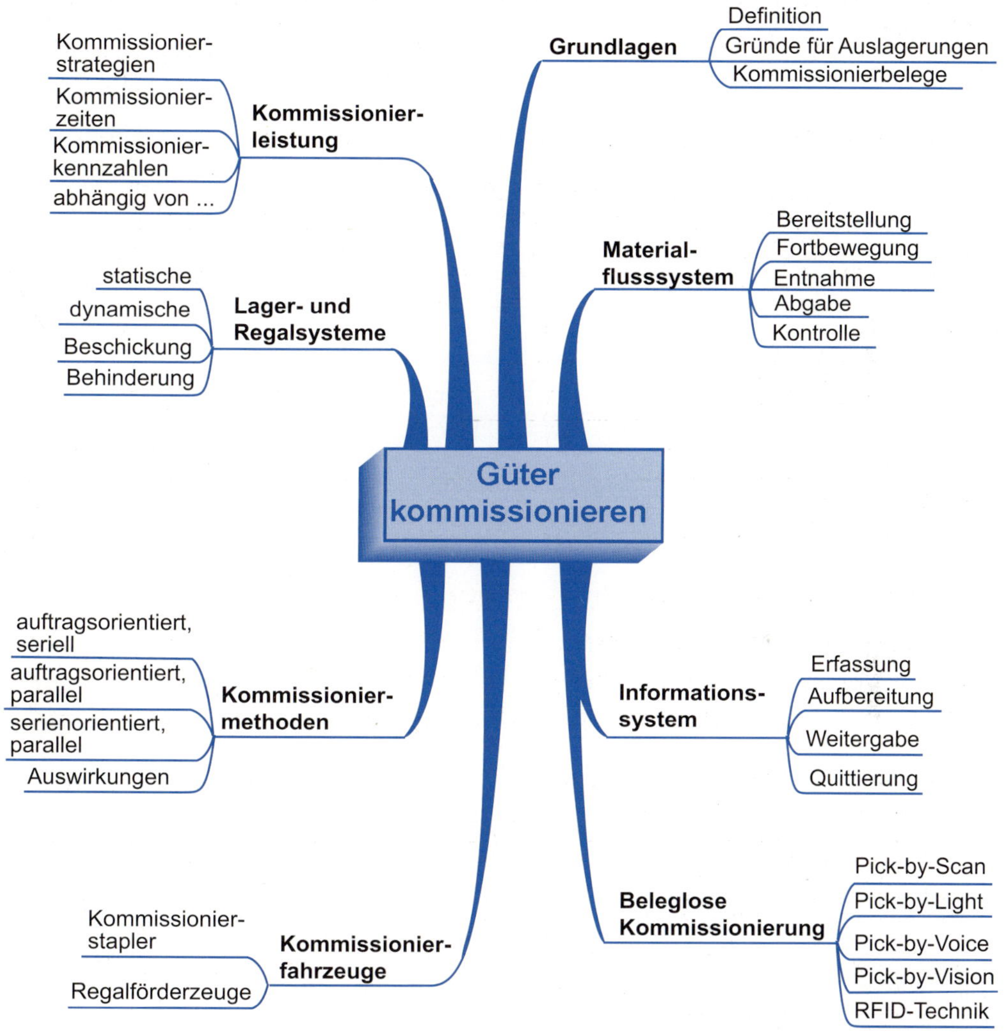

# KOMPAKTWISSEN

## 4.1 Grundlagen

1. Erläutern Sie den Begriff Kommissionieren!

**Kommissionieren** bedeutet das Zusammenstellen von Artikeln aufgrund eines Auftrages.

2. Wodurch werden Güterausgänge und damit Kommissionieraufträge ausgelöst?

**Auslöser für Kommissionieraufträge** können sein:

- produktionsbedingt: durch Bereitstellung an die Fertigung oder Werkstatt,
- absatzbedingt: durch Kundenbestellungen,
- intern bedingt:
  - durch Umlagerungen,
  - durch Entsorgung von Ausschuss,
  - durch Überschreiten eines Verfalls- oder Mindesthaltbarkeitsdatums,
  - durch Retouren an Hersteller oder Lieferanten,
  - durch Bereitstellung an die Qualitätssicherung,
  - durch Auffüllen im Verkaufslager,
  - u.a.

3. Welche Kommissionierbelege werden eingesetzt?

Es werden folgende **Kommissionierbelege** eingesetzt:

- **produktionsbedingt:**
  - Produktionsübergabeschein,
  - Produktionsauftrag,
  - Materialentnahmeschein,
  - Reparaturübergabeschein,
  - u.a.
- **absatzbedingt:**
  - Kundenbestellung,
  - Lieferschein,
  - Rechnung,
  - u.a.
- **intern bedingt:**
  - Umlagerungsliste,
  - Entsorgungsliste,
  - Rücksendungsliste,
  - Prüfliste,
  - Dispositionsliste,
  - u.a.

## 4.2 Kommissioniersysteme

4. Was sind Kommissioniersysteme?

Häufig wird in der **Praxis** vereinfachend unter **Kommissioniersystem** lediglich die **Art der Bereitstellung** verstanden.

- Im engeren Sinn versteht man aber unter Kommissioniersystem die systematische Abfolge des Materialflusses **(Materialflusssystem)** nach Bereitstellung, Fortbewegung, Entnahme, Abgabe und Kontrolle.
- Im weiteren Sinn gehören zum Kommissioniersystem auch die systematische Handhabung der Informationen **(Informationssystem)** durch Erfassung, Aufbereitung, Weitergabe und Quittierung.
- Ebenso zählt dann ein **Organisationssystem** hinzu, mit Entscheidungen über Kommissioniermethoden und -strategien.

### 4.2.1 Materialflusssystem

5. Unterscheiden Sie die statische, dynamische und automatische (bzw. maschinelle) Bereitstellung!

- Die **statische Bereitstellung** erfolgt durch **„Mann zur Ware"**. Der Picker bewegt sich zum Lagerplatz, die Ware bewegt sich nicht (ist statisch!).
- Die **dynamische Bereitstellung** erfolgt durch **„Ware zum Mann"**. Der Picker bewegt sich nicht vom Warteplatz, sondern die Ware bewegt sich zu ihm (ist dynamisch!).
- Die **automatische Bereitstellung** wird nicht durch den Menschen, sondern durch Technik (Kommissionierroboter und Kommissionierautomaten) bewerkstelligt. Sie ist deshalb eine Art der Entnahme.

Unterschieden wird immer **aus Sicht der Ware!**

6. Nennen und begründen Sie drei Einsatzvorteile einer statischen Bereitstellung!

**Einsatzvorteile** einer statischen Bereitstellung sind gegeben:

- Bei Investitionszurückhaltung, denn diese Art ist kostengünstig,
- bei geringen Weg- und Greifzeiten, denn dann spart man Zeit auch ohne Technikkosten,
- bei häufigen Expressaufträgen, denn dann ist der direkte Zugriff nötig und der ist bei dieser Bereitstellungsart möglich.

7. Nennen und begründen Sie einen Nachteil der statischen Bereitstellung!

Ein **Einsatznachteil** ist bei kleinen Aufträgen kombiniert mit hohen Wegzeiten gegeben, da dann die Kommissionierleistung zu gering ist.

8. Nennen und begründen Sie drei Einsatzvorteile einer dynamischen Bereitstellung!

**Einsatzvorteile einer dynamischen Bereitstellung** sind:

- Fehlerquoten sinken und die Kommissionierleistung steigt, weil Greiffehler und Wegzeiten entfallen,
- wenn bereits logistische Automatisierung (etwa durch Hochregallagerung) besteht, kann daran angeknüpft werden.
- Da die Arbeitsplätze hier fest sind, können sie anspruchsvoller und gesundheitsförderlicher gestaltet werden, womit man sowohl die Arbeitszufriedenheit als auch den Gesundheitsstand im Betrieb erhöht.

9. Nennen und begründen Sie einen Nachteil der dynamischen Bereitstellung!

Ein **Einsatznachteil** ist das erhöhte Stillstandsrisiko bei technischen Störungen, was die hohen Investitionskosten nicht immer rechtfertigt.

10. Unterscheiden Sie zwei verschiedene Möglichkeiten, die Fortbewegung zu beschreiben!

**Erste Möglichkeit:**

- **Eindimensionale Fortbewegung** geschieht nur horizontal und (wenn statisch bereitgestellt) höchstens bis zur Greifhöhe eines Menschen.
- **Mehr- bzw. zweidimensionale Fortbewegung** geschieht horizontal **und** vertikal, also ggf. über die Greifhöhe eines Menschen hinaus bzw. über mehrere Lagerplatzebenen oder gar Stockwerke.

**Problem hier:**

Eine rein horizontale Fortbewegung wird als „eindimensional" bezeichnet, obwohl Sie eigentlich in der Länge **und** Breite einer Fläche stattfindet.

**Zweite Möglichkeit:**

- **Eindimensionale Fortbewegung** geschieht in nur einem Gang
- **Zweidimensionale Fortbewegung** geschieht in mehreren Gängen.
- **Dreidimensionale Fortbewegung** geschieht auch vertikal, also über die Greifhöhe eines Menschen hinaus bzw. über mehrere Lagerplatzebenen oder Stockwerke.

**Problem hier:**

Wie soll man hier eine Fortbewegung bezeichnen, die z. B. in nur einem Gang, aber auch vertikal stattfindet?
(denn hier fehlt ja eine Dimension:
zweidimensional (Länge und Höhe)?
oder: dreidimensional (ohne Breite?)

In der Fachliteratur sind deshalb beide Möglichkeiten gebräuchlich, in der Praxis herrscht die erste Möglichkeit vor!

Die Art Fortbewegung ist in beiden Fällen der entscheidende Faktor zur Gestaltung der Wegzeit!

11. Unterscheiden Sie verschiedene Arten der Entnahme!

- Die **Entnahme** ist **manuell,** wenn sie von Hand bzw. mit einfachen Hilfsmitteln (Trittleitern, Sackkarren u. a.) erfolgt.
- Sie ist **mechanisch,** wenn der Picker maschinelle Ladehilfsmittel (Stapler, Hebezeuge u. a.) benutzt
- und **automatisch,** wenn Kommmissionierroboter und/oder -automaten zum Einsatz kommen.

Die Art der Entnahme ist der entscheidende Faktor zur Gestaltung der Greifzeit!

12. Wie arbeitet ein Kommissionierautomat?

Ein **Kommissionierautomat** kommt meist als sog. Schachtautomat in Sonderanfertigung vor. Die Lagergüter sind artikelrein und werden in Schächten, die in langen Reihen über einem Stetigförderer (z. B. ein Förderband, engl. belt) angeordnet sind, von oben beschickt. Ein Auftrag wird ausgeführt, indem ein diesem Auftrag zugeordneter Behälter unter den Schächten entlang fährt und dabei mengengenau befüllt wird, weil ein Laserscanner am jeweiligen Schacht einen Befehl erhält und seine Menge abgibt („Pick-to-Belt“).

Kommissionierautomaten sind unflexibel und nur bei Kleinartikeln mit hohem Güterumschlag rentabel.

13. Wie arbeitet ein Kommissionierroboter?

**Kommissionierroboter** werden durch den Lagerrechner gesteuert. Sie müssen sowohl die Lagekennung am Regalfach als auch ihr Greifsystem auf Eigenschaft (Maße, Gewicht u. a.), Menge und Standort der Güter abstimmen. Sie können **stationär** oder **mobil** (auf Rollen oder Schienen) eingesetzt werden und greifen mittels Saugnäpfe vorverpackte Ware, die in nach Auftrag getrennte Behälter (in einem „Karussell“) abgelegt werden.

Kommissionierroboter sind selten, weil sie trotz ihrer Flexibilität oft nicht produktiv genug sind.

Aus diesem Grund kommen sie eher als Palettier- oder Einlagerungsroboter zum Einsatz.

**14.** Unterscheiden Sie verschiedene Arten der Abgabe!

- **Zentrale Abgabe:** Die Güter werden an der Entnahmestelle **zunächst gesammelt** (Behälter, Wagen u. a.) und dann weitergegeben.
- **Dezentrale Abgabe:** Die Güter werden sofort nach der Entnahme **Stück für Stück** weitergegeben (auf Förderbänder u. a.).

In beiden Fällen ist eine Sammelstelle zur Aufnahme der zu Ende kommissionierten Aufträge notwendig.

- **Pick-Pack-Verfahren:** Der Kommissionierbehälter ist gleichzeitig der Versandbehälter. Dadurch wird eine Verpackungsstelle eingespart. Abgabe und Kontrolle erfolgen also gleichzeitig.

**15.** Unterscheiden Sie verschiedene Arten der Kontrolle!

- Bei der **manuellen Kontrolle** vergleichen Personen von Hand die an der Sammelstelle abgegebenen Güter anhand von Belegen wie Packzettel, Bestellschein, Lieferschein, Kommissionierliste u. a. nach Art und Menge.
- Bei der **automatischen Kontrolle** geschieht dies systemgesteuert entweder über einen Vergleich der tatsächlichen Gewichte aller Güter mit dem Sollgewicht laut Zentralrechner oder über einen Soll-Ist-Vergleich der Codes. In beiden Fällen erfolgt bei Differenzen eine Ausschleusung.

### 4.2.2 Informationssystem

**16.** Welche Entscheidungen sind bei der Gestaltung des Informationssystems allgemein zu treffen?

Bei der **Gestaltung des Informationssystems** ist zu klären,

- welche Daten **erfasst** werden,
- in welcher Form sie **aufbereitet** werden,
- mit welcher Technik (light, voice, scan/MDE, RFID) sie an den Picker **weitergegeben** werden,
- wie die Abarbeitung des Auftrages **quittiert** wird.

**17.** Welche Bedeutung hat die Erfassung?

Alle Anlässe für Warenausgänge müssen elektronisch erfasst werden **(Input),** wenn sie elektronisch abgearbeitet werden sollen **(Output).** Hierzu zählen alle kunden-, produktions- und internbedingte Aufträge.

→ s. Kap. 4.1 Grundlagen!

**18.** Unterscheiden Sie zwei Arten der Aufbereitung von Aufträgen!

- Im **Batch-Modus** (engl. für Stapel) werden die Aufträge (z. B. eines Tages) zunächst gesammelt und dann gleichzeitig (als Stapel) aufbereitet.
- Im **Realtime-Modus** (auch: Echtzeit-Modus) geschieht dies für jeden Auftrag einzeln.

**19.** Nach welchen Kriterien kann eine Aufbereitung erfolgen?

Eine **Aufbereitung** kann je nach Zweck
- nach Einzel-, Teil- oder Serienauftrag (Methoden),
- nach Auslagerungsprinzip (Lifo, Fifo),
- wegeoptimiert,
- nach Gütereigenschaft (Sperrigkeit, Gewicht u. a.),
- nach Verkehrsträger,
- nach Dringlichkeit,
- u. a.

erfolgen.

| Aufbereitet bedeutet: je nach Zweck geordnet! |
|---|

**20.** Mit welcher Technik können aufbereitete Kommissionieraufträge an den Picker weitergegeben und quittiert werden?

- **Beleghaft:** Der Picker führt eine Kommissionierliste mit sich, die er abarbeitet und durch Abhaken, Ausreißen oder Klebelabels quittiert. Pickfehler entstehen hier durch Fehlmengen, Falschartikel, Lese-, Klebe- und Abhakfehler (Auslassen u. a.).
- **Beleglos:** Der Picker erhält seine Aufträge auf mitgeführten mobilen Terminals, durch blinkende Lampen am Regalfach, über Headsets oder über RFID-Lesegeräte. Er kann die Artikel
  - über Scanner, Lesestifte u. a. **(bei Terminals),**
  - über Tastendruck **(am Regalfach),**
  - über Spracheingabe **(bei Headsets),**
  - über RFID-Lesegeräte **(bei RFID-Transpondern am Lagergut)**

  quittieren.

→ s. Kap. 4.3 Beleglose Kommissionierung!

### 4.2.3 Organisationssystem

**21.** Was versteht man in der Kommissionierung unter Organisationssystem?

Das **Organisationssystem** meint die baulichen Voraussetzungen, damit die folgenden Gesichtspunkte entschieden werden können:
- Wahl von Kommissioniermethoden: Je nach Regalart sind bestimmte bauliche Maßnahmen zu ergreifen,
- Wahl von Strategien: Jede Lagerzone muss ebenfalls baulich gestaltet werden.

→ s. Kap. 4.4 Kommissioniermethoden!
→ s. Kap. 4.7.2 Kommissionierstrategien!

## 4.3 Beleglose Kommissionierung

22. Erläutern Sie den Ablauf von Pick-by-Scan/MDE!

**Pick-by-Scan-**Aufträge werden über **mobile Datenerfassung (MDE)** auf einem **mitgeführten Terminal** angezeigt, der online mit dem Lagerrechner verbunden ist. Das Lagergut und/oder das Lagerfach brauchen eine Barcode-Kennung, die bei der Entnahme durch Scanner oder Lesestifte eingelesen und an das Terminal quittiert werden. Der Status des Auftrages kann jederzeit vom Lagersystem verfolgt werden.

Pick-by-Scan/MDE ist bei Groß- und Kleineinheiten einsetzbar, sofern sie elektronisch identifizierbar sind!

23. Erläutern Sie den Ablauf von Pick-by-Light!

Bei **Pick-by-Light** befindet sich in der dem Picker zugeteilten Lagerzone (meist ein Fachboden- oder Durchlaufregal) **an jedem Regalfach** eine Signallampe, ein Display, eine Quittiertaste, zuweilen auch Eingabe- und Korrekturtasten. Ist ein zu kommissionierender Auftrag (als Behälter) elektronisch als „unterwegs" gemeldet, leuchten am jeweiligen Regalfach die Signallampe sowie das Display mit der Behälter-Auftragsnummer und Entnahmemenge. Wird nach der Entnahme die Quittiertaste betätigt, erhält das Lagersystem die Pickbestätigung und die Bestandsänderung. Bei Fächern mit Wiegeeinrichtung erfolgt gleichzeitig ein Abgleich mit dem Soll-Entnahmegewicht, bei Fehlern ein (Blink-)Signal.

Pick-by-Light wird bei manueller Entnahme von Kleinteilen eingesetzt!

24. Erläutern Sie den Ablauf von Pick-to-Light!

Von Pick-to-Light (auch: Put-to-Light) spricht man, wenn das optische Picksignal nicht durch das Entnahmefach (Pick-**by**!), sondern durch z.B. einen mitgeführten Kommissionierwagen bzw. -behälter, in die hineinkommissioniert wird (Pick-**to**!), ausgelöst wird.

Es leuchtet also am jeweiligen Kommissionierbehälter ein Signal auf, das den Kommissionierer zum Entnahmefach leitet, dort erneut aufleuchtet, damit er die angezeigte Menge entnehmen und in den vorgesehenen Behälter hineinkommissionieren (und dort quittieren) kann.

**Hinweis:**

Pick-to-Light ist also eigentlich ein Weitergabe-Verfahren, das nicht die Entnahme, sondern die **Abgabe** steuert!

Beide Light-Verfahren folgen dem japanischen **Poka Yoke**-Ansatz, der die Null-Fehler-Strategie zum Ziel hat. Pick-to-Light kann sehr sinnvoll angewandt werden bei der Kommissionierung von Stücklisten für die Produktion.

25. Was versteht man unter Stücklisten?

Stücklisten sind die tabellarische Darstellung der Bezeichnung und Anzahl aller Bestandteile/Artikel eines (zu montierenden) Erzeugnisses. Sie werden z. B. in der Arbeitsvorbereitung und in der Kommissionierung eingesetzt.

*Beispiel:*

Stückliste eines Bausatzes für ein Spielzeugauto aus bunten Bausteinen:

| | |
|---|---|
| 4 x | Rad, klein, schwarz |
| 6 x | Viererstein, rot |
| 3 x | Viererstein, weiß |
| 2x | Fenster, klein |
| 2 x | Fenster, groß |
| 1x | Bodenplatte |
| 1x | Dachplatte |
| 6 x | Schrägstein, rot |
| 2 x | Schrägstein, weiß |
| usw. | |

26. Erläutern Sie den Ablauf von Pick-by-Weight!

**Pick-by-Weight** (auch: Pick-by-Balance) wird meist in Kombination mit Pick-by-/Pick-to-Light-Verfahren eingesetzt. Alle Entnahmefächer weisen Wiegeeinrichtungen auf und zeigen an Displays Entnahme-Soll bzw. -Ist an.

Vor Verlassen der Kommissionierzonen wird das Nettogewicht des gefüllten Kommissionierbehälters durch eine weitere Wiegeeinrichtung verglichen und bei Übereinstimmung mit dem Soll-Gewicht des zugrunde liegenden Auftrags quittiert und freigegeben.

27. Erläutern Sie den Ablauf von Pick-by-Voice!

**Pick-by-Voice** übermittelt die Aufträge per Funk vom Lagerrechner oder einem Pocket-PC auf die Kopfhörer des Headsets durch Sprachkommandos, die jeweils über das Mikrofon quittiert werden. Zunächst wird der Lagerplatz abgehört („Gehe zu eins-drei-zwo!"), bei Erreichen die dort angebrachte Prüfkennung ausgesprochen („Eins-drei-zwo, ok!"). Das nächste Sprachkommando übermittelt die Entnahmemenge („Entnehmen: fünf!"), der Picker bestätigt erneut durch Schlüsselwörter („fünf mal, ok!").

Pick-by-Voice macht die Hände frei!

Der Picker wirkt allerdings fremdgesteuert und braucht Training.



6 Hummel - ISBN 978-3-8120-0570-8

28. Beschreiben Sie die Funktionsweise von Pick-by-Vision!

**Pick-by-Vision** übermittelt die Daten des Lagerrechners bzw. des mitgeführten Touchpad-PCs auf eine Datenbrille, die das reale Sichtfeld des Kommissionierers um eine virtuelle Komponente erweitert (**„augmented reality"**). Diese Einblendungen können mit oder ohne **Tracking-System** ausgestattet sein, je nachdem, ob diese Einblendungen reine Text-/Zahleninformationen oder zusätzlich auch grafische Navigationshilfen beinhalten sollen.

Im letzten Fall muss diese Technik also die Blickrichtung und Position des Kommissionierers erfassen können.

Pick-by-Vision nutzt die Lernvorzüge des menschlichen „Sehens auf einen Blick" gegenüber des Hörens und Sprechens (etwa bei langwierigen Artikel- und Platznummern) und kann als Weiterentwicklung von anderen Pick-by-Methoden angesehen werden, ohne allerdings deren Serienreife schon erreicht zu haben.

Pick-by-Vision braucht keine automatisierte Lagertechnik und nutzt vor allem bei hoher Artikel- und Größenvielfalt, und wenn mit paralleler Methode kommissioniert wird.

> **Hinweis:**
> Die augmented reality kennen Sie vielleicht von TV-Sportübertragungen, etwa bei grafisch eingeblendeter Verdeutlichung einer Abseitsposition beim Fußball.

29. Erläutern Sie den RFID-Prozess!

**RFID** steht für **R**adio**f**requenz-**Id**entifikation. Jede logistische Einheit besitzt anstatt eines Barcodes einen **Transponder** (kleiner Computer-Chip mit Antenne), der Radiowellen überträgt und bereits vom Hersteller angebracht wird. Der Transponder hat Identifizierungsdaten (etwa als europäischer Produktcode/EPC-Code) am Produkt bzw. der Verpackung gespeichert (Hersteller, Mindesthaltbarkeitsdatum, Gewicht, Preis u. a.) und kann durch ein Lesegerät (etwa in Form einer Torschleuse) mit dem eigenen Warenwirtschaftssystem (Lagekennung, Mengen u. a.) **verknüpft** werden.

> Die RFID-Technik bedeutet eine enorme Beschleunigung der logistischen Prozesse. Sie birgt Gefahren bei global uneinheitlichen Datenstandards oder bei Ausdehnung über logistische Beteiligte hinaus.

## 4.4 Kommissioniermethoden

30. Beschreiben Sie die auftragsorientierte serielle Kommissioniermethode!

Bei der **auftragsorientierten seriellen Kommissioniermethode** bleiben Kundenaufträge **erhalten** und werden **nacheinander (=seriell!)** bearbeitet. Entweder durchläuft ein Mitarbeiter dabei nacheinander alle Lagerzonen oder ein Mitarbeiter durchläuft Lagerzone A, übergibt an nächsten Mitarbeiter in Lagerzone B, der übergibt weiter usw.

31. Beschreiben Sie die auftragsorientierte, parallele Kommissioniermethode!

Bei der **auftragsorientierten parallelen Kommissioniermethode** wird ein Kundenauftrag in **Teilaufträge** je nach Lagerzone getrennt und gleichzeitig (= parallel!) bearbeitet. Am Ende werden die Teilaufträge wieder zum Ursprungsauftrag zusammengeführt.

Man braucht mehrere Kommissionierer und eine Zusammenführung vor dem Versand.

Bei mehreren Kundenaufträgen kommt es darauf an, **wann** sie in den jeweiligen Lagerzonen zur Kommissionierung freigegeben werden. Dies hängt z.B. davon ab, ob sie gleichzeitig eingehen oder nicht, und ob sie darüber hinaus im Batch- oder Realtime - Modus verarbeitet werden.

Man unterscheidet:

**Erste Möglichkeit** (**mit** Basis**warte**zeit):

Ein neuer Auftrag beginnt in allen Lagerzonen zur **gleichen** Zeit. Dadurch kann es in den einzelnen Zonen zu Basiswartezeiten kommen.

**Zweite Möglichkeit** (**ohne** Basis**warte**zeit):

Jede Lagerzone gibt einen neuen Teilauftrag frei, **sobald** sie mit ihrem alten Teilauftrag fertig ist und ihn abgegeben hat. Dadurch werden in verschiedenen Lagerzonen oft **verschiedene** Kundenaufträge gleichzeitig bearbeitet.

32. Beschreiben Sie die serienorientierte parallele Kommissioniermethode!

Bei der **serienorientierten parallelen Kommissioniermethode** werden mehrere Kundenaufträge abgewartet und in **gesammelte Kommissionieraufträge (= Serien!)** zusammengestellt. Die Serien werden nach Lagerzonen unterteilt, damit sie **gleichzeitig (also parallel!)** kommissioniert werden können. Vor dem Versand müssen die Serien wieder in Kundenaufträge rückgebildet werden (z. B. in einem Auftragsammelregal).

Aus diesem Grund sind **Expressaufträge** für diese Methode meist nicht geeignet.

Vorsicht! Verwechseln Sie nicht „seriell" mit „serienorientiert"!

33. Begründen Sie, worauf sich die Wahl der jeweiligen Kommissioniermethode auswirkt!

Die Art der Kommissioniermethode wirkt sich aus auf:

- **Durchlaufzeiten,** denn ein Auftrag ist schneller durchgelaufen, wenn er parallel statt seriell kommissioniert wurde.
- **Arbeitszeiten,** weil die Wegzeiten bei Serien(!) geringer werden (Vorsicht! Zwischen seriell und parallel bleiben sie dagegen weitgehend unverändert, weil parallele Arbeitszeiten für einen Auftrag *addiert* werden müssen!).
- **Auftragsaufkommen,** denn eine Vielzahl von Aufträgen vermeidet Wartezeiten und ermöglicht paralleles Arbeiten.
- **Auftragsvolumen,** denn hohe Artikelmengen pro Auftrag binden die Mitarbeiter, andere Kunden müssen warten.
- **Kommissionierleistungen,** weil bei Serien die Pickmenge pro Zeiteinheit erhöht werden kann.
- **Anzahl der Mitarbeiter,** denn sie kann steigen, wenn parallel zu kommissionieren ist.
- **Anforderungen an den Lagerrechner,** weil er evtl. Serien- oder Lagerzonenaufträge bilden muss.
- **Auslastungsgrade** der verschiedenen Lagerzonen, die z.B. bei artikelreinen Aufträgen besonders stark schwanken können
- **Aufwand bei der Auftragszusammenführung** am Ende, sofern parallel (evtl. zusätzlich als „Serie") kommissioniert wurde, weil das die Durchlaufzeit des Auftrages erhöht, ohne dass die Arbeitszeit der Picker steigt! Sinnvollerweise rechnet man aber die Arbeitszeit für die Zusammenführung dazu.
- **Bildung sinnvoller Lagerzonen**
- **Wahl bestimmter Kommissionierstrategien**
- **u.a.**

→ s. Kap. 4.7.2 Kommissionierstrategien!

Diese Punkte können Sie bei der Auswahl von Vor- oder Nachteilen heranziehen!

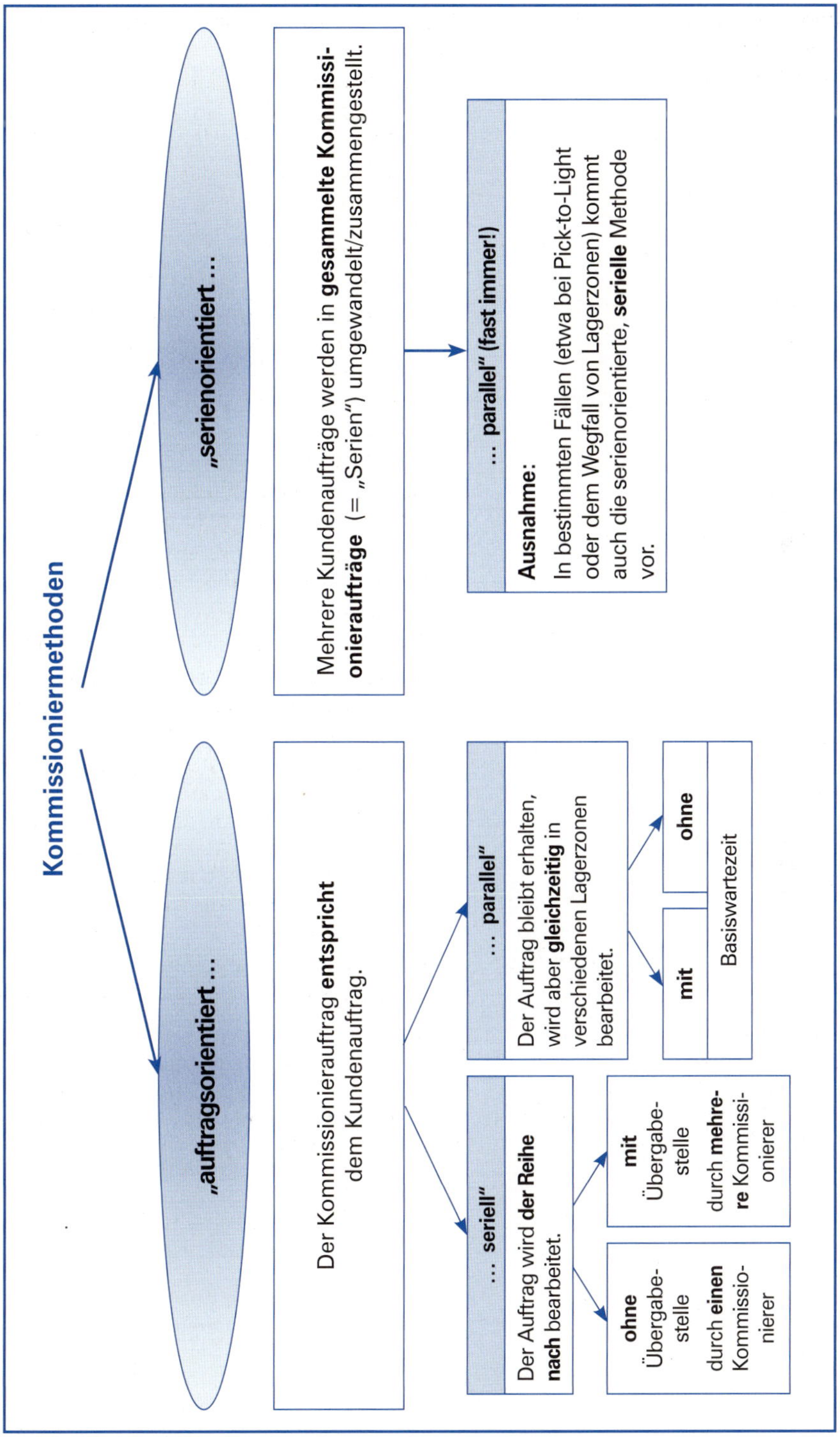
Kommissioniermethoden
„auftragsorientiert …
„serienorientiert …
Der Kommissionierauftrag **entspricht** dem Kundenauftrag.
Mehrere Kundenaufträge werden in **gesammelte Kommissionieraufträge** (= „Serien") umgewandelt/zusammengestellt.
… seriell"
Der Auftrag wird **der Reihe nach** bearbeitet.
**ohne** Übergabestelle
durch **einen** Kommissionierer
**mit** Übergabestelle
durch **mehrere** Kommissionierer
… parallel"
Der Auftrag bleibt erhalten, wird aber **gleichzeitig** in verschiedenen Lagerzonen bearbeitet.
**mit**
**ohne**
Basiswartezeit
… parallel" (fast immer!)
**Ausnahme:**
In bestimmten Fällen (etwa bei Pick-to-Light oder dem Wegfall von Lagerzonen) kommt auch die serienorientierte, **serielle** Methode vor.

## 4.5 Kommissionierfahrzeuge

**34.** Welche zwei Arten von Kommissionierfahrzeugen lassen sich unterscheiden?

- **Kommissionierstapler** sind flurgebunden und arbeiten innerhalb der Regalgänge horizontal und vertikal. Außerhalb übernehmen sie auch Staplerfunktionen. Die Bedienkabine ist stationär oder anhebbar. Der Hubmast ist in das Fahrgerüst integrierbar.
- **Regalförderzeuge** arbeiten kurvengängig und **ausschließlich** an den Regalwänden. Sie sind horizontal, vertikal und diagonal einsetzbar und entweder durch Induktionsschleifen oder Schienen **zwangsgeführt.** Falls Bedienkabinen vorhanden sind, fahren sie ebenfalls mit dem Lastträger mit.

**35.** Was ist der Unterschied zwischen Kommissionierfahrzeugen und Kommissionierautomaten bzw. -robotern?

Kommissionier**fahrzeuge** sind eher mobil und damit einsatzflexibel, Kommissionier**automaten** und **-roboter** sind eher ortsfest und funktionsgebunden.

| Die Unterschiede sind fließend. |
|---|

## 4.6 Lager- und Regalsysteme für die Kommissionierung

**36.** Nennen Sie fünf Regalarten mit statischer Bereitstellung!

Regalsysteme mit **statischer Bereitstellung** sind:

- Kleinteile-Fachbodenregal,
- Palettenregal,
- Verschieberegal,
- Durchlaufregal (ohne Automatik),
- Hochregal (wenn manuell oder teilautomatisch gesteuert),
- u.a.

**37.** Nennen Sie fünf Regalarten mit dynamischer Bereitstellung!

Regalarten mit **dynamischer Bereitstellung** sind:

- Horizontales Umlaufregal („Karussellregal"),
- Vertikales Umlaufregal („Paternosterregal"),
- Turmregal,
- AKL = automatisches Kleinteilelager,
- Hochregal (wenn automatisch gesteuert),
- u.a.

**38.** Worin unterscheiden sich Paletteneinfahrregal und Palettendurchlaufregal im Hinblick auf die dortige Kommissionierung?

Da bei **Einfahrregalen** Beschickung und Kommissionierung **von der gleichen Seite** erfolgen müssen, können gegenseitige Behinderungen am gleichen Fach entstehen. Evtl. müssen deshalb die Zeiten für Einlagern und Kommissionieren zugeteilt werden.

Beim **Durchlaufregal** ist diese Problematik zwar nicht gegeben, allerdings ist sein Einsatz nur bei **hohen Umschlägen** oder **FIFO-Zwang** (Lebensmittel) nötig.

→ s. Kap. 2 Güter lagern!

## 4.7 Kommissionierleistung

### 4.7.1 Kommissionierzeiten

39. Nennen und erläutern Sie die fünf Kommissionierzeiten!

Die fünf **Kommissionierzeiten** sind:

- **Basiszeit** ist Organisationszeit vor oder nach dem Kommissionieren (Lesen, Ordnen, Suchen, Bereitstellen von Hilfsmitteln, Übergaben u. a.),
- **Wegzeit** ist Fortbewegungszeit zwischen zwei Entnahmestellen,
- **Greifzeit** findet an der Entnahmestelle durch Hinfassen, Greifen, Herausnehmen und Ablegen statt,
- **Totzeit** (auch Nebenzeit genannt), ist Organisationszeit während des Kommissionierens (Anbrüche, Eintragungen u. a.),
- **Verteilzeit** ist unproduktiv und entweder sachlich (Pausen, Warten, Fragen stellen u. a.) oder persönlich (Toilettengang, Gespräche führen u. a.) bedingt.

| | |
|---|---|
| Kommissionierzeit = | Basiszeit + Wegzeit<br>+ Greifzeit + Totzeit<br>+ Verteilzeit |

40. Wie lassen sich die jeweiligen Kommissionierzeiten verringern?

Eine Verringerung der Kommissionierzeit erfolgt bei der:

- **Basiszeit:** durch gut organisierte Bereitstellung, Ordnung und Lesbarkeit aller Hilfsmittel,
- **Wegzeit:** durch Kenntnis der Lagerorte, parallele Kommissionierung, Bildung von Stirnflächen mit hoher Artikelkonzentration, Stichgangstrategie, Durchlaufregale, Einsatz von Kommissionierfahrzeugen ab bestimmter Weglänge,
- **Greifzeit:** durch ergonomische Regalbauweise,
- **Totzeit:** durch unterschiedliche Vorverpackungen statt Anbrüche und Nachzählen, durch beleglose Kommissionierung,
- **Verteilzeit:** durch alle Maßnahmen zur Mitarbeitermotivation (Belobigungen, Prämien, Transparenz der Kommissionierleistung im Team u. a.)

### 4.7.2 Kommissionierstrategien

41. Beschreiben Sie die Rundlaufstrategie!

Bei der **Rundlaufstrategie** muss der Picker eine Lagerzone **schleifenförmig vom ersten bis zum letzten Gang** durchlaufen.

42. Beschreiben Sie die Stichgangstrategie!

Bei der **Stichgangstrategie** sind die Artikel eines Ganges **nach Gängigkeit angeordnet.** So muss der Picker niemals weiter in einen Gang hineingehen als bis zum langsamgängisten Artikel seiner Kommission. Entscheidend ist meist die Entfernung zum **Warenausgang.**

Die Stichgangstrategie spart Wegzeit!

43. Beschreiben Sie die Strategie der Artikelkonzentration!

Bei der **Strategie der Artikelkonzentration** sind die Artikel eines Ganges **nach möglichst hoher Vielfalt** angeordnet. Sie wird eingesetzt, wenn etwa ein Durchlaufregal an seiner Stirnfläche nur eine begrenzte Anzahl von Fächern für einen direkten Zugriff bietet, aber viele verschiedene Artikel aufnehmen soll.

Ein Fach darf bei dieser Strategie niemals leer werden!

44. Beschreiben Sie die Strategie der Lagerzonenbildung!

**Lagerzonen** werden je nach Eigenschaften von Gütern gebildet und können sich auf eigene Gebäude, Gebäudeteile oder Unterteilungen innerhalb eines Lagerraumes erstrecken. Man unterteilt sie

- nach der **Gängigkeit** (Zonen für Schnell- und Langsamdreher),
- nach **Abmessungen** (Zonen für Groß- und Kleinteile),
- nach **Regalart** (Wabenregal-, Durchlaufregal-, Palettenregalzonen u. a.),
- nach **Wert** (Sicherheits- und Verschlusszonen),
- nach **Empfindlichkeit** (Gefahrzonen, offene, halb offene und geschlossene Zonen, Kühlzonen, Treibhauszonen u. a.),
- nach **Lagerorganisation** (Puffer- oder Reservezonen für die Einlagerungen und von diesen zu beschickende Kommissionierzonen zur Auftragszusammenstellung),
- u. a.

Die Strategie der Lagerzonenbildung ist Teil des Organisationssystems. Sie wirkt sich unmittelbar auf die Nutzbarkeit bestimmter Kommissioniermethoden und die anderen drei genannten Kommissionierstrategien aus.

→ s. Kap. 4.2.3 Organisationssystem!

### 4.7.3 Kommissionierkennzahlen

45. Worüber können Kommissionierkennzahlen Auskunft geben?

Bei **Kennzahlen über die Kommissionierung** will man Auskünfte erhalten über

- die **Produktivität,** also das Verhältnis von Output zu Input (Pickmengen je Tag, je Stunde, je Arbeiter, je Maschine, je Stunde *und* Arbeiter u. a.),
- die **Wirtschaftlichkeit,** also das Verhältnis von Ertrag zum Aufwand in € (Pickkosten je Position, je Auftrag u. a.),
- die **Qualität,** also das Verhältnis von Fehlern zum Gesamtergebnis (Kommissionierfehler je Gesamtpickmenge oder je Auftrag),
- die **Belastung,** also das Verhältnis von (ergonomischer) Körperschonung (von Menschen) zum Gesamtergebnis (Tragegewicht je Pickposition, Lebenskrankheitstage je Pickgewicht, Unfälle je Lagerzone u. a.).

46. Geben Sie drei Kommissionierkennzahlen an, die sich auf die Produktivität beziehen!

$$\textbf{Kommissionierleistung} = \frac{\text{Anzahl Pickpositionen}}{\text{Stunde}}$$

$$\textbf{Kommissionierpositionen je Auftrag} = \frac{\text{Gesamtzahl der Pickpositionen}}{\text{Anzahl der Aufträge}}$$

$$\textbf{Pickpositionen je Mitarbeiter \underline{und} Stunde} = \frac{\text{3600 Sekunden}}{\text{Pickdauer je Position (in Sekunden)}}$$

47. Geben Sie zwei Kommissionierkennzahlen an, die sich auf die Wirtschaftlichkeit beziehen!

$$\textbf{Kommissionierkosten je Position} = \frac{\text{Betriebskosten je Stunde}}{\text{Pickpositionen je Stunde}}$$

$$\textbf{Kommissionierkosten je Auftrag} = \frac{\text{gesamte Kommissionierkosten}}{\text{Anzahl der Kommissionierkosten}}$$

48. Geben Sie eine Kommissionierkennzahl an, die sich auf die Qualität bezieht!

$$\textbf{Fehlerquote} = \frac{\text{Kommissionierfehler}}{\text{Gesamtzahl aller Pickpositionen}} \cdot 100$$

**49.** Geben Sie eine Kommissionierkennzahl an, die sich auf die Körperschonung (Ergonomie) bezieht!

$$\textbf{Muskelbelastung (in kg) je Pickpositionen} = \frac{\text{Summe bewegter Gewichte}}{\text{Summe bewegter Pickpositionen}}$$

**50.** Wodurch gewinnt eine ermittelte Kommissionierkennzahl an Aussagekraft?

Damit die Kommissionierkennzahl aussagekräftig ist, sollte sie

- in gleichbleibenden Zeitabständen,
- in verschiedenen Betriebsbereichen,
- mit den Kennzahlen anderer Betriebe,
- mit dem Durchschnittswert der eigenen Branche

verglichen werden.

# PRÜFUNGSTRAINING

## Aufgabe 1

Entscheiden Sie bei den folgenden Prozessen, ob sie einen Kommissionierauftrag auslösen oder nicht!

Notieren Sie eine

1 = für zutreffende,

9 = für nicht zutreffende Prozesse!

a) Eine Warensendung muss angenommen werden. 9 ☐

b) Bei bestimmten Lagergütern ist das MHD abgelaufen. 1 ☐

c) Die Bestellung eines Kunden geht ein. 9 ☐

d) Der Lagerleiter berechnet die Kommissionierzeiten neu. 9 ☐

e) Die Qualitätssicherung hat schwere Mängel bei einer Gruppe von Lagergütern festgestellt. 1 ☐

f) Es wird vom Festplatzsystem auf chaotische Lagerhaltung umgestellt. 1 ☐

g) Eine Stichtagsinventur wird vorbereitet. 9 ☐

h) Die Berufsgenossenschaft hat einen Kontrollbesuch angekündigt. 9 ☐

## Aufgabe 2

Kommissionierstrategien werden aufgrund bestimmter Ausgangsvoraussetzungen oder erwünschter Ergebnisse eingesetzt. Geben Sie für die nachfolgenden Schilderungen eine jeweils sinnvolle Kommissionierstrategie an. Notieren Sie dabei eine

1 = für die Rundlaufstrategie,

2 = für die Stichgangstrategie,

3 = für die Strategie der Artikelkonzentration!

a) An einem Flughafen soll ein Selbstbedienungsautomat mit großer Auswahl an Erfrischungssnacks befüllt werden. 3 ☐

b) Bestimmte Lagergüter haben einen unterschiedlichen Lagerumschlag. Es soll Wegzeit eingespart werden. 2 ☐

c) In einem Supermarkt dürfen die Fächer des Kühlregals niemals leer werden. 3 ☐

d) Das Lager ist groß genug, um verschiedene Regalarten einzusetzen. 1 ☐

e) Die meisten Kommissionieraufträge umfassen jeweils bis zu 90 % des Sortiments. 1 ☐

f) Die Kunden im Supermarkt sollen vom Eingang bis zur Kasse möglichst an allen Regalen vorbeigehen. 1 ☐

g) Die Wegzeit der Kommissionierer macht bis zu 80 % der gesamten Kommissionierzeit aus. 2 ☐

## Aufgabe 3

Ein Lager wird vom Festplatzsystem auf chaotische Lagerhaltung umgestellt.

Begründen Sie für jede Kommissionierstrategie, warum sie dafür geeignet oder ungeeignet ist. Beziehen Sie in Ihre Überlegungen zusätzlich auch die Strategie der Lagerzonenbildung ein.

2

## Aufgabe 4

In einer Fachzeitschrift liest man:

> „Das Materialflusssystem der TECHNOFLEX GmbH arbeitet mit statischer Bereitstellung, zweidimensionaler Fortbewegung und manueller Entnahme. Es wird dezentral abgegeben und automatisch kontrolliert."

Geben Sie an, für welche der unten stehenden Aussagen das oben stehende Zitat in der Fachzeitschrift passt. Notieren Sie eine

1 = für zutreffende,

9 = für nicht zutreffende Aussagen!

a) Es handelt sich um ein Hochregal in Silobauweise. 9 ☐

b) Es handelt sich um ein Hochregal in Betonbauweise. 9 ☐

c) Hier wird das Pick-Pack-Verfahren angewandt. 9 ☐

d) Die Aussage kann auch für ein kleines Lager im Hinterzimmer eines Schuhgeschäftes gelten. 1 ☐

e) Die Kontrolle wird im Pack- oder Versandbereich stattfinden. 1 ☐

f) Hier kann Pick-by-Voice eingesetzt werden. 1 ☐

g) Hier kann Pick-by-Light eingesetzt werden. 1 ☐

h) Die dezentrale Abgabe passt eher nicht zum Rest des angegebenen Materialflusssystems. 9 ☐

i) Die automatische Kontrolle passt eher nicht zum Rest des angegebenen Materialflusssystems. 1 ☐

## Aufgabe 5

**Situation:**

Der TOP Baumarkt analysiert seine Kommissionierkennzahlen. Für bestimmte Lagerzonen wurden die unten stehenden Daten erhoben.

Die Arbeitszeit beträgt 8 Std. am Tag, es soll für den gesamten Lagerbereich eine tägliche Kommissionierbetriebskostensumme (ohne Löhne) von 9.400,00 € angesetzt werden.

| Lagerzone | Anzahl Aufträge | Positionen je Auftrag | Positionen gesamt | Mitarbeiter | Pickfehler gesamt | Fehlerquote in % | Pickpositionen je Mitarbeiter und Stunde | Pickkosten je Zone in € |
|---|---|---|---|---|---|---|---|---|
| Haushalt | 730 | 9 | 6570 | 3 | 50 | 0,76 | 273,75 | 2[illegible]60 |
| Garten | 290 | 5 | 1450 | 5 | 17 | 1,17 | 36,25 | |
| Werkzeug | 960 | 13 | 12480 | 5 | 18 | 0,14 | 312 | |
| Baumaterial | 180 | 2 | 360 | 2 | 4 | 1,11 | 22,5 | |
| | 2160 | ~~7,25~~ 10 | 20860 | | | | | |

Tragen Sie in die Tabelle für jede Lagerzone ein:

a) die durchschnittliche Anzahl der Positionen pro Auftrag,

b) die jeweilige Fehlerquote (auf zwei Stellen hinter dem Komma gerundet),

c) die Pickpositionen je Mitarbeiter und Stunde (auf zwei Stellen hinter dem Komma gerundet),

d) die Kosten je Position. 2,22 €

0,45 ct

### Aufgabe 6

Der TOP-Baumarkt analysiert seine Kommissionierzeiten und geht dabei von folgenden Annahmen aus:

1. Es gibt die vier Lagerzonen Lz 1 – Lz 4.
2. Es gibt drei vorliegende Kundenaufträge A – C.
3. Es soll von folgenden Arbeitszeiten für die drei Aufträge A – C in den jeweiligen Lagerzonen Lz 1 – Lz 4 ausgegangen werden.

| | **Auftrag A** | **Auftrag B** | **Auftrag C** |
|---|---|---|---|
| **Lz 1** | 10 min | 40 min | 15 min |
| **Lz 2** | 20 min | 30 min | 25 min |
| **Lz 3** | 30 min | 20 min | 35 min |
| **Lz 4** | 40 min | 10 min | 45 min |

Ermitteln Sie anhand einer Zeitleiste die Arbeitszeit und die Durchlaufzeit

a) bei der auftragsorientierten, seriellen Methode

b) bei der auftragsorientierten, parallelen Methode (mit Basiswartezeit)

c) bei der auftragsorientierten, parallelen Methode (ohne Basiswartezeit)

d) bei der serienorientierten, parallelen Methode

Gehen Sie davon aus, dass Auftrag A um 8:00 Uhr freigegeben wird.

### Der Prüfungsfall (Teil 1)

#### Die Impex GmbH überprüft ihre Kommissioniermethoden

Bei der Impex GmbH, einem Handelsunternehmen für Import – Export, gehen zwei Kundenbestellungen ein. Bevor Herr Körner, der zuständige Lagermeister, die Aufträge bearbeitet, findet er in der hausinternen Produktdatei Angaben zur Lagerung, die damals bei der Einlagerung für die Zuweisung der Lagerorte ausschlaggebend waren.

**Eingegangene Kundenaufträge:**

**Auftrag A (Kaufhaus „Merkur"/Bonn)**
4 x Computer-Rechner „Impact"
1 x Edelwein „Chateauneuf du Pape"
288 Kästen Mineralwasser „Biobrunnen"
6 x Tonnen Milchpulver „Laitara"
2 x Ersatzbohrer im 3er-Set „Superdrill"
5 x Damenparfum „Chantal Nr. 6"

**Auftrag B („TOP-Baumarkt"/Köln)**
26 x Rohrleitungen
2 x Computer-Rechner „Impact"
1 x Edelwein „Chateauneuf du Pape"
72 Kästen Mineralwasser „Biobrunnen"
6 x Ersatzbohrer im 3er-Set „Superdrill"
3 x Damenparfum „Chantal Nr. 6"

**Hausinterne Produktdatei:**

| Produkt | Angaben zur Lagerung |
|---|---|
| Rohrleitungen, 150 mm Durchmesser, Länge pro Stück: 4,80 m | Darf nicht durchbiegen, Kranbeschickung soll möglich sein, Überdachung ohne Wände ist ausreichend |
| Computer-Rechner „Impact", nur aktualisierte Modelle | Sehr hochwertig, immer neuestes Modell kurz vor Markteinführung |
| Edelwein „Chateauneuf du Pape", Einzelflaschen | Stoß- und temperatursicher lagern, ab und zu beim Lagern drehen, nur liegend lagern!!! |
| Mineralwasser „Biobrunnen", 12 Flaschen à 0,7 Liter pro Getränkekasten | Je 36 Getränkekästen pro Lagereinheit, FIFO unbedingt notwendig, hoher Umschlag |
| Milchpulver „Laitara", Tonnenware | Immer je 1 Tonne Lagereinheit, Beschickung und Entladung von der gleichen Seite ermöglichen! |
| Ersatzbohrer, 13–16 mm Durchmesser für Hitachi-Schlagbohrmaschine „Superdrill", 3er-Set | Muss auch in kleinen Mengen gut greifbar sein, nur Ware zum Mann! |
| Damenparfum, „Chantal Nr. 6", 100-ml-Flaschen in Kleinkartons | Muss auch in kleinen Mengen gut greifbar sein, Haltbarkeitsdatum beachten, nur Ware zum Mann |

**Lösen Sie zur oben geschilderten Situation folgende Aufgaben:**

### Aufgabe 1

Erläutern Sie anhand der hausinternen Produktdatei für jedes genannte Produkt, welche Regalart sinnvollerweise für dessen Lagerung jeweils gewählt wurde!

### Aufgabe 2

Die Impex GmbH unterscheidet in die vier Lagerzonen: palettierte Ware, dynamische Lagerzone, halb offenes Lager, Verschlusszone.

Ordnen Sie jedes Produkt einer Lagerzone zu!

### Aufgabe 3

Die beiden Kundenaufträge können grundsätzlich nach drei verschiedenen Methoden kommissioniert werden. Erläutern Sie kurz (!) für *jede* Methode, wie sie unter den Bedingungen der Impex GmbH ablaufen würde!

### Aufgabe 4

Ermitteln Sie für alle drei Methoden, welche Positionen auf den jeweiligen Kommissionieraufträgen stehen müssten!

### Aufgabe 5

Ermitteln Sie jeweils die Summe der Durchlaufzeit und die Summe der Arbeitszeit! Gehen Sie bei Ihren Berechnungen davon aus, dass pro Auftrag und Lagerzone folgende Arbeitszeiten zugrunde gelegt werden:

| Lagerzone | Arbeitszeit pro Kommissionierer für Auftrag A | Arbeitszeit pro Kommissionierer für Auftrag B |
|---|---|---|
| Halb offenes Lager | – | 20 min |
| Dynamische Lagerzone | 5 min | 10 min |
| Verschlusszone | 10 min | 5 min |
| Palettierte Ware | 30 min | 10 min |

### Aufgabe 6

Die kommissionierte Ware liegt zur Verpackung bereit. Wählen Sie für jedes kommissionierte Produkt sowohl das (die) erforderliche(n) Packmittel, als auch das (die) erforderlich(en) Pack*hilfs*mittel aus!

## Der Prüfungsfall (Teil 2)

### Die Impex GmbH überprüft ihre Kommissionierkennzahlen

Die Impex GmbH hat sich vor allem die unten stehenden drei Kennzahlen in grafischer Darstellung vorgenommen. Zunächst wird festgestellt, welche Fakten überhaupt abgebildet sind. In einem weiteren Schritt werden vereinzelt Ursachen gefunden oder Konsequenzen gezogen.

**Grafik zur Kommissionierleistung:**

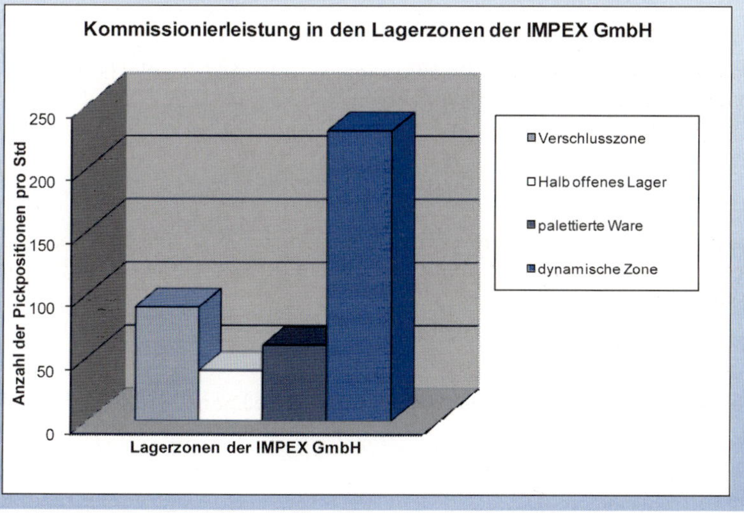

**Grafik zur Fehlerquote:**

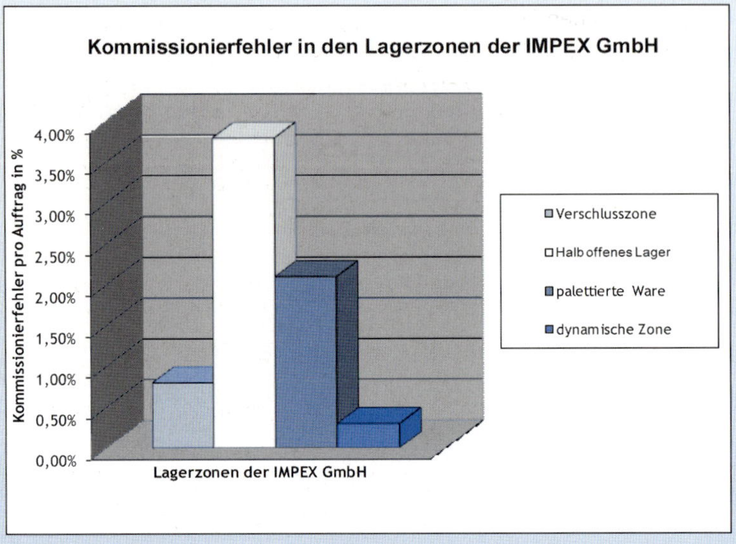


**Grafik zur Kommissionierbelastung:**

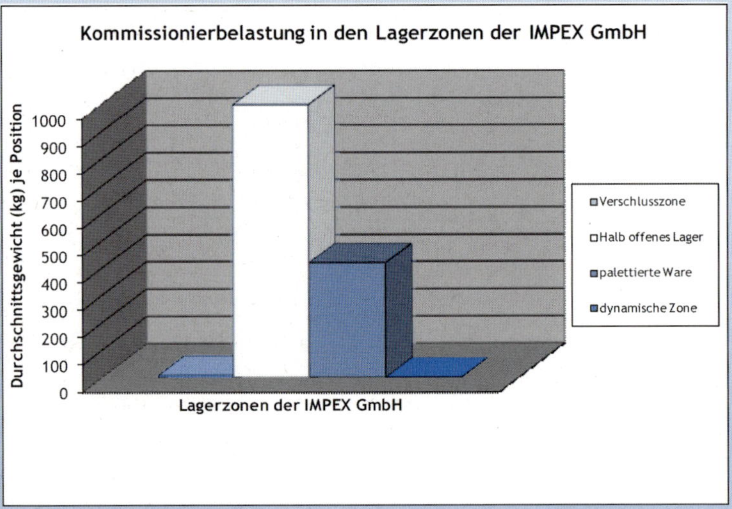


**Beantworten Sie zu den Grafiken die folgenden Fragen**

## Aufgabe 1

Prüfen Sie die folgenden Aussagen zur Grafik über die **Kommissionierleistungen.** Notieren Sie eine

1 = wenn sie richtig sind,

9 = wenn sie falsch sind.

Tragen Sie die entsprechende Ziffer hinter den unten stehenden jeweiligen Aussagen ein!

a) Die Anzahl der Pickpositionen in der palettierten Lagerzone beträgt etwas mehr als ein Viertel der Anzahl in der dynamischen Zone. ☐

b) Die Anzahl der Pickpositionen im Verschlusslager liegt zwischen 60 und 90. ☐

c) Das halboffene Lager weist die geringste Anzahl von Pickpositionen auf. ☐

d) Die Anzahl der Pickpositionen in der dynamischen Lagerzone beträgt über das Doppelte der Lagerzone, die an zweiter Stelle liegt. ☐

e) Die Lagerzone mit der geringsten Anzahl an Pickpositionen wird wahrscheinlich Schüttgüter lagern. ☐

## Aufgabe 2

Prüfen Sie die folgenden Aussagen zur Grafik über die **Kommissionierfehler.** Notieren Sie eine

1 = wenn sie richtig sind,

9 = wenn sie falsch sind.

Tragen Sie die entsprechende Ziffer hinter den unten stehenden jeweiligen Aussagen ein!

a) Das halb offene Lager weist mit Abstand die höchste Fehlerquote auf. ☐

b) Die palettierte Lagerzone hat etwas mehr als die Hälfte der Fehlerquote vom halb offenen Lager, aber immer noch eine mehr als doppelt so hohe wie das Verschlusslager. ☐

c) Das halb offene Lager weist eine Fehlerquote auf, die höher ist als alle Fehlerquoten der anderen Zonen zusammengenommen. ☐

d) Die Fehlerquote der dynamischen Zone liegt in einem Bereich, der toleriert werden darf. ☐

## Aufgabe 3

Prüfen Sie die folgenden Aussagen zur Grafik über die Kommissionierbelastung. Notieren Sie eine

1 = wenn sie richtig sind,

9 = wenn sie falsch sind.

Tragen Sie die entsprechende Ziffer hinter den unten stehenden jeweiligen Aussagen ein!

a) Die Kommissionierbelastung in der Verschlusszone und der dynamischen Zone kann ohne mechanische oder automatische Entnahmehilfen bewältigt werden. ☐

b) Aus der Grafik zur Kommissionierbelastung lässt sich ableiten, welche innerbetrieblichen Transportmittel in den vier Lagerzonen sinnvoll sind ☐

## Aufgabe 4

Die folgenden Aussagen beziehen sich auf den Gesamtzusammenhang aller drei Grafiken. Prüfen Sie diese Aussagen und notieren Sie eine

1 = wenn sie richtig sind,

9 = wenn sie falsch sind.

Tragen Sie die entsprechende Ziffer hinter den unten stehenden jeweiligen Sachverhalten ein!

„Es lässt sich ableiten, dass

a) ... auch bei geringer Kommissionierleistung in einer Lagerzone die Kommissionierbelastung sehr hoch sein kann." ☐



7 Hummel - ISBN 978-3-8120-0570-8

b) ... es möglich ist, in einer Lagerzone trotz sehr hoher Pickleistung eine äußerst geringe Fehlerquote zu erzielen." ______ ☐

c) ... Maschinen größere Fehler machen als Menschen." ______ ☐

d) ... Verschlusszonen immer geringe Kommissionierbelastungen aufweisen." ______ ☐

e) ... palettierte Zonen mit hoher Wahrscheinlichkeit bei geringer Anzahl von Pickpositionen dennoch hohe Umschlagsmengen hervorbringen können." ______ ☐

### Aufgabe 5

a) Erklären Sie für die dynamische Lagerzone, welchen Zusammenhang es bei den Ergebnissen von Kommissionierbelastung und Kommissionierleistung geben könnte!

b) Erklären Sie für die dynamische Lagerzone, wie das Wertergebnis bei den Kommissionierfehlern erklärt werden kann!

c) Erklären Sie für die halb offene Lagerzone, wie der Wert bei den Kommissionierfehlern im Vergleich zu den anderen Lagerzonen erklärt werden kann!

# 5 Güter verpacken (Lernfeld 6)

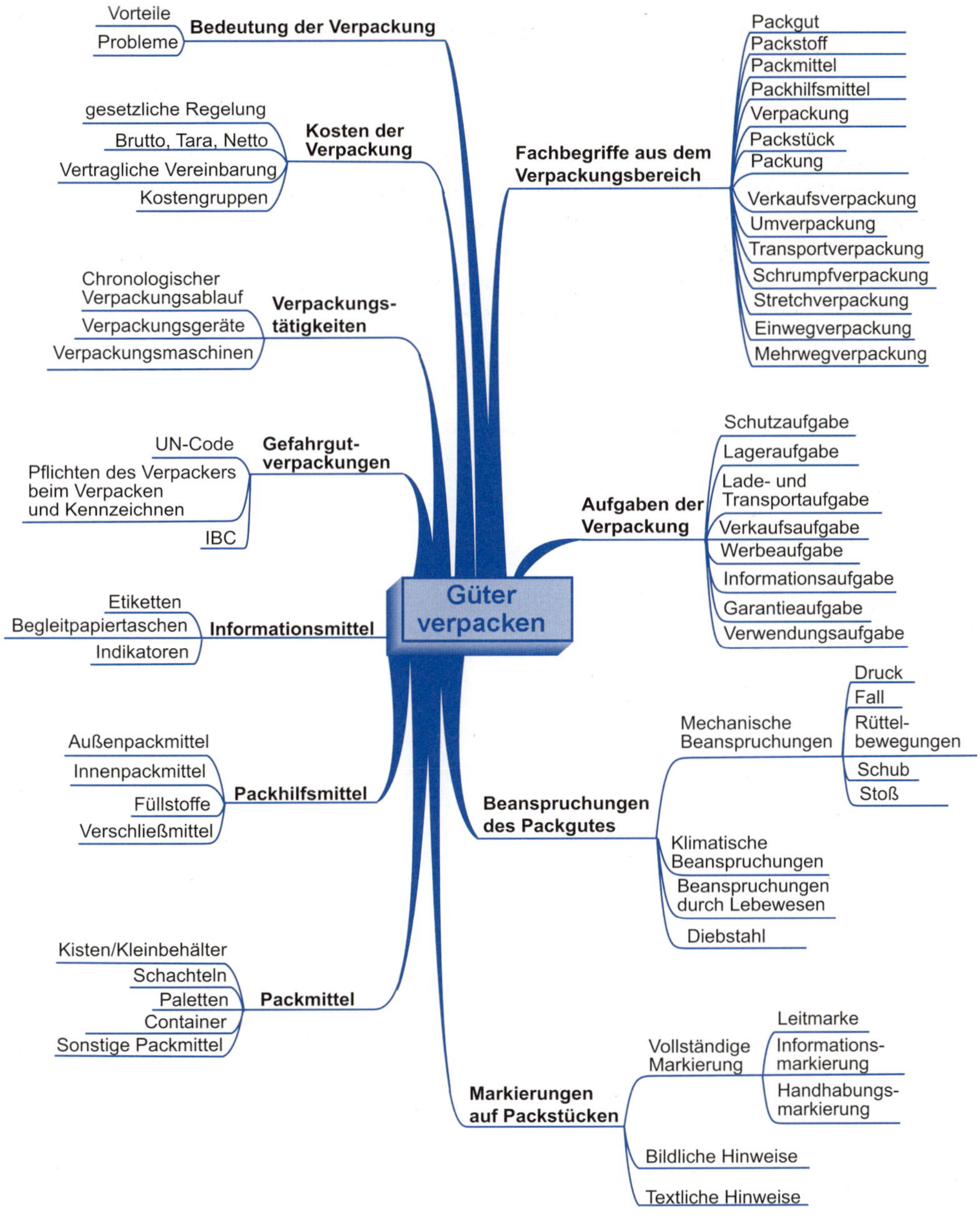

# KOMPAKTWISSEN

## 5.1 Fachbegriffe aus dem Verpackungsbereich

1. Erklären Sie die folgenden Begriffe und verdeutlichen Sie diese mit mindestens einem Beispiel:
   - Packgut,
   - Packstoff,
   - Packmittel,
   - Packhilfsmittel,
   - Verpackung,
   - Packung,
   - Packstück,
   - Verkaufsverpackung,
   - Umverpackung,
   - Transportverpackung,
   - Schrumpfverpackung,
   - Stretchverpackung,
   - Einwegverpackung,
   - Mehrwegverpackung!

- **Packgut**: Die Ware, die verpackt wird (Bücher, Getränke u. a.).
- **Packstoff**: Die Materialien, aus denen die Verpackung besteht (Blech, Glas, Holz, Karton, Kunststoff, Metall, Papier, Vollpappe, Wellpappe u. a.).
- **Packmittel**: Behältnis, in dem das Packgut verpackt wird (für Bücher Schachteln oder Kartons aus Wellpappe, für Getränke Glas- oder Kunststoffflaschen).
- **Packhilfsmittel**: Materialien, die
  - das Packgut innen im Packmittel schützen (Luftpolsterfolie, Papier, Pappe) oder
  - das Packmittel zusätzlich außen schützen (Blisterverpackung, Folie, Kantenschutz) oder
  - die Zwischenräume zwischen Packgut und Packmittel ausfüllen (Chips, Holzwolle, Luftpolster) oder
  - das Packmittel sicher verschließen (Klebeband, Kordel, Kunststoffband, Stahlband) oder
  - notwendige Informationen auf dem Packmittel ermöglichen (Begleitpapiertaschen, Etiketten, Indikatoren).
- **Verpackung**: Packmittel und Packhilfsmittel (ein Karton mit dem Füllstoff Chips und Verschlussmittel Klebeband).
- **Packung**: Packgut und Verpackung (z. B. Bücher im mit Chips gefüllten und mit Klebeband verschlossenen Karton). Man nennt sie im Transportwesen auch Gebinde.
- **Packstück**: Lager- und transportfähige Packung (Palette mit Bücher-Kartons u. a.).
- **Verkaufsverpackung**: Verpackungen, die als eine Verkaufseinheit angeboten werden und beim Endverbraucher anfallen (für Getränke die Glasflasche oder Dose u. a.).

- **Umverpackung**: Zusätzliche Verpackung, um eine oder mehrere Verkaufsverpackungen, die nicht unbedingt nötig ist, aber z.B. aus Marketinggründen oder aus Diebstahlschutzgründen eingesetzt wird (Salbentube in einer Pappschachtel u.a.).
- **Transportverpackung**: Verpackungen, die die Waren beim Transport vor Schäden schützen oder den Transport erleichtern und häufiger Verwendung finden können als Verkauf- oder Umverpackung (ein Kasten für Glasflaschen, eine Flachpalette u.a.).
- **Schrumpfverpackung**: Das Packstück wird mit einer Flach- oder Schlauchfolie umschlossen oder mit einer Schrumpfhaube abgedeckt und dann in einem Schrumpfofen oder mit einem Handgerät erwärmt, sodass die Folie sich fest an die Form des Packstücks anpasst (zur Bildung einer Transporteinheit, als Diebstahlschutz).
- **Stretchverpackung**: Das Packstück wird mit einer Flachfolie manuell oder mit einer Maschine mehrfach umwickelt und am Folienende angestrichen oder versiegelt (zur Bildung einer Transporteinheit oder als Diebstahlschutz wie bei der Schrumpffolie).
- **Einwegverpackung**: Verpackungen, die nur für den einmaligen Gebrauch bestimmt sind (Tetrapak für Getränke oder Einwegpaletten u.a.).
- **Mehrwegverpackung**: Verpackungen, die der mehrfachen Verwendung dienen und deshalb zurückgeführt oder getauscht werden müssen (Container, EUR-Poolpaletten, Getränkekisten, Pfandflaschen u.a.).

2. Erklären Sie das Ziel des Kreislaufwirtschaftsgesetzes (KrWG)!

Das Ziel des Gesetzes ist es, die Kreislaufwirtschaft zur Schonung der natürlichen Ressourcen zu fördern und den Schutz von Mensch und Umwelt bei der Erzeugung und Bewirtschaftung von Abfällen sicherzustellen.

3. Erklären Sie das Ziel der Verpackungsverordnung (VerpackV)!

Das **Ziel der VerpackV** ist es, einerseits Umweltbelastungen aus Verpackungsabfällen zu verringern und andererseits die Wiederverwendung oder Wiederverwertung von Verpackungen zu unterstützen.

4. Wie differenziert die VerpackV Verpackungen und welche Konsequenz ergibt sich für die Beteiligten?

Die Verpackungsverordnung differenziert in die Verpackungen Verkaufs-, Um- und Transportverpackung.

- Bei der **Verkaufsverpackung** sind die Hersteller und Vertreiber verpflichtet, entweder die Verpackungen im Geschäft zurückzunehmen oder sich am Dualen System zu beteiligen, damit beim Endverbraucher die Verpackungen im Hol- oder Bringsystem entsorgt werden können.
- **Umverpackungen** werden wie Verkaufsverpackungen behandelt.
- **Transportverpackungen** fallen dagegen nicht beim Endverbraucher, sondern nur beim Vertreiber an.

## 5.2 Aufgaben der Verpackung

5. Erklären Sie die möglichen Aufgaben einer Verpackung mit je einem Beispiel!

- **Schutzaufgabe:**
  - Das Packgut oder das Packstück soll vor einer Vielzahl an Gefahren von außen geschützt werden oder
  - der Mensch, andere Lebewesen, die Umwelt, andere Packstücke oder Transportmittel sollen vor dem Packgut oder Packstück geschützt werden.

  Die Verpackung hat damit immer eine wechselseitige Schutzaufgabe.
- **Lageraufgabe:**

  Jede Ware wird vom Zeitpunkt der Produktion bis zum Zeitpunkt des Ge- oder Verbrauchs mehrmals ein-, um- und ausgelagert. Somit erfolgt eine Lagerung über die gesamte Lieferkette beim Produzenten oder Importeur, beim Groß- und Einzelhandel, beim Spediteur oder beim Lagerhalter sowie auch beim Endverbraucher. Durch die für eine Ware geeignete Verpackung
  - werden die Ein-, Um-, Kommissionier- und Auslagerungsvorgänge rationalisiert, d. h. schneller, sicherer und leichter gemacht,
  - wird der Lagerraum besser ausgenutzt,
  - wird eine bessere Lagerordnung ermöglicht und
  - bekommt die Ware den angemessenen Schutz während der Lagerzeit.
- **Lade- und Transportaufgabe:**

  Die geeignete Verpackung bewirkt bei den Be- und Entladevorgängen einen schnelleren und sicheren Ablauf. Entsprechend dem Transportmittel bzw. Transportbehälter dient sie einer besseren Raumausnutzung. Zudem schützt die Verpackung die Ware vor Transportschäden.

- **Verkaufsaufgabe:**

  Die Verpackung ermöglicht die Bildung von Einheiten in Größe und Gewicht und schafft dadurch die Möglichkeit für die Kunden, sich selbst zu bedienen und nicht vom Verkaufspersonal bedient zu werden. Dies wiederum senkt durch die **Rationalisierung des Verkaufsvorganges** Kosten.

  Ein ganz anderer Effekt ist der **Zusatznutzen,** den Verpackungen bieten können. So werden Waren in Kunststoffbehältnissen verkauft, die dann zur Aufbewahrung anderer Ware oder zum Einfrieren genutzt werden können. Ein anderes Beispiel sind formschöne blaue Sektflaschen, die später als Blumenvasen genutzt werden können.

- **Werbeaufgabe:**

  Der Verpackung kommt heutzutage eine große Bedeutung als **Werbeträger** zu. Die gesamte Aufmachung in Form, in farblicher Gestaltung und die zusätzlichen Informationen stehen beim Kauf häufig im Vordergrund, sodass die Entscheidung für ein Produkt auch durch die Verpackung beeinflusst wird.

- **Informationsaufgabe:**

  Die Verpackung enthält eine Vielzahl an Informationen, die für alle an der Lieferkette Beteiligten und insbesondere auch für den Verbraucher wichtig sind. Die Verpackung ist ein Träger von verschlüsselten Daten mittels GTIN/EAN-Code (Globale Artikelidentnummer, Barcode) oder RFID-Tags (Radio Frequency Identification). Dies ermöglicht den schnellen Datenaustausch an allen Stellen in der Lieferkette. Andererseits werden dem Verbraucher wichtige Informationen über die Ware mitgeteilt, z.B. über die Art der Ware, das Gewicht, die Menge, der Preis, das Mindesthaltbarkeitsdatum, die Anzahl der beinhalteten Teile, den Verwendungszweck oder die Beschreibung, wie die Ware verwendet werden muss. Besondere Bedeutung haben Warn- oder Gefahrenhinweise für den Verbraucher.

  → zu H- und P-Sätzen s. Kap. 13.3 Gefahrstoffe!

- **Garantieaufgabe:**

  Die Verpackung erfüllt auch eine Garantieaufgabe, indem der Hersteller für die Ware bei einwandfreier und unbeschädigter Verpackung haftet (Garantiesiegel bei DVDs).-

➢ **Verwendungsaufgabe:**

Viele Waren werden über die Verpackung beim Endverbraucher z. B. durch die Bildung von Einheiten dosiert. Auch die Entnahme oder der direkte Verbrauch bei Lebensmitteln wird oft über die Verpackung realisiert, so über Schüttvorrichtungen in Schachteln oder den Drehverschluss bei einem Tetrapak für Getränke.

## 5.3 Beanspruchungen des Packgutes

6. Welchen Arten von Beanspruchungen kann ein Packgut ausgesetzt sein?

Das Packgut kann **Beanspruchungen** in vielfältiger Weise unterliegen:

➢ **mechanische Beanspruchung** durch auf das Packgut einwirkende Kräfte,

➢ **klimatische Beanspruchungen** durch meteorologische Bedingungen wie das Wetter und das Klima,

➢ **Beanspruchungen durch** die Ware schädigende **Lebewesen** und

➢ durch den **Menschen als Dieb.**

7. Beschreiben Sie die Auswirkungen mechanischer Kräfte!

Die Kräfte, die bei einer **mechanischen Beanspruchung** auftreten, verursachen leichte Beschädigungen nur an der Verpackung bis hin zum Totalschaden des Packgutes.

8. Erklären Sie, wodurch mechanische Beanspruchungen entstehen und welche Schutzmöglichkeiten es dagegen gibt!

**Beanspruchung durch Druck:**

Druck wird z. B. von oben ausgeübt, durch das Stapeln der Packstücke. Nicht jeder Karton oder jede Palette ist stapelbar. Schutzmaßnahmen gegen Schäden können folgende sein:

➢ schwere Ware nach unten, leichte Ware nach oben,

➢ Verstärkung der Druckstellen,

➢ Handhabungshinweise anbringen,

➢ u. a.

**Beanspruchung durch Fall:**

Das Packstück fällt auf den Boden beim Be- und Entladen oder beim Ein-, Um- und Auslagern durch fährlässiges oder unvernünftiges Arbeiten.

Schutz kann durch eine Ausbildung über angemessenes Verhalten und eine professionelle Vorgehensweise bei Lagertätigkeiten gewährleistet werden.

**Beanspruchung durch Rüttelbewegungen:**

Bei jedem Verkehrsmittel treten beim Transport Rüttelbewegungen oder Schwingungen auf, z. B. durch den Straßenzustand (Löcher im Belag oder Kopfsteinpflaster), durch eine unruhige Fahrweise des Fahrers oder durch die Vibrationen des Motors. Dies wirkt sich mehr oder weniger schädlich auf die Ware aus.

Schutz kann durch die Nutzung besserer Straßen, durch umsichtige Fahrweise oder durch entsprechend ausgestattete Fahrzeuge (mit Luftfederung) gewährleistet werden.

**Beanspruchung durch Schub:**

Der Schub tritt bei allen Verkehrsmitteln auf, verursacht durch das schnelle Anfahren und Anhalten, durch Kurvenfahrt oder auch durch Straßen mit Gefälle oder Steigungen.

Schutz kann vor allem durch richtiges Stauen, Stapeln und eine ausreichende form- oder kraftschlüssige Ladungssicherung gewährleistet werden.

**Beanspruchung durch Stoß:**

Hierbei erfolgt die schädigende Kraft von außen, z. B. durch andere auffahrende Fahrzeuge oder durch unbedachtes Arbeiten mit einem Gabelstapler, wobei Packstücke um- oder runtergestoßen oder angefahren werden.

Schutz: Vernünftiger Umgang mit dem Gabelstapler und richtige Verladung der Packstücke vermeidet Schäden.

9. Erklären Sie die klimatischen Beanspruchungen eines Packgutes und wie man den schädigenden Folgen vorbeugen kann!

- Die **klimatischen Beanspruchungen** werden verursacht durch die aktuellen **Wetterbedingungen,** die Kälte, Wärme (Sonne), Nebel, Regen, Sturm etc. mit sich bringen.
- Andererseits verursachen die unterschiedlichen **Klimabedingungen** von einer Klimazone in die andere, den die Ware bei einem weltweiten Transport erfährt, überwiegend Schäden durch Kondenswasser. Beim Containertransport auftretendes Kondenswasser nennt man Containerschweiß.
- Vorbeugend kann man
  - luftdurchlässige Packmittel nutzen, die einen Luftaustausch ermöglichen oder
  - Packmittel werden besonders behandelt oder
  - es werden Trocknungsmittel eingesetzt, die die Luftfeuchtigkeit aufnehmen.

10. Nennen Sie Schädlinge für Packgut und Verpackung und die möglichen vorbeugenden Maßnahmen!

- Weltweit gibt es eine Vielzahl an **Schädlingen,** die nicht nur Lebensmittel zerstören, verunreinigen oder ungenießbar machen, sondern auch jegliche andere Ware. Zu diesen Schädlingen zählen **Ratten, Mäuse, Würmer** und **Insekten** wie Fliegen, Larven und Motten.
- – Der wirksamste Schutz ist die Sauberkeit.
  - Die Verpackung muss dicht sein z.B. durch **Folienwicklung** oder **Folienschrumpfung.**
  - **Gifte** oder auch **Fallen** lassen sich gezielt einsetzen.
  - Damit die Nagetiere sich nicht durch die Verpackung durchbeißen können, gibt es besondere **nagefeste Materialien** wie Metall oder Hartplastik.
  - Eine weitere genutzte Maßnahme bei unbehandeltem Naturholz (bei Paletten) ist das **Einfuhrverbot** (Argentinien, Brasilien, China, Japan, USA u.a.). Alternativ dazu kann Naturholz entsprechend chemisch oder hitzebehandelt werden, sodass keine Holzschädlinge eingeführt werden.

11. Nennen Sie vier Maßnahmen, mit denen der Diebstahlgefahr durch entsprechende Packmittel und Packhilfsmittel vorgebeugt werden kann!

Mit den folgenden Maßnahmen kann der **Diebstahlgefahr** vorgebeugt werden:

- Neutralisierung der Verpackung durch Umwicklung mit schwarzer Folie,
- Stretch- oder Schrumpffolie,
- Zusammenfassung kleinerer Packstück-Einheiten zu größeren Verpackungseinheiten,
- stabile Materialien für das Packmittel mit zusätzlicher Klammerung,
- spezielle Sicherungs-Klebebänder,
- elektronische Sicherung mittels RFID-Tags,
- u.a.

## 5.4 Markierungen auf Packstücken

12. Welchem Zweck dienen Markierungen auf Packstücken?

- **Markierungen** sollen den Umgang mit der Ware einerseits erleichtern,
- aber auch andererseits sicherer machen, indem sie notwendige Informationen für Transport-, Umschlag- oder Lagerprozesse oder die Handhabung zur Verfügung stellen.
- Weitere Angaben können sein:
  - Ursprungsangabe (Made in Germany),
  - Gewichtsangabe (ab 1000 kg Pflicht),
  - Abmessungen in cm
  - u.a.

13. Eine vollständige Markierung auf Packstücken nach DIN 55402 und DIN EN ISO 780 besteht aus den drei folgenden Teilen: Leitmarke, Informationsmarkierung und Handhabungsmarkierung. Erklären Sie diese!

- Die **Leitmarke** beinhaltet
  - Kennmarke (Anfangsbuchstabe des Empfängers bzw. Absenders),
  - Kennnummer (Auftrags- oder Rechnungsnummer des Empfängers),
  - Bestimmungsort oder Bestimmungshafen,
  - Packstücknummer und Gesamtpackstückanzahl (4 von 6, 4/6).
- Die **Informationsmarkierung** beinhaltet
  - Ursprungsangabe (Made in Germany),
  - Gewichtsangabe (ab 1 000 kg Pflicht),
  - Abmessungen in cm.
- Die **Handhabungsmarkierung** beinhaltet bildliche Hinweise in Form von Piktogrammen (oben) oder zusätzlich als textlicher Hinweis.

14. Erläutern Sie die beiden Darstellungsformen von Markierungen auf Packstücken!

- Auf die **bildlichen Hinweise** in Form von Symbolen/Piktogrammen darf international nicht verzichtet werden, da sie sich selbst erklären und damit im internationalen Transport Sprachproblemen vorbeugen.
- Im innerdeutschen Verkehr sind **textliche Hinweise** ausreichend. Bei Exportsendungen müssen jedoch diese textlichen Hinweise in der Sprache des Empfangslandes angebracht sein.

15. Nennen Sie zehn wichtige textliche Handhabungsmarkierungen in Deutsch und geben Sie den Kennzeichnungstext in Englisch an!

| **Beispiele für textliche Handhabungsmarkierungen** | |
|---|---|
| **in Deutsch** | **in Englisch** |
| aufrecht transportieren | keep upright |
| auf Rollen transportieren | use rollers |
| elektrostatisch gefährdetes Bauelement | electrostatic sensitive device |
| Gabelstapler hier nicht ansetzen | do not use fork lift truck here |
| hier anheben | lift here |
| hier anschlagen | sling here |
| hier öffnen | open here |
| hier aufreißen | tear off here |
| keine Handhaken verwenden | use no hooks |
| klammern in Pfeilrichtung | clamp here |
| oben | this side up |
| Schwerpunkt | centre of gravity |
| Sperrschicht nicht beschädigen | do not destroy barrier |
| Stechkarre hier nicht ansetzen | no hand truck here |
| vor Hitze schützen | keep away from heat, keep cool |
| vor Hitze und radioaktiven Strahlen schützen | protect from heat and radiactive sources |
| vor Nässe schützen | keep dry |
| zerbrechliches Packgut | fragile, handle with care |
| zulässiger Temperaturbereich | temperature limitat |
| zulässige Stapellast | stacking limitation |

## 5.5 Packmittel

16. Nennen Sie die unterschiedlichen Packmittelarten mit mindestens einem Beispiel!

➢ **Kisten/Kleinbehälter:**
- aus Holz (normale Holzkiste, Aufsetzrahmen, zusammenlegbare Holzkiste u. a.),
- aus Metall (Collico, Zarges oder andere Metallkisten u. a.),
- aus Kunststoff (stapelbare Kisten, Falt- und Klappkisten u. a.).

➢ **Schachteln:**
- aus Papier/Pappe/Karton (Kartons aus Vollpappe, Wellpappe, X-Ply, selbsthaftende Wellpappe u. a.).

➢ **Wellpappe** kann eine hohe Tragfähigkeit besitzen (z. B. Umzugskartons), eine sehr gute Stoßdämpfung und eine hohe Steifigkeit bei einem relativ geringem Gewicht. Dies hängt von der Machart ab.

Es gibt eine
- **einwellige Wellpappe,** die einseitig beklebt ist,
- **einwellige Wellpappe,** die **zweiseitig beklebt** ist, d. h., diese hat eine untere und eine obere Decklage,
- **zweiwellige Wellpappe,** die zwischen den beiden Wellen eine Zwischenlage hat,
- **dreiwellige Wellpappe,** die jeweils eine untere und eine obere Decklage und zwei Zwischenlagen hat.
- Eine besonders stabile Wellpappe, die eine besonders hohe Stapelleistung und sehr große stoßdämpfende Eigenschaften hat nennt man **X-Ply,** eine sogenannte Schwerstwellpappe. Bei ihr kreuzen sich wie beim Sperrholzsystem die Wellenbahnen, womit diese Stabilität bewirkt wird.

➢ **Paletten:**
- als EUR-Flachpalette (Poolpalette mit genormten Abmessungen),
- als EUR-Gitterboxpalette (Poolpalette mit genormten Abmessungen),
- als Industriepalette (Mehrweg, Einweg) in den unterschiedlichsten Abmessungen.

➢ **Container:**
- als ISO-(Übersee-)Container in den unterschiedlichsten Typen und in mehreren Größen,
- als Binnencontainer, der nur auf dem Landwege transportiert werden kann.

- **Sonstige Packmittel:**
  - Big Bag (Containersack),
  - Rollwagen,
  - Eimer,
  - Fass,
  - Tonne,
  - u.a.

**17.** Worin unterscheidet sich eine Inlandskiste von einer Seekiste?

Bei der **Inlandskiste** sind die Verstärkerleisten außen erkennbar. Die Kiste ist damit recht stabil und unterfahrbar.

Bei der **Seekiste** sind zur Verstärkung Rahmenkopfleisten außen angebracht. Die Verstärkerleisten befinden sich innen. Dies begründet sich aus der Seefrachtberechnung, wo die äußeren Kanten als Abmessungen herangezogen werden. Bei der Inlandskiste ergibt sich daher ein größeres Volumen.

**18.** Nennen Sie für die EUR-Palette
- die Maße,
- das Eigengewicht,
- die maximale Tragfähigkeit und
- die Auflast und
- die Besonderheit!

Die **EUR-Palette** ist durch folgende Eigenschaften gekennzeichnet:

- **Maße**: 120 cm x 80 cm x 14,4 cm (LxBxH),
- **Eigengewicht**: ca. 25 kg (je nach Holzfeuchtigkeit),
- **max. Tragfähigkeit:**
  - 1000 kg bei beliebiger Lastverteilung,
  - 1500 kg bei gleichmäßiger Lastverteilung,
  - 2000 kg bei vollflächiger und gleichmäßiger Lastverteilung auf der gesamten Palettenoberfläche,
- **Auflast:** 4-fach stapelbar, max. 4000 kg Last auf die unterste Palette (also insgesamt 4 Paletten).
- **Besonderheit (Pool-/Tauschpalette):**

Die EUR-Palette ist eine genormte, mehrwegfähige Transportpalette, die den **Bestimmungen des Europäischen Paletten-Pools** entspricht.

> **Hinweis:**
>
> Die Tragfähigkeit der untersten Palette in einem Stapel ist größer als bei einer Palette in Bewegung, z.B. beim Transport mit einem Gabelstapler. Die Palette im Stapel unterliegt nur einer statischen Belastung gegenüber einer größeren dynamischen Belastung beim Transport.

**19.** Erklären Sie, warum die EUR-Palette eine Poolpalette ist!

Die EUR-Palette ist eine genormte, mehrwegfähige Transportpalette, die den **Bestimmungen des Europäischen Paletten-Pools** entspricht. Diese Bestimmungen schaffen einen Standard, einerseits in den Abmessungen und andererseits in der Qualität (bestimmtes Holz, vorgeschriebene Verarbeitung, bestimmtes Nagelbild u. a.). Beim Tausch sind ebenfalls bestimmte Kriterien zu beachten, sodass diese Palette tauschbar bleibt. Ansonsten werden aufgrund von Beschädigung nicht mehr tauschbare Paletten aus dem Pool genommen.

→ zur Leergut-Behandlung s. Kap. 1 Güter annehmen und kontrollieren!

20. Die EUR-Paletten müssen bestimmten Qualitätsnormen der EPAL (European Pallet Association) entsprechen. Nennen Sie fünf Qualitätsnormen!

**Qualitätsnormen der EPAL** sind:

- keine Baumkanten bei Querbrettern, dadurch höhere Stabilität,
- keine Schimmelbildung durch Nutzung von getrocknetem Holz,
- genormtes Nagelbild,
- angefaste Bodenbretter,
- Brandzeichen der European Pallet Association (EPAL) oder des internationalen Eisenbahnverbandes (UIC) (bei älteren Paletten auch EUR) auf dem linkem Klotz,
- Brandzeichen einer europäischen Bahngesellschaft (DB u.a.), IPPS-Kennung für schädlingsfreies Holz, die Herstellerkennung bzw. Lizenznummer (Hersteller-Jahr-Monat) und ggf. der Reparaturmangel für lizensierte Reparaturen in der Mitte,
- Brandzeichen der Europäischen Pallet Association (EPAL) oder des Europäischen Paletten-Pools der Bahnen (EUR) (bei älteren Paletten auch UIC) auf dem rechten Klotz,
- Reparaturkennzeichnungsnagel,
- Güteprüfklammer.

21. Beim Tausch der EUR-Paletten im Europäischen Paletten-Pool wird gefordert, dass die Palette bestimmten Tauschkriterien entspricht. Nennen Sie vier Beispiele dafür, dass die Tauschkriterien nicht eingehalten werden!

Beispiele für **nicht eingehaltene Tauschkriterien** sind:

- Ein fehlendes Bauteil (Brett, Klotz),
- unzulässiges Bauteil, z.B. untermaßig, morsch, Baumkante,
- ein quer-, an- oder durchgebrochenes Brett,
- Bretter sind so abgesplittert, dass Nagel- oder Schraubenschäfte sichtbar werden,
- verdrehter Klotz mehr als ca. 1 cm,
- keine vorgeschriebenen Kennzeichnungen mehr lesbar (siehe Frage 20),
- bei reparierten Paletten fehlt der Reparaturkennzeichnungsnagel,
- Verunreinigungen, die an Ladegütern abgegeben werden können, z.B. Farbe, Öl, Geruch, Schimmel, Stockflecken etc.

**22.** Unterscheiden Sie eine Zweiwegpalette von einer Vierwegpalette!

Eine **Zweiwegpalette** kann nur von beiden Längsseiten unterfahren werden. Bei einer **Vierwegpalette** ist das Unterfahren auch von beiden Stirnseiten möglich.

**23.** Erläutern Sie die beiden möglichen Stapelungen auf Flachpaletten!

- **Lineare Stapelung** oder **Säulenstapelung,** bei der die einzelnen Packstücke auf der Palette direkt übereinandergestapelt werden, ist eine unstabile Stapelung. Diese sollte nur durchgeführt werden, wenn die Palette zusätzlich mit Stretch- oder Schrumpffolie gesichert würde. Ansonsten bewirkt bei Getränkekisten oder Kunststoffkästen die lineare Stapelung einen stabilen Formschluss.

  Der **Vorteil** dieser Stapelung liegt in der einfacheren und schnelleren Durchführung.
- Die bessere Variante stellt die **Verbundstapelung** wie beim Mauern dar. Die Packstücke werden nicht direkt übereinandergestapelt, sondern versetzt. Dadurch ergibt sich eine **zusätzliche Stabilität** und damit als **Vorteil** ein besserer Halt.

**24.** Was ist eine Sandwichpalette?

Wenn bei einer Bestellung unterschiedliche Artikel gepackt werden müssen, dann kann man eine **Sandwichpalette** bilden. Es werden mehrere Paletten mit sortenreiner Ware jeweils auf eine Palette gestapelt. Diese werden dann übereinander gestellt und z. B. mit Stretchfolie gesichert. Diese Vorgehensweise dient ausschließlich der Transportoptimierung und soll keine logistische Einheit bilden.

**25.** Nennen Sie die Merkmale, die eine EUR-Gitterboxpalette von einer EUR-Flachpalette unterscheiden!

Die **EUR-Gitterboxpalette** ist durch folgende Eigenschaften gekennzeichnet:

- **Grundmaße** wie bei der EUR-Palette: 120 cm x 80 cm und innen 80 cm hoch,
- der **Gitteraufbau** ist größer: 124 cm x 83,5 cm x 97 cm (LxBxH),
- **Volumen:** ca. 0,77 $m^3$,
- **Eigengewicht:** ca. 70 kg (bis 2010: 85 kg),
- **max. Tragfähigkeit:** max. 1 500 kg,
- **Auflast:** 4-fach stapelbar, max. 6 000 kg Last auf den oberen Rahmen der untersten Gitterboxpalette,
- **Vorteile gegenüber der Flachpalette:** Schutz vor Beschädigungen, zusätzliche Sicherungsmaßnahmen wie bei der Flachpalette entfallen.

**26.** Erklären Sie die Bedeutung der Palette!

Durch den **Einsatz von Paletten** lassen sich Einheiten bilden, bei denen nicht mehr das einzelne Packstück umgeschlagen werden muss, sondern nur noch die Einheit. Dies stellt einerseits einen zusätzlichen Schutz der einzelnen Packstücke dar und andererseits verkürzt sich der Zeitaufwand für den Umschlag.

Die Palette kann als Bestelleinheit, Ladeeinheit, Transporteinheit, Lagereinheit, Inventureinheit und Versandeinheit angesehen und eingesetzt werden.

27. Unterscheiden Sie den Binnencontainer vom Überseecontainer bzw. ISO-Container!

- Der **Binnen- oder DB-Container** ist ein Container der Deutschen Bahn insbesondere für den kombinierten Verkehr zwischen Straße und Schiene.
  - Er darf nicht über die „nasse Grenze" gehen, d.h. nicht über See, sondern nur über die „trockene Grenze".
  - Seine Innenabmessungen (244 cm breit) sind so, dass EUR-Paletten optimal geladen werden können (zwei Paletten breitseitig oder drei Paletten längsseitig).
  - Da er von den Wechselbehältern mittlerweile verdrängt wurde, hat er nur noch eine geringe Bedeutung.
- **ISO-Container** (Internationale Organisation für Normung).
  - Dieser **Überseecontainer** ist für den Seetransport gedacht und erfährt eine Standardisierung durch die international festgelegten Abmessungen.
  - Dieser Container ist aus dem weltweiten Transport nicht mehr wegzudenken. Die größte Anzahl der Container befindet sich im Eigentum der Reedereien.

28. Erklären Sie die Maßeinheit TEU!

**TEU** ist die Einheit im Containerverkehr (TEU = **t**wenty foot **e**quivalent **u**nit). Dies entspricht einem 20-Fuß-Container. Bei einem 40-Fuß-Container spricht man von zwei TEUs oder von einem **FEU** (**f**ourty foot **e**quivalent **u**nit).

29. Nennen Sie die Außenabmessungen eines 20- und eines 40-Fuß-ISO-Containers in Fuß (ft) und Zoll (inch = in) und rechnen Sie in Meter (m) um!
(1 Fuß = 0,3048 m;
1 Zoll = 0,0254 m)

Dies sind die durchschnittlichen Maße für einen Standardcontainer, sie weichen aber bei anderen Containerarten ab.

**20-Fuß-Container:**

| Länge | Breite | Höhe |
|---|---|---|
| 20 ft 4 in | 8 ft | 8 ft 6 in |
| 6,198 m | 2,438 m | 2,591 m |

**40-Fuß-Container:**

| Länge | Breite | Höhe |
|---|---|---|
| 40 ft | 8 ft | 8 ft 6 in |
| 12,192 m | 2,438 m | 2,591 m |

**30.** Wie hoch ist in 20- und 40-Fuß-Containern
- die Zuladung und
- das Volumen?

**20-Fuß-Container:**
- Zuladung: 21 670 kg
- Volumen: 33,1 $m^3$

**40-Fuß-Container:**
- Zuladung: 26 480 kg
- Volumen: 67,5 $m^3$

**31.** Erklären Sie die Bedeutung des CSC-Schildes auf ISO-Containern!

Jeder Container, der international eingesetzt wird, benötigt ein CSC-Sicherheits-Zulassungsschild (CSC = Container Safety Convention). Auf ihm sind für den Container wichtige Daten angegeben. Die erste technische Prüfung muss spätestens nach 5 Jahren erfolgen und dann immer spätestens alle 2 Jahre. Container ohne eine gültige Zulassung dürfen nicht verladen werden.

**32.** Nennen Sie vier auf dem CSC-Schild befindliche Informationen!

Folgende Angaben zum Container sind auf dem CSC-Schild enthalten:
- Typ,
- Hersteller,
- Zulassungsnummer,
- Baujahr Serien-Nummer,
- maximales Bruttogewicht,
- erlaubtes Stapelgewicht,
- Belastungswert bei der Querverwindungsprüfung,
- Gültigkeitsdatum der Plakette,
- usw.

**33.** Beschreiben Sie mindestens zehn unterschiedliche Arten von ISO-Containern und geben Sie den Anwendungsbereich an!

- **Standard-Container:** Er ist für Standardladung vorgesehen, d.h. Stückgut, Kisten, palettierte Ware u.a.
- **High-Cube-Container:** Dieser Container entspricht im Aufbau dem Standard-Container und kommt als 40-Fuß-Container vor. Er ist ungefähr 30 cm höher konstruiert und geeignet für jegliche Art von Stückgut, aber besonders für leichte und voluminöse Güter.
- **Hardtop-Container:** Er hat ein festes abnehmbares Stahldach und kann deshalb zusätzlich von oben beladen werden. Geeignet für schwere, aber besonders für überhohe Ladung.
- **Open-Top-Container:** Er ist oben offen, kann aber mit Spriegel und Plane geschlossen werden. Dieser Container ist besonders für hohe oder kranbare Ladung geeignet.


8 Hummel - ISBN 978-3-8120-0570-8

- **Open-Side-Container:** Dieser Container hat beide Längsseiten offen. Für seitliche Beladung oder für überbreite Ladung geeignet.
- **Ventilierter Container:** Er hat spritzwassergeschützte Belüftungsöffnungen in den oberen und unteren Dachlängsträgern. Geeignet für zu belüftende Ladung (Rohkaffee u. a.).
- **Isolier-Container:** Dieser Container hat kein eigenes Kühlaggregat und muss von daher an das bordeigene Kühlsystem der Schiffe angeschlossen werden. In den Häfen müssen sie an eine sogenannte Terminalkühlanlage (Clip-on-Units) angeschlossen werden. Geeignet für Ladung, die konstante Minus- oder Plustemperaturen benötigt.
- **Kühl-Container:** Er hat ein eigenes eingebautes Kühlaggregat und von daher einen kleineren Innenraum und weniger Nutzlast zur Verfügung. Er findet Verwendung für Ware, die bei einer konstanten Temperatur oberhalb oder unterhalb des Gefrierpunktes transportiert werden muss.
- **Bulk-Container:** Dies ist ein Schüttgutcontainer, der für Schüttgüter und Sauggüter geeignet ist. Auf dem Dach befinden sich drei Einfüllöffnungen und in den Türen zwei Ausschüttöffnungen. Besonders geeignete Güter sind Futtermittel, Getreide, Gewürze, Kunststoffgranulate etc.
- **Tank-Container:** Der Container muss wegen der gefährlichen Schwallbewegungen der Flüssigkeit während des Transportes mit mindestens 80 % und wegen der thermischen Ausdehnung mit maximal 95 % gefüllt sein. Diese Container finden für Lebensmittel (Fruchtsäfte u. a.) oder Chemikalien (Brennstoffe u. a.) Verwendung.
- **Flat (Flatrack):** Flats haben eine hoch belastbare Bodenkonstruktion, bestehend aus einem Stahlrahmen und einem Weichholzboden. Sie haben entweder zwei fest installierte oder klappbare Stirnwände. Seitlich kann das Flat mit Rungen (Metallstäbe) zur seitlichen Begrenzung versehen werden. Sie finden vorwiegend Verwendung für Schwergut, überhohe und überbreite Ladung.
- **Platform:** Platforms bestehen ebenfalls aus einer extrem belastungsfähigen Bodenkonstruktion. Sie haben keine Seiten- und Stirnwände und finden hauptsächlich für sehr schwere und übergroße Ladung Verwendung.

**34.** Wie kann ein ISO-Container identifiziert werden?

Die Identifizierung ergibt sich aus
- dem Eigentümerschlüssel (**HLX** für HapagLloyd) und
- dem Produktgruppenschlüssel (**U** = Unit für Frachtcontainer),
- der 6stelligen Registriernummer **(118896)** mit
- der nachfolgenden Prüfziffer **(0)**.
  Darunter steht der Bauartschlüssel **22G1**.
- **2** für die Containerlänge 20 Fuß,
- nächste **2** für Containerbreite (8 Fuß) und -höhe (8 Fuß 6 Inch),
- **G1** für Stückgutcontainer mit Teilbelüftung.

**35.** Was bedeuten die weiteren darunter stehenden Angaben?

- MAX.GROSS = maximales Gesamtgewicht
- TARE = Eigengewicht des Containers
- MAX.PAYLOAD = zulässige Nutzlast (manchmal auch „NET" für Nettogewicht)
- Die Gewichte sind in kg (Kilogramm) und in lbs (englische Gewichtspfund) angegeben.
- CUBE = Volumen in $m^3$ und Kubikfuß.

**36.** Was sind Flugzeugcontainer? Nennen Sie mindestens drei!

**Flugzeugcontainer** sind aus Aluminiumblech mit Profilrahmen oder Aluminium und Kunststoff gefertigte leichte, geschlossene Container. Damit sie optimal in das Flugzeug gestaut werden können, ist deren Form an den Flugzeugrumpf angepasst z. B. durch Abschrägungen oben oder unten wie im Bild 6.24.

LD3 Container, u. a. für Wertfracht und Textiltransporte,

LD7 Container (Iglu-Aufbau),

LD8 Container für hängende Kleidungsstücke,

20-Fuß-Container,

Container für Pferde,

usw.

**37.** Erklären Sie den Containersack (Big Bag) und seine Anwendung!

Der **Containersack** findet immer häufiger Verwendung und verdrängt kleine Verpackungseinheiten. Diese Big Bags sind besonders geeignet für Schüttgüter in kleiner Körnung (Granulat u. a.) oder größere Teile (Pflastersteine u. a.). Diese Big Bags haben eine Traglast bis zu 2000 kg. Sie sind nicht nur für den Transport geeignet, sondern auch und gerade für die Lagerung. Da die Big Bags aus Polypropylen hergestellt sind, können sie auch einfach entsorgt oder recycelt werden.

38. Nennen Sie mindestens zehn weitere, bisher noch nicht genannte Behälter!

| Weitere Arten von Behältern | |
|---|---|
| ➢ Ballen<br>➢ Becher<br>➢ Beutel<br>➢ Büchse<br>➢ Coils<br>➢ Eimer<br>➢ Fass<br>➢ Harass<br>➢ Kanister<br>➢ Kippbehälter | ➢ Koffer<br>➢ Korb<br>➢ Kübel<br>➢ Netz<br>➢ Rollbehälter<br>➢ Sack<br>➢ Tasche<br>➢ Tonne<br>➢ Tüte<br>➢ Versandtasche |

## 5.6 Packhilfsmittel

39. Wovor sollen Packhilfsmittel die Ware schützen?

Mit Hilfe von Packhilfsmitteln soll die Ware vor mechanischen Beanspruchungen, Feuchtigkeit oder Diebstahl geschützt werden.

40. Nennen Sie zehn Packhilfsmittel, die entweder außen die Verpackung oder innen das Packgut schützen!

| Beispiele für Außenpackmittel | |
|---|---|
| ➢ Kantenschutz<br>➢ Packpapier<br>➢ Stretchfolie | ➢ Schrumpffolie<br>➢ Wellpappe |

| Beispiele für Innenpackmittel | |
|---|---|
| ➢ Luftpolsterfolie<br>➢ Noppenschaum<br>➢ Ölpapier<br>➢ Seidenpapier<br>➢ Schaumstoff<br>➢ Schlauchfolie<br>➢ Silicatgel | ➢ Sperrschichtfolie<br>➢ Teerpapier<br>➢ VCI-Papier (volatile corrision inhibitor = flüchtiger Rosthemmer)<br>➢ Verbundfolie |

41. Nennen Sie mindestens fünf Füllstoffe!

| Beispiele für Füllstoffe | |
|---|---|
| ➢ Chips<br>➢ Flocken<br>➢ Holzwolle<br>➢ Luftpolster<br>➢ Noppenschaum | ➢ Packkissen<br>➢ Papierwolle<br>➢ Schaumpolster<br>➢ Styroporformen<br>➢ Wellpappe |

42. Nennen Sie mindestens fünf Möglichkeiten, Packmittel zu verschließen!

| Beispiele für Packmittelverschlüsse | |
|---|---|
| ➢ Draht<br>➢ Klebeband<br>➢ Kleber<br>➢ Kordel<br>➢ Packband<br>➢ Plomben jeglicher Art<br>➢ Stretchen | ➢ Schrumpfen<br>➢ Umreifungsband aus Kunststoff<br>➢ Umreifungsband aus Metall<br>➢ Verschlussklammern<br>➢ Vernagelung |

## 5.7 Informationsmittel

**43.** Erklären Sie drei mögliche Informationsmittel auf Packstücken!

Folgende **Informationsmittel** können auf **Packstücken** angebracht werden:

- **Etiketten (Handhabungshinweise, Gefahrenkennzeichen** u. a.) oder weitergehende Informationen für den Empfänger („Rechnung inliegend" u. a.).
- **Begleitpapiertaschen,** die in unterschiedlicher Ausführung und Größe als **selbstklebende** Tasche (für Lieferscheine, Packlisten, Rechnungen u. a.) Verwendung finden.
- **Indikatoren** sind Messeinrichtungen, die dem Empfänger (durch Farbveränderung u. a.) anzeigen, ob das Packstück
  - einen bestimmten Feuchtigkeitsgrad überschritten hat **(Feuchtigkeitsindikator)** oder
  - zu starken Erschütterungen durch den Transport unterlegen hat oder gefallen ist **(Stoßindikator)** oder
  - während des Transports unzulässig gekippt wurde **(Kippindikator)** oder
  - ob temperaturempfindliche Waren bestimmte erlaubte Temperaturen unter- und überschritten haben **(Temperaturindikator)**.

## 5.8 Gefahrgutverpackungen

**44.** Warum bedarf es bei gefährlichen Gütern einer besonderen zugelassenen Verpackung?

Da durch einen Transport das Packstück den unterschiedlichsten Belastungen ausgesetzt ist, insbesondere durch mechanische Beanspruchungen wie Stoß, Schub, Fall, Druck und Vibrationen, kann es zu unerwünschten gefährlichen Reaktionen (Explosion, Feuer etc.) kommen.

**45.** Erklären Sie einzelne Elemente des folgenden Beispiels eines UN-Codes:

(u n) 4G/ X22/ S/ 08/ D/
BAM 1234-AB

Der **UN-Verpackungscode** setzt sich wie folgt zusammen:

| | | |
|---|---|---|
| **UN** | = | United Nations (Vereinte Nationen) |
| **4G** | = | Verpackungskategorie (hier eine Kiste aus Wellpappe) |
| **X22** | = | Entspricht der Verpackungsgruppe I (gefährlich), max. Bruttogewicht 22 kg |
| **S** | = | Für Feststoffe (solid = S = fester Stoff; für Flüssigkeiten = L = liquid) |
| **08** | = | Herstellungsjahr |
| **D** | = | Staat, in dem die Zulassung erteilt wurde (hier Deutschland) |
| **BAM** | = | Zulassende Behörde (Bundesanstalt für Materialforschung und -prüfung) |
| **1234-AB** | = | Zulassungsnummer und Kurzzeichen des Herstellers |

46. Nennen Sie je zwei Pflichten beim Verpacken und beim Kennzeichnen von gefährlichen Gütern!

**Pflichten** des Verpackers **beim Verpacken**:

- eine für das jeweilige Gefahrgut geeignete und zugelassene Gefahrgutverpackung mit Prüfung der Bauartzulassung auswählen,
- die Verpackungsvorschriften einhalten,
- die Vorschriften über das Zusammenpacken (Zusammenpackverbot) beachten,
- Gewichtsgrenzen der Verpackungen beachten,
- Leerräume ausfüllen,
- das Packstück ordentlich und sicher verschließen,
- u.a.

**Pflichten** des Verpackers **beim Kennzeichnen**:

- die Vorschriften über die Kennzeichnung und Bezettelung von Versandstücken beachten,
- den für das Gefahrgut entsprechenden Gefahrgutzettel gut sichtbar auf dem Versandstück anbringen,
- nach der Gefahrgutverordnung den Inhalt entsprechend kennzeichnen,
- die UN-Nummer angeben,
- notwendige Handhabungshinweise anbringen,
- u.a.

47. Erklären Sie das Packmittel IBC und seine Abkürzung!

Intermediate Bulk Container (IBC) werden für den Transport und die Lagerung von flüssigen und rieselfähigen Stoffen verwendet. Ihr Einsatzgebiet ist die Produktion von Chemikalien, Kosmetik, Lebensmitteln und pharmazeutischen Produkten. Sie sind auch zugelassen für den Transport von Gefahrgütern. Es gibt die IBCs in unterschiedlicher Ausführung mit einem Volumen von 500 bis zu 3000 Litern.

→ s. auch Kap. 13.3 Gefahrstoffe und Kap. 13.4 Gefahrgüter!

## 5.9 Verpackungstätigkeiten

48. Beschreiben Sie in chronologischen Schritten die möglichen Verpackungstätigkeiten!

Die **Abfolge der Verpackungstätigkeiten** wird in der Regel folgendermaßen sein:

- Übernahme des Verpackungsauftrages (Kommission)
- Überprüfung der Kommission (anhand eines Lieferscheins u.a.) auf Warenart und Anzahl,
- besondere Behandlung oder Bündelung von Einzelteilen (spitze, scharfkantige Teile u.a.),

- Nettogewicht und/oder Volumen ermitteln,
- Informationen über Versandvorschriften oder Anweisungen einholen unter Berücksichtigung des Transportweges,
- Auswahl des geeigneten oder vorgeschriebenen Packmittels (bei Gefahrgut u. a.) unter Berücksichtigung des Gewichts, des Volumens, der Eigenarten und Beschaffenheit der Ware,
- optimales Verpacken nach Form, Größe, Schwere, Zerbrechlichkeit etc.,
- ggf. Zusammenpackverbot berücksichtigen,
- Leerräume mit geeigneten Füllstoffen ausfüllen,
- Packmittel mit geeigneten Verschlussmitteln verschließen und/oder sichern,
- Aufkleben und Anbringen von Adressen, Begleitpapiertaschen, Etiketten, Gefahrenzetteln, Handhabungshinweisen etc.,
- Bruttogewicht ermitteln,
- Bereitstellung zum Versand.

49. Nennen Sie je fünf Verpackungsgeräte und Verpackungsmaschinen, die beim Verpacken hilfreich sein können!

| **Beispiele für Verpackungsgeräte** | |
|---|---|
| ➢ Beutelverschließer<br>➢ Etikettenspender<br>➢ Folienschweißgerät<br>➢ Folienwickelgerät zum manuellen Stretchen<br>➢ Handabroller für Klebebänder<br>➢ Handabroller für Sicherungsbänder<br>➢ Haubenschrumpfgeräte<br>➢ Hefter und Tacker<br>➢ Messer | ➢ Packtisch<br>➢ Papierabroller für Packpapier<br>➢ Papierabroller für Wellpappe<br>➢ Schere<br>➢ Schneidständer für Rollenware<br>➢ Umreifungsgerät für Kunststoffbänder<br>➢ Umreifungsgerät für Metallbänder<br>➢ Waage |

| **Beispiele für Verpackungmaschinen** | |
|---|---|
| ➢ Abfüllmaschinen für Flüssigkeiten<br>➢ Folienschrumpfmaschinen<br>➢ Kartonierer<br>➢ Palettierer | ➢ Sammelpacker<br>➢ Stretchwickelmaschinen<br>➢ Umreifungsmaschinen<br>➢ vollautomatische Verpackungsmaschinen |

50. Wie lautet die internationale Bezeichnung für Packen und Entladen von Containern?

- Packen bzw. Beladen von Containern = **stuffing**
- Ent- bzw. Ausladen von Containern = **stripping**

## 5.10 Kosten der Verpackung

**51.** Wie sieht die gesetzliche Regelung zu den Kosten der Verpackung aus?

- Kosten der Übergabe, wie die Verkaufsverpackung, trägt der Verkäufer und
- Kosten der Abnahme, wie die Versandverpackung, sind vom Käufer zu tragen.

**52.** Was bedeuten die Begriffe Nettogewicht, Tara und Bruttogewicht?

Das **Nettogewicht** ist das Reingewicht einer Ware. **Tara** ist das Verpackungsgewicht. Das **Bruttogewicht** ergibt sich aus der Summe von Nettogewicht und Tara (Gesamtgewicht).

**53.** Welche besonderen Vereinbarungen hinsichtlich der Verpackungskosten gibt es?

- **Preis *netto einschließlich* Verpackung:**

  Der Käufer zahlt nur das Nettogewicht der Ware; die Verpackung wird nicht berechnet.
- **Preis *netto ausschließlich* Verpackung:**

  Der Käufer zahlt das Nettogewicht der Ware **und zusätzlich** ausgewiesene Verpackungskosten.
- **Preis *brutto einschließlich* Verpackung (auch „brutto für netto" genannt):**

  Der Käufer zahlt das **Nettogewicht der Ware und das Verpackungsgewicht** (Tara) mit dem Preis für die Ware pro Kilogramm.
- **Preis *brutto ausschließlich* Verpackung:**

  Der Käufer zahlt das **Bruttogewicht** (Waren- und Verpackungsgewicht) mit dem Preis für die Ware pro Kilogramm **und zusätzlich** ausgewiesene Verpackungskosten.

**54.** In welche 3 große Kostengruppen lassen sich die Verpackungskosten unterteilen? Nennen Sie zusätzlich Beispiele.

**Lohn- und Gehaltskosten**
- Löhne plus aller Zusatzleistungen für Mitarbeiter im Verpackungsbereich,
- im Entsorgungsbereich der Packmittel und Packhilfsmittel,
- Gehälter der Mitarbeiter im Beschaffungsbereich für Packmittel und Packhilfsmittel,

**Materialkosten** für
- Packmittel
- Packhilfsmittel,
- Entsorgung für Packmittel und Packhilfsmittel,
- Lagerung für Packmittel und Packhilfsmittel,

**Maschinenkosten** für Verpackungsmaschinen und -geräte wie
- Abschreibung,
- Energiekosten,
- Raumkosten,
- Wartungs- und Instandsetzungskosten.

## 5.11 Bedeutung der Verpackung

55. Erklären Sie die Bedeutung der Verpackung, indem Sie je zwei

- Vorteile und
- durch die Verpackung verursachte Probleme aufzeigen!

**Vorteile der Verpackung:**

- Sie schützt vor mechanischen, klimatischen Beanspruchungen, vor Schädlingen und vor Dieben.
- Die Verpackung dient der Werbung durch ihren Wiedererkennungseffekt im Hinblick auf Form, Farbe oder Informationen.
- Rationalisierung im Lager, bei Be- und Entladevorgängen, beim Transport, bei der Distribution und bei Verkaufsvorgängen, z. B. durch Selbstbedienungsmöglichkeiten.
- u. a.

**Durch die Verpackung verursachte Probleme:**

- Verpackungen benötigen wertvolle Ressourcen,
- die einerseits hohe Kosten verursachen und
- andererseits dann auch noch die Umwelt oder
- sogar die Gesundheit des Menschen schädigen können,
- u. a.

# PRÜFUNGSTRAINING

## Aufgabe 1

Ordnen Sie folgende Fachbegriffe den unten stehenden Beispielen zu, indem Sie die davorstehende jeweilige Ziffer eintragen! (Jeder Fachbegriff kann nur einmal genannt werden!)

**Fachbegriffe:**

1 = Packgut
2 = Packstoff
3 = Packmittel
4 = Packhilfsmittel
5 = Packstück
6 = Verkaufsverpackung
7 = Umverpackung
8 = Transportverpackung
9 = Einwegverpackung
10 = Mehrwegverpackung

**Beispiele:**

a) Schachtel 3 ☐
b) Pfandflasche, die zurückgegeben und wiederverwendet wird 10 ☐
c) Bücher 1 ☐
d) Dose, Flasche, Kanister 7 ☐
e) Kantenschutz 4 ☐
f) Umwickelte Palette mit Kartons 5 ☐
g) Schachtel, in der sich eine Parfümflasche befindet 7 ☐
h) Wellpappe 4 ☐
i) Flachpalette 8 ☐
j) Getränkekarton, der nach dem Verbrauch des Inhalts entsorgt wird 9 ☐

## Aufgabe 2

Ordnen Sie folgende Aufgaben der Verpackung den unten stehenden Aussagen zu!

**Aufgaben der Verpackung:**

1 = Garantieaufgabe
2 = Informationsaufgabe
3 = Lade- und Transportaufgabe
4 = Lageraufgabe
5 = Schutzaufgabe
6 = Verkaufsaufgabe
7 = Verwendungsaufgabe
8 = Werbeaufgabe

**Aussagen:**

a) Das Packgut wird vielen Gefahren von außen ausgesetzt. 5 ☐
b) Die Verpackung ermöglicht die Bildung von Einheiten. 6 ☐
c) Der Endverbraucher wird in seiner Kaufentscheidung durch die Verpackung stark beeinflusst. 8 ☐
d) Der Lagerraum wird optimal genutzt. 4 ☐
e) Die Schachtel mit Soßenpulver besitzt eine Schüttvorrichtung. 7 ☐
f) DVDs mit unbeschädigten Folienverpackungen können umgetauscht werden. 1 ☐
g) Der Warenumschlag erfolgt sicher und schnell. 3 ☐
h) Auf der Verpackung eines Haushaltsreinigers stehen Warn- und Gefahrenhinweise. 2 ☐

## Aufgabe 3

Die Verpackung schützt das Packgut vor vielerlei Gefahren. Setzen Sie bei den unten stehenden Formen von Beanspruchungen eine

1 = bei mechanischer Beanspruchung durch Druck
2 = bei mechanischer Beanspruchung durch Fall
3 = bei mechanischer Beanspruchung durch Rüttelbewegungen und Schwingungen
4 = bei mechanischer Beanspruchung durch Schub
5 = bei mechanischer Beanspruchung durch Stoß

**Die Beanspruchung wirkt ...**

a) bei starker Kurvenlage des Lkw. 4 ☐
b) bei starker Vibration durch den Fahrzeugmotor. 3 ☐
c) beim schnellen Anfahren des Lkw. 4 ☐
d) beim Fahren auf Kopfsteinpflaster. 3 ☐
e) bei der Verstauung und Stapelung von Kartons. 1 ☐
f) beim Fallen auf Ecken oder Kanten. 2 ☐
g) bei starken Gefällstrecken. ☐
h) bei der Fallhöhe von der Lkw-Rampe und dem Packungsgewicht. 2 ☐
i) beim Anfahren von Palettenstapeln. 5 ☐
j) beim Werfen von Packstücken. 2 ☐

## Aufgabe 4

Bei welchen der unten angegebenen Packhilfsmittel handelt es sich um

1 = Schutzmaterial
2 = Füllstoff
3 = Verschlussmittel

**Packhilfsmittel:**

a) Chips 2 ☐
b) Folie 3 ☐
c) Holzwolle 2 ☐
d) Kantenschutz 1 ☐

e) Klebeband 3 ☐
f) Kordel 3 ☐
g) Kunststoffband 3 ☐
h) Luftpolsterfolie 1 ☐
i) Nägel 3 ☐
j) Ölpapier 1 ☐
k) Packpapier 2 ☐
l) Stahlband 3 ☐

### Aufgabe 5

a) Nennen Sie mindestens 3 Indikatoren.
b) Erklären Sie, was Indikatoren sind und
c) welche Bedeutung sie für das Packgut haben

### Aufgabe 6

Die Wellpappe ist für die Verpackungen ein besonders wichtiger Packstoff. Aufgrund der Bauweise gibt es mehrere Wellpapparten.

Nennen Sie fünf typische Arten und beschreiben Sie jeweils die Bauweise.

### Aufgabe 7

EUR-Paletten müssen im Europäischen Paletten-Pool bestimmte Tauschkriterien erfüllen, damit sie tauschbar sind. Beschreiben Sie bei den nachfolgenden Abbildungen, welche Merkmale dazu führen, dass diese Paletten nicht mehr tauschbar sind!

| | |
|---|---|
| Bild 1  | Bild 4   |
| Bild 2  | Bild 5  |
| Bild 3  | Bild 6  |

Quelle: GPAL (Gütegemeinschaft Paletten e.V.; www.gpal.de)

### Aufgabe 8

Flachpaletten können auf zwei unterschiedliche Stapelarten beladen werden.

a) Benennen und beschreiben Sie die beiden Arten.

b) Zeichnen Sie zur Unterscheidung diese Stapelarten auf je einer Flachpalette mit 4 Lagen rechteckiger Schachteln.

c) Nennen Sie für jede Stapelart je einen Vorteil.

### Aufgabe 9

Auf der Vorderseite der Eurogitterbox unten links befindet sich die Aufschriftentafel, auf der einige Informationen (Merkmale) ausgewiesen sind. Damit eine Gitterbox tauschfähig ist, muss die Aufschriftentafel diese Merkmale aufweisen.

Beschreiben Sie mindestens fünf Informationen (Merkmale).

### Aufgabe 10

Tragen Sie für die folgenden acht Handhabungshinweise die Bezeichnungen

a) in Deutsch und

b) in Englisch ein!

| | Symbol | Bezeichnung | | | Symbol | Bezeichnung | |
|---|---|---|---|---|---|---|---|
| | | a) in Deutsch | b) in Englisch | | | a) in Deutsch | b) in Englisch |
| 1. |  | | | 6. |  | | |
| 2. |  | | | 7. |  | | |
| 3. |  | | | 8. |  | | |
| 4. |  | | | 9. |  | | |
| 5. |  | | | 10. | 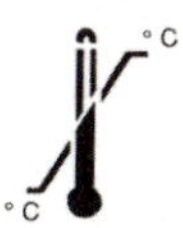  | | |

### Aufgabe 11

a) Berechnen Sie für einen 40-Fuß-Container mit folgenden Innenmaßen das Volumen auf 3 Dezimalstellen:
39 ft 5 in x 7 ft 8 in x 7 ft 9 in (LxBxH), (1 Fuß = 0,3048 m; 1 Inch = 0,0254 m)!

b) Der Container soll mit einheitlichen Schachteln, Abmessungen 1 m x 0,50 m x 0,50 m, beladen werden. Wie viele Schachteln kann dieser Container aufnehmen?

## Aufgabe 12

Jeder international eingesetzter Container benötigt ein CSC-Sicherheits-Zulassungsschild.

a) Nennen Sie mindestens vier auf dem Schild befindliche Angaben.

b) Wann müssen die technischen Prüfungen erfolgen?

c) Welche Konsequenz ergibt sich aus einem nicht geprüften und damit nicht zugelassenen Container?

## Aufgabe 13

Nennen Sie für das jeweilige Bild

a) die Containerart und

b) den möglichen Anwendungsbereich oder Produktbeispiele!

| | |
|---|---|
| Bild 1   | Bild 5   |
| Bild 2  | Bild 6   |
| Bild 3 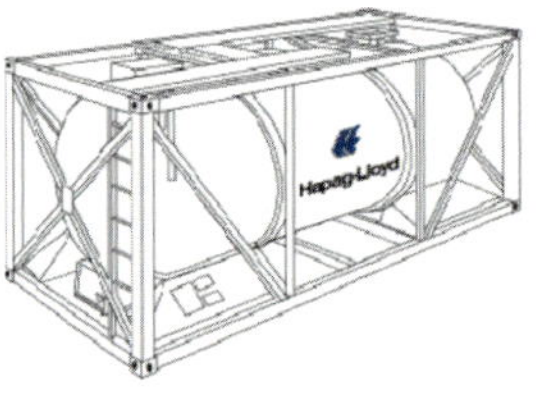 | Bild 7 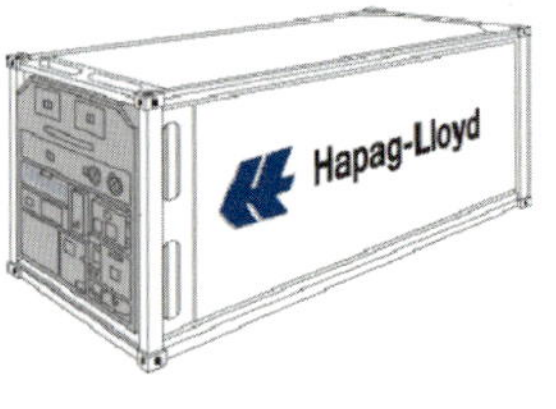  |
| Bild 4   | Bild 8 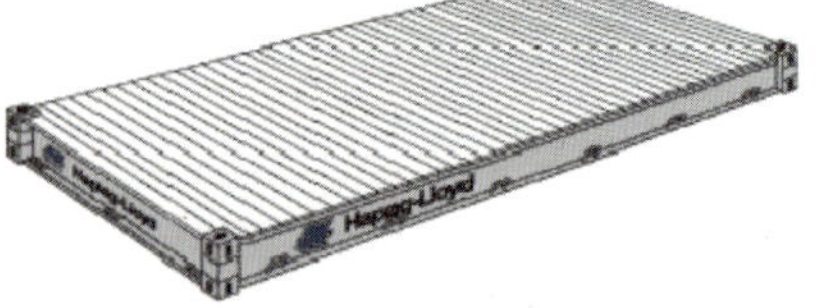 |

Quelle: Container Specification, hrsg. von Hapag-Lloyd, Nov. 2006

### Aufgabe 14

Bringen Sie die folgenden Verpackungstätigkeiten in die logisch richtige Reihenfolge:

**Verpackungstätigkeiten:** **Reihenfolge:**

a) Besondere Behandlung von spitzen Teilen oder Bündelung von Einzelteilen. ☐

b) Leerräume mit geeigneten Füllstoffen ausfüllen. ☐

c) Übernahme des Verpackungsauftrages (Kommission). 1

d) Auswahl des geeigneten oder vorgeschriebenen Packmittels (bei Gefahrgut) unter Berücksichtigung des Gewichts, des Volumens, der Eigenarten und Beschaffenheit der Ware. ☐

e) Bruttogewicht ermitteln. ☐

f) Packmittel mit geeigneten Verschlussmitteln verschließen und/oder sichern. ☐

g) Überprüfung der Kommission, z. B. anhand eines Lieferscheins, auf Warenart und Anzahl. 2

h) Informationen über Versandvorschriften oder Anweisungen einholen unter Berücksichtigung des Transportweges. ☐

i) Optimales Verpacken nach Form, Größe, Schwere, Zerbrechlichkeit etc. ☐

j) Aufkleben und Anbringen von Adressen, Begleitpapiertaschen, Etiketten, Gefahrenzettel, Handhabungshinweisen etc. ☐

k) Nettogewicht und/oder Volumen ermitteln. ☐

l) Bereitstellung zum Versand. ☐

m) Ggf. Zusammenpackverbot berücksichtigen. ☐

### Aufgabe 15

Erklären Sie die Gewichtsbegriffe Brutto, Tara und Netto.

### Aufgabe 16

Eine Sendung mit Werkzeugen auf 10 EUR-Paletten wiegt brutto je Palette 550 kg, das Eigengewicht einer EUR-Palette beträgt 24 kg.

Ermitteln Sie für die gesamte Sendung

a) den Tara-Anteil in kg,

b) den Tara-Anteil in % (auf 2 Dezimalstellen runden),

c) das Nettogewicht in kg.

### Aufgabe 17

Eine Verpackung hat Materialkosten in Höhe von 40 €. Der Sendungswert beträgt 280 €. Welchen prozentualen Anteil haben die Materialkosten am gesamten Sendungswert (auf 2 Dezimalstellen runden)?

### Aufgabe 18

Ermitteln Sie für den Käufer die Gesamtkosten (ohne Mehrwertsteuer) bei folgenden Angaben, wenn die kaufvertragliche Vereinbarung „brutto für netto" lautet:

| | |
|---|---|
| Preis der Ware je kg netto: | 11,50 € |
| Nettogewicht der Ware: | 315 kg |
| Verpackungsgewicht: | 29 kg |
| Kosten der Versandverpackung: | 30,00 € |

## Aufgabe 19

a) Erklären Sie, was die ADR ist!

b) Erklären Sie, was sich hinter den jeweiligen Teilelementen der folgenden UN-Codes einer Gefahrgutverpackung verbirgt! Nutzen Sie für diese Aufgabe die unten stehenden Tabellen und Auszüge aus der ADR!

| **UN 4G / Y21.5 / S / 05 / D / BAM 1234 - ABC**<br>**UN 0336** |
|---|
| UN: |
| 4G: |
| Y21.5: |
| S: |
| 05: |
| D: |
| BAM: |
| 1234: |
| ABC: |

c) Um welches Gefahrgut handelt es sich hier?

d) Erklären Sie die für dieses Gefahrgut angegebene Klasse!

e) Erklären Sie, warum bei diesem Gefahrgut keine Verpackungsgruppe angegeben ist und trotzdem die Verpackungsgruppe II mit dem Verpackungskennzeichen Y Anwendung findet!

f) Welche Bedeutung hat die Verpackungsgruppe im Allgemeinen und hier im Speziellen für dieses Gefahrgut?

g) Welche wichtigen Informationen können Sie für dieses Gefahrgut den Verpackungsanweisungen entnehmen?

### Tabellen:

| Arten | Werkstoffe | Typ |
|---|---|---|
| 1 Fässer | A Stahl (alle Typen und alle Oberflächenbehandlungen) | 1 nicht abnehmbarer Deckel, kleiner als 7 cm |
| 2 offen seit ADR 2007 | | |
| 3 Kanister | B Aluminium | 2 abnehmbarer Deckel, größer als 7 cm |
| 4 Kisten | C Naturholz | |
| 5 Säcke | D Sperrholz | |
| 6 Kombinationsverpackungen | F Holzfaserwerkstoff | |
| | G Pappe | |
| 7 offen | H Kunststoff | |
| 0 Feinstblechverpackungen | L Textilgewebe | |
| | M Papier, mehrlagig | |
| 11; 13; 21; 31 IBC | N Metall | |
| 50; 51 Großpackung | P Glas, Porzellan oder Steinzeug | |

| Verpackungsgruppe | Gefahrenstufen | Verpackungsgruppe geprüft für | Verpackungs-kennzeichen |
|---|---|---|---|
| Verpackungsgruppe I | Stoffe mit hoher Gefahr | I, II und III | X |
| Verpackungsgruppe II | Stoffe mit mittlerer Gefahr | II und III | Y |
| Verpackungsgruppe III | Stoffe mit geringer Gefahr | III | Z |

## Auszug aus der ADR: Teil 2, Klassifizierung

**2.1.1.3** Mit Ausnahme von Stoffen der Klassen 1, 2, 5.2, 6.2 und 7 sowie mit Ausnahme der selbstzersetzlichen Stoffe der Klasse 4.1 sind die Stoffe für Verpackungszwecke auf Grund ihres Gefahrengrades Verpackungsgruppen zugeordnet:

- Verpackungsgruppe I: Stoffe mit hoher Gefahr,
- Verpackungsgruppe II: Stoffe mit mittlerer Gefahr,
- Verpackungsgruppe III: Stoffe mit geringer Gefahr.

Die Verpackungsgruppe(n), der (denen) ein Stoff zugeordnet ist, ist (sind) in Kapitel 3.2 Tabelle A angegeben.

## Auszug aus der ADR: Teil 3, Tabelle A, Verzeichnis der gefährlichen Güter

| UN-Nummer | Benennung und Beschreibung | Klasse | Klassifizierungscode | Verpackungsgruppe | Gefahrzettel | Sondervorschriften | Begrenzte und freigestellte Mengen | | Verpackung | | | ortsbewegliche Tanks und Schüttgut-Container | |
|---|---|---|---|---|---|---|---|---|---|---|---|---|---|
| | | | | | | | | | Anweisungen | Sondervorschriften | Zusammenpackung | Anweisungen | Sondervorschriften |
| | 3.1.2 | 2.2 | 2.2 | 2.1.1.3 | 5.2.2 | 3.3 | 3.4.6/3.5.1.2 | | 4.1.4 | 4.1.4 | 4.1.10 | 4.2.5.2<br>7.3.2 | 4.2.5.3 |
| (1) | (2) | (3a) | (3b) | (4) | (5) | (6) | (7a) | (7b) | (8) | (9a) | (9b) | (10) | (11) |
| 0336 | FEUERWERKSKÖRPER | 1 | 1.4G | | 1.4 | 645<br>651 | LQ0 | E0 | P135 | | MP23<br>MP24 | | |

## Auszüge aus der ADR: Teil 4, Vorschriften für die Verwendung von Verpackungen und Tanks

**4.1.5.5** Vorbehaltlich der Unterabschnitte 4.1.1.13 und 6.1.2.4 sowie des Absatzes 6.5.1.4.4 müssen Verpackungen, einschließlich Großpackmittel (IBC) und Großverpackungen, die Vorschriften des Kapitels 6.1, 6.5 bzw. 6.6 erfüllen und den Prüfvorschriften des Abschnitts 6.1.5, 6.5.6 bzw. 6.6.5 für die Verpackungsgruppe II genügen. Andere Verpackungen als Verpackungen aus Metall, die die Prüfkriterien der Verpackungsgruppe I erfüllen, dürfen verwendet werden. Um eine übermäßige Verdämmung zu verhindern, dürfen Verpackungen aus Metall, die die Prüfkriterien der Verpackungsgruppe I erfüllen, nicht verwendet werden.


9 Hummel - ISBN 978-3-8120-0570-8

| P 135 | VERPACKUNGSANWEISUNG | P 135 |
|---|---|---|
| Folgende Verpackungen sind zugelassen, wenn die allgemeinen Vorschriften der Abschnitte 4.1.1 und 4.1.3 und die besonderen Vorschriften des Abschnittes 4.1.5 erfüllt sind: | | |
| **Innenverpackungen und -ausstattungen** | **Zwischenverpackungen und -ausstattungen** | **Außenverpackungen und -ausstattungen** |
| **Säcke**<br>aus Papier<br>aus Kunststoff<br>**Behälter**<br>aus Pappe<br>aus Metall<br>aus Kunststoff<br>aus Holz<br>**Einwickler**<br>aus Papier<br>aus Kunststoff | nicht erforderlich | **Kisten**<br>aus Stahl (4A)<br>aus Aluminium (4B)<br>aus Naturholz, einfach (4C1)<br>aus Naturholz, mit staubdichten Wänden (4C2)<br>aus Sperrholz (4D)<br>aus Holzfaserwerkstoff (4F)<br>aus Pappe (4G)<br>aus Schaumstoff (4H1)<br>aus starrem Kunststoff (4H2)<br>**Fässer**<br>aus Stahl, mit abnehmbarem Deckel (1A2)<br>aus Aluminium, mit abnehmbarem Deckel (1B2)<br>aus Sperrholz (1D)<br>aus Pappe (1G)<br>aus Kunststoff, mit abnehmbarem Deckel (1H2) |

## Auszug aus der ADR: Teil 4, 4.1.10 Sondervorschriften für die Zusammenpackung

**MP 23** Darf mit Gegenständen, die unter dieselbe UN-Nummer fallen, zusammengepackt werden.

Darf nicht mit Gütern der Klasse 1, die unter verschiedene UN-Nummern fallen, zusammengepackt werden, ausgenommen

a) mit seinen eigenen Anzündmitteln, vorausgesetzt, die Anzündmittel können unter normalen Beförderungsbedingungen nicht ausgelöst werden, oder

b) dies ist durch die Sondervorschrift für die Zusammenpackung MP 24 vorgesehen.

Darf nicht mit Gütern der übrigen Klassen oder mit Gütern, die den Vorschriften des ADR nicht unterliegen, zusammengepackt werden.

Beim Zusammenpacken von Gütern nach dieser Vorschrift ist eine mögliche Änderung der Klassifizierung der Versandstücke gemäß Unterabschnitt 2.2.1.1 zu beachten.

Für die Bezeichnung der Güter im Beförderungspapier siehe Absatz 5.4.1.2.1 b).

**MP 24** Darf mit Gütern der in der nachstehenden Tabelle aufgeführten UN-Nummern unter folgenden Bedingungen in einem Versandstück zusammengepackt werden:

- wenn in der Tabelle der Buchstabe „A" angegeben ist, dürfen die Güter dieser UN-Nummern ohne besondere Massebegrenzung zusammengepackt werden;
- wenn in der Tabelle der Buchstabe „B" angegeben ist, dürfen die Güter dieser UN-Nummern bis zu einer Gesamtexplosivstoffmasse von 50 kg zusammengepackt werden.

Beim Zusammenpacken von Gütern nach dieser Vorschrift ist eine mögliche Änderung der Klassifizierung der Versandstücke gemäß Unterabschnitt 2.2.1.1 zu beachten.

Für die Bezeichnung der Güter im Beförderungspapier siehe Absatz 5.4.1.2.1 b).

| UN-Nummer | 0012 | 0014 | 0027 | 0028 | 0044 | 0054 | 0160 | 0161 | 0186 | 0191 | 0194 | 0195 | 0197 | 0238 | 0240 | 0312 | 0333 | 0334 | 0335 | 0336 | 0337 | 0373 | 0405 | 0428 | 0429 | 0430 | 0431 | 0432 | 0505 | 0506 | 0507 |
|---|---|---|---|---|---|---|---|---|---|---|---|---|---|---|---|---|---|---|---|---|---|---|---|---|---|---|---|---|---|---|---|
| 0012 | | A | | | | | | | | | | | | | | | | | | | | | | | | | | | | | |
| 0014 | A | | | | | | | | | | | | | | | | | | | | | | | | | | | | | | |
| 0027 | | | | B | B | | B | B | | | | | | | | | | | | | | | | | | | | | | | |
| 0028 | | | B | | B | | B | B | | | | | | | | | | | | | | | | | | | | | | | |
| 0044 | | | B | B | | | B | B | | | | | | | | | | | | | | | | | | | | | | | |
| 0054 | | | | | | | | | B | B | B | B | B | B | B | B | | | | | | B | B | B | B | B | B | B | B | B | B |
| 0160 | | | B | B | B | | | B | | | | | | | | | | | | | | | | | | | | | | | |
| 0161 | | | B | B | B | | B | | | | | | | | | | | | | | | | | | | | | | | | |
| 0186 | | | | | | B | | | | B | B | B | B | B | B | B | | | | | | B | B | B | B | B | B | B | B | B | B |
| 0191 | | | | | | B | | | B | | B | B | B | B | B | B | | | | | | B | B | B | B | B | B | B | B | B | B |
| 0194 | | | | | | B | | | B | B | | B | B | B | B | B | | | | | | B | B | B | B | B | B | B | B | B | B |
| 0195 | | | | | | B | | | B | B | B | | B | B | B | B | | | | | | B | B | B | B | B | B | B | B | B | B |
| 0197 | | | | | | B | | | B | B | B | B | | B | B | B | | | | | | B | B | B | B | B | B | B | B | B | B |
| 0238 | | | | | | B | | | B | B | B | B | B | | B | B | | | | | | B | B | B | B | B | B | B | B | B | B |
| 0240 | | | | | | B | | | B | B | B | B | B | B | | B | | | | | | B | B | B | B | B | B | B | B | B | B |
| 0312 | | | | | | B | | | B | B | B | B | B | B | B | | | | | | | B | B | B | B | B | B | B | B | B | B |
| 0333 | | | | | | | | | | | | | | | | | | A | A | A | A | | | | | | | | | | |
| 0334 | | | | | | | | | | | | | | | | | A | | A | A | A | | | | | | | | | | |
| 0335 | | | | | | | | | | | | | | | | | A | A | | A | A | | | | | | | | | | |
| 0336 | | | | | | | | | | | | | | | | | A | A | A | | A | | | | | | | | | | |
| 0337 | | | | | | | | | | | | | | | | | A | A | A | A | | | | | | | | | | | |
| 0373 | | | | | | B | | | B | B | B | B | B | B | B | B | | | | | | | B | B | B | B | B | B | B | B | B |
| 0405 | | | | | | B | | | B | B | B | B | B | B | B | B | | | | | | B | | B | B | B | B | B | B | B | B |
| 0428 | | | | | | B | | | B | B | B | B | B | B | B | B | | | | | | B | B | | B | B | B | B | B | B | B |
| 0429 | | | | | | B | | | B | B | B | B | B | B | B | B | | | | | | B | B | B | | B | B | B | B | B | B |
| 0430 | | | | | | B | | | B | B | B | B | B | B | B | B | | | | | | B | B | B | B | | B | B | B | B | B |
| 0431 | | | | | | B | | | B | B | B | B | B | B | B | B | | | | | | B | B | B | B | B | | B | B | B | B |
| 0432 | | | | | | B | | | B | B | B | B | B | B | B | B | | | | | | B | B | B | B | B | B | | B | B | B |
| 0505 | | | | | | B | | | B | B | B | B | B | B | B | B | | | | | | B | B | B | B | B | B | B | | B | B |
| 0506 | | | | | | B | | | B | B | B | B | B | B | B | B | | | | | | B | B | B | B | B | B | B | B | | B |
| 0507 | | | | | | B | | | B | B | B | B | B | B | B | B | | | | | | B | B | B | B | B | B | B | B | B | |

## Der Prüfungsfall

### Ein ganzes Gartenhaus auf einer Palette

Die TOP-Baumarkt GmbH unterhält neben dem Zentral- und Verkaufslager in Köln auch einen Standort in Hagen, an dem die Produktion von Gartenhäusern angesiedelt ist.

Herr Steimel, der Standortleiter, hat mit seinen Mitarbeitern ein Produkt entwickelt, das bei den Kunden immer häufiger nachgefragt wird:

*ein ganzes Gartenhaus auf einer Palette!*

Die Geschäftsidee ist denkbar einfach: Das Gartenhaus wird als Bausatz hergestellt. Das Holz wird vor Ort von der Produktion selbst zugeschnitten und die Bauteile werden daraus angefertigt. Alle Fertigteile (Fenster, Beschläge, Schrauben u. a.) werden in Großmengen angeliefert. Am Standort Hagen werden dann sowohl die Holzteile als auch die Fertigteile so verpackt, dass jeweils der komplette Bausatz eines ganzen Gartenhauses auf einer einzigen EUR-Palette Platz findet. Dadurch wird eine Verkaufseinheit gleichzeitig zu einer Versandeinheit, was enorme Vorteile für Hersteller, Händler und Kunden bietet.

Die steigende Nachfrage ist allerdings begleitet von steigenden Reklamationen wegen Beschädigungen durch unsachgemäße Verpackung. Herr Steimel hat auch festgestellt, dass die Helfer am Packtisch uninformiert sind und deshalb oft fehlerhafte Materialien benutzen. Außerdem können sie die Folgen unsachgemäßen Verpackens offenbar nicht abschätzen.

Herr Steimel muss eingreifen!

## Ihr Auftragsplan:

Ihre Aufgabe ist es, das Vorhaben der Produktion in Hagen, ein ganzes Gartenhaus auf eine Palette zu bringen, vernünftig zu planen und zu dokumentieren. Der einzuhaltende Zeitrahmen wird Ihnen vorgegeben.

Am Ende sollen Sie folgende Schritte erledigt und vorgelegt haben:

| Arbeits-schritt | Aufgabe | erledigt und vorgelegt |
|---|---|---|
| 1. Schritt | Wählen Sie für die einzelnen Bauteile sinnvolle Packmittel und Packhilfsmittel aus. | |
| 2. Schritt | Stellen Sie die einzelnen Bauteile zu sinnvollen Packstücken zusammen. | |
| 3. Schritt | Geben Sie für jedes gewählte Packstück Maße und Gewicht an. | |
| 4. Schritt | Legen Sie die Anordnung der Packstücke auf der Palette fest und dokumentieren Sie diese Anordnung als „Muster-Versand-einheit". | |
| 5. Schritt | Überlegen Sie, mit welchen Materialien und Tätigkeiten (evtl. Maschinen) jede Palette korrekt gesichert werden muss. | |

| Datenblatt: Gartenhaus „Maybe" | |
|---|---|
| **Fundament und Gerüstkonstruktion** | ➢ 28 vorgefräste Kanthölzer 10 cm x 10 cm, 1,20 m lang (4 davon 1,10 m)<br>➢ Gewicht je Kantholz: 6 kg |
| **Boden** | ➢ 16 Bodenpaneele (mit Nut und Feder), 15 cm x 3 cm, 1,20 m lang<br>➢ Gewicht pro Paneel: 3 kg |
| **Wände** | ➢ 55 Wandpaneele (mit Nut und Feder), 20 cm x 2 cm, 1,20 m lang<br>Gewicht: 3 kg pro Paneel<br>➢ 22 Wandpaneele (mit Nut und Feder), 20 cm x 2 cm, 20 cm lang<br>Gewicht: 0,5 kg pro Paneel |
| **Tür** | ➢ vormontierte Türelemente (2 Stück, Maße ca. 100 cm x 80 cm x 10 cm)<br>Gewicht: 12 kg pro Element<br>➢ 1 Fensterelement 60 cm x 65 cm x 4 cm |
| **Dach** | ➢ 5 Dachlatten 6 cm x 4 cm, 1,20 m lang<br>Gewicht: 2 kg pro Dachlatte<br>➢ 6 Dachplatten 40 cm x 1,20 cm, 15 mm stark<br>Gewicht: 7 kg pro Dachplatte<br>➢ Dachschindeln „Karibu"<br>(vorverpackt: pro Paket 1 qm, im Paket 30 cm x 30 cm x 30 cm)<br>Gewicht: 13 kg pro Paket |
| **Sonstiges** | ➢ Tür- und Fensterbeschläge, Schraubverbindungen mit 8 kg<br>➢ sämtliche benötigten Schrauben, Nägel mit 8 kg<br>➢ Aufbauanleitung<br>➢ Spezial: Hochwertiger Hydrometer „Maybetherm" zur Messung der Außen-temperatur und der Luftfeuchtigkeit mit 2 kg<br>➢ ein Karton für Baubeschläge, Schrauben, Hydrometer (40 cm x 25 cm x 20 cm) |

**Zusatzinformationen zu den Bauteilen:**

- Die Produktion in Hagen liefert an TOP-Baumärkte und weitere Kunden.
- Die Länge von 2,40 m wird durch die Verbindung von je 2 Kanthölzern erreicht (Innengewinde mit Gewindestange, insgesamt 5 x 2,40 m), ebenso die Höhe von 2,20 m.
- Die Wandpaneele werden im Nut-Feder-System gesteckt.
- Die Tür ist zweiteilig (ähnlich wie beim Pferdestall), damit sie auf die Palette passt.
- Es gibt keine sonstigen Fenster.

# 6 Touren planen (Lernfeld 7)

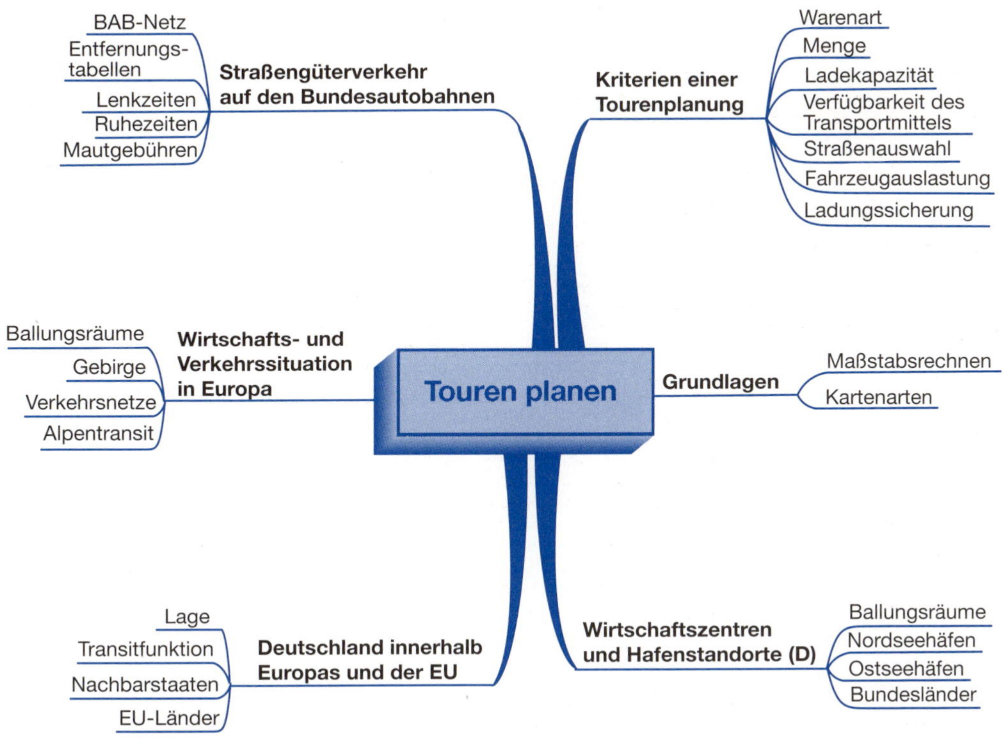

## KOMPAKTWISSEN

### 6.1 Grundlagen

1. Erläutern Sie, was der Maßstab einer Karte bedeutet!

Mit dem **Maßstab** wird das Verhältnis von der Darstellung in der Karte zur Realität beschrieben. Es wird i. d. R. mit „1 cm in der Karte entspricht x cm in der Natur“ gekennzeichnet.

2. Erklären Sie, was der Maßstab 1:500 000 für Sie als Nutzer einer Karte bedeutet!

1 cm in der Karte entspricht 500 000 cm in der Realität, das sind 5 km.

3. Nennen Sie verschiedene Kartenarten!

Man unterscheidet folgende **Kartenarten**:

- physische Karten,
- wirtschaftliche Karten und
- thematische Karten mit ihren jeweiligen Schwerpunkten der Betrachtung (politische Karten, Verkehrswege, historische Entwicklungen in einem Raum, Straßenkarten, Bevölkerungsentwicklung, Wassernutzung u. a.).

### 6.2 Wirtschaftszentren und Hafenstandorte in der Bundesrepublik Deutschland

4. Nennen Sie bedeutende Wirtschaftszentren / Ballungsräume in Deutschland!

| **Wirtschaftszentren/Ballungsräume in der Bundesrepublik** | |
|---|---|
| ➢ Hamburg (und Unterelbe)<br>➢ Bremen (und Unterweser)<br>➢ Großraum Berlin<br>➢ Ruhrgebiet mit der Rheinschiene<br>➢ Rhein–Main–Neckar<br>➢ Halle–Leipzig<br>➢ Saarbrücken | ➢ München–Augsburg<br>➢ Mittlerer Neckar/ Stuttgart<br>➢ Erlangen–Fürth–Nürnberg<br>➢ Hannover–Peine–Salzgitter<br>➢ Sächsisches Industrierevier<br>➢ u. a. |

## Die Bundesrepublik Deutschland

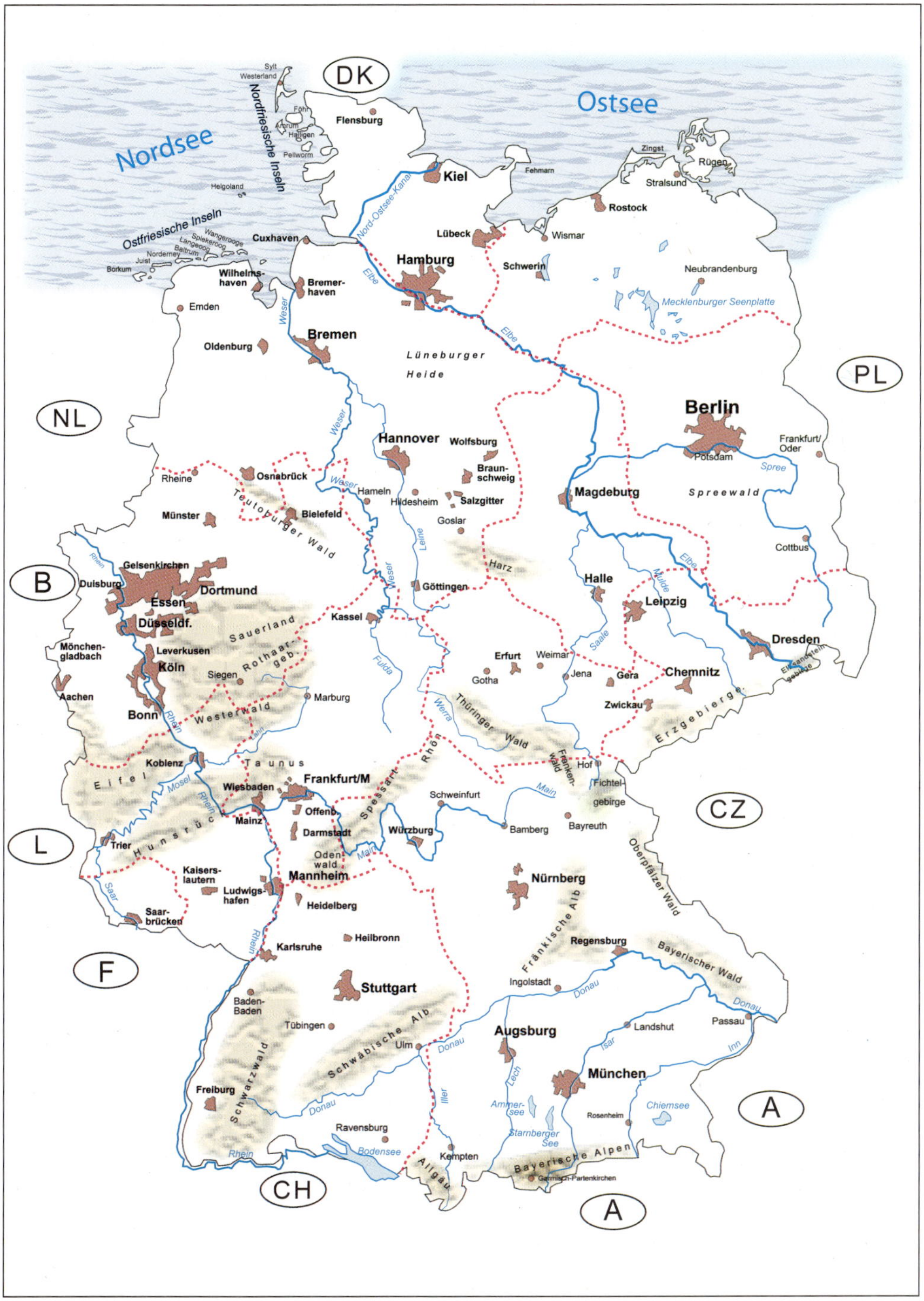

5. Nennen Sie jeweils vier deutsche Hafenstädte an der Nordsee und an der Ostsee!

| Bedeutende Häfen an der Nord- und Ostsee | |
|---|---|
| **Nordsee (von West nach Ost)** | **Ostsee (von West nach Ost)** |
| ➢ Emden<br>➢ Wilhelmshaven<br>➢ Bremen<br>➢ Hamburg | ➢ Kiel<br>➢ Lübeck<br>➢ Wismar<br>➢ Rostock<br>➢ Stralsund<br>➢ Sassnitz/Rügen |

6. Führen Sie die deutschen Bundesländer mit ihren Hauptstädten auf!

| Bundesländer (mit Hauptstädten) | |
|---|---|
| ➢ Bayern (München)<br>➢ Baden-Württemberg (Stuttgart)<br>➢ Brandenburg (Potsdam)<br>➢ Hessen (Wiesbaden)<br>➢ Mecklenburg-Vorpommern (Schwerin)<br>➢ Niedersachsen (Hannover)<br>➢ Nordrhein-Westfalen (Düsseldorf)<br>➢ Rheinland-Pfalz (Mainz) | ➢ Saarland (Saarbrücken)<br>➢ Sachsen (Dresden)<br>➢ Sachsen-Anhalt (Magdeburg)<br>➢ Schleswig-Holstein (Kiel)<br>➢ Thüringen (Erfurt)<br>➢ Berlin (Stadtstaat)<br>➢ Bremen (Stadtstaat)<br>➢ Hamburg (Stadtstaat) |

## 6.3 Lage der Bundesrepublik Deutschland innerhalb Europas und innerhalb der Europäischen Union

7. Beschreiben Sie die Lage der Bundesrepublik Deutschland innerhalb Europas!

Die **Bundesrepublik Deutschland** ist ein zentraleuropäischer Staat mit neun Nachbarländern.

8. Erklären Sie den Begriff Transitfunktion!

Aus der **zentralen Lage eines Staates** wie der Bundesrepublik ergibt sich eine besondere Bedeutung für die Verkehrsnutzung. Die nationalen und internationalen Unternehmen nutzen deutsche Straßen für **Transporte** sowohl **nach Deutschland hinein** wie auch **aus Deutschland heraus.**

Zusätzlich werden Transporte **durch Deutschland hindurch** geführt, ohne dass Handel in dem Land stattfindet **(Transit).**

**9.** Nennen Sie die Staaten, denen der sogenannte Alpentransit zugeordnet wird!

Die vorstehend dargestellte Transitfunktion kann ebenso auf Österreich oder auf die Schweiz angewandt werden.

**10.** Welche Konsequenzen lassen sich aus der Transitfunktion für die Entwicklung der Verkehrsinfrastruktur ableiten?

Die **Struktur** und die **Leistungsfähigkeit der Verkehrsnetze** müssen den nationalen und internationalen Anforderungen angepasst werden.

**11.** Nennen Sie die Nachbarländer der Bundesrepublik mit ihren Hauptstädten!

| **Nachbarländer Deutschlands (mit Hauptstädten in alphabetischer Reihenfolge)** | |
|---|---|
| ➢ Belgien (Brüssel)<br>➢ Dänemark (Kopenhagen)<br>➢ Frankreich (Paris)<br>➢ Luxemburg<br>➢ (Luxemburg) | ➢ Niederlande (Amsterdam/Den Haag als Regierungssitz)<br>➢ Österreich (Wien)<br>➢ Polen (Warschau)<br>➢ Schweiz (Bern)<br>➢ Tschechien (Prag) |

**12.** Begründen Sie, warum die EU-Länder so wichtig für die Wirtschaftsentwicklung der Bundesrepublik sind!

Die Bundesrepublik Deutschland wickelt den Großteil ihres Außenhandels mit den Partnerländern der **Europäischen Union** (EU) ab.

**13.** Nennen Sie die EU-Länder mit den jeweiligen Hauptstädten!

| **EU-Mitgliedsstaaten (mit Hauptstädten in alphabetischer Reihenfolge)** | |
|---|---|
| ➢ Belgien (Brüssel)<br>➢ Bulgarien (Sofia)<br>➢ Dänemark (Kopenhagen)<br>➢ Deutschland (Berlin)<br>➢ Estland (Tallinn/Reval)<br>➢ Finnland (Helsinki)<br>➢ Frankreich (Paris)<br>➢ Griechenland (Athen)<br>➢ Großbritannien (London)<br>➢ Irland (Dublin)<br>➢ Italien (Rom),<br>➢ Kroatien (Zagreb)<br>➢ Lettland (Riga)<br>➢ Litauen (Vilnius/Wilna)<br>➢ Luxemburg (Luxemburg) | ➢ Malta (Valetta)<br>➢ Niederlande (Amsterdam, Den Haag als Regierungssitz)<br>➢ Österreich (Wien)<br>➢ Polen (Warschau)<br>➢ Portugal (Lissabon)<br>➢ Rumänien (Bukarest)<br>➢ Schweden (Stockholm)<br>➢ Slowakei (Bratislava/Pressburg)<br>➢ Slowenien (Ljubljana/Laibach)<br>➢ Spanien (Madrid)<br>➢ Tschechien (Prag)<br>➢ Ungarn (Budapest)<br>➢ Zypern (Nikosia) |

## 6.4 Wirtschafts- und Verkehrssituation in Europa

14. Nennen Sie bedeutende Wirtschaftsregionen/Ballungsräume innerhalb der EU!

| Ballungsräume/bedeutende Wirtschaftsregionen in der EU (sortiert nach der alphabetischen Reihenfolge der Staaten) | |
|---|---|
| ➢ Brüssel, Antwerpen (Belgien)<br>➢ Kopenhagen (Dänemark)<br>➢ Deutschland (s. Kap. 6.2)<br>➢ Helsinki (Finnland)<br>➢ Paris, Nordfrankreich/Lille, Le Havre, Großraum Lyon, Marseille (Frankreich)<br>➢ Athen (Griechenland)<br>➢ London, Manchester/Liverpool (Großbritannien)<br>➢ Dublin (Irland) | ➢ Rom, Mailand, Turin, Genua, Verona/Venedig (Italien)<br>➢ Amsterdam, Rotterdam (Niederlande)<br>➢ Wien (Österreich)<br>➢ Warschau, Krakau (Polen)<br>➢ Lissabon (Portugal)<br>➢ Stockholm, Göteborg (Schweden)<br>➢ Ljubljana/Laibach (Slowenien)<br>➢ Madrid, Barcelona, Bilbao/San Sebastian (Spanien)<br>➢ Prag (Tschechien) |

15. Beschreiben Sie die Möglichkeiten des Lkw-Transports nach Großbritannien mit seinen Anfangs- und Endstationen!

Für den **Lkw-Transport nach Großbritannien** können zwei Möglichkeiten genutzt werden:

- der **Fährverkehr,** hier erfolgt die Lkw-Verladung in Calais (Frankreich), Ostende, Zeebrügge (beide Belgien) nach Dover (Großbritannien),
- der **Eurotunnel** (Verladung auf Eisenbahnwaggons) von Calais (Frankreich) nach Folkestone (Großbritannien).

16. Geben Sie die beiden größten Gebirge Mitteleuropas an!

Die **Alpen** und die **Pyrenäen** sind die höchsten Gebirge Mitteleuropas.

17. Nennen Sie die Staaten, die Anteil an den Alpen haben!

Zu den **Alpenländern** zählen neben Deutschland Frankreich, Italien, Liechtenstein, Österreich, Schweiz und Slowenien.

18. Nennen Sie die EU-Staaten, die jeweils südlich dieser beiden Gebirge liegen!

**Südlich der Alpen** liegen Italien, Slowenien, Griechenland und **südlich der Pyrenäen** Spanien und Portugal.

19. Beschreiben Sie den Aufbau des Verkehrsnetzes in den Alpenländern!

Der **Straßen- und Eisenbahnverkehr in den Alpenländern** orientiert sich an den durch die natürlichen Gegebenheiten vorgegebenen **Verkehrsleitlinien** (Verläufe der Täler und Pässe). Tunnel- und Brückenkonstruktionen helfen, diese unwegsamen Landschaftsformen zu überwinden.

20. Kennzeichnen Sie die besonderen Konsequenzen für den Verkehrsfluss, die sich aus den Landschaftsstrukturen Österreichs und der Schweiz ergeben!

Typisch für **Gebirgslandschaften** sind folgende **Konsequenzen für den Verkehr**:

- Gebirgssteigungen **verlangsamen** Transporte bzw. machen sie unmöglich.
- Der Verkehr wird auf **wenige Routen** geführt, dadurch kommt es zu erhöhtem Verkehrsaufkommen und Staus an den Pässen oder vor Tunneln.
- Die Wetterbedingungen können schnell umschlagen, **extreme Wetterlagen** (Schnee, Regenfälle, Lawinen, Nebel) erschweren Transporte oder führen zu Streckensperrungen.
- Zum Schutz ihrer Lebensräume können Staaten spezielle Bedingungen vorgeben **(Sperrzeiten)**.

21. Nennen Sie verschiedene Alpenpässe und Alpentunnelverbindungen für den Straßenverkehr!

| **Alpenpässe und Alpentunnel für den Straßenverkehr** | |
|---|---|
| ➢ Brennerpass<br>➢ MontBlanc-Tunnel<br>➢ Großer St.-Bernhard-Tunnel<br>➢ St.-Gotthard-Tunnel<br>➢ San-Bernardino-Tunnel | ➢ Tauerntunnel<br>➢ Katschbergtunnel<br>➢ Bosruck-Tunnel<br>➢ Gleinalmtunnel<br>➢ Karawankentunnel |

22. Nennen Sie wichtige Eisenbahntunnel in den Alpen!

| **Tunnelverbindungen für den Eisenbahnverkehr** |
|---|
| ➢ Fréjus-Eisenbahntunnel |
| ➢ Lötschberg-Tunnel |
| ➢ Simplon-Tunnel |
| ➢ St.-Gotthard-Eisenbahntunnel |
| ➢ Tauerntunnel |
| ➢ Karawanken-Eisenbahntunnel |

## 6.5 Straßengüterverkehr auf den deutschen Bundesautobahnen

### 6.5.1 Das Netz der Bundesautobahnen

**23.** Beschreiben Sie, worin die Besonderheiten der Bundesautobahnen (BAB) bestehen!

Die **Bundesautobahnen** sind **kreuzungsfreie** Straßen des Fernverkehrs. Sie sind **mehrspurig** je Richtung und mit **mindestens 60 km/h** zu befahren. Die Beschilderung ist blau-weiß (blauer Grund, weiße Schrift).

**24.** Stellen Sie die Struktur des BAB-Netzes dar!

Es gibt in der Bundesrepublik über 12000 km Autobahnstrecken.

- Die **einstelligen BAB** bilden das Hauptgitternetz, das bundesweit verläuft. Die zwei- und dreistelligen Autobahnen orientieren sich an den einstelligen.
- Die **zweistelligen Autobahnen** dienen der Verbindung zwischen den BAB des Hauptnetzes (lediglich die A10 liegt im Großraum Berlin).
- Die **dreistelligen BAB** sind von regionaler Bedeutung.

**25.** Unterscheiden Sie innerhalb der einstelligen BAB die ungerade und die gerade Nummerierung!

Die **ungeraden einstelligen BAB** (A1, A3, A5, A7, A9) verlaufen in Nord-Süd-Richtung, die **geraden einstelligen** (A2, A4, A6, A8) folgen einem West-Ost-Verlauf.

### 6.5.2 Ermittlung von Fahrzeiten mittels der Entfernungstabelle

**26.** Erklären Sie, wofür Entfernungstabellen benötigt werden!

**Entfernungstabellen** in Straßenatlanten u. a. sind sinnvolle Hilfsmittel, wenn Distanzen ermittelt werden, um die benötigten Fahrtzeiten eines Straßengütertransports abzuschätzen.

**27.** Beschreiben Sie, wie mit Entfernungstabellen zu arbeiten ist!

Sucht man die **Entfernung zwischen zwei Städten,** so ermittelt man diese, indem man die zu verbindenden Städte auf den senkrechten und waagerechten Randfeldern sucht. In dem Schnittpunkt in der Tabelle kann die Kilometerangabe abgelesen werden. Die so ermittelten Kilometer werden schließlich mit der Durchschnittsgeschwindigkeit in Fahrzeit umgerechnet.

**28.** Erläutern Sie den Umgang mit Entfernungskarten!

**Entfernungskarten** geben die Distanzen zwischen Städten oder bedeutenden Punkten wie Autobahnkreuzen, -abfahrten u. a. an. Führt eine Tour z. B. von Rostock nach Nürnberg, so sind die einzelnen Teilentfernungen (Etappenkilometer) zu addieren, z. B. Rostock–Leipzig (375 km) + Leipzig–Nürnberg (275 km) = 650 km Gesamtstrecke.

29. Geben Sie alternative Möglichkeiten zur Ermittlung von Fahrzeiten an!

Alternative Möglichkeiten zur Fahrzeitermittlung bieten Programme (eigene Erstellung, Kauf, Internet), die zur Tourenplanung genutzt werden.

Darüber hinaus können Karten eingesetzt werden, die ungefähre Fahrzeiten auf Autobahnen zwischen Zentren angeben. Zur Nutzung muss man analog zu den Entfernungskarten die Angaben für die Teilstrecken addieren.

### 6.5.3 Lenkzeiten und Ruhezeiten in der Bundesrepublik Deutschland

30. Erläutern Sie die Lenk- und Ruhezeiten für Lkw-Fahrer in der Bundesrepublik!

Die Lenk- und Ruhezeiten sind wie folgt einzuhalten:

- Nach einer Lenkzeit von 4,5 h muss der Fahrer mindestens 45 min Pause machen, bevor er erneut bis zu 4,5 h den Lkw führen darf.
- Daran muss er mindestens 11 h Tagesruhezeit anschließen.
- In bestimmten Fällen sind Möglichkeiten zur Verlängerung der Lenkzeiten bzw. Verkürzung der Pausenzeiten zulässig, z. B. Verlängerung von 9 h auf 10 h tägliche Lenkzeit.
- In einer Woche darf ein Lkw-Fahrer maximal 56 h fahren, in der Doppelwoche max. 90 h.

### 6.5.4 Mautgebühren

31. Seit wann wird in der Bundesrepublik Deutschland die Maut erfasst?

Seit dem 1. Januar 2005 sind in der Bundesrepublik Lkw-**Transporte ab 12 t** zulässigem Gesamtgewicht auf Bundesautobahnen **gebührenpflichtig.**

32. Beschreiben Sie, wie die Maut erfasst wird!

Die Erfassung erfolgt mittels einer im Lkw fest installierten **On-Board-Unit (OBU),** die eine satellitengestützte Erfassung per GPS (Global Positioning System) ermöglicht. Lkw ohne eine OBU können z. B. an **Terminals,** an **Tankstellen** oder über das **Internet** ihre Mautzahlung leisten.

33. Geben Sie an, wie hoch der Betrag ist, den ein Lkw-Fahrer je km BAB an Maut zu zahlen hat!

Seit dem 1. 1. 2009 müssen Spediteure mit angehobenen Sätzen kalkulieren, sodass von ca. 16,3 Eurocent je km BAB auszugehen ist.

**Fahrzeiten auf wichtigen Fernverbindungen in der Bundesrepublik Deutschland Nord-Süd-Verkehr mit einer Durchschnittsgeschwindigkeit von ca. 60 km/h**

**Fahrzeiten auf wichtigen Fernverbindungen in der Bundesrepublik Deutschland**
**Ost-West-Verkehr mit einer Durchschnittsgeschwindigkeit von ca. 60 km/h**

**34.** Wonach richtet sich die Höhe der Maut?

Die tatsächliche Maut bemisst sich nach der jeweiligen Größe des Lkw (Anzahl der Achsen), der jeweiligen Schadstoffklasse und der Entfernung.

## 6.6 Kriterien für eine Tourenplanung

**35.** Nennen Sie stichpunktartig Einflussfaktoren der Tourenplanung!

Als **Einflussfaktoren für die Tourenplanung** muss der Disponent folgende Aspekte in seine Überlegungen einbeziehen:

- die zu liefernde **Menge,**
- die **Art** der Ware,
- die **Kapazität** des Lkw,
- die **Verfügbarkeit** von Fahrzeugen,
- die **Einsatzzeiten** der Fahrzeuge und des Personals,
- die Qualität der **Wegstrecke,**
- eventuell bestehende **Einschränkungen** im Straßennetz,
- mögliche **Zusammenladeverbote** (bei Gefahrguttransporten u. a.),
- vorgegebene **Kundenwünsche** (Zeitfenster, Terminlieferungen u. a.),
- die **Standzeiten,**
- die **Kosten** (Maut, Treibstoff, Personal u. a.),
- u. a.

**36.** Formulieren Sie die Bedingungen für eine optimale Tourenplanung!

Eine **optimale Tourenplanung** orientiert sich an folgenden Komponenten:

- Ermittlung einer möglichst geringen Gesamtwegstrecke,
- Auswahl geeigneter Straßen,
- möglichst große Auslastung des Fahrzeugs,
- sinnvolle Beladung,
- korrekte Ladungssicherung,
- Kundenorientierung,
- Kostenminimierung.

37. Erstellen Sie eine Reihenfolge der Tätigkeiten für eine Tourenplanung!

Als Tourenplaner sollte man für sich eine Reihenfolge der Tätigkeiten entwickeln, die – je nach Aufgabenstellung (!) – wie folgt aussehen könnte:

① **Orientierung schaffen:** Lage der Zielorte anhand einer Karte prüfen.

② **Sondereinflüsse** berücksichtigen, z. B.

- vorgegebene Zeitfenster der Kunden,
- Aufnahme von Waren an einem Zielort für andere Zielorte,
- Zeitbedarf für Auf- und Abladungen,
- Lenk- und Ruhezeiten,
- Verzögerungen aufgrund von Staugefahr, Verkehrshindernissen, Fahrverboten u. a.

③ **Distanzen ermitteln: Entfernungen** (Kilometer) aus Tabellen oder sonstigen Quellen (Kundendateien, Internet u. a.) entnehmen,

④ **Zeitbedarf berechnen:** Umrechnung von Kilometer anhand der möglichen Durchschnittsgeschwindigkeit zur Berechnung der Fahrzeiten,

⑤ **Detailplanung** der Teilstrecken: Lenk- und Ruhezeiten planen.



10 Hummel - ISBN 978-3-8120-0570-8

# PRÜFUNGSTRAINING

***Tabelle und Karte zur Bearbeitung der Aufgaben 1 und 2***

## Übersicht über Ballungs- und Wirtschaftsräume in der Bundesrepublik Deutschland

| | | |
|---|---|---|
| a) Hamburg (und Unterelbe) | e) Hannover–Peine–Salzgitter | i) Mittlerer Neckar/Stuttgart |
| b) Rhein–Main–Neckar | f) Saarbrücken | j) Halle–Leipzig |
| c) München–Augsburg | g) Fürth–Erlangen–Nürnberg | k) Berlin (Großraum) |
| d) Bremen (und Unterweser) | h) Sächsisches Industrierevier | l) Ruhrgebiet (mit Rheinschiene) |

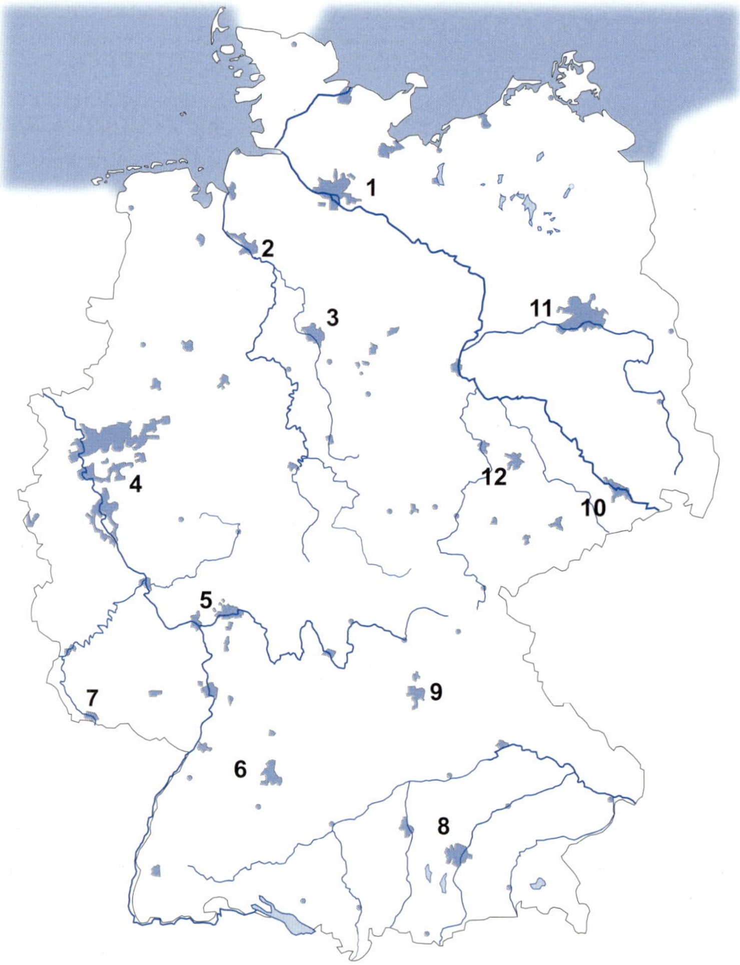

## Aufgabe 1

In der Bundesrepublik Deutschland können einige industrielle Ballungsräume hervorgehoben werden. Geben Sie ihre Lage an, indem Sie die Ziffern (1 – w) in der Karte den oben stehenden deutschen Wirtschaftszentren [Buchstaben a) – l)] zuordnen!

| | | | | | |
|---|---|---|---|---|---|
| a) | c) | e) | g) | i) | k) |
| b) | d) | f) | h) | j) | l) |

## Aufgabe 2

Geben Sie an, in welchen Bundesländern sich die aufgelisteten Ballungsräume [a) – l)] befinden (Mehrfachnennungen möglich)! Legen Sie dazu eine eigene Tabelle nach folgendem Muster an:

| | | | | | |
|---|---|---|---|---|---|
| a) | c) | e) | g) | i) | k) |
| b) | d) | f) | h) | j) | l) |

## Aufgabe 3

Entnehmen Sie der Karte der Autobahnen (s. nachfolgende Seite), welche Autobahnen die Großstädte verbinden (Mehrfachnennungen möglich). Wählen Sie dabei die jeweils kürzeste Verbindung!

| | | | |
|---|---|---|---|
| a) Hamburg und Köln | | g) Erfurt und Chemnitz | |
| b) Dortmund und Magdeburg | | h) Saarbrücken und Mannheim | |
| c) Bremen und Hannover | | i) Frankfurt/Main und Stuttgart | |
| d) Leipzig und Berlin | | j) Kassel und Jena | |
| e) Dresden und Berlin | | k) Köln und Hannover | |
| f) Nürnberg und München | | l) Lübeck und Karlsruhe | |

## Aufgabe 4

Notieren Sie jeweils drei Großstädte, die ein Gütertransport zwischen den im Folgenden genannten Städteverbindungen auf den Autobahnen jeweils passieren würde!

| | | | |
|---|---|---|---|
| a) Hamburg–Aachen | | d) München–Karlsruhe | |
| b) Bremen–Nürnberg | | e) Kiel–Freiburg | |
| c) Gelsenkirchen–Magdeburg | | f) Berlin–Saarbrücken | |

## Autobahnen in Deutschland

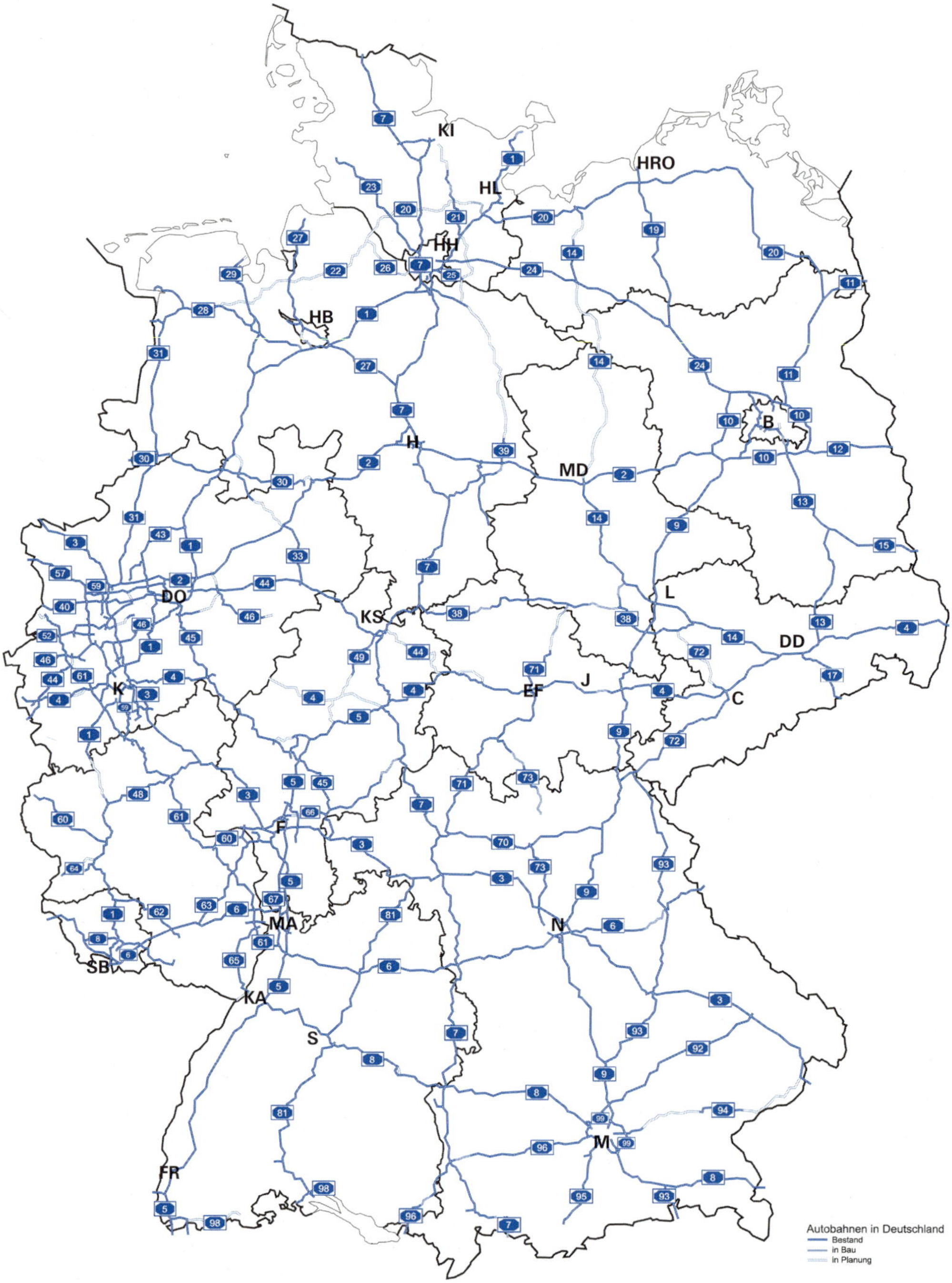


| | |
|---|---|
| KI | Kiel |
| HL | Lübeck |
| HH | Hamburg |
| HRO | Rostock |
| HB | Bremen |
| H | Hannover |
| MD | Magdeburg |
| B | Berlin |
| DO | Dortmund |
| KS | Kassel |
| K | Köln |
| EF | Erfurt |
| J | Jena |
| L | Leipzig |
| C | Chemnitz |
| DD | Dresden |
| F | Frankf./Main |
| SB | Saarbrücken |
| MA | Mannheim |
| KA | Karlsruhe |
| N | Nürnberg |
| S | Stuttgart |
| FR | Freiburg |
| M | München |

### Aufgabe 5

Ermitteln Sie mithilfe der Fahrzeitenkarten (siehe Abbildungen im Kompaktteil der Nord-Süd- bzw. Ost-West-Verbindungen) die benötigten Fahrzeiten für folgende Touren:

| Ausgangsort | über | Zielort | Benötigte Fahrzeit in Std/Min |
|---|---|---|---|
| a) München | Stuttgart | Saarbrücken | |
| b) Freiburg/Br. | Karlsruhe | Frankfurt/Main | |
| c) Hannover | Leipzig | Dresden | |
| d) Dortmund | Bremen | Flensburg | |
| e) Rostock | Hamburg | Kassel | |

### Hinweis zu den folgenden Aufgaben

**Benutzen Sie bitte für die folgenden Aufgaben 6, 7, 9 und 10 die unten stehende Entfernungstabelle.**

### Aufgabe 6

Geben Sie mithilfe der Entfernungstabelle die Kilometer für folgende Strecken an:

| | | | |
|---|---|---|---|
| a) von Hamburg nach Köln | | e) von Düsseldorf nach Kassel | |
| b) von Leipzig nach Berlin | | f) von Kiel nach Karlsruhe | |
| c) von Bremen nach Hannover | | g) von Frankfurt/Main nach Stuttgart | |
| d) von Saarbrücken nach Mannheim | | h) von Nürnberg nach München | |

### Aufgabe 7

Eine Nürnberger Spedition beliefert deutschlandweit Großhändler mit Original Nürnberger Lebkuchen. Dabei fahren die Lkw auf einer Tour verschiedene Städte an.

a) Ermitteln Sie mithilfe der unten stehenden Entfernungstabelle die zu fahrenden Autobahnkilometer für folgende Touren!

| **Tour** | **Zielorte (Start: Nürnberg)** |
|---|---|
| 1 | Berlin, Hamburg und Bremen, anschließend Rückkehr nach Nürnberg |
| 2 | Kassel und Braunschweig, anschließend Rückkehr nach Nürnberg |
| 3 | Dortmund, Köln, Frankfurt/Main, Lkw bleibt in Frankfurt/Main |
| 4 | Dresden, Leipzig und Magdeburg, anschließend Rückkehr nach Nürnberg |

b) Berechnen Sie die zu zahlende Maut (Kalkulationsansatz ist der durchschnittlich anzunehmende Satz)!

### Aufgabe 8

In einer Duisburger Spedition stehen 12 Container zur Verladung auf Lkw bereit. Davon sollen u.a. 3 nach Liverpool, 2 nach Mailand und 2 nach Kopenhagen versendet werden. Für den Tourenplaner ist klar: die in anderen Fällen stets angenommene Durchschnittsgeschwindigkeit von 60 km/h ist zu reduzieren, er rechnet für Liverpool und Mailand mit 50 km/h. Begründen Sie diese Änderung für die Zielorte in Großbritannien und Italien!

## Aufgabe 9

Ein Container ist per Lkw von Dresden nach Braunschweig zu transportieren. Er kann um 13:00 Uhr abgeholt werden. Nehmen Sie an, es sind nur Autobahnen zu nutzen und der Fahrer kann aufgrund der Verkehrslage im Durchschnitt mit 50 km/h fahren. Die Entfernung ist aus der unten stehenden Entfernungstabelle zu ermitteln. Wann ist er in Braunschweig zu erwarten?

## Aufgabe 10

Ein Hannoveraner Computerhandel versendet 14 EUR-Paletten mit Druckern, Bildschirmen und Laptops über Kiel nach Göteborg/Schweden. Die Fähre verlässt Kiel um 12:00 Uhr, der Lkw muss mindestens 2 Stunden vor dem Ablegen in Kiel sein. Für die Verladung in Hannover sind 60 Minuten einzuplanen. Dei Durchschnittsgeschwindigkeit des Lkw ist mit 50 km/h anzunehmen. Die Entfernung ist aus der unten stehenden Entfernungstabelle zu ermitteln. Wann muss die Ware verladebereit an der Rampe des Computerhandels stehen?

### Entfernungstabelle für Deutschland und Europa

Entfernungen in Deutschland

| Entfernungen in Europa | Berlin | Braunschweig | Bremen | Chemnitz | Cottbus | Dortmund | Dresden | Düsseldorf | Emden | Flensburg | Frankfurt (Oder) | Frankfurt a. M. | Hamburg | Hannover | Karlsruhe | Kassel | Kiel | Köln | Konstanz | Leipzig | Magdeburg | Mannheim | München | Nürnberg | Regensburg | Saarbrücken | Stuttgart | Trier | Würzburg | Entfernungen in Deutschland |
|---|---|---|---|---|---|---|---|---|---|---|---|---|---|---|---|---|---|---|---|---|---|---|---|---|---|---|---|---|---|---|
| Athiñai | | 242 | 394 | 264 | 134 | 492 | 194 | 559 | 521 | 449 | 104 | 543 | 291 | 285 | 672 | 384 | 357 | 575 | 801 | 189 | 154 | 615 | 584 | 437 | 482 | 722 | 630 | 715 | 496 | Berlin |
| Berlin | 2316 | | 181 | 339 | 335 | 280 | 338 | 346 | 308 | 360 | 305 | 336 | 206 | 72 | 467 | 152 | 298 | 362 | 667 | 237 | 104 | 408 | 613 | 448 | 545 | 515 | 496 | 508 | 353 | Braunschweig |
| Bordeaux | 3157 | 1625 | | 491 | 488 | 233 | 490 | 285 | 137 | 272 | 457 | 443 | 127 | 130 | 574 | 285 | 210 | 315 | 797 | 390 | 256 | 515 | 747 | 582 | 678 | 547 | 630 | 476 | 487 | Bremen |
| Bratislava | 1632 | 689 | 1885 | | 179 | 445 | 76 | 511 | 619 | 670 | 249 | 392 | 542 | 413 | 476 | 284 | 607 | 502 | 605 | 78 | 238 | 465 | 388 | 241 | 271 | 572 | 435 | 564 | 300 | Chemnitz |
| Bruxelles | 2714 | 763 | 892 | 1185 | | 586 | 108 | 653 | 615 | 598 | 79 | 560 | 441 | 379 | 651 | 478 | 506 | 669 | 779 | 215 | 247 | 632 | 562 | 416 | 445 | 739 | 608 | 732 | 474 | Cottbus |
| Bucuresti | 1106 | 1677 | 2728 | 993 | 2158 | | 511 | 69 | 305 | 488 | 556 | 224 | 343 | 212 | 355 | 164 | 426 | 96 | 578 | 436 | 354 | 295 | 604 | 440 | 536 | 328 | 419 | 257 | 338 | Dortmund |
| Budapest | 1438 | 881 | 2062 | 197 | 1362 | 800 | | 577 | 618 | 658 | 178 | 458 | 500 | 381 | 548 | 350 | 566 | 568 | 677 | 113 | 237 | 530 | 460 | 314 | 343 | 637 | 506 | 630 | 372 | Dresden |
| Calais | 2926 | 925 | 869 | 1384 | 201 | 2358 | 1561 | | 290 | 540 | 622 | 222 | 395 | 279 | 339 | 231 | 478 | 39 | 560 | 502 | 421 | 278 | 606 | 441 | 538 | 279 | 402 | 200 | 340 | Düsseldorf |
| Dublin | 3507 | 1507 | 1450 | 1966 | 783 | 2939 | 2143 | 586 | | 399 | 585 | 515 | 255 | 257 | 643 | 385 | 338 | 328 | 869 | 517 | 383 | 584 | 838 | 673 | 769 | 557 | 707 | 486 | 581 | Emden |
| Hamburg | 2707 | 306 | 1474 | 1007 | 594 | 1996 | 1200 | 756 | 1338 | | 541 | 649 | 157 | 309 | 780 | 465 | 91 | 570 | 980 | 569 | 435 | 721 | 926 | 761 | 857 | 802 | 809 | 731 | 666 | Flensburg |
| Hammerfest | 4975 | 2965 | 4250 | 3602 | 3371 | 3880 | 3592 | 3533 | 4314 | 2789 | | 607 | 383 | 349 | 736 | 448 | 449 | 638 | 864 | 253 | 217 | 678 | 648 | 501 | 545 | 786 | 693 | 779 | 560 | Frankfurt (Oder) |
| Helsinki | 3657 | 1260 | 2688 | 2324 | 1945 | 2563 | 2503 | 2107 | 2745 | 1226 | 1574 | | 494 | 350 | 140 | 191 | 587 | 186 | 363 | 383 | 430 | 81 | 392 | 224 | 323 | 187 | 204 | 181 | 126 | Frankfurt a. M. |
| Leipzig | 2190 | 193 | 1529 | 564 | 711 | 1552 | 756 | 878 | 1474 | 415 | 3123 | 1418 | | 154 | 625 | 310 | 96 | 425 | 826 | 440 | 280 | 566 | 771 | 606 | 703 | 658 | 655 | 586 | 511 | Hamburg |
| Lisboa | 4334 | 2858 | 1229 | 3117 | 2124 | 3936 | 3218 | 2101 | 2697 | 2707 | 5483 | 3920 | 2761 | | 481 | 166 | 247 | 295 | 682 | 281 | 147 | 422 | 627 | 462 | 559 | 530 | 511 | 455 | 386 | Hannover |
| London | 3050 | 1049 | 993 | 1508 | 326 | 2482 | 1685 | 128 | 488 | 885 | 3661 | 2094 | 1002 | 2225 | | 322 | 718 | 304 | 231 | 513 | 561 | 66 | 289 | 247 | 334 | 138 | 83 | 204 | 193 | Karlsruhe |
| Luxembourg | 2500 | 769 | 943 | 1014 | 213 | 1988 | 1191 | 402 | 998 | 624 | 3400 | 1837 | 606 | 2175 | 527 | | 403 | 247 | 523 | 276 | 246 | 263 | 469 | 304 | 401 | 371 | 353 | 340 | 210 | Kassel |
| Madrid | 3614 | 2322 | 694 | 2488 | 1589 | 3185 | 2498 | 1565 | 2162 | 2171 | 4947 | 3385 | 2290 | 696 | 1690 | 1639 | | 508 | 919 | 506 | 373 | 659 | 864 | 699 | 796 | 741 | 747 | 669 | 604 | Kiel |
| Marseille | 2556 | 1537 | 639 | 1430 | 1030 | 2127 | 1440 | 1055 | 1651 | 1442 | 4218 | 2656 | 1374 | 1817 | 1179 | 818 | 1096 | | 525 | 493 | 437 | 242 | 571 | 406 | 502 | 243 | 366 | 171 | 305 | Köln |
| Milano | 2065 | 1040 | 1120 | 939 | 875 | 1637 | 949 | 1054 | 1650 | 1113 | 3901 | 2339 | 877 | 2297 | 1178 | 663 | 1577 | 519 | | 641 | 762 | 289 | 216 | 376 | 336 | 367 | 177 | 433 | 321 | Konstanz |
| Minsk | 2384 | 1140 | 2726 | 1250 | 1864 | 1311 | 1159 | 2025 | 2622 | 1432 | 2546 | 1228 | 1269 | 3958 | 2150 | 1841 | 3481 | 2565 | 2068 | | 137 | 455 | 424 | 278 | 322 | 563 | 470 | 555 | 336 | Leipzig |
| München | 1973 | 587 | 1383 | 516 | 766 | 1490 | 693 | 935 | 1531 | 775 | 3517 | 1813 | 424 | 2694 | 1059 | 509 | 1974 | 1015 | 499 | 1576 | | 502 | 532 | 385 | 430 | 610 | 591 | 602 | 448 | Magdeburg |
| Oslo | 3563 | 1158 | 2319 | 1854 | 1439 | 2843 | 2047 | 1601 | 2241 | 857 | 2019 | 760 | 1271 | 3551 | 1729 | 1468 | 3016 | 2287 | 1970 | 1961 | 1632 | | 347 | 236 | 322 | 135 | 131 | 179 | 182 | Mannheim |
| Palermo | 1146 | 2469 | 2461 | 2140 | 2399 | 1592 | 2153 | 2579 | 3175 | 2638 | 5426 | 3865 | 2306 | 3638 | 2703 | 2188 | 2918 | 1860 | 1521 | 3365 | 1878 | 3994 | | 166 | 126 | 425 | 227 | 491 | 275 | München |
| Praha | 1958 | 405 | 1618 | 331 | 888 | 1320 | 523 | 1054 | 1650 | 723 | 3383 | 1678 | 244 | 2851 | 1179 | 747 | 2317 | 1400 | 903 | 1193 | 387 | 1534 | 2268 | | 101 | 367 | 204 | 411 | 110 | Nürnberg |
| Roma | 876 | 1541 | 1513 | 1213 | 1472 | 1915 | 1228 | 1651 | 2247 | 1710 | 4498 | 2936 | 1378 | 2690 | 1775 | 1260 | 1970 | 912 | 593 | 2437 | 951 | 2567 | 948 | 1341 | | 453 | 291 | 497 | 206 | Regensburg |
| Salzburg | 1849 | 732 | 1542 | 378 | 927 | 1421 | 557 | 1094 | 1676 | 920 | 3662 | 1958 | 569 | 2835 | 1219 | 669 | 2115 | 1062 | 571 | 1565 | 142 | 1777 | 1916 | 341 | 989 | | 219 | 95 | 302 | Saarbrücken |
| Stockholm | 3398 | 1071 | 2497 | 1771 | 1617 | 3186 | 1964 | 1779 | 2419 | 1035 | 1897 | 191 | 1227 | 3729 | 1903 | 1646 | 3194 | 2465 | 2148 | 1419 | 1622 | 571 | 3672 | 1487 | 2745 | 1767 | | 285 | 151 | Stuttgart |
| Venézia | 1807 | 1101 | 1373 | 681 | 1145 | 1382 | 695 | 1325 | 1907 | 1289 | 4031 | 2327 | 938 | 2550 | 1449 | 934 | 1830 | 772 | 281 | 1906 | 511 | 2146 | 1482 | 835 | 555 | 457 | 2136 | | 302 | Trier |
| Zürich | 2290 | 851 | 938 | 832 | 623 | 1806 | 1010 | 802 | 1384 | 872 | 3660 | 2234 | 688 | 2382 | 926 | 411 | 1661 | 745 | 287 | 1879 | 318 | 1729 | 1812 | 714 | 884 | 458 | 1907 | 558 | | Würzburg |
| | Athiñai | Berlin | Bordeaux | Bratislava | Bruxelles | Bucuresti | Budapest | Calais | Dublin | Hamburg | Hammerfest | Helsinki | Leipzig | Lisboa | London | Luxembourg | Madrid | Marseille | Milano | Minsk | München | Oslo | Palermo | Praha | Roma | Salzburg | Stockholm | Venézia | Zürich | |

Entfernungen in Europa

**Anmerkung zu den Entfernungsangaben:**

- Angaben in Kilometern
- Angabe der schnellsten (nicht der kürzesten) Verbindung
- Grundlagen für die Berechnung: Nutzung von BAB, Bundes- und Nationalstraßen

in Anlehnung an: Mairs Geographischer Verlag: Autobahn- und Fernstraßenkarte Deutschland, Europa 2006/2007, Ostfildern.

## Der Prüfungsfall

### Eine Tourenplanung in der Impex GmbH

Sie sind seit Wochenbeginn in der Abteilung „Tourenplanung und Disposition“ der Impex GmbH, Köln eingesetzt. Der Abteilungsleiter, Herr Schlichting, überreicht Ihnen zum Einstieg in Ihre Tätigkeit folgenden Auftrag zur Bearbeitung:

> *Mehrere palettierte Sendungen sollen am 10. diesen Monats (Montag) um 08.00 Uhr aus dem Lager in Köln (an der A3 gelegen) mit einem Lkw an verschiedene Zielorte versendet werden. Außerdem sind unterwegs einige Paletten mit Kisten von den Geschäftspartnern abzuholen. Erstellen Sie eine möglichst optimale Tourenplanung!*

Herr Schlichting fordert Sie auf, die folgenden Annahmen bei Ihren Überlegungen zu berücksichtigen:

- Rechnen Sie mit einer Durchschnittsgeschwindigkeit des Lkw von 60 km/h.
- Runden Sie bei jeder Lenkzeitenberechnung auf volle 10 min auf, z. B. wäre eine Lenkzeit von 09:52 Stunden auf 10 Stunden aufzurunden.
- Planen Sie ein, dass bei jeder Station mit einer Auf- und Abladezeit von 30 min zu rechnen ist. Diese stellt keine Lenkzeit, aber auch keine Pause für den Lkw-Fahrer dar.
- Beachten Sie die Regelvorschriften für die Lenk- und Ruhezeiten. Die Lenkzeiten können nicht ausgedehnt werden.
- Gewichtsbeschränkungen sind nicht zu beachten.

| **Liste der Aufträge für Montag, 10. diesen Monats, Abfahrt 08.00 Uhr** | | |
|---|---|---|
| **Sendung** | **Zielort** | **Hinweis** |
| 3 Paletten | Berlin | Anlieferungstermin: 12. diesen Monats von 07.00–13.00 Uhr |
| 2 Paletten | München | Das Zeitfenster für Warenanlieferungen ist zu beachten: Anlieferungen von 06.00–12.00 Uhr |
| 3 Paletten | Nürnberg | Das Zeitfenster für Warenanlieferungen ist zu beachten: Annahme nur von 08.00–12.00 Uhr |
| 4 Paletten | Leipzig | Abholung von 2 Paletten für Berlin |
| 1 Palette | Dortmund | |
| 1 Palette | Bremen | Aufnahme von 3 Paletten für Dortmund |

Nehmen Sie die Liste der Aufträge zur Hand und erstellen Sie eine für die Impex GmbH optimale Tour für den Versand mit dem hauseigenen Lkw!

Herr Schlichting erwartet, dass aus Ihrer Tourenplanung folgende Ergebnisse sichtbar werden:

a) die zu fahrenden Kilometer der Teilstrecken,

b) die Gesamtkilometer, die der Lkw zurücklegen muss,

c) die zu erwartende Maut für die gesamte Tour (nehmen Sie für die Berechnung die durchschnittlichen Mautkosten an),

d) die sinnvollerweise genutzten Autobahnen (Stadtverkehre sind nicht zu berücksichtigen),

e) die geschätzte Ankunft des Lkw in Köln, wenn alle Lenk- und Ruhezeiten eingehalten werden.

Als Hilfsmittel können Sie sowohl die vorstehende Karte der Bundesautobahnen als auch die Entfernungstabelle verwenden.

# 7 Güter versenden (Lernfeld 9)

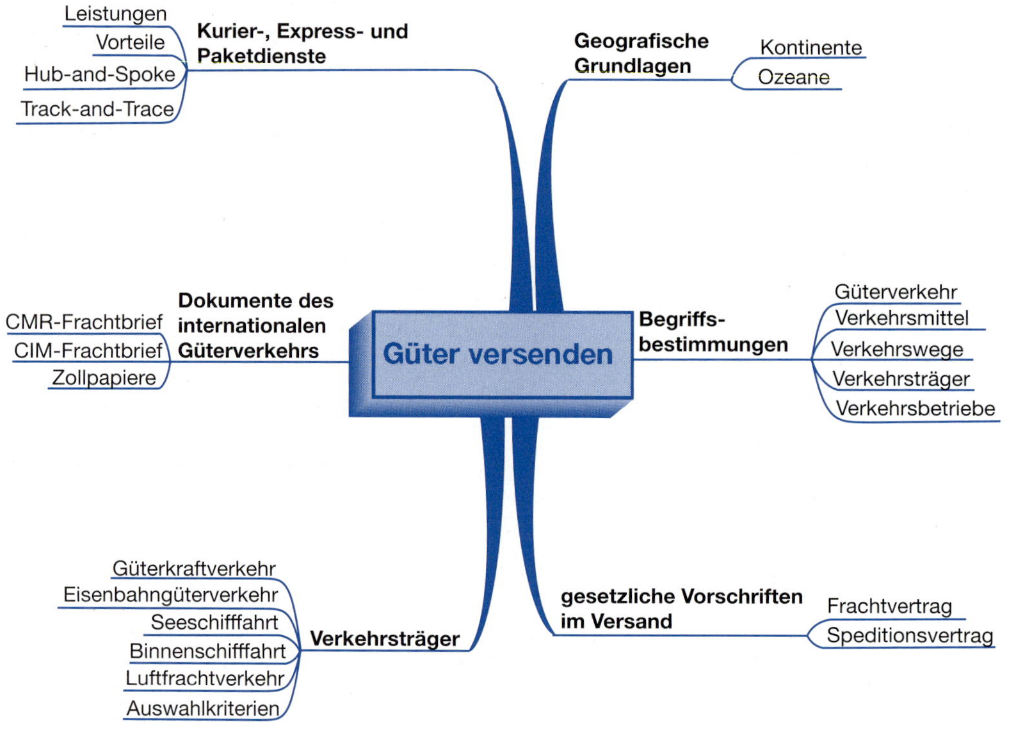

**KOMPAKTWISSEN**

# 7.1 Geografische Grundlagen des internationalen Güterversands

## 7.1.1 Kontinente der Erde

**1.** Benennen Sie die Kontinente der Erde!

**Kontinente der Erde** sind: Afrika, Amerika (unterteilt in Nordamerika und Südamerika), Asien, Australien und Ozeanien, Europa (außerdem die Antarktis, die an dieser Stelle jedoch ausgespart wird, da dieser Kontinent nahezu unbewohnt und daher für den Güterversand unbedeutend ist).

**2.** Ordnen Sie die Kontinente nach der Größe ihrer Fläche!

Die **Kontinente nach der Größe ihrer Fläche geordnet** sind:

- Asien (ca. 44,2 Mio. $km^2$),
- Afrika (ca. 30,3 Mio. $km^2$),
- Nordamerika und Mittelamerika
- (ca. 24,2 Mio. $km^2$),
- Südamerika (ca. 17,8 Mio. $km^2$),
- Europa (ca. 10,25 Mio. $km^2$),
- Australien und Ozeanien (ca. 8,5 Mio. $km^2$).

**3.** Geben Sie die Land-Wasser-Verteilung auf dem Globus an!

- Etwa 70 % der **Erdoberfläche** besteht aus Wasser, 30 % ist Landmasse.

**4.** Nennen Sie wichtige Gebirge der Welt und ihre höchsten Gipfel!

Wichtige **Gebirge und ihre höchsten Gipfel** sind:

- Europa: Alpen mit dem Mont Blanc (4807 m, Frankreich), Pyrenäen mit dem Pico de Aneto (3404 m, Spanien), Kaukasus mit dem Elbrus (5642 m, Russland),
- Asien: Himalaya mit dem höchsten Berg der Erde, dem Mount Everest (8848 m, China),
- Nordamerika: Appalachen (2039 m, Mount Mitchell, USA), Rocky Mountains (6198 m, Mt McKinley in den USA/Alaska),
- Südamerika: Anden/Kordilleren mit dem Aconcagua (6958 m, Chile),
- Australien: Great Dividing Range (2230 m, Mount Kosciusko),
- Afrika: Der höchste Berg Afrikas ist der Kilimandscharo (5955 m, Tansania).

## 7.1.2 Ozeane der Erde

5. Nennen Sie die drei Ozeane!

Die drei **Ozeane** sind:

- Atlantischer Ozean (auch „Atlantik"),
- Indischer Ozean (auch „Indik"),
- Pazifischer Ozean (auch „Pazifik", „Großer Ozean" oder „Stiller Ozean").

6. Ordnen Sie die Ozeane nach ihrer Größe!

Die **Ozeane** umfassen einschließlich ihrer Nebenmeere folgende **Flächen:**

- Pazifischer Ozean (ca. 180 Mio. $km^2$),
- Atlantischer Ozean (ca. 110 Mio. $km^2$),
- Indischer Ozean (ca. 74 Mio. $km^2$).

7. Beschreiben Sie den Begriff Nebenmeer!

Unter einem **Nebenmeer** versteht man Gewässer, die zwar den Ozeanen zugeordnet werden können, jedoch bereits für sich über eine gewisse Größe verfügen und darüber hinaus eine besondere Lage aufweisen. Nebenmeere werden durch Landengen, Inselketten, Inseln oder untermeerische Schwellen vom jeweiligen Ozean abgetrennt.

- Nebenmeere sind entweder **Randmeere,** d.h., sie sind wie die Nordsee an die Kontinente angegliedert oder
- **Mittelmeere,** d.h., sie liegen zwischen zwei Kontinenten **(interkontinentales Mittelmeer)** wie das europäische Mittelmeer.
- Liegt ein Nebenmeer vollständig innerhalb eines Kontinentes, wird es als **intrakontinentales Mittelmeer** bezeichnet (Ostsee).

Es kann anhand der Angabe „Nordsee" oder „Golf von Mexico" eine erste Lagebestimmung eines Staates oder eines Hafens vorgenommen werden.

8. Erläutern Sie die Bedeutung der Lagebestimmung eines Hafens für den Güterversand!

Für den Güterversand kann **die Lage eines Hafens** an einem Ozean oder an einem Nebenmeer unter bestimmten Bedingungen von großer Bedeutung sein. U.a. lassen sich folgende Argumente anführen:

- Häufig verlängern Transporte über die Nebenmeere den Reiseweg und damit die Transportdauer.
- Liegt der jeweilige Verschiffungs- oder Bestimmungshafen in einem Nebenmeer günstig zu einem Ballungs- oder Wirtschaftsraum bzw. zu den Rohstoffen, kann es jedoch sehr günstig sein, eben diesen Hafen anzufahren.

- Liegt der Hafen in einem Nebenmeer, das bereits dem Wirtschaftsraum oder dem Bestimmungsland zugehörig ist wie Finnland über die Ostsee, ist es von Vorteil, dieses Nebenmeer anzusteuern, um das Zollverfahren zu vereinfachen.

## 7.2 Begriffsbestimmungen

9. Erklären Sie, was unter dem Güterverkehr zu verstehen ist!

Mit **Güterverkehr** wird der Transport von Waren von einem Ort zum anderen bezeichnet. Bei diesem Transportbegriff wird eine Abgrenzung zum Personenverkehr, Nachrichtenverkehr oder Zahlungsverkehr vorgenommen.

10. Beschreiben Sie den Begriff Verkehrsmittel!

**Verkehrsmittel** werden zur Raumüberwindung eingesetzt. Es sind technische Einrichtungen und Transportgefäße wie Lkw, Eisenbahn, Flugzeug, Schiff, Rohrleitungen, die auf Verkehrswegen fortbewegt werden.

11. Erläutern Sie den Begriff Verkehrswege!

**Verkehrswege** werden Strecken genannt, die zur Fortbewegung der Verkehrsmittel dienen. Es handelt sich in einem erweiterten Verständnis nicht nur um Straßen, Autobahnen, Schienenwege, Brücken, Tunnel, Luftwege oder Flüsse und Kanäle, sondern auch um die dazugehörigen Umschlagplätze wie Bahnhöfe, See- und Binnenhäfen, Flughäfen u. a.

12. Zeigen Sie die Bedeutung des Begriffs Verkehrsträger auf!

Die **Verkehrsträger** sind alle Betriebe, die ein Verkehrsmittel und einen Verkehrsweg nutzen, um Güter zu befördern. Ein Beispiel sind alle Unternehmen des Eisenbahnverkehrs.

13. Nennen Sie Beispiele für Verkehrsbetriebe!

Alle Anbieter von Beförderungs- und Umschlagsleistungen wie Spediteure, Schiffsmakler, Reeder, Lagerhalter oder Logistikdienstleister fallen unter den Begriff der **Verkehrsbetriebe**.

## 7.3 Gesetzliche Vorschriften des Versandes

### 7.3.1 Frachtvertrag

**14.** Nennen Sie die Beteiligten bei Abschluss eines Frachtvertrags!

Der Absender (ein Verkäufer) hält Ware zum Versand bereit, der Frachtführer soll die Ware transportieren. Die beiden schließen einen **Frachtvertrag** gemäß §§ 407ff. HGB, in dem der Absender den Frachtführer beauftragt.

**15.** Erklären Sie, was unter einem Absender zu verstehen ist!

Als **Absender** wird derjenige bezeichnet, der im eigenen Namen mit einem Frachtführer einen Frachtvertrag über die Beförderung von Gütern abschließt.

**16.** Erklären Sie, was unter einem Frachtführer zu verstehen ist!

Ein **Frachtführer** ist derjenige, der die Beförderung fremder Güter gegen Entgelt durchführt.

**17.** Nennen Sie die Rechte und Pflichten, die sich für die Beteiligten unmittelbar aus dem Frachtvertrag ergeben!

Der Absender muss dem Frachtführer die Leistung bezahlen („Fracht"), der Frachtführer muss die Ware zum Empfänger bringen, der Empfänger (Käufer der Ware) hat gegenüber dem Frachtführer ein Forderungsrecht. Die Rechte des einen Beteiligten sind die Pflichten des anderen und umgekehrt.

**18.** Stellen Sie mindestens vier weitere Pflichten des Absenders aus dem Frachtvertrag dar!

Der **Absender** muss

- das Gut so **verpacken,** dass es vor Verlust und Beschädigung geschützt ist und dem Frachtführer keine Schäden entstehen (Transportverpackung),
- das Gut **kennzeichnen,**
- den Frachtführer rechtzeitig auf gefährliche Güter **hinweisen,**
- das Gut **beförderungssicher** verladen,
  → s. Kap. 10 Güter verladen!
- ggf. ein **Standgeld** an den Frachtführer zahlen, wenn eine angemessene Ladezeit überschritten wird,
- dem Frachtführer **Urkunden zur Verfügung** stellen, die für eine amtliche Behandlung, insbesondere eine Zollabfertigung, erforderlich sind,
- dem Frachtführer gegenüber **haften** für Pflichtverletzungen.

**19.** Nennen Sie zwei weitere Rechte des Absenders!

Der Absender hat das Recht,

- **nachträgliche Weisungen** auszusprechen,
- den Frachtvertrag jederzeit zu **kündigen.**

**20.** Stellen Sie mindestens zwei weitere Pflichten des Frachtführers aus dem Frachtvertrag dar!

Der **Frachtführer** muss
- die Ware **betriebssicher** verladen,
  → s. Kap. 10 Güter verladen!
- die Ware innerhalb der vereinbarten Frist **abliefern,**
- bei Verspätungs- oder Güterschäden während der Beförderung oder Überschreitung der Lieferfrist **haften.**

**21.** Nennen Sie zwei Rechte des Frachtführers!

Der Frachtführer kann
- die Ausstellung eines **Frachtbriefes** durch den Absender verlangen,
- falls er nicht über das **Gefahrgut** informiert wurde, dieses ausladen, zurückbefördern oder vernichten, ohne schadensersatzpflichtig zu werden,
- ein **Pfandrecht** an der Ware geltend machen für Forderungen gegen den Absender.

**22.** Erläutern Sie, wozu ein Frachtbrief ausgestellt wird!

Der **Frachtbrief** beweist, dass ein Frachtvertrag abgeschlossen wurde.

**23.** Erklären Sie, was mit den Ausfertigungen eines Frachtbriefes geschieht!

Der Frachtbrief wird in **drei Originalausfertigungen** ausgestellt, die vom Absender unterzeichnet werden. Ein Exemplar begleitet die Warensendung, eines ist für den Frachtführer bestimmt, eines verbleibt bei dem Absender.

**24.** Nennen Sie mindestens fünf Eintragungen, die in einem Frachtbrief vorgenommen werden!

In dem Frachtbrief werden u.a. folgende **Eintragungen** vorgenommen:
- Ort und Tag der Ausstellung,
- Name und Anschrift des Absenders,
- Name und Anschrift des Frachtführers,
- Stelle und Tag der Übernahme des Gutes sowie die für die Ablieferung vorgesehene Stelle,
- Name und Anschrift des Empfängers,
- die übliche Bezeichnung der Art des Gutes,
- u.a.

Es gilt die Vermutung, dass das Gut bei Übernahme durch den Frachtführer in äußerlich gutem Zustand war, es sei denn, der Frachtführer hätte einen **Vorbehalt** eingetragen.

### 7.3.2 Speditionsvertrag

**25.** Nennen Sie die Beteiligten bei Abschluss eines Speditionsvertrags!

Der Versender (Verkäufer) schließt mit einem Spediteur einen **Speditionsvertrag** nach §§ 453ff. HGB. Der Spediteur muss den Versand der Ware besorgen. Er kann die Ware mit eigenen Fahrzeugen transportieren (im Selbsteintritt) oder er schließt einen Frachtvertrag mit einem Frachtführer für den Transport ab.

**26.** Erklären Sie, was unter einem Versender zu verstehen ist!

Als **Versender** wird derjenige bezeichnet, der im eigenen Namen mit einem Spediteur einen Speditionsvertrag über die Besorgung einer Versendung von Gütern abschließt.

**27.** Erklären Sie, was unter einem Spediteur zu verstehen ist!

Ein **Spediteur** ist derjenige, der die Beförderung fremder Güter gegen Entgelt besorgt, d.h. organisiert und evtl. auch selbst im Selbsteintritt als Frachtführer durchführt.

**28.** Nennen Sie die Rechte und Pflichten, die sich für die Beteiligten unmittelbar aus dem Speditionsvertrag ergeben!

Der Versender muss dem Spediteur die Leistung bezahlen, der Spediteur muss die Versendung der Ware zum Empfänger besorgen. Ein Frachtführer, der den Frachtvertrag mit dem Spediteur geschlossen hat, ist in der gleichen rechtlichen Position wie im Kapitel 7.3.1 dargestellt. Der Empfänger (Käufer der Ware) hat gegenüber dem Frachtführer ein Forderungsrecht. Die Rechte des einen Beteiligten sind die Pflichten des anderen und umgekehrt.

**29.** Beschreiben Sie vier Pflichten, die sich aus dem Speditionsvertrag für den Versender ergeben!

Der Versender muss

- das Gut so **verpacken,** dass es vor Verlust und Beschädigung geschützt ist und dem Frachtführer keine Schäden entstehen (Transportverpackung),
- das Gut **kennzeichnen,**
- den Spediteur rechtzeitig auf gefährliche Güter hinweisen,
- dem Spediteur Urkunden **zur Verfügung stellen,** die der Spediteur benötigt,
- dem Spediteur gegenüber **haften** für Pflichtverletzungen.

**30.** Stellen Sie zwei weitere Pflichten des Spediteurs aus dem Speditionsvertrag dar!

Der Spediteur muss

- die Beförderungs**mittel** und den Beförderungs**weg** bestimmen,
- ausführende **Unternehmer** (Frachtführer) auswählen,

- erforderliche **Verträge** (Fracht- oder Lagerverträge) abschließen,
- sonstige vereinbarte **Leistungen** erbringen (Verzollung o. Ä.).

31. Beschreiben Sie zwei Rechte des Spediteurs!

Der Spediteur kann
- die Beförderung mit **eigenen Fahrzeugen** durchführen,
- die Ware zusammen mit anderen Gütern befördern **(Sammelladung),**
- ein **Pfandrecht** an der Ware geltend machen für Forderungen gegen den Versender.

32. Erklären Sie den Begriff Selbsteintritt!

Organisiert ein Spediteur nicht nur die Transporte, sondern übernimmt diese auch, spricht man von **Selbsteintritt.**

## 7.4 Verkehrsträger im Vergleich

### 7.4.1 Auswahlkriterien für Verkehrsträger

33. Nennen Sie Entscheidungsmerkmale zur Auswahl von Verkehrsträgern!

Ein Versender einer Ware wird vor einer **Entscheidung für ein Verkehrsmittel** u. a. folgende Merkmale der einzelnen Möglichkeiten prüfen:
- Sicherheit des Transports,
- Pünktlichkeit des Verkehrsmittels,
- individuelle Behandlung der Warensendung,
- Kosten (Preise und Nebenkosten),
- Transportdauer,
- Regelmäßigkeit,
- Umweltverträglichkeit,
- Haus-zu-Haus-Verkehr,
- Beweglichkeit des Verkehrsmittels (in der Stadt),
- technische Ausrüstung des Verkehrsmittels für Spezialtransporte, Kühlmöglichkeit, Hebebühne u. a.,
- Kapazität der Ladefläche bzw. des Laderaumes,
- gesetzliche Vorschriften,
- sonstige Aspekte wie Serviceleistungen des Anbieters,
- u. a.

34. Geben Sie an, welches Verkehrsmittel für Versender von Waren das beste ist!

Das **ideale Verkehrsmittel** gibt es nicht. Ein Versender einer Ware muss **stets situationsbedingt** entscheiden, mit welchem Verkehrsmittel oder Verkehrsträger die Ware transportiert werden soll.

### 7.4.2 Güterkraftverkehr

35. Beschreiben Sie den Begriff Güterkraftverkehr!

Beim Güterkraftverkehr handelt es sich um die Beförderung von Gütern mit dem **Lastkraftwagen (Lkw)**. Dies kann geschäftsmäßig oder gegen Entgelt geschehen. Die Kraftfahrzeuge haben ein höheres Gesamtgewicht als 3,5 t inklusive möglicher Anhänger.

36. Unterscheiden Sie die Arten der Lastkraftwagen!

Im Wesentlichen können drei **Arten von Lastkraftwagen** unterschieden werden:

- das Einzelfahrzeug,
- der Sattelzug (Sattelschlepper) und
- der Lastzug.

Die Straßenverkehrszulassungsordnung (StVZO) regelt die Eingruppierung und Höchstwerte für Zuladung und Maße.

37. Beschreiben Sie die Einzelfahrzeuge (Lkw)!

Ein **Einzelfahrzeug** ist ein Lkw mit bis zu 12,00 m Länge, der als Zweiachser bis zu 18 t (zulässiges Gesamtgewicht) wiegen darf. Mit drei Achsen sind es bis zu 25 t, mit vier Achsen bis zu 32 t.

Innerhalb der Einzelfahrzeuge können noch

- Kleinlaster (bis 3,5 t zulässiges Gesamtgewicht),
- leichte Lkw (bis 7,5 t),
- mittelschwere Lkw (bis 12 t) und
- schwere Lkw (bis 40 t, s. u.)

unterschieden werden.

Häufige **Aufbauten** sind

- **Lkw mit offener Ladefläche** (Pritsche), mit/ohne Seitenwände, mit/ohne Plangestell, mit/ohne Abdeckplane und
- **Lkw mit geschlossenen Aufbauten** mit Türen am Heck oder an der Seite.
- Darüber hinaus gibt es **Spezialaufbauten** bei Lkw für Spezialtransporte.

**38.** Stellen Sie die Besonderheiten eines Sattelzugs dar!

Ein **Sattelzug (Sattelschlepper)** umfasst eine Sattelzugmaschine und einen Auflieger (eine Art Anhänger ohne Vorderachse mit bis zu drei Hinterachsen). Die Zugmaschine verfügt nicht über eine Ladefläche, sie zieht den Auflieger, der fest eingehakt ist. Der Sattelzug darf maximal 40 t zulässiges Gesamtgewicht nicht überschreiten (Ausnahme: Vor- und Nachlauf im kombinierten Verkehr – bis 44 t). Die zulässige Gesamtlänge beträgt 16,50 m.

**39.** Erläutern Sie die Bauart des Lastzugs!

Ein **Lastzug** wird auch **Gliederzug** genannt , weil er einen Anhänger (quasi ein zweites Glied) hinter dem Lkw zieht. Das zulässige Gesamtgewicht beträgt maximal 40 t (Ausnahme s. o.), die zulässige Gesamtlänge 18,75 m.

**40.** Nennen Sie Lkws, mit denen Spezialtransporte durchgeführt werden können!

Man unterscheidet mehrere **Speziallastkraftwagen:**

- Autotransporter,
- Betonmischer,
- Glastransporter,
- Kipper,
- Kühllastkraftwagen,
- Langguttransporter,
- Lkw für Containerbeförderung,
- Schwertransporter,
- Tankwagen,
- u. a.

**41.** Grenzen Sie den gewerblichen Güterkraftverkehr vom Werkverkehr ab!

- Der **gewerbliche Güterkraftverkehr** wird gegen Entgelt durchgeführt. Unternehmen, die gewerblichen Güterkraftverkehr durchführen (wollen), müssen sich diesen von der jeweils zuständigen Behörde vorher genehmigen lassen. Er ist erlaubnispflichtig.
- Für die Durchführung des **Werkverkehrs** hingegen wird keine gesonderte Erlaubnis benötigt. Werkverkehr ist Güterkraftverkehr für die eigenen Zwecke des Betriebes bzw. des Unternehmens. Die so transportierten Güter befinden sich im Eigentum des Unternehmens oder sind gemietet bzw. instand gesetzt. Sie dienen dem eigenen Verbrauch oder sollen zum Unternehmen geliefert oder versendet werden. Die Fahrer der Fahrzeuge sind i. d. R. beim Unternehmen angestellt.



11 Hummel - ISBN 978-3-8120-0570-8

**42.** Nennen Sie die Bedingung für eine Anmeldepflicht für Werkverkehre!

Es besteht eine **Anmeldepflicht für Werkverkehre** beim **Bundesamt für Güterverkehr** mit Kraftfahrzeugen über 3,5 t zulässigem Gesamtgewicht.

**43.** Stellen Sie die unterschiedlichen Straßenkategorien dar, auf denen Güterkraftverkehr abgewickelt werden kann!

In Deutschland sind verschiedene **Straßenkategorien** für Straßengütertransporte geeignet:

- Bundesautobahnen,
- Bundesstraßen,
- Landstraßen,
- Kreisstraßen und
- Gemeindestraßen.

**44.** Geben Sie an, welche Voraussetzungen für die Gewährung der Erlaubnis für den gewerblichen Güterverkehr erfüllt sein müssen!

Folgende Voraussetzungen müssen gegeben sein, damit die **Erlaubnis, gewerblichen Güterverkehr durchzuführen,** gewährt wird:

- Dem Unternehmer muss eine **persönliche Zuverlässigkeit** attestiert werden können,
- er muss ein Mindestmaß an **finanziellen Mitteln** mitbringen und
- eine entsprechende **fachliche Eignung** aufweisen.

Wenn diese Voraussetzungen erfüllt sind, kann die Erlaubnis gewährt werden, sodass er gewerblichen Güterverkehr durchführen kann.

**45.** Erklären Sie die Besonderheit einer EU-Lizenz!

Die **EU-Lizenz** ist eine Gemeinschaftslizenz der Europäischen Union, die es dem Unternehmer erlaubt, EU-weit Gütertransporte in einem Mitgliedsstaat durchzuführen. Auch kann der Transport von Waren in einem Land durch einen nicht ansässigen Unternehmer **(Kabotageverkehr)** durchgeführt werden.

**46.** Nennen Sie die erforderlichen Begleitpapiere für den Güterkraftverkehr!

Für den gewerblichen Güterkraftverkehr muss für das Fahrzeug und die Ware ein **Warenbegleitpapier** erstellt und mitgeführt werden.

Mögliche Begleitpapiere sind im **nationalen Güterkraftverkehr** der Frachtbrief, der Lieferschein, die Packliste u. a.

→ s. Kap. 1 Güter annehmen und kontrollieren!

Im **internationalen Güterkraftverkehr** ist ein Frachtbrief verbindlich vorgeschrieben.

47. Stellen Sie die Vorteile des Güterkraftverkehrs dar!

Für eine positive Bewertung des Verkehrsträgers lassen sich u. a. folgende **Vorteile** anführen:

- Mit dem Lkw sind nahezu alle Zielorte **erreichbar**.
- Zeit- und kostenintensive Umladungsvorgänge entfallen **(„Direktverkehr")**.
- Der Lkw ist sehr **flexibel,** es können individuelle Absprachen bezüglich der Zeiten und Routen getroffen werden.
- In der Regel sind Lkw-Transporte relativ **schnell**.
- Das Gefahrenpotenzial wird durch die **ständige Begleitung** des Transports reduziert.
- **Spezial**lastkraftwagen bieten besondere Möglichkeiten der Nutzung.
- u. a.

48. Geben Sie Nachteile des Güterkraftverkehrs an!

**Gegen** die Nutzung des Güterkraftverkehrs sprechen folgende **Argumente**:

- Die **Umwelt** wird durch den mit dem Güterkraftverkehr verbundenen Lärm, die ausgestoßenen Abgase und die Inanspruchnahme der Straßen stark belastet.
- Die Lkw verfügen im Vergleich zur Eisenbahn oder Schifffahrt nur über **geringe Kapazitäten,** was sowohl das Volumen als auch das Gewicht betrifft.
- Staus, Fahrverbote an Sonn- und Feiertagen und Unfälle **verzögern** den Transport.
- Die **Witterungsbedingungen** haben großen Einfluss auf die Transportdauer.
- **Mautzahlungen** verteuern die Transporte.
- u. a.

→ s. Kap. 6 Touren planen!

### 7.4.3 Eisenbahngüterverkehr

49. Nennen Sie die typischen Güter für Eisenbahntransporte!

Der **Eisenbahngüterverkehr** eignet sich insbesondere für den Transport von Schüttgütern, Massengütern, Gefahrgütern, Flüssigkeiten, Schwergütern u. a.

50. Beschreiben Sie die Angebote der Bahnen!

Ein Absender kann unterschiedliche Angebote bei den Bahnunternehmen als sogenannten **Ladungsverkehr** buchen: den Versand in **Einzelwaggons,** den **Ganzzugverkehr** oder den kombinierten Verkehr als begleiteten oder unbegleiteten **Huckepackverkehr.**

- Beim **Einzelwagenverkehr** nutzt der Kunde einen Waggon für seine Ware. Nach der Beladung wird dieser abgeholt und mit anderen Waggons zu einem Zug zusammengestellt, der dann zu einem Zielbahnhof fährt, um dort entladen zu werden.
- **Ganzzugverkehr** wird i.d.R. für Massengüter eingesetzt. Der Absender belädt mehrere Waggons mit Kies, Kohle, Erzen oder Pkw und lässt den Zug zum Zielbahnhof rollen.
- Beim **kombinierten Verkehr** werden Lkw-Ladungen und -Anhänger oder Container auf den Waggon verfrachtet und zum Zielort transportiert. Dies geschieht entweder mit dem Lastzug und dem Fahrer (begleiteter kombinierter Verkehr/„rollende Landstraße [Rola]") oder durch Verladen der Auflieger oder Container ohne den Fahrer (unbegleiteter kombinierter Verkehr).

51. Nennen Sie die erforderlichen Begleitpapiere für den Eisenbahngüterverkehr!

Es muss ein Warenbegleitpapier ausgestellt werden. Im nationalen Eisenbahngüterverkehr ist kein Frachtbrief vorgeschrieben, im internationalen Transport hingegen schon, der **CIM-Frachtbrief.** CIM steht für das internationale Übereinkommen über den Eisenbahnfrachtverkehr (frz.: **C**onvention **I**nternationale concernant le Transport des **M**archandises par Chemins de Fer).

52. Geben Sie an, welche Vorteile der Eisenbahngüterverkehr aufweist!

Die **Vorteile** des Eisenbahntransports sind:

- Die Bahn kann unterschiedlich **große Güter** und **große Mengen** transportieren. Ein Waggon fasst die Menge von ca. 1,5 Lkw.
- Da mit einem Güterzug eine große Menge an Gütern bewegt werden kann, gilt der Eisenbahngüterverkehr als **umweltfreundlich.**
- Es existiert **kein Fahrverbot** an Wochenenden oder Feiertagen.
- Die Deutsche Bahn AG bietet ebenso wie Privatbahnen **feste Laufzeiten.**
- Die Unfallstatistik zeigt, dass Eisenbahntransporte **sicher** sind.
- u.a.

**53.** Nennen Sie Nachteile der Nutzung dieses Verkehrsträgers!

Trotz der Vorteile lassen sich einige gewichtige **Nachteile** anführen, die gegen eine Nutzung der Eisenbahn sprechen:

- Nur wenige Betriebe verfügen über eigene Gleisanschlüsse, daher sind **zeitaufwendige Umladevorgänge** notwendig.
- Das **Schienennetz** ist nicht so gut ausgebaut wie das Straßennetz.
- Die Eisenbahntransporte sind **erst ab größeren Distanzen** rentabel.
- u.a.

**54.** Welche Grundlagen werden zur Frachtberechnung herangezogen?

Die Anbieter von Einsenbahntransportdienstleistungen berechnen die Fracht individuell. In der Kalkulation fließen folgende Faktoren ein:

- Transportmenge und benötigte Kapazität (Einzelwaggon, Ganzzug, Huckepack),
- Distanz (Entfernungsabhängigkeit),
- Waggontyp (offen, geschlossen),
- Besonderheiten (Gefahrgut, Zollabwicklung, Termin),
- u.a.

**55.** Wie werden die Kosten für Bahntransporte berechnet?

- Häufig werden die Berechnungen aufgrund einer Preistafel für Grundfrachten entfernungsabhängig gestaffelt (Preis pro Waggon je angefangene 100 km Transportstrecke).
- Der aus der Preistafel ermittelte Wert wird mit einem Koeffizienten zur Berücksichtigung des Gewichts multipliziert.
- Dieses Ergebnis wird mit der Grundfracht multipliziert und dann z.B. auf volle EUR nach oben gerundet.
- Schließlich wird die MwSt. hinzugerechnet.

**Beispiel:**

Ermitteln Sie die Transportkosten für den Transport von 21,5 t Getreide über eine Entfernung von 870 km, wenn der Gewichtskoeffizient 0,062 je angefangene Tonne Ladungsgewicht beträgt!

**Auszug aus der Preistafel (Grundfracht)**

| Entfernung unter ... km | € je Waggon bis 25 t |
|---|---|
| 200 | 300,00 |
| 400 | 580,00 |
| 600 | 860,00 |
| 800 | 1000,00 |
| Ab 800 km: 120,00 € je angefangene 100 km | |

*Lösungsweg:*

a) Für 22 t wird 1 Waggon (Kapazität bis 25 t) benötigt.

b) Grundfracht (entfernungsabhängig):
870 km = > 9 · 120,00 € = 1 080,00 €.

c) Ermittlung des Koeffizienten (gewichtsabhängig): 0,062 · 22 t = 1,364.

d) Multiplikation der Grundfracht mit dem Koeffizienten: 1 080,00 € · 1,364 = 1 473,12 € zzgl. MwSt.

e) Aufrunden auf ganze € = > 1 474,00 € zzgl. MwSt.

Antwort: Es sind (ohne MwSt.) 1 474,00 € zu bezahlen.

### 7.4.4 Seeschifffahrt

56. Erläutern Sie, was unter dem Begriff Seeschifffahrt zu verstehen ist!

**Seeschifffahrt** wird auf den offenen Meeren zwischen den Seehäfen betrieben. Der Ausgangshafen ist der sogenannte **Verschiffungshafen,** der Zielhafen der **Bestimmungshafen.**

57. Nennen Sie Kriterien für die Unterscheidung von Seeschiffen!

Man unterscheidet **Schiffe** für die Transporte von Stückgütern, von Massengütern, Containerladungen und Schiffe für den Transport von Fahrzeugen, Lkw oder Eisenbahnwaggons.

58. Beschreiben Sie Schiffe zum Transport von Stückgut!

**Stückgutschiffe** ersetzten im vorigen Jahrhundert die bis dahin gebräuchlichen Segelschiffe aus Holz beim Transport von Gütern, die in Fässern, Netzen, Kisten oder Packen bzw. Ballen über die Meere transportiert wurden. Sie werden zunehmend seltener eingesetzt, da die Containertransporte für den weltweiten Güterverkehr größere Vorteile aufweisen. Aber auch heute werden noch Lebensmittel (Kaffee, Zucker u. a.) oder Metallerzeugnisse (Bleche, Walzen u. a.) mit Stückgutfrachtern transportiert.

**Containerschiffe** der neuesten Generation haben eine Kapazität von bis zu 14 000 TEU (= twenty foot equivalent unit – Umrechnungseinheit für 20-Fuß-Container), mit denen Stückware, d. h. Lebensmittel oder (Halb-)Fertigprodukte, verschifft werden.

59. Erläutern Sie den Begriff des Massengutschiffs!

**Massengutschiffe** transportieren Schüttgüter wie Kies, Sand, Steine, Kohle, Erze u. a., aber auch Lebensmittel (insbesondere Getreide) können in den Zielhäfen angelandet werden. Darüber hinaus werden sie zum Transport von Autos eingesetzt.

**Tankschiffe** gehören ebenfalls in die Gruppe der Massengutschiffe. Mit diesen Spezialschiffen werden Flüssigkeiten (Öl, Benzinprodukte, chemische Produkte) und Gase transportiert.

60. Erklären Sie die Funktionsweise der RoRo-Schiffe!

Für den Transport ganzer Lkw, Sattelzüge oder Eisenbahnzüge hat sich mit dem **RoRo-Schiff** ein Typ des Spezialschiffes etabliert, dessen Bezeichnung aus dem englischen **„roll-on-roll-off"** abgeleitet wurde. Die Wagen fahren durch die Bugklappe an Bord und verlassen das Schiff im Bestimmungshafen ohne Wendevorgang über die Heckklappe. Man findet die RoRo-Schiffe insbesondere im Fährverkehr vor.

61. Erläutern Sie, in welchen Fällen man für den Versand eines Gutes das Seeschiff wählen sollte!

Die Seeschifffahrt ist geradezu ideal, wenn es darum geht, große Mengen und Gewichte (Schüttgüter, Schrott) über große Entfernungen zu transportieren. Im Zuge der zunehmenden Globalisierung hat das Seeschiff seinen Platz als das geeignetste Verkehrsmittel für weltweite Transporte ausgebaut.

62. Nennen Sie wichtige Seehäfen auf verschiedenen Kontinenten!

Wichtige **Seehäfen** auf verschiedenen Kontinenten sind:

- in Europa: Rotterdam, Amsterdam (Niederlande), Hamburg, Bremen (Deutschland), Antwerpen (Belgien), Marseille (Frankreich), Genua, Venedig (Italien), Felixstowe, Liverpool (Großbritannien), Lissabon (Portugal), Bilbao, Barcelona, Valencia (Spanien) u. a.,
- in Asien: Singapur (Singapur), Kobe, Osaka, Tokio, Yokohama (Japan), Shanghai, Hongkong, Kaohsiung (China), Pusan (Südkorea) u. a.,
- in Nordamerika: Baltimore, Houston, Long Beach, Los Angeles, New York, Norfolk, Philadelphia (USA), Halifax, Vancouver (Kanada) u. a.,
- in Südamerika: Rio de Janeiro (Brasilien), Buenos Aires (Argentinien), Montevideo (Uruguay) u. a.

63. Nennen Sie wichtige Fahrtrouten der Linienschifffahrt!

Wichtige **Fahrtrouten der Linienschifffahrt** sind:

- Nordatlantischer Seeweg:
  Europa–US-Ostküste über den Atlantik,
- Mittelatlantischer Seeweg:
  Europa–Panamakanal über den Atlantik,

- Atlantische Nord-Süd-Route:
  Europa/US-Ostküste–Südamerika über den Atlantik,
- Kap-Route:
  Europa–Südafrika über den Atlantik, weiter nach Australien bzw. Persischer Golf durch den Indischen Ozean,
- Suez-Indik-Route:
  Europa/Mittelmeerstaaten–Indien über den Indischen Ozean,
- Südasien-Route:
  Indien–Singapur/Japan/China über den Indischen Ozean,
- Nordpazifischer Seeweg:
  US-Westküste–Japan über den Pazifischen Ozean,
- Zentralpazifische Route:
  Panama-Kanal–Japan/Philippinen über den Pazifischen Ozean,
- Südpazifischer Seeweg:
  Panamakanal–Australien über den Pazifischen Ozean,
- Nordostpassage:
  Japan–Europa durch das Polarmeer,
- u. a.

64. Nennen Sie wichtige Meeresstraßen der Seeschifffahrt und ihre Lage!

Wichtige **Meeresstraßen der Seeschifffahrt** sind:

- Straße von Dover: die Verbindung des Atlantik mit der Nordsee zwischen Großbritannien und Frankreich, Belgien und den Niederlanden,
- Öresund: zwischen Kopenhagen/Dänemark und Malmö/Schweden hindurch aus dem Kattegat in die östliche Ostsee,
- Großer Belt/Kleiner Belt: zwischen Jütland und Fünen bzw. Fünen und Seeland hindurch aus dem Kattegat Richtung Kiel,
- Straße von Gibraltar: zwischen Spanien und Marokko gelegen, ist dies die einzige natürliche Zufahrt vom Atlantik zum europäischen Mittelmeer,
- Straße von Messina, Straße von Sizilien: auf der Ost- bzw. Westseite Siziliens gelegene Meeresstraßen,
- Bosporus und Dardanellen: die Einfahrt von der Ägäis (Mittelmeer) in das Schwarze Meer erfolgt auf diesem Weg,

- Straße von Madagaskar: zwischen Mosambik und dem Inselstaat Madagaskar,
- Straße von Hormus: die Einfahrt vom Indischen Ozean in den Persischen Golf,
- Straße von Yucatan: verbindet den Golf von Mexiko mit dem Karibischen Meer zwischen Kuba und der Halbinsel Yucatan/Mexiko,
- Windward-Passage: zwischen Kuba und Haiti wird das Karibische Meer mit dem Atlantik verbunden,
- Malakkastraße: Verbindung vom Indischen Ozean zum Südchinesischen Meer zwischen Sumatra/Indonesien und der Halbinsel Malakka/Malaysia,
- u. a.

65. Geben Sie die Meere bzw. Ozeane an, die durch Kanäle verbunden werden!

- Der **Nord-Ostsee-Kanal** verbindet die Nordsee mit der Ostsee.
- Durch den **Panama-Kanal** werden der Atlantik (Karibik) und der Pazifik miteinander verbunden.
- Der **Suez-Kanal** schafft eine Verbindung zwischen dem Indischen Ozean (Rotes Meer) und dem Atlantik (europäisches Mittelmeer).

66. Beschreiben Sie, welche Seewege durch die Nutzung der Kanäle verkürzt werden!

- Durch den **Nord-Ostsee-Kanal** verkürzen die Schiffe den Weg aus der Nordsee in die Ostsee um Dänemark herum (Skagerrak, Kattegat) um mehrere hundert Seemeilen. Er wird genutzt, um die Ziele im Baltikum, in Russland oder in Skandinavien (Schweden, Finnland) schneller zu erreichen. Zudem ist die Passage zwischen den dänischen Inseln nicht ungefährlich.
- Die Nutzung des **Panama-Kanals** erspart Schiffen die Fahrt um die Südspitze Südamerikas (Kap Hoorn), was über 5000 Seemeilen entspricht. Die Zeitersparnis beträgt ca. zwei Wochen.
- Die Fahrt durch den **Suez-Kanal** verringert die Reise eines Schiffes um mehr als 4000 Seemeilen, da der Weg um die Südspitze Afrikas herum (Kap der Guten Hoffnung) entfällt. Dadurch sind die Schiffe etwa zwei Wochen früher am Ziel.

67. Nennen Sie weitere wichtige Kanäle für die Seeschifffahrt!

In **Europa** sind unter anderem die folgenden **Kanäle** von Bedeutung:

- Amsterdam-Rhein-Kanal zwischen Amsterdam-Lek und Waal,

- Manchester-Ship Canal zwischen Manchester und Liverpool (Irische See),
- Nieuwe Waterweg zwischen Rotterdam und Hoek van Holland (Nordsee),
- u. a.

Wichtige **Kanäle in Nordamerika** sind unter anderem:

- Houston-Kanal zwischen Houston und Galveston (Golf von Mexico),
- der Welland-Kanal (Ontariosee-Eriesee),
- u. a.

68. Erläutern Sie Linienverkehr und Gelegenheitsverkehr als Betriebsformen der Seeschifffahrt!

- Der **Linienverkehr** erfolgt nach einem festen Fahrplan zwischen den Seehäfen in **regelmäßigen Abständen,**
- während der **Gelegenheitsverkehr,** der sogenannte **Trampverkehr, nach Bedarf** stattfindet.

69. Erklären Sie die Begriffe Feeder-Dienste und Lash-Verkehr!

- Kleinere sogenannte **Feeder-Schiffe** pendeln zwischen größeren Containerhäfen und kleineren Häfen in der Region, die nicht über eigene Möglichkeiten zur Abfertigung von Containerschiffen verfügen. Es sind regelmäßige Zubringerdienste.
- Die **Lash-Schifffahrt** (engl. Lighter aboard ship) erbringt Zusatzleistungen für die Be- und Entladung von Containerschiffen, die aufgrund ungünstiger Voraussetzungen nicht in die Häfen einlaufen können. Sie entladen die Schiffe auf Reede, um die Container im Hafen anzulanden.

70. Nennen Sie die erforderlichen Begleitpapiere für den Seetransport!

Das **Konnossement** oder (engl.) **Bill of lading** ist das wesentliche Dokument im Seefrachtverkehr. Es ist ein **Warenwertpapier,** das das Eigentum an der Ware verbrieft. Zugleich dokumentiert es den Empfang der Ware durch den Verfrachter. Außerdem ist es ein Beförderungs- und Ablieferungsversprechen. Die in mehrfacher Ausfertigung erstellten Konnossemente (Originale) werden dem Versender übergeben und dem Empfänger zugesandt. Dieser kann gegen Vorlage eines der Konnossemente die Herausgabe der Ware im Bestimmungshafen verlangen.

**71.** Nennen Sie die Vorteile der Seeschifffahrt!

Folgende **Vorteile** lassen sich für die Seeschiffe anführen:

- Seeschiffe sind konkurrenzlos im Transport von **großen Gütermengen und -gewichten**. Kein Verkehrsträger kann annähernd große Ladungen transportieren.
- Der Transport mit dem Seeschiff ist relativ **pünktlich**. Er ist für die Versender und für die Empfänger von Waren oder Rohstoffen gut planbar.
- Unter Berücksichtigung der Gütermengen und Distanzen kann dem Seeschiff zugebilligt werden, dass es ein **umweltfreundliches** Verkehrsmittel ist.
- Die Transport**kosten** pro Mengen- oder Gewichtseinheit sind relativ **gering.**
- u.a.

**72.** Geben Sie die Nachteile dieses Verkehrsträgers an

Für den Versand von Waren mit dem Seeschiff müssen einige **Nachteile** in die Überlegungen einbezogen werden:

- Das Seeschiff ist ein relativ **langsames** Transportmittel. Die Waren sind z.T. mehrere Wochen unterwegs.
- Während der Transportzeit muss die Verpackung die Ware insbesondere vor Nässe und Feuchtigkeit an Bord **schützen.**
- Die Containerfrachter laufen **nur bestimmte Häfen** an, sodass an diesen ausgesuchten Umschlagsorten Umladungen notwendig werden, die die Zeit- und Kostenbilanz negativ beeinflussen.
- Es kann zu **Havarien** kommen, die sowohl Schäden für den Versender und Empfänger als auch für die Umwelt zur Folge haben.
- u.a.

### 7.4.5 Binnenschifffahrt

**73.** Erläutern Sie, was unter dem Begriff Binnenschifffahrt zu verstehen ist!

**Binnenschifffahrt** erfolgt auf Flüssen, Kanälen, Küstengewässern und Seen zwischen Seehäfen und Binnenhäfen oder zwischen Binnenhäfen mittels eigens für diese Wasserwege entwickelten Schiffstypen.

**74.** Unterscheiden Sie verschiedene Arten von Binnenschiffen!

Man kann verschiedene Typen von Binnenschiffen in Deutschland unterscheiden, je nach Bauart und Antrieb. Einige Binnenschiffe verfügen über Motoren **(Selbstfahrer)**, andere Transporte erfolgen im Schub- bzw. Koppelverband. Bei dieser Form des Transports werden jene Elemente, die keine eigene Antriebsmöglichkeit haben (Schubleichter), von einem leistungsstarken **Motorschubboot** (umgangssprachlich auch Schuber oder Schieber) angeschoben. **Schleppkähne**, die die Ladung hinter sich herziehen, können nicht mehr beobachtet werden.

**75.** Unterscheiden Sie die Binnenschiffe nach ihrem Eigentümer!

- Ein **Partikulier** verfügt über 1 – 3 Schiffe, wobei sich sein Geschäftsbetrieb an Bord befindet.
- Ein **Reeder** hingegen besitzt mehr als drei Schiffe und hat seinen Geschäftssitz an Land. Seine Flotte wird i. d. R. um eigene Kaianlagen, Lagerhallen und Niederlassungen der Reederei ergänzt.

**76.** Erläutern Sie die Begriffe Charterverkehr, Trampverkehr und Linienverkehr der Binnenschifffahrt!

Die **Charterung** eines ganzen Schiffes oder eines Teiles ist ebenso wie in der Seeschifffahrt möglich.

Wie dort auch wird in der Binnenschifffahrt zwischen dem regelmäßigen Dienst zwischen zwei oder mehreren Häfen **(Linienverkehr)** und dem Transport auf Anforderung **(Trampverkehr)** unterschieden.

**77.** Nennen Sie bedeutende Binnenschifffahrtswege in Deutschland und Europa mit den jeweiligen Mündungen!

Es lassen sich viele **Flüsse und Kanäle** anführen, **auf denen Binnenschifffahrt betrieben werden kann.** Hier eine Auswahl, sortiert nach den Mündungsgebieten:

- Nordsee und Ostsee: Rhein, Elbe, Weser, Themse (Mündung in die Nordsee) sowie die Oder (Ostsee),
- Atlantik: Seine, Tejo/Tajo, Douro/Duero, Guadiana, Guadalquivir u. a.,
- europäisches Mittelmeer: Rhone, Ebro, Po u. a.,
- andere: Donau (Schwarzes Meer), Wolga (Kaspisches Meer)
- sowie einige Kanäle wie
- der Main-Donau-Kanal, der Mittellandkanal, der Dortmund-Ems-Kanal u. a.

# BUNDESWASSERSTRASSEN

Quelle: www.wsv.de/wasserstrassen/gliederung_bundeswasserstrassen/karte (Wasser- und Schifffahrtsverwaltung des Bundes, Bundesministerium für Verkehr, Bau und Stadtentwicklung), 1. September 2011.

**Legende:**

RHK–Rhein-Herne-Kanal
EHK–Elbe-Havel-Kanal
ELK–Elbe-Lübeck-Kanal

WDK–Wesel-Datteln-Kanal
NOK–Nord-Ostsee-Kanal
DHK–Dortmund-Hamm-Kanal

**78.** Nennen Sie wesentliche Binnenschifffahrtswege in Nordamerika!

Wesentliche **Binnenschifffahrtswege in Nordamerika** sind:

- die großen Seen: Oberer See, Huronsee, Michigansee, Eriesee und Ontariosee. Die Ufer der Seen werden auch die „vierte Küste der USA" genannt.
- Der St.-Lorenz-Strom verbindet die großen Seen mit dem Atlantik.
- Das Flusssystem Mississippi-Missouri verbindet das Binnenland der USA mit dem Golf von Mexiko. Nebenflüsse des Mississippi sind Missouri, Arkansas, Ohio, Red River, Tennessee u. a. Der Missouri mündet in den Mississippi und ist zudem über Kanäle an die großen Seen angebunden.

**79.** Geben Sie an, auf welchen Flüssen in Südamerika Binnenschifffahrt stattfindet!

Die großen **Flüsse Südamerikas** münden in den Atlantik. Es sind die Flusssysteme des Amazonas, des Orinoco und des Paraná (mit Paraguay), der mit dem Uruguay den Rio de la Plata bildet.

**80.** Zählen Sie wichtige Flüsse und Ströme Asiens auf!

Wichtige **Flüsse und Ströme Asiens** sind:

- In Südasien lassen sich insbesondere die Flüsse Mekong (Mündung: Südchinesisches Meer) sowie Indus, Brahmaputra, Ganges (Mündung in den Indischen Ozean) anführen.
- In Ostasien sind der Jangtse und der Huang-He mit ihren Mündungen in den Pazifik (Nebenmeer: Ostchinesisches Meer) von Bedeutung.
- Die Flüsse Euphrat und Tigris in Vorderasien münden in den Persischen Golf.
- In Russland sind die Flusssysteme des Jenisseij, des Ob und der Lena aufgrund ihrer Mündung in das Nordpolarmeer und der zeitweisen Vereisung nur von geringer Bedeutung für die Schifffahrt.

**81.** Nennen Sie schiffbare Flüsse in Afrika!

In **Afrika** sind wenige **Flüsse** schiffbar. Zu ihnen zählen der Nil mit seiner Mündung in das europäische Mittelmeer, der Niger und der Kongo, die beide in den Atlantik münden.

**82.** Unterscheiden Sie die Begriffe Berg- und Talverkehr!

Die Schiffe, die

- **mit der Strömung** des Flusses fahren, sind **talwärts** unterwegs,
- **gegen die Strömung** steuern, fahren **bergan.**

Auf Kanälen entfällt diese Unterscheidung naturgemäß.

**83.** Erklären Sie den Ausdruck Hinterlandfunktion von Binnenhäfen!

Die sogenannte **Hinterlandfunktion** einiger Binnenhäfen ist anhand der Beispiele der Rheinhäfen Duisburg und Köln erklärbar. Beide Städte liegen in einem Ballungs- und Wirtschaftsraum, dem Rhein-Ruhrgebiet bzw. Ruhrgebiet und Rheinschiene. Der Import und Export von Waren wird zu einem großen Teil über die ARA-Häfen (Antwerpen, Rotterdam und Amsterdam) an der Nordsee abgewickelt.

Die Häfen Antwerpen und Rotterdam sowie in gewissem Maße auch Amsterdam zählen zu den größten Seehäfen Europas und der Welt. Ihre Attraktivität bringt es mit sich, dass sie an Kapazitätsgrenzen gelangen. Die im Hinterland weiter rheinaufwärts gelegenen Häfen Duisburg und Köln können davon profitieren. Hier können Leistungen erbracht werden, die durch die regelmäßigen Verbindungen, z.B. über Pendelverkehre kleinerer (Binnen-)Schiffe, den an der Mündung des Rheins und der Schelde gelegenen Häfen zum Vorteil gereichen. Diese können sich auf ihr Hauptgeschäft konzentrieren, während in den Binnenhäfen im Hinterland Ein- und Ausfuhr-, Sammlungs-, Umschlags-, Lagerungs- und Verteilungsleistungen erbracht werden. Die Häfen sind i.d.R. an andere Verkehrsträger wie Autobahn- oder Eisenbahnanschlüsse angebunden.

**84.** Nennen Sie die erforderlichen Begleitpapiere für den Binnenschiffstransport!

Für den Transport müssen entsprechende Warenbegleitpapiere erstellt werden. Ein **Frachtbrief** kann ausgestellt werden, eine Pflicht besteht dazu nicht. Eine sichere Variante ist durch Ausstellung eines **Ladescheins** gegeben. Dies ist ein Warenwertpapier, dessen Original an den Empfänger gesendet wird. Zusätzlich kann eine **Ladeliste** erstellt werden, um den Transport verschiedener Güter an Bord zu dokumentieren.

**85.** Erläutern Sie, in welchen Fällen man für den Versand eines Gutes das Binnenschiff wählen sollte!

- Transporte mit Binnenschiffen sind **vorteilhaft,** wenn es sich um Waren in **großen Mengen** und mit **großem Gewicht** handelt. Ein Binnenschiff moderner Bauart kann ca. 80–100 Lkw-Ladungen und mehr aufnehmen. Im Schubverband sind es bis über 600 Lkw-Ladungen.
- Es eignen sich **besonders Massengüter** aller Art wie Flüssigkeiten, Gas, Schüttgüter wie Kohle, Erze, Kies, aber auch Stahlschrott, Containerware oder Autos.
- Binnenschiffstransporte sind insbesondere auf längeren Distanzen **rentabel.**

- Im Normalfall sind sie **pünktlich**.
- Die Binnenschifffahrt gilt als **umweltfreundlich**.
- u. a.

86. Geben Sie zwei Nachteile des Transports mit Binnenschiffen an!

- Der **Wasserstand** eines Flusses kann die Binnenschifffahrt verzögern oder zeitweilig ganz zum Erliegen bringen.
- Es sind **Umladungen** notwendig, um die Güter an den Zielort zu bringen.
- u. a.

### 7.4.6 Luftfrachtverkehr

87. Erläutern Sie, was unter dem Begriff Luftfrachtverkehr zu verstehen ist!

Die Warentransporte per Flugzeug werden als **Luftfrachtverkehr** bezeichnet.

88. Nennen Sie bedeutende Flughäfen in Deutschland!

Bedeutende **Flughäfen in Deutschland** sind Frankfurt (Rhein-Main), München (Franz-Josef-Strauß), Düsseldorf (international), Berlin (Tegel, Schönefeld), Hamburg (Fuhlsbüttel), Stuttgart (Echterdingen), Köln/Bonn (Konrad-Adenauer), Hannover (Langenhagen) sowie Nürnberg, Leipzig-Halle, Dresden, Bremen, Münster-Osnabrück u. a.

89. Nennen Sie bedeutende internationale Flughäfen in Europa!

Bedeutende **internationale Flughäfen in Europa** sind London (Heathrow, Gatwick), Paris (Charles de Gaulle, Orly), Amsterdam (Schiphol), Rom (Fiumicino), Madrid (Barajas), Zürich (Klothen), Kopenhagen (Kastrup) u. a.

90. Geben Sie typische Anlässe für Luftfracht an!

Es werden vor allem **eilige** und **wertvolle Waren** über größere Distanzen per Luftfracht transportiert. Auch können lebende Tiere für Tierparks oder Wettkämpfe auf diesem Weg zum Zielort gebracht werden.

91. Nennen Sie drei Vorteile der Luftfracht!

**Für die Nutzung** der Luftfracht sprechen vor allem folgende **Gründe**:

- Wichtige Güter mit geringem Volumen und geringem Gewicht können mit dem Flugzeug **schnell** transportiert werden.
- Luftfracht ist eine **sichere** Transportmöglichkeit.
- Das Flugzeug ist das schnellste Verkehrsmittel auf **größeren Distanzen**.
- u. a.

92. Stellen Sie Nachteile dieses Verkehrsträgers dar!

Es sind bei der Luftfracht einige **Nachteile** aufzuführen:

- Die **Kapazität** eines Flugzeugs ist sowohl in Bezug auf Volumen als auch Gewicht sehr beschränkt.
- Transporte per Luftfracht sind relativ **teuer.**
- Start- und Landevorgänge belasten die **Umwelt** in erheblichem Maße.
- u. a.

93. Nennen Sie die erforderlichen Dokumente in der Luftfracht!

Der **Luftfrachtbrief** (engl. **Air Waybill**) ist entsprechend dem Frachtbrief kein Warenwertpapier, sondern lediglich ein Dokument, dass die Vertragsbeziehung zwischen dem Versender und der befördernden Luftverkehrsgesellschaft bestätigt.

## 7.4.7 Dokumente des internationalen Güterverkehrs

94. Stellen Sie dar, warum für grenzüberschreitende Transporte spezielle Dokumente benötigt werden!

Für die **Im- und Exporte** sind verschiedene **Dokumente notwendig,** um Ausfuhrgenehmigungen zu erhalten bzw. die Verzollung durchführen zu lassen. Es müssen für die grenzüberschreitenden Transporte auf Straßen-, Schienen- und Wasserwegen besondere Warenbegleitpapiere ausgestellt werden, um den zuständigen Behörden die Prüfung zu erleichtern.

95. Nennen Sie die für den internationalen Gütertransport auf der Straße und auf der Schiene notwendigen Dokumente!

Für den Güterkraftverkehr ist ein **CMR-Frachtbrief** auszustellen (CMR = Convention relative au Contrat de Transport International de Marchandises par Route – Übereinkommen über die Beförderung im internationalen Straßengüterverkehr).

Der **CIM-Frachtbrief** gilt für den Schienengüterverkehr

→ s. Kap. 7.4.3 Eisenbahngüterverkehr!

→ s. Kap. 10.1 Grundlagen der Güterverladung!

96. Erläutern Sie, was unter dem Zoll zu verstehen ist!

Der Zoll ist eine **Abgabe,** die ein Staat für die **Einfuhr einer Ware** in das Land erheben kann. Gleiches gilt für die **Ausfuhr** und **Durchfuhr** durch das Zollgebiet. Die Zollstelle prüft, inwiefern beim Grenzübertritt der Waren ein Zoll fällig wird.



12 Hummel - ISBN 978-3-8120-0570-8

97. Nennen Sie verschiedene Zollpapiere!

Generell können beim internationalen Versand verschiedene Warenbegleitpapiere erstellt bzw. verlangt werden:

- Das **Zolleinheitspapier** dient der vereinfachten Abwicklung von grenzüberschreitendem Warenverkehr. Auf dem achtseitigen Vordrucksatz sind die erforderlichen Angaben einzutragen.
- **Einfuhr- oder Ausfuhrgenehmigungen** müssen für bestimmte Güter und beim Handel mit einigen Staaten eingeholt werden. Dies betrifft Waffenlieferungen oder Staaten, mit denen aufgrund von Vereinbarungen nicht ohne Weiteres Handel getrieben werden darf.
- Eine **Handelsfaktura** ist die Rechnung des Herstellers bzw. Exporteurs. Sie dient der Berechnung der Zollabgaben.
- Das **Ursprungszeugnis** wird von der IHK zur Bestätigung der Herkunft der Ware ausgestellt.
- Das **TIR-Kennzeichen** an einem Lkw dokumentiert, dass ein Zollverschluss für den Transitverkehr vorgenommen wurde. Der Lkw kann den Drittstaat ohne Verzollung der Waren durchfahren. Dieses Verfahren wird als **Carnet-TIR-Verfahren** bezeichnet.

### 7.4.8 Kurier-, Express- und Paketdienste

98. Erläutern Sie, welche Leistungen Kurierdienste erbringen!

**Kurierdienste** sind Unternehmen, die kleinere Sendungen i. d. R. im Nahbereich transportieren. Charakteristisch ist die **persönliche Begleitung** des Kurierguts von der Abholung vom Auftraggeber bis zur Übergabe an den Empfänger. Innerstädtisch sind es häufig Fahrrad- oder Motorradkuriere, über weitere Distanzen werden auch Kraftfahrzeuge oder andere Verkehrsmittel von den Kurieren genutzt.

99. Beschreiben Sie die Vorteile, die Kurierdienste im Vergleich zum herkömmlichen Versand bieten!

Die **Vorteile** liegen insbesondere darin begründet, dass der Kurier die Ware permanent begleitet. Zudem sind die flexiblen Abhol- und Zustellzeiten sowie die direkte Verbindung ohne Umladung zwischen Absender und Zielperson anzuführen. Kleine und eilige Sendungen werden schnell und sicher an ihr Ziel gebracht.

**100.** Veranschaulichen Sie das Hub-and-Spoke-Prinzip der KEP-Dienste!

Der aus dem Englischen eingeführte Begriff **hub-and-spoke** (Nabe und Speiche) beschreibt die Arbeitsweise der Express- und Paketdienste, die Sendungen weltweit zu befördern. Für die Abwicklung der Transporte nutzen sie Umschlagszentren. Sendungen aus dem Umland werden dort gesammelt, wie die Nabe einer Speiche laufen sie dort zusammen. Von dort werden sie zu einem anderen Umschlagszentrum gebracht, um in das dortige Umland verteilt zu werden. Das Umschlagszentrum wird auch als **HUB** bezeichnet, als **H**aupt**u**mschlags**b**asis.

**101.** Nennen Sie Vorteile der Express- und Paketdienste!

Die **Attraktivität der Express- und Paketdienste** für Unternehmen lässt sich durch verschiedene Aspekte erklären:

- Die Express- und Paketdienste bieten **Garantieauslieferungen** zu bestimmten Zeiten oder garantierte Bereitstellungszeiten.
- Ihre Angebote zur Problemlösung sind **individuell** auf die Bedürfnisse der Versender zugeschnitten.
- Der Absender kann **Zusatzleistungen** wie Abholservice, Zwischenlagerung, Verpackung u.a. buchen.
- Durch die Codierung der Sendung wird die **Sicherheit** der Sendung erhöht.
- Das **tracking and tracing** der Sendungen ist sehr kundenfreundlich.
- u.a.

**102.** Beschreiben Sie das Track-and-Trace-Angebot der Express- und Paketdienste!

Unter dem **Track-and-Trace** ist die **Sendungsverfolgung** einer Ware zu verstehen. Der Absender kann den aktuellen Status seiner Ware im Internet verfolgen. Dies wird durch die Barcodierung der Sendung erreicht. An jeder Ein-, Um- oder Abladestelle erfolgt die Erfassung über Scanner, sodass der Aufenthaltsort jeweils zeitnah abgerufen werden kann.

Die RFID-Technologie kann in diesem Zusammenhang wertvolle Dienste leisten.

→ s. Kap. 4.3 Güter kommissionieren!

# PRÜFUNGSTRAINING

## Aufgabe 1

Deutschland gilt traditionell als Exportstaat, führt jedoch auch sehr viele Waren und Rohstoffe ein.

a) Zählen Sie Staaten auf, die als wichtige Handelspartner der deutschen Wirtschaft in der Welt gelten können!

b) Notieren Sie, auf welchen Kontinenten diese Länder liegen!

c) Geben Sie an, an welchen Meeren bzw. Ozeanen diese Länder liegen!

## Aufgabe 2

Ordnen Sie die unten stehenden Nebenmeere den jeweiligen Ozeanen zu!

1 = Atlantischer Ozean

2 = Pazifischer Ozean

3 = Indischer Ozean

a) Nordsee ______ ☐

b) Persischer Golf ______ ☐

c) Südchinesisches Meer ______ ☐

d) Irische See ______ ☐

e) Japanisches Meer ______ ☐

f) Golf von Mexiko ______ ☐

g) Ostchinesisches Meer ______ ☐

h) Rotes Meer ______ ☐

i) Mittelmeer ______ ☐

j) Tasmansee ______ ☐

k) Karibisches Meer ______ ☐

l) Ostsee ______ ☐

## Aufgabe 3

Entscheiden Sie, ob folgende Aussagen über die Beförderung von Gütern

1 = richtig oder

9 = falsch sind!

a) Ein Spediteur kann gleichzeitig auch Frachtführer sein. ______ ☐

b) Der Vertrag zwischen Spediteur und Frachtführer wird Speditionsvertrag genannt. ______ ☐

c) Der Vertrag zwischen Spediteur und Verlader wird Speditionsvertrag genannt. ______ ☐

d) Der Frachtführer kann auch für die Beförderungssicherheit zuständig sein. ______ ☐

e) Der Fahrzeugführer haftet generell für Schäden, die er beim Beladen verursacht. ______ ☐

### Aufgabe 4

Entscheiden Sie, ob es sich bei den folgenden Transporten jeweils um
1 = Werkverkehr oder
9 = keinen Werkverkehr handelt!

a) Ein Unternehmer verkauft 50 Maschinen an einen Kunden und beauftragt einen Spediteur mit dem Transport. ______ ☐

b) Ein Unternehmer beauftragt einen Spediteur, selbst hergestellte Ersatzteile in eine Zweigstelle des Unternehmens zu transportieren. ______ ☐

c) Ein Unternehmer bringt Waren, die vom Unternehmen produziert wurden, mit dem eigenen Lkw zu einem Kunden. ______ ☐

d) Ein Unternehmen setzt eine defekte Maschine instand und lässt diese durch einen firmeneigenen Transporter zum Kunden zurückbringen. ______ ☐

### Aufgabe 5

Unterscheiden Sie den Absender vom Versender!

### Aufgabe 6

In einem Supermarkt sollen alle Artikel mit RFID-Labels ausgestattet werden. Die Geschäftsleitung verspricht sich davon erhebliche Vorteile.

a) Welche Vorteile könnten gemeint sein?

b) Worin besteht der wesentliche Unterschied zum Barcode-Einsatz?

### Aufgabe 7

Berechnen Sie die Kosten für folgende Sendungen der Impex GmbH! Entnehmen Sie die Angaben aus der Frachttabelle des langjährigen Geschäftspartners, ein Hamburger KEP-Dienstleister, als Grundlage Ihrer Berechnungen!

| Nr. | von | nach | Maße/Gewicht | Besonderheiten |
|---|---|---|---|---|
| 1 | Bonn | Berlin | ➢ 20 cm x 70 cm x 40 cm<br>➢ 3 kg | Anlieferung morgen vor 10.00 Uhr |
| 2 | Karlsruhe | Kiel | ➢ 15 cm x 30 cm x 150 cm<br>➢ 27 kg | Anlieferung Samstagmorgen vor 12.00 Uhr<br>Sperrgut, Wertsendung |
| 3 | Mannheim | Mailand | ➢ 150 cm x 20 cm x 10 cm<br>➢ 18,5 kg | |

**Frachttabelle:**

**Päckchen und Pakete national**

Grundtarif für …

| | | |
|---|---|---|
| ➢ Päckchen | bis 2 kg | 3,90 € |
| ➢ Paket | bis 10 kg | 6,90 € |
| | bis 25 kg | 9,90 € |
| | bis 35 kg | 12,90 € |

| | | |
|---|---|---|
| Zuschläge für ... | | |
| ➢ Express-Sendungen | Übernacht-Service | 12,50 € |
| | Anlieferung vor 12.00 Uhr | 17,00 € |
| | Anlieferung vor 10.00 Uhr | 24,00 € |
| | Anlieferung vor 09.00 Uhr | 33,00 € |
| | Anlieferung an Sonn- und Feiertagen | 61,00 € |
| ➢ Sonstige Serviceleistungen | Nachnahme | 5,00 € |
| | Rückschein | 2,50 € |
| | Sperrgut | 22,00 € |
| | Transportversicherung bis 5 000,00 € | 4,50 € |
| **Pakete international (Europa)** | | |
| | bis 7,5 kg | 18,00 € |
| | bis 15 kg | 24,00 € |
| | bis 25 kg | 35,00 € |

## Aufgabe 8

Eine Nürnberger Spedition organisiert Transporte von Containern per Binnenschiff. Dazu kontaktiert sie verschiedene Partikuliere. Heute sind fünf Binnenschiffe in verschiedenen Häfen beladen worden. Nutzen Sie die Karte im Kompaktteil und notieren Sie die jeweiligen Binnenschifffahrtswege (Flüsse und/oder Kanäle) in der Reihenfolge ihrer Nutzung!

| Abfahrtshafen | Zielhafen | Binnenschifffahrtswege in der Reihenfolge der Nutzung |
|---|---|---|
| Nürnberg | Duisburg | |
| Hamburg | Hannover | |
| Berlin | Münster | |
| Trier | Dortmund | |
| Dresden | Braunschweig | |

## Der Prüfungsfall

### Der Auszubildende Torsten Schneider hilft bei der Planung des Versands

Torsten Schneider wird in der Hamburger Filiale der Impex GmbH zur Fachkraft für Lagerlogistik ausgebildet. Es stehen verschiedene Güter zum Versand bereit. Die Abwicklung erfolgt über das Versandbüro. Dort fehlen einige Mitarbeiter aufgrund einer Grippewelle. Da die Kollegen noch nicht alle Daten an ihn weitergeben konnten, wird er um Mithilfe gebeten, schließlich sei er ja nicht nur für die Verpackung, sondern umfassend ausgebildet. Er plant also den Versand der folgenden Sendungen:

| Nr. | Art der Ware | von | nach | Besonderheit |
|---|---|---|---|---|
| 1 | 8 Paletten Papier | Hamburg | Hannover | Die Lieferung muss spätestens morgen vor 12.00 Uhr ankommen |
| 2 | 125 t Stahlschrott | Hamburg | Dresden | |
| 3 | 5 kg Hummer | Hamburg (Großmarkt) | Zürich | Das Feinschmeckerrestaurant „Le Parisien" erwartet die Hummer noch heute Nachmittag! |
| 4 | 134 Lkw-Motoren | Hamburg | Rio de Janeiro | |
| 5 | 15 250 kg Kunststoffgranulat | Hamburg | Madrid | |

a) Für den sicheren und pünktlichen Transport ist es entscheidend, welches Verkehrsmittel gewählt wird. Mit welchen Verkehrsmitteln müsste Torsten die jeweiligen Sendungen sinnvollerweise versenden? Begründen Sie Ihre Ansicht!

b) Welchen besonderen Bedingungen muss deren Verpackung jeweils standhalten?

c) Welche Frachtpapiere müssten im Büro für die einzelnen Sendungen erstellt werden?

d) Geben Sie für jene Ware, die idealerweise mit dem Schiff zu transportieren wäre, den Weg an, den sie nehmen würde, wenn als Verschiffungshafen Hamburg gewählt würde!

e) Für den Versand nach Spanien bietet sich die Eisenbahn an. Die Strecke Hamburg– Madrid beträgt ca. 2 150 km. Berechnen Sie die Kosten für den Eisenbahntransport anhand der folgenden Frachttabelle!

*Preistafel (Grundfrachten) für Transporte mit einem Gewicht von bis zu 25 t je Waggon (Auszug)*

| Entfernung bis ... km | € |
|---|---|
| 25 | 160,00 |
| 50 | 310,00 |
| 100 | 600,00 |
| 150 | 870,00 |
| 200 | 1 100,00 |
| 250 | 1 320,00 |
| 300 | 1 520,00 |
| 350 | 1 700,00 |
| 400 | 1 800,00 |
| Ab 400 km gilt ein Preis von ... € je angefangene 100 km | 425,00 |

Zur Berechnung ist die Grundfracht mit einem Koeffizienten von 0,055 je angefangene Tonne zu multiplizieren. Das Ergebnis ist auf ganze Euro-Beträge aufzurunden. Die Berechnung der Umsatzsteuer kann entfallen, es wird der Nettopreis angegeben.

# 8 Kennzahlen ermitteln und auswerten (Lernfeld 12)

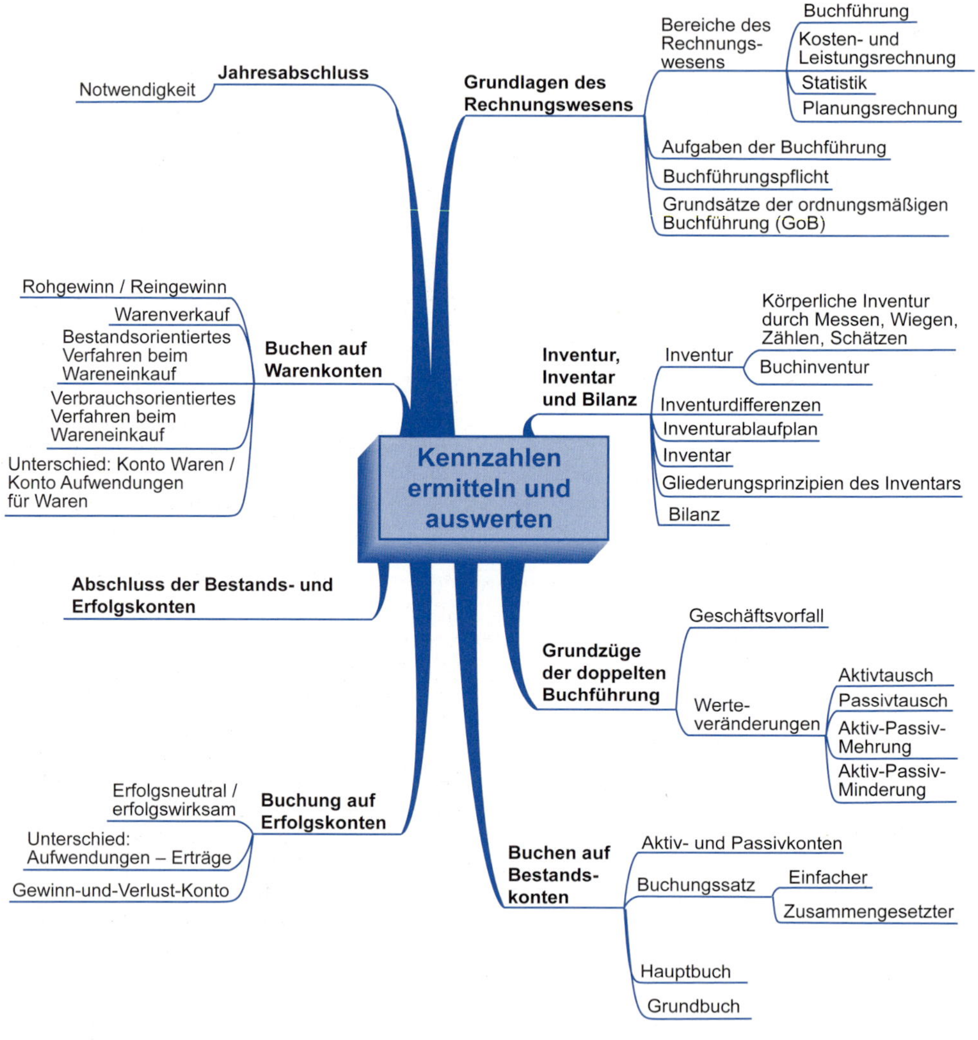

# KOMPAKTWISSEN

## 8.1 Grundlagen des Rechnungswesens

**1.** Nennen Sie die vier Bereiche des Rechnungswesens!

Das **Rechnungswesen** gliedert sich in die vier folgenden **Bereiche:**

- Buchführung als Zeitrechnung,
- Kosten- und Leistungsrechnung als Zeit- und Stückrechnung,
- Statistik als Vergleichsrechnung,
- Planungsrechnung als Vorschaurechnung.

**2.** Beschreiben Sie die wichtigsten Aufgaben und Ziele der Bereiche des Rechnungswesens!

**Aufgaben und Ziele** der vier Bereiche des Rechnungswesens sind:

- **Buchführung:**

  Wichtigste Aufgabe ist die **vollständige Dokumentation** aller durch Geschäftsvorfälle verursachten **Werteveränderungen** in einem Unternehmen.

  Das Ziel ist die **Versorgung** der drei anderen Bereiche **mit Zahlenmaterial.**

- **Kosten- und Leistungsrechnung** (KLR):

  Die KLR befasst sich mit der Aufbereitung und Auswertung des Zahlenmaterials der Buchführung, um alle Kosten und Leistungen verursachungsgemäß zu erfassen und verrechnen zu können.

  Ziel ist die **Kontrolle der Wirtschaftlichkeit** und der Ermittlung von **kurz- und langfristigen Preisuntergrenzen** (kurzfristige Preisuntergrenze: variable Kosten; langfristige Preisuntergrenze: variable Kosten plus fixe Kosten gleich Selbstkosten), **Verkaufspreisen** und den aus dem eigentlichen betrieblichen Zweck entstandenen **Betriebserfolg** u. a.

- **Statistik:**

  Mit mathematisch-statistischen Verfahren **bereitet** die Statistik **das Zahlenmaterial der Buchführung und der KLR auf** und **wertet** sie **aus.**

  Ziel ist der **Zeitvergleich** unterschiedlicher Rechnungsperioden oder der **Betriebsvergleich** mit anderen Unternehmungen derselben Branche u. a.

- **Planungsrechnung:**

  Sie versucht, basierend auf dem durch Buchführung, KLR und Statistik ermittelten Zahlenmaterial, **die zukünftige betriebliche Entwicklung zu planen.**

  Ziel ist, damit eine **risikoarme Entscheidungsgrundlage** zu bekommen.

3. Was ist Buchführung?

**Buchführung** ist die planmäßige, systematische, lückenlose, ordnungsgemäße, zeitlich und sachlich geordnete Aufzeichnung aller Geschäftsvorfälle im Unternehmen.

4. Warum ist die Buchführung für ein Unternehmen wichtig und notwendig?

Die Buchführung hat interne und externe Aufgaben zu erfüllen.

- Wichtige **interne Aufgaben** sind
  - die Ermittlung des Vermögens, der Schulden, des Eigenkapitals,
  - die Erfassung ihrer Veränderungen,
  - die Ermittlung des Unternehmenserfolgs,
  - die Zurverfügungstellung des Zahlenmaterials für die übrigen Rechnungswesenbereiche,
  - u. a.
- Wichtige **externe Aufgaben** sind
  - die Rechenschaftslegung und Information gegenüber Gläubigern, Kapitaleignern, Finanzbehörden, anderen Behörden, Banken, Öffentlichkeit und auch der eigenen Belegschaft,
  - die Ermittlung der Besteuerungsgrundlagen,
  - die Bereitstellung von Beweismitteln bei Rechtstreitigkeiten mit Kunden, Behörden etc.,
  - u. a.

5. Erklären Sie die gesetzliche Buchführungspflicht!

- **Nach dem Handelsgesetzbuch (HGB) § 238 (1)** ist jeder Kaufmann verpflichtet, Bücher zu führen und in diesen seine Handelsgeschäfte und die Lage seines Vermögens nach den Grundsätzen ordnungsmäßiger Buchführung ersichtlich zu machen.
- **Nach der Abgabenordnung (AO) § 141 (1)** unterliegt der Unternehmer der Buchführungspflicht, wenn der Jahresumsatz mehr als 500 000,00 € oder der Jahresgewinn mehr als 50 000,00 € beträgt.

6. Erklären Sie den Sinn der Grundsätze ordnungsmäßiger Buchführung (GoB)!

Nach der AO und dem HGB muss die Buchführung so beschaffen sein, dass sie **einem sachverständigen Dritten** (Finanzbeamter, Steuerberater u. a.) **innerhalb angemessener Zeit einen Überblick über**

- die Geschäftsvorfälle und
- die Lage des Unternehmens

vermitteln kann.

Die Geschäftsvorfälle müssen sich in ihrer Entstehung und Abwicklung verfolgen lassen.

Die Quellen dieser Grundsätze finden sich in verschiedenen gesetzlichen Vorschriften, der Rechtsprechung und der kaufmännischen Praxis. Zwei **Grundprinzipien** lassen sich identifizieren: Wahrheit und Klarheit.

- **Wahrheit** bedeutet, dass alle Geschäftsvorfälle so erfasst werden, wie sie tatsächlich geschehen sind, und
- **Klarheit,** dass alle Vorgänge und Aufzeichnungen eindeutig, nachvollziehbar, lesbar, übersichtlich, fälschungssicher etc. sein müssen.

7. Beschreiben Sie mindestens fünf Grundsätze der GoB!

**Grundsätze der GoB** sind:

- Die Buchungen und die sonst erforderlichen Aufzeichnungen sind **vollständig, richtig, zeitgerecht und geordnet** vorzunehmen.
- **Kasseneinnahmen und Kassenausgaben sollen täglich** festgehalten werden.
- Bei der Führung der Handelsbücher und bei den sonst erforderlichen Aufzeichnungen hat sich der Kaufmann einer **lebenden Sprache** zu bedienen.
- Werden **Abkürzungen,** Ziffern, Buchstaben oder Symbole verwendet, muss im Einzelfall deren Bedeutung **eindeutig** festliegen.
- Eine Eintragung oder eine Aufzeichnung darf nicht in einer Weise verändert werden, dass der **ursprüngliche Inhalt nicht mehr feststellbar** ist.
- Auch solche **Veränderungen dürfen nicht vorgenommen werden,** deren Beschaffenheit es ungewiss lässt, ob sie ursprünglich oder erst später gemacht worden sind.
- **Für jede Buchung muss ein Beleg vorhanden sein.**
- Die Bücher und die sonst erforderlichen Aufzeichnungen können auch in der **geordneten Ablage von Belegen** bestehen **oder auf Daten-**

**trägern** geführt werden, soweit diese Formen der Buchführung einschließlich des dabei angewandten Verfahrens den Grundsätzen ordnungsmäßiger Buchführung entsprechen.

- Bei der Führung der Bücher und der sonst erforderlichen **Aufzeichnungen auf Datenträgern** muss insbesondere sichergestellt sein, dass während der Dauer der Aufbewahrungsfrist die Daten **jederzeit verfügbar sind und unverzüglich lesbar** gemacht werden können.
- **Posten der Aktivseite dürfen nicht mit Posten der Passivseite,** Aufwendungen nicht mit Erträgen, Grundstücksrechte nicht mit Grundstückslasten **verrechnet werden.**
- Der **Jahresabschluss** ist in **deutscher Sprache und in Euro** aufzustellen.
- Der **Jahresabschluss** ist **vom Kaufmann** unter Angabe des Datums **zu unterzeichnen.**
- Die **Aufbewahrungsfrist** für Bücher, Aufzeichnungen, Inventare, Jahresabschlüsse, Lageberichte, die Eröffnungsbilanz sowie die zu ihrem Verständnis erforderlichen Arbeitsanweisungen und sonstigen Organisationsunterlagen, Buchungsbelege u.a. beträgt **10 Jahre.** Für Handels-, Geschäftsbriefe u.a. beträgt die Aufbewahrungsfrist **6 Jahre.**
- u.a.

## 8.2 Inventur, Inventar und Bilanz

8. Was ist eine Inventur?

Die **Inventur** ist eine

- mengenmäßige und wertmäßige Bestandserfassung
- aller Vermögensteile und Schulden eines Unternehmens
- zu einem bestimmten Zeitpunkt.

9. Wann muss eine Inventur durchgeführt werden

Der Kaufmann hat

- bei der **Gründung** und
- bei der **Übernahme** eines Unternehmens,
- für den **Schluss** eines jeden **Geschäftsjahrs,**
- bei der **Liquidation** oder
- der **Veräußerung** seines Unternehmens

eine Bilanz aufzustellen. Dafür muss er in jedem dieser Fälle eine Inventur durchführen.

→ s. Kap. 3.2 Gründe für eine Inventur!

10. Was muss ein Inventurablaufplan enthalten? Nennen Sie fünf Punkte!

Ein **Inventurablaufplan** sollte die folgenden Punkte enthalten:

- Zeitpunkt der Inventur,
- Reihenfolge der Inventurdurchführung,
- die einzelnen Inventurbereiche,
- durchzuführendes Inventurverfahren,
- die personelle Besetzung,
- Einweisung der Mitarbeiter,
- Aufnahmeformular, -listen,
- Bereitstellung aller notwendigen Hilfsmittel,
- Stichproben durch Kontrollpersonal,
- zweite Inventuraufnahme bei Unstimmigkeiten,
- u.a.

→ s. Kap. 3.3 Inventurvorbereitung!

11. Was ist ein Inventar?

Das **Inventar** ist ein Verzeichnis, dass alle durch die Inventur ermittelten Vermögens- und Schuldenwerte auflistet, um durch die Gegenüberstellung das Eigenkapital des Unternehmens berechnen zu können.

12. Beschreiben Sie den schematischen Aufbau des Inventars!

Der **Inventaraufbau** ergibt sich durch das HGB. Das Inventar ist dreigliedrig und erfolgt untereinander in der **Staffelform.**

- Zuerst werden die **Vermögensgegenstände** getrennt nach **Anlage- und Umlaufvermögen** aufgelistet.
- Danach erfolgt die Darstellung der **Schuldenwerte** getrennt nach **langfristigen und kurzfristigen Schulden.**
- Der dritte Teil stellt die **Berechnung des Reinvermögens bzw. Eigenkapitals** dar, indem die Summe der Schuldenwerte von der Summe der Vermögenswerte subtrahiert wird.

13. Nennen Sie jeweils vier Positionen, die zum Anlagevermögen und zum Umlaufvermögen gehören!

| Positionen des Anlage- und Umlaufvermögens | |
|---|---|
| **Anlagevermögen** | **Umlaufvermögen** |
| ➢ Grundstücke<br>➢ Gebäude<br>➢ Maschinen<br>➢ Fuhrpark<br>➢ Betriebsausstattung<br>➢ Büroausstattung<br>➢ u.a. | ➢ Waren<br>➢ Forderungen<br>➢ Kassenbestand<br>➢ Bankguthaben<br>➢ Postbankguthaben<br>➢ u.a. |

14. Welche Bedeutung hat das Eigenkapital für das Unternehmen, den Unternehmer und die Gläubiger?

Das **Eigenkapital** stellt den **Anteil der Eigentümer** am Gesellschaftsvermögen dar, mit dem die Eigentümer den Gläubigern des Unternehmens gegenüber haften.

Das Vorhandensein von Eigenkapital ermöglicht bzw. vereinfacht teilweise die **Erlangung von Fremdkapital.**

Rechnerisch stellt das Eigenkapital den **Ausgleich zwischen Vermögen und Schulden** dar.

15. Nennen Sie jeweils zwei zum langfristigen und kurzfristigen Fremdkapital gehörende Positionen!

| **Positionen des Fremdkapitals (Beispiele)** | |
|---|---|
| **Langfristiges Fremdkapital** | **Kurzfristiges Fremdkapital** |
| ➢ Hypothekenschulden<br>➢ Bankdarlehen<br>➢ sonstige Darlehen | ➢ Verbindlichkeiten aus Lieferungen und Leistungen<br>➢ Verbindlichkeiten gegenüber den Sozialversicherungsträgern<br>➢ Verbindlichkeiten gegenüber dem Finanzamt<br>➢ sonstige Verbindlichkeiten<br>➢ Bankschulden |

16. Erklären Sie die Gliederungsprinzipien des Inventars!

Die **Gliederungsprinzipien des Inventars** beziehen sich zum einen auf das Vermögen und zum anderen auf die Schulden:

- Das **Vermögen** wird nach seiner **Liquidität** (Flüssigkeit) bzw. nach dem zeitlichen Verbleib im Unternehmen geordnet. Das Vermögen erfährt eine Sortierung von den weniger liquiden Vermögensteilen (Grundstücke und Gebäude) zu denen mit der größten Liquidität (Kasse, Bank). Dies entspricht dem **Prinzip der zunehmenden Liquidität.**
- Die **Schulden** werden nach ihrer **Fälligkeit** bzw. Dringlichkeit der Zahlung gegliedert. Das Eigenkapital verbleibt am längsten im Unternehmen, im Gegensatz zu den kurzfristigen Verbindlichkeiten. Dies entspricht dem **Prinzip der abnehmenden Fristigkeit.**

17. Was ist eine Bilanz?

Die **Bilanz** ist eine kurz gefasste (kürzer als das Inventar), in Kontenform gegenüberstellende Auflistung von Vermögen (Aktiva) und Kapital (Passiva), die sich aus dem Inventar als Grundlage für die Bilanzerstellung ergibt.

18. Erklären Sie den Aussagewert der Bilanz für die Passiv- und die Aktivseite!

- Die **Passivseite** zeigt die **Mittelherkunft** (Quellen des Kapitals) und woher das Kapital beschafft wurde **(Finanzierung)**.
- Die **Aktivseite** zeigt die **Mittelverwendung** (Formen des Vermögens) und wie das Geldkapital in Sachkapital umgewandelt wurde **(Investierung)**.

19. Vergleichen Sie hinsichtlich der Darstellung und der Mengen- und/oder Werteangaben das Inventar mit der Bilanz!

- Das **Inventar** wird in der Staffelform dargestellt und ist ausführlicher als die Bilanz. Es enthält Mengen, Einzel- und Gesamtwerte.
- Die **Bilanz** wird in Kontenform erstellt und enthält nur Gesamtwerte der einzelnen Bilanzpositionen.

## 8.3 Grundzüge der doppelten Buchführung

20. Was ist ein Geschäftsvorfall?

Der **Geschäftsvorfall** ist ein Vorgang, der Veränderungen des Vermögens und/oder der Schulden und/oder des Eigenkapitals verursacht.

21. Welche Werteveränderungen in der Bilanz kann ein Geschäftsvorfall verursachen?

Es gibt maximal **vier mögliche Werteveränderungen**, die immer mindestens zwei Bilanzposten betreffen. Diese Veränderungen dürfen sich nur auf den zahlenmäßigen Bilanzinhalt auswirken, jedoch niemals auf das Gleichgewicht der beiden Bilanzseiten.

- **Aktivtausch**: Hierbei werden **zwei Bilanzposten der Aktivseite** angesprochen, bei denen der eine geschmälert und der andere vermehrt wird, sodass die **Bilanzsumme sich nicht verändert.**
- **Passivtausch**: Hierbei werden **zwei Bilanzposten der Passivseite** angesprochen, bei denen der eine geschmälert und der andere vermehrt wird, sodass die **Bilanzsumme sich nicht verändert.**
- **Aktiv-Passiv-Mehrung**: Hierbei wird **jeweils ein Bilanzposten der Aktivseite sowie der Passivseite** angesprochen, wobei bei beiden eine **Mehrung** stattfindet, sodass die **Bilanzsumme sich erhöht.**
- **Aktiv-Passiv-Minderung**: Hierbei wird **jeweils ein Bilanzposten der Aktivseite sowie der Passivseite** angesprochen, wobei bei beiden eine **Minderung** stattfindet, sodass die **Bilanzsumme sich verringert.**

22. Welche vier Überlegungen müssen bei jedem Geschäftsvorfall angestellt werden?

Um einen **Geschäftsvorfall** im Hinblick auf die Bilanzveränderung richtig **einordnen** zu können, müssen die folgenden Fragen beantwortet werden:

- **Welche Bilanzposten** werden durch den Geschäftsvorfall berührt?
- Werden **aktive oder passive** Bilanzposten angesprochen?
- Wirkt sich der Geschäftsvorfall auf die Bilanzposten **mehrend** (Wertzugang) **oder mindernd** (Wertabgang) aus?
- Welche **Art der Bilanzveränderung** liegt vor?

23. Geben Sie für jede Form der Werteveränderung jeweils ein Beispiel!

**Beispiele für Werteveränderungen** sind:

- **Aktivtausch**:

  Einkauf eines Fahrzeuges und Bezahlung durch Banküberweisung.

  Es ist nur die Aktivseite der Bilanz betroffen.

  Der Fuhrpark mehrt (+) sich und die Bank mindert (–) sich.

- **Passivtausch**:

  Umwandlung einer kurzfristigen Verbindlichkeit in eine langfristige Darlehensschuld.

  Es ist nur die Passivseite der Bilanz betroffen.

  Die Darlehensschuld mehrt (+) sich und die kurzfristigen Verbindlichkeiten mindern (–) sich.

- **Aktiv-Passiv-Mehrung**:

  Einkauf von Waren auf Ziel (Verbindlichkeiten).

  Es sind beide Bilanzseiten betroffen.

  Die Waren mehren (+) sich und die Verbindlichkeiten mehren (+) sich ebenfalls.

- **Aktiv-Passiv-Minderung**:

  Bezahlung mit Banküberweisung der im vorhergehenden Geschäftsvorfall eingekauften Waren auf Ziel.

  Es sind beide Bilanzseiten betroffen.

  Das Bankguthaben mindert (–) sich und die Verbindlichkeiten mindern (–) sich ebenfalls.

## 8.4 Buchen auf Bestandskonten

24. Warum muss die Bilanz in einzelne Bestandskonten aufgelöst werden?

Die Vielzahl von Geschäftsvorfällen innerhalb einer Rechnungsperiode lässt es nicht zu, dass die dadurch verursachten Veränderungen in der Bilanz vorgenommen werden. Deshalb ist es eine **praktikable und den GoB entsprechende Lösung,** die Bilanzposten für eine **Einzelabrechnung** in sogenannte Bestandskonten aufzulösen.

25. Welche zwei Arten von Bestandskonten gibt es?

Die Bilanzposten der Aktivseite werden in **Aktivkonten** aufgelöst und die der Passivseite in **Passivkonten.**

26. Wie werden die beiden Kontenseiten genannt?

Die linke Kontoseite wird immer **„Soll"** (S) und die rechte Kontoseite immer **„Haben"** (H) genannt.

27. Wo befinden sich auf den Aktiv- und Passivkonten jeweils die Anfangsbestände, die Mehrungen (Zugänge) und die Minderungen (Abgänge)?

- Bei den **Aktivkonten** stehen
  - die **Anfangsbestände** sowie
  - die **Mehrungen** (Zugänge) immer **im Soll,**
  - die **Minderungen** (Abgänge) immer **im Haben.**
- Bei den **Passivkonten** stehen
  - die **Anfangsbestände** sowie
  - die **Mehrungen** (Zugänge) immer **im Haben,**
  - die **Minderungen** (Abgänge) immer **im Soll.**

28. Welche vier Überlegungen müssen bei jeder Buchung eines Geschäftsvorfalles angestellt werden?

Um einen **Geschäftsvorfall** richtig **buchen** zu können, müssen folgende Fragen beantwortet werden:

- **Welche Konten** werden durch den Geschäftsvorfall berührt?
- Werden **aktive oder passive** Konten angesprochen?
- Wirkt sich der Geschäftsvorfall auf die Konten **mehrend** (Wertzugang) **oder mindernd** (Wertabgang) aus?
- Auf **welcher Kontenseite** muss deshalb gebucht werden?

29. Was ist ein Buchungssatz?

Der **Buchungssatz** ist die **„Übersetzung" des Geschäftsvorfalles in die „Buchführungssprache",** aus der die Kontenbewegung hervorgeht. Die Verbuchung erfolgt immer doppelt und zuerst im Soll und dann im Haben. Deshalb wird immer **„Soll an Haben"** mit dem verbindenden Wort „an" gebucht. Für die Nachvollziehbarkeit der Gegenbuchung wird jeweils das Gegenkonto ausgewiesen.



13 Hummel - ISBN 978-3-8120-0570-8

30. Unterscheiden Sie den einfachen Buchungssatz vom zusammengesetzten Buchungssatz anhand jeweils eines Beispiels!

- Ein **einfacher Buchungssatz** ergibt sich, wenn aufgrund eines Geschäftsvorfalles **nur eine Soll- und eine Habenbuchung** ausgelöst werden.

| | |
|---|---|
| Beispiel: | Einkauf von Waren auf Ziel (Verbindlichkeiten)<br>*Waren (Soll)*<br>*an Verbindlichkeiten (Haben)* |

- Wird aufgrund eines Geschäftsvorfalles **mehr als ein Konto** auf der Soll- oder Habenseite berührt, dann handelt es sich um einen **zusammengesetzten Buchungssatz.**

| | |
|---|---|
| Beispiel: | Einkauf von Waren und Bezahlung eines Teils bar und der Rest auf Ziel<br>*Waren (Soll)*<br>*an Kasse (Haben) und*<br>*Verbindlichkeiten (Haben)* |

31. Erklären Sie, wozu das Grundbuch und das Hauptbuch dienen!

- Alle Geschäftsvorfälle werden in **chronologischer** (zeitlicher) **Reihenfolge** in das **Grundbuch** eingetragen. Es ist damit ein „Tagebuch" der Geschäftsvorfälle, auch Journal genannt.
- Die Auflösung der Bilanzposten in Bestandskonten erfolgt im **Hauptbuch,** wo alle Buchungen eine **sachliche Ordnung** erfahren.

32. Wie werden die Bestandskonten abgeschlossen?

**Alle Bestandskonten werden** nach ihrer Bereinigung aufgrund möglicher Inventurdifferenzen **über das Schlussbilanzkonto abgeschlossen.**

Die Konten werden wie folgt abgeschlossen:

- Zuerst wird die wertmäßig größere Kontenseite addiert und
- dann auf die schwächere Kontenseite wertmäßig übertragen.
- Beide Kontensummen müssen gleich sein, deshalb wird der Saldo des Kontos als Unterschiedsbetrag der Kontensumme und der Summe der schwächeren Kontenseite ermittelt.

Für jedes Bestandskonto gilt:

$$\textit{Anfangsbestand} + \textit{Zugänge} = \textit{Abgänge} + \textit{Endbestand}$$

Die Abschlussbuchungen für Aktiv- und Passivkonten lauten:

| | |
|---|---|
| ➢ *Schlussbilanzkonto (S)* | *an Aktivkonto (H)* |
| ➢ *Passivkonto (S)* | *an Schlussbilanzkonto (H)* |

Das **Schlussbilanzkonto** ist das Abschlusskonto im Hauptbuch und **muss mit der Schlussbilanz übereinstimmen.** Die Schlussbilanz stimmt mit der Eröffnungsbilanz des nachfolgenden Geschäftsjahres überein und entspricht damit dem Grundsatz der **Bilanzidentität.**

## 8.5 Buchen auf Erfolgskonten

33. Was sind Erfolgskonten?

Alle **Buchungen auf Bestandskonten berühren** bzw. verändern **nicht das Eigenkapital.** Da jedes Unternehmen Waren oder Leistungen produziert, die es zu einem über die Aufwendungen hinausgehenden Erlös absetzt, ergibt sich ein Erfolg. Dieser Erfolg kann positiv (Gewinn) sein oder auch negativ (Verlust) und erhöht oder verringert damit das Eigenkapital. **Diese das Eigenkapital verändernden Buchungen erfolgen** ebenfalls im Hauptbuch, jedoch auf sogenannten **Erfolgskonten (Aufwandskonten und Ertragskonten).**

34. Erklären Sie, was unter erfolgsneutralen und erfolgswirksamen Geschäftsvorfällen zu verstehen ist!

- ➢ Ein Geschäftsvorfall, der nur die **Bestandskonten** berührt, ist **erfolgsneutral.**
- ➢ Sind dagegen auch **Erfolgskonten** betroffen, dann ist der Geschäftsvorfall **erfolgswirksam.**

35. Unterscheiden Sie Aufwendungen von Erträgen!

- ➢ **Aufwendungen** stellen den bewerteten Verbrauch aller Waren und Dienstleistungen in einer bestimmten Periode (Geschäftsjahr) dar.
- ➢ **Erträge** stellen den Wert aller erbrachten Leistungen in einer bestimmten Periode dar und damit eine Mehrung des Unternehmenserfolges.

36. Wo werden Aufwendungen und Erträge auf ihren Konten gebucht?

- ➢ Aufwendungen und Erträge dürfen nie auf einem Konto gemeinsam gebucht werden.
- ➢ **Aufwendungen** werden auf Aufwandskonten immer **im Soll** gebucht.
- ➢ **Erträge** werden auf Ertragskonten immer **im Haben** gebucht.

**37.** Wie wirken sich Aufwendungen und Erträge auf das Eigenkapital aus?

Als Unterkonten des Eigenkapitalkontos wirken sich

- **Aufwendungen** immer **erfolgsmindernd** und
- **Erträge** immer **erfolgsmehrend**

auf das Eigenkapital aus.

**38.** Über welches Konto und wie werden Erfolgskonten abgeschlossen?

- Aufwendungen und Erträge werden über das **Gewinn- und Verlust-Konto (GuV)** abgeschlossen.
- **Aufwendungen** werden auf dem GuV **im Soll** gebucht.
- **Erträge** werden auf dem GuV **im Haben** gebucht.

**39.** Wie wird das GuV-Konto abgeschlossen und wie wirkt sich sein Saldo aus?

Das **GuV-Konto** wird wie jedes andere Konto **abgeschlossen,** indem der Saldo auf der schwächeren Kontenseite ermittelt wird.

- Ist die schwächere Seite die **Sollseite,** dann stellt der **Saldo einen Gewinn** dar.
- Wird ein **Habensaldo** ermittelt, dann handelt es sich um einen **Verlust.**

Als Unterkonto des Eigenkapitalkontos, das die Erfolgskonten zusammenfasst, wirkt sich der **Gewinn** erfolgsmehrend aus **(Eigenkapital erhöht sich)** und der **Verlust** erfolgsmindernd **(Eigenkapital verringert sich).**

## 8.6 Abschluss der Bestands- und Erfolgskonten

**40.** Beschreiben Sie in mehreren Schritten, wie Sie von der Eröffnungsbilanz über die Bestands- und Erfolgskonten zur Schlussbilanz gelangen!

Der buchungstechnische **Ablauf von der Erstellung der Eröffnungsbilanz bis hin zur Schlussbilanz** sieht wie folgt aus:

- Eröffnungsbilanz aufgrund der Inventur erstellen,
- Eröffnungsbilanz in einzelne Konten auflösen,
- Anfangsbestände der Eröffnungsbilanz auf die einzelnen Konten übertragen,
- Erfolgskonten einrichten,
- Geschäftsvorfälle buchen,
- Berichtigungsbuchungen aufgrund von Inventurdifferenzen durchführen,
- Erfolgskonten über das GuV-Konto abschließen,
- das GuV-Konto über das Eigenkapitalkonto abschließen,

- restliche Konten saldieren und Endbestände errechnen,
- alle Endbestände auf das Schlussbilanzkonto übertragen und
- in die Schlussbilanz übertragen.

## 8.7 Buchen auf Warenkonten

41. Erklären Sie, warum die Verbuchung der Einkäufe und Verkäufe von Waren auf getrennten Konten stattfinden!

Da die Waren zu einem Verkaufspreis verkauft werden, der höher ist als der Einstandspreis, zu dem die Waren eingekauft werden, ist dieser Vorgang erfolgswirksam und muss aufgrund der Grundsätze ordnungsgemäßer Buchführung getrennt verbucht werden.

42. Unterscheiden Sie die beiden Begriffe Rohgewinn und Reingewinn voneinander!

- Der **Rohgewinn** bzw. Rohertrag ist die Differenz zwischen dem Umsatz (verkaufte Ware bewertet zu Verkaufspreisen) und dem Wareneinsatz (bewertet zu Einstandspreisen) eines Unternehmens.

| | | |
|---|---|---|
| **Rohgewinn =** | | **Umsatz (Verkaufserlöse)** |
| | **–** | **Wareneinsatz** |

- Der **Reingewinn** ergibt sich aus dem Rohgewinn plus sonstige Erträge (die nicht aus dem eigentlichen betrieblichen Zweck resultieren) minus sonstige Aufwendungen (die ebenfalls nicht aus dem eigentlichen betrieblichen Zweck entstanden sind).

| | | |
|---|---|---|
| **Reingewinn =** | | **Rohgewinn** |
| | **+** | **sonstige Erträge** |
| | **–** | **sonstige Aufwendungen** |

Der Reingewinn ist der Jahresüberschuss des Unternehmens.

43. Erklären Sie die Verbuchung bei einem Warenverkauf!

- Beim Warenverkauf werden die **Warenverkäufe zu Verkaufspreisen auf der Habenseite des Ertragskontos Umsatzerlöse** gebucht.

Buchungssatzbeispiel:
*Forderungen an Umsatzerlöse*

- Der Abschluss erfolgt über die Verbuchung des Sollsaldos der Umsatzerlöse auf die Habenseite des GuV-Kontos.

Buchungssatz: *Umsatzerlöse an GuV*

**44.** Erklären Sie die Verbuchung und den Abschluss bei einem Wareneinkauf beim bestandsorientierten Verfahren!

- Bei dem **bestandsorientierten Verfahren** der Warenverbuchung wird von einem späteren Verkauf oder Verbrauch ausgegangen, sodass die Wareneinkäufe zuerst auf das Bestandskonto Waren im Soll verbucht werden.

  Buchungssatzbeispiel:
  *Waren an Verbindlichkeiten*

- Am Jahresende werden die Warenbestände laut Inventur auf das Konto Waren im Haben gebucht.

  Buchungssatz: *Schlussbilanzkonto an Waren*

- Der sich ergebende Habensaldo auf dem Warenkonto wird auf dem Erfolgskonto „Aufwendungen für Waren" (AfW) verbucht.

  Buchungssatzbeispiel:
  *Aufwendungen für Waren an Waren*

- Der sich auf dem Aufwandskonto AfW ergebende Habensaldo wird über das GuV-Konto abgeschlossen.

  Buchungssatzbeispiel:
  *GuV an Aufwendungen für Waren*

**45.** Erklären Sie die Verbuchung und den Abschluss bei einem Wareneinkauf beim verbrauchsorientierten Verfahren!

- Bei dem **verbrauchsorientierten Verfahren** der Warenverbuchung wird von einem direkten Verkauf bzw. Verbrauch ausgegangen. Die Einkäufe werden direkt auf dem Aufwandskonto „Aufwendungen für Waren" gebucht.

  Buchungssatzbeispiel:
  *Aufwendungen für Waren an Bank*

- Ergibt sich beim Abschluss des Bestandskontos Waren ein **Minderbestand (Habensaldo),** dann wird der wie folgt gebucht:

  Buchungssatzbeispiel:
  *Aufwendungen für Waren an Waren*

- Ergibt sich beim Abschluss des Bestandskontos Waren ein **Mehrbestand (Sollsaldo),** dann wird der wie folgt gebucht:

  Buchungssatzbeispiel:
  *Waren an Aufwendungen für Waren*

- Das Konto Aufwendungen für Waren wird über das GuV-Konto abgeschlossen.

Buchungssatzbeispiel:
*GuV an Aufwendungen für Waren*

- Die Umsatzerlöse werden auf der Habenseite des GuV-Kontos gebucht.

Buchungssatz: *Umsatzerlöse an GuV*

46. Erklären Sie den Unterschied der Konten „Waren" und „Aufwendungen für Waren"!

- Das **Konto Waren** ist ein **aktives Bestandskonto** und enthält neben dem Anfangs- und Endbestand (laut Inventur) den Wareneinkauf. Das Konto Waren wird über das Konto Aufwendungen für Waren abgeschlossen, welches wiederum über das GuV-Konto abgeschlossen wird.
- Das **Konto Aufwendungen für Waren** ist ein **Erfolgskonto,** das alle Warenzugänge erfasst und am Geschäftsjahresende den Mehr- oder Minderbestand vom Konto Waren übernimmt. Der Abschluss erfolgt über das GuV-Konto.

## 8.8 Jahresabschluss

47. Warum ist ein Jahresabschluss notwendig?

Nach dem HGB ist jeder Kaufmann verpflichtet eine Bilanz und eine Gewinn- und Verlustrechnung, die den **Jahresabschluss** darstellen, am Ende eines jeden Geschäftsjahres durchzuführen.

- Damit kommt das Unternehmen der **Informationspflicht** gegenüber Gläubigern, Finanzbehörden u. a. nach und
- stellt die Grundlage für die **Besteuerung** des Unternehmens zur Verfügung.
- Andererseits bietet er dem Unternehmer einen **Überblick über die wirtschaftliche Lage seines Unternehmens,** um auf dieser Grundlage weiter planen zu können etc.

## PRÜFUNGSTRAINING

### Aufgabe 1

Erstellen Sie aus nachfolgenden Inventurwerten der Reifengroßhandlung Hinz & Kunz OHG in Köln

a) das Inventar zum 31. 12. in Anlehnung an die Bilanzgliederung nach HGB und

b) daran anschließend die Bilanz!

| **Inventarbestände** | € |
|---|---|
| 1 Lkw (7,5-Tonner) | 45 600,00 |
| 3 Pkw (Kombis) | 35 000,00 |
| 4 Gabelstapler (Hubmaststapler) | 75 300,00 |
| Bankguthaben bei der Deutschen Bank, Köln | 44 500,00 |
| Bankguthaben bei der Sparkasse KölnBonn | 67 500,00 |
| Betriebs- und Geschäftsausstattung des Lagergebäudes | 78 500,00 |
| Büroausstattung des Verwaltungsgebäudes | 56 000,00 |
| Darlehensschulden bei der Deutschen Bank, Köln | 55 000,00 |
| Darlehensschulden bei der Sparkasse KölnBonn | 70 000,00 |
| Forderungen an die Fa. Brassel | 33 000,00 |
| Forderungen an die Fa. Huddel | 60 500,00 |
| Grundstück, In der Palmenkaule 2–8, Köln | 650 000,00 |
| Hypothekenschulden bei der Sparkasse KölnBonn | 450 000,00 |
| Kassenbestand | 950,00 |
| Lagergebäude, In der Palmenkaule 4–8, Köln | 310 000,00 |
| Postbankguthaben | 35 000,00 |
| Waren von Bridgestone | 115 000,00 |
| Waren von Good Year | 225 400,00 |
| Waren von Michelin | 320 000,00 |
| Verbindlichkeiten gegenüber dem Finanzamt | 56 400,00 |
| Verbindlichkeiten gegenüber Frachtführer | 152 200,00 |
| Verbindlichkeiten gegenüber Lieferanten | 578 600,00 |
| Verwaltungsgebäude, In der Palmenkaule 2, Köln | 360 000,00 |

## Aufgabe 2

Tragen Sie die fehlenden Begriffe in die Kästchen ein!

| | | | | | | |
|---|---|---|---|---|---|---|
| a) | ☐ | + | Umlaufvermögen | = | Gesamtvermögen | |
| b) | Gesamtkapital | – | Anlagevermögen | = | ☐ | |
| c) | Eigenkapital | + | Fremdkapital (FK) | = | ☐ | |
| d) | Gesamtvermögen | – | ☐ | = | Eigenkapital | |
| e) | Gesamtkapital | – | Eigenkapital | = | ☐ | |
| f) | ☐ | + | Fremdkapital | = | Anlagevermögen | + Umlaufvermögen |

## Aufgabe 3

Beantworten Sie die folgenden Fragen für die nachfolgenden Geschäftsvorfälle, indem Sie die Antworten in die unten stehende Tabelle eintragen!

1. **Welche Bilanzposten** werden durch den Geschäftsvorfall berührt?
2. Werden **aktive oder passive** Bilanzposten angesprochen?
3. Wirkt sich der Geschäftsvorfall auf die Bilanzposten **mehrend** (Wertzugang) **oder mindernd** (Wertabgang) aus?
4. Welche **Art der Bilanzveränderung** liegt vor?

Geschäftsvorfälle:

a) Kauf von Waren gegen Barzahlung
b) Kauf eines Pkw auf Ziel
c) Bezahlung einer Lieferantenrechnung durch Überweisung
d) Umschuldung von kurzfristigen Verbindlichkeiten in ein Darlehen

| 1. Bilanzposten | 2. Aktiva (A)/ Passiva (P) | 3. Mehrung (+)/ Minderung (–) | 4. Art der Bilanzveränderung |
|---|---|---|---|
| a) ➢<br>➢ | ➢<br>➢ | ➢<br>➢ | |
| b) ➢<br>➢ | ➢<br>➢ | ➢<br>➢ | |
| c) ➢<br>➢ | ➢<br>➢ | ➢<br>➢ | |
| d) ➢<br>➢ | ➢<br>➢ | ➢<br>➢ | |

## Aufgabe 4

Ordnen Sie den unten stehenden Geschäftsvorfällen die entsprechenden Werteveränderungen zu, indem Sie die Ziffer in das jeweilige Antwortkästchen eintragen!

Werteveränderungen:

1 = Aktivtausch,
2 = Passivtausch,
3 = Aktiv-Passiv-Mehrung,
4 = Aktiv-Passiv-Minderung.

Geschäftsvorfälle:

a) Buchung einer Eingangsrechnung über Waren auf Ziel ______ ☐
b) Zahlung dieser Eingangsrechnung ______ ☐
c) Überweisung der bereits eingebuchten Lieferantenrechnung ______ ☐
d) Umwandlung von Verbindlichkeiten in Darlehen ______ ☐
e) Bargeld aus der Kasse wird auf ein Bankkonto eingezahlt ______ ☐
f) Tilgung der Hypothekenschulden ______ ☐
g) Barkauf eines Pkw ______ ☐
h) Kauf einer EDV-Anlage auf Ziel ______ ☐

## Aufgabe 5

Stellen Sie fest, ob die folgenden Geschäftsvorfälle das Eigenkapital (EK) mehren, mindern oder gar nicht beeinflussen! Kreuzen Sie die richtige Lösung an!

| Geschäftsvorfälle | | Mehrung des EK | Minderung des EK | Keinen Einfluss auf das EK |
|---|---|---|---|---|
| 1 | Kauf eines Lkw auf Ziel | | | |
| 2 | Telefonrechnung wird per Banküberweisung bezahlt | | | |
| 3 | Büromaterial wird gegen Rechnung gekauft | | | |
| 4 | Kunde begleicht durch Banküberweisung eine Rechnung | | | |
| 5 | Ein Kunde überweist auf unser Bankkonto | | | |
| 6 | Zinsgutschrift unserer Bank | | | |
| 7 | Banküberweisung der Gehälter | | | |
| 8 | Verkauf eines betrieblichen Computers zum Buchwert gegen Barzahlung | | | |
| 9 | Kauf eines Schreibtisches gegen Bankscheck | | | |
| 10 | Mieteinnahmen für die Vermietung einiger Räume im Verwaltungsgebäude | | | |

## Aufgabe 6

Aus der Abteilung Buchhaltung der Hinz & Kunz OHG liegen die folgenden Informationen vor:

| | |
|---|---|
| Anfangsbestand der Waren | 600 Stück |
| Schlussbestand laut Inventur | 5 000 Stück |
| Einstandspreis der Waren pro Stück | 100,00 € |
| Anzahl der Bestellungen im Jahr | 8 |
| Bestellmenge je Auftrag | 2 350 Stück |
| Monatlicher Verkauf (Durchschnittswert) | 1 200 Stück |
| Verkaufspreis pro Stück | 140,00 € |

a) Buchen Sie auf den Warenkonten!

b) Schließen Sie die Konten nach der bestandsorientierten Methode ab und ermitteln Sie den Rohgewinn/-verlust!

### Aufgabe 7

Bearbeiten Sie unter Berücksichtigung des unten stehenden Informationsmaterials folgende Aufgabe:

a) Erstellen Sie die Eröffnungsbilanz (EB)!

b) Lösen Sie die EB in Bestandskonten auf und tragen Sie die Anfangsbestände ein!

c) Eröffnen Sie die Erfolgskonten!

d) Buchen Sie die Geschäftsvorfälle!

e) Schließen Sie die Erfolgskonten über das Gewinn- und Verlustkonto ab und ermitteln Sie den Gewinn oder Verlust!

f) Schließen Sie die Bestandskonten ab und erstellen Sie das Schlussbilanzkonto (SBK)!

g) Wie hoch ist der Rohgewinn/-verlust und der Reingewinn/-verlust?

h) Warum weichen Rohgewinn/-verlust und der Reingewinn/-verlust voneinander ab?

i) Stellen Sie die Auswirkung eines Reingewinns/-verlusts auf das Eigenkapital dar!

**Anfangsbestände:**

| | € | | € |
|---|---|---|---|
| Bank | 88 000,00 | Grundstück | 350 000,00 |
| BGA | 134 500,00 | Hypothek | 450 000,00 |
| Darlehen | 125 000,00 | Kasse | 950,00 |
| Eigenkapital | 1 150 050,00 | Postbank | 59 000,00 |
| Forderungen | 93 500,00 | Waren | 660 400,00 |
| Fuhrpark | 155 900,00 | Verbindlichkeiten | 487 200,00 |
| Gebäude | 670 000,00 | | |

**Notwendige Erfolgskonten:**

Aufwendungen für Waren, Gehälter, Mieteinnahmen, Reparaturen, Umsatzerlöse, Zinseinnahmen, Gewinn- und Verlustkonto.

**Geschäftsvorfälle (alle Beträge sind Nettobeträge):**

1. Zinsgutschrift der Bank in Höhe von 15 100,00 €
2. Einzahlung von 2 400,00 € in die Kasse; der Betrag wurde vorher vom Bankkonto abgehoben.
3. Ein Kunde zahlt den offenen Rechnungsbetrag in Höhe von 16 500,00 € auf das Bankkonto ein.
4. Wir liefern einem Kunden Waren im Wert von 77 500,00 €.
5. Tilgung eines Darlehens in Höhe von 18 000,00 € durch Banküberweisung.
6. Ein Mieter zahlt bar die Miete für zwei Büroräume in Höhe von 3 300,00 €.
7. Zahlung der Gehälter per Banküberweisung in Höhe von 27 000,00 €.
8. Umwandlung einer Lieferantenschuld von 18 700,00 € in ein Darlehen.
9. Barzahlung einer Pkw-Reparatur in Höhe von 1 500,00 €.
10. Kauf eines Computers auf Ziel in Höhe von 1 250,00 €.

11. Der Geschäftsinhaber zahlt aus einer Erbschaft 60 000,00 € auf das Bankkonto ein.
12. Wir erhalten auf Ziel Waren im Wert von 24 500,00 €.
13. Zielkauf einer EDV-Anlage im Wert von 16 200,00 €.
14. Begleichung einer bereits gebuchten Eingangsrechnung in Höhe von 600,00 € durch Postbanküberweisung.
15. Barverkauf von Waren in Höhe von 9 200,00 €.

**Abschlussangaben:**

Warenbestand laut Inventur 620 000,00 €.

# E. Rationeller und qualitätssichernder Güterumschlag

## 9 Güter im Betrieb transportieren (Lernfeld 4)

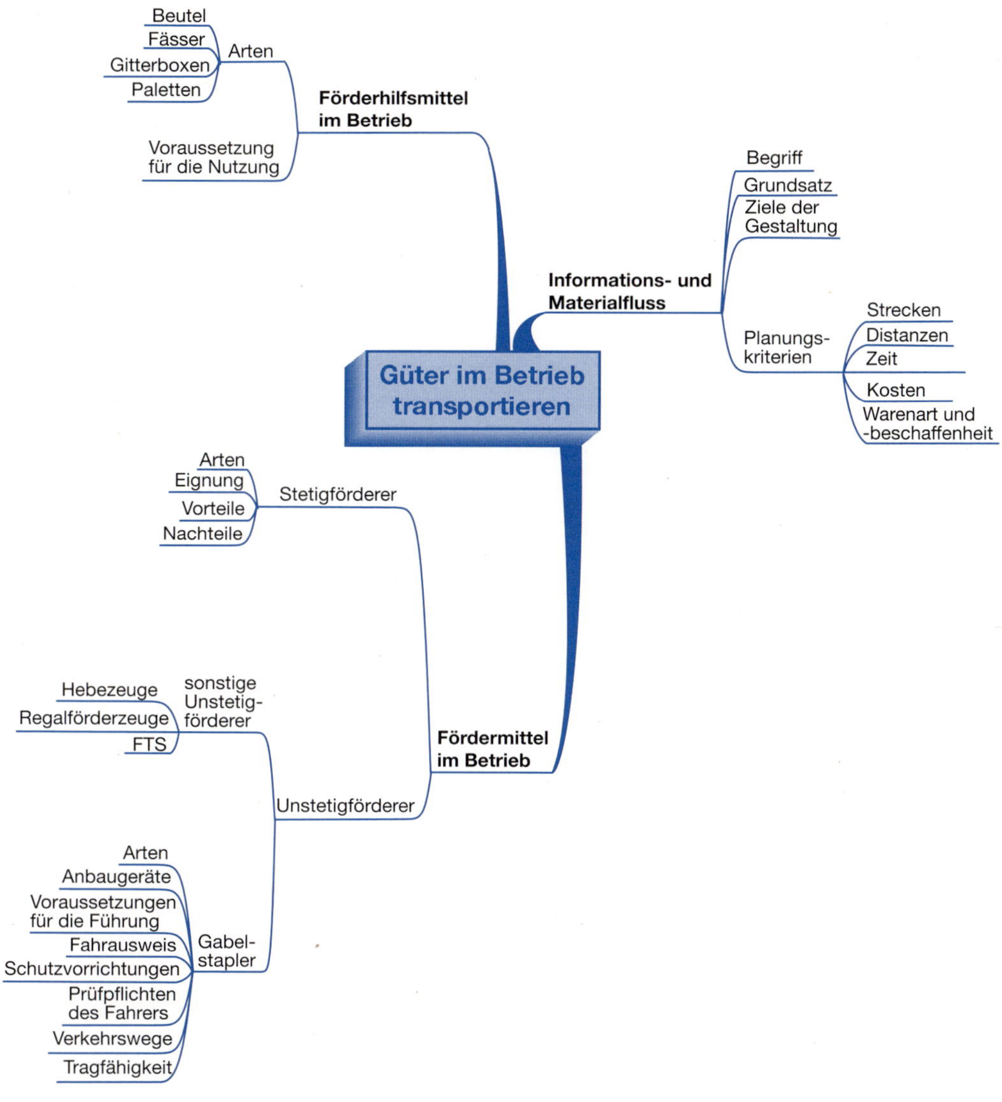

KOMPAKTWISSEN

## 9.1 Transport von Informationen und Materialien im Betrieb (Informations- und Materialfluss)

1. Erläutern Sie, was unter dem Begriff des Informations- und Materialflusses zu verstehen ist!

Während des betrieblichen Produktionsprozesses kommt es zu vielen Güterbewegungen. Der **Materialfluss** ist der Begriff für die Warenbewegungen in einem Betrieb. Man kann die Unterscheidung nach außerbetrieblichem und innerbetrieblichem Materialfluss vornehmen: Der Warenaustausch zwischen dem Betrieb und seinen Lieferanten und Kunden ist der außerbetriebliche Materialfluss. Die Güterbeförderung innerhalb eines Betriebes zwischen der Produktion und einem Zwischenlager, dem Wareneingangslager sowie der Fertigung u.a. ist als innerbetrieblicher Materialfluss zu bezeichnen.

Die Warenbewegungen müssen dokumentiert werden, um für die jeweiligen Abteilungen abrufbar zu sein. Es müssen die notwendigen Informationen von einem Mitarbeiter zum anderen gegeben werden. Moderne Informationstechnologien erleichtern und beschleunigen den **Informationsfluss,** also die Erstellung, die Verarbeitung und die Zurverfügungstellung von Informationen für die Beteiligten.

2. Welchen Grundsatz muss jede Güterbewegung im Lager erfüllen?

Es gilt der Grundsatz, dass im Lager keine Ein-, Um- oder Auslagerung von Gütern ohne einen entsprechenden Beleg oder Buchungsvorgang erfolgen darf. Die Dokumentation einer Materialbewegung und die Weitergabe dieser Informationen können in Papierform oder auf elektronischem Weg geschehen.

→ s. Kap. 11 Logistische Prozesse optimieren!

3. Wie muss der Informationsfluss im Betrieb gestaltet sein?

Ziel der Gestaltung und Abwicklung des Informationsflusses ist eine möglichst umfassende und schnelle Information aller Beteiligten über die Güterbewegungen

- in das Lager hinein (Warenanlieferungen von anderen Betrieben des Unternehmens oder durch Lieferanten),

- im Lager (Ein-, Um- und Auslagerungen) sowie
- aus dem Lager heraus (Warenversand an andere Betriebe des Unternehmens oder an Kunden).

Außerdem müssen die Informationen über Bestands- und Bedarfslagen verfügbar sein.

→ s. Kap. 11 Logistische Prozesse optimieren!

4. Nennen Sie fünf Komponenten, von denen die Anordnung und Abwicklung des innerbetrieblichen Materialflusses abhängt!

Die Planung und Durchführung von Warenbewegungen im Betrieb wird beeinflusst durch

- die zurückzulegenden Strecken,
- die zu überwindenden Distanzen,
- die benötigte Zeit,
- die entstehenden Kosten,
- das zu befördernde Gut,
- u. a.

5. Wodurch wird der Materialfluss im Betrieb gewährleistet?

Der Materialfluss im Betrieb wird einerseits durch qualifizierte Mitarbeiterinnen und Mitarbeiter, andererseits durch leistungsfähige Fördermittel und Informationsmedien gewährleistet.

## 9.2 Fördermittel im Betrieb

### 9.2.1 Grundlagen

6. Welche Arten von Fördermitteln werden unterschieden?

Im Wesentlichen werden die Fördermittel nach folgenden Kriterien unterteilt:

- nach dem **Antrieb** (manuell oder maschinell betrieben),
- nach der **Häufigkeit der Beförderung** (Stetigförderer und Unstetigförderer),
- nach der **Flurbindung** (flurgebunden oder flurfrei),
- nach dem **Automatisierungsgrad** (Bedienersteuerung oder Computersteuerung),
- nach der **Beweglichkeit** (feste oder flexible Transportwege, Flächen- oder Linienabdeckung),
- u. a.

7. Erläutern Sie den Unterschied zwischen Stetigförderern und Unstetigförderern!

- **Stetigförderer** haben denselben, vorgegebenen Weg. Sie sind ortsgebunden durch vorgegebene Bahnen oder Schächte, Ketten- oder Hängekonstruktionen an der Raumdecke. Stetigförderer transportieren Güter permanent oder in wiederkehrenden Zyklen (Taktfrequenzen).
- **Unstetigförderer** sind nicht auf vorgegebene Wege fixiert. Sie können flexibel in Anspruch genommen und bedarfsgerecht eingesetzt werden.

8. Beschreiben Sie die Möglichkeiten des manuellen und des maschinellen Antriebs von Fördermitteln!

**Manuell betriebene Fördermittel** sind die von Hand gezogenen oder geschobenen Wagen, Karren oder Hubwagen, während maschinelle Fördermittel durch einen Motor angetrieben werden.

9. Erklären Sie die Varianten der Beweglichkeit von Fördermitteln!

Fördermittel können einen **gleichbleibenden Transportweg** aufweisen oder **verschiedene Förderstrecken** zurücklegen. Darüber hinaus können Fördermittel ganze **Flächen abdecken** oder lediglich vorgegebene **Strecken** (Linien) **bedienen.**

10. Verdeutlichen Sie den Begriff der Flurbindung!

Einige Fördermittel bewegen sich nur am **Boden (= Flur),** andere befinden sich in der Höhe und nutzen keine Bodenfläche, sondern die **Deckenflächen** oder einen **Ausleger.**

11. Erläutern Sie Unterschiede beim Automatisierungsgrad!

Fördermittel können durch einen **Mitarbeiter** gesteuert werden oder durch **Computer** zu ihrem Einsatzort dirigiert werden.

### 9.2.2 Stetigförderer

12. Nennen Sie Beispiele für Stetigförderer im Betrieb!

Wichtige Stetigförderer sind:

- Rollenförderer (mit Antriebsmechanismus),
- Rollenbahn (ohne Antrieb),
- Kreisförderer,
- Kettenförderer,
- Unterflurschleppkettenförderer,
- Umlaufförderer (als Paternoster- oder Karussellkonstruktion),
- Bandförderer,
- Becherwerk,
- Hängebahn,

- Elektrohängebahn (EHB),
- Rohrpostanlage,
- Rutsche,
- Gebläse,
- Wandertische,
- u. a.

13. Wofür eignen sich Stetigförderer?

Stetigförderer sind insbesondere für den Transport von **größeren Materialmengen** oder **regelmäßig** benötigten Materialmengen auf vorgegebenen Strecken geeignet.

14. Geben Sie vier Vorteile von Stetigförderern an!

Der Einsatz von Stetigförderern kann für einen Betrieb geboten sein, wenn es gelingt einen oder mehrere Vorteile zu realisieren:

- Die Bauweise ist zumeist relativ einfach,
- die Nutzung und die Bedienung sind leicht zu erlernen,
- in einem Zeitabschnitt können hohe Transportkapazitäten genutzt werden,
- es finden keine Leerfahrten statt,
- langfristig erspart der Einsatz von Stetigförderern Personal- und Betriebskosten gegenüber dem Einsatz von Unstetigförderern,
- u. a.

15. Geben Sie vier Nachteile von Stetigförderern an!

- Stetigförderer sind unflexibel in Bezug auf die gewählte Strecke.
- Die Förderanlage kann nur zum Transport von bestimmten Gütern (Größe, Gewicht, Beschaffenheit u.a.) genutzt werden.
- Wirtschaftlich ist die Anschaffung von Stetigförderern nur bei hoher Auslastung.
- Die Kapazitäten können aufgrund der baulichen Gegebenheiten nicht erweitert werden.
- Steht die Förderanlage still, kommt der gesamte Materialfluss im Betrieb zum Erliegen.
- Die Investitions- und Wartungskosten fallen in Abhängigkeit von der Nutzung, der Bauweise und der Streckenführung an. Sie können sehr hoch sein.
- U. a.


14 Hummel - ISBN 978-3-8120-0570-8

### 9.2.3 Unstetigförderer

**16.** Nennen Sie die Arten der Unstetigförderer!

Die Unstetigförderer werden unterschieden nach
- Flurförderzeugen (gleislos, gleisgebunden, spurgeführt),
- Regalförderzeugen,
- Hebezeugen und
- Aufzügen.

**17.** Geben Sie fünf Beispiele für Unstetigförderer im Betrieb an!

Wichtige Unstetigförderer sind:
- Gabelstapler,
- Handkarren,
- Elektrokarren,
- Aufzug,
- verschiedene Kranarten (Hänge-, Brücken-, Drehkrane u. a.),
- Handgabelhubwagen,
- Elektrogabelhubwagen,
- Fahrerloses Transportsystem (FTS),
- Containerstapler (auch „Reachstacker"),
- u. a.

**18.** Wofür eignen sich Unstetigförderer?

Unstetigförderer sind insbesondere für den Transport von Stückgut oder palettierten Gütern geeignet. Ihr Einsatz erfolgt bei Bedarf und kann auf verschiedenen Strecken stattfinden.

**19.** Geben Sie mindestens vier Vorteile von Unstetigförderern an!

Unstetigförderer bieten folgende Vorteile:
- Es gibt keinen vorher festgelegten Förderweg, sie sind vielerorts einsetzbar.
- Viele Unstetigförderer bedürfen nur einer relativ kurzen Einarbeitung in die Bedienung und Nutzung.
- Sie sind sehr flexibel in ihrem zeitlichen Einsatz, d. h., sie werden nach Bedarf eingesetzt.
- Fällt ein Unstetigförderer aus, kann er zumeist ersetzt werden durch einen anderen (baugleichen), um den Materialfluss aufrechtzuerhalten.
- Die Standardisierung der Förderhilfsmittel wie bei Paletten ermöglicht die Nutzung einer großen Vielfalt an Unstetigförderern im Betrieb.
- u. a.

20. Geben Sie vier Nachteile von Unstetigförderern an!

Beim Betrieb von Unstetigförderern fallen einige Nachteile ins Gewicht:

- Nach einem Transport von Waren erfolgt der Rückweg zumeist ohne Ware (Leerfahrt).
- Unstetigförderer werden durch eine Fachkraft für Lagerlogistik oder einen Fachlageristen bedient oder gesteuert. Daraus folgt ein hoher Personalbedarf.
- Der Transport mit Unstetigförderern kann mit Gefahren verbunden sein, die aufgrund des Betriebs entstehen.
- Wenig verantwortungsbewusste Mitarbeiter können die Fahrten als Spiel oder Abenteuer empfinden.
- Die regelmäßigen Wartungs- und Reparaturarbeiten verursachen Kosten, die durch unsachgemäßen Umgang mit dem Unstetigförderer erhöht werden.
- u a.

### 9.2.3.1 Gabelstapler

21. Nennen Sie verschiedene Arten des Gabelstaplers!

Mit einem Gabelstapler können Güter transportiert und ein- und ausgelagert werden. Typischerweise erfolgt sein Einsatz bei palettierten Gütern. Die verschiedenen **Arten des Gabelstaplers** werden unterschieden nach

- der Sitzposition (Frontsitz oder Seit-/Quersitz),
- der Zahl der Räder (drei- oder vierrädig),
- der Bedienerposition (Deichselführung, Steh- oder Sitzstapler),
- der Unterfahrbarkeit (radunterstützt, freitragend, Schubmaststapler),
- der Hubhöhe (einfache oder mehrfache Hubhöhe durch den ausfahrbaren Teleskopmast),
- der Bereifung (Luft-, Gummi- oder Kunststoffbereifung),
- der Art des Antriebs (Flüssiggasantrieb, Dieselmotor, Benzinmotor, Elektromotor),
- u. a.

**22.** Nennen Sie vier Anbaugeräte für einen Gabelstapler!

Üblicherweise verfügt ein Gabelstapler über eine Lastgabel. Besondere Anbaugeräte können jedoch die Nutzungsmöglichkeiten eines Gabelstaplers erweitern. In diesem Zusammenhang sind insbesondere folgende Anbaugeräte von Bedeutung:

- Ballen- oder Steinklammern,
- Seitenschieber,
- Dorne,
- Klappgabeln,
- Gabelverlängerungen,
- u. a.

**23.** Beschreiben Sie, warum ein Gabelstaplerfahrer bestimmte Voraussetzungen erfüllen muss, um einen Gabelstapler zu führen, auch wenn er über eine Fahrerlaubnis für Kraftfahrzeuge verfügt!

Ein Gabelstapler reagiert anders als ein Kraftfahrzeug im Straßenverkehr, weil einige **Besonderheiten** den Betrieb erschweren:

- das Heben und Senken von Lasten,
- das Auf- und Abstapeln,
- spezielle Rangiervorgänge,
- schwierige Fahrten zwischen Regalen, Kisten und Rampen,
- eine andere Bauweise mit der Lenkachse hinten,
- das gesamte Fahr- und Lenkverhalten,
- Fahrten mit Lasten vor dem Sichtfeld,
- die Standsicherheit,
- u. a.

**24.** Nennen Sie die Voraussetzungen, über die ein Gabelstaplerfahrer verfügen muss, um den Gabelstapler zu führen!

Ein Gabelstaplerfahrer muss für den Betrieb eines Gabelstaplers vier **Voraussetzungen** erfüllen:

- eine entsprechende persönliche Eignung (mindestens 18 Jahre alt, körperlich und geistig gesund, zuverlässig),
- eine angemessene Ausbildung,
- einen Fahrauftrag,
- eventuell einen Fahrausweis.

**25.** Erklären Sie die persönlichen Voraussetzungen!

Die **persönlichen Voraussetzungen** umfassen folgende Aspekte:

- Der Gabelstaplerfahrer muss mindestens 18 Jahre alt sein, um den Stapler zu führen.
- Darüber hinaus muss er körperlich in der Lage sein, das Gefährt zu steuern, d. h. ohne Behinderung, mit gutem Reaktions- und Hörvermögen, guter Sehschärfe u. a.

- Die Reaktionsfähigkeit darf nicht durch Rauschmittel wie Alkohol oder Drogen beeinträchtigt sein.
- Unter der Zuverlässigkeit ist die Erwartung anderer zu verstehen, dass der Gabelstaplerfahrer mit dem Gabelstapler umsichtig und sorgfältig umgeht. Ein Gabelstapler ist kein Spielzeug, Renngefährt oder „Abenteuer".

**26.** Erklären Sie, inwiefern ein Gabelstaplerfahrer über eine geeignete Ausbildung verfügen muss!

Ein Gabelstaplerfahrer muss **theoretische und praktische Kenntnisse** in Lehrgängen oder innerbetrieblichen Schulungen erwerben, die ihn zum sicheren Betrieb des Staplers befähigen.

**27.** Nennen Sie Institutionen, an denen Schulungen oder Seminare angeboten werden!

Berufsgenossenschaften, Hersteller von Gabelstaplern sowie externe Anbieter wie Überwachungsvereine und Prüfstellen bieten **Ausbildungslehrgänge** zum Gabelstaplerfahrer an.

**28.** Erklären Sie den Begriff der Beauftragung im Zusammenhang mit der Führung eines Gabelstaplers!

Es reicht nicht aus, die persönlichen Voraussetzungen zu erfüllen, um einen Gabelstapler im Betrieb zu führen. Der Betrieb muss dem Fahrer einen **schriftlichen Auftrag** erteilen, dass ihm die Nutzung eines Gabelstaplers ermöglicht und gestattet wird.

**29.** Erklären Sie, wann ein Fahrausweis benötigt wird!

Für den innerbetrieblichen Einsatz von Gabelstaplern wird kein **Fahrausweis** benötigt. Für Betriebe mit vielen Gabelstaplern und -fahrern ist es ratsam, einen Fahrausweis auszustellen, um Prüfungen und Kontrollen im Betrieb zu erleichtern.

Für den Betrieb auf öffentlichen Straßen muss ein Gabelstapler zugelassen sein, wenn er über 20 km/h fahren kann. Darüber hinaus muss ein Gabelstaplerfahrer auf öffentlichen Straßen einen gültigen **Fahrerlaubnisschein** (Klasse L) mitführen.

**30.** Nennen Sie Schutzvorrichtungen für den Gabelstaplerfahrer!

Zum Schutz eines Gabelstaplerfahrers sollten verschiedene Vorrichtungen am Gefährt vorhanden sein. Zum einen sind es Fahrerrückhalteeinrichtungen wie der Beckengurt, die Fahrerkabine, die Bügeltür oder das Fahrerschutzdach, die den Fahrer vor den Folgen von Unfällen beim Kippen schützen, zum anderen kann auch ein Wetterschutz von Vorteil für den Fahrer sein.

**31.** Wann muss ein Gabelstapler ein Fahrerschutzdach aufweisen?

Wenn Lasten höher als 1,80 m angehoben werden, muss ein **Fahrerschutzdach,** eine Gitterkonstruktion zum Schutz des Gabelstaplerfahrers vor herunterfallenden Kleinteilen, angebracht sein.

**32.** Welche Prüfungen muss ein Gabelstaplerfahrer vor Antritt der Fahrt vornehmen?

Die wichtigsten Funktionen sind vor Antritt der Fahrt zu prüfen. Im Wesentlichen ist zu kontrollieren, ob

- sich der Hubmast aus- und einfahren lässt,
- die Bremsen greifen,
- der Luftdruck in den Reifen ausreicht,
- die Warneinrichtungen (Beleuchtung, Hupe) funktionieren,
- u.a.

**33.** Worauf muss ein Gabelstaplerfahrer während der Nutzung achten?

Bei der Aufnahme, beim Transport und bei der Abladung von Lasten muss der Gabelstaplerfahrer größtmögliche Umsicht walten lassen. Er muss insbesondere darauf achten,

- ob sich die Last in ordnungsgemäßem Zustand befindet,
- wie die Last sicher zu transportieren ist,
- wie der Zustand der Paletten ist,
- wie die Lasten aufgenommen werden können,
- dass keine Unfälle beim Einlagern in Regalen passieren,
- dass eine ausreichende Sicht auf die Fahrbahn gewährleistet ist,
- dass das Auf- und Abstapeln nicht die Standfähigkeit des Gabelstaplers oder des Güterstapels gefährdet,
- dass bei Fahrten auf schiefen Ebenen die Last stets bergseitig transportiert wird,
- dass die Geschwindigkeit den Bedingungen angepasst wird,
- u.a.

**34.** Was muss ein Gabelstaplerfahrer nach Beendigung der Fahrt tun?

Am Ende der Nutzung hat der Gabelstaplerfahrer die Gabelzinken bis auf den Boden abzusenken. Zudem muss er die Feststellbremse anziehen, evtl. muss er Vorlegeklötze anbringen und den Schlüssel abziehen. Fluchtwege, Notausgänge oder Verkehrswege dürfen nicht blockiert werden.

**35.** Geben Sie an, wie oft ein Gabelstapler einer gründlichen Prüfung unterzogen werden muss!

Mindestens einmal jährlich muss ein Sachkundiger eine umfassende **Prüfung des Zustands des Gabelstaplers** vornehmen. Dies können geschulte Mitarbeiter des Herstellers, freiberufliche Sachverständige, Betriebsingenieure oder Sachverständige der technischen Überwachung sein.

**36.** Erklären Sie, unter welchen Bedingungen Personen mitgenommen werden dürfen!

Generell dürfen keine **Mitfahrer** auf einem Gabelstapler sein. Möglich wird dies jedoch, wenn der Gabelstapler über einen Beifahrersitz verfügt oder eine Arbeitsbühne befestigt wurde.

**37.** Auf welchen Verkehrswegen dürfen Gabelstapler fahren?

Die **Verkehrswege,** auf denen Gabelstapler fahren, müssen für die Nutzung geeignet sein, d.h., sie müssen u.a. eine ausreichende Tragfähigkeit aufweisen, möglichst frei von Bodenunebenheiten und Hindernissen sein, über eine ausreichende Breite verfügen, als Verkehrswege gekennzeichnet sein und ausreichend beleuchtet sein.

**38.** Nennen Sie die Mindestanforderungen an die Breite von Verkehrswegen für die Gabelstaplernutzung!

Folgende **Mindestanforderungen an die Verkehrswege** sind vorgeschrieben:

- Beiderseits eines Gabelstaplers muss jeweils 50 cm Sicherheitsabstand vorhanden sein.
- Außerdem muss ein Mindestabstand von 1 m an Türen, Durchgängen und Durchfahrten eingehalten werden.
- Warnschilder, Blinklichter, Absperrgitter, Warnmarkierungen erhöhen die Sicherheit an den gefährlichen Punkten.
- An Kreuzungen ist besondere Vorsicht geboten. Spiegel können einen Einblick in Quergänge gewährleisten.
- Verkehrswege sind so auszuleuchten, dass es einerseits ausreichend hell ist, andererseits jedoch keine Blendgefahr besteht.
- Es ist geboten, Verkehrswege stets frei zu halten.

Diese Vorschriften dienen dem Schutz von heraustretenden Personen, dem Gabelstaplerfahrer selbst und der beförderten Last. Zudem helfen sie, Unfälle mit anderen Flurförderzeugen zu vermeiden.

**39.** Was ist unter der Tragfähigkeit eines Gabelstaplers zu verstehen?

Auf dem **Tragfähigkeitsschild (Lastschwerpunktdiagramm)** ist angegeben, wie hoch der Gabelstapler Ladungen heben und transportieren darf, ohne die Sicherheit des Transports zu gefährden. Die Darstellung verknüpft die Hubhöhe mit dem

Schwerpunkt der aufzunehmenden Last. Einer bestimmten Hubhöhe ist ein maximales Gewicht zugeordnet. Vor der Benutzung muss sich der Gabelstaplerfahrer über die Tragfähigkeitsangaben informieren.

**Beispiele zur Darstellung der Tragfähigkeit von Flurförderzeugen – Tragfähigkeitsschilder (Lastschwerpunktdiagramme)**

Ein einfacher Transport kann sicher durchgeführt werden, wenn der Gabelstaplerfahrer dieses Tragfähigkeitsschild beachtet:

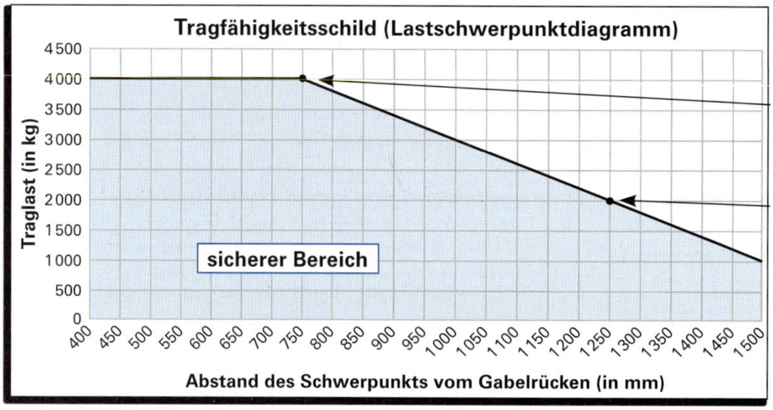


**Erläuterung:**

Die maximale Tragfähigkeit beträgt 4000 kg

Die Tragfähigkeit beträgt bei einem Abstand von 750 mm auch noch 4000 kg

Die Tragfähigkeit beträgt bei einem Abstand von 1250 mm noch 2000 kg

Als Alternative für Tragen und Heben in größeren Höhen könnte folgendes Diagramm genutzt werden:

**Lastschwerpunktdiagramm für den Gabelstapler**

| Höhe in mm | Gewicht der Last in kg | | | |
|---|---|---|---|---|
| 4800 | 1000 | 1070 | 1140 | 1210 |
| 4400 | 1060 | 1130 | 1200 | 1270 |
| 4000 | 1120 | 1190 | 1260 | 1330 |
| 3600 | 1180 | 1250 | 1320 | 1390 |
| 3200 | 1240 | 1310 | 1380 | 1450 |
| 2800 | 1300 | 1370 | 1440 | 1510 |
| 2400 | 1360 | 1430 | 1500 | 1570 |
| Abstand des Lastschwerpunkts vom Gabelrücken in mm | 700 | 600 | 500 | 400 |

**Erläuterung:**

Die Entfernung des Lastschwerpunkts vom Gabelrücken bestimmt die Hubhöhe der Last. Bei einem Abstand von 500 mm (50 cm) kann eine Last von 1500 kg bis 2400 mm (2,40 m) angehoben werden, wiegt die Last jedoch nur 1320 kg, dann bis 3600 mm (3,60 m).

Aus Gründen der Sicherheit ist immer die vorsichtige Nutzung anzuraten, z. B. sollten bei 520 mm (52 cm) Abstand die Werte für 600 mm (60 cm) herangezogen werden.

40. Unterscheiden Sie die Längsstabilität von der Querstabilität eines Gabelstaplers!

Die **Standsicherheit** eines Gabelstaplers ist von größter Bedeutung für den gefahrlosen Transport. Das Gefährt kann relativ schnell kippen, wenn die Last zu schwer ist oder wenn Anfahr- und Bremsvorgänge stattfinden und somit die **Längsstabilität** nicht mehr in vollem Maße gewährleistet ist. Die **Querstabilität** ist durch seitliche Kräfte (Zentrifugalkräfte) gefährdet, wenn die Geschwindigkeit in Kurven zu groß wird oder der Kurvenradius zu eng ist.

### 9.2.3.2 Sonstige Unstetigförderer

41. Nennen Sie zwei Beispiele für Hebezeuge!

**Hebezeuge** befördern Personen und schwere, sperrige Güter insbesondere in die Höhe (vertikaler Transport), aber auch über gewisse Distanzen (horizontaler Transport). Beispiele sind Krane (Brücken-, Hänge-, Fahrzeug- und Drehkran u.a.) und Hebebühnen.

42. Beschreiben Sie die Bau- und Arbeitsweise eines Brückenkrans!

Ein **Brückenkran** ist oftmals in Container-Umschlagszentren (Häfen oder Güterverkehrszentren der Eisenbahn) zu beobachten. Lange senkrechte stelzenförmige Elemente an den Seiten werden durch einen waagerecht verlaufenden Querträger in der Höhe (Brücke), an dem die Hebevorrichtung angebracht ist, verbunden. Die Fortbewegung erfolgt auf Rädern oder Schienen.

43. Nennen Sie zwei Beispiele für Regalförderzeuge!

**Regalförderzeuge** sind mit der Regalanlage verbunden, der sie zugeordnet sind. Varianten sind zum einen das Regalbediengerät, zum anderen der Hängekran an einem Regal. Darüber hinaus sind bestimmte Stapler (Schubmaststapler, Hochregalstapler) Beispiele für Regalförderzeuge, die nur in einem kleinen Bereich am Regal eingesetzt sind.

44. Beschreiben Sie die Arbeitsweise von Regalbediengeräten!

**Regalbediengeräte** werden auf Schienen oder Spuren in den Regalgängen bewegt. Manche Bauweisen erlauben den Wechsel zwischen den Regalgängen.

Einige Regalbediengeräte verfügen über eine zusätzliche Ankopplung an die Decke der Halle, sodass auch bei Ein- und Auslagerungen in großer Höhe (bis ca. 45 m) ein sicherer Arbeitsablauf gewährleistet wird. Die Steuerung erfolgt zumeist automatisch.

→ s. Kap. 4 Güter kommissionieren!

45. Beschreiben Sie die Bau- und Arbeitsweise von Fahrerlosen Transportsystemen (FTS)!

Ein **FTS** wird über Induktionsschleifen im Boden (Teletraks) oder über Navigationstechnik zum Einsatzort geführt. Meist sind es Schlepper, die andere Anhänger ziehen.

Zusammenstöße werden durch Sicherheitseinrichtungen wie Notausschalter, Sensoren, Signale, Schranken im Fahrzeug und auf Fahrwegen vermieden.

## 9.3 Förderhilfsmittel im Betrieb

46. Nennen Sie fünf Förderhilfsmittel!

In einem Lager werden unterschiedliche **Förderhilfsmittel** eingesetzt:

- Beutel,
- Fässer,
- Gitterboxen,
- Kanister,
- Kästen,
- Netze,
- Paletten,
- Säcke,
- Tablare,
- u.a.

→ s. Kap. 5 Güter verpacken!

47. Nennen Sie Voraussetzungen, über die die eingesetzten Förderhilfsmittel verfügen müssen!

Die Förderhilfsmittel müssen unterschiedliche Anforderungen erfüllen, um im Betrieb sinnvoll genutzt zu werden. Sie müssen

- auf die Fördermittel abgestimmt sein,
- die Güter schützen vor Beschädigung, Herunterfallen, Schmutz, Feuchtigkeit u.a.,
- eine ausreichend große Kapazität aufweisen für die Aufnahme von Waren,
- ein möglichst geringes Volumen bei Leertransporten besitzen,
- einfach in der Handhabung beim Gebrauch sein (nicht nur Beladen oder Befüllen, auch Reinigen, Heben, Transportieren, Auf- und Zusammenklappen u.a.),
- ergonomischen Ansprüchen genügen,
- dauerhafte (mehrfache) Verwendbarkeit sicherstellen,

- recycelbar sein,
- für Transporte mit Fördermitteln und von Hand geeignet sein,
- Informationen aufnehmen können durch Aufkleber, Notizen, Warenbegleitpapiere u.a.,
- geräuscharme Transporte ermöglichen,
- stapelbar sein,
- Stabilitätsanforderungen erfüllen,
- Unempfindlichkeit gegenüber den zu befördernden Waren oder dem Schmutz aufweisen,
- gut zu reinigen sein,
- im Austausch mit Kunden und Lieferanten zu gebrauchen sein,
- u.a.

48. Nennen Sie geeignete Förderhilfsmittel für den Gabelstapler!

Es sind vornehmlich unterfahrbare Förderhilfsmittel wie Paletten und Gitterboxpaletten, die für den Transport mit einem Gabelstapler geeignet sind. Andere Förderhilfsmittel wie Kanister, Beutel, Netze u.a. können mit Hilfe von speziellen Anbauteilen transportiert werden, indem sie geklammert, ein- oder angehängt werden.

# PRÜFUNGSTRAINING

## Aufgabe 1

Beschreiben Sie die Bau- und Arbeitsweise der folgenden Stetigförderer:

a) Becherwerk,

b) Rollenbahn (mit Antrieb),

c) Rutsche.

## Aufgabe 2

Notieren Sie die Ziffer der jeweiligen Gruppe der Fördermittel, der die unten aufgeführten Fördermittel jeweils zuzuordnen sind! (Mehrfachnennungen möglich!)

**Fördermittelgruppe:**

1 = Stetigförderer

2 = Hebezeuge

3 = Regalförderzeuge

4 = Gleislose Flurförderzeuge

5 = Spurgeführte Flurförderzeuge

6 = manueller Antrieb

7 = maschineller Antrieb

8 = flurgebunden

9 = flurfrei

**Fördermittel:**

a) Rollenbahn ____________ [ ]

b) Fahrerloses Transportsystem ____________ [ ]

c) Gabelhubwagen ____________ [ ]

d) Drehkran ____________ [ ]

e) Regalbediengerät ____________ [ ]

f) Brückenkran ____________ [ ]

g) Wendelrutsche ____________ [ ]

h) Hängekran ____________ [ ]

i) Becherwerk ____________ [ ]

j) Gabelstapler ____________ [ ]

### Aufgabe 3

Es können verschiedene Gabelstaplerarten unterschieden werden. Jeder Betrieb muss sich entscheiden, welche Bauweise, Antriebsart u. a. für ihn vorteilhaft erscheint.

Nennen Sie Vorteile eines Gabelstaplers, der folgende Ausstattungsmerkmale aufweist:

- Benzinmotor,
- vier Räder,
- freitragend,
- Fahrersitz (Quersitz),
- Dreifach-Teleskopmast,
- Vollgummireifen.

### Aufgabe 4

Sie sollen verschiedene Packstücke in das Palettenregal in Halle 4 einlagern. Für den Transport steht Ihnen ein Gabelstapler zur Verfügung. Ermitteln Sie anhand des nebenstehenden Lastschwerpunktdiagramms, wie hoch die jeweiligen Lasten maximal gehoben werden dürfen! Die Paletten und Kisten sind jeweils gleichmäßig zu beladen.

a) Eine Holzkiste mit den Maßen 1,00 m x 1,00 m x 0,50 m und einem Gesamtgewicht von 1 310 kg.

b) Eine EUR-Palette mit den Maßen 1,20 m x 0,80 m mit einem Gesamtgewicht von 790 kg.

c) Ein Motorblock auf einer Holzpritsche (unterfahrbar) mit den Maßen 1,30 m x 0,90 m x 1,50 m mit einem Gesamtgewicht von 1,2 t.

**Lastschwerpunktdiagramm für den Gabelstapler**

Gewicht der Last in kg

| Höhe in mm | | | | |
|---|---|---|---|---|
| 5 500 | 1 000 | 1 060 | 1 120 | 1 180 |
| 5 000 | 1 050 | 1 110 | 1 170 | 1 230 |
| 4 500 | 1 100 | 1 160 | 1 220 | 1 280 |
| 4 000 | 1 150 | 1 210 | 1 270 | 1 330 |
| 3 500 | 1 200 | 1 260 | 1 320 | 1 380 |
| 3 000 | 1 250 | 1 310 | 1 370 | 1 430 |
| 2 500 | 1 300 | 1 360 | 1 420 | 1 480 |
| | 700 | 600 | 500 | 400 |

Abstand des Lastschwerpunkts vom Gabelrücken in mm

### Aufgabe 5

Aus der Warenannahme sind verschiedene Packstücke zur Wareneingangskontrolle zu transportieren. Stellen Sie anhand des nebenstehenden Tragfähigkeitsdiagramms fest, ob Sie die Packstücke mit dem vorhandenen Hubwagen dorthin transportieren dürfen! Der Lastschwerpunkt liegt jeweils in der Mitte.

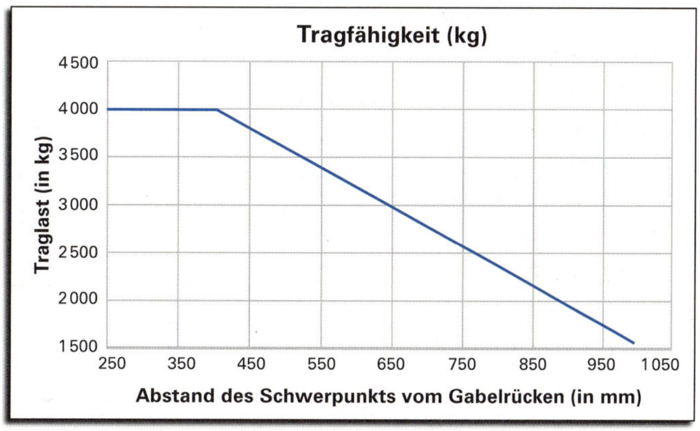


a) Eine Holzpalette (2,00 m x 1,00 m) mit einem Gesamtgewicht von 2 t.

b) Ein Holzkiste (2,00 m x 2,00 m) mit einem Gesamtgewicht von 2,5 t.

c) Ein Stahlbehälter (1,20 m x 1,20 m) mit einem Gesamtgewicht von 2,5 t.

## Der Prüfungsfall

### Die Transportmittel der Bockelmann GmbH stehen auf dem Prüfstand

In dem schleswig-holsteinischen Zentrallager der Bockelmann GmbH in Husum wird das Lager nach einem Brand mit neuen Fördermitteln bestückt. Die Lagermitarbeiter sind in die Planungen eingebunden und sollen Vorschläge erarbeiten, wie in Zukunft der Materialfluss noch schneller und sicherer abgewickelt werden kann.

Folgende Güter und Güterarten werden in diesem Betrieb für landwirtschaftlichen Bedarf gelagert:

| Gut | Lagerung | Anlieferung/Packmittel/ Besonderheiten |
|---|---|---|
| Saatgut | Im Silo und in 20-kg-Säcken | Im Tankwagen und mit einem offenen Lkw (Pritsche) |
| Kleinteile (Schrauben, Nägel u. a.) | Im Fachbodenregal | Anlieferung in Drehstapelbehältern |
| Kleinwerkzeuge (Hammer, Zangen, Schraubendreher u. a.) | Im Fachbodenregal | Anlieferung erfolgt in Kartons |
| Futtermittel | Im Trockenlager und in 20-kg-Säcken | Anlieferung erfolgt im Tankwagen und mit einem offenen Lkw (Pritsche) |
| Bedachungsmaterialien (Welldachelemente aus Kunststoff 2 m x 1,20 m, Teerrollen 25 m x 2 m u. a.) | Bodenlagerung auf Paletten | Anlieferung erfolgt mit einem offenen Lkw (Pritsche) |
| Gartengeräte (Schaufeln, Besen, Forken u. a.) | Im Fachbodenregal | Anlieferung erfolgt mit einem Lkw |
| Metallrohre und Kunststoffrohre in verschiedenen Größen und Längen | Im Kragarmregal | Anlieferung erfolgt mit einem offenen Lkw (Pritsche) |
| Dünger (feinkörnig im Silo, flüssig in 10-l-Eimern) | Im Silo und in Eimern | Anlieferung erfolgt mit einem Tankwagen und mit einem Lkw (Palettenware) |
| Insektenschutzmittel (Spraydosen und zum Selbstabfüllen) | Im Durchlaufregal | Anlieferung erfolgt mit einem Lkw (Palettenware) |

Die Waren werden üblicherweise direkt vom Produzenten an die Bockelmann GmbH geliefert. Einige Güter sind palettiert, andere gebunden, manche kommen in Tankwagen oder offenen Wagen.

### Ihre Aufgaben

- Machen Sie einen Vorschlag für die Ausstattung des Zentrallagers mit den notwendigen Fördermitteln!
- Beziehen Sie in Ihre Überlegungen die bei Bockelmann anfallenden Tätigkeiten von der Warenannahme über die Lagerung bis zum Beladen der Fahrzeuge der Landwirte ein!
- Ihr Konzept sollte insbesondere die Eigenschaften der jeweiligen Güter berücksichtigen!
- Begründen Sie Ihre Entscheidungen!

# 10 Güter verladen (Lernfeld 8)

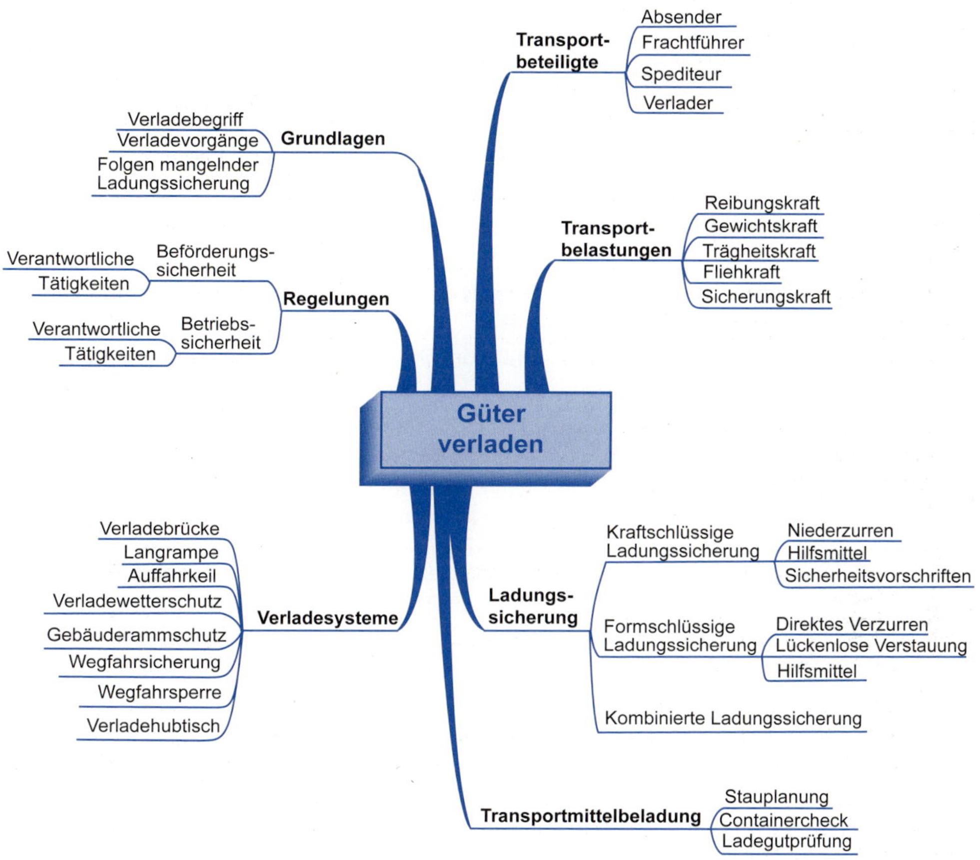

# KOMPAKTWISSEN

## 10.1 Grundlagen der Güterverladung

1. Was bedeutet Verladung?

**Verladung** bezeichnet das Aufladen, Umladen oder Abladen von Gütern auf Verkehrsmittel zum Versand.

2. Nennen Sie Beispiele für Verladevorgänge!

**Beispiele** für Verladevorgänge sind das

- Aufladen von Paletten auf Waggons,
- Umladen von Gitterboxen in Container,
- Abladen von Holzkisten von Lkw.

3. Wo finden Sie Regelungen zur sicheren Verladung von Gütern?

**Regelungen zur sicheren Güterverladung** finden Sie

- in der Straßenverkehrsordnung (StVO),
- im Handelsgesetzbuch (HGB),
- im Übereinkommen über den Beförderungsvertrag im internationalen Straßenverkehr (CMR),
- in den Rechtsvorschriften über die internationale Eisenbahnbeförderung von Gütern (CIM),
- in den Vertragsbedingungen für den Güterkraftverkehrs- und Logistikunternehmer (VBGL),
- u. a.

→ s. Kap. 7.4.7 Dokumente des internationalen Güterverkehrs

4. Nennen Sie Folgen mangelnder Ladungssicherung!

**Folgen mangelnder Ladungssicherung** sind

- **menschliche Schicksale** wie Verletzungen, Todesfälle,
- **Umweltbelastungen** wie Luftverschmutzungen, Bodenverseuchungen,
- **rechtliche Folgen** wie Bußgelder, Freiheitsstrafen für Verantwortliche,
- **wirtschaftliche Folgen** wie Warenverderb, Produktionsausfälle,
- **gesellschaftliche Folgen** wie Kosten für die Einsatzkräfte, Belastungen der Krankenkassen,
- u. a.

5. Was ist ein Transport?

Ein **Transport** ist ein Vorgang, bei dem Personen oder Güter mit Verkehrsmitteln zwischen zwei Orten befördert werden.

6. Unterscheiden Sie Transportmittel!

Man unterscheidet **Transportmittel** in

- **Antriebsfahrzeuge** wie Eisenbahnen, Lkw, Schiffe, Luftfahrzeuge etc.,
- **Transportbehälter** wie Kisten, Schachteln, Paletten, Behälter etc.

7. Was versteht man unter einem Verlader?

Ein **Verlader** ist z. B. ein Mitarbeiter der Versandabteilung, der die zu befördernden Güter an einen Spediteur oder an einen Frachtführer übergibt.

Verlader sind gesetzlich zur Ladungssicherung verpflichtet.

## 10.2 Regelungen der Güterverladung

8. Wer ist für die sichere Güterverladung verantwortlich?

Man unterscheidet zwischen

- **Beförderungssicherheit,** auch **Ladungssicherheit** genannt, für die der Absender/Verlader des Gutes verantwortlich ist,
- **Betriebssicherheit,** auch **Verkehrssicherheit** genannt, für die der Frachtführer/Fahrer verantwortlich ist.

→ s. Kap. 7.3 Gesetzliche Vorschriften des Versandes!

### 10.2.1 Beförderungssicherheit

9. Was bedeutet Beförderungssicherheit?

**Beförderungssicherheit** bedeutet, dass die Absender/Verlader die jeweiligen Verkehrsmittel unter Beachtung aller Rechtsvorschriften und nach dem aktuellen Stand der Technik beladen müssen.

10. Welche Tätigkeiten gehören zur Beförderungssicherheit?

**Tätigkeiten** zur Herstellung der Beförderungssicherheit sind die

- transportsichere Verpackung,
- ausreichende Kennzeichnung,
- Stauung auf der Ladefläche,
- Befestigung auf der Ladefläche,
- u. a.

11. Wann kann auch ein Frachtführer/Fahrer für die Beförderungssicherheit verantwortlich sein?

Ein **Frachtführer/Fahrer** kann dann für die Beförderungssicherheit verantwortlich sein, wenn vertraglich geregelt ist, dass er gegen Entgelt das Verladen für den Absender/Verlader übernimmt.



15 Hummel - ISBN 978-3-8120-0570-8

Er haftet dann zusätzlich zur betriebssicheren Verladung auch für die beförderungssichere Verladung der Güter.

12. Wann ist es sinnvoll, dass Frachtführer/Fahrer die Beförderungssicherheit herstellen?

**Frachtführer/Fahrer** sollten die Beförderungssicherheit dann herstellen, wenn Absender/Verlader z. B. nicht genug Erfahrungen mit der Beladung der Spezialfahrzeuge oder der Nutzung besonderer Verladevorrichtungen haben.

13. Wer haftet für die Beförderungssicherheit, wenn ein Frachtführer/Fahrer einem Absender/Verlader ohne vertragliche Regelung bei der Verladung hilft?

Beginnt ein Frachtführer/Fahrer mit Einverständnis des Absenders/Verladers mit der Verladung, ist er als **Erfüllungsgehilfe** des Absenders/Verladers tätig.

Weil es keine vertragliche Regelung gibt, haftet der Absender/Verlader weiterhin für die Beförderungssicherheit.

→ s. Kap. 1 Güter annehmen und kontrollieren!

→ s. Kap. 7 Güter versenden!

### 10.2.2 Betriebssicherheit

14. Was bedeutet Betriebssicherheit?

**Betriebssicherheit** bedeutet, dass Frachtführer/Fahrer die **Verkehrssicherheit** des jeweiligen Transportmittels gewährleisten müssen.

15. Welche Tätigkeiten gehören zur Betriebssicherheit?

**Tätigkeiten** zur Herstellung der Betriebssicherheit sind die

- Auswahl des geeigneten Transportmittels,
- Bereitstellung der notwendigen Ladungssicherungsmittel,
- Einhaltung der vorgeschriebenen Nutzlasten,
- Überprüfung der angemessenen Lastverteilung,
- u. a.

16. Wer ist vor Fahrtantritt für die Überprüfung der Betriebssicherheit zuständig?

Nachdem der Absender/Verlader das Ladegut beförderungssicher auf den Lkw aufgebracht hat, **überprüft** der Frachtführer/Fahrer die Betriebssicherheit des Lkw.

Dabei ist er gesetzlich dazu verpflichtet, dem Absender/Verlader auffällige Mängel an der Beförderungssicherheit zu melden und von diesem beheben zu lassen.

## 10.3 Transportbelastungen

**17.** Welche physikalischen Kräfte wirken während eines Transports auf die Ladung?

Während eines Transports wirken vorwiegend folgende physikalische Kräfte auf die Ladung:

- **Gewichtskraft,** mit der die Ladung von der Erde angezogen wird.

  Weil sie immer senkrecht nach unten wirkt, drückt sie die Ladung auf die Ladefläche.
- **Trägheitskraft,** mit der die Ladung einer Richtungsänderung entgegenwirkt.

  Sie bewirkt, dass die Ladung beim Anfahren nach hinten und beim Bremsen nach vorn gedrückt wird.
- **Fliehkraft,** auch Zentrifugalkraft genannt, mit der die Ladung in Kurven nach außen gedrückt wird.

  Sie entsteht, weil die Ladung die bisherige Bewegungsrichtung beibehalten möchte.
- **Reibungskraft,** mit der die Ladung bei Bewegungen auf der Ladefläche reibt.

  Sie wirkt zwischen Ladung und Ladefläche und hemmt die Bewegung des Ladegutes.

**18.** Was versteht man unter der Massenkraft?

Unter **Massenkraft** versteht man die Summe aus Trägheits- und Fliehkraft.

**19.** Was versteht man unter der Sicherungskraft?

Die **Sicherungskraft** ist die Kraft, die zusätzlich zur Reibungskraft durch Maßnahmen der Ladungssicherung aufgebracht werden muss, um die Ladung während des Transportes in Position zu halten.

**20.** Wie hoch muss die Sicherungskraft mindestens sein?

Die Sicherungskraft muss mindestens so groß sein, dass sie zusammen mit der Reibungskraft die auf die Ladung wirkenden Trägheits- und Fliehkräfte ausgleicht.

## 10.4 Ladungssicherung

**21.** Unterscheiden Sie die Arten der Ladungssicherung!

**Ladungssicherungsarten** sind:

- kraftschlüssige Ladungssicherung,
- formschlüssige Ladungssicherung,
- kombinierte Ladungssicherung.

### 10.4.1 Kraftschlüssige Ladungssicherung

**22.** Was versteht man unter kraftschlüssiger Ladungssicherung?

Bei der **kraftschlüssigen Ladungssicherung** werden die Ladegüter mit Hilfe von Zurrmitteln fest auf die Ladefläche gedrückt, um die Bewegung des Ladegutes durch eine höhere Reibungskraft zu hemmen. Hierzu wird die Technik des **Niederzurrens** angewandt. Die Zurrmittel laufen dabei **über** das Ladungsgut.

**23.** Wie werden Ladegüter niedergezurrt?

Beim **Niederzurren** wird das Zurrmittel **über** das zu sichernde Ladegut gespannt und am Boden festgemacht.

**24.** Nennen Sie Zurrmittel zum Niederzurren!

**Zurrmittel** sind z. B.

- **Zurrdrahtseile** aus Drähten, bei denen der erforderliche Druck zum Pressen des Ladegutes auf den Boden durch Seilwinden erzeugt wird,
- **Zurrgurte** aus gewebtem Polyester, bei denen Ratschen für die notwendige Spannung sorgen,
- **Zurrketten** aus Stahl, bei denen die Spannkraft durch Spannungselemente aufgebracht wird
- u. a.

**25.** Nennen Sie für jedes Zurrmittel eine Sicherheitsvorschrift!

**Sicherheitsvorschriften** für Zurrmittel verlangen, dass

- die **Zurrdrahtseile** bei erkennbaren Brüchen einzelner Drähte nicht mehr benutzt werden dürfen,
- die auf dem Etikett des **Zurrgurtes** angegebene zulässige Zugkraft keinesfalls überschritten werden darf,
- die **Zurrketten** nicht zum Heben und Tragen von Lasten verwendet werden dürfen.

**26.** Welche Güter werden niedergezurrt?

Es werden nur **formstabile Güter** wie Kisten etc. niedergezurrt.

Forminstabile Güter halten der Spannkraft, die durch die Zurrmittel erzeugt wird, nicht stand und werden beschädigt.

## 10.4.2 Formschlüssige Ladungssicherung

27. Was versteht man unter formschlüssiger Ladungssicherung?

**Formschlüssige Ladungssicherung** erfolgt durch

- **direkte Verzurrung** des Ladegutes, bei der die Zurrmittel nicht über das Ladegut gespannt, sondern direkt am Ladegut festgemacht und von dort mit der Ladefläche verbunden werden,
- **lückenlose Verstauung,** bei der das Ladegut ohne Leerraum an den Fahrzeugwänden verstaut wird.

28. Unterscheiden Sie die Varianten des direkten Verzurrens!

Varianten des **Direktzurrens** sind

- **Schrägzurren,** bei dem die Zurrmittel am Ladegut befestigt und in einem Winkel von etwa 90 Grad gerade auf die Ladefläche gespannt werden,
- **Schlingenzurren,** bei dem die Zurrmittel mit Schlingen an den Kanten des Ladegutes befestigt und zum Fahrzeugboden gespannt werden,
- **Diagonalzurren,** bei dem die Zurrmittel am Ladegut befestigt, aber diagonal auf die Ladefläche gespannt werden.

29. Unterscheiden Sie Hilfsmittel zur lückenlosen Verstauung!

**Hilfsmittel zur lückenlosen Verstauung** können

- im Fahrzeugbau fest verankert sein, wie Klemmbalken, Bordwandanker, Zurrmulden etc.,
- das Ladegut fixieren, wie Klemmbalken, Holzkeile, Zwischenwände etc.,
- Leerräume ausfüllen, wie Stausäcke, Leerpaletten, Schaumstoffpolster etc.,
- das Ladegut umspannen, wie Netze, Planen etc.,
- die Reibung erhöhen, wie Anti-Rutsch-Matten etc.

30. Was sind Zurrmulden?

**Zurrmulden** sind in den Fahrzeugboden fest eingelassene oder verschraubte Vertiefungen mit Haltevorrichtungen wie Stahlbügel etc., in welche die Zurrmittel eingehakt werden.

31. Was ist ein Klemmbalken?

Ein **Klemmbalken** ist eine längenverstellbare Stange mit einem Ratschensystem, die zwischen einzelne Ladegüter oder zwischen Ladegüter und Fahrzeugwände gespannt wird und das Ladegut fixiert.

Durch ein Gelenk am Ende des Klemmbalkens bietet dieser auch dann optimalen Halt, wenn der Untergrund nicht gerade sein sollte.

32. Was sind Stausäcke?

**Stausäcke** sind Luftpolster aus feuchtigkeitsunempfindlichem, stoßfesten Kraftpapier oder Kunststoff, die mit Druckluft befüllt werden. Sie blockieren das Gut auf der Ladefläche, indem sie mögliche Leerräume ausfüllen und ein Verrutschen des Ladegutes verhindern.

33. Was bewirken Anti-Rutsch-Matten?

**Rutschhemmende Matten** bestehen aus Kunststoff und sind mit einem Belag überzogen, der die Reibungskraft zwischen dem Ladegut und der Ladefläche erhöht und die Bewegung des Ladegutes auf der Ladefläche hemmt.

Anti-Rutsch-Matten werden insbesondere zur Ladungssicherung von Gütern mit glattem Untergrund wie z. B. Metalloberflächen eingesetzt.

### 10.4.3 Kombinierte Ladungssicherung

34. Was versteht man unter kombinierter Ladungssicherung?

Bei der **kombinierten Ladungssicherung** werden Techniken der kraftschlüssigen und der formschlüssigen Ladungssicherung wie z. B. das zusätzliche Blockieren bereits niedergezurrter Ladegüter miteinander kombiniert.

Die kombinierte Ladungssicherung hat sich in der Praxis als besonders geeignet herausgestellt, weil sich die Effektivität der Ladungssicherung durch die Kombination beider Techniken relativ leicht erhöhen lässt.

## 10.5 Verladesysteme

35. Was sind Verladesysteme?

**Verladesysteme** sind Hilfsmittel zur sicheren Verladung der zu befördernden Güter auf die jeweiligen Transportmittel.

Sie bewahren u. a. die Ladegüter selbst und die beteiligten Transportmittel vor Schäden und schützen die an den Verladevorgängen beteiligten Personen vor Unfällen.

36. Wozu dienen mobile Verladebrücken?

**Mobile Verladebrücken** bestehen aus Aluminium oder Stahl und überbrücken Lücken zwischen den Verladerampen und den Transportmitteln.

Steckbolzen oder Antirutschprofile aus Gummi verhindern das Verrutschen der Verladebrücken während der Verladung. Sie können durch versenkbare Staplerlaschen mit Gabelstaplern oder durch seitliche Räder transportiert werden.

37. Was sind Langrampen?

**Langrampen** sind stationäre Fahrflächen und bestehen aus verzinkten Gitterrosten. Sie ermöglichen z. B. die Schrägauffahrt von Treppen.

Als Zubehörteile haben sich Auffahrkeile und Geländer als Absturzsicherung bewährt.

38. Wozu dienen Auffahrkeile?

**Auffahrkeile** ersetzen Hubvorrichtungen und ermöglichen, dass ein Lkw mit einer niedrigen Ladefläche sich der Gebäuderampe anpassen kann.

39. Was ist ein Verladewetterschutz?

Ein **Verladewetterschutz** ist ein Verbindungselement zwischen Verladezone und zu beladendem Lkw.

Zur Verladung fährt der Lkw rückwärts in den Verladewetterschutz ein und ermöglicht die geschützte Verladung der bereitstehenden Waren.

Lücken, die sich zwischen Verladetor und Lkw bilden, werden durch die dreiseitige Abdichtung geschlossen, wodurch Heiz- und auch Kühlkosten eingespart werden.

40. Was ist ein Gebäuderammschutz?

Ein **Gebäuderammschutz** besteht aus Hartgummi und schützt durch spezielle Hohlräume den Verladebereich z. B. gegen das Anfahren von Gabelstaplerunterbauten.

41. Wie funktioniert eine Wegfahrsicherung?

**Wegfahrsicherungen** verbinden über Steuerstrom den zu beladenen Lkw mit der Laderampe.

Durch Unterlegen des Elektrokeiles wird von einer Informationsampel signalisiert, dass das Verladetor geöffnet werden kann. Erst wenn der Keil entfernt ist, kann der Lkw wegfahren.

42. Was ist eine Wegfahrsperre?

Eine **Wegfahrsperre** ist ein Hemmnis aus Stahl oder Beton, das in den Boden der Verladezone eingelassen ist und das ein zu frühes, ungewolltes Abfahren des Lkw aus der Verladeposition verhindert.

Es wird, sobald der Lkw die Sperre überfahren hat und sich in der Verladeposition befindet, mit Hilfe von Druckluft ausgefahren.

Nach Beendigung des Verladevorgangs wird die Sperre heruntergelassen, sodass der Lkw die Verladezone wieder verlassen kann.

43. Was ist ein Verladehubtisch?

Ein **Verladehubtisch** ist eine fest in das Versandgebäude integrierte, höhenverstellbare Verladeplattform, die sich der Höhe des Lkw beim Be- und Entladen anpasst.

Sicherungseinrichtungen wie Stahlrollos etc. verdecken den Bodenabstand und schützen gegen ungewolltes Unterlaufen des hochgefahrenen Hubtisches.

## 10.6 Beladung von Transportmitteln

44. Welche Tätigkeiten beinhaltet die Beladung eines Transportmittels?

Zur **Transportmittelbeladung** sind folgende Tätigkeiten notwendig:

- die Planung der Stauung,
- die Überprüfung des Ladegutes,
- die Überprüfung des Transportmittels,
- die Sicherung der Ladung,
- u.a.

45. Was ist eine Stauplanung?

Die **Stauplanung** erfolgt im Anschluss an die Tourenplanung und dient dazu, die Transportgüter

- in der richtigen Reihenfolge,
- mit gleichmäßiger Gewichtsverteilung,
- möglichst Platz sparend und
- beförderungssicher zu verladen.

46. Nennen Sie Gründe für eine detaillierte Stauplanung!

Betriebe erstellen **detaillierte Staupläne**, weil sie die

- Voraussetzung zur Herstellung der Betriebs- und Beförderungssicherheit bilden,
- Verladezeiten verkürzen,
- Auslastungen der Transportmittel verbessern,
- u.a.

47. Nennen Sie Grundsätze der Stauplanung!

**Grundsätze der Stauplanung** sind, dass

- die Güter, die zuerst entladen werden, zuletzt eingeladen werden,
- die Güter, die zuletzt entladen werden, zuerst eingeladen werden,
- die Transportmittel nicht einseitig beladen werden dürfen,
- die schweren Güter unten, die leichten Güter oben zu verstauen sind,
- die flüssigen Güter unten, die festen Güter oben zu stauen sind,

- die Fässer nur stehend gestaut werden dürfen,
- das Gewicht gleichmäßig auf der Bodenfläche verteilt werden soll,
- staubende nicht mit staubempfindlichen Gütern gestaut werden sollen,
- die zulässigen Achslasten der Lkw nicht überschritten werden dürfen,
- u. a.

**48.** Welche Prüfungen führen Sie vor der Verladung an dem Ladegut durch?

Es wird u. a. **überprüft,** ob das Verladegut
- zum Transport hinreichend verpackt ist,
- die erforderliche Standfestigkeit für den Transport aufweist,
- die notwendige Formstabilität zum Niederzurren hat,
- auf der Ladefläche stapelbar ist.

**49.** Nennen Sie Außenprüfungen, die Sie vor der Beladung eines Containers vornehmen!

Beim **Außencheck eines Containers** vor der Beladung wird geprüft, ob
- das Dach und die Wände unbeschädigt sind,
- alle aufgeklebten Markierungen, Warnzeichen etc. von vorherigen Transporten entfernt wurden,
- die Türen gangbar sind,
- die Schweißnähte und Beschläge einwandfrei sind,
- die Verschlüsse funktionieren,
- u. a.

**50.** Welche Innenprüfungen führen Sie vor der Beladung eines Containers durch?

Bei der **Innenprüfung eines Containers** vor der Beladung wird geprüft, ob
- das Dach, der Boden und die Wände unbeschädigt sind,
- der Innenraum des Containers trocken und sauber ist,
- keine Nägel, Schrauben etc. herausstehen,
- u. a.

**51.** Welche Prüfungen führen Sie nach einer Containerbeladung durch?

**Nach der Containerbeladung** wird geprüft, ob
- sämtliche Anforderungen an die Ladungssicherung erfüllt sind,
- der Container sorgfältig verschlossen ist,
- die erforderlichen Plomben und Siegel angebracht sind,
- u. a.

# PRÜFUNGSTRAINING

**Aufgabe 1**

Beurteilen Sie die folgenden Fallsituationen zur Güterverladung!

a) Die Auszubildende Julia soll einen Lkw beladen, kann aber trotz intensiver Suche keine Spanngurte finden.

b) Die Auszubildende Sarah stellt 4 Paletten mit Zementsäcken an die Laderampe und teilt dem Fahrer des Lkw mit, sie müsse jetzt weiter verpacken.

c) Nachdem der Frachtführer Horst die Beladezeit seines Lkw in der Kantine verbracht hat, nimmt er die Begleitpapiere in Empfang und fährt los.

d) Frachtführer Norbert verlädt die Träger aus Baustahl für einen Transport nach Bremen mit einer speziellen Kranvorrichtung selbst auf seinen Lkw.

**Aufgabe 2**

Erläutern Sie die Aufgabe der Ladungssicherung!

**Aufgabe 3**

Entscheiden Sie, ob unten stehende Beschreibungen jeweils auf die

1 = Massenkraft

2 = Reibungskraft oder

3 = Gewichtskraft

zutreffen!

a) Sie ist eine zum Kurvenäußeren wirkende Kraft. ______ ☐

b) Sie wirkt immer senkrecht nach unten. ______ ☐

c) Sie wirkt zwischen Ladung und Ladefläche und hemmt die Bewegung der Ladung. ______ ☐

d) Sie ist die Kraft, mit der ein Körper von der Erde angezogen wird. ______ ☐

e) Sie ist die Trägheit, mit der sich eine Ladung einer Bewegung widersetzt. ______ ☐

f) Sie tritt bei kurvigen Bewegungen auf. ______ ☐

**Aufgabe 4**

Entscheiden Sie, ob folgende Aussagen zur Ladungssicherung

1 = richtig oder

9 = falsch sind!

a) Die lückenlose Verstauung ist eine Möglichkeit zur formschlüssigen Ladungssicherung. ______ ☐

b) Torfsäcke und Pappkartons eignen sich besonders gut zum Niederzurren. ______ ☐

c) Reibungskräfte unterstützen die Ladungssicherung. ______ ☐

d) Zur Sicherung glatter Ladungen werden besonders viele Zurrgurte benötigt. ______ ☐

e) Bei flachen Zurrwinkeln benötigt man eher weniger Zurrgurte. ______ ☐

f) Niederzurren dient der kraftschlüssigen Ladungssicherung. ______ ☐

g) Packstücke mit scharfen Kanten können nicht gezurrt werden. ______ ☐
h) Die direkte Verzurrung ist eine Möglichkeit zur formschlüssigen Ladungssicherung. ______ ☐
i) Palettengüter sollten bündig auf der Palette angeordnet werden. ______ ☐
j) Ab 2,5 t Gesamtgewicht sind Lkw mit Zurrpunkten auszustatten. ______ ☐
k) Fässer und Trommeln sollten zu Blöcken zusammengefasst werden. ______ ☐

## Aufgabe 5

Entscheiden Sie, ob es sich bei den unten stehenden Sicherungshilfsmitteln um

1 = im Fahrzeugbau fest verankerte
2 = Ladegut fixierende
3 = Leerräume ausfüllende
4 = Ladegut umspannende oder
5 = Reibung erhöhende

Hilfsmittel zur lückenlosen Verstauung handelt!

a) Netze ______ ☐
b) Bordwandanker ______ ☐
c) Schaumstoff ______ ☐
d) Anti-Rutsch-Matten ______ ☐
e) Sperrstangen ______ ☐
f) Planen ______ ☐
g) Stausäcke ______ ☐
h) Zurrpunkte ______ ☐
i) Zwischenwände ______ ☐
j) Holzkeile ______ ☐

## Aufgabe 6

Entscheiden Sie, ob folgende Aussagen über die Stauung von Gütern jeweils

1 = richtig oder
9 = falsch sind!

a) Schwere Packstücke sind unten, leichte Packstücke sind oben zu verstauen. ______ ☐
b) Die Verladung erfolgt nach dem FIFO-Prinzip. ______ ☐
c) Frostempfindliche Güter sollten an den Lkw-Wänden verstaut werden. ______ ☐
d) Feste Packstücke sind unten, weniger feste Packstücke sind oben zu verstauen. ______ ☐
e) Flüssige Stoffe sind unten, feste Stoffe sind oben zu verstauen. ______ ☐

## Aufgabe 7

Unterbreiten Sie jeweils einen Vorschlag zur Sicherung folgender Güter auf Lkw!

a) Zementsäcke
b) Plastikfässer
c) Stahlrohre
d) Papierrollen

### Aufgabe 8

Ordnen Sie folgende Verladesysteme unten stehenden Beschreibungen zu!

1 = Mobile Verladebrücke

2 = Langrampe

3 = Auffahrkeile

4 = Verladewetterschutz

5 = Wegfahrsicherung

6 = Gebäuderammschutz

7 = Wegfahrsperre

8 = Verladehubtisch

a) Das Tor kann erst geöffnet werden, wenn der Elektrokeil untergelegt ist. ______ ☐

b) Die Lücke zwischen Verladerampe und Transportmittel wird überbrückt. ______ ☐

c) Niedrige Lkw können sich so der Gebäuderampe anpassen. ______ ☐

d) Der Puffer schützt den Verladebereich vor dem Anfahren durch Gabelstapler. ______ ☐

e) Ist in das Versandgebäude integriert und kann sich der Lkw-Höhe anpassen. ______ ☐

f) Mechanischer Schutz vor ungewolltem Abfahren der Lkw. ______ ☐

g) Das Verbindungselement ermöglicht die geschützte Verladung der Waren. ______ ☐

h) Es ist stationär angebracht und dient der Schrägauffahrt von Staplern. ______ ☐

## Der Prüfungsfall

### Transportplanung in der Impex GmbH!

Ihr Meister ruft Sie mit folgenden Worten in das Lagerbüro der Impex GmbH:

„Du weißt, welche katastrophalen Folgen Fehler bei der Verladung und Sicherung der Ware auf Lkw haben. Da ich nicht möchte, dass Du einmal eine solche Tragödie zu verantworten hast, werden wir gemeinsam drei Kundentransporte, die morgen raus müssen, planen.

Zuerst müssen Sanitäreinrichtungen auf EUR-Paletten zu Sanitär Meisel nach Hamburg.

Dann müssen 142 Holzkisten mit Maschinenteilen zu einem Industrieunternehmen nach München. Die Kisten sind beliebig stapelbar und wiegen jeweils 121 kg inklusive Eigengewicht.

Zuletzt sollen 87 Kunststofffässer mit Düngemitteln und einem Gewicht von jeweils 179 kg zu einer Gärtnerei in die Nähe von Berlin. Die Fässer sind unpalettiert und nicht stapelbar.

Morgen sind bis auf unseren Gliederzug und zwei Sattelzüge alle Lkw für Touren verplant.

Die Informationen, die Du zur Verteilung der Transporte auf die freien Lkw brauchst, habe ich Dir schon zusammengestellt. Ich verlass mich auf Dich!"

### Arbeitsauftrag:

Unterbreiten Sie dem Meister einen Vorschlag, welche der freien Lkw der Impex GmbH Sie für die Transporte nach Hamburg, München und Berlin einsetzen würden.

Begründen Sie Ihre Ergebnisse!

**Informationsmaterial:**

Radius 25 cm, Höhe 100 cm

120 x 40 x 100 (L x B x H in cm)

# Ladeliste

**Ingo Meisel**
**Sanitär- und Regelungstechnik GmbH**
**Georgia-Appel-Str. 21**
**22451 Hamburg**

| Pos. | Anzahl | Art | Inhalt | Gewicht kg |
|---|---|---|---|---|
| 01 | 5 | EUR-Paletten | Waschbecken Marmor | 4600 |
| 02 | 3 | EUR-Paletten | Regalablagen Glas | 2600 |
| 03 | 3 | EUR-Paletten | Spiegelschränke | 2440 |
| 04 | 2 | EUR-Paletten | Toiletten Porzellan | 1710 |
| 05 | 2 | EUR-Paletten | Duschköpfe Edelstahl | 1420 |
| 06 | 3 | EUR-Paletten | Badewannen weiß | 1840 |
| 07 | 3 | EUR-Paletten | Abtrennungen Kunststoff | 2650 |
| 08 | 5 | EUR-Paletten | Handtuchhalter Chrom | 3050 |
| 09 | 2 | EUR-Paletten | Armaturen Edelstahl | 1100 |
| 10 | 1 | EUR-Paletten | Marmorplatte Granit | 630 |

Verladehinweis: Ware ist zerbrechlich. Paletten nicht stapeln!

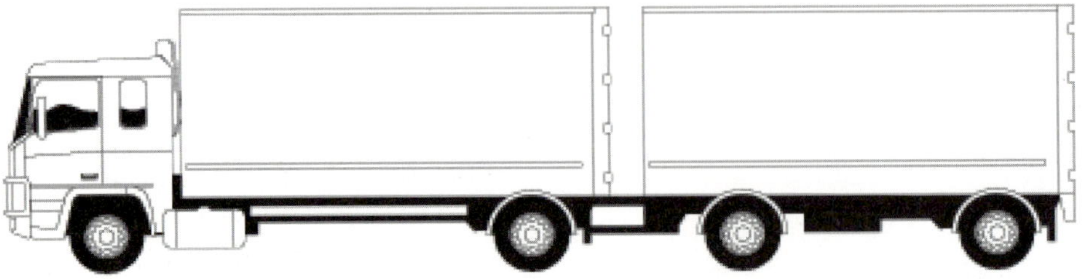

**Lkw mit Anhänger (Gliederzug)**

Maße innen je Zugmaschine und Anhänger: Länge: 7,825 m; Breite: 2,44 m; Höhe: 2,50 m;
Nutzlast Zugmaschine und Anhänger insgesamt: 23 t

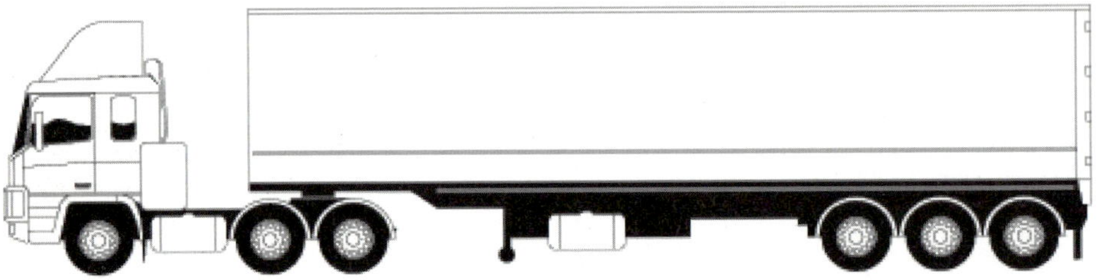

**Sattelzug 1**

Maße innen: Länge: 13,60 m; Breite: 2,44 m; Höhe: 2,50 m;
Nutzlast: 24 t

**Sattelzug 2**

Maße innen: Länge: 12,00 m; Breite: 2,44 m; Höhe: 2,50 m;
Nutzlast: 22 t

# 11 Logistische Prozesse optimieren (Lernfeld 10)

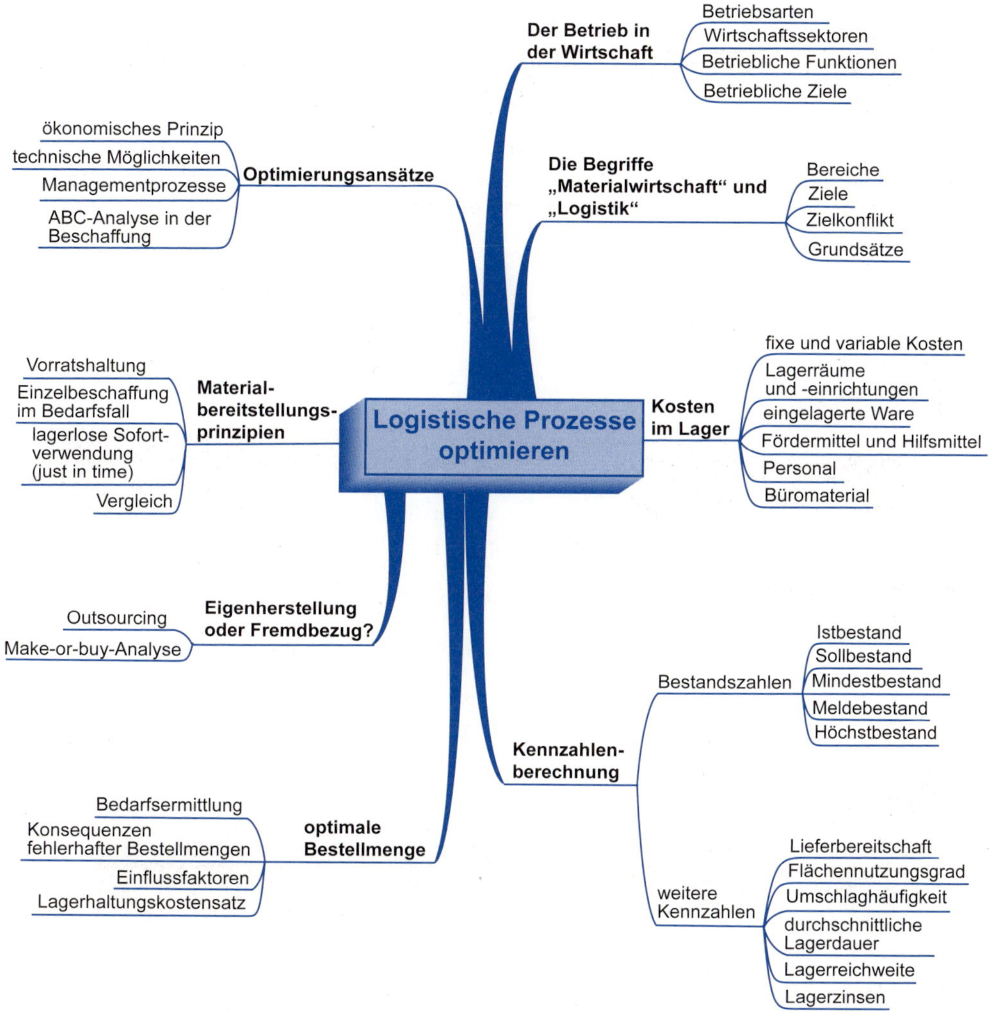

# KOMPAKTWISSEN

## 11.1 Der Betrieb in der Wirtschaft

**1.** Unterscheiden Sie die Begriffe Betrieb, Unternehmen und Firma!

Im alltäglichen Gebrauch unterscheidet man selten zwischen Betrieb, Unternehmen und Firma. Meist ist die Unternehmung gemeint. Dennoch sollten die Unterschiede bekannt sein:

- Ein **Betrieb** ist die technisch-organisatorische Einheit, in der sich betriebliche Arbeit vollzieht. Er ist die (unselbstständige) Produktionsstätte, der Ort der Werkerstellung, der Herstellung von Gütern oder der Bereitstellung von Dienstleistungen. Technische Hilfsmittel sind Maschinen, Einrichtungen, Gebäude u. a.
- Das **Unternehmen** (auch: die **Unternehmung**) ist die kaufmännisch-wirtschaftliche Einheit, das selbstständige rechtliche und finanzielle Gefüge, das in einer bestimmten Rechtsform besteht. Es kann einen oder mehrere Betriebe umfassen, verfügt über Kapital, erzielt Gewinne, stellt Arbeitskräfte ein. Unternehmer haben es „unternommen“, eine Firma zu gründen und tragen das Risiko (Kapitalaufbringung, Absatz der Produkte). Als Entlohnung für ihre Selbstständigkeit und ihr Risiko erhalten Unternehmer Einkommen aus ihrer Tätigkeit. Die Gewinnerzielung ist in der Regel das höchste Unternehmungsziel.
- Die **Firma** ist die Bezeichnung, unter der ein Kaufmann seine Geschäfte betreibt (der „Name“).

**2.** Positionieren Sie einen Betrieb im Wirtschaftsgefüge!

Ein Betrieb steht zwischen den Beschaffungsmärkten für Rohstoffe, Vorprodukte, Personal, Kapital u. a. und den Absatzmärkten für seine Produkte.

**3.** Benennen Sie die betrieblichen Funktionen!

Die betrieblichen Grundaufgaben (Funktionen) sind die Bereiche der **Beschaffung** (Einkauf), der **Fertigung** (Produktion) und des **Absatzes** (Distribution). Hinzu kommen andere übergreifende Funktionen wie die **Lagerung** von Gütern, Verwaltung (Rechnungswesen bzw. Controlling) oder Finanzierung u. a.

4. Unterscheiden Sie verschiedene Arten der Betriebe!

Man kann verschiedene Arten von Betrieben kennzeichnen, je nach dem gewählten Kriterium:

- nach Art der erstellten **Leistung**: Sachleistungs- und Dienstleistungsbetriebe;
- nach der **Betriebsgröße**: Großbetriebe, mittelgroße Betriebe, Kleinbetriebe. Dabei können die Mitarbeiterzahl, der Umsatz oder der Gewinn herangezogen werden;
- nach der **Zielsetzung**: die Betriebe arbeiten entweder nach dem erwerbswirtschaftlichen Prinzip (Gewinnmaximierung), nach dem Kostendeckungsprinzip (Versorgung der Bevölkerung durch öffentliche Unternehmen) oder nach dem genossenschaftlichen Prinzip (Vorteile für die Mitglieder der Genossenschaft);
- u. a

5. Nennen Sie die drei Wirtschaftssektoren!

Die Wirtschaftsbereiche („Sektoren") werden wie folgt gegliedert:

- **primärer Sektor** (Betriebe der **Urerzeugung**),
- **sekundärer Sektor** (Betriebe der **Weiterbearbeitung** und -verarbeitung) sowie
- **tertiärer Sektor** (Betriebe des **Handels und der Dienstleistungen**).
- Der letztgenannte Bereich wird in einigen Quellen unterteilt in den tertiären Sektor (Handel) und **quartären Sektor** (sonstige **Dienstleistungen**).

6. Beschreiben Sie den primären Sektor anhand der Wirtschaftstätigkeit der dazugehörigen Betriebe!

Die Stoffe werden unmittelbar der Natur entnommen durch Abbau von Rohstoffen oder Anbau von Pflanzen zur Ernte. Diese Produkte und Betriebe stehen am Anfang der Produktionskette.

7. Geben Sie Beispiele für Betriebe, die dem primären Sektor zuzuordnen sind!

Dem **primären Sektor** zuzuordnen sind Betriebe aus Landwirtschaft, Forstwirtschaft, Fischerei, Bergbau, Erdöl- und Erdgasförderung u. a.

8. Beschreiben Sie den sekundären Sektor anhand der Wirtschaftstätigkeit der dazugehörigen Betriebe!

Die Produkte aus dem primären Sektor (Rohstoffe, Nahrungsmittel) werden weiterbe- oder verarbeitet zu Fertigprodukten für die Unternehmen oder für die Verbraucher. Die Verarbeitung kann in kleineren Betrieben (Handwerksbetriebe) oder großen Betrieben (Industriebetriebe) erfolgen.


16 Hummel - ISBN 978-3-8120-0570-8

**9.** Geben Sie Beispiele für Betriebe, die dem sekundären Sektor zuzuordnen sind!

Dem **sekundären Sektor** zuzuordnen sind Handwerksbetriebe wie Tischlereien/Schreinereien, Bäckereien, Metzgereien/Fleischereien, aber auch industrielle Betriebe der Eisen- und Stahlerzeugung, Autoproduktion, Waggonbau, Chemieindustrie u. a.

**10.** Beschreiben Sie den tertiären Sektor anhand der Wirtschaftstätigkeit der dazugehörigen Betriebe!

Die Produkte aus dem sekundären Sektor werden durch die Betriebe des tertiären Sektors an die Unternehmen und Verbraucher verteilt. Eine weitere Verarbeitung findet nicht statt. Die Leistungen können direkt dem Produkt zuzuordnen sein (Lagerung, Transport, Handel u. a.) oder indirekt dem Produkt zuzuordnen sein (Unternehmensfinanzierung, Unternehmensberatung, Versicherung u. a.).

**11.** Geben Sie Beispiele für Betriebe, die dem tertiären Sektor zuzuordnen sind!

Dem **tertiären Sektor** zuzuordnen sind der Großhandel, der Einzelhandel, Speditionen, Lagerhalter, Banken, Versicherungen, sonstige Dienstleistungen wie Hotel- und Gastronomiebetriebe, Taxibetriebe, Gebäudereinigungsbetriebe u. a.

**12.** Unterscheiden Sie im Bereich der Handelsbetriebe den Einzel- vom Großhandelsbetrieb!

Beide Betriebe dienen der Verteilung von Gütern.

Die **Großhandelsbetriebe** sind jedoch auf die Mittlerfunktion zwischen Herstellern und Einzelhandelsbetrieben oder anderen kleineren Betrieben spezialisiert. Ihre Kunden sind Einzelhändler, die Produkte in größeren Mengen kaufen (Hotelbetriebe könnten z. B. Marmelade in 1000-g-Behältern von Lebensmittelgroßhändlern erwerben).

**Einzelhandelsbetriebe** hingegen geben ihre Waren an Endverbraucher ab (sie verkaufen z. B. einzelne Marmeladengläser zu je 340 g).

**13.** Benennen Sie die betrieblichen Produktionsfaktoren innerhalb des Leistungsprozesses!

Im Bereich der **betrieblichen Produktionsfaktoren** unterscheidet man Arbeitskraft, Betriebsmittel und Werkstoffe. Ihre Kombination erfolgt während des Leistungsprozesses.

**14.** Unterscheiden Sie die betrieblichen Produktionsfaktoren!

- **Arbeitskraft:** Es sind Arbeitsvorgänge im Betrieb zu erledigen. Dies geschieht zum einen durch die sogenannte dispositive Arbeit der Geschäftsführung, Abteilungsleitung u. a., die insbesondere hohe Leitungs-, Planungs- oder Organisationselemente, aber auch Kontrollanteile aufweist. Zum anderen ist die ausführende Arbeit (exekutive Arbeit) der Sachbearbeiter, Fachkräfte und Hilfsarbeiter angesprochen.

- **Betriebsmittel** stehen einem Betrieb längere Zeit zur Verfügung, um sie im Produktionsprozess einzusetzen. Beispiele sind Gebäude, Maschinen oder Fahrzeuge sowie die gesamte Betriebs- und Geschäftsausstattung. Für die Erfassung der Abnutzung während des Einsatzes sind die sogenannten Abschreibungen zu kalkulieren.
- Unter **Werkstoffen** versteht man alle Eingangsmaterialien, d. h. sowohl Rohstoffe als auch bezogene Fertigteile.

15. Beschreiben Sie den Begriff der Werkstoffe!

Innerhalb der **Werkstoffe** unterscheidet man

- **Rohstoffe,** die als Hauptbestandteil in das Fabrikat eingehen (z. B. Holz in einer Möbelwerkstatt, Bleche für die Autoproduktion),
- **Hilfsstoffe,** die zu Nebenbestandteilen des Fertigerzeugnisses werden, (z. B. Leim, Farbe, Schrauben) sowie
- **Betriebsstoffe,** die der Herstellung dienen, allerdings nicht in das Fertigprodukt eingehen (z. B. Strom, Vordrucke, Schnellhefter).

## 11.2 Grundlagen der Materialwirtschaft und Logistik

16. Nennen Sie die Bereiche der Materialwirtschaft!

Die **Materialwirtschaft** ist eine unternehmerische Aufgabe, die in folgenden Bereichen stattfindet:

- Einkauf (Beschaffung) und Lagerwirtschaft (Vorratshaltung) sind Teile der Materialwirtschaft im **engeren Sinne,**
- im **weiteren Sinne** werden die Transporte im Betrieb (Materialfluss) und aus dem Betrieb heraus (Versand) hinzugezählt.

17. Beschreiben Sie die Hauptaufgabe der Materialwirtschaft!

**Hauptaufgabe der Materialwirtschaft** ist es, die optimale Materialversorgung des Betriebes sicherzustellen, d. h. eine Materialversorgung zu erreichen, durch

- die benötigten Güter,
- in der entsprechenden Qualität,
- zu vorteilhaften Preisen (Kosten),
- in der gewünschten Menge,
- innerhalb der vorgegebenen Zeit,

- am richtigen Ort,
- in der richtigen Art und Weise,
- zu günstigen Konditionen

bereitgestellt werden.

**18.** Beschreiben Sie den Zielkonflikt der Materialwirtschaft!

Die **Materialwirtschaft** hat zwei **Ziele** zu berücksichtigen:

1. die optimale Versorgung und stetige Lieferbereitschaft des Betriebes ist sicherzustellen und
2. die Kosten der Lagerhaltung sind zu minimieren.

Diese Ziele stehen entgegengesetzt zueinander. Man spricht hier von einem Zielkonflikt.

**19.** Erläutern Sie den Begriff der Logistik!

Die **Logistik** war zunächst nur dem militärischen Bereich zuzuordnen. In den 70er Jahren fand der Begriff Eingang in die private Wirtschaft. Aktuell kann unter der Logistik die umfassende Koordinierung des gesamten Material- und Informationsflusses von der Beschaffung über die Produktion bis zum Absatz verstanden werden. Die Begriffsbestimmung ist somit weiter gefasst als die der bloßen Materialwirtschaft. Neben einem optimalen Materialfluss kommt dem vorauseilenden, begleitenden und nachlaufenden Informationsfluss entscheidende Bedeutung zu.

**20.** Geben Sie an, welche Logistikbereiche zu unterscheiden sind!

Es lassen sich verschiedene Logistikbereiche unterscheiden, die im Betrieb ineinandergreifen **(Logistikkette)**:

- Beschaffungslogistik (Einkaufslogistik),
- Produktionslogistik,
- Lagerlogistik,
- Vertriebslogistik (Distributionslogistik),
- Entsorgungslogistik,
- u. a.

**21.** Beschreiben Sie die Ziele der Logistik!

Die **Zielsetzung der Logistik** kann gegenüber den Zielen der Materialwirtschaft (Bereitstellung der geforderten Güter zur richtigen Zeit in der benötigten Menge am richtigen Ort in der gewünschten Qualität zu geringen Kosten) erweitert werden. Zusätzlich ist es Aufgabe der Logistik, im Betrieb die entsprechenden Informationen zu erstellen und verfügbar zu halten.

22. Nennen Sie den Grundsatz, der bezüglich dem Material- und Informationsfluss gilt!

In einem Betrieb darf es **keine Warenbewegungen** (Materialfluss) geben, **ohne** dass ein **Beleg** erstellt wird über die Art der Bewegung (Informationsfluss). Dies kann in Papierform oder auf elektronischem Weg geschehen.

23. Erläutern Sie, was unter einer Optimierung logistischer Prozesse zu verstehen ist!

Die **Optimierung logistischer Prozesse** kann durch verschiedene Maßnahmen erfolgen. Unter anderem müsste es gelingen, die Durchlaufzeiten von Gütern im Betrieb zu verkürzen, die Leistungszuverlässigkeit zu erhöhen, die notwendige Flexibilität zu erhalten und auszubauen, die Qualitätssicherung zu gewährleisten und die Informationsbereitstellung zu beschleunigen.

→ s. Kap. 4 Güter kommissionieren!

## 11.3 Kosten im Lager

24. Benennen Sie die fünf möglichen Kostenarten im Lager (Oberbegriffe)!

Die **Lagerkosten** können wie folgt gruppiert werden:

- Kosten für die Lagerräume und Lagereinrichtung,
- Kosten für die eingelagerte Ware,
- Kosten für eingesetzte Fördermittel und sonstige Hilfsmittel,
- Kosten für das Personal,
- Kosten für benötigte Materialien im Büro (sonstige Kosten).

25. Nennen Sie zwei Beispiele für die Kosten für Lagerräume und Lagereinrichtungen!

Die **Kosten für die Lagerräume und -einrichtungen** umfassen:

- Abschreibungen für den Wertverlust der Einrichtung,
- Verzinsung des in den Lagereinrichtungen investierten Kapitals (Kapital wird nur gegen Verzinsung bereitgestellt und ist in den Lagereinrichtungen für eine gewisse Zeit gebunden, somit muss es „entlohnt“ werden),
- Miete,
- Instandhaltungskosten,
- Reinigung der Räume,
- Versicherungen (Gebäudeversicherung u. a.)
- Strom, Wasser, Heizung,
- u. a.

26. Nennen Sie zwei Beispiele für die Kosten für die eingelagerte Ware!

Für die **eingelagerten Waren** fallen folgende **Kosten** an:

- Versicherungsprämien (Diebstahl, Brand),
- Schwund (Mengen- oder Gewichtsverlust), Verderb der Ware (Schimmel, Faulen), Altern der Ware (technische Weiterentwicklungen, Modewechsel),
- Verzinsung des in den Lagerbeständen investierten Kapitals (gebundenes Kapital),
- Ausschuss infolge unsachgemäßer Behandlung (Beschädigung, Zerbrechen, Diebstahl),
- u. a.

27. Nennen Sie zwei Beispiele für die Kosten für Fördermittel und sonstige Hilfsmittel!

**Kosten für Fördermittel und sonstige Hilfsmittel** entstehen aufgrund der

- Erfassung des Wertverlusts der Fördermittel durch Abschreibungen,
- Betriebs- und Pflegekosten,
- Wartung und Instandhaltungskosten
- Reparaturen,
- Versicherungsbeiträge,
- u. a.

28. Erläutern Sie, warum die jeweiligen Anschaffungskosten (also die [Netto-]Kaufpreise) für diese Geräte nicht zu den Förder- und Hilfsmittelkosten zählen!

Die (Netto-)Kaufpreise werden auch als Anschaffungskosten bezeichnet. Dieser Begriff ist jedoch etwas irreführend. Unter **Kosten** versteht man den bei der Leistungserstellung bewerteten Güterverzehr, also Werte, die verbraucht werden, um Leistungen zu erbringen. Sie sind Bestandteil der Kalkulation eines Preises für diese Leistungen.

Somit wird nicht der volle (Netto-)Kaufpreis bei der Anschaffung eines Gabelstaplers erfasst, sondern lediglich eine Art „Nutzungsgebühr" für den Einsatz des Gabelstaplers, die sich aus Versicherungsbeiträgen, Treibstoffkosten u. a. zusammensetzt. Außerdem fließen in die Kalkulation die Abschreibungen für den Wertverlust des Gabelstaplers aufgrund seines Verschleißes und seiner Alterung mit ein.

29. Nennen Sie zwei Beispiele für Personalkosten!

Für das **Personal** sind folgende **Kosten** in die Kalkulation mit einzubeziehen:

- Löhne und Gehälter für das Lagerpersonal,
- Sozialversicherungsbeiträge,
- Urlaubsgeld,
- Weihnachtsgeld,

- Bekleidungs- und Essenszuschüsse,
- u. a.

30. Nennen Sie zwei Beispiele für die sonstigen Kosten!

**Sonstige Kosten** können entstehen für:
- Verpackungsmaterialien,
- sonstiges Material für Verwaltungstätigkeiten,
- u. a.

31. Unterscheiden Sie die Begriffe Fixkosten und variable Kosten!

- Unter **Fixkosten** versteht man den Kostenanteil, der unabhängig von der Produktionsmenge (Ausbringungsmenge) anfällt.
- **Variable Kosten** verändern sich in Abhängigkeit von der Ausbringungsmenge. Sie steigen mit einem Anstieg der Produktionsmenge.

32. Geben Sie je vier Beispiele für Fixkosten und für variable Kosten an!

Beispiele für **Fixkosten** sind:
- die monatliche Miete,
- monatliche Gehaltszahlungen,
- Pauschalbetrag für Telefon („Flatrate“),
- lineare Abschreibungsraten für den Fuhrpark,
- u. a.

Beispiele für **variable Kosten** sind:
- monatliche Wasser- und Stromverbrauchszahlungen,
- Überstundenzahlungen,
- Einzelabrechnungen für Telefon,
- Treibstoffverbrauch beim Fuhrpark,
- degressive Abschreibungsraten,
- u. a.

## 11.4 Kennzahlenberechnung

33. Warum werden Lagerkennziffern zur Wirtschaftlichkeit im Lager berechnet?

**Lagerkennziffern** werden ermittelt, um die Wirtschaftlichkeit der gesamten Tätigkeiten im Lager zu überprüfen und zu beurteilen. Wichtig ist sowohl jede einzelne Kennzahl als auch die Kennziffern insgesamt. Aus den einzelnen Ergebnissen formt sich ein Gesamtbild, das für die Optimierung der logistischen Prozesse im Lager zugrunde gelegt werden kann.

Es werden mittels Kennzahlen Vergleiche mit anderen Wirtschaftsperioden und anderen Betrieben ermöglicht.

**34.** Nennen Sie verschiedene Lagerkennziffern!

Neben den Bestandszahlen sind u. a.
- die Lieferbereitschaft,
- der Flächennutzungsgrad,
- die Umschlagshäufigkeit,
- die durchschnittliche Lagerdauer,
- die Lagerreichweite und
- die Lagerzinsen

von Bedeutung.

**35.** Nennen Sie verschiedene Bestandszahlen!

**Beispiele für Bestandszahlen** sind:
- Istbestand,
- Sollbestand,
- Mindestbestand,
- Meldebestand,
- Höchstbestand,
- durchschnittlicher Lagerbestand.

→ s. Kap. 12 Güter beschaffen!

**36.** Was versteht man unter dem Istbestand?

Der **Istbestand** ist momentan im Lager vorhanden. Es ist der Bestand, der durch Zählen, Schätzen, Messen oder Wiegen ermittelt wird. Daher wird er auch als Inventurbestand, aktueller Bestand oder tatsächlicher Bestand bezeichnet.

**37.** Was versteht man unter dem Sollbestand?

Der **Sollbestand** ist der Bestand, der laut Lagerbuchführung im Lager vorhanden sein müsste. Daher wird er auch Buchbestand genannt. Er wird durch Fortschreibung der Warenein- und -ausgänge ermittelt. Mindestens einmal jährlich ist ein Abgleich mit den tatsächlichen Werten vorgeschrieben.

→ s. Kap. 3 Güter bearbeiten!

**38.** Was versteht man unter dem Mindestbestand?

Der **Mindestbestand** ist der Bestand an Waren, der normalerweise nicht unterschritten werden darf. Diese Waren dienen als Reserve und dürfen nur im Notfall nach Rücksprache mit der Lagerleitung angebrochen werden. Er wird auch als Sicherheitsbestand, eiserner Bestand oder eiserne Reserve bezeichnet. Die Höhe des Mindestbestands richtet sich nach den Erfahrungen der Vergangenheit.

**39.** Was versteht man unter dem Meldebestand?

Der **Meldebestand** ist der Bestand, bei dessen Erreichung oder Unterschreitung eine Bestellung ausgelöst werden muss. Die Lagermitarbeiter geben eine Meldung an den Einkauf, dass die Nachbestellung notwendig ist. In den Meldebestand ist der Mindestbestand zuzüglich der täglichen Verbrauchsmenge bis zum Eintreffen der Neulieferung einkalkuliert.

|  | |
|---|---|
|  | Mindestbestand |
| + | (tägl. Verbrauch · Beschaffungszeit) |
| = | Meldebestand |

**40.** Was versteht man unter dem Höchstbestand?

Der **Höchstbestand** ist der Bestand, der nach Eintreffen einer neuen Lieferung maximal im Lager sein darf. Er wird anhand der Kapazitäten festgelegt.

**41.** Was versteht man unter dem durchschnittlichen Lagerbestand?

Der **durchschnittliche Lagerbestand** bezeichnet die Menge an Waren, die in einer vergangenen Periode im Durchschnitt im Lager war. Man berechnet ihn als Wert

- auf **Jahresbasis:**

$$\frac{\text{Anfangsbestand} + \text{Endbestand}}{2}$$

oder

- auf **Vierteljahresbasis:**

$$\frac{\text{Anfangsbestand} + 4\ \text{Quartalsendbestände}}{5}$$

oder

- auf **Monatsbasis:**

$$\frac{\text{Anfangsbestand} + 12\ \text{Monatsendbestände}}{13}$$

**42.** Erklären Sie den Aussagegehalt des durchschnittlichen Lagerbestandes!

Mit Hilfe des durchschnittlichen Lagerbestandes kann eine Aussage darüber getroffen werden, wie viele Güter monatlich im Lager verfügbar waren. Dies ist wichtig für die Planung der personellen und maschinellen Kapazitäten. Die Genauigkeit und damit die Aussagekraft des berechneten Wertes liegt umso höher, je mehr Werte in die Berechnung mit einfließen.

**43.** Benennen Sie die Formel zur Berechnung der Kennziffer für die Lieferbereitschaft!

Die Summe der sofort gelieferten Mengen wird geteilt durch die Summe der bestellten Mengen. Die Multiplikation mit 100 ergibt einen Prozentwert.

$$\text{Lieferbereitschaft in \%} = \frac{\text{Anzahl unmittelbar ausgegliederter Mengen}}{\text{Anzahl bestellter Mengen}} \cdot 100$$

**44.** Erklären Sie den Aussagegehalt der Lieferbereitschaft!

Diese Kennzahl zur Lieferbereitschaft gibt Auskunft darüber, wie viele Aufträge vom Lager (sofort) erfüllt werden konnten. Sie liegt zwischen 0 und 100 %.

**45.** Geben Sie einen günstigen Wert für die Lieferbereitschaft an!

Ziel müsste ein Wert nahe der 100 % sein, denn so ist gewährleistet, dass die Kunden zufriedengestellt werden konnten. Problematisch könnte sich jedoch die Situation der Lagerkosten darstellen, wenn durch die hohen Lagerbestände immer alle Kunden sofort bedient werden können.

**46.** Benennen Sie die Formel zur Berechnung der Kennziffer für den Flächennutzungsgrad!

Die Teilung der belegten Regalfläche durch die insgesamt zur Verfügung stehenden Regalfläche multipliziert mit 100 ergibt den Prozentwert für den **Flächennutzungsgrad.**

$$\text{Flächennutzungsgrad in \%} = \frac{\text{belegte Fläche}}{\text{Gesamtlagerfläche}} \cdot 100$$

Der Wert liegt zwischen 0 % und 100 %. Ein Wert über 100 % würde bedeuten, dass u. a. auch auf Verkehrswegen Lagerung stattfände, was zu Gefahrenmomenten führen würde.

**47.** Erklären Sie den Aussagegehalt des Flächennutzungsgrades!

Der Flächennutzungsgrad weist auf die Nutzung der zur Verfügung stehenden Lagerfläche hin, d. h. auf das Verhältnis zwischen der **tatsächlichen Nutzung** zur **möglichen Nutzung**. Aus der belegten Lager- bzw. Regalfläche könnte im Umkehrschluss auch die Freifläche berechnet werden.

Es kann analog auch ein Raumnutzungsgrad ermittelt werden.

**48.** Geben Sie einen günstigen Wert für den Flächennutzungsgrad an!

Der Wert sollte relativ hoch liegen (bei 90 – 95 %), damit die Fläche gut ausgelastet ist. Es ist zu bedenken, dass einerseits stets Reservekapazitäten vorgehalten werden müssen und andererseits die Belegung mit Ladenhütern („Lagerpennern“) wenig profitabel ist.

**49.** Benennen Sie die Formel zur Berechnung der Kennziffer für die Umschlagshäufigkeit!

Man teilt den Verbrauch (Wareneinsatz) durch den durchschnittlichen Lagerbestand und erhält so die Umschlagshäufigkeit oder den Lagerumschlag.

$$\text{Lagerumschlagshäufigkeit} = \frac{\text{Summe der Warenausgänge}}{\text{durchschnittlicher Lagerbestand}}$$

Der Wert kann verschiedene Größen annehmen, je nachdem in welcher Branche der Betrieb angesiedelt ist bzw. welche Artikel betrachtet werden.

**50.** Erklären Sie den Aussagegehalt der Umschlagshäufigkeit!

Diese Kennzahl erlaubt Aussagen über die Gängigkeit der betrachteten Ware oder aller Waren im Lager. Je höher der Lagerumschlag, desto häufiger wurden Artikel in das Lager ein- und wieder ausgelagert. Jede dieser Bewegungen sollte sich positiv auf den Betriebserfolg auswirken.

**51.** Geben Sie einen günstigen Wert für die Umschlagshäufigkeit an!

Die Werte für die Umschlagshäufigkeit variieren je nach Branche, daher kann keine Zielgröße vorgegeben werden. Allgemein gilt, dass ein höherer Lagerumschlag mehr Gewinn bringen wird. Die Umschlagshäufigkeit für Lebensmittel (Frischmilch) könnte bei ca. 50–80 liegen, sodass die Frischware mindestens einmal pro Woche umgeschlagen wird. Die Lagerumschlagshäufigkeit für Dosengemüse wird eher bei 10–15 liegen.

**52.** Benennen Sie die Formel zur Berechnung der Kennziffer für die durchschnittliche Lagerdauer!

Durch Teilung des betrachteten Zeitraums in Tagen (360 Tage = ein Jahr) durch die Umschlagshäufigkeit erhält man die **durchschnittliche Lagerdauer.**

$$\text{Durchschnittliche Lagerdauer} = \frac{360}{\text{Lagerumschlagshäufigkeit}}$$

Der Wert ist der Kehrwert der Umschlagshäufigkeit und liegt zwischen 0 und 360.

**53.** Erklären Sie den Aussagegehalt der durchschnittlichen Lagerdauer!

Diese Kennzahl informiert über die Verweildauer der Artikel im Lager. Eine hohe durchschnittliche Lagerdauer geht in der Regel einher mit hohen Kosten für die Lagerpflege und Kapitalbindung. Dies sollte dazu führen, dass die Sortimente überprüft werden und Ladenhüter herausgenommen werden.

**54.** Geben Sie einen günstigen Wert für die durchschnittliche Lagerdauer an!

Hier gelten entsprechend die Aussagen zur Umschlagshäufigkeit umgekehrt: Ein hoher Wert lässt auf wenig Bewegung im Lager schließen. Dies führt zu höheren Kosten für die Warenpflege, erhöht das Lagerrisiko und die Kapitalbindung.

**55.** Benennen Sie die Formel zur Berechnung der Kennziffer für die Lagerreichweite!

Die **Lagerreichweite** wird in Tagen ermittelt. Ausgangspunkt ist der aktuelle Lagerbestand, zu dem die erwarteten Lieferungen (offenen Bestellungen) hinzuaddiert werden. Die Summe wird durch den täglichen Verbrauch geteilt. Es sollte ein Wert über 1 erreicht werden.

$$\text{Lagerreichweite} = \frac{\text{Lagerbestand} + \text{erwartete Lieferungen}}{\text{täglicher Verbrauch}}$$

**56.** Erklären Sie den Aussagegehalt der Lagerreichweite!

Der Bestand an Waren im Lager wird anhand der Lagerreichweite auf den Bedarf bezogen. Eine Lagerreichweite von 12 signalisiert, dass die planbaren Bedarfe noch 12 Tage lang abgedeckt sind.

**57.** Geben Sie einen günstigen Wert für die Lagerreichweite an!

Ein günstiger Wert ist gegeben, wenn die Lagerbestände ihre Sicherungsfunktion erfüllen können. Bis zur Lieferung von Gütern vergeht ein gewisser Zeitraum. Dieser sollte in jedem Fall mit den Lagerbeständen abgedeckt werden, ansonsten würde die Produktion ins Stocken geraten oder Kundenwünsche könnten nicht erfüllt werden.

**58.** Benennen Sie die Formel zur Berechnung der Kennziffer für die Lagerzinsen!

Der **Kennziffer für die Lagerzinsen** liegt die Formel für die Zinsberechnung zugrunde, d. h., der durchschnittliche Lagerbestand in € wird mit der durchschnittlichen Lagerdauer in Tagen und dem Vergleichszinssatz für (sichere) Geldanlagen multipliziert. Das Produkt wird durch 360 und 100 geteilt und man erhält einen Betrag in €. Dieser Betrag sollte durch die Rückflüsse aus der Geschäftstätigkeit abgegolten sein. Er stellt somit eine kalkulatorische Größe für die Preisermittlung dar.

$$\text{Lagerzinsen} = \frac{\text{Ø Lagerbestand in €} \cdot \text{Ø Lagerdauer} \cdot \text{Zinssatz}}{360 \cdot 100}$$

**59.** Erklären Sie den Aussagegehalt der Lagerzinsen!

Die im Lager vorhandenen Artikel sind bezahlt und liegen als Bestände im Regal („gebundenes Kapital"). Ein Unternehmer muss entscheiden, ob sich seine Unternehmung lohnt oder nicht. Die Rückflüsse aus den Investitionen für die Geschäftstätigkeit müssen den Vergleich mit einer Geldanlage am Kapitalmarkt (Zinserträge) übersteigen.

**60.** Geben Sie einen günstigen Wert für die Lagerzinsen an!

Da es sich bei den Lagerzinsen um entgangene Gewinne durch Geldanlagen handelt, gilt hier, stets den Vergleich zwischen Betriebserlösen und sicheren Kapitalanlagen zu suchen und zu beurteilen.

## 11.5 Optimale Bestellmenge

**61.** Erläutern Sie, wann eine Bestellmenge für einen Betrieb optimal ist!

Die **optimale Bestellmenge** ist vereinfacht dargestellt die Bestellmenge, die exakt die Bedürfnisse des Betriebes befriedigt. Man muss sicherstellen, dass man nicht zu viel und nicht zu wenig bestellt.

**62.** Erläutern Sie, wovon die Ermittlung der Bedarfsmenge abhängt!

Ein Betrieb muss verschiedene Aspekte **vor einer Beschaffung** prüfen:

- die voraussichtliche Absatzmenge,
- die eigenen Lagerbestände,
- verfügbare Lagerplätze,
- absehbare Preisentwicklungen,
- aktuelle Sonderangebote,
- die Haltbarkeit der Produkte,
- die Liquiditätssituation (Zahlungsfähigkeit),
- u.a.

**63.** Stellen Sie dar, welche Konsequenzen bei zu hohen Bestellmengen auftreten könnten!

Wenn ein Betrieb zu viel Ware beschafft, muss er mit folgenden Konsequenzen rechnen:

- steigendes Risiko durch Verderb, Schwund und Veralten oder auch Diebstahl der Waren,
- steigende Lagerkosten,
- zu viel Kapital ist in der Ware gebunden,
- es besteht die Gefahr von Preissenkungen auf dem Absatzmarkt,
- u.a.

**64.** Geben Sie mögliche Probleme an, die aus zu geringen Bestellmengen resultieren könnten!

Ein Betrieb, der nicht ausreichend Ware bestellt, muss davon ausgehen, dass folgende Probleme auftreten:

- Kundenunzufriedenheit,
- entgangene Gewinne aufgrund der nicht getätigten Geschäfte,
- Mengenrabatte sind nicht ausgenutzt worden und können nicht gewährt werden,
- innerbetrieblich kann es zu Produktionsverzögerungen/-stillstand kommen,
- erhöhte Transportaufwendungen werden notwendig sein für Nachlieferungen,
- Gefahr von Preissteigerungen auf dem Beschaffungsmarkt,
- erhöhter Arbeitsaufwand für die Neubestellungen,
- u.a.

**65.** Stellen Sie dar, welche Größen die optimale Bestellmenge beeinflussen!

Im Wesentlichen sind es zwei Einflussfaktoren, von denen die Höhe der optimalen Bestellmenge abhängt:

- die **Bestellkosten** (Bestellabwicklungskosten) und
- die **Lagerhaltungskosten** (Lagerhaltungskostensatz).
- Bestellt man häufig kleinere Mengen, steigen die gesamten Bestellkosten, während die Lagerhaltungskosten aufgrund der niedrigeren Bestände sinken. Weniger Bestellvorgänge hingegen verursachen einerseits geringere Bestellkosten, lassen jedoch andererseits die Lagerhaltungskosten ansteigen, da sich im Durchschnitt höhere Bestände im Lager befinden.

**66.** Erklären Sie den Begriff Lagerhaltungskostensatz!

In der Kalkulation der optimalen Bestellmenge können die Kosten für die Lagerhaltung vereinfacht in einem Multiplikator, dem **Lagerhaltungskostensatz,** dargestellt werden. Damit wird dem jeweiligen Produkt ein bestimmter Prozentsatz beigemessen als Kostenanteil für die Warenpflege, die Energiekosten u. a., aber auch als kalkulatorische Zinskosten für das in der Ware gebundene Kapital. Die Höhe des Lagerhaltungskostensatzes wird aufgrund von Erfahrungswerten angesetzt, z. B. 12 %.

Man ermittelt die entstehenden Lagerkosten für das Produkt, indem man den Lagerhaltungskostensatz mit dem Wert der durchschnittlich gelagerten Ware multipliziert.

**Beispiel:**

Der Warenwert einer Produktgruppe beträgt 1 800 000,00 € · 12 % = 216 000,00 €.

Somit fallen für diese Produktgruppe 216 000,00 € Lagerhaltungskosten an.

## 11.6 Eigenherstellung und Fremdbezug

**67.** Erklären Sie den Begriff Outsourcing!

Betriebe können benötigte Leistungen selbst erbringen oder andere Dienstleister damit beauftragen. Die Verlagerung von ursprünglich eigenen (betriebsinternen) Tätigkeiten auf andere (externe) Betriebe wird als **Outsourcing** bezeichnet.

Ein Betrieb steht somit vor der Frage des **make or buy,** d. h.: Sollte man die Leistungen selbst erbringen bzw. die Güter herstellen oder von anderen kaufen?

→ s. Kap. 2 Eigen- und Fremdlagerung

68. Erklären Sie, wovon das Ergebnis einer Make-or-buy-Analyse abhängt!

Generell ist die **Überprüfung einer Outsourcing-Konzeption** abhängig von

- der Branche, in dem der Betrieb agiert,
- den Anforderungen seines (Absatz-)Marktes,
- der eigenen Kostenstruktur,
- der eigenen Größe,
- den bestehenden und möglichen Lieferanten einer benötigten Dienstleistung,
- der Akzeptanz der Kunden,
- den Mitarbeitern,
- den Vorteilen der Angebote von Dienstleistern,
- u. a.

69. Erläutern Sie Vorteile des Outsourcings von Tätigkeiten!

Wenn ein Betrieb sich dazu entscheidet, Leistungen von anderen Betrieben zu beziehen, die er auch selbst erstellen könnte, muss dies einige **Vorteile** aufweisen. Die Entscheidung wird beeinflusst von folgenden Vorteilen, die man zu realisieren versucht:

- Durch frei werdende Kapazitäten kann man sich auf das lukrativere (lohnendere) Kerngeschäft konzentrieren.
- Der Anbieter der gesuchten Dienstleistung kann auf ein umfassendes Leistungsspektrum zurückgreifen. Seine Strukturen sind auf die Tätigkeit ausgerichtet.
- Als ein Spezialist für bestimmte Tätigkeiten kann der Anbieter Kostenvorteile realisieren.
- Der Betrieb nutzt Möglichkeiten der Vernetzung, um stets eng mit dem Anbieter zu kommunizieren.
- Als Spezialist verfügt der Anbieter über größere Flexibilität als der Betrieb.
- u. a.

70. Stellen Sie Argumente gegen das Outsourcing von Leistungen dar!

Folgende **Probleme** könnten für einen Betrieb auftreten:

- Eine gewisse Unsicherheit, ob die Qualität der Leistungen stimmt, kann vorherrschen und das Projekt gefährden.
- Die Langfristigkeit der Geschäftsbeziehung muss beidseitig gewahrt sein.
- Die Frage, ob der Anbieter stets auf dem neuesten Stand der Technik ist, bleibt offen.

- Schwierigkeiten in der Kompatibilität der Systeme können gegenseitige Zugriffe auf Daten oder den Austausch von Informationen verzögern bzw. verhindern.
- Mögliche Preissteigerungen gefährden die eigene Kalkulation.
- Die Zuverlässigkeit des Lieferanten dieser Dienstleistung muss unbedingt gewährleistet sein.
- Fehlt die Akzeptanz dieser Maßnahme bei eigenen Kunden, kann sie sich als Verlust bringend herausstellen.
- Ein Verlust der Souveränität/Abhängigkeit von anderen Betrieben ist nicht förderlich für das Selbstverständnis eines Betriebes.
- u. a.

## 11.7 Materialbereitstellungsprinzipien

71. Unterscheiden Sie die Möglichkeiten der Warenbereitstellung im Betrieb!

Grundsätzlich bieten sich zwei **Möglichkeiten, die Warenbereitstellungsaufgabe im Betrieb zu lösen**:

- Bedarfsdeckung durch Vorratshaltung,
- Bedarfsdeckung ohne Vorratshaltung.

Die Bedarfsdeckung ohne Vorratshaltung kann weiter unterteilt werden, je nachdem, ob die Bereitstellung aufgrund eines Einzelbedarfs oder mittels einer lagerlosen Sofortverwendung vorgenommen wird. Somit lassen sich drei Prinzipien der Warenbereitstellung unterscheiden:

- die **Vorratshaltung,**
- die **Einzelbeschaffung im Bedarfsfall** und
- die **lagerlose Sofortverwendung (just in time).**

→ s. Kap. 12 Güter beschaffen!

72. Kennzeichnen Sie das Prinzip der Vorratshaltung!

Bei dem **Bereitstellungsprinzip der Vorratshaltung** werden die **Materialien im eigenen Lager bevorratet.** Sie stehen somit im Falle einer Nachfrage sofort oder zumindest sehr kurzfristig zur Verfügung. Störungen in der Auslieferung sind bei ausreichender Bevorratung nahezu ausgeschlossen. Ausnahmen sind denkbar bei technischem Ausfall automatisierter Lager- oder Kommissionierungssystemen.

Das Prinzip der Vorratshaltung wird vor allem bei Betrieben mit Serien- und Massenfertigung und im Handel praktiziert, da diese Betriebe gegenüber Schwankungen des Beschaffungs- und Absatzmarktes abgesichert sein müssen. Durch Abrufaufträge können die Lagerhaltungskosten gesenkt werden, d.h., es wird ein Periodenbedarf gekauft und in kleineren Losen abgerufen. Hier besteht eine gewisse Parallelität zum Prinzip der lagerlosen Sofortverwendung.

73. Kennzeichnen Sie das Prinzip der Einzelbeschaffung im Bedarfsfall!

Bei dem **Bereitstellungsprinzip der Einzelbeschaffung im Bedarfsfall** erfolgt die Warenbereitstellung erst **bei Vorliegen eines** mit einem bestimmten Auftrag verbundenen **Bedarfs.** Das Prinzip der Einzelbeschaffung im Bedarfsfall kann eingesetzt werden bei Einzelfertigung, wie im Spezialmaschinenbau, sofern nicht Materialien vielseitig verwendbar sind und deshalb auf Lager gehalten werden.

74. Kennzeichnen Sie das Prinzip der lagerlosen Sofortverwendung (just in time)!

Bei dem **Bereitstellungsprinzip der lagerlosen Sofortverwendung** erfolgt die Warenbereitstellung genau zu dem von der Fertigungsplanung vorherbestimmten Zeitpunkt, also **fertigungssynchron.** Eingehendes Material wird sofort zum Ort der Weiterverarbeitung gebracht, ohne dass ein Lagerungsvorgang notwendig wird.

Dieses Bereitstellungsprinzip wird zur Versorgung von Fertigungsbetrieben mit hohem, genau vorausberechnetem Bedarf angewendet. Meist sind es großvolumige, sehr hochwertige Materialien oder Materialien mit einem hohen Bedarf, die nach diesem Prinzip angeliefert werden.

## 11.8 Optimierung von logistischen Prozessen

75. Erläutern Sie das ökonomische Prinzip des Wirtschaftens!

Unter dem **ökonomischen Prinzip** versteht man die konsequente Anwendung des rationalen Wirtschaftens. Man kann entweder versuchen, ein gegebenes Ziel mit möglichst geringen Mitteln zu erreichen **(Minimalprinzip)**, oder man versucht, mit gegebenen Mitteln ein möglichst großes Ziel zu erreichen **(Maximalprinzip)**.


17 Hummel - ISBN 978-3-8120-0570-8

**76.** Zeigen Sie auf, inwiefern das ökonomische Prinzip maßgeblich zur Optimierung logistischer Prozesse beitragen kann!

Im Zuge der **Optimierung logistischer Prozesse** muss es zu einer sorgfältigen Überprüfung sämtlicher Aspekte des Material- und Informationsflusses kommen, um einerseits Ziele und andererseits den Mitteleinsatz zu bewerten und ggf. zu ändern. Darüber hinaus können die Anwendung neuer Techniken, Veränderungen im Management u. a. wertvolle Beiträge zur Optimierung der logistischen Prozesse leisten.

**77.** Geben Sie Beispiele für moderne Techniken, die zur Optimierung logistischer Prozesse eingesetzt werden können!

Als Beispiele können u. a. der konsequente Einsatz der EDV oder die Nutzung der RFID-Technik angeführt werden.

→ s. Kap. 9 Güter versenden!

**78.** Geben Sie Beispiele für Veränderungen im Management, die zur Optimierung logistischer Prozesse eingesetzt werden können!

In den 90er Jahren hielten Konzepte zur Verbesserung der Konkurrenzfähigkeit des Unternehmens Einzug in die Wirtschaft. Ein Rezept war die Verschlankung der Hierarchien zur Verbesserung der Flexibilität, das sogenannte **Lean Management**. Aus dem japanischen **Kaizen-Prinzip** wurden wertvolle Ableitungen zur Prozessorientierung und Kundenorientierung getroffen. Die Qualitätssicherung im Rahmen des **Total Quality Managements** (TQM) und die Hinwendung auf die Mitarbeiter als Träger von Entscheidungen zur kontinuierlichen **Verbesserung von Prozessen** (KVP) ergänzten diese Maßnahmen.

**79.** Erläutern Sie die Zielsetzung der ABC-Analyse in der Beschaffung!

Mit Hilfe der **ABC-Analyse** sollen Erkenntnisse über die Bedeutung von Gütern hinsichtlich der Beschaffung gewonnen werden.

**80.** Beschreiben Sie die Auswirkungen einer ABC-Analyse für die jeweiligen Gütergruppen in der Beschaffung!

- Die **A-Güter** sind sehr teuer und müssen daher besonders beobachtet und gepflegt werden. Es ist eine genaue Einkaufsplanung notwendig, Bezugsquellen und Bestellzeitpunkte müssen optimiert werden. Außerdem müssen die Lagerbestände stets überwacht werden.
- Die **C-Güter** können vereinfacht bestellt werden, u. a. durch Anwendung des Bestellrhythmusverfahrens. Es ist nur wenig Kontrollaufwand zu betreiben, da die Güter für den Gesamterfolg wenig bedeutsam sind. Wenn Probleme auftauchen, ist es weniger gravierend.
- **B-Güter** liegen in ihrer Bedeutung gewissermaßen zwischen den A- und C-Gütern. Es ist abzuwägen, inwieweit sie näher an den A- oder C-Gütern sind. Dementsprechend ist mit ihnen in der Beschaffung zu verfahren.

81. Erklären Sie den Ablauf einer einfachen ABC-Analyse in der Beschaffung!

Vor der **Durchführung einer ABC-Analyse** muss festgelegt werden, auf welcher Grundlage die Einteilung der A-, B- oder C-Güter erfolgt. Die Festlegung erfolgt nach Wertanteilen der einzelnen Güter aufgrund von Erfahrungen des jeweiligen Betriebs. Es macht Sinn, die Grenzen regelmäßig zu überprüfen und ggf. zu verändern.

**Beispiel für den Ablauf einer einfachen ABC-Analyse in der Beschaffung:**
In einem Betrieb seien

- A-Güter: die Produkte mit einem Wertanteil ab 8 % am Gesamtwert,
- B-Güter: die Produkte von 4 % bis unter 8 % Wertanteil am Gesamtwert und
- C-Güter: die Produkte mit einem Wertanteil von unter 4 % am Gesamtwert.

① Es werden die Werte aller Produkte (oder der Produktgruppe) im Lager addiert.
② Jetzt kann ihr jeweiliger Anteil am Gesamtwert ermittelt werden.
③ Schließlich erfolgt die Zuordnung zu A-, B- oder C-Gütern.

| Artikel | Einzelwert | Stück | Gesamtwert | Wertanteil | A-/B-/C-Gut |
|---|---|---|---|---|---|
| 45-561020 | 38,46 € | 825 | 31 729,50 € | 12,69 % | A |
| 45-561021 | 53,13 € | 345 | 18 329,85 € | 7,33 % | B |
| 45-561022 | 2,55 € | 1 722 | 4 391,10 € | 1,76 % | C |
| 45-561023 | 17,91 € | 1 119 | 20 041,29 € | 8,02 % | A |
| 45-561024 | 19,48 € | 833 | 16 226,84 € | 6,49 % | B |
| 45-561025 | 9,30 € | 1 203 | 11 187,90 € | 4,48 % | B |
| 45-561026 | 70,13 € | 121 | 8 485,73 € | 3,39 % | C |
| 45-561027 | 6,42 € | 705 | 4 526,10 € | 1,81 % | C |
| 45-561028 | 14,07 € | 488 | 6 866,16 € | 2,75 % | C |
| 45-561029 | 31,86 € | 619 | 19 721,34 € | 7,89 % | B |
| 45-561030 | 8,37 € | 552 | 4 620,24 € | 1,85 % | C |
| 45-561031 | 3,92 € | 680 | 2 665,60 € | 1,07 % | C |
| 45-561032 | 11,76 € | 312 | 3 669,12 € | 1,47 % | C |
| 45-561033 | 26,73 € | 679 | 18 149,67 € | 7,26 % | B |
| 45-561034 | 41,20 € | 901 | 37 121,20 € | 14,85 % | A |
| 45-561035 | 48,39 € | 873 | 42 244,47 € | 16,90 % | A |
| *Summen* | | *11 977* | *249 976,11 €* | 100,00 % | |

Es ergibt sich folgende Einteilung

- A-Güter: 45-5610 ...: 20, 23, 34, 35
- B-Güter: 45-5610 ...: 21, 24, 25, 29, 33
- C-Güter: 45-5610 ...: 22, 26, 27, 28, 30, 31, 32

- Alle A-Güter zusammen weisen einen Wertanteil von 52,46 % auf, bei einem Mengenanteil von 31,04 %,
- alle B-Güter machen 33,45 % des Wertes und 30,72 % der Menge aus,
- alle C-Güter zusammen werden mit einem Wertanteil von 14,10 % und einem Mengenanteil von 38,24 % notiert.

**Hinweis:**
Es könnte je nach Berechnung durchaus Rundungsdifferenzen bis zu 0,01 auftreten.

82. Beschreiben Sie die kombinierte ABC-Analyse in der Beschaffung!

Die **kombinierte ABC-Analyse** in der Beschaffung greift die Methodik der einfachen ABC-Analyse auf und ermittelt eine Reihenfolge der Artikel im Lager nach deren Einzelwerten (Rangfolge). Die Grenzen für die Zuordnung nach A-,B- oder C-Gütern werden jedoch durch die Mengen festgelegt.

Es lässt sich also z. B. feststellen, welchen Wertanteil die wertvollsten 25 % Stück (Mengenanteile) aufweisen.

**Beispiel für den Ablauf einer kombinierten ABC-Anlayse in der Beschaffung:**
In einem Betrieb seien

- A-Güter: die wertvollsten Produkte mit einem Mengenanteil bis zu 25 % Gesamtmenge,
- B-Güter: die nächstwertvollen Produkte bis zu 35 % Gesamtmenge und
- C-Güter: die restlichen Produkte mit einem Mengenanteil von unter 40 %.

① Es werden die Mengen aller Produkte (oder der Produktgruppe) im Lager addiert.
② Jetzt wird ihr jeweiliger Mengenanteil am Gesamtwert ermittelt.
③ Nun werden die Werte aller Produkte (oder der Produktgruppe) im Lager addiert.
④ Jetzt kann ihr jeweiliger Wertanteil am Gesamtwert ermittelt werden.

Folgende Werte liegen nach Berechnung der Anteile vor:

| Artikel | Einzelwert | Stück | Mengenanteil | Gesamtwert | Wertanteil |
|---|---|---|---|---|---|
| T 13 JU 1200 | 29,95 € | 527 | 5,23 % | 15 783,65 € | 3,91 % |
| T 13 JU 1201 | 17,56 € | 446 | 4,43 % | 7 831,76 € | 1,94 % |
| T 13 JU 1202 | 57,67 € | 1 127 | 11,19 % | 64 994,09 € | 16,11 % |

| Artikel | Einzelwert | Stück | Mengenanteil | Gesamtwert | Wertanteil |
|---|---|---|---|---|---|
| T 13 JU 1203 | 19,80 € | 983 | 9,76 % | 19463,40 € | 4,82 % |
| T 13 JU 1204 | 37,27 € | 811 | 8,05 % | 30225,97 € | 7,49 % |
| T 13 JU 1205 | 22,73 € | 974 | 9,67 % | 22139,02 € | 5,49 % |
| T 13 JU 1206 | 75,48 € | 242 | 2,40 % | 18266,16 € | 4,53 % |
| T 13 JU 1207 | 76,44 € | 499 | 4,95 % | 38143,56 € | 9,45 % |
| T 13 JU 1208 | 54,79 € | 583 | 5,79 % | 31942,57 € | 7,92 % |
| T 13 JU 1209 | 71,96 € | 299 | 2,97 % | 21516,04 € | 5,33 % |
| T 13 JU 1210 | 80,52 € | 369 | 3,66 % | 29711,88 € | 7,36 % |
| T 13 JU 1211 | 13,91 € | 546 | 5,42 % | 7594,86 € | 1,88 % |
| T 13 JU 1212 | 31,70 € | 793 | 7,87 % | 25138,10 € | 6,23 % |
| T 13 JU 1213 | 10,32 € | 657 | 6,52 % | 6780,24 € | 1,68 % |
| T 13 JU 1214 | 61,77 € | 881 | 8,75 % | 54419,37 € | 13,49 % |
| T 13 JU 1215 | 28,44 € | 337 | 3,35 % | 9584,28 € | 2,38 % |
| *Summen* | | *10074* | *100,00 %* | *403534,95 €* | *100,00 %* |

Nun muss diese Tabelle in eine neue überführt werden:

⑤ Sortierung aller Produkte nach dem Wertanteil, das wertvollste Produkt steht in der ersten Zeile, die anderen sind absteigend zu sortieren.

⑥ Zwei weitere Spalten sind in die Tabelle einzufügen: „kumulierte Mengenanteile“ und „kumulierte Wertanteile“.

⑦ Bei Erreichen der vorgegebenen Mengengrenzen sind die Gruppen einzuteilen (Zuordnung zu A-, B- oder C-Gütern).

| Artikel | Einzelwert | Stück | Mengenanteil | Gesamtwert | Wertanteil | Kumulierte Mengenanteile | Kumulierte Wertanteile | A-/B-/C-Gut |
|---|---|---|---|---|---|---|---|---|
| T 13 JU 1202 | 57,67 € | 1 127 | 11,19 % | 64994,09 € | 16,11 % | 11,19 % | 16,11 % | A |
| T 13 JU 1214 | 61,77 € | 881 | 8,75 % | 54419,37 € | 13,49 % | 19,93 % | 29,59 % | A |
| T 13 JU 1207 | 76,44 € | 499 | 4,95 % | 38143,56 € | 9,45 % | 24,89 % | 39,04 % | A |
| T 13 JU 1208 | 54,79 € | 583 | 5,79 % | 31942,57 € | 7,92 % | 30,67 % | 46,96 % | B |
| T 13 JU 1204 | 37,27 € | 811 | 8,05 % | 30225,97 € | 7,49 % | 38,72 % | 54,45 % | B |
| T 13 JU 1210 | 80,52 € | 369 | 3,66 % | 29711,88 € | 7,36 % | 42,39 % | 61,81 % | B |
| T 13 JU 1212 | 31,70 € | 793 | 7,87 % | 25138,10 € | 6,23 % | 50,26 % | 68,04 % | B |
| T 13 JU 1205 | 22,73 € | 974 | 9,67 % | 22139,02 € | 5,49 % | 59,93 % | 73,53 % | B |

| Artikel | Einzel-wert | Stück | Mengen-anteil | Gesamtwert | Wert-anteil | Kumulierte Mengen-anteile | Kumulierte Wert-anteile | A-/B-/C-Gut |
|---|---|---|---|---|---|---|---|---|
| T 13 JU 1203 | 19,80 € | 983 | 9,76 % | 19463,40 € | 4,82 % | 69,68 % | 78,35 % | C |
| T 13 JU 1211 | 13,91 € | 546 | 5,42 % | 7594,86 € | 1,88 % | 75,10 % | 80,23 % | C |
| T 13 JU 1209 | 71,96 € | 299 | 2,97 % | 21516,04 € | 5,33 % | 78,07 % | 85,57 % | C |
| T 13 JU 1206 | 75,48 € | 242 | 2,40 % | 18266,16 € | 4,53 % | 80,47 % | 90,09 % | C |
| T 13 JU 1200 | 29,95 € | 527 | 5,23 % | 15783,65 € | 3,91 % | 85,71 % | 94,00 % | C |
| T 13 JU 1215 | 28,44 € | 337 | 3,35 % | 9584,28 € | 2,38 % | 89,05 % | 96,38 % | C |
| T 13 JU 1201 | 17,56 € | 446 | 4,43 % | 7831,76 € | 1,94 % | 93,48 % | 98,32 % | C |
| T 13 JU 1213 | 10,32 € | 657 | 6,52 % | 6780,24 € | 1,68 % | 100,00 % | 100,00 % | C |
| *Summen* | | *10074* | *100,00 %* | *403534,95 €* | *100,00 %* | | | |

- A-Güter sind somit die wertvollsten Güter, die unter dem 25 %-Mengenanteil liegen, d. h. T 13 JU 12 . . . 02, 14 und 07,
- B-Güter sind die nächstwertvollen Güter, die über der 25 %-Grenze der A-Güter, aber noch unter der Grenze von 60 % Mengenanteil (A-Güter bis 25 %, B-Güter bis weitere 35 % Mengenanteil) liegen, d. h. 08,04,10,12 und 05.
- C-Güter sind die restlichen, nicht so wertvollen Güter: d. h. 03, 11, 09, 06, 00, 15, 01,13.

A-Güter weisen einen Anteil von ca. 39 % des Wertes auf, bei einem Mengenanteil von knapp unter 25 %, B-Güter machen 34,5 % des Wertes und ca. 35 % der Menge aus, während C-Güter nur ca. 26,5 % des Wertes, jedoch ca. 40 % der Menge darstellen.

83. Wozu dient die XYZ-Analyse?

Bei der **XYZ-Analyse** werden die Verbrauchsdaten analysiert. Es gibt Waren im Lager, die unterschiedlich regelmäßig benötigt werden bzw. gefragt sind. Der Verbrauch ist daher unterschiedlich planbar. Die XYZ-Analyse dient dazu, eine Übersicht zu geben, wie die Waren in der Vergangenheit nachgefragt wurden. Diese Übersicht dient als Hilfe für die Beschaffung von Gütern.

84. Warum wird die XYZ-Anlayse als RSU-Analyse bezeichnet?

Die XYZ-Analyse unterteilt die Waren in drei Gruppen. Die Bezeichnung dieser Methode mit den letzten Buchstaben des Alphabets soll die entgegengesetzte Betrachtung zur Beschaffungsseite (ABC-Analyse) verdeutlichen.

Es werden die X-Güter regelmäßig angegeben, Y-Güter unterliegen **S**chwankungen, Z-Güter weisen einen unregelmäßigen Absatz auf.

| | Verbrauch | Vorhersagegenauigkeit |
|---|---|---|
| X | ➢ relativ gleichförmig<br>➢ nur gelegentliche Schwankungen<br>➢ regelmäßiger Verbrauch | hoch (gute Planbarkeit) |
| Y | ➢ unbeständig<br>➢ trendmäßig steigend oder fallend, z. B. saisonelle Schwankungen | mittel (mittlere Planbarkeit) |
| Z | ➢ völlig unregelmäßig | niedrig (schlechte Planbarkeit) |

85. Verdeutlichen Sie Aussagen einer Kombination von ABC- und XYZ-Analyse!

Nach Einteilung der Güter im Lager nach ABC- und XYZ(RSU)-Gütern kann folgende Übersicht (Matrix) angefertigt werden.

| | **A (hoher Wertanteil)** | **B (mittlerer Wertanteil)** | **C (geringer Wertanteil)** |
|---|---|---|---|
| **X (regelmäßiger Bedarf)** | ➢ wertvolle Güter<br>➢ gleichmäßig benötigt<br>➢ gut planbar im Bedarf | ➢ mittlerer Wert der Güter<br>➢ gleichmäßig benötigt<br>➢ gut planbar im Bedarf | ➢ geringwertige Güter<br>➢ gleichmäßig benötigt<br>➢ gut planbar im Bedarf |
| **Y (schwankender Bedarf)** | ➢ wertvolle Güter<br>➢ z. B. Saisonware<br>➢ mittlere Planbarkeit | ➢ mittlerer Wert der Güter<br>➢ z. B. Saisonware<br>➢ mittlere Planbarkeit | ➢ geringwertige Güter<br>➢ z. B. Saisonware<br>➢ mittlere Planbarkeit |
| **Z unregelmäßiger Bedarf)** | ➢ wertvolle Güter<br>➢ völlig unregelmäßiger Bedarf<br>➢ schlecht planbar | ➢ mittlerer Wert der Güter<br>➢ völlig unregelmäßiger Bedarf<br>➢ schlecht planbar | ➢ geringwertige Güter<br>➢ völlig unregelmäßiger Bedarf<br>➢ schlecht planbar |

Die AX- und die BX-Artikel haben einen großen Anteil am Gesamtwert und ihr Bedarf ist gut zu prognostizieren. Sie werden gleichmäßig gebraucht. Hier können die Disposition und der Einkauf gut planen.

Die AZ- und die BZ-Artikel sind problematisch, weil sie einen hohen Wertanteil aufweisen, jedoch aufgrund ihres unregelmäßigen Bedarfs schwer steuerbar sind. Mögliche Folgen: hohe Lagerkosten bei großen Beständen, Probleme in der Bereitstellung bei zu geringen Beständen.

# PRÜFUNGSTRAINING

## Aufgabe 1

Ordnen Sie die unten stehenden Unternehmen folgenden Sektoren zu, indem Sie die jeweilige Ziffer notieren!

| | | |
|---|---|---|
| **Primärer Sektor** | | = 1 |
| **Sekundärer Sektor, darin** | Handwerk | = 2 |
| | Industrie | = 3 |
| **Tertiärer Sektor, darin** | Einzelhandel | = 4 |
| | Großhandel | = 5 |
| | Sonstige Dienstleistungen | = 6 |

**Unternehmen**

a) Rinderzucht Körner ______ ☐
b) Metzgerei Zippel ______ ☐
c) K. Kipp, Fischereibetrieb ______ ☐
d) Tinas Mode-Boutique ______ ☐
e) Feinkost Happel ______ ☐
f) Landschaftsplanung Rohde ______ ☐
g) Bauernhof Hünemann ______ ☐
h) Kaufhaus AG ______ ☐
i) Spedition Becher ______ ☐
j) Elektrogroßhandel Strempel ______ ☐
k) China-Restaurant „Tao“ ______ ☐
l) Chemische Fabrik Burgdorf ______ ☐
m) Schafzucht Norddeich ______ ☐
n) Stahlwerke Buer AG ______ ☐
o) Deutsche Güterbahn AG ______ ☐
p) Schnapsbrennerei Duus ______ ☐
q) Stadtbücherei Bredstedt ______ ☐
r) Getränkegroßhandel Pütz ______ ☐

## Aufgabe 2

In verschiedenen Betrieben werden unterschiedliche Produkte hergestellt. Entscheiden Sie, ob es sich bei den unten stehenden Begriffen um

1 = dispositive (leitende) Arbeit,
2 = exekutive (ausführende) Arbeit,
3 = Hilfsstoffe,
4 = Betriebsstoffe,

5 = bezogene Fertigteile,
6 = Betriebsmittel oder
7 = Rohstoffe

handelt. Notieren Sie die zutreffende Ziffer in dem freien Feld neben den Begriffen!

a) der Gabelstapler ____ ☐
b) ein Sachbearbeiter in der Buchhaltung ____ ☐
c) der Lagerleiter ____ ☐
d) das Schmirgelpapier in der Tischlerei ____ ☐
e) elektrische Komponenten zum Einbau ____ ☐
f) die neue Lagerhalle D7 ____ ☐
g) Zellstoffe in einer Papierfabrik ____ ☐
h) Holzschutzmittel für die Gartenzäune ____ ☐

### Aufgabe 3

Die Materialwirtschaft steht vor dem Zielkonflikt, dass einerseits stets ausreichende Vorräte zur Sicherstellung der Lieferbereitschaft gehalten werden müssen, andererseits jedoch die Kosten zu minimieren sind. Prüfen Sie in den folgenden Fällen, inwiefern die Verfolgung des angegebenen Ziels der Materialwirtschaft negative Konsequenzen für die Erreichung anderer Ziele hat (Zielkonflikt)!

a) Um die Einkaufs- und Transportkosten zu senken, werden größere Bestellungen aufgegeben.
b) Zur Kosteneinsparung sollen weniger Verpackungs(-hilfs-)mittel eingesetzt werden.
c) Um die Lagerkosten zu reduzieren, sollen die durchschnittlichen Lagerbestände um 20 % gesenkt werden.

### Aufgabe 4

Entscheiden Sie, ob es sich bei den folgenden Kosten um fixe Kosten (1) oder variable Kosten (2) handelt! Notieren Sie die jeweilige Ziffer!

a) Zahlung des Essengeldes ____ ☐
b) Mietzahlungen für das Freilager im Hamburger Hafen ____ ☐
c) Reparaturen der Gabelstapler ____ ☐
d) Abschreibungen für gestohlene Waren ____ ☐
e) Verpackungsmaterial ____ ☐
f) Reinigung der Halle C durch den externen Dienstleister ____ ☐

### Aufgabe 5

In einem Lager sind folgende Daten aus dem vergangenen Jahr bekannt.

| | | | |
|---|---|---|---|
| Jahresanfangsbestand (St.) | 50 000 | Aufträge | 1 800 |
| Jahresendbestand (St.) | 70 000 | Sofort erfüllte Aufträge | 1 500 |
| Zugänge (St.) | 1 400 000 | Offene Bestellungen (St.) | 22 000 |
| Tagesverbrauch (St.) | 6 000 | Kreditzinssatz (%) | 6,50 |
| Lagerbestand heute (St.) | 60 000 | Anlagezinssatz (%) | 3,50 |
| Regalfläche ($m^2$) | 12 000 | Warenwert im Schnitt (€) | 35,00 |
| Belegte Fläche ($m^2$) | 9 500 | | |

a) Ermitteln Sie aus den Angaben
   aa) den durchschnittlichen Lagerbestand (in €),
   ab) die Umschlagshäufigkeit,
   ac) die durchschnittliche Lagerdauer,
   ad) die Lagerreichweite,
   ae) die Lagerzinsen,
   af) den Flächennutzungsgrad und
   ag) die Lieferbereitschaft!
b) Bewerten Sie die berechneten Ergebnisse!

### Aufgabe 6

a) Erklären Sie, warum eine hohe Umschlagshäufigkeit ein anzustrebendes Ziel darstellt!
b) Wie kann dieses Ziel erreicht werden?

### Aufgabe 7

Zu ermitteln ist die optimale Bestellmenge für ein Produkt, dessen Jahresbedarf bei 48 000 Stück (Einkaufspreis je 1,00 €) liegt. Die Kosten für einen Bestellvorgang betragen 250,00 €, der Lagerhaltungskostensatz ist mit 20 % auf den jeweiligen durchschnittlichen Lagerbestand (= halbe Bestellmenge) anzusetzen. Es sind folgende Bestellhäufigkeiten im Jahr möglich: 1, 2, 3, 4, 6, 8, 10 oder 12 Bestellungen im Jahr.

a) Erstellen Sie eine Tabelle nach folgendem Muster:

| Bestell-häufigkeit | Bestellmenge (Stück) | Durchschnittlicher Lagerbestand (Stück) | Bestell-kosten (€) | Lagerhaltungs-kosten (€) | Gesamt-kosten (€) |
|---|---|---|---|---|---|
| 1 | 48 000 | 24 000 | 250,00 | 4 800,00 | 5 050,00 |
| ... | ... | ... | ... | ... | ... |

b) Stellen Sie Ihr Ergebnis grafisch dar!
c) Erläutern Sie die Bestandteile der Bestellkosten!
d) Welche Kosten tragen dazu bei, dass die Lagerhaltungskosten im Falle einer einzigen Bestellung des Jahresbedarfs am höchsten sind?

### Aufgabe 8

Ein Unternehmen benötigt für eine neue Produktionsreihe ein Vorprodukt, das entweder selbst herzustellen wäre oder aber von einem Lieferanten aus Tschechien bezogen werden könnte.

Folgende Informationen liegen der Geschäftsleitung vor:

Die Kosten der Eigenproduktion lägen bei 20,00 € variablen Stückkosten und 12 000,00 € an Fixkosten. Das Angebot des möglichen Lieferanten liegt bei 40,00 € je Stück.

a) Ermitteln Sie, ab welcher Stückzahl sich die Errichtung einer eigenen Produktion lohnt, mittels einer mathematischen Gleichung!
b) Stellen Sie die Kostenverläufe zeichnerisch dar! Wählen Sie einen Bereich von 100 bis 1 000 Stück! (Abstände je 100 Stück)
c) Begründen Sie, warum nicht nur die Kostenfrage maßgeblich für die Entscheidung des make or buy sein kann!

### Aufgabe 9

Stellen Sie die Vor- und Nachteile der drei Materialbereitstellungsprinzipien

a) Vorratshaltung,

b) Einzelbeschaffung im Bedarfsfall und

c) lagerlose Sofortverwendung

heraus!

### Aufgabe 10

Erstellen Sie eine einfache ABC-Analyse zur Beruteilung der Güter in der Beschaffung. Die unten aufgeführten Produkte sind in einer einfachen ABC-Analyse der Beschaffung als A-, B- oder C-Güter zu klassifizieren.

Die Grenzen sind von der Lagerleitung festgelegt:

- A-Güter weisen einen Wertanteil ab 10 % auf,
- B-Güter von 5 % bis unter 10 %,
- C-Güter bis unter 5 %.

| Artikel | Einzelwert | Stück | Mengenanteil (%) | Gesamtwert (€) | Wertanteil (%) | A-/B-/C-Gut |
|---|---|---|---|---|---|---|
| 13-20123-01 | 76,95 € | 1502 | | | | |
| 13-20123-02 | 430,81 € | 687 | | | | |
| 13-20123-03 | 46,87 € | 4639 | | | | |
| 13-20123-04 | 197,55 € | 872 | | | | |
| 13-20123-05 | 285,60 € | 655 | | | | |
| 13-20123-06 | 86,41 € | 237 | | | | |
| 13-20123-07 | 322,50 € | 1874 | | | | |
| 13-20123-08 | 250,00 € | 698 | | | | |
| 13-20123-09 | 188,70 € | 247 | | | | |
| 13-20123-10 | 448,50 € | 687 | | | | |
| 13-20123-11 | 658,60 € | 963 | | | | |
| 13-20123-12 | 22,40 € | 4871 | | | | |
| 13-20123-13 | 99,74 € | 367 | | | | |
| 13-20123-14 | 54,38 € | 963 | | | | |
| 13-20123-15 | 612,00 € | 895 | | | | |
| 13-20123-16 | 756,98 € | 331 | | | | |
| Summen | | 20488 | | | | |

Ermitteln Sie den Anteil aller A-Güter, B-Güter und C-Güter am Gesamtwert und an der Gesamtmenge in % (runden Sie bitte auf zwei Stellen nach dem Komma)!

## Der Prüfungsfall

### Die Impex GmbH baut eine neue Halle

Die Impex GmbH expandiert. In zwei Jahren soll das neue Lager auf dem hinteren Grundstück entstehen. Es wird eine Grundfläche von 50 m x 40 m bebaut. Die Planungen laufen auf Hochtouren, alle Abteilungen sind in die bevorstehenden Bauarbeiten und -konzeptionen eingebunden, selbstverständlich auch die Lagerleitung.

Zu diesem Zweck sollen einige Abläufe im Lager optimiert werden. Sie sind zur Unterstützung des Lagerleiters eingesetzt und unterbreiten Lösungsvorschläge.

### Teil I. – ABC-Analyse der Artikel aus der bisherigen Halle 2

In einem Lager sind aus Halle 2 folgende Jahresumsätze für einzelne Artikel bekannt. Aus den jeweiligen Verbrauchsmengen und Verbrauchswerten sollen Ableitungen für die Beschaffung getroffen werden.

| Artikel | Verbrauch p.a. (Stück) | Preis pro Stück (€) | Artikel | Verbrauch p.a. (Stück) | Preis pro Stück (€) |
|---|---|---|---|---|---|
| 2110 | 7350 | 140,00 | 2121 | 7860 | 22,00 |
| 2111 | 6722 | 199,00 | 2122 | 8210 | 213,00 |
| 2112 | 3569 | 340,00 | 2123 | 16200 | 1,30 |
| 2113 | 7551 | 100,00 | 2124 | 2250 | 566,00 |
| 2114 | 5534 | 36,00 | 2125 | 21157 | 0,99 |
| 2115 | 6001 | 25,00 | 2126 | 1523 | 98,00 |
| 2116 | 4555 | 50,00 | 2127 | 2221 | 309,00 |
| 2117 | 6157 | 110,00 | 2128 | 5765 | 203,00 |
| 2118 | 4958 | 160,00 | 2129 | 8789 | 17,80 |
| 2119 | 12667 | 7,50 | 2130 | 5462 | 35,00 |
| 2120 | 10245 | 78,00 | | | |

**Aufgaben**

a) Erstellen Sie hierzu eine kombinierte ABC-Analyse, um die Bedeutung der Güter für die Beschaffung herauszuarbeiten! Die wertvolleren A-Güter sollen dabei nicht mehr als 20 % der Menge ausmachen, die B-Güter nicht mehr als 35 % der Menge.

b) Verdeutlichen Sie die Erkenntnisse für die Materialbereitstellung ganz konkret, indem Sie klären, welche Artikel wie beschafft werden sollten!

### Teil II. – Lagerplatzvergabe für die Güter im neuen Einfahrregal

Der Lagerleiter nimmt an, dass die Artikel aus Halle 2 wie bisher in verschiedenen Lagerzonen des neuen Einfahrregals gelagert werden sollten.

**Aufgaben**

a) Positionieren Sie die Lagerorte der Artikel aus der ABC-Analyse möglichst optimal in dem vorgegebenen Plan!

b) Begründen Sie Ihre Entscheidungen!

Bedenken Sie bei Ihrer Planung, dass

- die Wege mit und ohne Flurförderzeuge zu minimieren sind.
- die Artikelnummern möglichst aufsteigend sortiert sein sollten, d.h., sie sollten kleinere Nummern zueinander gruppieren.
- die Waren 2127 – 2130 Gefahrstoffe darstellen (es ist jedoch wie bisher kein Zusammenlagerungsverbot zu beachten).

- die Artikel jeweils etwa gleich viel Platz benötigen. Größenunterschiede sind nicht zu berücksichtigen. Die hohen Verbrauchszahlen sind für kleinere Güter, die geringen Bedarfe liegen bei größeren Artikeln.
- Sie stets eine gewisse Fläche je Regalgang und Artikel reservieren, um den absehbaren Wachstumsbedarf auch lagertechnisch zu erfassen.

Plan des neuen Lagers:

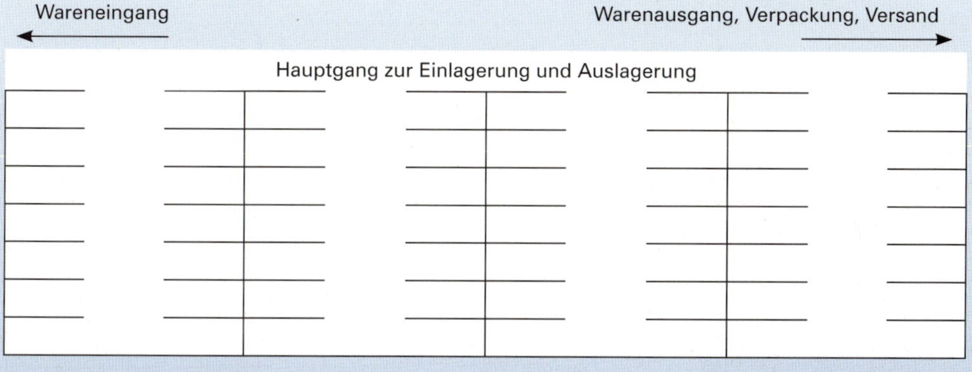


### Teil III. – Lagerlayout

Die Maße der Halle werden 50 m x 40 m betragen. Die Zufahrt und die Ausfahrt zur Straße sind vorgegeben (siehe Skizze). Alle anderen Planungsideen können umgesetzt werden. Erstellen Sie ein Lagerlayout, das möglichst optimal folgende Regale, Büros, Schnittstellen usw. berücksichtigt:

| **Raum/Regale** | **jeweilige Fläche in m x m** |
|---|---|
| Büro für die Lagerleitung (Meisterbüro, Bestandsführung) | 5 x 5 |
| Büro für den Leiter Wareneingang (Warenannahmen, Warenkontrolle, Wareneinlagerung) | 4 x 5 |
| Büro für den Leiter Warenausgang (Kommissionierung, Verpackung, Versand) | 4 x 5 |
| Büro für den Sicherheitsbeauftragten (Rettungsmittel, Ruheliege u. a.) | 3 x 5 |
| zwei Sanitärräume | 3 x 6 |
| ein Pausen- und Aufenthaltsraum | 5 x 5 |
| Hochregallager<br>mit Steuerbüro | 16 x 10<br>3 x 4 |
| Durchlaufregal | 12 x 4 |
| Einfahrregal | 12 x 8 |
| Wareneingangszone (vier Rampen) | 20 x 5 |
| Warenausgangszone (sechs Rampen) | 24 x 6 |
| Abstellplatz für Fördermittel (Stapler, Hubwagen, Aufladestation u. a.) | 6 x 8 |

**Skizze zum Lagerlayout:**

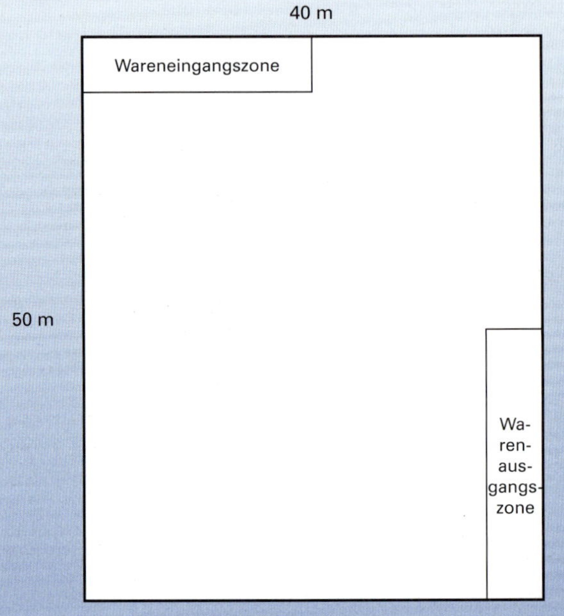

# 12 Güter beschaffen (Lernfeld 11)

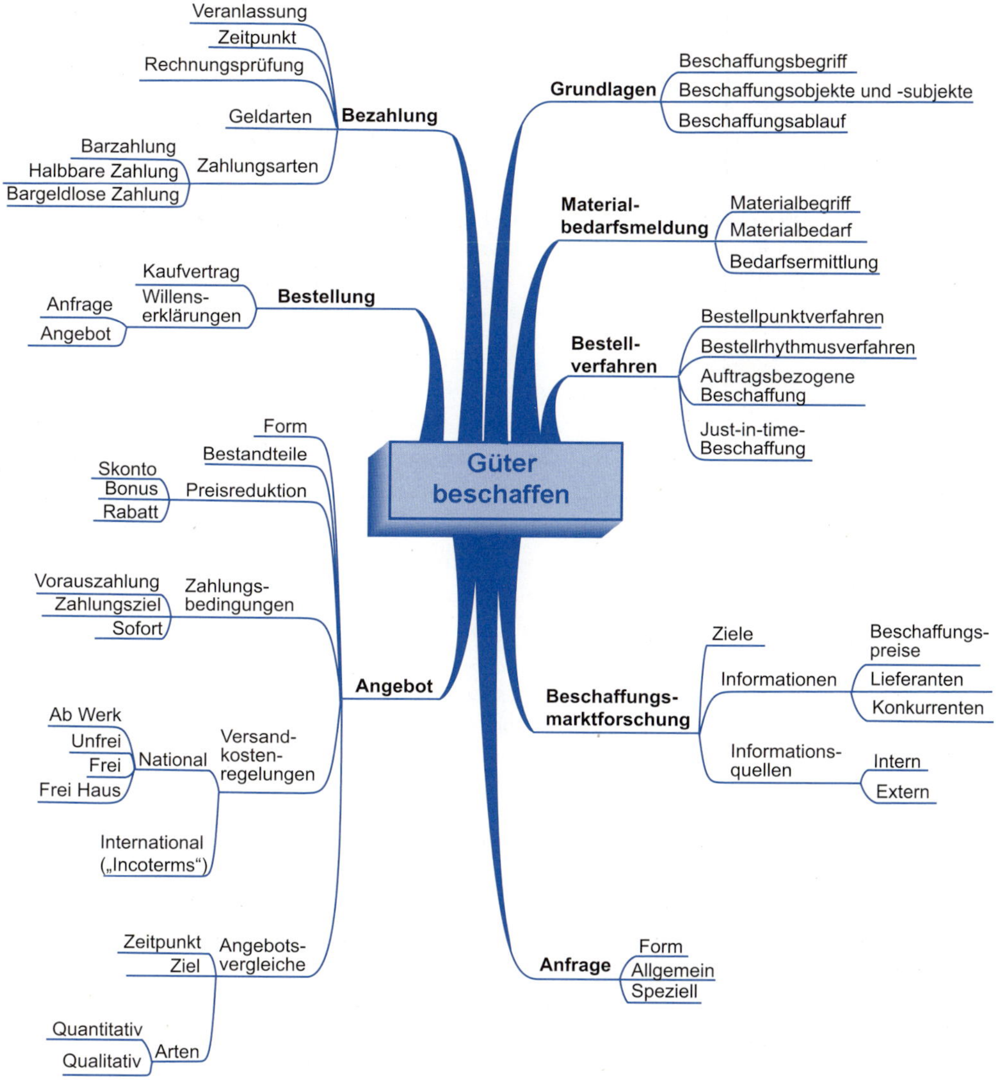

# KOMPAKTWISSEN

## 12.1 Grundlagen der Güterbeschaffung

1. Was versteht man unter dem Begriff Beschaffung?

**Beschaffung** bezeichnet den logistischen Vorgang, bei dem die Faktoren, die in einem Unternehmen zur Leistungserstellung eingesetzt werden müssen, eingekauft werden.

2. Nennen Sie mindestens fünf typische Beschaffungsobjekte und -subjekte von Unternehmen!

**Beschaffungsobjekte und -subjekte** von Unternehmen sind:

- Rohstoffe (Holz u. a.),
- Hilfsstoffe (Klebstoff u. a.),
- Betriebsstoffe (Treibstoff u. a.),
- Halbfabrikate (Sitzpolster u. a.),
- Fertigfabrikate (Stühle u. a.),
- Immobilien (Lagerhallen u. a.),
- Dienstleistungen (Steuerberatungen u. a.),
- Rechte (Patente u. a.),
- Informationen (Marktanalysen u. a.),
- Personal (Fachkräfte für Lagerlogistik u. a.),
- u. a.

3. Welche Verbindungen bestehen zwischen der Beschaffungsabteilung und dem Lager?

Im **Lager** wird das Material, das von der **Beschaffungsabteilung** eingekauft wird, nach der Anlieferung aufbewahrt und je nach Bedarf wieder ausgegeben.

Die Beschaffungsabteilung und das Lager stimmen sich ab über die

- bestellten und tatsächlich gelieferten Mengen,
- Warenbestände und Bestandsverläufe,
- Bestell- und Lagerhaltungskosten,
- u. a.

4. Warum ist der Einsatz einer Fachkraft für Lagerlogistik in der Einkaufsabteilung eines Unternehmens sinnvoll?

**Fachkräfte für Lagerlogistik** haben oft ein gutes technisches Verständnis und sind geschult im direkten Umgang mit den unterschiedlichen Beschaffungsobjekten.

Dadurch können bei Beschaffungsvorgängen nicht nur die Preise und Konditionen der Anbieter verglichen, sondern darüber hinaus auch die Kosten für Pflege, Flächen- und Raumausnutzung im eigenen Unternehmen berücksichtigt werden. Durch diese unternehmerische Gesamtsicht ergeben sich erhebliche Einsparpotenziale.

5. Erläutern Sie den typischen Ablauf eines Beschaffungsvorgangs!

Der **Ablauf eines Beschaffungsvorgangs** vollzieht sich in der Regel wie folgt:

- der Einkauf erhält eine **Materialbedarfsmeldung** von einer Abrechnungsstelle oder Abteilung,
- ein geeignetes **Bestellverfahren** wird festgelegt,
- im Rahmen der **Beschaffungsmarktforschung** werden mögliche Lieferanten ermittelt,
- **Anfragen** an mögliche Lieferanten zur Einholung von **Angeboten** werden verschickt,
- der **Angebotsvergleich** erfolgt,
- beim bestmöglichen Lieferanten wird die **Bestellung** getätigt,
- das Lager informiert den Einkauf über den **Wareneingang** der bestellten Ware,
- der Einkauf führt einen Bestellabgleich durch und veranlasst die **Bezahlung** der Ware durch die Rechnungsabteilung.

## 12.2 Materialbedarfsmeldung

6. Was versteht man unter einem Materialbedarf?

Als **Materialbedarf** bezeichnet man die Menge an Material, die zu einem ganz bestimmten Zeitpunkt in gewünschter Qualität benötigt wird.

7. Unterscheiden Sie die drei Bedarfsarten!

**Bedarfsarten** sind:

- **Primärbedarfe vom Markt** an Fertigprodukten (Computerbildschirme u. a.).
- **Sekundärbedarfe von Unternehmen** an Halbfertigprodukten (Bildröhren für Computerbildschirme u. a.).

  Sie werden zur Herstellung der Primärbedarfe benötigt und sind wesentliche Bestandteile der Fertigprodukte.
- **Tertiärbedarfe von Unternehmen** an Betriebsstoffen (Treibstoffe zum Betrieb der Maschinen für die Bildschirmproduktion u. a.).



18 Hummel - ISBN 978-3-8120-0570-8

Sie werden zwar auch zur Herstellung der Primärbedarfe benötigt, gehen aber nicht direkt in die Fertigprodukte ein.

8. Wie kann ein Materialbedarf ermittelt werden?

Ein **Materialbedarf** kann ermittelt werden anhand von:

- eingegangener Kundenbestellungen,
- geplanter Produktionsaufträge,
- Verbrauchsaufzeichnungen,
- Materialbedarfsmeldungen,
- u.a.

9. Was ist eine Materialbedarfsmeldung?

Eine **Materialbedarfsmeldung** ist die Aufforderung an die Einkaufsabteilung eines Unternehmens, für eine bestimmte Abrechnungsstelle oder Abteilung neues Material zu beschaffen.

10. Nennen Sie mindesten fünf wichtige Angaben auf einer Materialbedarfsmeldung!

Wichtige **Angaben auf einer Bedarfsmeldung** sind:

- die Artikelnummer,
- die Materialbezeichnung,
- Qualitätsbeschreibungen,
- Normungen, Größen und Maße,
- die anfordernde Abteilung,
- das Datum der Anforderung,
- die genaue Bedarfsmenge,
- Lieferantenvorschläge,
- die Unterschrift eines Befugten,
- u.a.

11. Wie wird die Materialbedarfsmenge berechnet?

Die **Materialbedarfsmenge** ist die Differenz aus dem noch verfügbaren Lagerbestand zuzüglich der offenen Bestellmengen und der voraussichtlich benötigten Gesamtmenge des Materials.

## 12.3 Bestellverfahren

12. Nennen Sie vier bekannte Bestellverfahren!

Vier bekannte **Bestellverfahren** sind:

- Bestellpunktverfahren,
- Bestellrhythmusverfahren,
- auftragsbezogene Beschaffung,
- Just-in-time-Beschaffung.

### 12.3.1 Bestellpunktverfahren

**13.** Erläutern Sie die Funktionsweise des Bestellpunktverfahrens!

Beim **Bestellpunktverfahren** erhält die Einkaufsabteilung zu dem Zeitpunkt eine Materialbedarfsmeldung, zu dem der Istbestand einer Ware bis auf den Meldebestand gesunken ist.

Die Einkaufsabteilung löst daraufhin die Bestellung bei einem Lieferanten aus.

Das Verfahren heißt Bestellpunktverfahren, weil die Bestellung immer bei Erreichen eines bestimmten Punkts des tatsächlichen Bestandes ausgelöst wird.

→ s. Kap. 11.4 Kennzahlenberechnung!

**14.** Was versteht man unter einem Meldebestand?

Der **Meldebestand** ist der Bestand, bei dessen Erreichen die Beschaffungsabteilung eine Materialbedarfsmeldung erhält und eine Neubestellung auslösen muss.

Der Meldebestand sollte so hoch sein, dass der Istbestand, auch tatsächlicher Bestand genannt, den Mindestbestand bis zum Eintreffen der bestellten Ware nicht antastet.

**15.** Was versteht man unter einem Mindestbestand?

Der **Mindestbestand**, auch eiserner Bestand oder Sicherheitsbestand genannt, ist der Bestand einer Ware, der sich immer mindestens auf Lager befinden sollte.

Der Mindestbestand dient der Überbrückung unvorhersehbarer Mehrverbräuche oder der Absicherung gegen Lieferausfälle und darf nur in Notfällen angegriffen werden.

In der Praxis ist hierzu oft die Genehmigung der Geschäftsleitung erforderlich.

**16.** Was versteht man unter einem Höchstbestand?

Der **Höchstbestand** ist die Menge einer Ware, die sich maximal im Lager befinden darf.

Er wird oft nach der Einlagerung der bestellten Menge im Lager erreicht.

**17.** Zu welchem Zeitpunkt sollte das Material beim Bestellpunktverfahren im Idealfall angeliefert werden?

Die **Warenanlieferung** sollte im Idealfall genau zu dem Zeitpunkt erfolgen, an dem der tatsächliche Warenbestand bis auf den Mindestbestand gesunken ist.

**18.** Wie wirkt sich das Bestellpunktverfahren auf die Höhe der Lagerbestände aus?

Beim Bestellpunktverfahren hängen die Bestellzeitpunkte von den Entwicklungen der Lagerbestände ab.

Um unvorhersehbare Verbrauchsschwankungen ausgleichen zu können, werden oft hohe Sicherheitsbestände angelegt, die zu umfangreichen **Lagerbeständen** führen.

19. Für welche Güter wird das Bestellpunktverfahren angewendet?

Das Bestellpunktverfahren **eignet** sich besonders für Güter mit **schwankendem Verbrauch** wie saisonbedingte Güter.

Außerhalb der Saison würde der Meldebestand aufgrund des geringen Verbrauchs seltener erreicht, was zu einer geringeren Bestellhäufigkeit führt.

20. Nennen Sie drei Vorteile des Bestellpunktverfahrens!

**Vorteile des Bestellpunktverfahrens** sind, dass

- nur bei Bedarf bestellt wird,
- es keine Überversorgung im Lager gibt,
- Bestellungen flexibel ausgelöst werden können,
- u. a.

21. Nennen Sie drei Nachteile des Bestellpunktverfahrens!

**Nachteile des Bestellpunktverfahrens** sind, dass

- der Planungsaufwand vergleichsweise hoch ist,
- zwingend eine Bestandsüberwachung erforderlich ist,
- hohe Sicherheitsbestände gehalten werden müssen,
- u. a.

### 12.3.2 Bestellrhythmusverfahren

22. Erläutern Sie die Funktionsweise des Bestellrhythmusverfahrens!

Beim **Bestellrhythmusverfahren** bestellt die Einkaufsabteilung die neue Ware immer nach Ablauf einer ganz bestimmten Zeitspanne.

Das Verfahren heißt Bestellrhythmusverfahren, weil die einzelnen Bestellungen bei den unterschiedlichen Lieferanten immer nach einem bestimmten zeitlichen Rhythmus (jeden Montag, jeden 1. Tag im Monat u. a.) vorgenommen werden.

23. Welche Mengen werden beim Bestellrhythmusverfahren jeweils bestellt?

Die **Bestellmengen** für die Lieferungen, die beim Bestellrhythmusverfahren in gleichen zeitlichen Abständen erfolgen, sind entsprechend dem Bedarf wechselnd oder gleichbleibend.

Daher müssen den Lieferanten vor den bereits terminierten Lieferzeitpunkten nur noch die exakten Bestellmengen mitgeteilt werden.

24. Wie wirkt sich das Bestellrhythmusverfahren auf die Höhe der Lagerbestände aus?

Die **Lagerbestände** für Waren, die nach dem Bestellrhythmusverfahren bezogen werden, können aufgrund der mit den Lieferanten schon im Vorfeld abgestimmten Lieferzeitpunkte und der dadurch steigenden Planungssicherheit vergleichsweise gering gehalten werden.

25. Für welche Güter eignet sich das Bestellrhythmusverfahren?

Das Bestellrhythmusverfahren **eignet** sich für Güter mit **kontinuierlichem Bedarf** sowie für **verderbliche Güter,** weil hier die in der Zukunft liegenden Lieferzeitpunkte exakt ermittelt und mit den Lieferanten abgestimmt werden können.

26. Nennen Sie zwei Vorteile des Bestellrhythmusverfahrens!

**Vorteile des Bestellrhythmusverfahrens** sind:

- der vergleichsweise geringe Planungsaufwand bei den Bestellvorgängen,
- die guten Konditionen durch Sammelbestellungen bei Lieferanten,
- u. a.

27. Nennen Sie zwei Nachteile des Bestellrhythmusverfahrens!

**Nachteile des Bestellrhythmusverfahrens** sind:

- die schwankenden Bestände bei Abweichungen im Verbrauch,
- die oft geringe Flexibilität durch längere vertragliche Bindungen an die Lieferanten,
- u. a.

## 12.3.3 Auftragsbezogene Beschaffung

28. Erläutern Sie die Funktionsweise der auftragsbezogenen Beschaffung!

Die **auftragsbezogene Beschaffung** wird auch „Einzelbeschaffung im Bedarfsfall" genannt.

Hier wird die benötigte Ware von der Einkaufsabteilung beim Lieferanten spontan nach Auftreten des Bedarfes wie nach dem Eingang einer Kundenbestellung vorgenommen.

29. Wovon ist der Zeitpunkt der Warenanlieferung bei der auftragsbezogenen Beschaffung abhängig?

Bei der auftragsbezogenen Beschaffung ist der Zeitpunkt der **Warenanlieferung** stark abhängig von der Liefermöglichkeit des Lieferanten, weil der spontan auftretende Bedarf so schnell wie möglich befriedigt werden muss und keine langfristige Terminierung zulässt.

**30.** Wie wirkt sich das Verfahren der auftragsbezogenen Beschaffung auf die Höhe der Lagerbestände aus?

Weil die Bestellungen spontan zur Fertigung einzelner bereits vorliegender Aufträge getätigt werden, sind die **Lagerbestände** bei der auftragsbezogenen Beschaffung in der Regel sehr gering.

**31.** Nennen Sie zwei Vorteile der auftragsbezogenen Beschaffung!

**Vorteile der auftragsbezogenen Beschaffung** sind:

- niedrige Lagerkosten wegen der geringen Bestände,
- hohe Flexibilität wegen der fehlenden vertraglichen Bindungen an die einzelnen Lieferanten,
- u. a.

**32.** Nennen Sie zwei Nachteile der auftragsbezogenen Beschaffung!

**Nachteile der auftragsbezogenen Beschaffung** sind:

- geringe Planungsmöglichkeit wegen der hohen Dringlichkeit,
- starke Abhängigkeit von spontan ausgesuchten Lieferanten wegen der geringen Lagerbestände,
- Kunden müssen Wartezeiten in Kauf nehmen,
- u. a.

## 12.3.4 Just-in-time-Beschaffung

**33.** Erläutern Sie die Funktionsweise der Just-in-time-Beschaffung!

Bei der **Just-in-time-Beschaffung** wird die Bestellung von der Einkaufsabteilung beim Lieferanten zwar längerfristig vor dem geplanten Bedarf ausgelöst, allerdings wird das bestellte Material genau zu dem Zeitpunkt angeliefert, an dem es in der Produktion benötigt wird.

→ s. Kap. 11.7 Materialbereitstellungsprinzipien!

**34.** Wie wirkt sich das Verfahren der Just-in-time-Beschaffung auf die Höhe der Lagerbestände aus?

Weil die Ware im Fall der Just-in-time-Beschaffung zum Bedarfszeitpunkt angeliefert und unmittelbar weiterverarbeitet wird, werden nur geringe **Sicherheitsbestände** zur kurzzeitigen Überbrückung von Lieferverzögerungen wie durch Verkehrsstaus gehalten.

**35.** Für welche Güter eignet sich das Just-in-time-Bestellverfahren?

Das Just-in-time-Bestellverfahren wird vorwiegend in Produktionsunternehmen angewendet.

Es **eignet** sich insbesondere für Güter, die kontinuierlich in **großen Serien oder in Massen** hergestellt werden.

36. Nennen Sie zwei Vorteile der Just-in-time-Beschaffung!

**Vorteile der Just-in-time-Beschaffung** sind:

- niedrige Lagerkosten wegen geringer Bestände,
- Durchsetzbarkeit guter Konditionen durch frühzeitige Bestellungen großer Mengen bei Lieferanten,
- u. a.

37. Nennen Sie zwei Nachteile der Just-in-time-Beschaffung!

**Nachteile der Just-in-time-Beschaffung** sind:

- drohender Produktionsstillstand bei ausbleibenden Lieferungen,
- lange vertragliche Bindungen an gewählte Lieferanten,
- u. a.

## 12.4 Beschaffungsmarktforschung

38. Was versteht man unter Beschaffungsmarktforschung?

**Beschaffungsmarktforschung** bezeichnet die systematische Gewinnung und Aufbereitung von Informationen über aktuelle und neu zu erschließende Beschaffungsmärkte.

39. Was sind die Ziele der Beschaffungsmarktforschung?

**Ziele der Beschaffungsmarktforschung** sind:

- neue Beschaffungsquellen zu erschließen,
- zukünftige Marktentwicklungen abzuschätzen,
- die Versorgung langfristig zu sichern,
- u. a.

40. Nennen Sie drei Informationen, die bei der Beschaffungsmarktforschung ermittelt werden!

Bei der Beschaffungsmarktforschung werden **Informationen** ermittelt über

- Beschaffungspreise,
- Konkurrenten,
- Lieferanten,
- u. a.

41. Wozu benötigen Unternehmen Informationen über Lieferanten?

Unternehmen sammeln **Lieferanteninformationen** wie

- das Preisverhalten,
- die Sortimentsgestaltung,
- den Kundenservice,
- die Qualität,
- den Außendienst,

um die Zufriedenheit der eigenen Kunden erhöhen und um qualitativ hochwertige Produkte herstellen zu können.

**42.** Warum benötigt ein Unternehmen Informationen über Konkurrenten?

Ein Unternehmen beobachtet die Preise und das Marketing seiner **Konkurrenten,** um die eigene Marktposition stärken und um sich Vorteile im Wettbewerb erarbeiten zu können.

**43.** Wozu benötigen Unternehmen Informationen über Beschaffungspreise?

Unternehmen beobachten die Entwicklungen von **Beschaffungspreisen,** Rabatten, Liefer- und Zahlungsbedingungen, um die Beschaffungskosten zu senken und um ihre Produkte am Absatzmarkt selbst günstig anbieten zu können.

**44.** Unterscheiden Sie Informationsquellen bei der Beschaffungsmarktforschung!

Im Rahmen der Beschaffungsmarktforschung können Informationen

- **unternehmensinternen Bezugsquellen** wie selbst angelegten Karteien über Waren und Lieferanten entnommen werden oder
- mithilfe **unternehmensexterner Bezugsquellen** wie Katalogen, Internet, Fachzeitschriften, Gelben Seiten ermittelt werden.

**45.** Nennen Sie mindestens fünf Informationen, die eine Lieferantendatei enthält!

In einer **Lieferantendatei** findet man Informationen über Lieferanten, bei denen bereits Waren bezogen wurden.

Lieferanteninformationen sind die

- genaue Anschrift,
- bereits bezogenen Artikel,
- Lieferungs- und Zahlungsbedingungen,
- Listenpreise,
- Bestellungen,
- Warenqualität,
- Termintreue,
- u. a.

**46.** Welche Informationen enthält eine Warendatei?

Die **Warendatei** gibt Auskunft über die Artikel, die in der Vergangenheit bezogen wurden.

Informationen aus einer Warendatei sind die

- genaue Artikelbeschreibung,
- bisherigen Lieferanten,
- gezahlten Einzelpreise,
- Daten der Bestellungen,
- u. a.

## 12.5 Anfrage

47. Was ist eine Anfrage?

Eine **Anfrage** ist eine rechtlich unverbindliche Aufforderung eines Interessenten an einen Lieferanten zur Unterbreitung eines Angebots.

48. Wie werden Anfragen gestellt?

Da **keine gesetzlichen Vorschriften** über Anfragen existieren, bedürfen sie keiner besonderen Form.

Sie können z. B. schriftlich als Brief oder E-Mail und mündlich durch Absprachen oder Telefonate gestellt werden.

49. Unterscheiden Sie zwei Arten von Anfragen!

**Arten von Anfragen** sind:

- **allgemeine Anfragen** zum aktuellen Lieferprogramm des Anbieters,
- **spezielle Anfragen** zu Preisen, Güteklassen u. a. für ganz bestimmte Produkte oder Dienstleistungen.

## 12.6 Angebot

50. Was versteht man unter einem Angebot?

Ein **Angebot** ist eine rechtlich verbindliche Auskunft eines Anbieters an einen potenziellen Kunden, unter welchen Bedingungen er zur Warenlieferung oder Dienstleistungserfüllung bereit ist.

51. Wie können Angebote unterbreitet werden?

Angebote können **formlos,** also schriftlich oder mündlich, abgegeben werden.

Aufgrund der rechtlichen Bindung der Anbieter an ihre Angebote ist in der Praxis die Schriftform vorherrschend, weil dies die Beweisführung im Streitfall erleichtert.

52. Nennen Sie drei Fälle, in denen ein Anbieter rechtlich nicht an sein Angebot gebunden ist!

Eine **Angebotsbindung** wird dann aufgehoben, wenn

- der Anbieter sein Angebot zeitlich vor dem Eintreffen beim möglichen Kunden widerruft,
- ein Kunde eine vom Angebot abweichende Bestellung abgibt,
- der Kunde die Bestellung nach Ablauf der Angebotsfrist auslöst.

53. Nennen Sie mindestens fünf Bestandteile von Angeboten!

Wesentliche **Angebotsbestandteile** sind die

- Warenbezeichnung,
- Mengenbeschreibung,
- Preise und Nachlässe,

- Qualitätsauskunft,
- Frachtkostenregelungen,
- Verpackungskostenregelung,
- Lieferzeit,
- Zahlungsbedingungen,
- u. a.

54. Unterscheiden Sie drei Möglichkeiten für Preisreduktionen in Angeboten!

Möglichkeiten für **Preisreduktionen** in Angeboten sind:

- **Skonto,** das bei Zahlung innerhalb einer bestimmten Frist gewährt wird,
- **Bonus,** der nachträglich am Jahresende gewährt wird, wenn eine bestimmte Bezugsmenge erreicht wurde,
- **Rabatte,** die z. B. in Form eines
  - Mengenrabatts bei einer großen Bestellmenge,
  - Treuerabatts bei langjähriger Geschäftsbeziehung oder
  - Sonderrabatts bei Geschäftsjubiläum

  gewährt werden.

55. Erläutern Sie drei mögliche Zahlungsbedingungen in Angeboten!

Mögliche **Zahlungsbedingungen** in Angeboten sind:

- „Lieferung gegen Vorauszahlung", bei der die Zahlung vor der Lieferung beim Verkäufer eingegangen sein muss,
- „Zahlungsziel 3 Monate", bei welcher der Rechnungsbetrag innerhalb von 3 Monaten beim Lieferanten eingegangen sein muss,
- „Zahlung sofort", bei welcher der Kunde seiner Zahlungsverpflichtung ohne schuldhaftes Verzögern unmittelbar nachkommen muss,
- u. a.

### 12.6.1 Nationale Versandkostenregelungen

56. Was versteht man unter nationalen Versandkostenregelungen?

**Nationale Versandkostenregelungen** sind innerdeutsche Bestimmungen zur Verteilung der Beförderungskosten auf Lieferanten und Käufer.

Wichtige nationale Versandkostenregelungen sind

- „ab Werk",
- „unfrei",
- „frei",
- „frei Haus".

**57.** Erläutern Sie die Versandkostenregelung „ab Werk"!

Bei der Versandkostenregelung **„ab Werk"**, auch **„ab Lager"** genannt, stellt der Lieferant die Ware an seinem Werk oder Lager zur Abholung bereit.

Die Versandkosten gehen voll zulasten des Käufers.

**58.** Erläutern Sie die Versandkostenregelung „unfrei"!

Bei der Versandkostenregelung **„unfrei"**, auch **„ab Versandstation"** oder **„ab Versandbahnhof"** genannt, übernimmt der Verkäufer die Versandkosten bis zu einer Poststelle oder bis zu einem Bahnhof in der Nähe seines Werkes.

Ab dort trägt der Käufer die Versandkosten bis zu seinem Unternehmen.

**59.** Erläutern Sie die Versandkostenregelung „frei"!

Bei der Versandkostenregelung **„frei"**, auch **„frei Empfangsstation"** oder **„frei Empfangsbahnhof"** genannt, trägt der Verkäufer die Kosten für den Versand der Ware bis zu einer Station oder einem Bahnhof am Ort des Käufers.

Ab dort übernimmt der Käufer die Versandkosten.

**60.** Erläutern Sie die Versandkostenregelung „frei Haus"!

**„Frei Haus"**, auch **„frei Lager"** genannt, bedeutet, dass der Verkäufer die Ware bis zum Werk oder Lager des Käufers befördert und sämtliche Kosten hierfür übernimmt.

## 12.6.2 Internationale Versandkostenregelungen

**61.** Was versteht man unter Incoterms?

**Incoterms** (**in**ternational **co**mmercial **terms**) sind Klauseln, die insbesondere im internationalen Handel eingesetzt werden.

Sie enthalten einheitliche Regelungen über die Verteilung der Transportkosten und des Transportrisikos auf Importeur und Exporteur, um eine gemeinsame Basis für den internationalen Handel zu schaffen.

**62.** Nennen Sie die vier Gruppen, in die sich die Incoterms unterteilen!

Die **vier Incotermgruppen** sind:

- **E-Gruppe** mit der „EXW"-Regelung,
- **F-Gruppe** mit den Regelungen „FCA", „FAS" und „FOB",
- **C-Gruppe** mit den Regelungen „CFR", „CIF", „CPT" und „CIP" und
- **D-Gruppe** mit den „DAT"-, „DAP"- und „DDP"-Regelungen.

**63.** Nennen Sie die vier Incoterms für den See- und Binnenschifftransport!

Die vier **Incoterms für den See- und Binnenschifftransport** sind:

- „**FAS** (free alongside ship)" = „frei Längsseite Schiff",

- „**FOB** (free on board)“ = „frei an Bord“
- „**CFR** (cost and freight)“ = „Kosten und Fracht“
- „**CIF** (cost, insurance, freight)“ = „Kosten, Versicherung, Fracht“.

**64.** Erläutern Sie die internationale Versandkostenregelung „FAS (free alongside ship“!

Nach der Regelung **„FAS“** ist der Exporteur verpflichtet, die Ware auf eigene Rechnung bis zur Längsseite des benannten Transportschiffes im Verschiffungshafen zu befördern.

Der Importeur übernimmt das Risiko und die Kosten für die Verladung auf das Schiff und den Transport bis zum Bestimmungsort.

**65.** Erläutern Sie die internationale Versandkostenregelung „FOB (free on board)“!

Bei der Regelung **„FOB“** übernimmt der Exporteur die Transportkosten und trägt das Transportrisiko für die Ware, bis diese sich an Bord des Schiffes im Verschiffungshafen befindet.

Ab dort übernimmt der Importeur die Kosten und das Risiko für den Transport.

**66.** Erläutern Sie die internationale Versandkostenregelung „CFR (cost and freight)“!

Bei der Regelung **„CFR“** trägt der Exporteuer die Kosten bis zum Bestimmungshafen. Der Importeur trägt das Risiko allerdings schon, sobald sich die Ware an Bord des Schiffes am Verschiffungshafen befindet.

**67.** Erläutern Sie die internationale Versandkostenregelung „CIF (cost, insurance, freight“)!

Bei der Regelung **„CIF“** trägt der Exporteur sämtliche Transportkosten bis zum Erreichen des Bestimmungshafens.

Der Risikoübergang auf den Importeur erfolgt allerdings schon, wenn sich die Ware an Bord des Schiffes am Verschiffungshafen befindet.

**68.** Nennen Sie die Incoterms, die für alle Transportarten angewendet werden können!

Die **Incoterms für alle Transportarten** sind:

- „**EXW** (ex works)“ = „ab Werk“,
- „**FCA** (free carrier)“ = „frei Frachtführer“,
- „**CPT** (carriage paid to)“ = „frachtfrei“,
- „**CIP** (carriage and insurance paid to)“ = „frachtfrei versichert“,
- „**DAT** (delivered at terminal)“ = „geliefert Terminal“,
- „**DAP** (delivered at place)“ = „geliefert benannter Bestimmungsort“,
- **„DDP** (delivered duty paid)“, = „geliefert und verzollt“.

| | |
|---|---|
| 69. Erläutern Sie die internationale Versandkostenregelung „EXW (ex works)“! | Bei der Regelung **„EXW“** stellt der Exporteur die Ware zur Abholung auf seinem Werksgelände bereit. Der Importeur trägt die Kosten und das Risiko bis zum Bestimmungsort. |
| 70. Erläutern Sie die internationale Versandkostenregelung „FCA (free carrier)“! | Bei der Regelung **„FCA“** zahlt der Importeur die Kosten und trägt das Risiko, sobald der Exporteur die Ware an einen Frachtführer übergeben hat. |
| 71. Erläutern Sie die internationale Versandkostenregelung „CPT (carriage paid to)“! | Bei der Regelung **„CPT“** übergibt der Exporteur die Ware einem Frachtführer, der diese dann bis zum Bestimmungsort transportiert. Der Exporteur trägt die Kosten bis zum Bestimmungsort. Der Risikoübergang auf den Importeur erfolgt allerdings schon mit Übergabe der Ware an den Frachtführer. |
| 72. Erläutern Sie die internationale Versandkostenregelung „CIP (carriage and insurance paid to)“! | Wie bei der „CPT“-Regelung trägt der Exporteur bei der Regelung **„CIP“** sämtliche Transportkosten bis zum Bestimmungsort. Das Risiko geht bei der „CIP“-Regelung erst am Bestimmungsort auf den Importeur über. |
| 73. Erläutern Sie die internationale Versandkostenregelung „DAT (delivered at terminal)“! | Bei der Regelung **„DAT“** übernimmt der Exporteur die Kosten und das Risiko, bis die Ware an einem Terminal (z. B. Luftfrachtterminal, Containerdepot) vom ankommenden Transportmittel abgeladen wurde. |
| 74. Erläutern Sie die internationale Versandkostenregelung „DAP (delivered at place)“! | Bei der Regelung **„DAP“** übernimmt der Exporteur die Kosten und das Risiko, bis die Ware am Bestimmungsort auf dem ankommenden Transportmittel bereitgestellt wird. |
| 75. Erläutern Sie die internationale Versandkostenregelung „DDP (delivered duty paid)“! | Bei der Regelung **„DDP“** zahlt der Exporteur alle Kosten und trägt das Risiko bis zum Bestimmungsort. |
| 76. Was muss bei der Aufteilung der Kosten und des Risikos bei den Incoterms der C-Gruppe („CFR“, „CIF“, „CPT“ und „CIP“) beachtet werden? | Bei den **Regelungen der C-Gruppe** fallen die Orte für die Übernahme der Kosten und des Risikos auseinander. |
| 77. Erläutern Sie fünf mögliche Risiken eines Auslandsgeschäftes! | Mögliche Risiken eines Auslandsgeschäftes sind das<br>➢ **Länderrisiko** aufgrund von politischen Problemen oder wirtschaftlichen Instabilitäten, |

- **Transportrisiko** wie Beschädigung oder Verlust der Ware wegen der langen Distanzen und des mehrfachen Warenumschlags,
- **Lieferungsrisiko** wie zeitliche Verzögerungen aufgrund langer Transportwege,
- **Qualitätsrisiko** aufgrund unterschiedlicher Standards oder Fertigungsverfahren,
- **Währungsrisiko** wegen möglicher Wechselkursschwankungen,
- u. a.

## 12.7 Angebotsvergleich

78. Zu welchem Zeitpunkt werden Angebotsvergleiche durchgeführt?

**Angebotsvergleiche** werden i. d. R. dann durchgeführt, wenn die angesprochenen Lieferanten ihre Angebote zu den Anfragen der Einkaufsabteilung abgegeben haben.

79. Was ist das Ziel eines Angebotsvergleichs?

**Ziel eines Angebotsvergleichs** ist es, den bestmöglichen Lieferanten für die jeweilige Bestellung herauszufinden.

Da hier nicht nur der Preis, sondern auch Faktoren wie die Warenqualität oder der Lieferservice regionaler Unternehmen eine große Rolle spielen, ist der preisgünstigste Lieferant nicht zwingend der beste Lieferant.

80. Unterscheiden Sie zwei Arten von Angebotsvergleichen!

- Im Rahmen **quantitativer Angebotsvergleiche** werden u. a. die Warenpreise, Rabatte, Skonti und Bezugskosten der verschiedenen Anbieter miteinander verglichen.
- In **qualitativen Angebotsvergleichen** werden Faktoren wie Recycling, Termintreue, Standortnähe, Güterqualität oder Kundenservice der Anbieter miteinander verglichen.

81. Was ist ein Bezugskalkulationsschema?

Ein **Bezugskalkulationsschema** bildet die Grundlage für den quantitativen Angebotsvergleich. Es dient dazu, vorliegende Angebote rechnerisch miteinander vergleichen zu können.

82. Wie ist das Bezugskalkulationsschema aufgebaut?

Der **Aufbau des Bezugskalkulationsschemas** ist wie folgt:

| | |
|---|---|
| | **Listeneinkaufspreis** |
| – | Rabatt |
| = | **Zieleinkaufspreis** |
| – | Skonto |
| = | **Bareinkaufspreis** |
| + | Bezugskosten |
| = | **Einstandspreis (Bezugspreis)** |

## 12.8 Bestellung

83. Wie kommt ein Kaufvertrag zustande?

Wie jeder Vertrag kommt ein **Kaufvertrag** durch zwei übereinstimmende Willenserklärungen zustande.

84. Unterscheiden Sie die beiden für den Abschluss eines Kaufvertrags maßgeblichen Willenserklärungen!

- Die erste Willenserklärung wird **Antrag** genannt und ist i. d. R. das Angebot des Verkäufers, der sich verpflichtet, eine bestimmte Ware zu einem bestimmten Zeitpunkt zum vereinbarten Preis ordnungsgemäß zu liefern.
- Die zweite Willenserklärung heißt **Annahme** und ist i. d. R. die Bestellung durch den Käufer, der sich dadurch rechtlich verpflichtet, die bestellte Ware zum vereinbarten Zeitpunkt anzunehmen und zu bezahlen.

85. Welche rechtliche Bedeutung hat eine Bestellung?

Mit der **Bestellung** signalisiert der Kunde dem Verkäufer die Annahme des vorliegenden Angebots, womit der Kaufvertrag rechtswirksam wird.

## 12.9 Bezahlung

86. Wie wird die Einkaufsabteilung über die Warenanlieferung informiert?

Der **Wareneingang informiert den Einkauf** durch die Weitergabe des Lieferscheins, des Frachtbriefempfängerexemplars, des Wareneingangskontrollzettels u. a.

87. Wann wird die Bezahlung einer Bestellung veranlasst?

Die Einkaufsabteilung veranlasst die **Bezahlung** der Bestellung durch die Buchhaltung, nachdem sie vom Lager über den Eingang der Ware informiert wurde, die Bestell- und Lieferdaten miteinander verglichen hat und es keinen Grund zur Beanstandung gibt.

88. Nennen Sie fünf Bestandteile der Rechnungsprüfung!

Im Rahmen der **Rechnungsprüfung** wird kontrolliert, ob

- die Lieferbedingungen eingehalten wurden,
- die vereinbarten Konditionen stimmen,
- das Skonto wie vereinbart gewährt wurde,
- die Umsatzsteuer richtig berechnet wurde,
- die Verpackungskostenhöhe stimmt,
- u. a.

89. Nennen Sie zwei Gründe für die Kürzung eines Rechnungsbetrags!

**Kürzungen des Rechnungsbetrags** sind möglich, wenn

- Leistungen wie Verpackungen etc. entgegen der Bestellvereinbarung in Rechnung gestellt wurden,
- Mängel an der Ware schon bei der Annahme im Lager festgestellt, auf dem Lieferschein vermerkt und mit der Unterschrift des Fahrers bestätigt wurden (s. Kap. 1 Güter annehmen und kontrollieren),
- u. a.

**90.** Unterscheiden Sie die beiden Geldarten!

**Bargeld** bezeichnet Geld in stofflicher Form wie
- Münzen als Hartgeld und
- Banknoten als Scheine.

Unter **Buchgeld** versteht man Geld als Sichtguthaben auf Konten.

**91.** Unterscheiden Sie die drei Zahlungsarten!

Die drei **Zahlungsarten** lassen sich nach Anzahl der Konten, die bei einem Zahlungsvorgang angesprochen werden, unterscheiden:
- Zur **Barzahlung** brauchen weder Schuldner noch Gläubiger ein Konto.
- Bei der **halbbaren Zahlung** hat entweder der Schuldner oder der Gläubiger ein Konto.
- Eine **bargeldlose Zahlung** ist nur dann möglich, wenn sowohl Schuldner als auch Gläubiger über ein Konto verfügen.

## 12.9.1 Barzahlung

**92.** Unterscheiden Sie drei Formen der Barzahlung!

Eine **Barzahlung** ist möglich durch:
- die **persönliche Übergabe** des Bargelds in Form von Münzen und Scheinen vom Schuldner an den Gläubiger, der den Erhalt auf Verlangen des Schuldners mit einem Kassenbon oder auf einem Vordruck quittieren muss,
- die Verschickung von Bargeld als **Expressbrief,** der vom Zusteller ausschließlich dem namentlich genannten Empfänger ausgehändigt wird,
- den **Postbank Minuten Service,** bei dem der Schuldner das Bargeld bei einer Postbankfiliale einzahlt und dafür eine Nummer erhält. Der Gläubiger kann sich das Bargeld mit der Nummer in Filialen auf der ganzen Welt auszahlen lassen.

**93.** In welchen Situationen eignet sich eine Barzahlung?

Eine Barzahlung **eignet** sich in solchen Situationen, in denen Verbindlichkeiten in eher geringer Höhe schnell und unbürokratisch ausgeglichen werden müssen.

**94.** Nennen Sie drei Nachteile der Bargeldhaltung!

**Nachteile der Bargeldhaltung** sind, dass
- vom Konto abgehobenes Bargeld nicht verzinst wird,
- der Eigentümer bei Verlust seines Bargeldes nur schwer ermittelt werden kann,
- größere Summen in kleinen Münzen und Scheinen nur schwer zu transportieren sind,
- u. a.

95. Welche Bedeutung kommt der Barzahlung in Unternehmen zu?

In Unternehmen kommt der **Barzahlung** eine eher **untergeordnete Bedeutung** zu.

Bargeld wird hier i.d.R. nur in sogenannten Portokassen gehalten, aus denen Briefmarken, Mittagessen, Präsente etc. bezahlt werden.

## 12.9.2 Halbbare Zahlung

96. Unterscheiden Sie zwei Formen der halbbaren Zahlung!

Eine **halbbare Zahlung** kann vorgenommen werden durch einen

- **Barscheck,** bei dem der Schuldner ein Konto bei einer Bank haben muss und der Gläubiger nicht,
- **Zahlschein,** bei dem der Gläubiger ein Konto bei einer Bank haben muss und der Schuldner nicht.

97. Was versteht man unter einem Barscheck?

Ein **Barscheck** ist die schriftliche Anweisung eines Schuldners an seine Bank, dem Gläubiger bei Vorlage des Barschecks am Bankschalter den angegebenen Geldbetrag zulasten seines Kontos in bar auszuzahlen.

98. Wann darf ein Schuldner einen Barscheck ausstellen?

Ein Schuldner darf einen Barscheck ausstellen, wenn sein Konto mindestens ein Guthaben oder einen Dispositionskredit in Höhe des Scheckbetrags aufweist.

99. Ist ein Gläubiger zur Annahme eines Barschecks gesetzlich verpflichtet?

Ein Gläubiger ist nicht zur Annahme eines Barschecks verpflichtet, da ein Barscheck **kein gesetzlich anerkanntes Zahlungsmittel** darstellt. Er kann die Annahme eines Barschecks verweigern und Bargeld verlangen.

100. Erläutern Sie die Funktionsweise eines Zahlscheins!

Um eine Verbindlichkeit mit einem **Zahlschein** zu begleichen, muss der Schuldner den Zahlschein ausfüllen und diesen zusammen mit dem geschuldeten Betrag in bar bei seiner Bank einreichen.

Die Bank schreibt den Betrag anschließend auf dem Konto des Gläubigers gut.

101. Welche Bedeutung kommt der halbbaren Zahlung in Unternehmen zu?

In Unternehmen kommt der **halbbaren Zahlung** u.a. aufgrund des erhöhten bürokratischen Aufwands beim Ausfüllen von Scheckvordrucken oder der Einhaltung der Banköffnungszeiten eine **eher geringe Bedeutung** zu.



19 Hummel - ISBN 978-3-8120-0570-8

### 12.9.3 Bargeldlose Zahlung

**102.** Erläutern Sie zwei Formen der Überweisung!

- Beim **Einzelauftrag** beauftragt der Schuldner seine Bank damit, einen Betrag einmalig an einen Gläubiger zu überweisen.
- Beim **Dauerauftrag** erteilt der Schuldner seiner Bank den Auftrag, den gleichen Betrag zu gleichen Terminen an den gleichen Gläubiger zu überweisen.

**103.** Wann eignet sich ein Dauerauftrag?

Ein **Dauerauftrag** eignet sich für Beträge, die wie Mieten oder Mitgliedsbeiträge
- in regelmäßigen zeitlichen Abständen,
- in gleich bleibender Höhe,
- an denselben Empfänger

zu zahlen sind.

**104.** Worin liegen die Vorteile eines Dauerauftrags?

Ein Dauerauftrag hat die **Vorteile,** dass
- die Überweisungstermine nicht vergessen werden,
- nicht vor jeder Überweisung ein neuer Zahlungsbeleg ausgefüllt werden muss,
- er einfach einzurichten, zu ändern und aufzulösen ist,
- u. a.

**105.** Wie kann ein Dauerauftrag eingestellt werden?

Ein Dauerauftrag **erlischt** durch schriftlichen Widerruf des Schuldners bei seiner Bank.

**106.** Erläutern Sie das SEPA-Basislastschriftverfahren!

Beim **SEPA-Basislastschriftverfahren** erteilt ein Schuldner seiner Bank und einem Gläubiger schriftlich die Erlaubnis, wechselnde Beträge von seinem Konto einzuziehen. Der Schuldner kann das Geld innerhalb von 8 Wochen zurückfordern. Das SEPA-Basislastschriftverfahren ist für Geschäftskunden und Endverbraucher.

**107.** Erläutern Sie das SEPA-Firmenlastschriftverfahren!

Das **SEPA-Firmenlastschriftverfahren** ist nur zwischen Geschäftskunden möglich. Eine Firma erteilt ihrer Bank und einer anderen Firma schriftlich die Erlaubnis, wechselnde Beträge vom Firmenkonto einzuziehen. Das Geld kann nicht zurückgefordert werden.

**108.** Was versteht man unter SEPA, IBAN und BIC?

- **SEPA** bedeutet **S**ingle **E**uro **P**ayments **A**rea (einheitlicher Raum für Transaktionen in Euro).
- Die **IBAN** ist die internationale Bankkontonummer beim SEPA-Lastschriftverfahren.
- Die **BIC** ist die internationale Kontonummer der Bank.

**109.** Wann eignet sich das SEPA-Lastschriftverfahren?

Das **SEPA-Lastschriftverfahren** eignet sich zum Bezahlen von Beträgen, die sich wie Handy- und Stromrechnungen häufig ändern.

**110.** Worin liegen die Vorteile des SEPA-Lastschriftverfahrens?

**Vorteile** des SEPA-Lastschriftverfahrens sind, dass

- nicht der Schuldner, sondern der Gläubiger oder die eigene Bank die Abbuchung veranlasst und der Gläubiger dadurch pünktlich sein Geld erhält,
- das SEPA-Lastschriftverfahren bei wechselnden Beträgen angewendet werden kann,
- nicht vor jeder Überweisung ein neuer Zahlungsbeleg ausgefüllt werden muss,
- u. a.

**111.** Wie können SEPA-Lastschriftverfahren eingestellt werden?

SEPA-Lastschriftverfahren **erlöschen** ebenso wie Daueraufträge durch schriftlichen Widerruf des Zahlungspflichtigen bei seiner Bank.

**112.** Erläutern Sie die Funktionsweise eines Verrechnungsschecks?

- Der Schuldner füllt den **Verrechnungsscheck** aus und übergibt ihn an den Gläubiger.
- Der Gläubiger reicht den Scheck zur Verrechnung bei seiner Bank ein.
- Die Bank schreibt den Scheckbetrag auf dem Konto des Gläubigers gut und belastet das Konto des Schuldners.

**113.** Nennen Sie vier Funktionen einer Girokarte?

Mit der **Girokarte** kann man

- Kontoauszüge ausdrucken,
- mit einer persönlichen Identifikationsnummer (PIN) Bargeld abheben,
- an elektronischen Kassen durch die Eingabe einer PIN bezahlen **(POS-Verfahren)** und
- mit einer Unterschrift an elektronischen Kassen bezahlen **(elektronisches Lastschriftverfahren).**

**114.** Was versteht man unter einer Geldkarte?

Eine **Geldkarte** dient der Zahlung von kleineren Beträgen. Sie muss an dafür vorgesehenen Automaten aufgeladen werden.

**115.** Welche Nutzungsmöglichkeiten bietet eine Kreditkarte?

Mit einer **Kreditkarte** kann man

- mit Unterschrift auf Rechnungen bezahlen,
- Bargeld mit einer PIN abheben und
- zusätzliche Leistungen wie Versicherungen in Anspruch nehmen.

Die Zahlungen, die man mit einer Kreditkarte tätigt, werden erst am Monatsende abgerechnet und abgebucht.

**116.** Unterscheiden Sie die beiden Arten des Homebankings!

- Beim **Internetbanking** werden die Bankgeschäfte vom eigenen Rechner aus über die Website der Bank abgewickelt.
- Beim **Telefonbanking** ruft der Kunde bei seiner Bank an und legitimiert sich durch ein Kennwort. Der Bankmitarbeiter nimmt anschließend die gewünschten Transaktionen vor.

**117.** Erläutern Sie die Voraussetzungen des Internetbankings!

Um **Internetbanking** zu betreiben, schaltet die Bank zunächst ein Konto für den Zugriff über das Internet frei.

Dann wird eine persönliche Identifikationsnummer (PIN) vergeben, mit der man sich auf die Website der Bank einloggt.

Zuletzt erhält man von der Bank Transaktionsnummern (TAN) oder erzeugt diese mit einem TAN-Generator, die man vor jeder Transaktion eingeben muss.

**118.** Nennen Sie vier Möglichkeiten des Internetbankings!

Im Rahmen des Internetbankings hat man die **Möglichkeit,**

- Überweisungen vorzunehmen,
- Kontostände abzufragen,
- Daueraufträge einzurichten,
- Wertpapiere zu kaufen,
- u. a.

**119.** Welche Bedeutung hat das Internetbanking für Unternehmen und Privatpersonen?

Unternehmen und Privatpersonen schätzen das Internetbanking, weil es ihnen ermöglicht,

- ihre Bankgeschäfte unabhängig von den Öffnungszeiten ihrer Bank zu erledigen,
- Zahlungseingänge flexibel und gewinnbringend anzulegen und
- Zahlungsaufforderungen zeitgenau zu begleichen.

**120.** Welche Bedeutung haben bargeldlose Zahlungsvorgänge in Unternehmen?

- Im betrieblichen Zahlungsverkehr überwiegen die Formen der Überweisung und des Lastschriftverfahrens.
- In Einzelhandelsgeschäften werden die Zahlungsvorgänge an elektronischen Kassen überwiegend mit Girokarten abgewickelt.

# PRÜFUNGSTRAINING

**Aufgabe 1**

Erläutern Sie den typischen Ablauf von Beschaffungsvorgängen!

**Aufgabe 2**

Erläutern Sie die drei Bedarfsarten von Unternehmen!

**Aufgabe 3**

Nennen Sie zehn externe Informationsquellen zur Beschaffungsmarktforschung!

**Aufgabe 4**

**Fallsituation: Beschaffungszeitplanung in der Impex GmbH**

Sandra, Auszubildende zur Fachkraft für Lagerlogistik und seit zwei Wochen in der Einkaufsabteilung der Impex GmbH eingesetzt, hat heute wieder einen ganz besonders hektischen Tag.

Zunächst erhält sie mit der Hauspost von der Personalstelle eine Bedarfsmeldung über 200 „Rücken für DIN-A4-Ordner, weiß, breit" und aus der Produktion telefonisch den Auftrag, dringend ein 50er-Set Bohrer, 13 – 16 mm Durchmesser für „Hitachi-Schlagbohrmaschine Superdrill" zu bestellen.

Außerdem muss sie für ihre Chefin, Frau Cornelissen, noch 25 Kartons „Edelwein Chateauneuf du Pape" für das Firmenjubiläum im kommenden Jahr besorgen.

Erläutern Sie, wie Sandra zur Beschaffung der Waren vorgehen sollte!

**Aufgabe 5**

Erläutern Sie zwei Möglichkeiten, wie zwischen einem Kunden und einem Lieferanten ein Kaufvertrag zustande kommen kann!

**Aufgabe 6**

Nennen Sie drei wesentliche Unterschiede zwischen einem Barscheck und einem Zahlschein!

**Aufgabe 7**

**Fallsituation: Angebotsvergleich in der Impex GmbH**

Nachfolgend sehen Sie zwei Angebote der Firma Mercatti und der Firma Rajamaa, die Frau Cornelissen, Leiterin der Beschaffungsabteilung der Impex GmbH, zur Beschaffung neuer Stretchfolie für die Versandabteilung eingeholt hat.

RAJAMAA
*Ihr Verpackungsspezialist*

Rajamaa OHG, Müllistr. 4, 51370 Leverkusen

Impex GmbH
Brüggener Str. 1
50969 Köln

| Ihr Zeichen, Ihre Nachricht vom | Unser Zeichen, unsere Nachricht vom | Telefon, Name 0214 83555- | Datum |
|---|---|---|---|
| cor 18.01.20 .. | schw | 420 Frau Schweizer | 26.01.20 .. |

**Angebot 12 – 10**

Sehr geehrte Frau Cornelissen,

wir bedanken uns für Ihr Interesse an unserem Artikel. Gern erfüllen wir Ihren Wunsch und bieten Ihnen an:

**Stretchfolie 670 m x 1 250 mm,**
Art.-Nr. SFO45/05-670 zu 89,90 € je Rolle (keine Mindestabnahme).

Wir freuen uns, Ihnen aufgrund unserer langjährigen Geschäftsbeziehung einen Treuerabatt von 5 % einräumen zu können.

Unsere Zahlungsbedingungen lauten:
Zahlung innerhalb von 10 Tagen abzgl. 3 % Skonto oder 30 Tage netto Kasse.
Die Lieferung erfolgt frei Haus innerhalb von 6 Werktagen.

Ihrer Bestellung sehen wir mit Freude entgegen und hoffen auf die Fortführung unserer Geschäftsbeziehung.

Mit freundlichen Grüßen

Rajamaa OHG

i. A. *Anja Schweizer*

Anja Schweizer

**Bankverbindung**
Volksbank Leverkusen
BLZ 370 600 78
Kto. Nr. 199 199 25

**Gesellschafter**
Ruth Schiefer
Angelika Schäfer

**Handelsregister**
AG Leverkusen
HRA 12584

**E-Mail**
info@rajamaa.de

**Internet**
www.rajamaa-logistic.com

**Telefon**
0214 83555-0

**Fax**
0214 83555-01

Mercatti OHG

Mercatti OHG, Schulmeisterstr. 65, 50627 Köln

Impex GmbH
Brüggener Str. 1
50969 Köln

| Ihr Zeichen, Ihre Nachricht vom | Unser Zeichen, unsere Nachricht vom | Telefon, Name 0221 931111- | Datum |
|---|---|---|---|
| cor 16. 01. 20 . . | leo | 22 Herr Leonhardt | 22. 01. 20 . . |

**Angebot 04 – 10**

Sehr geehrte Frau Cornelissen,

wir danken Ihnen für Ihr Interesse an unserem Artikel. Wir können Ihnen folgendes Angebot unterbreiten:

Stretchfolie 670 m x 1 250 mm, hergestellt aus recyclingfähigem Polyethylen, mit der
Art.-Nr. SFO45/05-670 zu 96,80 € je Rolle.
Wir können einen Erstkundenrabatt von 15 % gewähren.

Unsere Zahlungsbedingungen lauten:
Zahlung innerhalb von 30 Tagen netto Kasse.

Die Lieferung erfolgt ab Werk sofort nach Eingang Ihrer Bestellung. Wir berechnen 4,00 € an Frachtkosten je Rolle.

Sollten Sie nicht zufrieden sein mit unserem Produkt, steht einer sofortigen Rücknahme nichts im Wege.

Ihrer Bestellung sehen wir mit Freude entgegen und hoffen auf eine neue, angenehme Geschäftsbeziehung.

Mit freundlichen Grüßen

Mercatti OHG

i. A. Gustav Leonhardt

Gustav Leonhardt

**Bankverbindung:**
Volksbank Köln
BLZ 370 444 11
Konto-Nr. 100 110 1 20

**Gesellschafter:**
Dorothea Meier
Manuela Schmitz

**Handelsregister:**
AG Köln
HRA 74010

**E-Mail:**
info@mercatti.de

**Internet:**
www.mercatti-world.com

**Telefon:**
0221 931111-0

**Fax:**
0221 931111-8

a) Erklären Sie die Versandkostenregelungen in den Angeboten der Firmen Mercatti und Rajamaa!

b) Führen Sie einen quantitativen Vergleich der Angebote von Mercatti und Rajamaa durch!

c) Nennen Sie zwei Gründe, die dafür sprechen, das kostengünstigste Angebot der beiden Lieferanten nicht anzunehmen!

### Aufgabe 8

Ordnen Sie die folgenden internationalen Versandkostenregelungen unten stehenden Erklärungen zu!

1 = EXW (ex works)

2 = DDP (delivered duty paid)

3 = FOB (free on board)

4 = FAS (free alongside ship)

5 = CPT (carriage paid to)

a) Der Exporteur übergibt die Ware an einen Frachtführer. Ab diesem Zeitpunkt trägt der Importeur das Risiko. Der Exporteur zahlt die Kosten bis zum Bestimmungsort.____ ☐

b) Der Exporteur stellt die Ware zur Abholung bereit. Der Importeur trägt die gesamten Kosten bis zum Bestimmungsort.____ ☐

c) Der Exporteur übernimmt die Kosten für den Transport und das Risiko, bis die Ware an Bord des Schiffes ist. Ab dort übernimmt der Importeur diese Kosten.____ ☐

d) Der Exporteur zahlt alle Kosten und Risiken bis zum Bestimmungsort.____ ☐

e) Der Exporteur stellt die Ware am Verschiffungshafen zur Abholung bereit. Die restlichen Kosten bis zum Bestimmungsort übernimmt der Importeur. ____ ☐

### Aufgabe 9

**Fallsituation: Bestandsplanung in der Impex GmbH**

In der Impex GmbH werden die Büromaterialien nach dem Bestellpunktverfahren beschafft. Herrn Körner, Meister im Zentrallager der Impex GmbH, sind folgende Größen für den Artikel „Druckpatrone XP-1147" bekannt:

- Eiserner Bestand 12 Stück
- Lieferzeit 3 Tage
- Tagesverbrauch 7 Stück

a) Erläutern Sie am Beispiel der Bestellung des Artikels „Druckpatrone XP-1147" die Funktionsweise des Bestellpunktverfahrens!

b) Wie beurteilen Sie die Höhe des eisernen Bestands?

### Aufgabe 10

Entscheiden Sie, ob es sich bei den unten aufgeführten Zahlungsarten um eine

1 = Barzahlung,

2 = Halbbare Zahlung,

3 = Bargeldlose Zahlung

handelt!

a) SEPA-Firmenlastschriftverfahren ______ ☐
b) Minuten Service ______ ☐
c) Geldkarte ______ ☐
d) Dauerauftrag ______ ☐
e) Barscheck ______ ☐
f) Überweisung ______ ☐
g) Telefonbanking ______ ☐
h) Expressbrief ______ ☐
i) POS-Verfahren ______ ☐
j) Kreditkarte ______ ☐
k) Verrechnungsscheck ______ ☐
l) Zahlschein ______ ☐
m) Girokarte ______ ☐
n) SEPA-Basislastschriftverfahren ______ ☐
o) Internetbanking ______ ☐

## Aufgabe 11

Unterscheiden Sie die beiden Arten des SEPA-Lastschriftverfahrens!

## Aufgabe 12

Entscheiden Sie, ob bei den unten stehenden Zahlungsvorgängen
1 = der Schuldner und der Gläubiger kein Konto,
2 = der Schuldner kein Konto, aber der Gläubiger ein Konto,
3 = der Schuldner ein Konto, aber der Gläubiger kein Konto,
4 = der Schuldner und der Gläubiger ein Konto
benötigen!

a) Ein Arbeitgeber überweist einem Arbeitnehmer sein Gehalt. ______ ☐
b) Ein Arbeitnehmer kauft Briefmarken aus der Portokasse. ______ ☐
c) Ein Unternehmer begleicht die Telefonkosten durch eine Banküberweisung. ______ ☐
d) Ein Kunde begleicht eine Rechnung mit einem Zahlschein. ______ ☐
e) Ein Praktikant ohne eigenes Konto erhält einen Barscheck. ______ ☐
f) Ein Auszubildender kauft sich in der Frühstückspause mit Bargeld einen Kaffee. ______ ☐
g) Eine Kundin zahlt im Kaufhaus mit ihrer Girokarte. ______ ☐
h) Ein Kunde weist einen Bankmitarbeiter telefonisch an, von seinem Konto eine Überweisung zu tätigen ______ ☐

## Der Prüfungsfall

### Frau Cornelissen analysiert den internationalen Beschaffungsmarkt

Frau Cornelissen, Leiterin der Beschaffungsabteilung der Impex GmbH in Köln, hat ihre Beschaffungsmarktforschung auf den internationalen Markt ausgeweitet, weil sie sich von ausländischen Anbietern günstige Angebote über 13600 laufende Meter türkisblauen Seidenstoff zur Herstellung von Paschminaschals erhofft.

Die folgenden Angebote hat Frau Cornelissen als erste Reaktion auf ihre Anfragen erhalten und zur Auswertung vorbereitet:

**Angebot aus Shanghai – China:**

Ware: Seide türkisblau für Paschminaschals.
Ballen: Länge 35 Yards, Breite 1,32 Yards je Ballen.
Preis pro Ballen: 520,00 US-Dollar.
Lieferung: CIF Hamburg zzgl. 30 Prozent.
Discount: 10 Prozent für Neukunden.

*Ankaufskurs: 1 Euro = 1,33 US-Dollar.*
*Verkaufskurs: 1 Euro = 1,25 US-Dollar.*
*Maße: 1 Yard = 0,9144 Meter.*

**Angebot aus Hamburg – Deutschland:**

Ware: Seide türkisblau für Paschminaschals.
Länge 34 Meter, Breite 1,20 Meter je Ballen.
Preis: 707,20 € pro Ballen.
Lieferung: innerhalb einer Woche frei Haus.
Zahlung: Rabatt 20 Prozent, Skonto 3 Prozent.

### Arbeitsauftrag

Führen Sie einen Angebotsvergleich durch und unterbreiten Sie Frau Cornelissen einen Vorschlag zum Bezug der 13600 Meter des türkisblauen Seidenstoffs!

Begründen Sie Ihre Ergebnisse!

Hinweis: Runden Sie die Längenmaße auf Dezimeter!
Runden Sie die Geldbeträge auf die 2. Stelle hinter dem Komma!

# F. Lernfeldübergreifende Prüfungsbereiche

## 13 Sicherheit und Gefahrenabwehr (lernfeldübergreifend)

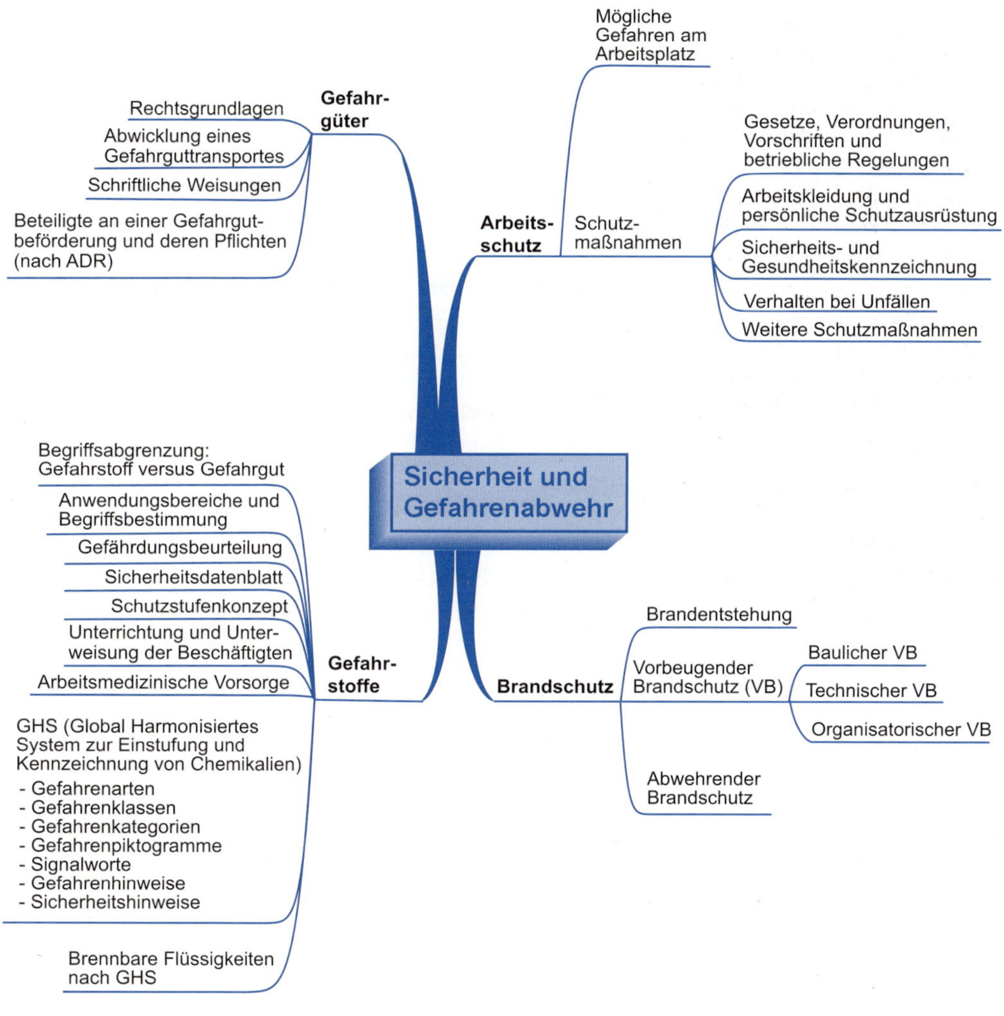

KOMPAKTWISSEN

## 13.1 Arbeitsschutz

### 13.1.1 Mögliche Gefahren am Arbeitsplatz

1. Erklären Sie den Begriff Unfall!

Ein **Unfall** liegt vor, wenn ein plötzlich von außen unfreiwillig auf einen Gegenstand oder ein Lebewesen einwirkendes Ereignis (Unfallereignis, das durch menschliches oder technisches Versagen ausgelöst wurde) einen Schaden an Leben, Leib oder Sache hervorruft.

2. Nennen Sie mögliche Gefahren am Arbeitsplatz!

Mögliche **Gefahren am Arbeitsplatz** sind:

- Feuer- und Explosionsgefahren,
- Verletzungen durch Verätzungen,
- übelriechende Stoffe,
- Unfallgefahren durch Einlagerung, Lagerung und Auslagerung von Gütern, insbesondere von Gefahrgütern,
- Missachtung von Sicherheits- und Gesundheitsschutzkennzeichen wie Rauchverbot, Schutzkleidung tragen etc.,
- Einsatz von Flurförderzeugen,
- unsicher eingelagerte Güter,
- defekte Paletten,
- Leichtsinn der Mitarbeiter,
- schlecht ausgebildete und/oder informierte Mitarbeiter
- u. a.

3. Welche Folgen können sich aus der Missachtung von Gefahren ergeben?

Bei Personen können **Verletzungen** entstehen wie

- Knochenbrüche,
- offene Wunden,
- Quetschungen und
- innere Verletzungen.

Weitere Folgen können

- Invalidität,
- Berufsunfähigkeit (ist eine dauernde Unfähigkeit seinen Beruf aus krankheits-, unfall- oder invaliditätsbedingten Gründen auszuüben),
- Erwerbsunfähigkeit (ist die dauerhafte Unfähigkeit jegliche Art von Arbeiten auszuüben) oder

- in extremen Fällen sogar der **Tod** sein.
- Bei **Sachschäden**, wie z. B. Zerstörung von Ware oder Vernichtung der Lagerhalle durch Feuer, kann es zu
  - Arbeitsplatzverlusten,
  - Auftragsverlusten,
  - Kundenverlusten bis hin zum
  - Konkurs kommen, oder auch
  - einem Imageverlust des Unternehmens.
- Für die **Umwelt** können sich eine Vielzahl an Belastungen oder Zerstörungen ergeben, die sich auch volkswirtschaftlich auswirken.

## 13.1.2 Schutzmaßnahmen

### 13.1.2.1 Gesetze, Verordnungen, Vorschriften und betriebliche Regelungen

4. Nennen Sie die wichtigsten Gesetze und Verordnungen zum Arbeitsschutz!

Die wichtigsten **Rechtsquellen zum Arbeitsschutz** sind:

| Gesetze | Verordnungen |
|---|---|
| ➢ Arbeitsschutzgesetz (ArbSchG),<br>➢ Arbeitssicherheitsgesetz (ASiG),<br>➢ Bundesimmissionsschutzgesetz (BImSchG),<br>➢ Chemikaliengesetz (ChemG),<br>➢ Geräte- und Produktsicherheitsgesetz (GPSG),<br>➢ Gefahrgutbeförderungsgesetz (GGBefG),<br>➢ Jugendarbeitsschutzgesetz (JArbSchG),<br>➢ Mutterschutzgesetz (MuSchG),<br>➢ u. a | ➢ Arbeitsstättenverordnung (ArbStättV),<br>➢ Betriebssicherheitsverordnung (BetrSichV),<br>➢ Gefahrgutverordnung Straße, Eisenbahn und Binnenschifffahrt (GGVSEB),<br>➢ Gefahrstoffverordnung (GefStoffV).<br>➢ u. a |

5. Welches Ziel verfolgt die Arbeitsstättenverordnung?

Die **Arbeitsstättenverordnung** dient der Sicherheit und dem Gesundheitsschutz der Beschäftigten beim Einrichten und Betreiben von Arbeitsstätten.

6. Welche Pflicht ergibt sich für den Arbeitgeber aus der Arbeitsstättenverordnung?

Der Arbeitgeber hat dafür zu sorgen, dass Arbeitsstätten entsprechend so eingerichtet und betrieben werden, dass von ihnen keine Gefährdungen für die Sicherheit und die Gesundheit der Beschäftigten ausgehen. Aus diesem Grund schreibt die ArbStättV Anforderungen an Arbeits-, Sanitäts-, Pausenräumen etc. bzgl. der Türen, der Beleuchtung, der Raumtemperatur oder der Lüftung vor und stellt Anforderungen an die innerbetrieblichen Verkehrswege usw.

7. Nennen Sie Beispiele für technische Regelwerke!

Beispiele für **technische Regelwerke** sind:

- Technische Regeln für brennbare Flüssigkeiten,
- DIN-Normen (Deutsches Institut für Normung),
- VDE-Normen (Verband der Elektrotechnik, Elektronik und Informationstechnik),
- VDI-Richtlinien (Verein Deutscher Ingenieure).

8. Unter welchen Bedingungen dürfen Jugendliche mit Arbeiten betraut werden, bei denen sie schädlichen Einwirkungen von Gefahrstoffen im Sinne des Chemikaliengesetzes ausgesetzt sind?

Die Beschäftigung Jugendlicher mit diesen Arbeiten nach dem JarbSchG ist nur erlaubt, wenn

- dies zur Erreichung des Ausbildungszieles erforderlich ist,
- der Schutz durch die Aufsicht eines Fachkundigen gewährleistet ist und
- der Luftgrenzwert bei gefährlichen Stoffen unterschritten wird.

9. Wer erlässt Berufsgenossenschaftliche Vorschriften (DGUV)?

Als Träger der gesetzlichen Unfallversicherung müssen **Berufsgenossenschaften** nach dem § 15 Sozialgesetzbuch VII **Berufsgenossenschaftliche Vorschriften**, die jetzt **DGUV Vorschrift (Deutsche Gesetzliche Unfallversicherung)** heißen, erlassen, die jedoch vom Bundesministerium für Arbeit und Soziales genehmigt werden müssen. Die BGVs nannte man früher Unfallverhütungsvorschrift (UVV). Dieser Begriff und die Abkürzung ist auch heute noch eine gebräuchliche Bezeichnung.

Das DGUV Regelwerk besteht aus folgenden 4 Teilen:

- DGUV Vorschrift
- DGUV Regel
- DGUV Information
- DGUV Grundsatz

**10.** Erläutern Sie, welche Bedeutung allgemein die Berufsgenossenschaftlichen Vorschriften haben!

Die **DGUV Vorschriften** dienen der Verhütung von Arbeitsunfällen, Berufskrankheiten und arbeitsbedingten Gesundheitsgefahren, indem sie z. B.

- Rechte und Pflichten der Arbeitgeber und Arbeitnehmer im technischen Arbeitsschutz beinhalten,
- sicherheitstechnische Anforderungen an Einrichtungen, Arbeitsmitteln, Maschinen etc. und
- Verhaltensvorschriften für die Arbeitgeber und Arbeitnehmer vorgeben.

**11.** Nennen Sie für ein Unternehmen wichtige DGUV Vorschriften!

| Wichtige DGUV Vorschriften sind: | |
|---|---|
| DGUV Vorschrift 1: | Grundsätze der Prävention |
| DGUV Vorschrift 2: | Betriebsärzte und Fachkräfte für Arbeitssicherheit |
| DGUV Vorschrift 4: | Elektrische Anlagen und Betriebsmittel |
| DGUV Vorschrift 6: | Arbeitsmedizinische Vorsorge |
| DGUV Vorschrift 9: | Sicherheits- und Gesundheitsschutzkennzeichnung am Arbeitsplatz |
| DGUV Vorschrift 52: | Krane |
| DGUV Vorschrift 68: | Flurförderzeuge |

### 13.1.2.2 Arbeitskleidung und persönliche Schutzausrüstung

**12.** Unterscheiden Sie Arbeitskleidung und Berufskleidung von persönlicher Schutzausrüstung!

- **Arbeitskleidung** ist eine Kleidung, die anstelle, in Ergänzung oder zum Schutz der Privatkleidung bei der Arbeit getragen wird. Sie hat keine spezifische Schutzfunktion gegen schädigende Einflüsse (z. B. „Blaumann" als Arbeitsanzug, Overall, Kittel).
- **Berufskleidung** ist eine berufsspezifische Arbeitskleidung, die als Standes- oder Dienstkleidung, z. B. Uniform, getragen wird. Sie ist keine Kleidung mit spezifischer Schutzfunktion.
- **Schutzkleidung** ist eine persönliche Schutzausrüstung, die den Rumpf, die Arme und die Beine vor schädigenden Einwirkungen bei der Arbeit schützen soll. Die verschiedenen Ausführungen der Schutzkleidung können gegen eine oder mehrere Einwirkungen schützen.

**13.** Welchen Anforderungen müssen persönliche Schutzausrüstungen (PSA) erfüllen?

Die **persönliche Schutzausrüstung** (PSA) muss die Art und den Umfang der Risiken am Arbeitsplatz, die Arbeitsbedingungen und die persönliche Konstitution des Trägers berücksichtigen.

Sie muss den besonderen bestehenden Gefährdungen angemessen sein, d. h., sie kann z. B. dem Schutz gegen mechanische Einwirkungen, Erfasstwerden durch bewegte Teile, thermische Einwirkung, Nässe, Wind, Stäube, Gase, heiße Dämpfe, elektrische Energie, Flammen, Funken, feuerflüssige Massen, chemische Stoffe, Mikroorganismen, Gefährdung durch den Fahrzeug-Verkehr (Warnkleidung) und Kontamination mit radioaktiven Stoffen dienen (vgl. DGUV Regel 112-189 [DGUV Regelwerk] Benutzung von Schutzkleidung, 1 Anwendungsbereich).

14. Benennen Sie wichtige persönliche Schutzausrüstungen!

Wichtige PSAs sind:

- **Kopfschutz** (Schutzhelm, Haarschutznetz, Haarschutzhaube),
- **Augen- und Gesichtsschutz** (Brille, Maske, Schutzschirm, Schutzschild),
- **Atemschutz** (Atemschutzhauben, Halbmasken wie Mundschutz oder Filtermasken, Vollmasken),
- **Gehörschutz** (Gehörschutzstöpsel, schalldämpfende Kopfhörer),
- **Körperschutz** (Schutzanzug, Schutzweste, Schutzjacke, Schutzhose, Schutzmantel, Schutzschürze, spezieller Schutz: Chemikalienschutzanzug, Wetterschutzkleidung, Kälteschutzkleidung, Warnkleidung),
- **Arm- und Handschutz** (Schutzhandschuhe),
- **Fuß- und Knieschutz** (Sicherheitsschuhe und Schutzschuhe mit unterschiedlicher Belastbarkeit der Zehenschutzkappen, Knieschützer),
- **Hautschutz** (Cremes, Lotionen, Salben, „unsichtbare Handschuhe“ in Form von Sprays und Schäumen),
- **Absturzschutz** (Absturzsicherungsset bestehend z. B. aus Sitz- und Brustgurt, Sicherungsgeschirr)
- u. a.

### 13.1.2.3 Sicherheits- und Gesundheitsschutzkennzeichnung

15. Nennen Sie die fünf Kategorien der Sicherheits- und Gesundheitsschutzkennzeichnungen und beschreiben Sie diese nach Formen und Farben!

Es gibt fünf Kategorien der **Sicherheits- und Gesundheitsschutzkennzeichnung:**

- **Verbotszeichen**
  (rund, schwarzes Symbol, weißer Grund, rote Umrandung)
- **Warnzeichen**
  (dreieckig mit der Spitze nach oben, schwarzes Symbol, gelber Grund, schwarze Umrandung)
- **Gebotszeichen**
  (rund, weißes Symbol, blauer Grund)

- **Rettungszeichen**
  (quadratisch oder rechteckig, weißes Symbol, grüner Grund)
- **Brandschutzzeichen**
  (quadratisch, weißes Symbol, roter Grund)

16. Nennen Sie für jede Kategorie der Sicherheits- und Gesundheitsschutzkennzeichnungen sechs Beispiele!

**Verbotszeichen**

- Rauchen verboten
- Keine offene Flamme; Feuer, offenes Licht und Rauchen verboten
- Für Fußgänger verboten
- Mit Wasser löschen verboten
- Kein Trinkwasser
- Zutritt für Unbefugte verboten
- Für Flurförderzeuge verboten
- Berühren verboten
- Abstellen oder lagern verboten
- Personenbeförderung verboten
- Betreten der Fläche verboten
- Eingeschaltete Mobiltelefone verboten
- u. a.

**Brandschutzzeichen**

- Löschschlauch
- Feuerleiter
- Feuerlöscher
- Brandmeldetelefon
- Mittel und Geräte zur Brandbekämpfung
- Brandmelder
- u. a.

**Gebotszeichen**

- Allgemeines Gebotszeichen
- Augenschutz benutzen
- Kopfschutz benutzen
- Gehörschutz benutzen
- Atemschutz benutzen
- Fußschutz benutzen
- Handschutz benutzen
- Schutzkleidung benutzen
- Gesichtsschutz benutzen
- Fußgängerweg benutzen
- Auffanggurt benutzen
- Übergang benutzen
- u. a.

**Rettungszeichen**

- Erste Hilfe
- Krankentrage
- Notdusche
- Augenspüleinrichtung
- Notruftelefon
- Arzt
- Notausgang (Nur in Verbindung mit einem Pfeilzeichen zulässig)
- Sammelstelle
- u. a.



20 Hummel - ISBN 978-3-8120-0570-8

| Warnzeichen |
|---|
| ➢ Allgemeines Warnzeichen<br>➢ Warnung vor feuergefährlichen Stoffen<br>➢ Warnung vor explosionsgefährlichen Stoffen<br>➢ Warnung vor giftigen Stoffen<br>➢ Warnung vor ätzenden Stoffen<br>➢ Warnung vor radioaktiven oder ionisierenden Stoffen<br>➢ Warnung vor schwebender Last<br>➢ Warnung vor Flurförderzeugen<br>➢ Warnung vor elektrischer Spannung<br>➢ Warnung vor Laserstrahlen<br>➢ Warnung vor brandfördernden Stoffen<br>➢ Warnung vor Hindernissen am Boden<br>➢ Warnung vor Absturzgefahr<br>➢ Warnung vor niedriger Temperatur/Frost<br>➢ Warnung vor gesundheitsschädlichen oder reizenden Stoffen<br>➢ Warnung vor Gasflaschen<br>➢ Warnung vor Gefahren durch das Aufladen von Batterien<br>➢ Warnung vor explosionsfähiger Atmosphäre<br>➢ Warnung vor Quetschgefahr<br>➢ Warnung vor heißer Oberfläche<br>➢ Warnung vor Handverletzungen<br>➢ Warnung vor Rutschgefahr<br>➢ u. a. |

### 13.1.2.4 Verhalten bei Unfällen

17. Was müssen Sie tun, wenn Sie eine verunfallte Person auffinden?

- Sie sollten **Ruhe bewahren,**
- die **Unfallstelle absichern,** damit eine weitere Gefährdung der Verunfallten und der eigenen Person ausgeschlossen ist,
- ggf. **Personen aus dem Gefahrenbereich retten,**
- immer auf die **eigene Sicherheit** achten,
- **lebensrettende Sofortmaßnahmen** ergreifen, wie Überprüfung der Vitalfunktionen Bewusstsein und Atmung,
- den **Unfall melden,**
- ggf. **weitere Hilfe** herbeiholen wie Arbeitskollegen etc.,
- die verunfallte Person bis zum Eintreffen der Rettungskräfte **weiter betreuen,** Blutstillung, Wärmeerhalt, Wundversorgung etc.

18. Was muss bei einem Notruf beachtet werden?

- **WER** meldet den Unfall? (Name, Telefon etc.)
- **WO** geschah der Unfall? (genaue Adresse mit Straße, Hausnummer, Ort, besondere örtliche Gegebenheiten, Gebäude, Etage etc.)
- **WAS** ist geschehen? (Unfall, Brand, Erkrankung, abgestürzte oder eingeklemmte Person etc.)

- **WIE** viele Verletzte oder Erkrankte?
- **WELCHE** Art von Verletzungen oder Erkrankungen liegen vor? (Zustand der Personen und die Verletzungsschwere etc.)
- **Warten Sie auf Rückfragen der angerufenen Feuerwehr oder des Rettungsdienstes!**

**19.** Wie verhalten Sie sich beim Auffinden einer verunfallten Person, um die Vitalfunktionen Bewusstsein und Atmung überprüfen zu können?

- **Feststellen des Bewusstseins** durch lautes Ansprechen, Anfassen und Rütteln.
- Ist die **Person ansprechbar,** dann können der Notruf und eine **weitere Betreuung** bis zum Eintreffen der Einsatzkräfte, wie z. B. die Wundversorgung, erfolgen.
- Ist die Person **nicht ansprechbar,** dann muss der **Notruf** veranlasst werden und um Hilfe gerufen werden.
- Danach muss die **Atmung geprüft** werden.
- Ist die **Atmung vorhanden,** muss die Person in die **stabile Seitenlage** gebracht werden.
- Ist die Atmung **nicht vorhanden,** dann **muss beatmet werden,** nachdem die Atemwege ggf. freigemacht wurden, der Kopf nackenwärts gebeugt und der Unterkiefer angehoben wurde.
- Nach **zweimaliger Beatmung** wird die Person auf mögliche Lebenszeichen wie Husten, Bewegung etc. überprüft.
- Hat die **Atmung nicht wieder eingesetzt,** dann muss die **Herz-Lungen-Wiederbelebung** bis zum Eintreffen der Einsatzkräfte durchgeführt werden oder die Atmung des Betroffenen setzt wieder ein. Ggf. muss man sich mit einem anderen Helfer abwechseln.
- Die **Herz-Lungen-Wiederbelebung** besteht aus der Herzdruckmassage und der Atemspende, die im stetigen Wechsel von 30 x Drücken (Herzdruckmassage) und 2 x Beatmen durchgeführt wird.
- Wenn nach **regelmäßiger Überprüfung der Atmung** der Betroffene wieder atmet, dann wird die Person in die stabile Seitenlage gebracht.
- **Ständige Kontrolle der Vitalfunktionen** bis zum Eintreffen der Einsatzkräfte.

**20.** Erklären Sie die Aufgabe der stabilen Seitenlage!

Die **stabile Seitenlage** soll sicherstellen, dass die Atemwege frei gehalten werden und Erbrochenes oder Blut ablaufen kann. Da der Mund des Betroffenen durch die stabile Seitenlage zum tiefsten Punkt des Körpers wird, kann der Bewusstlose nicht an seinem Erbrochenen ersticken.

**21.** Beschreiben Sie stichwortartig die Durchführung der stabilen Seitenlage!

- Seitlich neben dem Bewusstlosen knien.
- Seine Beine strecken.
- Den nahen Arm anwinkeln, nach oben legen, Handinnenfläche zeigt nach oben.
- Fernen Arm am Handgelenk fassen, vor der Brust kreuzen und die Handoberfläche an seine Wange legen.
- Den fernen Oberschenkel fassen und sein Bein anwinkeln.
- Den Bewusstlosen zu sich hinziehen.
- Den obenliegenden Oberschenkel im rechten Winkel zur Hüfte ausrichten.
- Damit die Atemwege frei sind, muss der Hals überstreckt werden und der Mund des Bewusstlosen leicht geöffnet werden.
- Die an der Wange liegende Hand muss so ausgerichtet werden, dass der Hals überstreckt bleibt.

### 13.1.2.5 Weitere Schutzmaßnahmen

**22.** Beschreiben Sie beispielhaft Unfall- und Verletzungsgefahren, die durch fehlende Sauberkeit und/oder Ordnung entstehen können!

- Es besteht **Rutschgefahr** durch ausgelaufenes Öl oder andere Flüssigkeiten.
- **Schnitt- oder Rissverletzungen** können durch zerbrochenes Glas oder andere Ware verursacht werden.
- Unübersichtliche Lagerung von Ware verursacht **Stolpergefahren.**
- u. a.

**23.** Beschreiben Sie wichtige Grundsätze zum richtigen Heben und Tragen!

- Man muss sich möglichst nah und frontal zum Gegenstand stellen.
- Die Füße sollen mindestens hüftbreit aufgesetzt werden.
- Man muss auf vollständigen Fuß-Boden-Kontakt achten (d. h., auch die Ferse muss den Boden berühren).
- Die Bauchmuskeln anspannen, ohne die Luft anzuhalten.
- Aus den Beinen heraus heben (Beine beugen mit einem Kniewinkel nicht unter 90°).
- Der Rücken sollte während des Arbeitsvorgangs immer gerade gehalten werden.
- Die Last nicht ruckartig bewegen.
- Verdrehungen der Wirbelsäule sind zu vermeiden.

- Nach dem **Mutterschutzgesetz** dürfen werdende Mütter Arbeiten, bei denen regelmäßig Lasten von mehr als 5 kg oder gelegentlich Lasten von mehr als 10 kg ohne mechanische Hilfsmittel von Hand gehoben, bewegt oder befördert werden müssen, nicht durchführen.
- u. a.

**24.** Welche zumutbaren Lasten in kg in Abhängigkeit von Häufigkeit des Hebens und Tragens, Alter und Geschlecht empfiehlt das Bundesministerium für Arbeit und Soziales?

**Gelegentliches Heben und Tragen**

- Für das Lebensalter **15 bis 18 Jahre**:
  - Frauen: 15 kg
  - Männer: 35 kg
- Für das Lebensalter **19 bis 45 Jahre**:
  - Frauen: 15 kg
  - Männer: 55 kg
- **Älter als 45 Jahre**:
  - Frauen: 15 kg
  - Männer: 45 kg

**Häufiges Heben und Tragen**

- Für das Lebensalter **15 bis 18 Jahre**:
  - Frauen: 10 kg
  - Männer: 20 kg
- Für das Lebensalter **19 bis 45 Jahre**:
  - Frauen: 10 kg
  - Männer: 30 kg
- **Älter als 45 Jahre**:
  - Frauen: 10 kg
  - Männer: 25 kg

**25.** Welche Pflicht trifft den Unternehmer im Hinblick auf die „Unterweisung der Versicherten"?

- Der Unternehmer hat die Versicherten über Sicherheit und Gesundheitsschutz bei der Arbeit, insbesondere über die mit ihrer Arbeit verbundenen Gefährdungen und die Maßnahmen zu ihrer Verhütung, zu unterweisen; die Unterweisung muss erforderlichenfalls wiederholt werden, mindestens aber einmal jährlich erfolgen; sie muss dokumentiert werden.
- Der Unternehmer hat den Versicherten die für ihren Arbeitsbereich oder für ihre Tätigkeit relevanten Inhalte der geltenden Unfallverhütungsvorschriften und BG-Regeln sowie des einschlägigen staatlichen Vorschriften- und Regelwerks in verständlicher Weise zu vermitteln.

→ **Gefährliche Stoffe s. Kap. 13.4!**

## 13.2 Brandschutz

### 13.2.1 Brandentstehung

26. Welche Bedingungen sind für die Brandentstehung notwendig?

Folgende Bedingungen sind für eine **Brandentstehung** maßgeblich:

- ein **brennbarer Stoff** in den Aggregatzuständen fest, flüssig oder gasförmig,
- **Sauerstoff** in reiner Form oder in der Luft (mit ca. 21 % Anteil),
- **richtiges Mengenverhältnis** zwischen brennbarem Stoff und Sauerstoff,
- eine **Zündquelle,** die den brennbaren Stoff auf seine Zündtemperatur erwärmt.

### 13.2.2 Vorbeugender Brandschutz (VB)

27. Beschreiben Sie die Bedeutung des vorbeugenden Brandschutzes!

Der **vorbeugende Brandschutz** beschäftigt sich mit allen vorbereitenden Maßnahmen, die zur Verhütung von Bränden, zur schnellstmöglichen Brandbekämpfung und zur Rettung von Personen bei Bränden dienen.

28. Nennen Sie die Teilbereiche des VB und geben Sie beispielhaft jeweils eine Maßnahme an!

Der vorbeugende Brandschutz gliedert sich auf in

- den **baulichen VB** (z.B. Erstellung von Flucht- und Rettungsplänen),
- den **technischen VB** (z.B. automatische Rauchgasmelder, Feuerlöscher) und
- den **organisatorischen VB** (z.B. Brandschutzbeauftragter, Verhaltensmaßnahmen für den Brandfall).

29. Erklären Sie die Bedeutung eines Flucht- und Rettungsplanes!

Die Verpflichtung zur Aufstellung von **Flucht- und Rettungsplänen** ergibt sich aus der Arbeitsstättenverordnung.

Aus dem Plan sollte ersichtlich sein, welche Fluchtwege der Flüchtende von seinem jeweiligen Standort aus zu nehmen hat, um in einen sicheren Bereich oder ins Freie zu gelangen, insbesondere zu einer gekennzeichneten Sammelstelle.

Zusätzlich sollte der Plan Auskunft geben über den Standort von Erste-Hilfe- und Brandschutzeinrichtungen.

**30.** Nennen Sie einige technische Einrichtungen, mit denen ein Brand rechtzeitig entdeckt werden kann!

- **Automatische Brandmeldeanlagen:**
  - Brand- oder Rauchgasmelder,
  - Wärmemelder,
  - Rauchmelder,
  - Flammenmelder,
  - u.a.
- **Nichtautomatische Brandmeldeanlagen:**
  - Handfeuermelder mittels Druckknopf

**31.** Welche Art von brennbaren Stoffen gehört zu den Brandklassen A bis F? Geben Sie Beispiele an!

- **Brandklasse A: Brände fester Stoffe,** hauptsächlich organischer Natur, die normalerweise unter Glutbildung verbrennen.

  Beispiele: Holz, Gummi, Kohle, Papier, Stroh.
- **Brandklasse B: Brände von flüssigen oder flüssig werdenden Stoffen.**

  Beispiele: Alkohol, Benzin, Fette, Lacke, Öle, Wachs.
- **Brandklasse C: Brände von Gasen.**

  Beispiele: Acetylen, Methan, Propan, Stadtgas, Wasserstoff.
- **Brandklasse D: Brände von Metallen.**

  Beispiele: Aluminium, Kalium, Magnesium, Natrium.
- **Brandklasse F: Brände** von **Speiseölen/-fetten (pflanzliche oder tierische Öle und Fette) in Frittier- und Fettbackgeräten und anderen Kücheneinrichtungen und -geräten.** (Fett gehört eigentlich zur Brandklasse B. Aufgrund der besonderen Gefahren gibt es seit 2005 für Fettbrände diese neue Brandklasse F.)

  Beispiele: Speiseöle und -fette.

**Hinweis:**

Auf alten Feuerlöschern wurde ausgewiesen, dass dieser Feuerlöscher für die Klassen A, B, C, E geeignet sein sollte. Der **Buchstabe E** bedeutete **keine Brandklasse,** sondern **nur den Hinweis auf die Einsetzbarkeit in elektrischen Anlagen.** Eine Brandklasse E gibt es nicht!

**32.** Welche Feuerlöschmittel bzw. -geräte sind für die Brandklassen A bis F geeignet?

- **Brandklasse A:** Wasser (Vollstrahl, Sprühstrahl), Schaum, Glutbrand-Pulver (ABC-Pulverlöscher).
- **Brandklasse B:** Wasser in Form von Sprühstrahl, Schaum, Light-Water, Glutbrand-Pulver (ABC-Pulverlöscher), Löschpulver (BC-Pulverlöscher), Kohlensäure ($CO_2$).

- **Brandklasse C**: Glutbrand-Pulver (ABC-Pulverlöscher), Löschpulver (BC-Pulverlöscher), Kohlensäure ($CO_2$).
- **Brandklasse D**: Löschpulver (Metallbrandpulver), behelfsmäßige Mittel sind Zementpulver, trockenes Streusalz, trockener Sand, Schweröle, Graugussspäne.
- **Brandklasse F:** Topfdeckel, Fettbrandlöscher.

**33.** Wann muss durch wen ein Feuerlöscher geprüft werden?

Regelmäßig, aber mindestens alle zwei Jahre, muss ein **Feuerlöscher** von einem Sachkundigen geprüft werden.

**34.** Woran können Sie erkennen, dass ein Feuerlöscher ordnungsgemäß geprüft wurde?

Für den Nachweis der Feuerlöscherprüfung wird eine **gelb-runde Prüfplakette** deutlich sichtbar auf dem Feuerlöscher angebracht. Am Rande sind die Monate von 1 bis 12 im Uhrzeigersinn angebracht und in der Mitte das Jahr als zweistellige Ziffer, in dem die Prüfung vollzogen wurde.

**35.** Bei welchen Bränden darf Wasser als Löschmittel „nicht" oder „nur bedingt" eingesetzt werden?

Bei Metall- und Schornsteinbränden darf **kein Wasser** eingesetzt werden.

**Nur bedingt** einsetzbar ist Wasser z. B. bei folgenden Bränden: in der Brandklasse B und C, in elektrischen Anlagen, in Gegenwart von Säuren und Laugen, bei Phosphorbränden, bei Staubbränden, bei Düngemittelbränden

**36.** Welche Aufgaben hat ein Brandschutzbeauftragter

Der **Brandschutzbeauftragte** soll

- mit den Brandschutzbehörden und der Feuerwehr **zusammenarbeiten,**
- die Brand- und Explosionsgefahren im Unternehmen bei Lagerung und Verarbeitung feuergefährlicher Stoffe **feststellen,**
- die Unternehmensleitung über Brandschutzerfordernisse und ggf. Neuplanungen **unterrichten** und **beraten,**
- Alarm- und Einsatzpläne **aufstellen,**
- u. a.

**37.** Beschreiben Sie sechs Vorschriften und Verhaltensmaßnahmen für den Brandfall, die geeignet sind, um Personen- und Sachschäden zu reduzieren!

Geeignete **Vorschriften und Maßnahmen für den Brandfall** sind:

- Aufstellen oder Aufhängen angemessener Hinweisschilder (z. B. „Rauchen verboten", „Nichts abstellen oder lagern", „Feuerlöschgerät" etc.).
- Hinweisschilder müssen beachtet werden, da durch ihre Nichtbeachtung Brände ausgelöst werden können (z. B. „Nicht Rauchen").

- Jegliches Zustellen von Flucht- und Rettungswegen und von Brandmelde- und Feuerlöscheinrichtungen darf nicht erfolgen.
- Regelmäßige Überprüfung der Brandmelde- und Feuerlöscheinrichtungen durch Sachkundige.
- Regelmäßige Unterweisung über die Handhabung von Feuerlöschern und anderen Feuerlöschgeräten.
- Regelmäßige Brandschutz- und Rettungsübungen, die den Mitarbeitern die notwendigen Abläufe aufzeigen.
- u. a.

### 13.2.3 Abwehrender Brandschutz

38. Beschreiben Sie die Bedeutung des abwehrenden Brandschutzes!

Der **abwehrende Brandschutz** beschäftigt sich mit dem Geschehen während des Brandes, den Löschmaßnahmen und der Löschwasser- bzw. Löschmittelversorgung.

39. Beschreiben Sie fünf Verhaltensmaßnahmen, die Sie im Brandfall durchführen sollten!

- Sie sollten **Ruhe bewahren,**
- ggf. **Personen retten,**
- immer auf die eigene Sicherheit achten,
- ggf. **Personen aus dem Gefahrenbereich bringen** (Behinderten helfen, Flucht- und Rettungswege nutzen, keine Aufzüge benutzen, Sammelstelle aufsuchen etc.),
- den **Brand melden** (mittels Brandmeldeeinrichtungen oder Telefon),
- den **Notruf richtig absetzen**
  → s. Kap. 13.1.2.4 Verhalten bei Unfällen!
- den **Brand bekämpfen** (ohne eigene Gefährdung Löschmaßnahmen ergreifen, der Brandklasse entsprechend das richtige Löschmittel einsetzen, den Brand durch das Schließen von Fenstern und Türen eingrenzen etc.),
- u. a.

40. Beschreiben Sie mindestens zehn Regeln für die Handhabung von Feuerlöschern im Gefahrenfall, die beachtet werden müssen!

- Zuerst sollte immer die Sicherheit von Personen berücksichtigt werden.
- Da die Feuerlöscher nur eine zeitlich sehr begrenzte Einsatzdauer haben, sollte der Feuerlöscher erst am Brandherd betätigt werden.
- Wenn mehrere Feuerlöscher zur Verfügung stehen, dann sollten alle gleichzeitig und nicht hintereinander eingesetzt werden.
- Eingesetzte Feuerlöscher sollten der notwendigen Brandklasse entsprechen und nicht mit Feuerlöschern anderer Brandklassen gemischt werden.

- Das Feuer sollte immer in Windrichtung angegriffen werden.
- Aufgrund der möglichen Rückzündung sollten Flächenbrände von vorn beginnend bekämpft werden.
- Tropf- und Fließbrände sind immer von oben nach unten zu löschen, da durch brennende Tropfen der Brand sich wieder entzünden könnte.
- Flüssigkeitsbrände sollten mit einem Löschnebel bzw. Sprühstrahl bekämpft werden, da ein voller Löschstrahl das Feuer vergrößern kann.
- Bei Bränden der Brandklasse A (feste Stoffe) sollte der Pulverlöscher stoßweise bedient werden, damit das Pulver sich besser um das Brandmaterial legen kann. Somit kann sich eine Schmelze bilden, die den Luftsauerstoff vom brennbaren Stoff abschneidet.
- Bei Bränden der Brandklasse B und C (Flüssigkeits- und Gasbrände) müssen die Flammen entweder bei Einsatz eines Pulverlöschers mit einer Pulverwolke oder bei Einsatz eines Kohlendioxid-Löschers mit einem $CO_2$-Nebel eingehüllt werden.
- Da immer die Gefahr einer Wiederentzündung besteht, muss z. B. mittels einer Brandwache die gelöschte Brandstelle beobachtet werden. Zudem sind auch in ausreichendem Maße Löschmittel in Reserve bereitzustellen.
- Eingesetzte Feuerlöscher dürfen nicht mehr aufgehängt werden.
- Feuerlöscher müssen durch fachkundiges Personal oder einem Fachbetrieb wieder betriebsbereit gemacht werden.

## 13.3 Gefahrstoffe

### 13.3.1 Begriffsabgrenzung: Gefahrstoff versus Gefahrgut

41. Unterscheiden Sie die beiden Begriffe Gefahrstoff und Gefahrgut!

Die Begriffe **Gefahrstoff** und **Gefahrgut** sind **nicht identisch**.

- Die gesetzliche Grundlage für Gefahr**stoff**e findet man im Chemikaliengesetz und in der Gefahrstoffverordnung. Hier geht es in erster Linie um die Kennzeichnung von Gefahrstoffen, die über **Gefahren beim Umgan**g (z. B. Herstellung oder Verwendung) mit diesen gefährlichen Stoffen informieren.
- Die Kennzeichnung von Gefahr**gut** stellt dagegen speziell auf die **Gefahren während des Transportes** ab. Zu Gefahrgut zählen aber nicht nur die Stoffe, die zu den Gefahrstoffen zählen, sondern auch ganze Produkte wie Bauteile, Geräte u. a.

42. Nennen Sie die Rechtsgrundlagen für Gefahrstoffe!

Die **Rechtsgrundlage für Gefahrstoffe** stellt die Gefahrstoffverordnung (GefStoffV) dar. Im Chemikaliengesetz (ChemG) ist die Verordnungsermächtigung enthalten. Zudem stellen auch das Arbeitsschutzgesetz (ArbSchG) und die GHS-Verordnung gesetzliche Grundlagen für die GefStoffV dar.

**Hinweis:**
Die GefStoffV wurde 2010 u.a. aufgrund des neuen EU-Chemikalienrechts mit REACH-VO und CLP-VO angepasst. Sie stellt aber immer noch gültiges nationales Recht dar.

43. Definieren Sie den Begriff Gefahrstoffe!

**Gefahrstoffe** im Sinne der GefStoffV § 3 sind

- gefährliche Stoffe und Zubereitungen,
- sowie Stoffe und Zubereitungen, die sonstige chronisch schädigende Eigenschaften besitzen,
- Stoffe, Zubereitungen und Erzeugnisse, die explosionsfähig sind,
- Stoffe, Zubereitungen und Erzeugnisse, aus denen bei der Herstellung oder Verwendung gefährliche, chronisch schädigende bzw. explosionsfähige Stoffe oder Zubereitungen entstehen oder freigesetzt werden können,
- sonstige gefährliche chemische Arbeitsstoffe.

## 13.3.2 Anwendungsbereiche und Begriffsbestimmung

44. Beschreiben Sie den Zweck der Gefahrstoffverordnung (GefStoffV)?

Die **Gefahrstoffverordnung** dient dem Schutz der Menschen (Beschäftigte und anderer Personen) und der Umwelt, indem sie Vorschriften für das Inverkehrbringen von Stoffen, Zubereitungen und Erzeugnissen macht, die einerseits die Gesundheit und Sicherheit der Menschen durch Gefahrstoffe gefährden und andererseits die Umwelt schädigen.

45. Welche Arbeiten gehören zum Inverkehrbringen von Gefahrstoffen?

Das **Inverkehrbringen** von **Gefahrstoffen** erfolgt durch:

- Herstellung,
- Produktion,
- Handhabung,
- Lagerung,
- Beförderung,
- Entsorgung,
- Behandlung,
- Verwendung,
- soweit es zu einer Gefährdung von Beschäftigten durch Gefahrstoffe kommen kann, auch Bedien- und Überwachungsarbeiten.

46. Definieren Sie den Begriff Arbeitsplatzgrenzwert (AGW)!

Entsprechend der Gefahrstoffverordnung ist der **Arbeitsplatzgrenzwert** der Grenzwert für die **zeitlich gewichtete durchschnittliche Konzentration eines Stoffes in der Luft am Arbeitsplatz** in der Regel bei 8 Stunden täglich und maximal 40 Stunden in der Woche. Dieser Wert gibt die Stoffkonzentration an, bei der akute oder chronische schädliche Auswirkungen auf die Gesundheit normalerweise nicht zu erwarten sind.

47. Definieren Sie den Begriff biologischer Grenzwert (BGW)!

Der **biologische Grenzwert** ist der Grenzwert für die **maximal zulässige Konzentration eines Stoffes im Blut, Blutplasma, Urin oder der Atemluft des Menschen,** bei dem nach derzeitigem Wissen die Gesundheit des Menschen nicht beeinträchtigt wird.

### 13.3.3 Gefährdungsbeurteilung

48. Was ist eine Gefährdungsbeurteilung und wozu dient sie?

Die **Gefährdungsbeurteilung** ist die systematische **Ermittlung und Bewertung** relevanter Gefährdungen der Beschäftigten mit dem Ziel, die erforderlichen Maßnahmen für Sicherheit und Gesundheit bei der Arbeit festzulegen (vgl. Begriffsglossar zu den Regelwerken der BetrSichV und der GefStoffV der Bundesanstalt für Arbeitsschutz und Arbeitsmedizin).

49. Welche Verpflichtung trifft hierbei den Arbeitgeber?

Der Arbeitgeber hat bei der Beurteilung der Arbeitsbedingungen zunächst festzustellen, ob die Beschäftigten Tätigkeiten mit Gefahrstoffen durchführen oder ob Gefahrstoffe bei diesen Tätigkeiten entstehen oder freigesetzt werden. Ist dies der Fall, so hat er **alle hiervon ausgehenden Gefährdungen** für die Gesundheit und Sicherheit der Beschäftigten unter bestimmten vorgegebenen Gesichtspunkten **zu beurteilen.** Der Arbeitgeber darf eine Tätigkeit mit Gefahrstoffen erst aufnehmen lassen, nachdem eine Gefährdungsbeurteilung vorgenommen wurde und die erforderlichen Schutzmaßnahmen getroffen wurden.

50. Wer ist berechtigt, eine Gefährdungsbeurteilung durchzuführen?

Die **Gefährdungsbeurteilung** darf nur von fachkundigen Personen durchgeführt werden. Verfügt der **Arbeitgeber** nicht selbst über die entsprechenden Kenntnisse, so hat er sich durch fachkundige Personen wie den **Betriebsarzt** und die **Fachkraft für Arbeitssicherheit** beraten zu lassen. Der Arbeitgeber kann bei der Festlegung der Maßnahmen eine Gefährdungsbeurteilung übernehmen, die ihm der Hersteller oder Inverkehrbringer mitgeliefert hat, sofern er seine Tätigkeit entsprechend den dort gemachten Angaben und Festlegungen durchführt.

### 13.3.3.1 Sicherheitsdatenblatt

**51.** Wie müssen Gefahrstoffe verpackt sein?

Wer als Hersteller, Einführer oder erneuter Inverkehrbringer gefährliche Stoffe, Zubereitungen oder Biozid-Produkte in den Verkehr bringt, hat sie entsprechend der Einstufung in die Gefährlichkeitsmerkmale zu **verpacken** und zu **kennzeichnen.** Werden gefährliche Stoffe und Zubereitungen unverpackt in den Verkehr gebracht, sind jeder Liefereinheit geeignete Sicherheitsinformationen, vorzugsweise ein Sicherheitsdatenblatt, mitzugeben.

**52.** Wozu dient das Sicherheitsdatenblatt?

Das **Sicherheitsdatenblatt** dient dem Arbeitgeber **zur Erstellung einer Gefährdungsbeurteilung,** indem es stoffliche Informationen, Sicherheitshinweise, sachgerechte und praxisnahe Empfehlungen zur Handhabung des Produkts am Arbeitsplatz etc. beinhaltet.

**53.** Wer muss ein Sicherheitsdatenblatt zur Verfügung stellen?

Wer als **Hersteller, Einführer** oder erneuter **Inverkehrbringer** gefährliche Stoffe oder gefährliche Zubereitungen in den Verkehr bringt, hat den Abnehmern spätestens bei der ersten Lieferung kostenlos ein Sicherheitsdatenblatt in deutscher Sprache zu übermitteln.

**54.** Welche Informationen muss ein Sicherheitsdatenblatt enthalten?

1. Bezeichnung des Stoffes bzw. der Zubereitung und des Unternehmens,
2. mögliche Gefahren,
3. Zusammensetzung / Angaben zu Bestandteilen,
4. Erste-Hilfe-Maßnahmen,
5. Maßnahmen zur Brandbekämpfung,
6. Maßnahmen bei unbeabsichtigter Freisetzung,
7. Handhabung und Lagerung,
8. Begrenzung und Überwachung der Exposition/ persönliche Schutzausrüstung,
9. physikalische und chemische Eigenschaften,
10. Stabilität und Reaktivität,
11. toxikologische Angaben,
12. umweltbezogene Angaben,
13. Hinweise zur Entsorgung,
14. Angaben zum Transport,
15. Rechtsvorschriften,
16. sonstige Angaben.

(vgl. Bekanntmachung 220 „Sicherheitsdatenblatt" der Bundesanstalt für Arbeitsschutz und Arbeitsmedizin und REACH-Verordnung.)

Dazu gehört auch, dass der Hersteller oder Einführer dafür zu sorgen hat, dass das Sicherheitsdatenblatt von einer fachkundigen Person erstellt wird, fachlich richtig sowie vollständig ausgefüllt ist und regelmäßig aktualisiert wird.

55. Der Hersteller von Gefahrstoffen muss dem Endverbraucher kein Sicherheitsdatenblatt zur Verfügung stellen. Was muss er aber zum Schutz der Verbraucher tun?

Soweit es sich um Stoffe handelt, die sehr giftig, giftig oder ätzend sind, muss er eine genaue und allgemein verständliche **Gebrauchsanweisung** (einschließlich Gefahrensymbole) auf der Verpackung anbringen, oder falls dies technisch nicht möglich ist, eine Gebrauchsanweisung der Verpackung beifügen.

56. Im Rahmen einer verpflichtenden Gebrauchsanweisung für Endverbraucher bei Gefahrstoffen soll diese sogenannte H und P- (früher R- und S-)Sätze enthalten. Erklären Sie diese!

**H- und P-Sätze** stehen als Abkürzungen für Gefahren- und Sicherheitshinweise; von dem Englischen „hazard statements" und „precautionary statements".

Die **H-Sätze** sind standardisierte **Hinweise auf besondere Gefahren,** die bei der Handhabung und Verwendung von Gefahrstoffen auftreten können. Kombinationen mehrerer H-Sätze sind auch möglich.

**Beispiele:**

- H226: Flüssigkeit und Dampf entzündbar.
- H301: Giftig bei Verschlucken.

**P-Sätze** sind standardisierte Sicherheitshinweise. Dies sind Hinweise auf notwendige Vorsichtsmaßnahmen für die Handhabung und Verwendung von Gefahrstoffen. Mehrere P-Sätze können ebenfalls miteinander kombiniert werden.

**Beispiele:**

- P102: Darf nicht in die Hände von Kindern gelangen.
- P270: Bei Gebrauch nicht essen, trinken oder rauchen.

### 13.3.3.2 Schutzstufenkonzept

57. Wozu dient das Schutzstufenkonzept?

Der Arbeitgeber hat die Verpflichtung, alle erforderlichen Maßnahmen zu ergreifen, die die Gesundheit und die Sicherheit der Beschäftigten bei allen Tätigkeiten mit Gefahrstoffen sicherstellen.

58. Erklären Sie die vier Schutzstufen!

- Bei der **Schutzstufe 1** handelt es sich um **Grundsätze für die Verhütung von Gefährdungen** bei Tätigkeiten mit geringer Gefährdung, sogenannte Bagatellregelungen. Hierbei sind einige Regelungen nicht notwendig, wie z. B. die Erstellung einer Betriebsanweisung, die Unterweisung der Mitarbeiter oder einer arbeitsmedizinische Beratung.

- Bei der **Schutzstufe 2** handelt es sich um **Grundmaßnahmen** zum **Schutz der Beschäftigten** bei Tätigkeiten mit einer mittleren Gefährdung wie z. B. bei Kleinbetrieben, d. h., wenn keine Tätigkeiten mit giftigen oder sehr giftigen Stoffen oder mit krebserzeugenden, erbgutverändernden und fruchtbarkeitsgefährdenden Gefahrstoffen der Kategorie 1 oder 2 durchgeführt werden.
- Bei der **Schutzstufe 3** handelt es sich um **ergänzende Schutzmaßnahmen bei Tätigkeiten mit hoher Gefährdung.** Sie gilt hauptsächlich bei giftigen und sehr giftigen Stoffen.
- Bei der **Schutzstufe 4** handelt es sich um **ergänzende Schutzmaßnahmen** bei Tätigkeiten mit krebserzeugenden, erbgutverändernden und fruchtbarkeitsgefährdenden Gefahrstoffen.

### 13.3.4 Unterrichtung und Unterweisung der Beschäftigten

59. Wie muss der Arbeitgeber seiner Informationspflicht gegenüber seinen Beschäftigten nachkommen, die der Gefährdungsbeurteilung Rechnung trägt?

Er muss den Beschäftigten eine **schriftliche Betriebsanweisung** in für die Beschäftigten verständlicher Form und Sprache zugänglich machen. Zusätzlich müssen die Beschäftigen mündlich über auftretende Gefährdungen und entsprechende Schutzmaßnahmen **unterwiesen** werden. Sie muss vor Aufnahme der Beschäftigung und danach mindestens jährlich arbeitsplatzbezogen durchgeführt werden. Inhalt und Zeitpunkt der Unterweisung sind schriftlich festzuhalten und vom Unterwiesenen durch Unterschrift zu bestätigen.

60. Was muss die Betriebsanweisung (nach GefStoffV § 14) enthalten?

Die Betriebsanweisung muss mindestens folgende Informationen enthalten:

- über die am Arbeitsplatz auftretenden **Gefahrstoffe,** wie z. B. Gefahrstoffbezeichnung, ihre Kennzeichnung sowie Gefährdungen der Gesundheit und der Sicherheit.
- über angemessene **Vorsichtsmaßregeln** und Maßnahmen, die der Beschäftigte zu seinem eigenen Schutz und zum Schutz der anderen Beschäftigten **am Arbeitsplatz** durchzuführen hat, wie das Tragen und Benutzen von Schutzausrüstungen und Schutzkleidung, Verhaltensregeln vor und im Gefahrenfall.
- über **Maßnahmen,** die von den Beschäftigten, insbesondere von Rettungsmannschaften, **bei Betriebsstörungen, Unfällen und Notfällen** und zur Verhütung von diesen durchzuführen sind, wie Erste Hilfe etc.

### 13.3.5 Arbeitsmedizinische Vorsorge

61. Warum ist der Arbeitgeber verpflichtet, eine arbeitsmedizinische Vorsorge einzurichten?

Aufgrund der **arbeitsrechtlichen Fürsorgepflicht,** die sich für den Arbeitgeber gegenüber seinen Beschäftigten u.a. aus dem Arbeitsschutzgesetz ergibt.

62. Was beinhaltet die arbeitsmedizinische Vorsorge

Sie umfasst die zur Verhütung arbeitsbedingter Gesundheitsgefahren erforderlichen arbeitsmedizinischen Maßnahmen. Bei Tätigkeiten mit Gefahrstoffen gehören dazu insbesondere

- die **arbeitsmedizinische Beurteilung** gefahrstoff- und tätigkeitsbedingter Gesundheitsgefährdungen einschließlich der Empfehlung geeigneter Schutzmaßnahmen,
- die **Aufklärung und Beratung der Beschäftigten** über die mit der Tätigkeit verbundenen Gesundheitsgefährdungen einschließlich solcher, die sich aus vorhandenen gesundheitlichen Beeinträchtigungen ergeben können,
- spezielle arbeitsmedizinische **Vorsorgeuntersuchungen** zur Früherkennung von Gesundheitsstörungen und Berufskrankheiten,
- arbeitsmedizinisch begründete **Empfehlungen** zur Überprüfung von Arbeitsplätzen und zur Wiederholung der Gefährdungsbeurteilung,
- die **Fortentwicklung** des betrieblichen Gesundheitsschutzes bei Tätigkeiten mit Gefahrstoffen auf der Grundlage gewonnener Erkenntnisse.

63. Welche Untersuchungen gibt es entsprechend dem Zeitpunkt ihrer Durchführung?

Entsprechend dem Zeitpunkt ihrer Durchführung sind folgende Untersuchungen zu machen:

- **Erstuntersuchungen:** arbeitsmedizinische Vorsorgeuntersuchungen vor Aufnahme einer bestimmten Tätigkeit,
- **Nachuntersuchungen:** arbeitsmedizinische Vorsorgeuntersuchungen während einer bestimmten Tätigkeit oder anlässlich ihrer Beendigung,
- **nachgehende Untersuchungen:** arbeitsmedizinische Vorsorgeuntersuchungen nach Beendigung bestimmter Tätigkeiten, bei denen nach längeren Latenzzeiten Gesundheitsstörungen auftreten können.

64. Unter welchen Bedingungen dürfen Jugendliche mit Arbeiten, bei denen sie schädlichen Einwirkungen von Gefahrstoffen im Sinne des Chemikaliengesetzes ausgesetzt sind, betraut werden?

Die Beschäftigung Jugendlicher mit diesen Arbeiten ist nur erlaubt, wenn

- dies zur Erreichung des Ausbildungszieles erforderlich ist,
- der Schutz durch die Aufsicht eines Fachkundigen gewährleistet ist und
- der Luftgrenzwert bei gefährlichen Stoffen unterschritten wird.

### 13.3.6 GHS (Global Harmonisiertes System zur Einstufung und Kennzeichnung von Chemikalien)

65. Was ist das GHS?

Das **GHS** ist ein weltweit harmonisiertes Einstufungs- und Kennzeichnungssystem von Chemikalien und ist die Abkürzung für „**G**lobally **H**armonized **S**ystem of Classification and Labelling of Chemicals“.

66. Welche Ziele und daraus resultierende Vorteile hat das GHS?

Folgende **Ziele** verfolgt das GHS:

- Weltweite einheitliche Einstufung- und Kennzeichnung von Chemikalien (Stoffe und Gemische) nach einheitlichen Kriterien,
- Harmonisierung mit dem Gefahrguttransportrecht,
- Verbesserung von Arbeits-, Gesundheits-, Transport-, Umwelt- und Verbraucherschutz,
- einheitliche Sicherheitsdatenblätter,
- Handelserleichterungen im weltweiten Warenverkehr,
- zentrales UN-Experten-Komitee zur Betreuung des GHS,
- u. a..

67. Wie ist das GHS entstanden?

Im Jahr 1992 wurde auf der UN-Konferenz für Umwelt und Entwicklung in Rio de Janeiro das Ziel festgelegt, eine weltweite Harmonisierung der Einstufung und Kennzeichnung von Chemikalien unter dem Mandat der UN herbeizuführen.

68. Was ist das „Purple Book“?

Im Jahr 2003 wurde das GHS mit dem sogenannten **„Purple Book“** (= UN-GHS) erstmals vorgelegt. Es wird kontinuierlich erweitert und verbessert und erscheint alle zwei Jahre in aktualisierter Fassung.


21 Hummel - ISBN 978-3-8120-0570-8

69. Was ist die CLP-Verordnung?

Seit dem 20.01.2009 ist die **europäische GHS-Verordnung** in Kraft und wird **CLP-Verordnung** genannt. Sie stellt die Verordnung über die Einstufung, Kennzeichnung und Verpackung von Stoffen und Gemischen dar und ist die Abkürzung für „Regulation on classification, labelling and packaging of substances and mixtures". Im Weiteren findet einfachheitshalber der Begriff GHS-Verordnung Anwendung

70. Wie sehen die Übergangsphasen der GHS-Verordnung aus?

Die **Einstufung und Kennzeichnung** für Stoffe erfolgt seit dem 01.12.2010 nur noch nach der GHS-Verordnung. **Für die Einstufung und Kennzeichnung für Gemische gibt es noch eine Übergangsphase** bis zum 01.06.2015. Innerhalb der Übergangsphase dürfen noch die alten Richtlinien beibehalten werden **oder** schon eine Einstufung und Kennzeichnung nach der GHS-Verordnung erfolgen. Eine doppelte Kennzeichnung ist unzulässig.

71. Wie ist die GHS-Verordnung aufgebaut?

Die GHS-Verordnung baut sich erstens in den **Artikelteil** und zweitens in die Anhänge auf. Im Artikelteil werden u.a. allgemeine Informationen gegeben, z.B. über Zweck und Geltungsbereich, und Begriffsbestimmungen gemacht, spezielle Informationen über Gefahreneinstufungen, über Kennzeichnungen, über Verpackung und über die Harmonisierung der Einstufung und Kennzeichnung von Stoffen und das Einstufungs- und Kennzeichnungsverzeichnis. Die **Anhänge** geben u.a. Informationen über Vorschriften und besondere Vorschriften für die Einstufung und Kennzeichnung von gefährlichen Stoffen und Gemischen, sie beinhalten die Liste der Gefahrenhinweise (H-Sätze) und der Sicherheitshinweise (P-Sätze), die neuen Gefahrenpiktogramme und eine umfangreiche Auflistung der harmonisierten Einstufung und Kennzeichnung für bestimmte gefährliche Stoffe.

72. Auf welche Weise erfolgt die Einstufung nach der GHS-Verordnung?

Für eine Reihe von Stoffen wird die GHS-Verordnung eine **harmonisierte Einstufung (Legaleinstufung)** festlegen. Damit bleibt der von der ursprünglichen Stoffrichtlinie aufgestellte Grundsatz erhalten, dass sich der Lieferant eines harmonisiert eingestuften Stoffes an die Vorgaben der Legaleinstufung halten muss. Eine harmonisierte Einstufung kann auf einzelne Gefahrenarten beschränkt und damit unvollständig sein. Für die verbleibenden, nicht harmonisierten Eigenschaften muss die Einstufung vom Lieferanten eigenverantwortlich ergänzt werden.

Ist ein Stoff nicht harmonisiert eingestuft, muss er eigenverantwortlich vom Lieferanten eingestuft werden **(Selbsteinstufung)**.

Die GHS-Verordnung stellt eine **Umwandlungstabelle** bereit. Mithilfe dieser Tabelle können Selbsteinstufungen von Stoffen nach Stoffrichtlinie in gleichwertige Einstufungen nach GHS-Verordnung umgewandelt werden.

73. Wie entwickelt sich das GHS weiter?

Man spricht beim GHS von einem sogenannten **„living document"**, das ständig weiterentwickelt und ausgestaltet wird. Besonders im Umweltbereich ist noch viel zu tun. Das Umweltbundesamt bringt sich aktiv in die Ausgestaltung des Systems zur Einstufung und Kennzeichnung umweltgefährlicher Chemikalien ein und beteiligt sich an den Arbeiten in OECD-Expertengruppen **(Organisation für wirtschaftliche Zusammenarbeit und Entwicklung)**. Schwerpunkte in der Weiterentwicklung liegen bei der Erstellung von Einstufungssystemen für die aquatische Toxizität (Giftigkeit im Wasser) und terrestrische Toxizität (Giftigkeit an Land) sowie für ozonschichtschädigende Stoffe.

74. Was sind CMR-Stoffe?

**CMR-Stoffe** sind Stoffe mit **c**ancerogener (krebserzeugender), **m**utagener (erbgutverändernder) oder **r**eproduktionstoxischer (fortpflanzungsgefährdender ) Wirkung. U.a. gibt es für diese Stoffe ein neues eigenes Symbol bzw. Gefahrenpiktogramm (siehe Fragen 84–86).

**Hinweis:**

Die hier verwendete Abkürzung mit der obigen Bedeutung hat nichts mit der aus dem Frachtrecht bekannten Abkürzung für das „Übereinkommen über den Beförderungsvertrag im internationalen Straßengüterverkehr" („CMR-Frachtbrief") zu tun.

→ s. Kap. 7.4.7 Dokumente des internationalen Güterverkehrs

→ s. Kap. 10.1 Grundlagen der Güterverladung

75. Was sind STOT-Stoffe?

**STOT-Stoffe** (= specific target organ toxicity) sind Stoffe mit einer spezifischen Zielorgan-Toxizität, wobei hier die betroffenen Organe, sofern bekannt, und der Expositionsweg (Exposition = das Ausgesetztsein des Körpers gegenüber Umwelteinflüssen, insbesondere gegenüber schädigenden) angegeben werden sollen. Hierfür gibt es eine weitere neue Gefahrenklasse.

76. Welche wesentlichen Änderungen bringt das GHS-System gegenüber dem bisherigen System nach der Gefahrstoff-Verordnung?

| Gefahrstoff-VO und GHS-System im Vergleich | |
|---|---|
| **Bisherige Gefahrstoff-VO** | **Neues GHS-System** |
| ➢ 15 Gefährlichkeitsmerkmale | ➢ 28 Gefahrenklassen für physikalische Gefahren, Gesundheits- und Umweltgefahren mit einer weiteren Untergliederung in Gefahrenkategorien hinsichtlich der Schwere der Gefahr. |
| ➢ Einstufungskriterien | ➢ Neue Kriterien zur Einstufung, die Umstufungen durch Verschiebung von Konzentrationsgrenzwerten erforderlich machen. Dies führt z. B. zu einer größeren Anzahl von giftigen Stoffen. |
| ➢ R-Sätze | ➢ H-Sätze (hazard statements) Gefahrenhinweise. |
| ➢ S-Sätze | ➢ P-Sätze (precautionary statements) Sicherheitshinweise. |
| ➢ Gefahrenpiktogramme | ➢ 9 neue, in Rautenform gestaltete Piktogramme (in Anlehnung an heutige Beförderungsvorschriften), wovon 3 ganz neu sind. Ein Ausrufezeichen ersetzt teilweise das X, eine Druckgasflasche kennzeichnet unter Druck stehende Gase und ein Gesundheitsgefahrzeichen kennzeichnet CMR-Stoffe und Stoffe mit spezifischer Zielorgan-Toxizität (STOT). |
| ➢ keine Signalwörter | ➢ Die Gefahrenpiktogramme erfahren durch zwei mögliche Signalwörter („Gefahr" oder „Achtung") eine Ergänzung. |
| ➢ Begriff „Zubereitungen" | ➢ Aus „Zubereitungen" werden „Gemische" (Gemische bestehen aus zwei oder mehreren Stoffen). |

**77.** Welche Stoffe werden nicht vom GHS-System erfasst?

**Die GHS-Verordnung gilt nicht für**

- radioaktive Stoffe und Gemische,
- Stoffe und Gemische unter zollamtlicher Überwachung, sofern sie weder behandelt noch verarbeitet werden, und die sich in vorübergehender Verwahrung oder in Freizonen oder in Freilagern zur Wiederausfuhr oder im Transitverkehr befinden,
- nicht isolierte Zwischenprodukte,
- nicht in Verkehr gebrachte Stoffe und Gemische für wissenschaftliche Forschung und Entwicklung,
- Abfälle,
- Stoffe und Gemische zur Landesverteidigung, hier dürfen Ausnahmen von dieser Verordnung gemacht werden,
- Stoffe für Endverbraucher/Fertigerzeugnisse (Arzneimittel, Tierarzneimittel, kosmetische Mittel, Medizinprodukte, aktive implantierbare medizinische Geräte, Lebensmittel oder Tierfutter, Aromen und Zusatzstoffe zur Verwendung in Lebensmitteln).

Mit Ausnahme von Artikel 33 (Besondere Vorschriften für die Kennzeichnung von äußerer Verpackung, innerer Verpackung und Einzelverpackung) gilt diese Verordnung auch nicht für die Beförderung gefährlicher Güter im Luft-, See-, Straßen-, Eisenbahn- oder Binnenschiffsverkehr.

**Hinweis:**

Einige oben angeführte Stoffe und Gemische fielen auch bereits schon nicht unter das Chemikaliengesetz.

**78.** Wie ändern sich durch die GHS-Verordnung die Betriebsanweisungen nach der Gefahrstoffverordnung?

In den **Betriebsanweisungen** finden folgende Änderungen statt:

- Im Bereich „Gefahren für Mensch und Umwelt" werden anstatt der alten R-Sätze die neuen H-Sätze (hazard statements) mit den entsprechenden neuen Gefahrenpiktogrammen eingesetzt.
- Die weiteren Bereiche „Schutzmaßnahmen und Verhaltensregeln", „Verhalten im Gefahrenfall", „Erste Hilfe" und „Sachgerechte Entsorgung" erhalten anstatt der alten S-Sätze mit den entsprechenden P-Sätzen (precautionary statements) eine Erweiterung.

79. Was ist REACH?

**REACH** ist die am 01.06.2007 in Kraft getretene **europäische Chemikalienverordnung** (**R**egistration, **E**valuation, **A**uthorisation of **Ch**emicals = Registrierung, Bewertung, Zulassung und Beschränkung von Chemikalien). Es gilt in allen EU-Mitgliedstaaten und harmonisiert und vereinfacht grundlegend das bisherige Chemikalienrecht. Sie ersetzt viele EU-Rechtstexte und ergänzt Umwelt- und Sicherheitsrechtsvorschriften.

REACH gilt für alle Chemikalien, beinhaltet aber umfangreiche Ausnahmen von Teilen der Rechtsvorschrift, wenn andere EU-Rechtsvorschriften Vorrang haben wie z.B. bei chemischen Stoffen in Lebensmitteln und Arzneimitteln. Naturstoffe, so sie nicht gefährlich sind und chemisch verändert wurden, müssen auch nicht nach REACH registriert werden.

Seit dem 01. 06. 2008 müssen bei der neu eingerichteten Registrierungsstelle, der **Europäischen Agentur für chemische Stoffe** (**ECHA** = **E**uropaen **C**hemicals **A**gency), alle Stoffe, die in Mengen ab 1 Jahrestonne hergestellt und importiert werden, registriert werden. Ist der Stoff nicht registriert, bedeutet dies, dass er weder hergestellt noch importiert werden darf. Für Stoffe, die bei Inkrafttreten von REACH bereits auf dem Europäischen Markt gehandelt werden (sogenannte **„Phase-in-Stoffe“** gleich Altstoffe), erfolgt die Umsetzung schrittweise.

80. Welche Übergangsfristen gibt es für REACH?

- Seit dem 01.06.2008 bis zum 01.12.2008 sollten Hersteller und Importeure ihre Phase-in-Stoffe vorregistrieren lassen, da u.a. aufgrund des Grundsatzes „no data, no market“ nach dem 01.12.2008 keine Vermarktung stattfinden kann.
- Zurzeit müssen
  - Phase-in-Stoffe mit ≥ 1000 Tonnen Jahresumsatz und
  - CMR-Stoffe mit ≥ 1 Tonne Jahresumsatz sowie
  - umweltgefährliche Stoffe mit ≥ 100 Tonnen Jahresumsatz
- registriert werden.
- Seit dem 01.12.2010 muss eine Registrierung für Phase-in-Stoffe ab einem Jahresumsatz von 100 Tonnen erfolgen und
- seit dem 01.06.2013 bis zum 31.05.2018 ab einem Jahresumsatz von 1 Tonne.

**81.** Wo liegen die Schnittstellen zwischen der GHS-Verordnung und REACH?

Trotz der unterschiedlichen Regelungsbereiche von GHS-Verordnung und REACH gibt es eine Reihe von Berührungspunkten:

- Alle Chemikalien – unabhängig, ob es sich um Reinstoffe oder Gemische handelt – unterliegen vor dem Inverkehrbringen generell der Einstufungs- und Kennzeichnungspflicht.
- Die REACH-Verordnung nimmt an zahlreichen Stellen Bezug auf die Einstufung, z. B.:
  - im Sicherheitsdatenblatt
  - im technischen Dossier für die Registrierung
  - beim Stoffsicherheitsbericht
  - bei der Informationsweitergabe in der Lieferkette
  - beim Zulassungsverfahren
- Die GHS-Verordnung sieht ein Einstufungs- und Kennzeichnungsverzeichnis vor. Dies war ursprünglich in REACH geregelt.
- Die Übergangszeiten der GHS-Verordnung sind so weit wie möglich mit den entsprechenden Fristen der REACH-Verordnung abgeglichen.
- Die Regelungen zum Sicherheitsdatenblatt verbleiben in REACH, auch wenn dies auf internationaler Ebene in der UN-GHS-Empfehlung geregelt ist.

**82.** Wie wirken sich die Änderungen durch die GHS-Verordnung auf die Hersteller oder Lieferanten aus?

**Hersteller** oder **Lieferant** von Stoffen und Gemischen müssen

- sich über ihre Pflichten nach der neuen GHS-Verordnung informieren. Pflichten ergeben sich für den Importeur, Hersteller, Formulierer, Vertreiber sowie Verkäufer von Stoffen und Gemischen;
- die Übergangsfristen kennen, um zeitgerecht neu einzustufen, zu kennzeichnen und zu verpacken;
- Informationen zum Zwecke der Einstufung und Kennzeichnung sammeln und mindestens 10 Jahre aufbewahren;
- mit anderen Akteuren in der Lieferkette zusammenarbeiten, damit die Änderungen aus der GHS-Verordnung reibungslos bewältigt werden können;
- prüfen, ob ihre Chemikalien korrekt eingestuft sind und die Kennzeichnungsetiketten richtig sind. Erforderlichenfalls sind entsprechende Aktualisierungen vorzunehmen und
- die Einstufung und Kennzeichnung von in Verkehr gebrachten Stoffen an die ECHA melden.

83. Wie wirken sich die Änderungen durch die GHS-Verordnung auf die Verwender aus?

**Verwender** von Stoffen und Gemischen müssen
- Änderungen bei der Einstufung, Kennzeichnung und Verpackung von Stoffen und Gemischen beachten;
- die Ratschläge zur sicheren Verwendung von Chemikalien auf dem neuen Kennzeichnungsetikett und gegebenenfalls im Sicherheitsdatenblatt befolgen;
- mit ihrem Chemikalienlieferanten sprechen, wenn sie Fragen haben oder die eingetretenen Änderungen nicht verstehen;
- ihre Mitarbeiter schulen und mit entsprechenden Informationen und Anweisungen versorgen.

84. Was ist das Einstufungs- und Kennzeichnungsverzeichnis?

Jeder Hersteller oder Importeur eines registrierungspflichtigen oder gefährlichen Stoffes muss dessen Einstufung kurz nach dem erstmaligen Inverkehrbringen **an die ECHA melden**. Das ist unabhängig von der hergestellten oder importierten Menge eines Stoffes. Auch Stoffe, die mit weniger als 1 t pro Jahr hergestellt oder importiert werden, müssen somit der Agentur mitgeteilt werden. Die Registrierung gilt automatisch als Meldung. Die Agentur nimmt die entsprechenden Informationen in das Verzeichnis auf. Dies wird in Form einer Online-Datenbank öffentlich zugänglich gemacht. Zweck des Verzeichnisses ist es, dass Hersteller oder Importeure eines bestimmten Stoffes diesen in Zukunft bestmöglich einheitlich einstufen.

85. Wie wird jeder Stoff, jedes Gemisch oder Erzeugnis eingestuft?

Das **System der Einstufung von Stoffen und Gemischen** untergliedert sich in
- Gefahrenklassen mit Differenzierungen,
- Gefahrenkategorien,
- Kennzeichnungselementen, zu denen
  - Gefahrenpiktogramme,
  - Signalworte,
  - Gefahrenhinweise,
  - Sicherheitshinweise gehören.

86. Was sind Gefahrenklassen?

Im GHS werden die verschiedenen Arten von Gefahren in **Gefahrenklassen** eingeteilt.

28 Gefahrenklassen gliedern sich in folgende 3 Gefahrenarten:
- **physikalische Gefahren** (16 Gefahrenklassen) mit physikalisch-chemischen Gefahreneigenschaften,
- **Gesundheitsgefahren** (10 Gefahrenklassen) mit toxischen Eigenschaften,
- **Umweltgefahren** (2 Gefahrenklassen) mit ökotoxischen Eigenschaften.

Einzelne Gefahrenklassen weisen sogenannte Differenzierungen auf, die eine genauere Betrachtung der Gefährdung nach Expositionswegen (z. B. Unterscheidungen bei akuter Toxizität: Lebensgefahr bei Einatmen, bei Hautkontakt, bei Verschlucken) oder anhand anderer Aspekte ermöglichen. Beispielsweise wird innerhalb der Gefahrenklasse der Gewässergefährdung zwischen akuten und chronischen Wirkungen differenziert.

Bei den physikalischen Gefahren gibt es 4 neue Gefahrenklassen, die aus dem Transportrecht stammen wie z. B. „Gase unter Druck“. Bei den Gesundheitsgefahren gibt es eine eigene Gefahrenklasse für „Aspirationsgefahr“ und bei den Umweltgefahren gibt es eine zusätzliche Gefahrenklasse, die nur in der EU-GHS-Verordnung Eingang gefunden hat und bisher noch nicht in der UN-GHS beinhaltet ist, die Gefahrenklasse „Schädigt die Ozonschicht“.

87. Nennen Sie die drei Gefahrenarten mit den jeweiligen Gefahrenklassen in Deutsch und in Englisch!

| Physikalische Gefahren | |
|---|---|
| **Deutsch** | **Englisch** |
| **Gefahrenklassen** | **Hazard Class** |
| 1) Explosive Stoffe/Gemische und Erzeugnisse mit Explosivstoff | 1) Explosive |
| 2) Entzündbare Gase | 2) Flammable gas |
| 3) Entzündbare Aerosole (Gemisch aus festen und/oder flüssigen „Schwebeteilchen“ und einem Gas) | 3) Flammable aerosol |
| 4) Oxidierende (entzündend wirkende) Gase | 4) Oxidising gases |
| 5) Gase unter Druck | 5) Gases under pressure |
| 6) Entzündbare Flüssigkeiten | 6) Flammable liquid |
| 7) Entzündbare Feststoffe | 7) Flammable solid |
| 8) Selbstzersetzliche Stoffe und Gemische | 8) Self-reactive substance or mixture |
| 9) Pyrophore (selbstentzündliche) Flüssigkeiten | 9) Pyrophoric liquid |
| 10) Pyrophore (selbstentzündliche) Feststoffe | 10) Pyrophoric solid |
| 11) Selbsterhitzungsfähige Stoffe und Gemische | 11) Self-heating substance or mixture |
| 12) Stoffe und Gemische, die in Berührung mit Wasser entzündbare Gase entwickeln | 12) Substance or mixture, which in contact with water, emits flammable gas |
| 13) Oxidierende (entzündend wirkende) Flüssigkeiten | 13) Oxidising liquid |
| 14) Oxidierende (entzündend wirkende) Feststoffe | 14) Oxidising solid |
| 15) Organische Peroxide | 15) Organic peroxide |
| 16) Korrosiv gegenüber Metallen | 16) Substance or mixture corrosive to metals |

| Gesundheitsgefahren | |
|---|---|
| **Deutsch** | **Englisch** |
| **Gefahrenklassen** | **Hazard Class** |
| 1) Akute Toxizität | 1) Acute Toxicity |
| 2) Ätz-/Reizwirkung auf die Haut | 2) Skin corrosion / irritation |
| 3) Schwere Augenschädigung / Augenreizung | 3) Serious eye damage / Eye irritation |
| 4) Sensibilisierung der Atemwege oder der Haut | 4) Respiratory / skin sensitisation |
| 5) Keimzellmutagenität | 5) Germ cell mutagenicity |
| 6) Karzinogenität | 6) Carcinogenicity |
| 7) Reproduktionstoxizität | 7) Reproductive toxicity |
| 8) Spezifische Zielorgan-Toxizität STOT (einmalige Exposition) | 8) Specific target organ toxicity, single exposure |
| 9) Spezifische Zielorgan-Toxizität STOT (wiederholte Exposition) | 9) Specific target organtoxicity, repeated exposure |
| 10) Aspirationsgefahr | 10) Aspiration hazard |

| Umweltgefahren | |
|---|---|
| **Deutsch** | **Englisch** |
| **Gefahrenklassen** | **Hazard Class** |
| 1) Gewässergefährdend<br>– akut gewässergefährdend<br>– chronisch (langfristig) gewässergefährdend | 1) Hazardous to the aquatic environment |
| Zusätzliche EU-Gefahrenklasse<br>2) Die Ozonschicht schädigend | 2) Hazardous for the ozone layer |

88. Was sind Gefahrenkategorien?

Die Gefahrenklassen und deren Differenzierungen wiederum sind in **Gefahrenkategorien** untergliedert, die in der Regel eine Abstufung der Schwere der jeweiligen Gefahr darstellen. Die Schwere der Gefahr nimmt mit steigender Kategorie-Nr. ab.

**89.** Welche Kennzeichnungselemente nach GHS gibt es?

Das GHS-System hat weiterhin **Kennzeichnungs-elemente,** womit Personen, die mit einem Stoff oder einem Gemisch umgehen, Hinweise auf die damit verbundenen Gefahren erhalten.

Zu diesen Kennzeichnungselementen gehören

- Gefahrenpiktogramme,
- Signalworte,
- Gefahrenhinweise,
- Sicherheitshinweise.

**90.** Was sind Gefahrenpiktogramme?

**Gefahrenpiktogramme** sind Kennzeichnungselemente, die aus einem Symbol sowie weiteren grafischen Elementen bestehen und der Vermittlung einer bestimmten Information über die betreffende Gefahr dienen. Gefahrenpiktogramme haben die Form eines auf der Ecke stehenden Quadrates (Raute bzw. Rhombus) mit einem roten Rahmen.

Einige wenige nicht schwerwiegende Gefahren haben kein Gefahrenpiktogramm und auch kein Signalwort (siehe Frage 91) zugeordnet bekommen.

**91.** Nennen Sie die Gefahrenpiktogramme nach GHS mit ihrer Kodierung, Bezeichnung, Beschreibung und einigen Stoffbeispielen!

| Gefahrenpiktogramme für physikalische Gefahren | | | |
|---|---|---|---|
| **Kodierung** | **Bezeichnung** | **Beschreibung** | **Stoffbeispiel** |
| GHS01 | Explodierende Bombe | Explosive und pyrotechnische Stoffe und Gemische, Produkte mit Explosivstoffen, selbstzersetzliche Stoffe und Gemische | Peroxide, Pikrinsäure, Trinitrotoluol (TNT)[1] |
| GHS02 | Flamme | Endzündbare Gase, Flüssigkeiten, Aerosole und Feststoffe; dazu zählen Stoffe und Gemische, die entzündbare Gase bei Berührung mit Wasser entwickeln, selbstentzündliche und selbstzersetzliche Flüssigkeiten und Feststoffe, selbsterhitzungsfähige Stoffe und Gemische | Acetaldehyd, Butan, Calciumcarbid, Propan |

| | | | |
|---|---|---|---|
| GHS03 | Flamme über einem Kreis | Oxidierende und entzündend wirkende Feststoffe, Flüssigkeiten und Gase | Hypochlorit, Sauerstoff [1] |
| GHS04 | Gasflasche | Gase und Gasgemische, die in einem Behältnis enthalten sind, verdichtete Gase (unter Druck), verflüssigte Gase, gelöste und tiefgekühlte verflüssigte Gase | Druckgasflaschen, Flüssiggase, Sauerstoff[1] |
| GHS05 | Ätzwirkung | Stoffe und Gemische, die auf Metall korrosiv wirken und sie beschädigen oder zerstören können; verursachen schwere Hautverätzungen und Augenschäden | Natronlauge, Flusssäure, Salzsäure, Phenol[1] |

| Gefahrenpiktogramme für Gesundheitsgefahren | | | |
|---|---|---|---|
| **Kodierung** | **Bezeichnung** | **Beschreibung** | **Stoffbeispiel** |
| GHS06 | Totenkopf mit gekreuzten Knochen | Stoffe und Gemische, die bereits in geringen Mengen nach dem Verschlucken (oral), Einatmen (inhalativ) oder bei Hautkontakt (dermal) schwere akute Gesundheitsschäden hervorrufen oder zum Tode führen; es besteht akute Toxizität | Atropin, Blausäure, Brom, Trinitrotoluol (TNT)[1], Nikotin[1], Phenol[1] |
| GHS07 | Ausrufezeichen | Stoffe und Gemische, die weniger stark gesundheitsgefährdend sind, Haut, Augen und Atemwege reizen und hautsensibilisierend sind | Ephedrin, Kohlenwasserstoffe, Koffein, Limonen, Nickel[1] |

| | | | |
|---|---|---|---|
| GHS08 | Gesundheitsgefahr | Stoffe und Gemische mit organspezifischen Giftwirkungen oder langfristig gesundheitsgefährlichen Eigenschaften wie krebserregende, erbgutverändernde oder fortpflanzungsgefährdende Wirkung (CMR); Flüssigkeiten, die nach Verschlucken schwere Lungenschäden verursachen (Aspirationsgefahr) und Stoffe, die beim Einatmen Allergien oder Atembeschwerden verursachen können (Sensibilisierung der Atemwege) und spezifische Organtoxizität bei einmaliger oder wiederholter Exposition (Ausgesetztsein des Körpers) zeigen. | Benzol, Menthol, Nickel[1)], Trinitrotoluol (TNT)[1)], Phenol[1)] |

| Gefahrenpiktogramme für Umweltgefahren | | | |
|---|---|---|---|
| **Kodierung** | **Bezeichnung** | **Beschreibung** | **Stoffbeispiel** |
| GHS09 | Umwelt | Stoffe und Gemische, die akute und/oder längerfristige Schadwirkung auf Wasserorganismen zeigen, d. h. akut bzw. chronisch gewässergefährdend sind | Ammoniak, Insektizide, Trinitrotoluol (TNT)[1)], Nikotin[1)] |

1) Dies sind Beispiele für Stoffe oder Gemische, die aufgrund der davon ausgehenden Gefahren auch mit mehreren Gefahrenpiktogrammen zu kennzeichnen sind.

**92.** Was ist ein Signalwort und welche gibt es?

Ein **Signalwort** ist ein Wort, das das Ausmaß der Gefahr angibt, um den Leser auf eine potenzielle Gefahr hinzuweisen. Dabei wird zwischen folgenden zwei Gefahrenausmaßstufen unterschieden:

- **„Gefahr"**: Signalwort für die schwerwiegenden Gefahrenkategorien;
- **„Achtung"** bzw. "Warnung": Signalwort für die weniger schwerwiegenden Gefahrenkategorien.

**93.** Wie sieht das Koordinierungssystem des GHS-Systems für Gefahrenhinweise (hazard statements) aus?

**Gefahrenhinweise (H-Sätze = hazard statements)** sind standardisierte Textbausteine, die die Art und gegebenenfalls den Schweregrad der Gefährdung beschreiben. Gefahrenhinweise sind mit den R-Sätzen nach Stoff- und Zubereitungsrichtlinie vergleichbar.

Das GHS-System verwendet für die Gefahrenhinweise folgendes Kodierungssystem:

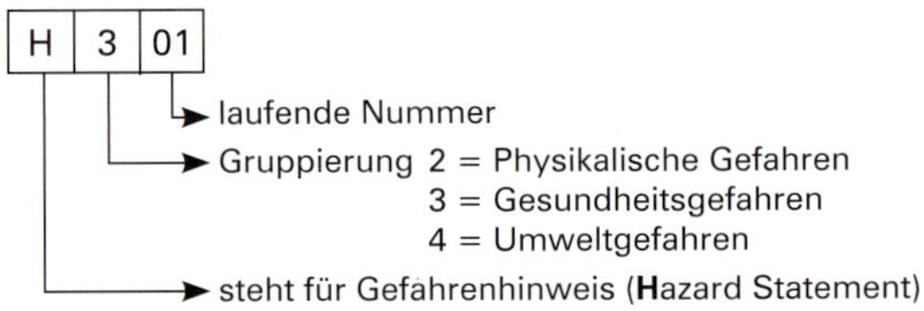


**94.** Wie sieht das Koordinierungssystem des GHS-Systems für Sicherheitshinweise (precautionary statements) aus?

**Sicherheitshinweise (P-Sätze = precautionary statements)** beschreiben in standardisierter Form die empfohlenen Maßnahmen zur Begrenzung oder Vermeidung schädlicher Wirkungen aufgrund der Exposition (= das Ausgesetztsein des Körpers gegenüber Umwelteinflüssen, insbesondere gegenüber schädigenden) gegenüber einem Stoff oder Gemisch bei seiner Verwendung. Somit sind Sicherheitshinweise mit den S-Sätzen nach der Stoff- und Zubereitungsrichtlinie vergleichbar.

Das GHS-System verwendet für die Sicherheitshinweise folgendes Kodierungssystem:

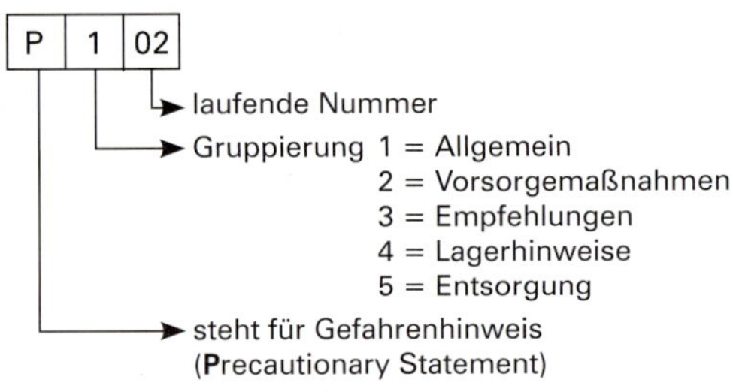

95. Nennen Sie wichtige Änderungen, die sich im Gefahrgutrecht durch die Umsetzung des UN-GHS ergeben!

Folgende **wichtige Änderungen im Gefahrgutrecht** ergeben sich durch die Umsetzung der UN-GHS:

- Absenkung der Flammpunktgrenze von 61° C auf 60° C bei entzündlichen Flüssigkeiten der Klasse 3;
- Umstufung von selbstzersetzlichen Stoffen der Typen B bis F in die Klasse 4.1 und des Typs G in die Klasse 5.1;
- aufgrund der Änderungen der Klassifizierungskriterien fallen Stoffe, die bis jetzt nicht darunter fielen, in die Klasse 6.1 (giftige Stoffe);
- die Unterscheidung der Grenzen für die orale Toxizität zwischen Flüssig- und Feststoffen der Verpackungsgruppe III wurde aufgehoben;
- die Klasse 6.2 der ansteckungsgefährlichen Stoffe wurde teilweise neu gefasst und erheblich ausgeweitet, da sich hier die Einstufung geändert hat und auch Abfälle dazugehören;
- alle Stoffe und Gemische müssen auf die Gefahr „umweltgefährdend" (aquatische Toxizität) geprüft werden und zusätzlich zu ihrer vielleicht schon bestehenden Klassifizierung in eine andere Klasse, in die Klasse 9, eingestuft werden; ist die Gefahr „umweltgefährdend" die einzige Gefahr, dann muss der Stoff oder das Gemisch der UN-Nummern UN 3077 oder UN 3082 zugeordnet werden.

### 13.3.7 Brennbare Flüssigkeiten nach GHS

96. Erklären Sie die Kategorien von brennbaren Flüssigkeiten nach GHS und nennen Sie jeweils ein Beispiel!

- **Kategorie 1:**
  - Extrem entzündbare Flüssigkeit und Dämpfe,
  - Flammpunkt < 23° C und Siedebeginn <= 35° C,
  - Symbol ist die Flamme,
  - Signalwort ist „Gefahr",
  - Gefahrenhinweis H224: Flüssigkeit und Dampf extrem entzündbar,
  - Beispiel: Benzin (Flammpunkt: -21° C, Siedebeginn: 25° C).
- **Kategorie 2:**
  - Leicht entzündbare Flüssigkeit und Dämpfe,
  - Flammpunkt < 23° C und Siedebeginn > 35° C,
  - Symbol ist die Flamme,
  - Signalwort ist „Gefahr",

- Gefahrenhinweis H225: Flüssigkeit und Dampf leicht entzündbar,
- Beispiel: Ethanol (Flammpunkt: 12° C, Siedebeginn: 78° C).

➢ **Kategorie 3:**
- Entzündbare Flüssigkeit und Dämpfe,
- Flammpunkt >= 23° C und <= 60° C,
- Symbol ist die Flamme,
- Signalwort ist „Achtung",
- Gefahrenhinweis H226: Flüssigkeit und Dampf entzündbar,
- Beispiel: Kerosin (Flammpunkt: 50° C).

**97.** Definieren Sie den Begriff Flammpunkt!

Der **Flammpunkt** ist die **niedrigste** Temperatur, bei der sich über einer Flüssigkeit mit dem Luftsauerstoff ein Gas-Dampf-Gemisch bildet, das sich kurzfristig durch eine Zündquelle entflammen lässt. Je niedriger der Flammpunkt, desto gefährlicher ist der Stoff.

## 13.4 Gefahrgüter

### 13.4.1 Rechtsgrundlagen

**98.** Wofür gilt das Gefahrgutbeförderungsgesetz (GGbefG)?

Das **Gefahrgutbeförderungsgesetz** gilt für die Beförderung gefährlicher Güter mit Eisenbahn-, Magnetschwebebahn-, Straßen-, Wasser- und Luftfahrzeugen.

**99.** Nennen Sie für die unterschiedlichen Verkehrswege weitere nationale und internationale Gefahrgutverordnungen!

**Weitere Gefahrgutverordnungen** sind:

➢ **Straße national:** Gefahrgutverordnung Straße, Eisenbahn und Binnenschifffahrt (GGVSEB)

➢ **Straße international:** Europäisches Übereinkommen über die internationale Beförderung gefährlicher Güter auf der Straße (ADR)

➢ **Schiene national:** Gefahrgutverordnung Straße, Eisenbahn und Binnenschifffahrt (GGVSEB)

➢ **Schiene international:** Internationale Ordnung für die Beförderung gefährlicher Güter mit der Eisenbahn (RID)

➢ **Binnengewässer national:** Gefahrgutverordnung Straße, Eisenbahn und Binnenschifffahrt (GGVSEB)

➢ **Binnengewässer international:** Europäisches Übereinkommen über die Beförderung gefährlicher Güter auf dem Rhein (ADNR)

➢ **See national:** Verordnung über die Beförderung gefährlicher Güter mit Seeschiffen (GGVSee)

- **See international:** International Maritime Dangerous Goods-Code (= Internationaler Code für die Beförderung gefährlicher Güter mit Seeschiffen; IMDG-Code)
- **Luft international:** IATA-Dangerous Goods Regulations (= Vorschriften für die Beförderung gefährlicher Güter der IATA; IATA-DGR), Technische Anweisungen für die sichere Beförderung gefährlicher Güter im Luftverkehr der ICAO (ICAO-TI)

(IATA = Internationaler Verband der Luftfahrtgesellschaften; ICAO = Internationale Zivilluftfahrtorganisation)

100. Nennen Sie weitere Vorschriften im Zusammenhang mit Gefahrguttransporten!

Folgende Vorschriften stehen ebenfalls im Zusammenhang mit Gefahrguttransporten:

- Abfallgesetz (AbfG),
- Gefahrstoffverordnung (GefStoffV),
- Sprengstoffgesetz (SprengG),
- Wasserhaushaltsgesetz (WHG),
- u. a.

101. Welche Unternehmen müssen einen Sicherheitsberater/Gefahrgutbeauftragten bestellen?

Alle an der Beförderung von Gefahrgut beteiligten Unternehmen müssen einen **Sicherheitsberater/ Gefahrgutbeauftragten** schriftlich bestellen. Von dieser Verpflichtung sind nur die Unternehmen ausgenommen, die einerseits ausschließlich Kleinmengen oder begrenzte Mengen von Gefahrgut transportieren oder andererseits weniger als 50 t (netto) Gefahrgüter im Jahr transportieren.

102. Welche Aufgaben hat der Sicherheitsberater/Gefahrgutbeauftragte?

Der Sicherheitsberater bzw. Gefahrgutbeauftragte hat folgende **Aufgaben:**

- **Überwachung** der Einhaltung der Vorschriften für die Gefahrgutbeförderung.
- unverzügliche **Anzeige** von Mängeln, die die Sicherheit beim Transport gefährlicher Güter beeinträchtigen, an den Unternehmer oder Inhaber des Betriebes.
- **Beratung** des Unternehmens oder des Betriebes bei den Tätigkeiten im Zusammenhang mit der Gefahrgutbeförderung.
- **Erstellung** eines Jahresberichtes über die Tätigkeiten des Unternehmens in Bezug auf die Gefahrgutbeförderung innerhalb eines halben Jahres nach Ablauf des Geschäftsjahres.
- **Durchführung** geeigneter **Sofortmaßnahmen** bei etwaigen Unfällen oder Zwischenfällen, die


22 Hummel - ISBN 978-3-8120-0570-8

unter Umständen die Sicherheit während der Gefahrgutbeförderung oder während des Verladens oder des Entladens gefährden.

- ausreichende **Schulung** der betreffenden Arbeitnehmer des Unternehmens und Vermerk über diese Schulung in der Personalakte.
- **Einführung** geeigneter Maßnahmen, mit denen das erneute Auftreten von Unfällen, Zwischenfällen oder schweren Verstößen verhindert werden soll.
- u.a.

## 13.4.2 Abwicklung eines Gefahrguttransportes

103. Nennen Sie die neun Gefahrgutklassen mit Unterklassen mit je einem Beispiel!

Die **Gefahrgutklassen** sind:

- **Klasse 1:** explosive Stoffe und Gegenstände mit Explosivstoff (mit sechs Unterklassen 1.1 bis 1.6; z.B. Feuerwerkskörper, Munition)
- **Klasse 2.1:** entzündbare Gase (z.B. Acetylen, Haarspray, Propangas, Wasserstoff)
- **Klasse 2.2:** nicht entzündbare, nicht giftige Gase (z.B. Stickstoff)
- **Klasse 2.3:** giftige Gase (z.B. Chlorgas)
- **Klasse 3:** entzündbare flüssige Stoffe (z.B. Alkohol, Benzin, leichtes Heizöl)
- **Klasse 4.1:** entzündbare feste Stoffe (z.B. Schwefel, Zündhölzer, verunreinigte Putzlappen), selbstzersetzliche Stoffe und desensibilisierende explosive Stoffe
- **Klasse 4.2:** selbstentzündliche Stoffe (z.B. Eisenwolle, Fischmehl, Kohle, Phosphor)
- **Klasse 4.3:** Stoffe, die in Berührung mit Wasser entzündbare Gase entwickeln (z.B. Calciumcarbid, Natrium, Zinkstaub)
- **Klasse 5.1:** entzündbare (oxidierend) wirkende Stoffe (z.B. Kaliumchlorat, Natriumchlorat, chlorhaltige Unkrautvertilgungsmittel, Wasserstoffperoxid)
- **Klasse 5.2:** organische Peroxide (z.B. Kunststoffkleber)
- **Klasse 6.1:** giftige Stoffe (z.B. Arsen, Cyanwasserstoff, Pestizide)
- **Klasse 6.2:** ansteckungsgefährliche Stoffe (z.B. Bakterien, Parasiten, Pilze, Viren, Krankenhausabfälle)

- **Klasse 7**: radioaktive Stoffe (mit vier Unterklassen mit radioaktiven Stoffen 7A bis 7B und eine Unterklasse mit spaltbaren Stoffen 7E; z.B. Plutonium, Uran, Teile von Röntgenanlagen)
- **Klasse 8**: ätzende Stoffe (z.B. Ätznatron, Salzsäure, Schwefelsäure)
- **Klasse 9**: verschiedene gefährliche Stoffe und Gegenstände (z.B. Asbest, Airbags, Lithiumbatterien)

**104.** Erklären Sie die Verpackungsgruppen!

Die **Verpackungsgruppen** I (X), II (Y) und III (Z) sagen etwas über den Grad der Gefahr aus (X, Y, Z = Kennzeichnung der Verpackungsgruppen auf der Verpackung).

- **Verpackungsgruppe I** (X) ist für Stoffe mit hoher Gefahr, d.h. für sehr gefährliche Stoffe.
- **Verpackungsgruppe II** (Y) ist für Stoffe mit mittlerer Gefahr, d.h. für gefährliche Stoffe.
- **Verpackungsgruppe III** (Z) ist für Stoffe mit geringer Gefahr, d.h. für weniger gefährliche Stoffe.

**105.** Wie sind Gefahrgüter zu kennzeichnen und zu bezetteln?

Gefahrgüter sind einerseits mit der richtigen **UN-Nummer** (internationale Stoffnummer) zu kennzeichnen und andererseits mit Gefahrzettel bzw. Großzettel (Placards) zu bezetteln.

**106.** Welche Informationen müssen in welcher verbindlichen Reihenfolge bei einem Gefahrguttransport auf dem Frachtbrief angegeben werden?

- Die **UN-Nummer** mit den vorangestellten Buchstaben „UN“,
- den offiziellen **Namen** des Stoffes oder des Gegenstandes,
- die **Nummer der Gefahrzettelmuster** und
- ggf. die **Verpackungsgruppe.**

**107.** Was sind schriftliche Weisungen und welche Bedeutung haben sie?

- Für die Hilfe bei unfallbedingten Notfallsituationen, die sich während der Beförderung ereignen können, sind in der Kabine der Fahrzeugbesatzung an leicht zugänglicher Stelle **schriftliche Weisungen,** auch **Unfallmerkblatt** genannt, in einer vorgeschriebenen Form mitzuführen.
- Diese Weisungen sind vom Beförderer vor Antritt der Fahrt der Fahrzeugbesatzung in einer Sprache (in Sprachen) bereitzustellen, die jedes Mitglied lesen und verstehen kann. Der Beförderer hat darauf zu achten, dass jedes betreffende Mitglied der Fahrzeugbesatzung die Weisungen versteht und in der Lage ist, diese richtig anzuwenden.

- Vor Antritt der Fahrt müssen sich die Mitglieder der Fahrzeugbesatzung selbst über die geladenen gefährlichen Güter informieren und die schriftlichen Weisungen wegen der bei einem Unfall oder Notfall zu ergreifenden Maßnahmen einsehen.
- Die schriftlichen Weisungen müssen hinsichtlich ihrer Form und ihres Inhalts dem in der ADR aufgezeigten vierseitigen Muster mit folgenden Inhalten entsprechen:
  - Aufzählung von festgelegten Maßnahmen bei einem Unfall oder Notfall,
  - Zusätzliche Hinweise für die Mitglieder der Fahrzeugbesatzung über die Gefahreneigenschaften von gefährlichen Gütern nach Klassen und über die in Abhängigkeit von den vorherrschenden Umständen zu ergreifenden Maßnahmen,
  - Ausrüstung für den persönlichen und allgemeinen Schutz für die Durchführung allgemeiner und gefahrenspezifischer Notfallmaßnahmen, die sich aufgrund des ADR an Bord des Fahrzeugs befinden muss.

**108.** Was ist eine ADR-Bescheinigung?

Die **ADR-Bescheinigung** des Fahrers dokumentiert die mit einer Abschlussprüfung erfolgreich bestandene Gefahrgutschulung für die Beförderung auf der Straße. Sie kann mittels einer Nachschulung verlängert werden. Sie hat eine Geltungsdauer von fünf Jahren.

**109.** Nennen Sie die grundsätzliche Fahrzeugausrüstung, die bei einer Gefahrgutbeförderung mitgenommen werden muss!

- Ein **Unterlegkeil je Fahrzeug,** d.h. auch für den Anhänger bei einem Gliederzug,
- zwei **selbststehende Warnzeichen** (z.B. Warndreieck, Warnleuchte, Warnkegel),
- **Warnweste,** Warnkleidung,
- **Handlampe,**
- zwei tragbare 6-kg-**Pulverlöscher** je Beförderungseinheit über 7,5 t zulässigem Gesamtgewicht (z.B. Gliederzug), bei nicht kennzeichnungspflichtigen Mengen reicht ein 2-kg-Pulverlöscher.

**110.** Geben Sie je zwei Beispiele an für zusätzliche Ausrüstungsgegenstände der persönlichen und der Umweltschutzausrüstung, die gemäß den schriftlichen Weisungen vorgeschrieben sein können!

**Persönliche Schutzausrüstung:**
**ADR/GGVSEB-Koffer** mit z.B.
- Atemschutzmaske mit Filter,
- Augenspülflasche,
- Gummi-Stiefel,
- Schutzbrille,
- Schutzhandschuhe,
- Schutzoverall
- u.a.

**Umweltschutzausrüstung**:
Bestandteile einer zusätzlichen **Umweltschutzausrüstung** können sein:

- Auffangsack ,
- Besen,
- Spaten,
- Schaufel,
- Kanalisationsabdeckung (Abflussdichter),
- Bindemittel
- u. a.

111. Erläutern Sie die Warntafel bei einem Gefahrguttransport!

Jede Beförderungseinheit muss mit zwei **rechteckigen** (40 x 30 cm), **orangefarbenen Warntafeln** ausgestattet sein. Bei einem „normalen" LKW mit unterschiedlichen Waren bzw. Gefahrstoffen sind es **neutrale Warntafeln** vorne und hinten. Bei Tankfahrzeugen muss es eine **stoffbezogene Warntafel** vorne, hinten und an den Seiten sein. Die stoffbezogene Warntafel ist im oberen Bereich mit einer Nummer gekennzeichnet, aus der sich die Haupt- und Nebengefahr ergibt, die sogenannte **Kemlerzahl.** Diese orientiert sich an den Gefahrgutklassen. Im unteren Bereich befindet sich die **UN-Nummer** bzw. die Stoffnummer.

112. Erklären Sie das Zusammenpackverbot und das Zusammenladeverbot!

- Beim Zusammen**pack**verbot dürfen entsprechend der gesetzlichen Vorschriften verschiedene gefährliche Güter **in einem Versandstück** nicht zusammengepackt werden.
- Beim Zusammen**lade**verbot dürfen entsprechend der gesetzlichen Vorschriften Versandstücke mit verschiedenen gefährlichen Gütern **auf der Fahrzeugladefläche oder im Container** nicht zusammengefasst werden.

113. Unterscheiden Sie die Begriffe Ladesicherung und Ladungssicherung voneinander!

- Bei der **Ladesicherung** handelt es sich um den festen Zusammenhalt mehrerer gleichartiger oder verschiedener Versandstücke (Ladeeinheit) mit einer Palette. Für die transportsichere Beladung ist der Verlader bzw. Versender verantwortlich.
- Bei der **Ladungssicherung** handelt es sich um das Sichern und Befestigen einer oder mehrerer Ladeeinheiten im Transportmittel bzw. Transportgefäß (Fahrzeug, Container, Wechselbrücke). Für die betriebssichere Verladung ist der Fahrer verantwortlich.

**114.** Erklären Sie den Begriff Freistellung in Hinblick auf die Beförderung geringer Mengen Gefahrgut!

Wenn bei der Beförderung geringer Mengen Gefahrgut bestimmte Voraussetzungen erfüllt sind, dann ist man **von** den **Vorschriften** des ADR vollständig oder teilweise **freigestellt.**

**115.** Nennen Sie fünf mögliche Freistellungsregelungen!

- Freistellungen nach der Beförderungsmenge **je Beförderungseinheit** (begrenzte bzw. geringe Mengen Gefahrgut),
- Freistellungen nach der Beförderungsmenge **je Versandstück** (begrenzte Mengen = LQ),
- Freistellungen von in freigestellten Mengen verpackten gefährlichen Gütern (freigestellte Mengen = EQ),
- Freistellungen nach dem **Beförderungszweck** (z. B. für den persönlichen Gebrauch von Privatpersonen oder Gefahrguttransport von Handwerksbetrieben zur Baustelle),
- Freistellungen nach **Ausnahmevorschriften** (z. B. Gefahrgutausnahmeverordnung, ADR/RID-Sondervereinbarungen)

**116.** Erklären Sie die im Rahmen der zusammengesetzten Verpackung nachfolgenden Begriffe: Innenverpackung, Außenverpackung und Umverpackung!

- Die **Innenverpackung,** gekennzeichnet nach GefStoffV, ist die Verkaufsverpackung wie z. B. eine Flasche oder ein Kanister, die eine Außenverpackung erfordert.
- Die **Außenverpackung** einer zusammengesetzten Verpackung (beinhaltet mehrere Innenverpackungen) umschließt und schützt eine Innenverpackung und ist ein Versandstück nach ADR (z. B. der Karton, die Kiste).
- Die **Umverpackung** setzt sich aus mehreren Außenverpackungen zusammen und stellt die Ladeeinheit (z. B. Palette) dar.

**117.** Was sind begrenzte (geringe) Mengen Gefahrgut je Beförderungseinheit und welche Auswirkungen hat dies?

**Begrenzte (geringe) Mengen** sind Mengen, die **je Beförderungseinheit** befördert werden. Für gefährliche Güter **derselben Beförderungskategorie** gibt die ADR eine **höchstzulässige Gewichtsgrenze von 1 000 kg je Beförderungseinheit** an. Für gefährliche Güter **unterschiedlicher Beförderungskategorien** darf eine **Punktzahl von 1 000,** die sich durch die Multiplikation der Stoffmenge mit dem jeweiligen gefährlichen Gut zugehörigen Multiplikator ergibt, **erreicht werden.**

**Hinweis:**

Eine Beförderungseinheit ist ein Kraftfahrzeug ohne Anhänger oder eine Einheit aus einem Kraftfahrzeug mit Anhänger. Diese Kombination kann aus einem Motorfahrzeug und einem Anhänger oder einem Sattelzug und einem Auflieger bestehen.

Begrenzte Mengen ermöglichen eine **Befreiung von den ADR-Vorschriften,** d. h. bspw.,

- es muss keine Kennzeichnung der Fahrzeuge mit Warntafel und Gefahrzettel erfolgen,
- der Fahrer benötigt keine ADR-Bescheinigung, sondern nur eine aufgabenspezifische Unterweisung,
- das Fahrzeug muss kein zugelassenes Gefahrgutfahrzeug sein und
- schriftliche Weisungen sind nicht nötig.

Folgendes ist jedoch notwendig:

- Die Gefahrgüter müssen mit der **UN-Nummer** gekennzeichnet und mit dem **Gefahrzettel** bezettelt werden,
- ein **tragbares Feuerlöschgerät** mit mindestens 2 kg Pulver,
- die **Einhaltung von Sondervorschriften,** wie z. B., dass die Verwendung von Feuer und offenem Licht auf Fahrzeugen und in Containern, die diese Güter befördern, in ihrer Nähe sowie beim Be- und Entladen verboten sind,
- im **Beförderungspapier muss das Gefahrgut angegeben sein.** Bei der Beförderung mehrerer Gefahrgüter, muss für jede Beförderungskategorie die Gesamtmenge der gefährlichen Güter im Beförderungspapier angegeben werden.

**118.** Was sind begrenzte Mengen (LQ) und welche Auswirkungen hat dies?

**Begrenzte Mengen** oder auch Limited Quantities (LQ) sind bestimmte gefährliche Güter, die in begrenzten Mengen (bis 30 kg bzw. 20 kg in Trays) **verpackt** sind.

Aus dem Verzeichnis der gefährlichen Güter in der ADR lässt sich für jedes Gefahrgut in der Spalte 7(a) der Code für begrenzte Mengen ablesen. Für Gefahrgüter mit dem Code LQ0 gibt es keine Freistellungen. Die anderen Gefahrgüter mit dem Code LQ1 bis LQ28 werden weitestgehend von den ADR-Vorschriften freigestellt, wenn die für die LQs vorgegebenen höchstzulässigen Nettomengen je Innenverpackung und je Versandstück eingehalten werden.

Erforderlich ist die Kennzeichnung der Versandstücke mit der UN-Nummer des Gefahrgutes mit den vorangestellten Buchstaben **„UN"**. Bei mehreren Gefahrgütern mit den UN-Nummern aller Gefahrgüter oder mit dem Buchstaben **„LQ"** in der Form einer rautenförmigen schwarzumrandeten Kennzeichnung. Diese Kennzeichnung gilt nur bis 30.06.2015. Versandstücke, die nicht per Luftfracht transportiert werden, können seit dem 01.01.2011 und müssen spätestens ab dem 01.07.2015 verbindlich mit folgenden Kennzahlen versehen werden:  oberer/unterer Teilbereich schwarz, mittlerer Bereich weiß bzw. Kontrasthintergrund. Für den Lufttransport mit einem Y: 

Beförderungseinheiten mit einem höchstzulässigen Gesamtgewicht über **12 Tonnen,** mit denen Versandstücke mit gefährlichen Gütern in begrenzten Mengen befördert werden, müssen vorn und hinten mit dem Ausdruck **„LTD QTY"** in schwarzen Buchstaben (gilt bis 30.06.2015) gekennzeichnet sein. Danach muss die Beförderungseinheit auch mit den neuen Kennzeichen  vorne und hinten versehen werden. Container müssen auf allen vier Seiten so gekennzeichnet sein, sofern sie nicht bereits mit Großzetteln (Placards) versehen sind.

Auf die festgelegte Kennzeichnung kann verzichtet werden, wenn das Bruttogesamtgewicht der beförderten Versandstücke, die in begrenzten Mengen verpackte gefährliche Güter enthalten, **8 Tonnen** je Beförderungseinheit nicht überschreitet oder das Fahrzeug bereits mit orangefarbenen Tafeln gekennzeichnet ist.

Absender von in begrenzten Mengen verpackten gefährlichen Gütern müssen den Beförderer vor der Beförderung, die keine Seebeförderung einschließt, über das Bruttogewicht der so zu versendenden Güter informieren.

119. Was sind freigestellte Mengen (EQ) und welche Auswirkungen hat dies?

**Freigestellte Mengen** oder auch Excepted Quantities (EQ) sind bestimmte gefährliche Güter, die in sehr geringen Mengen verpackt sind. Die höchstmögliche Nettomenge je Innenverpackung beträgt für feste Stoffe 30 g und für flüssige Stoffe 30 ml und je Außenverpackung 1000 g bzw. 1000 ml. In einem Fahrzeug dürfen sich zudem höchstens 1000 Versandstücke befinden.

Aus dem Verzeichnis der gefährlichen Güter in der ADR lässt sich für jedes Gefahrgut in der Spalte 7(b) der Code für freigestellte Mengen ablesen.

„E0" bedeutet, dass für das in freigestellten Mengen verpackte gefährliche Gut keine Freistellung von den Vorschriften des ADR besteht. Für die übrigen Codes (E1 bis E5) gilt, dass die Vorschriften des ADR (Verpackungs- und Kennzeichnungsvorschriften) nicht anwendbar sind, wenn die in der ADR angegebenen Bedingungen über die Verpackungsart und der Gefahrgutmenge erfüllt sind.

Die Versandstücke, die freigestellte Mengen gefährlicher Güter enthalten, müssen wie folgt besonders gekennzeichnet werden: Das Symbol Ⓔ mit darunter stehender Nummer des Gefahrzettels und der Name des Absenders oder Empfängers, sofern diese nicht bereits an anderer Stelle auf dem Versandstück angegeben sind, und mit einer schraffierten Umrandung. Schraffierung und Symbol können in schwarz oder rot, auf weißem oder geeignetem kontrastierendem Grund sein.

### 13.4.3 Beteiligte an einer Gefahrgutbeförderung und deren Pflichten (nach ADR)

120. Wer ist der Absender als Beteiligter an der Gefahrgutbeförderung?

**Absender** ist das Unternehmen, das selbst oder für einen Dritten gefährliche Güter versendet. Erfolgt die Beförderung aufgrund eines Beförderungsvertrages, gilt als Absender der Absender gemäß diesem Vertrag.

**Hinweis:**

Dies bedeutet, dass der Versender bzw. der Auftraggeber des Spediteurs im Gefahrgutrecht als Absender beteiligt ist. Sofern es sich nicht um eine Gefahrgutbeförderung handelt, ist normalerweise der Spediteur als Absender beteiligt, wenn er mit einem Frachtführer den Frachtvertrag abschließt.

121. Welche Pflichten hat der Absender als Beteiligter an der Gefahrgutbeförderung?

Der Absender ist verpflichtet, eine den Vorschriften des ADR entsprechende Sendung zur Beförderung zu übergeben. Daraus ergibt sich insbesondere,

- sich zu vergewissern, dass die gefährlichen Güter gemäß ADR klassifiziert und zur Beförderung zugelassen sind,
- dem Beförderer die erforderlichen Angaben und Informationen und gegebenenfalls die erforderlichen Beförderungspapiere und Begleitpapiere (Genehmigungen, Zulassungen, Benachrichtigungen, Zeugnisse usw.) zu liefern,

- nur Verpackungen, Großverpackungen, Großpackmittel (IBC) und Tanks (Tankfahrzeuge, Aufsetztanks, Batterie-Fahrzeuge, MEGC, ortsbewegliche Tanks und Tankcontainer) zu verwenden, die für die Beförderung der betreffenden Güter zugelassen und geeignet sowie mit den im ADR vorgeschriebenen Kennzeichnungen versehen sind,
- die Vorschriften über die Versandart und die Versandbeschränkungen zu beachten,
- u.a.

**122.** Wer ist der Beförderer als Beteiligter an der Gefahrgutbeförderung?

**Beförderer** ist das Unternehmen, das die Beförderung mit (beauftragter Frachtführer) oder ohne Beförderungsvertrag (Beförderung erfolgt im Werkverkehr) durchführt.

> **Hinweis:**
> Dies bedeutet, dass ein Frachtführer oder ein Spediteur im Selbsteintritt oder ein Werkverkehr betreibendes Unternehmen als Beförderer im Gefahrgutrecht an der Gefahrgutbeförderung beteiligt ist.

**123.** Welche Pflichten hat der Beförderer als Beteiligter an der Gefahrgutbeförderung?

Der Beförderer hat

- zu prüfen, ob die zu befördernden gefährlichen Güter gemäß ADR zur Beförderung zugelassen sind,
- sich zu vergewissern, dass die vorgeschriebenen Unterlagen in der Beförderungseinheit mitgeführt werden,
- sich durch eine Sichtprüfung zu vergewissern, dass die Fahrzeuge und die Ladung keine offensichtlichen Mängel, keine Undichtheiten oder Risse aufweisen, dass keine Ausrüstungsteile fehlen, usw.,
- sich zu vergewissern, dass bei Tankfahrzeugen, Batterie-Fahrzeugen, Aufsetztanks, MEGC, ortsbeweglichen Tanks und Tankcontainern das Datum der nächsten Prüfung nicht überschritten ist,
- zu prüfen, dass die Fahrzeuge nicht überladen sind,
- sich zu vergewissern, dass die für die Fahrzeuge vorgeschriebenen Großzettel (Placards) und Kennzeichnungen angebracht sind,

- sich zu vergewissern, dass die in den schriftlichen Weisungen für den Fahrzeugführer vorgeschriebenen Ausrüstungen im Fahrzeug mitgeführt werden.

Dies ist gegebenenfalls anhand der Beförderungspapiere und der Begleitpapiere durch eine Sichtprüfung des Fahrzeugs oder des Containers und gegebenenfalls der Ladung durchzuführen.

124. Wer ist der Empfänger als Beteiligter an der Gefahrgutbeförderung?

**Empfänger** ist derjenige, der im Beförderungsvertrag als Empfänger genannt ist. Liegt kein Beförderungsvertrag vor, so ist Empfänger das Unternehmen, welches die gefährlichen Güter bei der Ankunft übernimmt.

125. Welche Pflichten hat der Empfänger als Beteiligter an der Gefahrgutbeförderung?

Der Empfänger ist verpflichtet, die Annahme des Gutes nicht ohne zwingenden Grund zu verzögern und nach dem Entladen zu prüfen, ob die ihn betreffenden Vorschriften des ADR eingehalten sind.

Damit hat er insbesondere:

- die in den gemäß ADR vorgesehenen Fällen vorgeschriebene Reinigung und Entgiftung von Fahrzeugen und Containern vorzunehmen,
- dafür zu sorgen, dass bei vollständig entladenen, gereinigten und entgifteten Containern keine Gefahrenkennzeichnungen mehr sichtbar sind.

Nimmt der Empfänger die Dienste anderer Beteiligter (Entlader, Reiniger, Entgiftungsstelle usw.) in Anspruch, hat er geeignete Maßnahmen zu ergreifen, damit gewährleistet ist, dass den Vorschriften des ADR entsprochen wird.

Ergeben diese Prüfungen einen Verstoß gegen die Vorschriften des ADR, darf der Empfänger den Container dem Beförderer erst dann zurückstellen, wenn diese Vorschriften erfüllt sind.

126. Wer ist der Verlader als Beteiligter an der Gefahrgutbeförderung?

**Verlader** ist das Unternehmen, das die gefährlichen Güter in ein Fahrzeug oder einen Großcontainer verlädt.

**127.** Welche Pflichten hat der Verlader als Beteiligter an der Gefahrgutbeförderung?

Der Verlader

- darf gefährliche Güter dem Beförderer nur übergeben, wenn sie gemäß ADR zur Beförderung zugelassen sind,
- hat bei der Übergabe verpackter gefährlicher Güter oder ungereinigter leerer Verpackungen zur Beförderung zu prüfen, ob die Verpackung beschädigt ist. Er darf ein Versandstück, dessen Verpackung beschädigt, insbesondere undicht ist, so dass gefährliches Gut austritt oder austreten kann, zur Beförderung erst übergeben, wenn der Mangel beseitigt worden ist; Gleiches gilt für ungereinigte leere Verpackungen,
- hat beim Verladen von gefährlichen Gütern in Fahrzeuge, Großcontainer oder Kleincontainer die Vorschriften für die Beladung und Handhabung zu beachten,
- hat nach dem Verladen gefährlicher Güter in Container die Vorschriften für die Gefahrenkennzeichnungen zu beachten,
- hat beim Verladen von Versandstücken die Zusammenladeverbote auch unter Berücksichtigung der bereits im Fahrzeug oder Großcontainer befindlichen gefährlichen Güter sowie die Vorschriften über die Trennung von Nahrungs-, Genuss- und Futtermitteln zu beachten.

**128.** Wer ist der Verpacker als Beteiligter an der Gefahrgutbeförderung?

**Verpacker** ist das Unternehmen, das die gefährlichen Güter in Verpackungen, einschließlich Großverpackungen und Großpackmittel (IBC), einfüllt und gegebenenfalls die Versandstücke zur Beförderung vorbereitet.

**129.** Welche Pflichten hat der Verpacker als Beteiligter an der Gefahrgutbeförderung?

Der Verpacker hat insbesondere zu beachten:

- die Verpackungsvorschriften und die Vorschriften über die Zusammenpackung und
- wenn er die Versandstücke zur Beförderung vorbereitet, die Vorschriften über die Kennzeichnung und Bezettelung von Versandstücken.

# PRÜFUNGSTRAINING

### Aufgabe 1

Beschreiben Sie bei nachfolgenden Sicherheits- und Gesundheitsschutzkennzeichen deren Bedeutung und die Kennzeichen-Gruppen, zu der sie jeweils gehören!

| | |
|---|---|
| 1  | |
| 2  | |
| 3  | |
| 4  | |
| 5  | |
| 6  | |
| 7  | |
| 8  | |
| 9  | |
| 10  | |

### Aufgabe 2

In Abhängigkeit von Häufigkeit des Hebens und Tragens, Alter und Geschlecht empfiehlt das Bundesministerium für Arbeit und Soziales, welche Lasten in kg zumutbar sind. Entscheiden Sie in folgenden Fällen unter Zuhilfenahme der unten stehenden Tabelle, welche Lasten zumutbar sind und nicht überschritten werden sollten:

a) Eine 16-jährige Auszubildende ist im Kommissionierbereich eingesetzt und muss gelegentlich schwerere Packstücke aus einem Fachbodenregal auf einen Kommissionierwagen heben.

☐ kg

b) Ein 35-jähriger Lagerarbeiter muss regelmäßig bei der Containerentladung schwere Kartons auf EUR-Paletten stapeln.

☐ kg

c) Eine 25-jährige werdende Mutter muss beim Kommissionieren häufig Kartons von Hand auf einen Kommissioniertisch heben.

☐ kg

d) Ein kurz vor der Rente stehender Mitarbeiter wird von seinem Meister aufgefordert, ausnahmsweise einmal bei der Einlagerung zu helfen und eine Kiste in das Fachbodenregal zu stellen.

☐ kg

| | **Gelegentliches Heben und Tragen** | | **Häufiges Heben und Tragen** | |
|---|---|---|---|---|
| Für das Lebensalter | **Frauen** | **Männer** | **Frauen** | **Männer** |
| 15 bis 18 Jahren | 15 kg | 35 kg | 10 kg | 20 kg |
| 19 bis 45 Jahren | 15 kg | 55 kg | 10 kg | 30 kg |
| älter als 45 Jahre | 15 kg | 45 kg | 10 kg | 25 kg |
| Für werdende Mütter | 10 kg | | 5 kg | |

### Aufgabe 3

Nennen Sie für die nachfolgenden Beispiele das/die jeweils angemessene/n Sicherheits- und Gesundheitsschutzkennzeichen!

a) In einem Mehretagenlager befindet sich an einem Ende der Lagerhalle ein Aufzug, der aber nur für Materialbeförderung zugelassen ist.

b) Beim Gang von einem zum anderen Kommissionierplatz werden Sie fast von einem Kollegen mit einem Gabelstapler überfahren.

c) Beim Gang von ihrem Kommissionierplatz zur Verwaltung müssen Sie durch den sehr lauten Produktionsbereich gehen.

d) In einer Ecke des Lagers haben sich aus unerklärlichen Gründen Papier und Pappe entzündet, das sie löschen wollen.

e) Vor einer Tür mit der Aufschrift Notausgang stehen zwei bepackte Paletten, sodass Sie die Tür im Notfall nicht öffnen könnten.

f) Zwei Kollegen unterhalten sich im Lagerbereich für Gefahrstoffe und rauchen dabei eine Zigarette.

g) Da im Warenversand auch große und schwere Waren in Kisten versandt werden müssen, befindet sich dort ein Brückenkran. Die Mitarbeiter müssen zur Lkw-Rampe unter dem Kran hergehen.

h) Sie haben sich an einer Holzkiste die rechte Hand verletzt und suchen Verbandsmaterial, um sich die Wunde zu versorgen.

i) Sie kommen an der Ladestation für Gabelstapler vorbei und ein Mitarbeiter erzählt Ihnen, dass man hier vorsichtig sein muss, da schon einmal eine Batterie geplatzt ist und die Batteriesäure einen Kollegen verätzt hat.

j) Durch die Halle verläuft ein nicht mehr genutztes Gleis von einer ehemaligen Krananlage. Immer wieder beobachten Sie, dass Mitarbeiter darüber stolpern und hinfallen.

## Aufgabe 4

**Situation**

Ein Beschäftiger der KölnTrans Spedition sprang von der Laderampe, anstatt die zwei Meter entfernte Leiter zu nutzen. Dabei kam er so ungünstig auf dem Boden auf, dass er sich stark am rechten Fuß und Bein verletzte und zudem mit dem Kopf auf dem Boden aufschlug. Er blieb bewusstlos liegen.

Beschreiben Sie ausführlich Ihr Verhalten, wenn Sie Zeuge dieses Unfalles geworden wären!

## Aufgabe 5

a) Entscheiden Sie, welche Vorgehensweise bei der Handhabung von Feuerlöschern richtig ist und kreuzen Sie dies an!

b) Ordnen Sie die folgenden Aussagen den richtigen Bildern durch Eintragung der entsprechenden Ziffer zu!

① Vorsicht vor Wiederentzündung

② Genügend Löscher auf einmal einsetzen und nicht nacheinander

③ Flächenbrände von vorn beginnend bekämpfen

④ Eingesetzte Feuerlöscher nicht mehr aufhängen. Feuerlöscher wieder betriebsbereit machen lassen

⑤ Tropf- und Fließbrände von oben nach unten löschen

⑥ Feuer in Windrichtung angreifen.

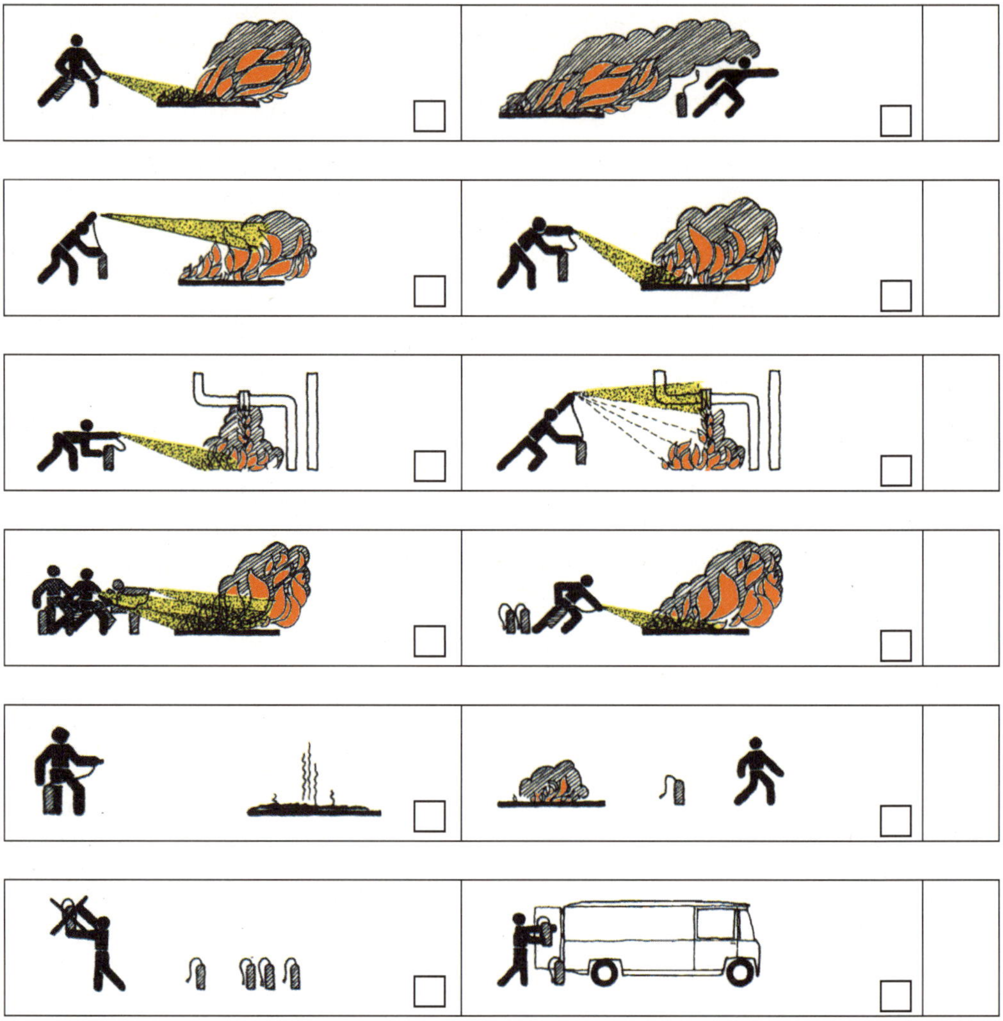

in Anlehnung an: www.ffw-nunkirchen.de/htm-infos/feuerloescher.htm (Freiwillige Feuerwehr Nunkirchen) auf der Basis von TOTAL Feuerschutz GmbH (www.TOTAL-Feuerschutz.de).

### Aufgabe 6

a) Tragen Sie in die Piktogramme die zugehörige Brandklasse ein!
b) Ordnen Sie den Stoffbeispielen Brandklassen sowie
c) mögliche Löschmittel und Löschgeräte zu, indem Sie die Brandklassen dahinter eintragen!

**Aufgabe 5 a)**

| Brandklassen |
|---|
|  |
|  |
|  |
|  |
|  |

**Aufgabe 5 b)**

| Stoffbeispiele | Brand-klasse |
|---|---|
| Speiseöle und -fette | |
| Alkohol, Benzin, Fette, Lacke, Öle, Wachs | |
| Aluminium, Kalium, Magnesium, Natrium | |
| Acetylen, Methan, Propan, Stadtgas, Wasserstoff | |
| Holz, Gummi, Kohle, Papier, Stroh | |

**Aufgabe 5 c)**

| Löschmittel/-geräte | Brand-klasse |
|---|---|
| Wasser in Form von Sprühstrahl, Schaum, Light-Water, Glutbrand-Pulver (ABC-Pulverlöscher), Löschpulver (BC-Pulverlöscher), Kohlensäure ($CO_2$) | |
| Wasser (Vollstrahl, Sprühstrahl), Schaum, Glutbrand-Pulver (ABC-Pulverlöscher) | |
| Glutbrand-Pulver (ABC-Pulverlöscher), Löschpulver (BC-Pulverlöscher), Kohlensäure ($CO_2$) | |
| Topfdeckel, Fettbrandlöscher | |
| Löschpulver (Metallbrandpulver), behelfsmäßige Mittel sind Zementpulver, trockenes Streusalz, trockener Sand, Schweröle, Graugussspäne | |


23 Hummel - ISBN 978-3-8120-0570-8

## Aufgabe 7

Ordnen Sie den jeweiligen „alten" Gefahrensymbolen mit Kennbuchstabe nach EU-Stoff- und Zubereitungsrichtlinie die „neuen" Gefahrenpiktogramme nach GHS-Verordnung zu und weisen Sie die Piktogramme aus, die keine Entsprechung haben!

Tragen Sie die entsprechende Kodierungs-Nr. in die Spalte GHS0 . . . ein bzw. für keine Entsprechung eine Null!

| | „Alte"Gefahrensymbole mit Kennbuchstaben nach EU-Stoff- und Zubereitungsrichtlinie | Gefahrenbezeichnung | GHS0... |
|---|---|---|---|
| a) |  E | Explosionsgefährlich | |
| b) |  F+ | Hochentzündlich | |
| c) |  F | Leichtentzündlich | |
| d) |  O | Brandfördernd | |
| e) |  C | Ätzend | |
| f) |  T+ | Sehr giftig | |
| g) |  T | Giftig | |
| h) |  Xn | Gesundheitsschädlich | |
| i) |  Xi | Reizend | |
| j) |  N | Umweltgefährlich | |
| k) | Keine Entsorgung nach EU-Stoff- und Zubereitungsrichtlinie | – | |

| Gefahrenpiktogramme mit Kodierung |
|---|
| GHS01  |
| GHS02  |
| GHS03  |
| GHS04  |
| GHS05  |
| GHS06  |
| GHS07  |
| GHS08  |
| GHS09  |
| Keine Entsprechung 0 |

## Aufgabe 8

Tragen Sie zu den jeweiligen Gefahrenpiktogrammen mit Kodierung die Symbolbezeichnung in Deutsch und Englisch ein!

| Gefahrenpiktogramme mit Kodierung | Symbolbezeichnung in Deutsch | Symbolbezeichnung in Englisch |
|---|---|---|
|  GHS01 | | |
|  GHS02 | | |
|  GHS03 | | |
|  GHS04 | | |
|  GHS05 | | |
|  GHS06 | | |
|  GHS07 | | |
|  GHS08 | | |
|  GHS09 | | |

## Aufgabe 9

Ordnen Sie den Beschreibungen die jeweiligen Gefahrenpiktogramme zu, indem Sie die Ziffer der entsprechenden Kodierung der Gefahrenpiktogramme eintragen!

| Gefahrenpiktogramme mit Kodierung |
|---|
|  GHS01 |
|  GHS02 |
|  GHS03 |
|  GHS04 |
|  GHS05 |
|  GHS06 |
|  GHS07 |
|  GHS08 |
|  GHS09 |

| Beschreibung | GHS0 ... |
|---|---|
| Stoffe und Gemische, die weniger stark gesundheitsgefährdend sind, Haut, Augen und Atemwege reizen und hautsensibilisierend sind | |
| Entzündbare Gase, Flüssigkeiten, Aerosole und Feststoffe; dazu zählen Stoffe und Gemische, die entzündbare Gase bei Berührung mit Wasser entwickeln, selbstentzündliche und selbstzersetzliche Flüssigkeiten und Feststoffe, selbsterhitzungsfähige Stoffe und Gemische | |
| Explosive und pyrotechnische Stoffe und Gemische, Produkte mit Explosivstoffen, selbstzersetzliche Stoffe und Gemische | |
| Stoffe und Gemische, die auf Metall korrosiv wirken und sie beschädigen oder zerstören können; verursachen schwere Hautverätzungen und Augenschäden | |
| Stoffe und Gemische mit organspezifischen Giftwirkungen oder langfristig gesundheitsgefährlichen Eigenschaften wie krebserregende, erbgutverändernde oder fortpflanzungsgefährdende Wirkung (CMR) | |
| Stoffe und Gemische, die akute und/oder längerfristige Schadwirkung auf Wasserorganismen zeigen, d. h. akut bzw. chronisch Gewässer gefährdend sind | |
| Oxidierende und entzündend wirkende Feststoffe, Flüssigkeiten und Gase | |
| Gase und Gasgemische, die in einem Behältnis enthalten sind, verdichtete Gase (unter Druck), verflüssigte Gase, gelöste und tiefgekühlte verflüssigte Gase | |
| Stoffe und Gemische, die bereits in geringen Mengen nach dem Verschlucken (oral), Einatmen (inhalativ) oder bei Hautkontakt (dermal) schwere akute Gesundheitsschäden hervorrufen oder zum Tode führen; es besteht akute Toxizität | |

## Aufgabe 10

1. Ordnen Sie die unten stehenden Symbole und beispielhaften Beschreibungen den Informationen zu *Gefahrstoffbezeichnung* bis *sachgerechte Entsorgung* zu!
2. Tragen Sie die unten stehenden **Symbole mit a) bis e)** in die Kästchen auf der linken Seite ein!
3. Tragen Sie die unten stehenden **Beschreibungen mit ① bis ⑥** auf der rechten Seite ein!

| | | |
|---|---|---|
| Firma: | **Betriebsanweisung** | Nr.: |
| Arbeitsbereich: | gemäß § 14 GefStoffV | |
| Verantwortlich: | Arbeitsplatz: | Stand: |
| Unterschrift: | Tätigkeit: | |
| **Symbole** | **GEFAHRSTOFFBEZEICHNUNG** | **Beschreibungen** |
| | | |
| | **GEFAHREN FÜR MENSCH UND UMWELT** | |
| | | |
| | **SCHUTZMASSNAHMEN UND VERHALTENSREGELN** | |
| | | |
| | **VERHALTEN IM GEFAHRFALL** | |
| | | |
| | **ERSTE HILFE** | |
| | | |
| | **SACHGERECHTE ENTSORGUNG** | |
| | | |

| | Symbole |
|---|---|
| a) |  |
| b) |  |

| | Symbole |
|---|---|
| c) |  |
| d) |  |

| | Symbol |
|---|---|
| e) |  |

| | **Beispielhafte Beschreibungen** |
|---|---|
| ① | Nicht in Ausguss oder Mülltonne schütten! … |
| ② | Verspritzen vermeiden! Gefäße nicht offen stehen lassen! Verschmutzte Gegenstände und Fußboden sofort mit viel Wasser reinigen! … |
| ③ | Batteriesäuren sind farblose, geruchlose Flüssigkeiten, die mit Wasser verdünnbar sind. … |
| ④ | Verschlucken kann zu Gesundheitsschäden führen. Augenschäden möglich. Verursacht Verätzungen. Führt zu schlecht heilenden Wunden … |
| ⑤ | Bei Auslaufen größerer Mengen den Arbeitsplatz verlassen! … |
| ⑥ | Bei jeder Erste-Hilfe-Maßnahme: Selbstschutz beachten und umgehend Arzt verständigen. Nach Augenkontakt: Ausreichend unter fließendem Wasser bei gespreizten Lidern spülen oder Augenspüllösung nehmen. Immer Augenarzt aufsuchen! … |

## Aufgabe 11

Das System der Einstufung von Stoffen und Gemischen nach GHS untergliedert sich in die unten angegebenen Begriffe. Ordnen Sie den genannten Aussagen die entsprechenden Begriffe zu, indem Sie die Kennziffer der Begriffe bei den richtigen Aussagen eintragen!

**Begriffe**
① Gefahrenarten
② Gefahrenklassen
③ Gefahrenkategorien
④ Gefahrenpiktogramme
⑤ Signalworte
⑥ Gefahrenhinweise
⑦ Sicherheitshinweise

| Aussagen | |
|---|---|
| a) Es sind Kennzeichnungselemente, die aus einem Symbol sowie weiteren grafischen Elementen bestehen und der Vermittlung einer bestimmten Information über die betreffende Gefahr dienen. | |
| b) Sie beschreiben in standardisierter Form die empfohlenen Maßnahmen zur Begrenzung oder Vermeidung schädlicher Wirkungen aufgrund der Exposition gegenüber einem Stoff oder Gemisch bei seiner Verwendung. | |
| c) Die gefahrenrelevanten Eigenschaften der Stoffe und Gemische werden in physikalische Gefahren, Gesundheitsgefahren und Umweltgefahren eingeteilt. | |
| d) Es ist ein Wort, das das Ausmaß der Gefahr angibt, um den Leser auf eine potenzielle Gefahr hinzuweisen. | |
| e) Es sind standardisierte Textbausteine, die die Art und gegebenenfalls den Schweregrad der Gefährdung beschreiben. | |
| f) Insgesamt gibt es davon 28, wobei jede von ihnen eine eigene Art von Gefahr bezeichnet. | |
| g) Sie stellen eine Untergliederung einzelner Gefahrenklassen zur Angabe der Schwere der Gefahr dar. | |

## Aufgabe 12

Ordnen Sie den genannten Gefahrenklassen die entsprechenden Gefahrenarten zu, indem Sie die Kennziffer der Gefahrenarten bei den richtigen Gefahrenklassen eintragen!

**Gefahrenarten**
① Physikalische Gefahren
② Gesundheitsgefahren
③ Umweltgefahren

| Gefahrenklassen | |
|---|---|
| a) Akute Toxizität | |
| b) Aspirationsgefahr | |
| c) Die Ozonschicht schädigend | |
| d) Gase unter Druck | |
| e) Gewässergefährdend | |
| f) Korrosiv gegenüber Metallen | |
| g) Schwere Augenschädigung / Augenreizung | |
| h) Entzündbare Feststoffe | |

## Aufgabe 13

Ordnen Sie den aufgeführten Gefahrenpiktogrammen die entsprechenden Gefahrenarten zu, indem Sie die Kennziffer der Gefahrenarten bei den richtigen Gefahrenpiktogrammen eintragen!

Mehrfachnennungen sind möglich!

**Gefahrenarten**

① Physikalische Gefahren
② Gesundheitsgefahren
③ Umweltgefahren

| Gefahrenpiktogramme | | Gefahrenpiktogramme | |
|---|---|---|---|
| a)  | | f)  | |
| b)  | | g)  | |
| c)  | | h)  | |
| d)  | | i)  | |
| e)  | | | |

## Aufgabe 14

Erklären Sie das Kodierungssystem des GHS-Systems für die Gefahren- und Sicherheitshinweise, indem Sie die entsprechenden fehlenden Eintragungen vornehmen!

a) | H | 3 | 02 |

02 → ........................................

3 → ........................................

2 = ....................................

3 = ....................................

4 = ....................................

H → ........................................

Englischer Begriff ........................................

b)

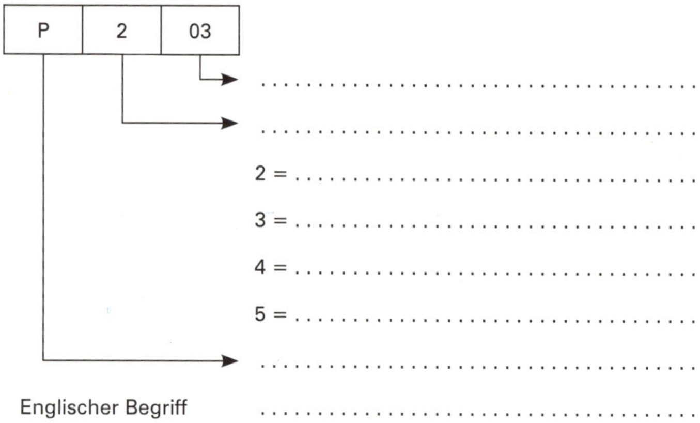


### Aufgabe 15

Ein Stoff oder Gemisch, der bzw. das als gefährlich eingestuft und verpackt ist, muss ein Kennzeichnungsetikett mit einigen detailierten vorgeschriebenen Elementen tragen.

Tragen Sie im unten stehenden Kennzeichnungsetikett von a) bis h) die entsprechenden Elemente ein!

Quelle: Umweltbundesamt (Hrsg): Das neue Einstufungs- und Kennzeichnungssystem für Chemikalien und GHS – Kurz erklärt, Dessau 2009, S. 66.

## Aufgabe 16

Einige Tankwagen einer Tankwagenspedition sind u. a. mit den folgenden Kennzeichnungen (Bild 1 und 2) ausgestattet.

Bild 1

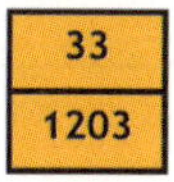


Bild 2

Bild 3

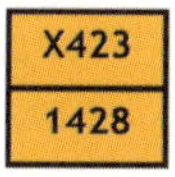


a) Wie heißen die Kennzeichen jeweils in beiden Bildern?
b) Worüber geben die Ziffern in Bild 1 Auskunft?
c) Welche Aufgabe hat das Bild 2?
d) Welche Bedeutung hat in dem Bild 3 das X vor der Kemlerzahl?

## Aufgabe 17

Ordnen Sie den genannten Verantwortlichkeiten gemäß Gefahrgutvorschriften die Personen zu, indem Sie die Kennziffer der Personen bei den richtigen Verantwortlichkeiten eintragen!

**Personen**

① Absender
② Beförderer
③ Verlader
④ Fahrzeugführer

| Verantwortlichkeiten | |
|---|---|
| a) Das Beförderungspapier mitgeben. | |
| b) Den Fahrer auf Gefahrgut hinweisen. | |
| c) Die Verpackung bei Übergabe auf Beschädigungen überprüfen. (2 Antworten) | |
| d) Die Begleitpapiere mitführen. | |
| e) Das Zusammenladeverbote beachten. (2 Antworten) | |
| f) Die schriftlichen Weisungen übergeben. | |
| g) Nur geschulte Fahrer einsetzen. | |

## Aufgabe 18

Ordnen Sie den genannten Aussagen die entsprechenden Gefahrgutklassen ohne Unterklassen zu, indem Sie die Kennziffer der Gefahrgutklassen bei den richtigen Aussagen eintragen!

**Gefahrgutklassen**

① Klasse 1
② Klasse 2
③ Klasse 3
④ Klasse 4
⑤ Klasse 5
⑥ Klasse 6
⑦ Klasse 7
⑧ Klasse 8
⑨ Klasse 9

| Aussagen | |
|---|---|
| a) entzündbare feste, selbstzersetzliche, desensibilisierende explosive, selbstentzündliche Stoffe und Stoffe, die in Berührung mit Wasser entzündbare Gase entwickeln. | |
| b) radioaktive Stoffe. | |
| c) verschiedene gefährliche Stoffe und Gegenstände | |
| d) explosive Stoffe und Gegenstände mit Explosivstoff | |
| e) giftige und ansteckungsgefährliche Stoffe | |
| f) entzündbare, nicht entzündbare, nicht giftige und giftige Gase | |
| g) ätzende Stoffe | |
| h) entzündbare (oxidierend) wirkende Stoffe und organische Peroxide | |
| i) entzündbare flüssige Stoffe | |

## Aufgabe 19

Ordnen Sie den genannten Aussagen die an einer Gefahrgutbeförderung Beteiligten zu, indem Sie die Kennziffer der Beteiligten bei den richtigen Aussagen eintragen!

**Beteiligte an einer Gefahrgutbeförderung**

① Absender
② Beförderer
③ Empfänger
④ Verlader
⑤ Verpacker

| Aussagen | |
|---|---|
| a) ... ist das Unternehmen, das die gefährlichen Güter in ein Fahrzeug oder einen Großcontainer verlädt. | |
| b) ... ist das Unternehmen, das selbst oder für einen Dritten gefährliche Güter versendet. | |
| c) ... ist das Unternehmen, das die gefährlichen Güter in Verpackungen, einschließlich Großverpackungen und Großpackmittel (IBC), einfüllt und gegebenenfalls die Versandstücke zur Beförderung vorbereitet. | |
| d) Der ... ist verpflichtet, die Annahme des Gutes nicht ohne zwingenden Grund zu verzögern und nach dem Entladen zu prüfen, ob die ihn betreffenden Vorschriften des ADR eingehalten sind. | |
| e) ... ist das Unternehmen, das die Beförderung mit (beauftragter Frachtführer) oder ohne Beförderungsvertrag (Beförderung erfolgt im Werkverkehr) durchführt. | |
| f) Der ... hat bei der Übergabe verpackter gefährlicher Güter oder ungereinigter leerer Verpackungen zur Beförderung zu prüfen, ob die Verpackung beschädigt ist. | |
| g) Der ... ist verpflichtet, eine den Vorschriften des ADR entsprechende Sendung zur Beförderung zu übergeben. | |

## Aufgabe 20

**Situation (vgl. hierzu auch Kap. 7)**

Die Kölner Spedition SafetyTrans erhält von einem Chemieunternehmen den Auftrag, 20 t (= 25.316 l) ACETON (UN 1090, Klasse 3, Verpackungsgruppe II, Gefahrzettel 3, LQ4) von Leverkusen nach Moskau zu transportieren. Die Spedition erledigt diesen Auftrag im Selbsteintritt.

a) Nennen Sie die verschiedenen Rechtsgrundlagen (nicht nur die Gefahrgutvorschriften), die für diesen Transport gelten!

b) Welche Papiere/Unterlagen/Dokumente sind für diesen Transport mitzuführen (für Fahrer, Fahrzeug und Ladung)?

c) Erklären Sie die folgenden Angaben: UN 1090, Klasse 3, Verpackungsgruppe II, Gefahrzettel 3, LQ4!

d) Wie ist das Fahrzeug zu kennzeichnen? Erklären Sie dies genau!

e) Welche Gegenstände sind bei diesem Transport speziell mitzuführen?

# 14 Umweltschutz (lernfeldübergreifend)

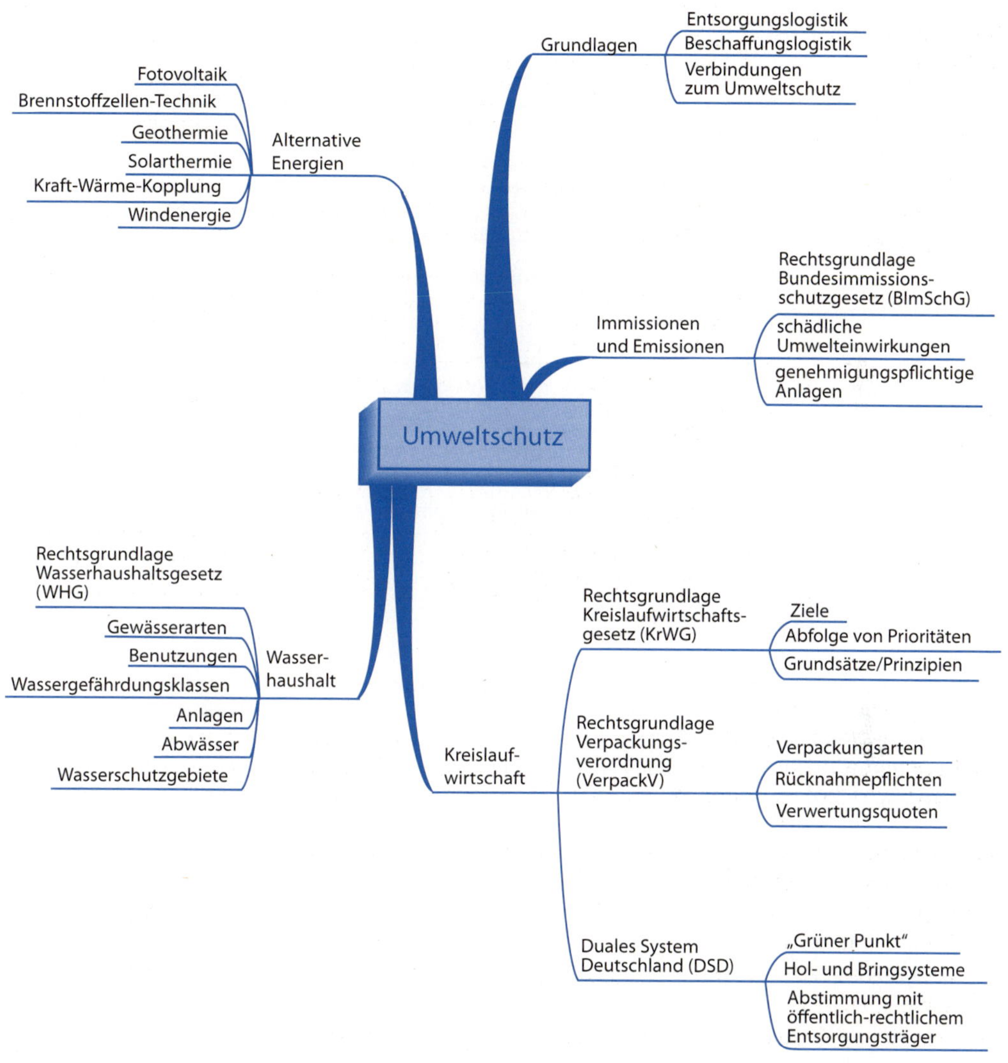

KOMPAKTWISSEN

## 14.1 Grundlagen

1. Inwiefern bestehen Zusammenhänge zwischen Aspekten des Umweltschutzes und logistischen Prozessen?

Es lassen sich Zusammenhänge erkennen zum einen in der **Beschaffungslogistik,** die neben der Güterversorgung auch die Versorgung des Betriebes mit Energie zur Aufgabe hat. Diese Energieversorgung ist sowohl unter kostengünstigen als auch unter umweltfreundlichen Bedingungen zu bewerkstelligen.

Zum anderen ist innerhalb der **Entsorgungslogistik** ein für das eigene Unternehmen rechtssicherer, wirtschaftlicher und umweltgerechter Umgang mit nicht mehr benötigtem Material (fest, flüssig oder gasförmig) zwingend.

Jedes **Unternehmen der Energie- oder Entsorgungswirtschaft** (Zulieferer oder Versorger) hat logistische Herausforderungen zu bewältigen.

Jeder Beitrag aufgrund vorhandener Umweltschutzkenntnisse kann die **Zukunftsfähigkeit** des eigenen Unternehmens sichern helfen, indem und weil es den Schutz vorhandenen Lebensraumes im Blick hat.

2. Ordnen Sie wesentliche Umweltaspekte jeweils der Beschaffungs- oder Entsorgungslogistik zu!

- Eine umweltgerechte **Energieversorgung** gehört zur Beschaffungslogistik.
- Aspekte der Einleitung von **Emissionen** in die Umwelt, der **Abfallwirtschaft** und des **Wasserhaushalts** zählen zur Entsorgungslogistik.

## 14.2 Immissionen und Emissionen (Bundesimmissionsschutzgesetz – BImSchG)

3. Was ist der Zweck des Bundesimmissionsschutzgesetzes (BImSchG)?

Der Zweck des **Bundesimmissionsschutzgesetzes** ist es,

- Menschen,
- Tiere und Pflanzen,
- den Boden,
- das Wasser,
- die Atmosphäre,
- Kultur- und sonstige Sachgüter

vor **schädlichen Umwelteinwirkungen** zu schützen und deren Entstehen vorzubeugen.

4. Was versteht man unter schädlichen Umwelteinwirkungen?

**Schädliche Umwelteinwirkungen** sind **Immissionen,** die nach Art, Ausmaß oder Dauer geeignet sind, Gefahren, erhebliche Nachteile oder erhebliche Belästigungen für die Allgemeinheit oder die Nachbarschaft herbeizuführen.

5. Was versteht man unter Immissionen?

**Immissionen** sind auf Menschen, Tiere und Pflanzen, den Boden, das Wasser, die Atmosphäre, Kultur- und sonstige Sachgüter gerichtete **Einwirkungen** wie

- Luftverunreinigungen, (Rauch, Ruß, Staub, Dämpfe, Gerüche, Gase, Aerosole, Geruchsstoffe u. a.)
- Geräusche und Lärm,
- Erschütterungen,
- Licht,
- Wärme,
- Strahlen und
- ähnliche Umwelteinwirkungen.

6. Was versteht man unter Emissionen?

**Emissionen** sind die unter der vorangegangenen Frage behandelten Einwirkungen, wenn sie von **Anlagen** ausgehen.

→ zum Aspekt „Gefahrstoffe“ s. Kap. 13.3.1 Rechtsgrundlagen für Gefahrstoffe!

7. Was versteht das Gesetz unter genehmigungspflichtigen Anlagen?

Unter die **genehmigungspflichtigen Anlagen** fallen

- Betriebsstätten,
- Maschinen, Geräte und Fahrzeuge sowie
- Grundstücke

mit schädlichen Umwelteinwirkungen, sofern sie **errichtet** und **betrieben** oder **stillgelegt** werden.

8. Welche Pflichten muss der Betreiber von genehmigungspflichtigen Anlagen erfüllen?

Der Betreiber von solchen Anlagen muss gewährleisten, dass

- **schädliche Umwelteinwirkungen** möglichst unterbleiben,
- **Abfälle** vermieden, verwertet oder beseitigt werden,
- **Vorsorge** durch technischen Einsatz auf aktuellem Stand getroffen wird,
- **Energie** sparsam und effizient verwendet wird,

- in regelmäßigen Abständen sicherheitstechnische **Messungen** der zugelassenen Emissions- und Immissionswerte vorgenommen werden,
- eine von den zuständigen Behörden angeordnete **Emissionserklärung** erstellt und/oder ein **Immissionsschutzbeauftragter** bestellt wird.

## 14.3 Kreislaufwirtschaft (Kreislaufwirtschaftsgesetz – KrWG)

9. Welche Ziele verfolgt das Kreislaufwirtschaftsgesetz (KrWG)?

Das **Kreislaufwirtschaftsgesetz** verfolgt als Ziele
- die **Förderung** der Kreislaufwirtschaft zur
- **Schonung** der natürlichen Lebensgrundlagen und
- zum **Schutz von Mensch und Umwelt** bei der Bewirtschaftung von Abfällen.

10. Was versteht man unter Kreislaufwirtschaft?

**Kreislaufwirtschaft** wird dann betrieben, wenn nicht mehr benötigte Güter oder Stoffe wieder in den Herstellungsprozess **zurückgeführt** werden.

11. Erläutern Sie drei wesentliche Grundsätze/Prinzipien der Kreislaufwirtschaft!

- Der Grundsatz der **Produktverantwortung** betont die Verantwortung des Herstellers von Produkten über deren gesamten Lebenszyklus.
- Der Grundsatz des **Verursacherprinzips** schreibt Rücknahme- und Verwertungspflichten von Herstellern und Vertreibern (Händlern) fest.
- Der **Vermeidungsgrundsatz** legt eine Rangfolge für den Umgang mit Abfällen fest.

12. In welcher Weise ist im KrWG eine Rangfolge für den Umgang mit Abfällen zu beachten?

Erstrangig ist die **Abfallvermeidung**
- durch Kreislaufführung in der Herstellung,
- durch abfallarme Produktgestaltung sowie
- durch verändertes Konsumverhalten.

Zweitrangig ist die **Abfallbewirtschaftung**
- durch Vorbereitung zur Wiederverwendung,
- durch Recycling (stoffliche Verwertung),
- durch sonstige Verwertung, insbesondere energetische Verwertung (Verbrennung als Ersatzbrennstoffe) und Verfüllung (Deponien),
- durch Beseitigung.

**13.** Welche Verpackungsarten unterscheidet die Verpackungsverordnung (VerpackV)?

Die **Verpackungsverordnung** unterscheidet

- Verkaufsverpackungen,
- Umverpackungen,
- Transportverpackungen,
- Getränkeverpackungen,
- Mehrwegverpackungen,
- Einwegverpackungen,
- Verbundverpackungen,
- restentleerte Verpackungen,
- schadstoffhaltige Füllgüter.

→ zum Aspekt „Verpackungsarten“ s. Kap. 5.1 Fachbegriffe aus dem Verpackungsbereich!

→ zum Aspekt „Rücknahme von Mehrwegtransportverpackungen (MTV)“ s. Kap. 1.3 Entladen und Leergut!

**14.** Welche Rücknahmepflichten bestehen bei Transportverpackungen?

**Transportverpackungen** müssen vom **Hersteller und (!) Vertreiber** entweder (in Form von Mehrwegverpackungen) **wiederverwendet** oder (möglichst stofflich) **verwertet** werden.

**15.** Welche Rücknahmepflichten bestehen bei Umverpackungen?

Rücknahmepflichten für **Umverpackungen** bestehen seitens des **Vertreibers.** Er muss

- Umverpackungen bei der Abgabe an den Endverbraucher entweder **selbst** entfernen oder
- dem Endverbraucher durch Aufstellen von **Sammelbehältern** auf dem Verkaufsgelände Gelegenheit zur Entfernung geben sowie
- **an der Kasse** deutlich auf diese Möglichkeit hinweisen und
- entfernte Umverpackungen einer **Wiederverwendung** oder **stofflichen Verwertung** zuführen.

**16.** Welche Rücknahmepflichten bestehen bei Verkaufsverpackungen?

Rücknahmepflichten bestehen seit 2009 nur noch, wenn sie bei einem **gewerblichen** Endverbraucher anfallen:

Gebrauchte oder restentleerte Verkaufsverpackungen müssen dann vom **Vertreiber** oder **Hersteller zurückgenommen** und **verwertet** werden.

Fallen sie beim **privaten** Endverbraucher an, müssen sich Vertreiber und Hersteller an einem **dualen Entsorgungssystem** beteiligen, indem sie dort ihre Verkaufsverpackungen lizenzieren lassen.

**17.** Was sind duale Entsorgungs-Systeme?

Es handelt sich um Systembetreiber-Unternehmen, die flächendeckend neben den öffentlich-rechtlichen Entsorgungsträgern eine regelmäßige Abholung und Verwertung gebrauchter Verkaufsverpackungen beim Endverbraucher **(„Holsystem"/ „Gelbe Säcke" oder „Gelbe Tonne")** oder in dessen Nähe **(„Bringsystem"/Altglas und Altpapier)** gewährleisten.

**18.** Welche duale Entsorgungssysteme sind bundesweit anerkannt?

Folgende **Unternehmen** sind nach § 6 VerpackV als duale Entsorgungssysteme anerkannt (in zeitlicher Reihenfolge ihrer Anerkennung):

- Der Grüne Punkt – Duales System Deutschland GmbH, Köln
- Landbell AG für Rückhol-Systeme, Mainz
- INTERSEROH Dienstleistungs GmbH, Köln
- Vfw GmbH, Köln
- EKO-PUNKT GmbH, Lünen
- BellandVision GmbH, Pegnitz
- Zentek GmbH & Co. KG, Köln
- Redual GmbH, Köln
- Veolia Umweltservice Dual GmbH, Hamburg

**19.** In welcher Weise müssen Verkaufsverpackungen zur Teilnahme an dualen Entsorgungssystemen mit Erkennungszeichen gekennzeichnet werden?

Die **Pflicht zur Kennzeichnung** der von den dualen Entsorgungssystemen lizensierten Verkaufsverpackungen mit Erkennungszeichen ist **entfallen.**

Der sogenannte Grüne Punkt ist das Erkennungszeichen der bei der DSD GmbH lizenzierten Produkte. Wer als Hersteller oder Vertreiber **Lizenzgebühren an DSD** entrichtet, darf dafür dieses Zeichen auf seinen Verkaufsverpackungen anbringen.

**Der „Grüne Punkt" ist ein Abgabezeichen und kein Umweltzeichen!**

**20.** Auf welche Weise wird das Verwertungsgebot der Kreislaufwirtschaft eingehalten?

Für alle dualen Entsorgungssysteme gelten folgende **Pflichtquoten zur stofflichen Verwertung,** die bei Verkaufsverpackungen je nach Material erreicht werden müssen:

- für Glas: 75 % der Masse,
- für Weißblech: 70 % der Masse,
- für Papier, Pappe, Karton: 70 % der Masse,
- für Aluminium: 60 % der Masse,
- für Verbund: 60 % der Masse.

Kunststoffe müssen zwar verwertet werden, es dürfen aber Neustoffe zugesetzt werden.

## 14.4 Wasserhaushalt (Wasserhaushaltsgesetz – WHG)

21. Was ist der Zweck des Wasserhaushaltsgesetzes (WHG)?

Der Zweck des **Wasserhaushaltsgesetzes** ist es, Gewässer

- als Lebensraum für Tiere und Pflanzen zu sichern und
- ihre Verunreinigung zu verhüten.

22. Welche Gewässerarten fallen unter das WHG?

Unter das WHG fallen

- oberirdische Gewässer,
- Küstengewässer und
- das Grundwasser.

23. Worauf richtet sich der Gewässerschutz vorrangig?

Der **Gewässerschutz** richtet sich vorrangig auf

- Benutzungen,
- wassergefährdende Stoffe,
- Anlagen und
- Abwasser.

24. Welche Benutzungen werden im WHG unterschieden?

Als **Benutzung** gelten alle Maßnahmen, die eine **schädliche Veränderung** des Wassers herbeiführen. Darüber hinaus werden im WHG je nach Gewässerart folgende Benutzungen unterschieden:

- für **oberirdische** Gewässer: das Entnehmen, Ableiten, Aufstauen, Absenken von Wasser sowie das Einbringen und Einleiten von Stoffen,
- für **Küstengewässer**: das Einbringen und Einleiten von Stoffen,
- für das **Grundwasser**: das Entnehmen, Zutageleiten, Ableiten, Umleiten, Aufstauen und Absenken von Grundwasser sowie das Einleiten von Stoffen.

25. Was sind wassergefährdende Stoffe?

Unter **wassergefährdenden Stoffen** versteht das WHG

- Rohöle,
- Benzine,
- Dieselkraftstoffe und Heizöle sowie
- weitere feste, flüssige, gasförmige und giftige Stoffe (Säuren, Laugen, Metalle, Salze, Kohlenwasserstoffe, Alkohole u. a.),

die die Beschaffenheit des Wassers nachteilig verändern.


24 Hummel - ISBN 978-3-8120-0570-8

Diese Stoffe werden in monatlich aktualisierten Vorschriften genau aufgelistet und entsprechend ihrer Gefährlichkeit in **Wassergefährdungsklassen (WGK)** eingestuft.

26. Welche Wassergefährdungsklassen (WGK) unterscheidet das WHG?

Das WHG unterscheidet die

- **WGK 3:** für stark wassergefährdende Stoffe,
- **WGK 2:** für wassergefährdende Stoffe und
- **WGK 1:** für schwach wassergefährdende Stoffe.

27. Welche Regeln müssen Anlagen erfüllen?

- **Anlagen zum Lagern, Abfüllen, Herstellen und Behandeln wassergefährdender Stoffe sowie Anlagen zum Verwenden wassergefährdender Stoffe** müssen so beschaffen sein und so eingebaut, aufgestellt und betrieben werden, dass eine Verunreinigung der Gewässer nicht zu befürchten ist. Das Gleiche gilt für Rohrleitungsanlagen im Bereich des Werksgeländes.
- Für **Anlagen zum Stoffumschlag** (Jauche, Gülle, Sickersäfte u. a.) darf nicht die geringste Wahrscheinlichkeit der Verunreinigung bestehen.
- **Abwasseranlagen** sind so zu errichten und zu betreiben, dass die Anforderungen an das Einleiten von Abwasser eingehalten werden. **Abwasserbehandlungsanlagen** bedürfen zudem einer behördlichen Zulassung.

28. Welche Pflichten haben die Betreiber von Anlagen?

Die Betreiber von Anlagen sind verpflichtet

- die Dichtheit und die Funktionsfähigkeit der Sicherheitseinrichtungen ständig zu **überwachen,**
- ihre Anlagen spätestens **alle fünf Jahre** durch zugelassene Sachverständige **überprüfen** zu lassen sowie
- die behördliche Überwachung der Anlagen zu **dulden.**

29. Nennen Sie drei wichtige Regeln zur Beseitigung von Abwasser!

**Abwasser** ist so zu **beseitigen,** dass

- das **Wohl der Allgemeinheit** (durch Gefährdung der öffentlichen Wasserversorgung u. a.) nicht beeinträchtigt wird,
- die Schadstofffracht des Abwassers so gering wie nach dem **aktuellen Stand der Technik** möglich gehalten wird,
- ab 750 $m^3$ Abwassereinleitung ein **Gewässerschutzbeauftragter** bestellt wird.

30. Was ist in Wasserschutzgebieten zu beachten?

In **Wasserschutzgebieten** gelten für Besucher, Eigentümer und berechtigte Nutzer strenge

- Handlungsverbote und
- Maßnahmepflichten,

die durch die zuständigen Behörden erlassen werden können.

## 14.5 Alternative Energiearten

31. Nennen Sie drei verschiedene nicht erneuerbare Energiequellen, die Unternehmen zur Energieversorgung nutzen!

Zu den **nicht erneuerbaren Energiequellen** zählen

- Erdöl,
- Erdgas,
- Kohle,
- u.a.

32. Nennen Sie sechs verschiedene alternative Energiearten!

Zu den **alternativen Energiearten** zählen

- Fotovoltaik,
- Brennstoffzellentechnik,
- Geothermie,
- Solarthermie,
- Kraft-Wärme-Kopplung,
- Windenergie,
- u.a.

33. Was versteht man unter Fotovoltaik?

Unter **Fotovoltaik** versteht man die direkte Umwandlung der Energie des **Sonnenlichtes in elektrische Energie** mittels Solarzellen bzw. Solarmodulen. Dieser Effekt wurde im Jahr 1839 von Alexander Becquerel entdeckt.

34. In welchen Anwendungen kommen Fotovoltaikanlagen vor?

In **dezentraler Anwendung („Inselsysteme")** geht es darum, in entlegenen oder begrenzten Regionen eine Stromversorgung zu realisieren. Dabei kann es sich um Anlagen in Alpenhütten, um Kühlversorgungen in Wüstenoasen oder um Speisung von Verkehrssystemen in Industrieländern handeln.

In **netzgekoppelten Anlagen** wird der erzeugte Strom sowohl lokal verbraucht als auch ins öffentliche Netz eingespeist. In Deutschland vollzieht sich durch das Gesetz für den Vorrang Erneuerbarer Energien (EEG) eine erhöhte Nachfrage.

35. Nennen Sie vier Vorteile der Fotovoltaiktechnik!

Die Fotovoltaiktechnik

- benötigt als Material für die Solarzellen **Silizium,** das zweithäufigste Element der Erdrinde,
- erzeugt **keine Abgase,**
- erfordert bei Nutzung auf Dächern **keine zusätzliche Fläche** und
- wird vom Staat **gefördert**.

36. Nennen Sie zwei Nachteile der Fotovoltaiktechnik!

Die Fotovoltaiktechnik

- wäre ohne staatliche Förderung **teuer,**
- kann das **Aussehen** größerer Landschaftsflächen beeinträchtigen.

37. Was versteht man unter Brennstoffzellentechnik?

**Brennstoffzellen** erzeugen auf direktem Weg **Strom und Wärme aus Wasserstoff ($H_2$) und Sauerstoff ($O_2$).** Sie wandeln chemische Energie ohne thermische oder mechanische Zwischenschritte in elektrische Energie um.

Im Aufbau ähnelt eine Brennstoffzelle einer **herkömmlichen Batterie.** Als Reaktionsprodukt entsteht lediglich Wasser ($H_2O$). Der benötigte Wasserstoff wird **aus Erdgas** gewonnen, die $CO_2$-Emissionen reduzieren sich deutlich.

38. In welchen Anwendungen können Brennstoffzellen vorkommen?

Brennstoffzellen können genutzt werden

- zum Betreiben von Automobilen,
- zur Versorgung von Ein- und Mehrfamilienhäusern mit Heizenergie,
- im Rahmen ganzer Kraftwerke.

39. Nennen Sie drei Vorteile der Brennstoffzellentechnik!

Die Brennstoffzellentechnik

- ermöglicht lautlose, vibrationsfreie und schadstofffreie Energieumwandlung,
- hat einen sehr hohen Wirkungsgrad (bis ca. 70 %),
- die hohe Reaktionstemperatur kann als Abwärme zum Heizen genutzt werden.

40. Nennen Sie zwei Nachteile der Brennstoffzellentechnik!

Die Brennstoffzellentechnik ist

- erdgasabhängig,
- mit sehr hohen Entwicklungskosten verbunden.

**41.** Was versteht man unter Geothermie

**Geothermie** ist das Fremdwort für **Erdwärme.** Aus dem Erdinnern fließt ein ständiger Wärmestrom an die Oberfläche. Sie wird in Thermalquellen seit Jahrtausenden genutzt. Ihr Vorkommen erstreckt sich auf

- Lavavorkommmen,
- Heißdampf- und -wasserreservoire,
- trockene, heiße Gesteinsschichten (HDR) /(„hot-dry-rock"-Lagerstätten)

vor allem an Erdstellen, an denen die Erdkruste dünn ist (Vulkangebiete u. a.).

**42.** In welchen Anwendungen wird Geothermie genutzt?

Bei den oberflächennahen Systemen greift nur die **vertikale Sonde** im eigentlichen Sinne auf Erdwärme zurück, die anderen Systeme nutzen die Energie der Sonneneinstrahlung, die als Wärme (Dampf, Heißwasser u. a.) in der oberen Erdschicht gespeichert wird.

Diese Sonde besteht aus einem **U-Rohr,** das je nach Wärmebedarf meist bis zu 100 m tief in den Boden reicht. Durch dieses Rohr wird Wasser gepumpt, das sich dabei erwärmt. Eine nachgeschaltete Wärmepumpe hebt die Temperatur je nach Bedarf auf ein Temperaturniveau an, das für moderne Niedertemperaturheizungen ausreicht.

So können Wohnungen, Krankenhäuser, Schwimmbäder u. a. Einrichtungen beheizt werden.

**43.** Nennen Sie drei Vorteile der Geothermie!

Die Geothermie

- ist abgasfrei,
- wirtschaftlich nutzbar,
- steht unabhängig von Klima, Tages- und Jahreszeit zur Verfügung („Grundlastenergie").

**44.** Welche zwei Nachteile weist die Geothermie auf?

Das Erdgestein hat eine geringe Wärmeleitfähigkeit, deshalb müssen entsprechende Abnehmer für niedrige Energiebereiche zur Verfügung stehen.

**45.** Was versteht man unter Solarthermie?

**Solarthermie** ist das Fremdwort für **Sonnenwärme.** Im Gegensatz zur Fotovoltaiktechnik wird die Sonnenstrahlung hier nicht in elektrische Energie, sondern **in Wärme** umgewandelt. Statt Solarzellen werden hier Kollektoren, Speicher und Regler eingesetzt.

**46.** In welchen Anwendungen wird Solarthermie genutzt?

**Solarthermie** wird zur
- Warmwasserbereitung für Haushalte,
- Beheizung von Frei- und Hallenbädern,
- zur Lufterwärmung und für
- Kälteerzeugungsanlagen

eingesetzt.

**47.** Nennen Sie Vorteile der Solarthermie!

→ zu den Vorteilen s. „Fotovoltaiktechnik"!

**48.** Welchen Nachteil weist die Solarthermie auf?

Die Solarthermie entwickelt in Europa nur in den Sommermonaten ihren vollen Wirkungsgrad.

**49.** Was versteht man unter Kraft-Wärme-Kopplung?

**Kraft-Wärme-Kopplung** nennt man die zeitgleiche und damit gemeinsame Erzeugung von mechanischer Energie (Kraft) und Nutzwärme in einem zusammenhängenden Prozess. Beispiele aus der Geschichte sind die Dampfmaschinen.

**50.** In welchen Anwendungen wird die Kraft-Wärme-Kopplung genutzt?

Die Kraft-Wärme-Kopplung kommt vor
- bei Lokomotiven mit Zugbeheizung,
- bei Automobilmotoren mit Kfz-Heizung,
- bei konventionellen Heizkraftwerken.

**51.** Nennen Sie zwei Vorteile der Kraft-Wärme-Kopplung!

Die Kraft-Wärme-Kopplung erlaubt
- eine ergiebigere Nutzung der Erstenergie,
- eine Kombinationsfähigkeit erprobter Technik mit anderen Technologien (Kälte-Kopplung, Blockheizkraftwerk mit Wärmepumpe, Biogasanlagen u. a.).

**52.** Welche zwei Nachteile weist die Kraft-Wärme-Kopplung auf?

Die Kraft-Wärme-Kopplung
- hat ein festgelegtes, unflexibles Verhältnis von Wärme und Kraft,
- verlangt einen höheren Bedien- und Wartungsaufwand als andere alternative Energien.

**53.** Woher kommt die Windenergie?

Ursache der **Windenergie** sind die Temperaturunterschiede auf der Erde. Die am Äquator sehr warmen und damit leichten Luftmassen steigen bis in eine Höhe von 10 km auf, um sich dann nach Norden und Süden auszubreiten. Damit bekommt der Wind ständig neuen Nachschub.

**54.** Wie funktioniert eine Windkraftanlage?

Eine Windkraftanlage liefert ihre Leistung, indem sie die Kraft des Windes in ein **Drehmoment** („drehende Kraft") an den Rotorblättern umwandelt. Mit diesem Drehmoment kann die Welle eines Generators angetrieben werden, der dann die **mechanische Energie in elektrische Energie** umwandelt („elektromagnetische Induktion").

**55.** Nennen Sie drei Vorteile der Windkraft!

Windkraft

- ist leise und effektiv,
- kann innerhalb kurzer Bauzeiten gewonnen werden,
- ist abgasfrei.

**56.** Welche drei Nachteile weisen Windanlagen auf?

Windanlagen haben

- trotz hoher Leistungsgrößen relativ geringe Laufzeiten im Jahr,
- hohe Vorbehalte in der Bevölkerung („Verspargelung"),
- nicht die Möglichkeit, den Wind nach Bedarf abzurufen.

# PRÜFUNGSTRAINING

### Aufgabe 1

Bringen Sie die Begriffe

- stoffliche Verwertung,
- Beseitigung,
- Wiederverwendung,
- Vermeidung,
- energetische Verwertung

von Abfall in die Rangfolge, die das Kreislaufwirtschafts- und Abfallgesetz zwingend vorschreibt!

### Aufgabe 2

Ordnen Sie den unten stehenden Begriffen/Aussagen die korrekte Bezeichnung zu, indem Sie die zugehörige Ziffer in das jeweilige Antwortkästchen eintragen!

1 = Immission

2 = Emission

3 = keins von beiden

a) Ein umweltbelastender Pkw ______ ☐

b) Die Abgase des in a) genannten Pkw ______ ☐

c) Abgasschäden an den Bäumen einer Straßenallee ______ ☐

d) Eine Ölverseuchung lässt Tausende Wasservögel verenden ______ ☐

e) Das auslaufende Öl eines leckgeschlagenen Tankers vor einer Küste ______ ☐

f) Trotz Lärmschutz leiden viele Stahlkocher an Gehörschäden ______ ☐

g) Einem Chemieunternehmen ist es genehmigt, bestimmte Abwässer in einen Fluss einzuleiten ______ ☐

### Aufgabe 3

Geben Sie an, welcher der genannten Grundsätze des Kreislaufwirtschaftsgesetzes bei den folgenden Fällen berührt ist, indem Sie die zugehörige Ziffer in das jeweilige Antwortkästchen eintragen!

1 = Produkthaftung

2 = Verursacherprinzip

3 = Vermeidungsgrundsatz

4 = keiner der genannten Grundsätze

a) Die Kunststoffbestandteile einer alten Kaffeemaschine werden zu Granulat vermahlen, anstatt auf eine Deponie geworfen zu werden. ______ ☐

b) Die Kunststoffbestandteile einer anderen alten Kaffeemaschine werden in einer Müllverbrennungsanlage beseitigt, obwohl man sie zu Granulat hätte vermahlen können. ______ ☐

c) An vielen öffentlichen Bushaltestellen sind Mülleimer angebracht. ______ ☐

d) Ein Autohersteller baut einen Neuwagen so, dass zum Ende der Lebensdauer kaum noch Bauteile oder deren Ursprungsmaterial verwertet werden können. ____________ ☐

e) Als Kunde kann man den sperrigen Verpackungskarton der neuen Musikanlage dem Händler zurückbringen. ____________ ☐

f) Hersteller achten bei der Gestaltung von Neuprodukten darauf, dass möglichst wenig Verpackung nötig ist. ____________ ☐

### Aufgabe 4

Zu welchen Verpackungsbegriffen aus der Verpackungsverordnung (VerpackV) gehören die folgenden Gegenstände:

a) eine EUR-Palette,

b) eine Packung Zigaretten,

c) die Geschenkschachtel einer Parfumflasche,

d) Karton mit Frischmilch,

e) ein gelieferter Karton mit bestellter Ware aus dem Internethandel?

### Aufgabe 5

Wie können Hersteller und Vertreiber von der Rücknahmepflicht für Umverpackungen befreit werden?

### Aufgabe 6

Eine alte Dame kauft nur noch Produkte, die den „Grünen Punkt" aufweisen, weil sie damit umweltfreundliches Material zu kaufen glaubt.

Worin besteht ihr Irrtum?

### Aufgabe 7

Das Kreislaufwirtschaftsgesetz sieht gewerbliche Entsorgungsunternehmen vor. Ordnen Sie zu, ob die genannten Verkaufsverpackungen

1 = zum Holsystem

9 = zum Bringsystem

gehören, indem Sie die entsprechende Ziffer hinter die jeweilige Verpackung eintragen.

a) Fruchtsaftflasche (Einweg) ____________ ☐

b) Tageszeitung ____________ ☐

c) Trinkschachtel für Vollmilch ____________ ☐

d) Klarsichthülle aus Aktenordner ____________ ☐

e) Blister-Verpackung für Medikamente ____________ ☐

f) Monatszeitschrift ____________ ☐

g) unbrauchbare CDs ____________ ☐

h) leeres Gurkenglas ____________ ☐

i) Blumenverpackung aus Papier ____________ ☐

j) Blumenverpackung aus durchsichtiger Folie ____________ ☐

### Aufgabe 8

Ordnen Sie den folgenden alternativen Energiearten die angegebenen Vorteile zu! (Mehrfachnennungen sind möglich!)

| | Fotovoltaik | Brennstoffzelle | Geothermie | Solarthermie | Kraft-Wärme-Kopplung | Windenergie |
|---|---|---|---|---|---|---|
| Abgasarm | | | | | | |
| Nach Bedarf abrufbar | | | | | | |
| Kurze Bauzeiten | | | | | | |
| Mit Abwärme kombinierbar | | | | | | |
| Leise | | | | | | |

# 15 Information und Kommunikation (lernfeldübergreifend)

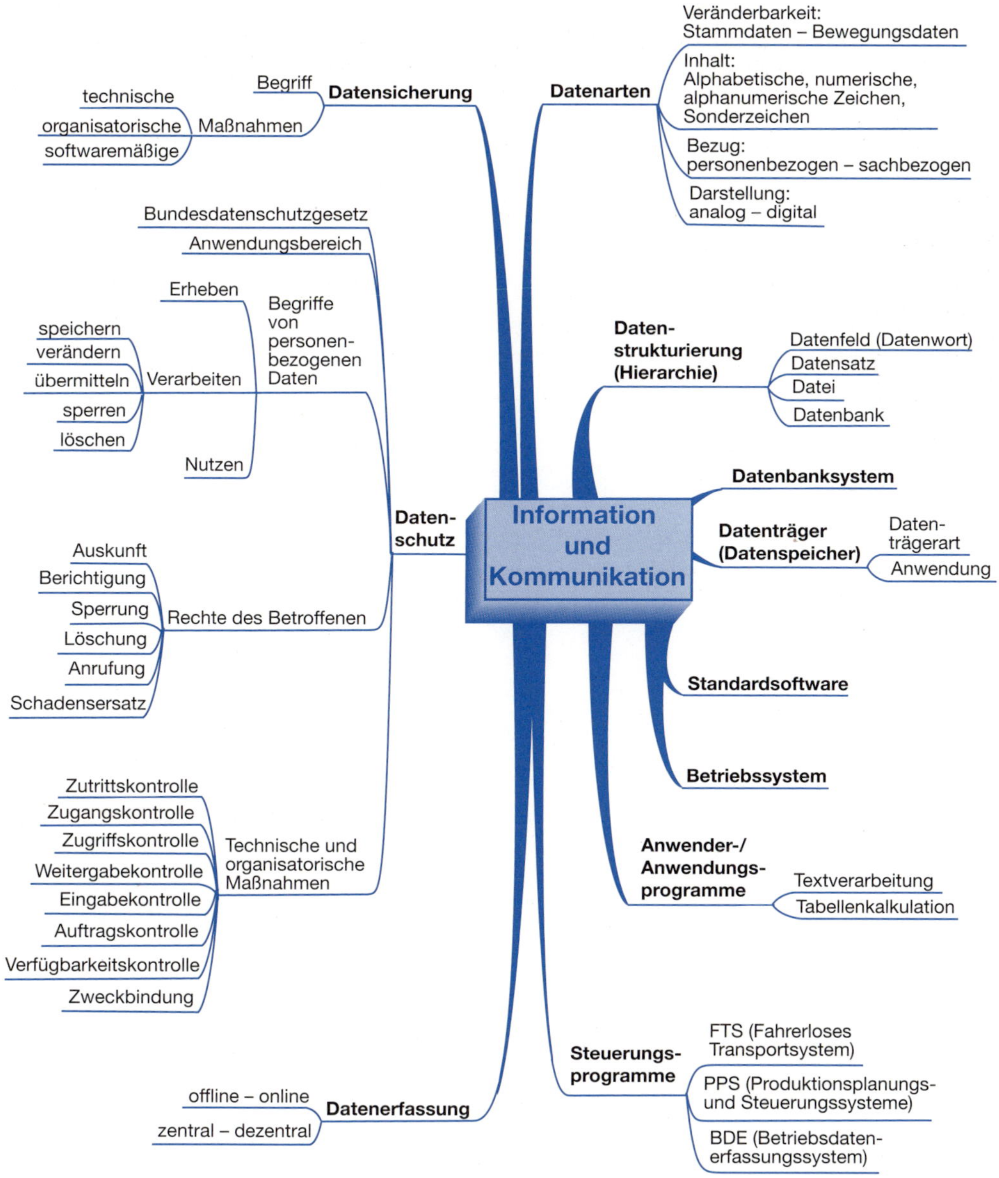

# KOMPAKTWISSEN

## 15.1 Datenarten

1. Unterscheiden Sie Stammdaten und Bewegungsdaten und geben Sie je ein Beispiel an!

Bei diesen Datenarten findet die Unterscheidung nach der **Veränderbarkeit der Daten** statt.

- **Stammdaten** sind in der EDV (elektronische Datenverarbeitung) gespeicherte Daten, die für eine relativ lange Zeit Gültigkeit besitzen und deshalb eher statisch sind. Innerhalb des Gültigkeitszeitraumes können sie immer wieder für eine Verarbeitung genutzt werden (Kundendaten, Artikelbezeichnungen u. a.).
- **Bewegungsdaten** sind dagegen relativ kurzfristiger Natur, unterliegen einer gewissen Dynamik und haben daher nur eine sehr kurze Gültigkeitsdauer (Auftragsdaten, Lagerzugangs- und Lagerabgangsdaten u. a.).

2. Unterscheiden Sie folgende Datenarten voneinander: Alphabetische, numerische, alphanumerische Zeichen und Sonderzeichen!

Diese Datenarten unterscheiden sich durch ihren **Inhalt**:

- **Alphabetische Zeichen** sind alle Buchstaben von A bis Z (Kundenname u. a.).
- **Numerische Zeichen** sind alle Ziffern von 0 bis 9 (Artikelnummer u. a.).
- **Alphanumerische Zeichen** sind die Kombination von alphabetischen und numerischen Zeichen (Straße mit Hausnummer u. a.).
- **Sonderzeichen** sind alle anderen Zeichen (. , : ; ( ) / & ☺ u. a.).

3. Unterscheiden Sie personenbezogene Daten von sachbezogenen Daten!

Bei diesen Datenarten findet die Unterscheidung nach dem **Bezug** der Daten statt.

- **Personenbezogene Daten** beziehen sich wie der Begriff es aussagt auf Personen (Kundenname u. a.).
- **Sachbezogene Daten** beziehen sich auf Sachen (Artikelbezeichnung u. a.).

4. Erklären Sie den Unterschied zwischen analogen und digitalen Daten!

Diese Datenarten unterscheiden sich durch ihre **Darstellung**:

- **Analoge Daten** stellen den Ablauf eines Vorganges in einer kontinuierlichen Weise dar (Uhrzeit durch Uhrzeiger dargestellt u. a.).

➢ **Digitale Daten** sind in Ziffern dargestellte Informationen und Daten (Barcode, Uhrzeit u. a.).

## 15.2 Datenstrukturierung (Hierarchie)

5. Was ist ein Datenfeld (Datenwort)?

Das **Datenfeld** (engl.: field) oder das Datenwort stellt die Einheit einer Datenbank dar. Es handelt sich um einen abgegrenzten Datenbereich mit genau definierten Eigenschaften (Artikelbezeichnung, Mengenangabe u. a).

6. Was ist ein Datensatz?

Der **Datensatz** (engl.: record) ist eine abgeschlossene Einheit einer Datenbank und besteht aus einer Vielzahl an Datenfeldern (gesamte Daten, die zu einem Kunden oder einem Artikel gehören).

7. Was ist eine Datei?

Eine **Datei** (engl.: file) ist die Zusammenfassung gleichartiger, inhaltlich zusammengehöriger Daten (Datensätze aller Kunden, Datensätze aller Artikel u. a.).

8. Was ist eine Datenbank?

Die **Datenbank** (engl.: database oder databank) stellt die Zusammenfassung von in ihr zentral gespeicherten Dateien dar, in denen Daten geschrieben, gespeichert und abgerufen werden können (die Zusammenfassung von Kundendatei, Lieferantendatei, Artikeldatei, Warenbestandsdatei u. a.).

## 15.3 Datenbanksystem

9. Was ist ein Datenbanksystem?

Ein **Datenbanksystem** (auch Datenbankverwaltungssystem oder Datenbankmanagementsystem genannt) ist ein **elektronisches Datenverwaltungssystem, das aus zwei Teilen besteht**: Zum einen aus der eigentlichen **Datenbank** und zum anderen aus einer **Verwaltungssoftware,** die den lesenden und schreibenden Datenzugriff und die Datenspeicherung organisiert, durchführt und kontrolliert. Zu der Datenbank gehört noch ein Datenkatalog, in dem sich die Beschreibung der Daten befindet.

10. Wo findet ein Datenbanksystem Verwendung?

Datenbanksysteme finden heute fast überall Verwendung: in Unternehmen, in staatlichen Behörden, in Forschungsanstalten u. a.

Die überwiegende Automatisierung und die große Anzahl von Lagerbeständen ist nur noch mittels eines Datenbanksystems möglich, denn manuell lassen sich diese Bestände nicht mehr korrekt, richtig strukturiert, schnell und sicher verarbeiten.

## 15.4 Datenträger (Datenspeicher)

11. Was ist ein Datenträger, der als Computer-Datenspeicher genutzt werden kann?

Der **Datenträger** ist ein Medium, auf dem in einer bestimmten Art und Weise, meistens in codierter Form, für eine längere Zeit, Daten oder auch Programme gespeichert und/oder gesichert werden können.

12. Was versteht man unter magnetischen Datenträgern? Geben Sie zwei Beispiele an!

**Magnetische Datenträger:**

- **Disketten** (teilweise noch Standarddatenträger im PC),
- **Magnetplatten** (Festplatte als standardmäßiger externer Datenträger),
- **Magnetbänder** (Datensicherung),
- **Magnetstreifenkarte** (Kreditkarte, Scheckkarte u. a.),
- u. a.

13. Was versteht man unter optischen Datenträgern? Geben Sie zwei Beispiele an!

**Optische Datenträger:**

- **Optische Speicherplatten** (CD-ROM = Compact Disk-read only memory, DVD = Digital Video Disk bzw. Digital Versatile Disk für digitale vielseitige Scheibe, als Massendatenträger für Bild-, Daten-, Programm- oder Videodateien u. a.),
- **optische Speicherkarten,** bei denen die auf einem Streifen gespeicherten Daten mittels Laser gelesen werden (Kranken-, Personalausweis u. a.),
- u. a.

14. Was versteht man unter elektronischen Datenträgern? Geben Sie zwei Beispiele an!

**Elektronische Datenträger:**

- **Chipkarten,** bei denen durch einen beinhalteten Mikroprozessor Daten gespeichert und Transaktionen durchgeführt werden können (Geld-, Telefonkarten u. a.),

- **Speicherkarten** sind relativ kleine Datenträger mit relativ großer Datenkapazität für kleine mobile Geräte (Digitalkamera, Handy, Pocket-PC u. a.),
- **USB-Sticks** sind Speicherstifte, die für einen schnellen lokalen Datenaustausch geeignet sind; mittlerweile kann auch von einem USB-Stick sogenannte portable Software ausgeführt werden, ohne diese auf einem Rechner installieren zu müssen,
- u. a.

## 15.5 Standardsoftware

15. Was ist eine Standardsoftware?

**Standardsoftware** ist eine Anwendungssoftware für bestimmte Aufgaben, die auf die gleiche Art und Weise gelöst bzw. bewältigt werden können (Textverarbeitungs-, Tabellenkalkulations-, Datenbanksoftware u. a.).

16. Was ist eine Individualsoftware?

Eine **Individualsoftware** ist eine Software, die **an die speziellen Bedürfnisse der Anwender angepasst** ist. Meistens handelt es sich um Datenbankanwendungen für große Unternehmen (Warenwirtschaftssystemsoftware von SAP u. a.) oder Behörden (Elster = Software zur elektronischen Steuererklärung u. a.).

## 15.6 Betriebssystem

17. Wozu dient ein Betriebssystem?

Das **Betriebssystem** (engl.: operating system) ist eine Software für die Steuerung und Überwachung des Computers bzw. der gesamten Datenverarbeitungsanlage mit seinen Peripheriegeräten (an die Zentraleinheit des Rechners angeschlossene Geräte) wie Speicher, Festplatte, Tastatur, Monitor, Drucker u. a. Sie ermöglicht, dass Programme ausgeführt werden können.

## 15.7 Anwender-/Anwendungsprogramme

**18.** Was ist ein Anwender- bzw. Anwendungsprogramm?

Ein **Anwendungsprogramm** (engl.: application) ist ein Computerprogramm, **das der Bearbeitung bestimmter Aufgaben** durch den Benutzer dieses Programms bzw. Anwenders **dient.** Typische Anwendungsprogramme sind Textverarbeitungs-, Tabellenkalkulations-, Grafik-, Buchhaltungs-, Spieleprogramme u. a.

**19.** Beschreiben Sie, wozu in der betrieblichen Praxis Textverarbeitungsprogramme eingesetzt werden können!

**Textverarbeitungsprogramme** ermöglichen die Erstellung, Bearbeitung und Verwaltung von **Texten und Briefen (sogenannte Dokumente)** mit einer Vielzahl von zusätzlichen Funktionen wie Formatierungs- und Layoutfunktionen, Rechtschreibprüfung u. a.

**20.** Beschreiben Sie, wozu in der betrieblichen Praxis Tabellenkalkulationsprogramme eingesetzt werden können!

**Tabellenkalkulationsprogramme** ermöglichen die Erstellung, Bearbeitung und Verwaltung von **Daten in Tabellen** (Arbeitsmappe bei Microsoft Excel, Tabellendokument bei Open.Office.org u. a.) mit einer Vielzahl von zusätzlichen Funktionen wie Formatierungs- und Layoutfunktionen, Rechtschreibprüfung u. a. Eine Vielzahl von vordefinierten Funktionen (mathematische Funktionen wie Summe bilden u. a., finanzmathematische Funktionen wie Zinsen berechnen u. a., statistische Funktionen wie den Mittelwert berechnen u. a.) ermöglichen die Berechnung der unterschiedlichsten Aufgaben.

Verwendung findet die Tabellenkalkulation bei der Erstellung von ABC-Analysen in der Beschaffungsabteilung, Verkaufsstatistiken in der Vertriebsabteilung, Aufstellung über Mitarbeiterfehlzeiten in der Personalabteilung u. a.

## 15.8 Steuerungsprogramme

**21.** Was ist ein fahrerloses Transportsystem (FTS) und wie erfolgt die Steuerung?

Ein **fahrerloses Transportsystem (FTS)** sind automatisch gesteuerte Flurfahrzeuge, die für den innerbetrieblichen Materialtransport eingesetzt werden.

Die Steuerung der Fahrzeuge kann unterschiedlich erfolgen, und zwar

- über im Boden verlegte **Induktionsschleifen,**
- über **Rasternavigation** mittels im Boden eingelassener **Magnete** oder **Transponder** oder eines **optischen Rasters** wie Farbkontraste,

- über **Lasernavigation,** bei der mittels eines Laserstrahls die Umgebung abgetastet wird,
- über **Funkpeilung** außerhalb und innerhalb von Gebäuden mittels GPS (Global Positioning System) wie bei Van-Carrier im Seehafen
- u. a.

22. Was ist ein Produktionsplanungs- und Steuerungssystem (PPS)?

Ein **PPS-System** ist ein Anwenderprogramm, das einerseits der Produktionsplanung und -steuerung dient und andererseits die Datenverwaltung dafür übernimmt. Ziele des PPS-Systems sind genaue Materialbedarfe, optimale Bestände, kurze Durchlaufzeiten, Termin- und Kapazitätsplanungen, Auftragsüberwachung, wirtschaftliche Nutzung der Betriebsmittel u. a.

23. Was ist ein Betriebsdatenerfassungssystem (BDE)?

Unter einem **Betriebsdatenerfassungssystem** versteht man die **Erfassung organisatorischer** (auftragsbezogene Daten wie Gewichte, Mengen, Qualitäten und personenbezogene Daten wie Anwesenheits- und Arbeitszeiten) **und technischer** (maschinenbezogene Daten wie Instandhaltungsdaten, Messwerte und prozessbezogene Daten wie Qualitäten) **Betriebsdaten.** Die Erfassung erfolgt meistens über Bildschirmarbeitsplätze oder über Datenerfassungsterminals.

## 15.9 Datenerfassung

24. Unterscheiden Sie die Offline- von der Online-Datenerfassung!

- **Offline** bedeutet, dass die Datenerfassung (Erfassen und Aufzeichnen von Daten) stattfindet, **ohne** dass der erfassende Computer sich am Netzwerk, im Intranet (unternehmensinternes, nicht öffentliches Rechnernetzwerk) oder Internet (weltweites Verbundnetz von Netzwerken zur Vernetzung von einzelnen Computern) befindet.
- **Online** bedeutet das Gegenteil, d. h., dass die Datenerfassung stattfindet, **während** der Computer sich am Netz befindet.

25. Erklären Sie die zentrale und die dezentrale Datenerfassung!

- Bei der **zentralen Datenerfassung** werden alle zu erfassenden Daten im Unternehmen, auch wenn das Unternehmen Niederlassungen besitzt, **an einem (zentralen) Ort,** eingegeben.
- Bei der **dezentralen Datenerfassung** erfolgt die Erfassung von Daten **an verschiedenen Orten,** und zwar meistens dort, wo sie entstehen. Diese



25 Hummel - ISBN 978-3-8120-0570-8

Daten müssen dann über entsprechende Kommunikationswege zu einer diese Daten sammelnden Stelle gelangen. Aufgrund der schnellen Weiterentwicklung in den Bereichen mobiler Datenerfassung und Kommunikation mittels Handscanner, Pocket-PC u.a. nimmt die Bedeutung der dezentralen Datenerfassung zu.

## 15.10 Datenschutz

26. Beschreiben Sie den Zweck des Bundesdatenschutzgesetzes (BDSG)!

Zweck des **Bundesdatenschutzgesetzes** ist, **den Einzelnen** davor **zu schützen,** dass er durch den Umgang mit seinen personenbezogenen Daten in seinem Persönlichkeitsrecht beeinträchtigt wird.

27. Beschreiben Sie die Anwendungsbereiche des BDSG!

Dieses Gesetz **gilt für die Erhebung, Verarbeitung und Nutzung personenbezogener Daten** durch öffentliche Stellen des Bundes und der Länder und nicht-öffentliche Stellen, wenn personenbezogene Daten zu beruflichen, gewerblichen oder geschäftsmäßigen Zwecken genutzt und verarbeitet werden. Die Verarbeitung ausschließlich für persönliche oder familiäre Tätigkeiten fällt nicht unter das BDSG.

28. Was versteht man unter Erheben von Daten im Sinne des BDSG?

Unter **Erheben** versteht man die Beschaffung von personenbezogenen Daten.

29. Was versteht man unter Verarbeiten von Daten im Sinne des BDSG?

**Verarbeiten** ist das Speichern, Verändern, Übermitteln, Sperren und Löschen personenbezogener Daten. Im Einzelnen ist, ungeachtet der dabei angewendeten Verfahren:

- **Speichern** das Erfassen, Aufnehmen oder Aufbewahren personenbezogener Daten auf einem Datenträger zum Zwecke ihrer weiteren Verarbeitung oder Nutzung,
- **Verändern** das inhaltliche Umgestalten gespeicherter personenbezogener Daten,
- **Übermitteln** das Bekanntgeben gespeicherter oder durch Datenverarbeitung gewonnener personenbezogener Daten an einen Dritten in der Weise, dass
  - die Daten an den Dritten weitergegeben werden oder
  - der Dritte zur Einsicht oder zum Abruf bereitgehaltene Daten einsieht oder abruft,

- **Sperren** das Kennzeichnen gespeicherter personenbezogener Daten, um ihre weitere Verarbeitung oder Nutzung einzuschränken,
- **Löschen** das Unkenntlichmachen gespeicherter personenbezogener Daten.

30. Was versteht man unter Nutzen von Daten im Sinne des BDSG?

**Nutzen** ist jede Verwendung personenbezogener Daten, soweit es sich nicht um Verarbeitung handelt.

31. Welche Rechte haben die Betroffenen nach dem BDSG?

Nach dem BDSG haben Betroffene das Recht auf

- **Auskunft** über die zu seiner Person gespeicherten Daten, an wen diese Daten weitergegeben werden und über den Zweck der Speicherung. Die Auskunft ist unentgeltlich.
- **Berichtigung** unrichtiger Daten.
- **Sperrung** von Daten, wenn besondere Gründe einer Löschung entgegenstehen. Dies trifft u.a. zu, solange die Richtigkeit vom Betroffenen bestritten wird und sich weder die Richtigkeit noch die Unrichtigkeit feststellen lässt.
- **Löschung** aller personenbezogener Daten, wenn ihre Speicherung unzulässig ist oder sie nicht mehr benötigt werden.
- **Anrufung** des Bundesbeauftragten für den Datenschutz und die Informationsfreiheit (Adresse: Husarenstraße 30, D-53117 Bonn, E-Mail: poststelle@bfdi.bund.de, Internet: www.bfd.bund.de), wenn sie der Ansicht sind, bei der Erhebung, Verarbeitung oder Nutzung ihrer personenbezogenen Daten durch öffentliche Stellen des Bundes in ihren Rechten verletzt worden zu sein. Bei nicht öffentlichen Stellen muss der Betroffene die Aufsichtsbehörden am Sitz der Stelle benachrichtigen.
- **Schadensersatz** bei vorsätzlich oder fahrlässig begangener Ordnungswidrigkeiten, die mit einer Geldbuße bis zu 250 000,00 € oder sogar mit einer Freiheitsstrafe bis zu zwei Jahren bestraft werden können. Die Schadensersatzpflicht entfällt nur, soweit die verantwortliche Stelle die nach den Umständen des Falles gebotene Sorgfalt beachtet hat. Das bedeutet, dass die Beweisführung sich umkehrt.

**32.** Erklären Sie mindestens vier technische und organisatorische Maßnahmen des Datenschutzes!

Werden personenbezogene Daten automatisiert verarbeitet oder genutzt, ist die innerbehördliche oder innerbetriebliche Organisation so zu gestalten, dass sie den besonderen Anforderungen des Datenschutzes gerecht wird. Dabei sind insbesondere **Maßnahmen** zu treffen, die je nach der Art der zu schützenden personenbezogenen Daten oder Datenkategorien geeignet sind,

- Unbefugten den Zutritt zu Datenverarbeitungsanlagen, mit denen personenbezogene Daten verarbeitet oder genutzt werden, zu verwehren **(Zutrittskontrolle),**

  *Beispiel: Schlüssel zu EDV-Räumen,*

- zu verhindern, dass Datenverarbeitungssysteme von Unbefugten genutzt werden können **(Zugangskontrolle),**

  *Beispiel: Vergabe von Passwörtern,*

- zu gewährleisten, dass die zur Benutzung eines Datenverarbeitungssystems Berechtigten ausschließlich auf die ihrer Zugriffsberechtigung unterliegenden Daten zugreifen können, und dass personenbezogene Daten bei der Verarbeitung, Nutzung und nach der Speicherung nicht unbefugt gelesen, kopiert, verändert oder entfernt werden können **(Zugriffskontrolle),**

  *Beispiel: Vergabe von bestimmten Zugriffsrechten,*

- zu gewährleisten, dass personenbezogene Daten bei der elektronischen Übertragung oder während ihres Transports oder ihrer Speicherung auf Datenträger nicht unbefugt gelesen, kopiert, verändert oder entfernt werden können, und dass überprüft und festgestellt werden kann, an welche Stellen eine Übermittlung personenbezogener Daten durch Einrichtung zur Datenübertragung vorgesehen ist **(Weitergabekontrolle),**

  *Beispiel: Verschlüsselung von Daten,*

- zu gewährleisten, dass nachträglich überprüft und festgestellt werden kann, ob und von wem personenbezogene Daten in Datenverarbeitungssysteme eingegeben, verändert oder entfernt worden sind **(Eingabekontrolle),**

  *Beispiel:Protokollierung in Form von manuellen oder automatisierten Aufzeichnungen,*

- zu gewährleisten, dass personenbezogene Daten, die im Auftrag verarbeitet werden, nur entsprechend den Weisungen des Auftraggebers verarbeitet werden können **(Auftragskontrolle),**

  *Beispiel: Kontrolle der Vertragsausführung,*

- zu gewährleisten, dass personenbezogene Daten gegen zufällige Zerstörung oder Verlust geschützt sind **(Verfügbarkeitskontrolle),**

  *Beispiel: mehrfache Speicherung auf Datenträgern, die an unterschiedlichen Orten hinterlegt sind,*

- zu gewährleisten, dass zu unterschiedlichen Zwecken erhobene Daten getrennt verarbeitet werden können **(Zweckbindung),**

  *Beispiel: frühzeitige Anonymisierung der Daten mit Vorkehrungen gegen eine Deanonymisierung.*

## 15.11 Datensicherung

33. Definieren Sie den Begriff Datensicherung!

Bei der **Datensicherung** handelt es sich um Maßnahmen, die vor Datenverlust, vor Daten- und Programmmanipulationen und vor unbefugten Zugriff bewahren sollen.

34. Nennen Sie vier technische Maßnahmen zur Datensicherung!

**Technische Maßnahmen** zur Datensicherung sind:

- Alarmanlagen,
- Blitzschutzanlagen,
- Brandschutzeinrichtungen wie Sprinkleranlage, Rauchmelder u. a.,
- Notstromaggregate,
- Überspannungsschutz,
- u. a.

35. Nennen Sie sechs organisatorische Maßnahmen zur Datensicherung!

**Organisatorische Maßnahmen** zur Datensicherung sind:

- Ausweise,
- Anwesenheitsprotokolle,
- Closed-Shop-Prinzip (es können Daten zur Verarbeitung geliefert und abgeholt werden, der Benutzer hat jedoch keinen Zutritt zur EDV-Anlage),
- Durchführung mehrerer Datensicherungen,
- Generationsprinzip (hierbei wird von dem Datenbestand immer eine dreifache Sicherung unterschiedlichen Alters [Großvater, Vater, Sohn] von einem Datenträger gemacht),
- Passwortschutz,

- Sicherungskopien an gesicherten Orten (Tresor, Bankschließfach u. a.),
- Schulungen,
- Taschenkontrollen,
- unterschiedliche Zugriffsberechtigungen auf das EDV-System, Programme, Daten u. a.,
- Zutrittskontrollen,
- u. a.

36. Nennen Sie vier softwaremäßige Maßnahmen zur Datensicherung!

**Softwaremäßige Maßnahmen** zur Datensicherung sind:

- automatische Datensicherungen,
- Kryptografie (Verschlüsselung von Daten),
- Prüfziffern,
- Plausibilitätsüberprüfungen,
- Schutz gegen Trojaner, Viren, Würmer u. a.,
- u. a.

# PRÜFUNGSTRAINING

## Aufgabe 1

Ordnen Sie folgende Begriffe den unten stehenden Aussagen zu, indem Sie die jeweilige Ziffer in das entsprechende Kästchen eintragen!

**Begriffe**:

1 = Stammdaten
2 = Bewegungsdaten
3 = personenbezogene Daten
4 = sachbezogene Daten
5 = analoge Daten
6 = digitale Daten
7 = Datenfeld
8 = Datensatz
9 = Datei
10 = Datenbank

**Aussagen**:

a) Sie bezeichnet alle zentral gespeicherten Dateien, in denen Daten geschrieben, gespeichert und abgerufen werden können. ______ ☐
b) Sie stellen den Ablauf eines Vorganges in einer kontinuierlichen Weise dar. ______ ☐
c) Sie sind in der EDV gespeicherte Daten, die für eine relativ lange Zeit Gültigkeit besitzen und deshalb relativ statisch sind. ______ ☐
d) Diese Daten sind dagegen relativ kurzfristiger Natur, unterliegen einer gewissen Dynamik und haben daher nur eine sehr kurze Gültigkeitsdauer. ______ ☐
e) Sie ist die Zusammenfassung gleichartiger, inhaltlich zusammengehöriger Daten. ______ ☐
f) Sie sind in Ziffern dargestellte Informationen und Daten. ______ ☐
g) Diese Daten beziehen sich auf Sachen. ______ ☐
h) Diese Daten beziehen sich auf Personen. ______ ☐
i) Es stellt die Einheit einer Datenbank dar. ______ ☐
j) Er ist eine abgeschlossene Einheit einer Datenbank und besteht aus einer Vielzahl an Datenfeldern. ______ ☐

## Aufgabe 2

Ordnen Sie die nachfolgend aufgeführten Datenträger den unten stehenden Datenträgerarten zu, indem Sie die Ziffern der möglichen Datenträger in die Kästchen eintragen! (Mehrfachnennungen möglich!)

**Datenträger**:

1 = CD-ROM
2 = Disketten

3 = DVD
4 = Festplatten
5 = Speicherkarten
6 = USB-Stick

**Datenträgerarten:**

a) magnetische ______________________ [ ]

b) optische ______________________ [ ]

c) elektronische ______________________ [ ]

## Aufgabe 3

Ordnen Sie folgende Begriffe den unten stehenden Begriffsdefinitionen zu, indem Sie die Begriffe in die entsprechenden Kästchen eintragen!

**Begriffe:**

*Erheben, Löschen, Nutzen, Speichern, Sperren, Übermitteln, Verändern, Verarbeiten.*

**Begriffsdefinitionen:**

a) [ ] ist das Erfassen, Aufnehmen oder Aufbewahren personenbezogener Daten auf einem Datenträger zum Zwecke ihrer weiteren Verarbeitung oder Nutzung.

b) [ ] ist das Bekanntgeben gespeicherter oder durch Datenverarbeitung gewonnener personenbezogener Daten an einen Dritten.

c) Unter [ ] versteht man die Beschaffung von personenbezogenen Daten.

d) [ ] ist das inhaltliche Umgestalten gespeicherter personenbezogener Daten.

e) [ ] ist das Unkenntlichmachen gespeicherter personenbezogener Daten.

f) [ ] ist das Speichern, Verändern, Übermitteln, Sperren und Löschen personenbezogener Daten.

g) [ ] ist das Kennzeichnen gespeicherter personenbezogener Daten, um ihre weitere Verarbeitung oder Nutzung einzuschränken.

h) [ ] ist jede Verwendung personenbezogener Daten, soweit es sich nicht um Verarbeitung handelt.

## Aufgabe 4

Ordnen Sie die folgenden technischen und organisatorischen Maßnahmen des Datenschutzes den nachstehenden Aussagen zu! Tragen Sie die jeweilige Ziffer in das entsprechende Kästchen ein!

**Maßnahmen:**

1 = Auftragskontrolle

2 = Eingabekontrolle

3 = Verfügbarkeitskontrolle

4 = Weitergabekontrolle

5 = Zugangskontrolle

6 = Zugriffskontrolle

7 = Zutrittskontrolle

**Aussagen:**

a) Diese Kontrolle gewährleistet, dass die zur Benutzung eines Datenverarbeitungssystems Berechtigten ausschließlich auf die ihrer Zugriffsberechtigung unterliegenden Daten zugreifen können und dass personenbezogene Daten bei der Verarbeitung, Nutzung und nach der Speicherung nicht unbefugt gelesen, kopiert, verändert oder entfernt werden können. ______ ☐

b) Diese Kontrolle verhindert, dass Datenverarbeitungssysteme von Unbefugten genutzt werden können. ______ ☐

c) Diese Kontrolle verwehrt Unbefugten den Zutritt zu Datenverarbeitungsanlagen, mit denen personenbezogene Daten verarbeitet oder genutzt werden. ______ ☐

d) Diese Kontrolle gewährleistet, dass nachträglich überprüft und festgestellt werden kann, ob und von wem personenbezogene Daten in Datenverarbeitungssysteme eingegeben, verändert oder entfernt worden sind. ______ ☐

e) Diese Kontrolle gewährleistet, dass personenbezogene Daten, die im Auftrag verarbeitet werden, nur entsprechend den Weisungen des Auftraggebers verarbeitet werden können. ______ ☐

f) Diese Kontrolle gewährleistet, dass personenbezogene Daten gegen zufällige Zerstörung oder Verlust geschützt sind. ______ ☐

g) Diese Kontrolle gewährleistet, dass personenbezogene Daten bei der elektronischen Übertragung oder während ihres Transports oder ihrer Speicherung auf Datenträger nicht unbefugt gelesen, kopiert, verändert oder entfernt werden können und dass überprüft und festgestellt werden kann, an welche Stellen eine Übermittlung personenbezogener Daten durch Einrichtung zur Datenübertragung vorgesehen ist. ______ ☐

## Aufgabe 5

Entscheiden Sie, ob es sich bei den folgenden Maßnahmen zur Datensicherung um

1 = technische,

2 = organisatorische oder

3 = softwaremäßige Maßnahmen handelt!

Tragen Sie die Ziffer in die Kästchen hinter die Maßnahmen ein!

**Maßnahmen:**

a) Alarmanlagen ______ ☐

b) Regelungen über Anwesenheitsprotokolle ______ ☐

c) Ausweise ______ ☐

d) Blitzschutzanlagen ______ ☐

e) Closed-Shop-Prinzip ______ ☐

f) Generationsprinzip ______ ☐

g) Kryptografie ______ ☐

h) Notstromaggregate ______ ☐

i) Regelungen zum Passwortschutz ________ ☐
j) Prüfziffern ________ ☐
k) Schulungen ________ ☐
l) Sicherungskopien ________ ☐
m) Sprinkleranlage ________ ☐
n) Taschenkontrollen ________ ☐
o) Virenschutz ________ ☐
p) Zutrittskontrollen ________ ☐

### Aufgabe 6

Die folgende Tabelle enthält mehrere Artikel des Sortiments des TOP-Baumarktes; sie wurde von dem Geschäftsführer des Unternehmens mit einem Tabellenkalkulationsprogramm erstellt. Die Umsätze stammen aus dem Monat Mai.

Tragen Sie in die unten stehende Übersicht geeignete Formeln bzw. Funktionen ein, mit denen die Beträge richtig errechnet werden können!

Ermitteln Sie

a) für die Zelle D 14 die Summe für alle abgesetzten Artikel!
b) für die Zelle E 2 den Umsatz für die Mouseschleifer!
c) für die Zelle G 3 den prozentualen Anteil am Absatz der Schlagbohrmaschinen!
d) für die Zelle D 15 den kleinsten Wert der Absatzmenge aller Artikel!
e) für die Zelle E 16 den größten Wert des Umsatzes aller Artikel!
f) für die Zelle E 17 den durchschnittlichen Umsatz von allen Artikeln!
g) für die Zelle C 18 die Anzahl aller Artikel nach Artikel-Nr.!
h) für die Zelle C 19 die Anzahl aller Artikel nach Artikelbezeichnung!
i) für die Zelle F 9 den Rang nach Umsatz für diesen Artikel aufgrund absteigender Rangfolge!
j) für die Zelle I 6 die Aussage, ob für den Artikel zusätzlich geworben werden muss oder nicht!

   In der Spalte I soll mit einer Wenn-Dann-Bedingung ermittelt werden, dass für die Artikel, die weniger als 5 % Umsatz gemacht haben, im nächsten Wochenblatt Werbung betrieben wird. Als Hinweis soll in den jeweiligen Zellen von I 2 bis I 13 der Eintrag „werben" erfolgen, ansonsten soll in den Zellen „o.k." stehen, wenn die 5 %-Hürde erreicht wurde.

Hinweis: Berücksichtigen Sie bei der Erstellung der Formeln bzw. Funktionen für b), c) und g), dass sie kopiert werden können!

| | A | B | C | D | E | F | G | H | I |
|---|---|---|---|---|---|---|---|---|---|
| 1 | Artikel-Nr. | Artikelbezeichnung | Verkaufspreis in € | Absatzmenge | Umsatz | Absteigender Rang nach Umsatz | Anteil am Absatz in % | Anteil am Umsatz in % | Werbung, wenn Umsatz < 5 % |
| 2 | 1500158 | Mouseschleifer | 69,95 | 5 | 349,75 | 10 | 2,62 | 1,51 | werben |
| 3 | 1500301 | Schlagbohrmaschine | 34,95 | 10 | 349,50 | 11 | 5,24 | 1,51 | werben |
| 4 | 1500455 | Tischbohrmaschine | 229,95 | 3 | 689,85 | 8 | 1,57 | 2,99 | werben |
| 5 | 1501225 | Bohrhammer | 89,95 | 15 | 1349,25 | 5 | 7,85 | 5,84 | o.k. |
| 6 | 1503029 | Multischleifer | 79,95 | 10 | 799,50 | 7 | 5,24 | 3,46 | **werben** |
| 7 | 1503150 | Akku-Bohrschrauber | 99,95 | 40 | 3998,00 | 3 | 20,94 | 17,31 | o.k. |
| 8 | 1509750 | Pendelstichsäge | 99,95 | 15 | 1499,25 | 4 | 7,85 | 6,49 | o.k. |

| | A | B | C | D | E | F | G | H | I |
|---|---|---|---|---|---|---|---|---|---|
| 9 | 1510234 | Stichsäge | 26,95 | 10 | 269,50 | 12 | 5,24 | 1,17 | werben |
| 10 | 1510542 | Akkuschrauber | 129,95 | 60 | 7797,00 | 1 | 31,41 | 33,76 | o.k. |
| 11 | 1510861 | Bohrhammer | 99,95 | 10 | 999,50 | 6 | 5,24 | 4,33 | werben |
| 12 | 1511752 | Kompressor | 119,95 | 5 | 599,75 | 9 | 2,62 | 2,60 | werben |
| 13 | 1520266 | Drehmaschine | 549,00 | 8 | 4392,00 | 2 | 4,19 | 19,02 | o.k. |
| 14 | Summe: | | | 191 | 23 092,85 | | 100,00 | 100,00 | |
| 15 | Kleinster Wert vom Absatz/Umsatz: | | | 3 | 269,50 | | | | |
| 16 | Größter Wert vom Absatz/Umsatz: | | | 60 | 7797,00 | | | | |
| 17 | Durchschnittlicher Umsatz von allen Artikeln: | | | | 1924,40 | | | | |
| 18 | Anzahl der Artikel nach Artikel-Nr.: | | 12 | | | | | | |
| 19 | Anzahl der Artikel nach Artikelbezeichnung: | | 12 | | | | | | |

| | Zellen | Formeln |
|---|---|---|
| a) | D14 | |
| b) | E2 | |
| c) | G3 | |
| d) | D15 | |
| e) | E16 | |
| f) | E17 | |
| g) | C18 | |
| h) | C19 | |
| i) | F9 | |
| j) | I6 | |

# 16 Logistikrechnen (lernfeldübergreifend)

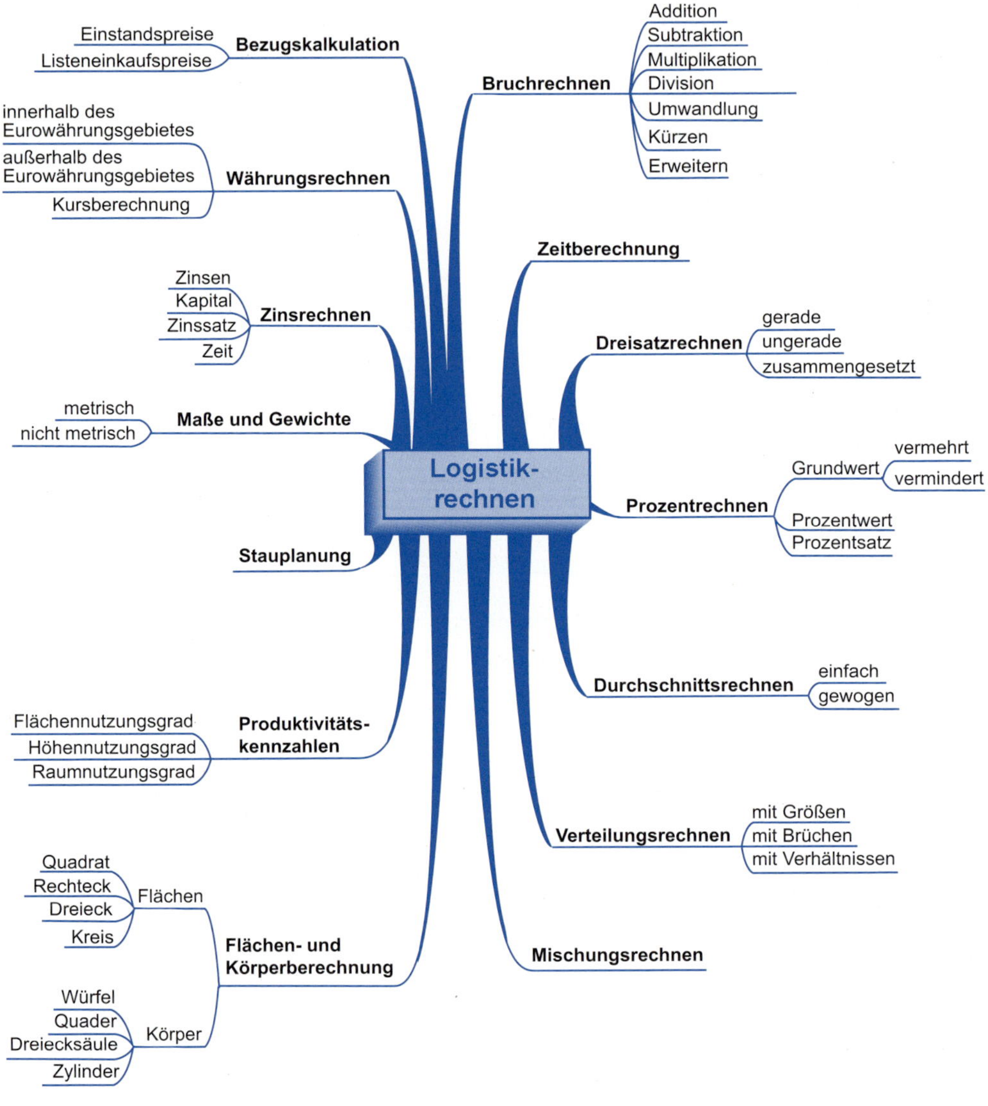

# KOMPAKTWISSEN

## 16.1 Bruchrechnen

### 16.1.1 Addition

| Aufgabe | Lösung | Auf zwei Stellen gerundete Dezimalzahl |
|---|---|---|
| Wie viel sind $\frac{1}{4} + \frac{1}{6}$? | $\frac{3}{12} + \frac{2}{12} = \frac{3+2}{12} = \frac{5}{12}$ | 0,42 |

### 16.1.2 Subtraktion

| Aufgabe | Lösung | Auf zwei Stellen gerundete Dezimalzahl |
|---|---|---|
| Wie viel sind $\frac{1}{2} - \frac{1}{6}$? | $\frac{3}{6} - \frac{1}{6} = \frac{3-1}{6} = \frac{2}{6} = \frac{1}{3}$ | 0,33 |

### 16.1.3 Multiplikation

| Aufgabe | Lösung | Auf drei Stellen genaue Dezimalzahl |
|---|---|---|
| Wie viel sind $\frac{3}{4} \cdot \frac{1}{6}$? | $\frac{3 \cdot 1}{4 \cdot 6} = \frac{3}{24} = \frac{1}{8}$ | 0,125 |

### 16.1.4 Division

| Aufgabe | Lösung | Auf drei Stellen gerundete Dezimalzahl |
|---|---|---|
| Wie viel sind $\frac{5}{3} : \frac{1}{4}$? | $\frac{5}{3} \cdot \frac{4}{1} = \frac{5 \cdot 4}{3 \cdot 1} = \frac{20}{3}$ | 6,67 |

### 16.1.5 Umwandlung

| Aufgabe | Lösung | Auf zwei Stellen gerundete Dezimalzahl |
|---|---|---|
| Wie viel sind $\frac{3}{16}$ als Dezimalzahl? | 3 : 16 = 0,1875 | 0,19 |

### 16.1.6 Kürzen

| Aufgabe | Lösung | Auf zwei Stellen gerundete Dezimalzahl |
|---|---|---|
| Wie viel sind $\frac{21}{35}$ gekürzt? | $\frac{21:7}{35:7} = \frac{3}{5}$ | 3 : 5 = 0,60 |

### 16.1.7 Erweitern

| Aufgabe | Lösung | Auf zwei Stellen gerundete Dezimalzahl |
| --- | --- | --- |
| Wie viel sind $\frac{5}{8}$ erweitert mit 3? | $\frac{5 \cdot 3}{8 \cdot 3} = \frac{15}{24}$ | 15 : 24 = 0,63 |

## 16.2 Zeitberechnung

**Aufgabe**

Sandra, Auszubildende zur Fachkraft für Lagerlogistik in der Impex GmbH, arbeitet durchschnittlich 8,15 Stunden pro Tag.

**Frage**

Wie viele Stunden und Minuten arbeitet Sandra durchschnittlich pro Tag?

**Lösung**

8,15 h = 8 h und 0,15 · 60 Min = 9 Min.

**Antwort**

Sandra arbeitet durchschnittlich 8 Stunden und 9 Minuten pro Tag.

## 16.3 Dreisatzrechnen

### 16.3.1 Gerader Dreisatz

**Aufgabe**

Der Top-Baumarkt transportiert mit 8 Lastkraftwagen wöchentlich durchschnittlich 200 t Kies.

**Frage**

Wie viele t Kies könnte der Top-Baumarkt wöchentlich durchschnittlich zusätzlich transportieren, wenn er seinen Fuhrpark um 5 Lastkraftwagen erweitern würde?

**Lösung**

8 Lkw ≙ 200 t

13 Lkw ≙ x t

$x = \frac{13 \cdot 200}{8} = 325\ t$ (325 t – 200 t = 125 t)

**Antwort**

Bei einer Fuhrparkerweiterung um 5 Lastkraftwagen könnte der Top-Baumarkt wöchentlich durchschnittlich 125 t Kies mehr transportieren.

### 16.3.2 Ungerader Dreisatz

**Aufgabe**

3 Fachkräfte für Lagerlogistik benötigen 1 Stunde 36 Minuten, um einen Lastkraftwagen des Top-Baumarktes mit Kies zu beladen.

**Frage**

Wie viele Minuten brauchen 2 Fachkräfte für Lagerlogistik zur Beladung eines Lkw des Top-Baumarktes?

**Lösung**

3 FKL ≙ 96 Minuten

2 FKL ≙ x Minuten

$$x = \frac{3 \cdot 96}{2} = 144$$

**Antwort**

2 Fachkräfte für Lagerlogistik benötigen 2 Stunden und 24 Minuten zur Beladung eines Lkw mit Kies.

### 16.3.3 Zusammengesetzter Dreisatz

**Aufgabe**

10 Mitarbeiter eines Bauunternehmens benötigen bei einer täglichen Arbeitszeit von 8 Stunden für den Bau eines Hochregallagers mit einer Größe von 1000 $m^2$ insgesamt 22 Tage.

**Frage**

Wie viele Stunden müssen für den Bau eines 500 $m^2$ großen Hochregallagers am Tag gearbeitet werden, wenn 2 Mitarbeiter weniger eingesetzt werden und der Bau des Hochregallagers 2 Tage früher als geplant beendet sein soll?

**Lösung**

10 Mitarbeiter ≙ 1000 $m^2$ ≙ 22 Tage ≙ 8 Stunden

8 Mitarbeiter ≙ 500 $m^2$ ≙ 20 Tage ≙ x Stunden

$$x = \frac{8 \cdot 10 \cdot 500 \cdot 22}{8 \cdot 1000 \cdot 20} = 5{,}5$$

**Antwort**

Die 8 Mitarbeiter errichten das 500 $m^2$ große Hochregallager in 20 Tagen bei einer täglichen Arbeitszeit von 5 Stunden und 30 Minuten.

## 16.4 Prozentrechnen

### 16.4.1 Grundwert

**Aufgabe**

In einem Gespräch erzählt der Lagerlogistiker Paul Rio, 112,00 € seien gerade einmal 8 % seines monatlichen Bruttolohns.

**Frage**

Wie hoch ist der gesamte monatliche Bruttolohn von Paul Rio?

**Lösung**

8 % ≙ 112,00 €

100 % ≙ x €

$$x = \frac{100 \cdot 112}{8} = 1\,400{,}00\ €$$

**Antwort**

Der gesamte monatliche Bruttolohn von Paul Rio beträgt 1 400,00 €.

### 16.4.1.1 Vermehrter Grundwert

**Aufgabe**

Nach einer Lohnerhöhung von 6 % beträgt das monatliche Bruttogehalt des Lagerlogistikers Pascal Peters 1 187,20 €.

**Frage**

Wie hoch war das monatliche Bruttogehalt von Pascal Peters vor der Lohnerhöhung?

**Lösung**

106 % ≙ 1 187,20 €

100 % ≙ x €

$$x = \frac{100 \cdot 1\,187{,}20}{106} = 1\,120{,}00\ €$$

**Antwort**

Das monatliche Bruttogehalt von Pascal Peters betrug vor der Lohnerhöhung 1 120,00 €.

### 16.4.1.2 Verminderter Grundwert

**Aufgabe**

Nach einer Preisreduzierung von 12 % beträgt der Preis eines Plasma-Fernsehers 1 064,45 €.

**Frage**

Wie teuer war der Plasma-Fernseher vor der Preisreduzierung?

**Lösung**

88 % ≙ 1 064,45 €

100 % ≙ x €

$$x = \frac{100 \cdot 1\,064{,}45}{88} = 1\,209{,}60\ €$$

**Antwort**

Vor der Preisreduzierung kostete der Plasma-Fernseher 1 209,60 €.

### 16.4.2 Prozentwert

**Aufgabe**

In der Elektroabteilung des TOP-Baumarktes wurde der Preis einer Bohrmaschine des Typs „Superdrill 2000" von 55,00 € um 8 % reduziert.

**Frage**

Um wie viel € wurde die Bohrmaschine des Typs „Superdrill 2000" reduziert?

**Lösung**

100 % ≙ 55,00 €

8 % ≙ x €

$$x = \frac{8 \cdot 55}{100} = 4{,}40\ €$$

**Antwort**

Die Bohrmaschine des Typs „Superdrill 2000" wurde um 4,40 € reduziert.

### 16.4.3 Prozentsatz

**Aufgabe**

In der Impex GmbH wurde ermittelt, dass sich die bisherigen Stromkosten für die Abteilung „Export" im kommenden Jahr von monatlich 148,00 € um 18,50 € erhöhen.

**Frage**

Um wie viel % erhöhen sich im kommenden Jahr für die Impex GmbH die monatlichen Stromkosten für die Abteilung „Export"?

**Lösung**

148,00 € ≙ 100 %

18,50 € ≙ x %

$$x = \frac{18{,}50 \cdot 100}{148{,}00} = 12{,}5\ \%$$

**Antwort**

Im kommenden Jahr erhöhen sich für die Impex GmbH die monatlichen Stromkosten für die Abteilung „Export" um 12,5 %.

## 16.5 Durchschnittsrechnen

### 16.5.1 Einfacher Durchschnitt

**Aufgabe**

Das Team im Kommissionierbereich der Impex GmbH hat in der vergangenen Woche an den angegebenen Wochentagen folgende Kommissionierleistungen erzielt:

| Wochentag | Picks | Wochentag | Picks |
|---|---|---|---|
| Montag | 101 | Donnerstag | 188 |
| Dienstag | 143 | Freitag | 96 |
| Mittwoch | 166 | Samstag | 56 |
| | 410 | | 340 |



26 Hummel - ISBN 978-3-8120-0570-8

**Frage**

Wie viele Picks wurden in der vergangenen Woche im Kommissionslager der Impex GmbH durchschnittlich pro Tag erzielt?

**Lösung**

$$x = \frac{410 + 340}{6} = 125$$

**Antwort**

Das Team im Kommissionslager der Impex GmbH erzielte in der vergangenen Woche durchschnittlich 125 Picks pro Tag.

### 16.5.2 Gewogener Durchschnitt

**Aufgabe**

In der vergangenen Woche wurden die Lastkraftwagen der Impex GmbH wie folgt mit Dieselkraftstoff betankt:

| **Wochentag** | **Liter** | **Preis je Liter in €** | **Gesamtausgaben in €** |
|---|---|---|---|
| Montag | 552 | 1,28 | 706,56 |
| Mittwoch | 123 | 1,33 | 163,59 |
| Donnerstag | 235 | 1,31 | 307,85 |
| Freitag | 335 | 1,30 | 435,50 |
| | 1 245 | | 1 613,50 |

**Frage**

Wie viel € hat die Impex GmbH im Durchschnitt für einen Liter Dieselkraftstoff bezahlt?

**Lösung**

$$x = \frac{1\,613{,}50}{1\,245} = 1{,}30\ €$$

**Antwort**

Im Durchschnitt hat die Impex GmbH für jeden getankten Liter Dieselkraftstoff 1,30 € bezahlt.

## 16.6 Verteilungsrechnen

### 16.6.1 Verteilung nach Größen

**Aufgabe**

Im vergangenen Jahr betrugen die gesamten Heizkosten der Impex GmbH 7 250,00 €.

Sie verteilten sich auf die 70 $m^3$ große Importabteilung, die 60 $m^3$ große Exportabteilung und die 120 $m^3$ große Luftfrachtabteilung.

**Frage**

Wie viele € der gesamten Heizkosten entfallen auf die einzelnen drei Abteilungen, wenn nach Raumvolumen abzurechnen ist?

**Lösung**

Heizkosten pro $m^3 = \frac{\text{Gesamtkosten}}{\text{Gesamtgröße}} = \frac{7\,250}{250} = 29{,}00$ €

Heizkosten Importabteilung = 70 $m^3$ · 29,00 € = 2 030,00 €

Heizkosten Exportabteilung = 60 $m^3$ · 29,00 € = 1 740,00 €

Heizkosten Luftfrachtabteilung = 120 $m^3$ · 29,00 € = 3 480,00 €

**Antwort**

Von den gesamten Heizkosten in Höhe von 7 250,00 € entfielen 2 030,00 € auf die Importabteilung, 1 740,00 € auf die Exportabteilung und 3 480,00 € auf die Luftfrachtabteilung.

## 16.6.2 Verteilung nach Brüchen

**Aufgabe**

An der Spedition Mercur GmbH sind der Speditionskaufmann Abel, sowie die Lagerlogistiker Bertram und Cremer beteiligt. Der Anteil von Abel am Gesamtkapital beträgt 98 000,00 €.

Der Gesellschafter Bertram hält $\frac{1}{2}$ und der Gesellschafter Cremer $\frac{1}{3}$ des Gesamtkapitals.

**Frage**

Wie hoch sind die Einlagen der Lagerlogistiker Bertram und Cremer?

**Lösung**

Anteile von Bertram und Cremer $= \frac{1}{2} + \frac{1}{3} = \frac{3 + 2}{6} = \frac{5}{6}$

Anteil von Abel $= \frac{6}{6} - \frac{5}{6} = \frac{1}{6}$

Für Bertram: $\frac{1}{6} \mathrel{\hat{=}} 98\,000{,}00$ €

$\frac{3}{6} \mathrel{\hat{=}} x$ € $\quad x = 294\,000{,}00$ €

Für Cremer: $\frac{1}{6} \mathrel{\hat{=}} 98\,000{,}00$ €

$\frac{2}{6} \mathrel{\hat{=}} x$ € $\quad x = 196\,000{,}00$ €

**Antwort**

Die drei Gesellschafter haben insgesamt eine Einlage von 588 000,00 € geleistet.

Die Einlage von Bertram beträgt 294 000,00 €. Die Einlage von Cremer beträgt 196 000,00 €.

### 16.6.3 Verteilung nach Verhältnissen

**Aufgabe**

Die Reparatur- und Wartungskosten in Höhe von 40 080,00 € des Fuhrparks der Impex GmbH verteilten sich im vergangenen Jahr auf die Bereiche Einzelfahrzeuge, Gliederzüge und Sattelzüge im Verhältnis von 7 : 4 : 5.

**Frage**

Wie viel € der gesamten Reparatur- und Wartungskosten entfallen auf die drei Bereiche?

**Lösung**

$$\text{Reparatur- und Wartungskosten pro Anteil} = \frac{\text{Gesamtkosten}}{\text{Gesamtanteile}} = \frac{40\,080{,}00}{16} = 2\,505{,}00\ €$$

Bereich Einzelfahrzeuge = 7 · 2 505,00 € = 17 535,00 €

Bereich Gliederzüge = 4 · 2 505,00 € = 10 020,00 €

Bereich Sattelzüge = 5 · 2 505,00 € = 12 525,00 €

**Antwort**

Von den gesamten Reparatur- und Wartungskosten in Höhe von 40 080,00 € entfielen 17 535,00 € auf den Bereich Einzelfahrzeuge, 10 020,00 € auf den Bereich Gliederzüge und 12 525,00 € auf den Bereich Sattelzüge.

## 16.7 Mischungsrechnen

**Aufgabe**

In der Abteilung „Farben und Lacke" des TOP-Baumarktes wird aus den Farbsorten „Burgundrot" zu 2,70 € je Liter und „Schneeweiß" zu 4,80 € je Liter die Farbmischung „Zartfeinrot" zum Preis von 3,60 € je Liter hergestellt.

**Frage**

Wie viel Liter von jeder Farbsorte müssen gemischt werden, wenn ein Kunde 35 Liter der Farbmischung „Zartfeinrot" bestellt?

**Lösung**

| | | | | | | |
|---|---|---|---|---|---|---|
| | 2,70 € | | 0,90 € | | 3 | 4 Teile „Burgundrot" |
| Mischungsverhältnis: | | 3,60 € | | = | | |
| | 4,80 € | | 1,20 € | | 4 | 3 Teile „Schneeweiß" |
| | | | | | | 7 Teile „Zartfeinrot" |

Menge „Burgundrot": 7 Teile ≙ 35 Liter

4 Teile ≙ x Liter Burgundrot $x = \frac{4 \cdot 35}{7} = 20$ Liter

Menge „Schneeweiß": 35 Liter – 20 Liter = 15 Liter

**Antwort**

Es müssen 20 Liter „Burgundrot" und 15 Liter „Schneeweiß" zu 35 Liter „Zartfeinrot" gemischt werden.

## 16.8 Flächen- und Körperberechnung

### 16.8.1 Flächenberechnung

#### 16.8.1.1 Quadratfläche

**Aufgabe**

Im Zentrallager des Top-Baumarktes sollen die Glasscheiben von zwei gleichgroßen quadratischen Fenstern mit einer Länge von jeweils 6,10 m erneuert werden.

**Frage**

Wie viel € kosten die beiden Glasscheiben, wenn 1 $m^2$ der Glasscheibe 2,45 € kostet?

**Lösung**

Gesamtfläche: $F = 6{,}10\ m \cdot 6{,}10\ m = 37{,}21\ m^2 \cdot 2 = 74{,}42\ m^2$

Gesamtkosten: $1\ m^2 \mathrel{\widehat{=}} 2{,}45\ €$

$74{,}42\ m^2 \mathrel{\widehat{=}} x\ €$ $\qquad x = \frac{74{,}42 \cdot 2{,}45}{1} = 182{,}33\ €$

**Antwort**

Die beiden Glasscheiben kosten 182,33 €.

#### 16.8.1.2 Rechteckumfang

**Aufgabe**

In der 5,5 m · 6,8 m großen Personalabteilung der Impex GmbH sollen Sockelleisten aus Holz angebracht werden.

**Frage**

Wie viele Meter Sockelleiste sind notwendig, wenn für die Tür der Personalabteilung eine Länge von 120 cm abgerechnet werden muss.

**Lösung**

Gesamtumfang: $U = 5{,}5\ m + 5{,}5\ m + 6{,}8\ m + 6{,}8\ m = 2 \cdot 5{,}5\ m + 2 \cdot 6{,}8\ m = 24{,}6\ m$

Bedarf: $U = 24{,}6\ m - 1{,}20\ m = 23{,}40\ m$.

**Antwort**

Man benötigt 23,40 m Sockelleiste.

#### 16.8.1.3 Dreiecksfläche

**Aufgabe**

Im Top-Baumarkt soll eine 6,40 m lange und 5,9 m hohe dreieckige Wand eines überdimensionalen Musterzelts zu Marketingzwecken mit einer Spezialfarbe lackiert werden.

**Frage**

Wie viel € kostet die Lackierung der Zeltwand, wenn 1 $m^2$ der Spezialfarbe 2,25 € kostet?

**Lösung**

Gesamtfläche: $F = \frac{6{,}4 \cdot 5{,}9}{2} = 18{,}88\ m^2$

Kosten: $1\ m^2 \triangleq 2{,}25\ €$

$18{,}88\ m^2 \triangleq x\ €$ $\quad x = \frac{18{,}88 \cdot 2{,}25}{1} = 42{,}48\ €$

**Antwort**

Die Lackierung der 18,88 $m^2$ großen Zeltwand kostet 42,48 €.

### 16.8.1.4 Kreisumfang

**Aufgabe**

Der Rand des Deckels und auch des Bodens eines Holzfasses mit einem Durchmesser von 0,94 m sollen zur zusätzlichen Stabilität mit einem Eisenrand versehen werden.

**Frage**

Wie viele Meter Eisenrand werden benötigt?

**Lösung**

Umfang: $U = 2 \cdot 0{,}47\ m \cdot \pi = 2 \cdot 0{,}47\ m \cdot 3{,}14 = 2{,}95\ m$

Gesamtumfang: $U = 2 \cdot 2{,}95\ m = 5{,}90\ m$

**Antwort**

Es werden 5,90 m Eisenrand benötigt.

## 16.8.2 Körperberechnung

### 16.8.2.1 Würfelvolumen

**Aufgabe**

Die Impex GmbH möchte einen würfelförmigen Tank mit Seitenlängen von jeweils 2,40 m mit Dieselkraftstoff befüllen lassen.

**Frage**

Wie viel € kostet die Auffüllung des Tanks, wenn ein Liter Dieselkraftstoff 1,26 € kostet und sich in dem Tank noch 948 l Dieselkraftstoff befinden?

**Lösung**

Gesamtvolumen: $V = 2{,}4\ m \cdot 2{,}4\ m \cdot 2{,}4\ m = 13{,}824\ m^3$

Füllvermögen: $1\ m^3 \triangleq 1000\ l$

$13{,}824\ m^3 \triangleq x\ l$ $\quad x = \frac{13{,}824 \cdot 1000}{1} = 13824\ l$

Bedarf: $13\,824\ l - 948\ l = 12\,876\ l$

Kosten: $1\ l \triangleq 1{,}26\ €$

$12876\ l \triangleq x\ €$ $\quad x = \frac{12876 \cdot 1{,}26}{1} = 16223{,}76\ €$

**Antwort**

Die Impex GmbH muss 16 223,76 € für die Auffüllung des Tanks bezahlen.

### 16.8.2.2 Quaderoberfläche

**Aufgabe**

Die Impex GmbH möchte 4 Kisten aus Holz mit den Maßen 2,45 m · 1,55 m · 0,85 m für den Transport gebrauchter Maschinenteile anfertigen.

**Frage**

Wie viele m² Holz werden für die Fertigung der Holzkisten benötigt?

**Lösung**

Oberfläche: $O = 2 \cdot 2{,}45\ m \cdot 1{,}55\ m + 2 \cdot 2{,}45\ m \cdot 0{,}85\ m + 2 \cdot 1{,}55\ m \cdot 0{,}85\ m = 14{,}395\ m^2$

Gesamtbedarf: $14{,}395\ m^2 \cdot 4 = 57{,}58\ m^2$

**Antwort**

Die Impex GmbH benötigt 57,58 m² Holz für jede zu fertigende Kiste.

### 16.8.2.3 Dreiecksäulenvolumen

**Aufgabe**

Der Top-Baumarkt möchte zwei Auffahrkeile aus Hartplastik nach folgender Skizze gießen lassen, damit sich Lkws mit niedrigen Ladeflächen ihrer Gebäuderampe anpassen können.

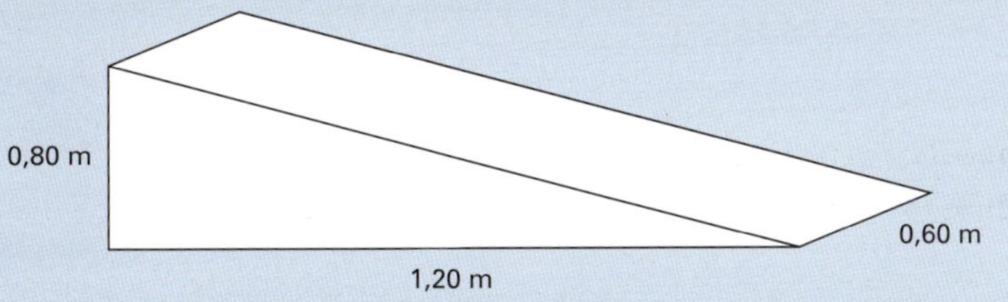


**Frage**

Welche Materialkosten entstehen dem Top-Baumarkt, wenn 1 dm³ des Hartplastiks 2,40 € kostet?

**Lösung**

Gesamtvolumen: $V = \frac{8\ dm \cdot 12\ dm}{2} \cdot 6\ dm = 288\ dm^3$

Kosten pro Auffahrkeil: $1\ dm^3 \mathrel{\hat{=}} 2{,}40$ €

$288\ dm^3 \mathrel{\hat{=}} x$ € $\quad x = \frac{288 \cdot 2{,}40}{1} = 691{,}20$ €

Gesamtkosten: 691,20 · 2 = 1 382,40 €

**Antwort**

Dem Top-Baumarkt entstehen Gesamtkosten von 1 382,40 € zur Herstellung der beiden Auffahrkeile.

#### 16.8.2.4 Zylinderoberfläche

**Aufgabe**

Die Impex GmbH möchte zu Werbezwecken in der Kölner Innenstadt eine Litfaßsäule mit einer Höhe von 2,80 m und einem Radius von 6 dm mieten.

**Frage**

Wie viel € kostet die Anmietung der Werbefläche für die Impex GmbH für 1 Jahr, wenn die monatliche Miete 11,00 € pro m² beträgt?

**Lösung**

Nutzbare Seitenfläche der Säule: $O = 2 \cdot 0{,}60\ m \cdot 3{,}14 \cdot 2{,}80\ m = 10{,}55\ m^2$

Kosten pro Monat: $1\ m^2 \triangleq 11{,}00$ €

$10{,}55\ m^2 \triangleq x$ € $\quad x = \frac{10{,}55 \cdot 11}{1} = 116{,}05$ €

Kosten pro Jahr: $116{,}05 \cdot 12 = 1\,392{,}60$ €

**Antwort**

Der Impex GmbH entstehen für die Anmietung der Litfaßsäule für ein Jahr Kosten in Höhe von 1 392,60 €.

## 16.9 Produktivitätskennzahlen

### 16.9.1 Flächennutzungsgrad

**Aufgabe**

In einem Lagerbereich der Impex GmbH, der 21 m lang und 16 m breit ist, ist ein Hochregal mit einer Länge von 14 m und einer Breite von 15 m aufgestellt.

**Frage**

Wie groß ist der Flächennutzungsgrad dieses Lagerbereichs?

**Lösung**

$$x = \frac{\text{genutzte Lagerfläche} \cdot 100}{\text{nutzbare Lagerfläche}} = \frac{210\ m^2 \cdot 100}{336\ m^2} = 62{,}50\,\%$$

**Antwort**

62,50 % des Lagerbereichs werden von dem Hochregal genutzt.

### 16.9.2 Höhennutzungsgrad

**Aufgabe**

Das Hochregal im Lagerbereich der Impex GmbH, der 24 m hoch ist, hat eine Höhe von 18 m.

**Frage**

Wie groß ist der Höhennutzungsgrad dieses Lagerbereichs?

**Lösung**

$$x = \frac{\text{genutzte Lagerhöhe} \cdot 100}{\text{nutzbare Lagerhöhe}} = \frac{18\text{ m} \cdot 100}{24\text{ m}} = 75\,\%$$

**Antwort**

75 % der nutzbaren Lagerbereichshöhe werden für das Hochregal genutzt.

### 16.9.3 Raumnutzungsgrad

**Aufgabe**

Die Geschäftsleitung der Impex GmbH plant, die Länge des Lagerbereichs, in dem das Hochregal aufgebaut ist, um 4 m zu verkürzen.

**Frage**

Wie groß ist der Raumnutzungsgrad des Lagerbereichs nach der Bereichsverkleinerung?

**Lösung**

$$x = \frac{\text{genutzter Lagerraum in m}^3 \cdot 100}{\text{nutzbarer Lagerraum in m}^3} = \frac{3\,780\text{ m}^3 \cdot 100}{6\,528\text{ m}^3} = 57{,}90\,\%$$

**Antwort**

57,90 % des nutzbaren Lagerraums der Impex GmbH werden für das Hochregal genutzt.

**Hinweis:**

Weitere Kennzahlen finden Sie im Kapitel 11 Logistische Prozesse optimieren!

## 16.10 Stauplanung

**Aufgabe**

Die Impex GmbH erhält von einem Industrieunternehmen ein lukratives Angebot zur Einlagerung von Holzkisten mit gebrauchten Maschinenteilen, die jeweils 0,86 m lang, 0,66 m breit und 0,44 m hoch sind.

Der Impex GmbH steht in einer Flachhalle zur Einlagerung der Holzkisten ein bisher ungenutzter Lagerraum mit einer Länge von 6,10 m, einer Breite von 4,25 m und einer Höhe von 2,40 m zur Verfügung.

**Frage**

Wie viele Holzkisten kann die Impex GmbH für das Industrieunternehmen auf der freien Lagerfläche aufbewahren, wenn die Kisten nicht gekippt, aber beliebig gestapelt werden können?

**Lösung**

**Anordnung 1:** Lange Seite der Kisten an die lange Seite der Lagerfläche.

6,10 m : 0,86 m = 7,09 = 7 Kisten können in eine Reihe gestellt werden.

Entlang der kurzen Seite der Lagerfläche bleibt ein Rand von 6,10 m – (7 · 0,86 m) = 0,08 m ungenutzt.

Hier können keine Kisten mehr angeordnet werden.

4,25 m : 0,66 m = 6,44 = 6 Reihen können gebildet werden.

Entlang der langen Seite der Lagerfläche bleibt ein Rand von 2,25 – (6 · 0,66 m) = 0,29 m ungenutzt.

Hier können keine Kisten mehr angeordnet werden

2,40 m : 0,44 m = 5,45 = 5-fache Stapelung ist möglich.

Ergebnis: Bei dieser Anordnung können 7 · 6 · 5 = 210 Holzkisten eingelagert werden.

**Anordnung 2:** Kurze Seite der Kisten an die lange Seite der Lagerfläche.

6,10 m : 0,66 m = 9,24 = 9 Kisten können in eine Reihe gestellt werden.

Entlang der kurzen Seite der Lagerfläche bleibt ein Rand von 6,10 m – (9 · 0,66 m) = 0,16 m ungenutzt.

Hier können keine Kisten mehr angeordnet werden.

4,25 m : 0,86 m = 4,94 = 4 Reihen können gebildet werden.

Entlang der langen Seite der Lagerfläche bleibt ein Rand von 4,25 m – (4 · 0,86 m) = 0,81 m ungenutzt.

Hier können noch 6,10 : 0,86 = 7,09 = 7 Kisten quer angeordnet werden.

2,40 m : 0,44 m = 5,45 = 5-fache Stapelung ist möglich.

Ergebnis: Bei dieser Anordnung können (9 · 4 + 7) · 5 = 215 Holzkisten eingelagert werden.

**Antwort**

Die nebenstehende Abbildung zeigt die Draufsicht auf die 5-fach gestapelten 43 Holzkisten, welche die Impex GmbH auf ihrer freien Lagerfläche anordnen könnte.

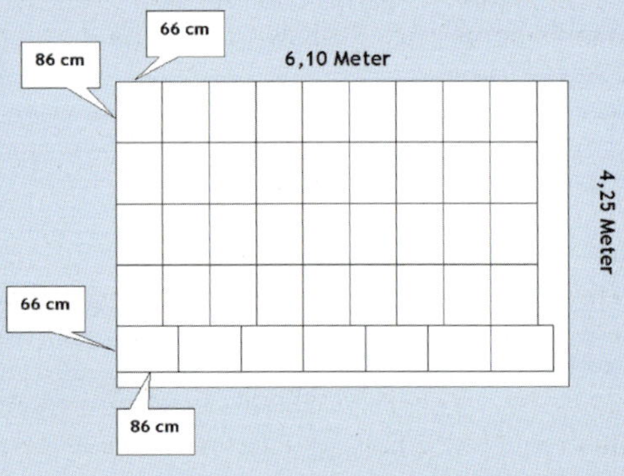


## 16.11 Maße und Gewichte

### 16.11.1 Metrische Maße und Gewichte

**Aufgabe**

In der Eisenwarenabteilung des TOP-Baumarktes werden 3 Schraubensorten zu dem Sortiment „Multipack 2100" gemischt.

Sorte A kostet 4,00 € je Pfund und es gehen 3000 g in das Sortiment ein. Sorte B kostet 0,90 € je $^1/_4$ Pfund und es gehen 7 Pfund in das Sortiment ein. Sorte C kostet 650 Cent je Pfund und es gehen 4 Pfund in das Sortiment ein.

**Frage**

Welchen Wert haben 2,5 kg des Sortiments „Multipack 2100"?

**Lösung**

| Sorte | Menge in kg | Preis je kg | Menge · Preis |
|---|---|---|---|
| A | 3,00 | 8,00 | 24,00 € |
| B | 3,50 | 7,20 | 25,20 € |
| C | 2,00 | 13,00 | 26,00 € |
| **Summe** | **8,50** | | **75,20 €** |

1 kg des Sortiments „Multipack 2100" kostet $\frac{75{,}20}{8{,}50} = 8{,}85$ €.

**Antwort**

2,5 kg des Sortiments „Multipack 2100" kosten 22,13 €.

## 16.11.2 Nichtmetrische Maße und Gewichte

**Aufgabe**

Die Auszubildende Sandra soll für den Lagermeister Herrn Körner errechnen, wie teuer es ist, alle Flächen eines 40-Fuß-Containers der Impex GmbH mit einer Spezialfarbe zu lackieren.

Sandra weiß, dass der Container 40 Fuß lang, 8,50 Fuß breit und 8 Fuß hoch ist.

Außerdem hat sie recherchiert, dass ein Fuß 3,048 dm entspricht und dass die Spezialfarbe 1,80 € pro 1,75 $m^2$ kostet.

**Frage**

Welchen Kostenvoranschlag unterbreitet Sandra Herrn Körner?

**Lösung**

Länge in m: 40 Fuß · 3,048 dm = 121,92 dm = 12,192 m.

Breite in m: 8,50 Fuß · 3,048 dm = 25,908 dm = 2,5908 m.

Höhe in m: 8 Fuß · 3,048 dm = 24,384 dm = 2,4384 m.

Fläche: $2 \cdot 12{,}192 \cdot 2{,}5908 + 2 \cdot 12{,}192 \cdot 2{,}4384 + 2 \cdot 2{,}5908 \cdot 2{,}4384 = 135{,}30\ m^2$

Kosten: $1{,}75\ m^2 \mathrel{\widehat{=}} 1{,}80$ €

$135{,}30\ m^2 \mathrel{\widehat{=}} x$ € $\qquad x = \frac{243{,}54}{1{,}75} = 139{,}17$ €.

**Antwort**

Sandra sollte Herrn Körner mitteilen, dass es 139,17 € kostet, den 40-Fuß-Container mit der Spezialfarbe zu lackieren.

## 16.12 Zinsrechnen

### 16.12.1 Zinsen

**Aufgabe**

Frau Huber, Leiterin der Rechnungswesenabteilung der Impex GmbH, möchte ein Kapital von 2800,00 € zu einem Jahreszinssatz von 1,5 % für 5 Monate bei der Bank anlegen.

**Frage**

Wie viel € Zinsen würde sie dafür erhalten?

**Lösung**

$$\text{Zinsen} = \frac{\text{Kapital} \cdot \text{Zinssatz} \cdot \text{Monate}}{100 \cdot 12} = \frac{2800{,}00 \cdot 1{,}5 \cdot 5}{100 \cdot 12} = 17{,}50\ €$$

**Antwort**

Frau Huber würde nach 5 Monaten 17,50 € Zinsen erhalten.

### 16.12.2 Kapital

**Aufgabe**

Frau Huber möchte nach 5 Monaten bei einem Jahreszinssatz von 1,5 % von der Bank 94,50 € Zinsen erhalten.

**Frage**

Wie viel Kapital muss sie hierzu bei der Bank anlegen?

**Lösung**

$$\text{Kapital} = \frac{\text{Zinsen} \cdot 100 \cdot 12}{\text{Monate} \cdot \text{Zinssatz}} = \frac{94{,}50 \cdot 100 \cdot 12}{5 \cdot 1{,}5} = 15\,120{,}00\ €$$

**Antwort**

Frau Huber muss 15 120,00 € 5 Monate zu einem Jahreszinssatz von 1,5 % anlegen, um 94,50 € Zinsen zu bekommen.

### 16.12.3 Zinssatz

**Aufgabe**

Frau Huber hat bei der Bank ein Kapital von 1 200,00 € für 6 Monate angelegt und dafür Zinsen in Höhe von 10,80 € erhalten.

**Frage**

Welchen Zinssatz hat die Bank Frau Huber gewährt?

**Lösung**

$$\text{Zinssatz} = \frac{\text{Zinsen} \cdot 100 \cdot 12}{\text{Kapital} \cdot \text{Monate}} = \frac{10{,}80 \cdot 100 \cdot 12}{1\,200{,}00 \cdot 6} = 1{,}8\ \%$$

**Antwort**

Die Bank hat Frau Huber einen Zinssatz in Höhe von 1,8 % gewährt.

### 16.12.4 Zeit

**Aufgabe**

Frau Huber erinnert sich daran, dass sie früher für ein Sparguthaben von 4 200,00 € bei einem Jahreszinssatz von 2 % Zinsen in Höhe von 63,00 € bekommen hat.

**Frage**

Für wie viele Monate hatte Frau Huber das Geld bei der Bank angelegt?

**Lösung**

$$\text{Zeit} = \frac{\text{Zinsen} \cdot 100 \cdot 12}{\text{Kapital} \cdot \text{Zinssatz}} = \frac{63{,}00 \cdot 100 \cdot 12}{4\,200{,}00 \cdot 2} = 9 \text{ Monate}$$

**Antwort**

Frau Huber hatte das Geld für 9 Monate angelegt.

## 16.13 Währungsrechnen

Die folgenden Angaben sollen Ihnen

- helfen, Kurstabellen in Prüfungen, Bankaushängen, in der Tagespresse u. a. leichter nachzuvollziehen,
- verdeutlichen, dass die weit verbreiteten Angaben in der Literatur, Kurse seien immer aus Sicht der Banken und für eine „ausländische" Währungseinheit angegeben, angesichts der Rechen- und Darstellungspraxis der Banken eine sehr vereinfachte, realitätsferne Sichtweise darstellen.

**Kursangaben**

- Der **niedrigere Geldkurs** basiert
  - entweder auf dem Verkauf der (eigenen) Inlandswährung, gemessen an einer Einheit der Fremdwährung wie bei der Kursangabe 1 $ ≙ 0,7214 € (Preisnotierung),
  - oder auf dem Ankauf der (fremden) Auslandswährung, gemessen an einer Einheit der Inlandswährung wie bei der Kursangabe 1 € ≙ 1,3862 $ (Mengennotierung).
- Der **höhere Briefkurs** basiert
  - entweder auf dem Ankauf der (eigenen) Inlandswährung, gemessen an einer Einheit der Fremdwährung wie bei der Kursangabe 1 $ ≙ 0,7769 € (Preisnotierung),
  - oder auf dem Verkauf der (fremden) Auslandswährung, gemessen an einer Einheit der Inlandswährung wie bei der Kursangabe 1 € ≙ 1,2872 $ (Mengennotierung).

**Notierungen**

- **Mengennotierung** bedeutet, dass der Kurs für eine Einheit der Inlandswährung angegeben ist. Beispiel: 1 € = 1,39 $ (in Deutschland vorgesehen).
- **Preisnotierung** bedeutet, dass der Kurs für eine Einheit der Fremdwährung angegeben ist. Beispiel: 1 $ = 0,72 € (in Deutschland seit der Einführung des Euro nicht mehr vorgesehen).

**Devisen und Sorten**

- **Devisenkurse** gelten für Währungen als Buchgeld auf Konten. In Deutschland gilt Mengennotierung. Man spricht von Geld- und Briefkursen.

- **Sortenkurse** gelten für Währungen als Bargeld in Form von Banknoten oder Münzen. In Deutschland kommen Mengen- **und** Preisnotierung zur Anwendung. Anstatt über Geld- und Briefkurse lauten die Angaben (Kurstabellen, Tagespresse u. a.) häufig über

„Kurse für Reisende"/„Notenkurse"/„Kurse für ausländische Banknoten",

- „für 1 € geben wir Ihnen/für 1 € geben Sie uns",
- „Ankauf vom Kunden/Verkauf vom Kunden",
- u. a.

**Tipp fürs Rechnen**

- Kurse sind immer aus Sicht der Bank angegeben!
- Klären Sie vor dem Rechnen immer:
  **Wie viel** Einheiten **welcher** Währung ergeben **wie viel** Einheiten der **anderen** Währung?

## 16.13.1 Währungsrechnen innerhalb des Eurowährungsgebietes

**Aufgabe**

Für eine Geschäftsreise in die USA tauscht Frau Cornelissen, Leiterin der Beschaffungsabteilung der Impex GmbH, in Deutschland 1 250,00 € in US-Dollar um.

**Frage**

Wie viel US-Dollar erhält Frau Cornelissen, wenn die Bank mit folgenden Kursen rechnet?

| Land | Währung | Ankaufkurs | Verkaufkurs |
|---|---|---|---|
| USA | USD | 1,33 | 1,25 |

**Lösung**

1,00 € ≙ 1,25 USD

1 250,00 € ≙ x USD

$$x = \frac{1\,250{,}00 \cdot 1{,}25}{1} = 1\,562{,}50 \text{ USD}$$

**Antwort**

Frau Cornelissen erhält von der Bank 1 562,50 USD.

## 16.13.2 Währungsrechnen außerhalb des Eurowährungsgebietes

**Aufgabe**

Frau Cornelissen tauscht auf ihrer Geschäftsreise in den USA nochmals 400,00 € in US-Dollar um.

**Frage**

Wie viel US-Dollar erhält Frau Cornelissen, wenn die Bank mit folgenden Kursen rechnet?

| country | currency | buying rate | selling rate |
|---|---|---|---|
| Germany | € | 0,77 | 0,85 |

**Lösung**

0,85 € ≙ 1 USD

400,00 € ≙ x USD

$$x = \frac{1 \cdot 400}{0{,}85} = 470{,}59 \text{ USD}$$

**Antwort**

In den USA erhält Frau Cornelissen für 400,00 € 470,59 USD.

### 16.13.3 Kursberechnung

**Aufgabe**

Nach ihrer Rückkehr aus den USA wechselt Frau Cornelissen bei ihrer Bank 250,00 US-Dollar, die von ihrer Geschäftsreise übrig geblieben sind, in 168,90 € um.

**Frage**

Mit welchem Kurs rechnete die Bank in Deutschland?

**Lösung**

168,90 € ≙ 250,00 USD

1,00 € ≙ x USD $\quad x = \frac{250 \cdot 1}{168,90} = 1,48$

**Antwort**

Die Bank rechnete mit einem Kurs von 1,48.

## 16.14 Bezugskalkulation

### 16.14.1 Kalkulation von Einstandspreisen

**Aufgabe**

Der Impex GmbH liegt ein Angebot über 25 Flachbildschirme der Firma Medium vor.

Die Firma Medium bietet die Flachbildschirme zu einem Listenpreis von jeweils 220,00 € an, gewährt 2 % Skonto bei Zahlung innerhalb von 10 Tagen, einen Mengenrabatt von 12 % bei einer Mindestabnahme von 20 Stück und berechnet Transportkosten von brutto 3,57 € je Stück.

**Frage**

Wie hoch ist der Einstandspreis für die 25 Flachbildschirme?

**Lösung**

| | | |
|---|---|---|
| | Listeneinkaufspreis | 220,00 € |
| – | Rabatt (12 %) | 26,40 € |
| = | Zieleinkaufspreis | 193,60 € |
| – | Skonto (2 %) | 3,87 € |
| = | Bareinkaufspreis | 189,73 € |
| + | Bezugskosten (netto) | 3,00 € |
| = | Einstandspreis | 192,73 € |

**Antwort**

Der Einstandspreis für 25 Flachbildschirme beträgt 4818,25 €.

**Hinweis**

Da Einstandspreise Nettopreise sind, ist mit Netto-Transportkosten zu rechnen!

## 16.14.2 Kalkulation von Listeneinkaufspreisen

**Aufgabe**

Der Top-Baumarkt bezieht von einem Großhändler 25 Tischkreissägen der Marke „Extraschnitt" zu einem Bruttoeinstandspreis von 1 428,00 €.

Der Großhändler gewährt dem Top-Baumarkt einen Mengenrabatt von 15 % und ein Skonto von 2,5 %. An Bezugskosten fallen für den Top-Baumarkt 303,45 € brutto für die gesamte Lieferung an.

**Frage**

Wie hoch ist der Listeneinkaufspreis für jede Tischkreissäge der Marke „Extraschnitt"?

**Lösung**

| | | | |
|---|---|---|---|
| | Listeneinkaufspreis | 1 435,66 € ↑ | Rückrechnung! |
| – | Rabatt (15 %) | 215,35 € | |
| = | Zieleinkaufspreis | 1 220,31 € | |
| – | Skonto (2,5 %) | 30,51 € | |
| = | Bareinkaufspreis | 1 189,80 € | |
| + | Bezugskosten (netto) | 10,20 € | |
| = | Einstandspreis | 1 200,00 € | ← hier beginnen! |

**Antwort**

Der Listeneinkaufspreis pro Tischkreissäge beträgt 1 435,66 €.

**Hinweis**

Bei der Rückrechnung ist bei Skonto und Rabatt von verminderten Grundwerten auszugehen!

# PRÜFUNGSTRAINING

**Aufgabe 1**

Pascal Peters benötigt für den Hin- und Rückweg zum TOP-Baumarkt insgesamt 1,10 Stunden.

Wie viele Minuten ist Pascal insgesamt unterwegs?

**Aufgabe 2**

Im vergangenen Quartal wurden im Zentrallager des TOP-Baumarktes für Aushilfstätigkeiten folgende Arbeitsstunden abgerechnet:

| Arbeitsstunden | Stundensatz in € | Arbeitsstunden | Stundensatz in € |
|---|---|---|---|
| 48<br>62 | 8,25<br>7,80 | 18<br>22 | 9,20<br>10,44 |

Wie viel € kostete 1 Arbeitsstunde berechnet nach dem einfachen und nach dem gewogenen Durchschnitt?

**Aufgabe 3**

Wie viele 1,20 m lange und 1,00 m breite, nicht stapelbare Einwegpaletten können in einen 8,30 m langen und 6,15 m breiten Lagerraum eingelagert werden?

**Aufgabe 4**

Wie lange benötigt ein Lkw der Impex GmbH für eine Strecke von 87,5 km, wenn er konstant 70 km/h fährt?

**Aufgabe 5**

Wie viel Liter beträgt das Fassungsvermögen eines 3,50 m langen, 4,00 m breiten und 1,85 m hohen Wassertanks?

**Aufgabe 6**

Wie viel kostet ein 19-Zoll-Flachbildschirm heute, der aufgrund einer Geschäftsauflösung von 523,26 € zunächst um 14 % und eine Woche später nochmals um 8 % herabgesetzt wurde?

**Aufgabe 7**

Wie lang muss ein Klebeband mindestens sein, damit es zum Schutz einer quadratischen Glasscheibe mit Seitenlängen von jeweils 1,45 m vor Zersplitterung während eines Lkw-Transportes einmal um die Seitenränder geklebt werden kann?

**Aufgabe 8**

Im vergangenen Geschäftsjahr verteilten sich im TOP-Baumarkt die Betriebskosten in Höhe von 84 210 € im Verhältnis von 7 : 5 : 3 auf die drei Abteilungen „Bad und Sanitär", „Lacke und Farben" und „Garten".

Wie viel € der Betriebskosten entfielen im vergangenen Geschäftsjahr auf die einzelnen drei Bereiche?



27 Hummel - ISBN 978-3-8120-0570-8

**Aufgabe 9**

Wie groß ist eine runde Abdeckplane, die einen Durchmesser von 12,80 m hat? (Angabe in $m^2$)

**Aufgabe 10**

2 Arbeitskräfte benötigen zum Entladen von 7 Sattelzügen mit jeweils 8 t 6 Stunden.

Wie viele Arbeitskräfte sind notwendig, um 14 Sattelzüge mit jeweils 10 t in 5 Stunden zu entladen?

**Aufgabe 11**

Wie groß ist die Fläche eines 110 m langen und 55 m offenen Lagers? (Angabe in ha)

**Aufgabe 12**

Im Rahmen des Jahresabschlusses der Impex GmbH wurde ermittelt, dass 80 % des Gesamtgewinnes auf die Niederlassungen in Köln, Hamburg und München entfielen.

Wie hoch war der Gesamtgewinn der Impex GmbH, wenn sich der Gewinn der Niederlassungen mit 25 % auf Köln, $\frac{3}{5}$ auf Hamburg und 15 000,00 € auf München verteilt?

**Aufgabe 13**

Pascal Peters kommissioniert im Kleinteilelager des Top-Baumarktes in 1 Stunde und 36 Minuten 64 Positionen.

Wie lange braucht Pascal Peters für 48 Positionen?

**Aufgabe 14**

Frau Cornelissen tauscht nach ihrer Rückkehr aus Dänemark bei der Hausbank der Impex GmbH 8 291,70 Dänische Kronen in 1 120,50 € um.

Mit welchem Kurs rechnete die Hausbank der Impex GmbH?

**Aufgabe 15**

Wie viele zylinderförmige Silos mit einem Durchmesser von 4,5 m und einer Höhe von 7,8 m benötigt die Impex GmbH, um 700 $m^3$ Weizen aufzubewahren?

**Aufgabe 16**

Wie viel € beträgt für die Top-Baumarkt GmbH der Bezugspreis der Sendung bei folgenden Angaben?

Bruttogewicht: 2 080 kg

Verpackung: 120 kg

Preis je kg Nettogewicht: 3,60 €

Rabatt: 10 %

Skonto: 3 %

Frachtkosten: 8,40 € für 100 kg (Gewicht auf volle 100 kg aufrunden)

**Aufgabe 17**

Der TOP-Baumarkt hat aus den USA einen 1,5 yards langen, 3 feet breiten und 14,5 inches hohen Plastiktank mit einem biologischen Düngemittel erhalten.

Wie viele Liter des biologischen Düngemittels umfasst die Lieferung aus den USA?

### Aufgabe 18

Frau Cornelissen fliegt aufgrund eines Vertragsabschlusses für die Impex GmbH von Bern (Schweiz) nach Washington (USA). Vor ihrem Abflug wechselt sie dort in einer Bank 1 800,00 € in US-Dollar um.

Wie viel US-Dollar erhält Frau Cornelissen, wenn die Bank in Bern mit folgenden Kursen rechnet?

**Kurstabelle der Schweizer Bank**

| Land | Preisnotierung | Ankauf | Verkauf |
|---|---|---|---|
| USA | 1 USD | 0,90 | 0,94 |
| Euroländer | 1 EUR | 1,21 | 1,36 |

### Aufgabe 19

Wie viele $cm^3$ beträgt der Rauminhalt einer Überseekiste mit den Kantenlängen

1,45 m · 9,5 dm · 500 mm?

### Aufgabe 20

Dem TOP-Baumarkt wird für ein Guthaben in Höhe von 17 650,00 €, welches zu einem Zinssatz von 2,3 % angelegt wurde, ein Zinsertrag in Höhe von 202,98 € gutgeschrieben.

Für wie viele Monate wurde das Geld angelegt?

# G. Lösungen zum Prüfungstraining

## Lösungen zu Kapitel 1: Güter annehmen und kontrollieren

### Prüfungsfall: Der TOP Baumarkt stellt am Wareneingang und bei der Warenprüfung Mängel fest

#### Aufgabe 1

Würde sofort unterschrieben, hätte Sebastian bestätigt, dass

- die Anzahl der auf dem Lieferschein stehenden Packstücke mit der tatsächlichen Lieferung übereinstimmt und
- die Lieferung keine äußerlich erkennbaren Schäden (also keine offenen Mängel) aufweist.

Da offene Mängel „unverzüglich" anzuzeigen sind, wären alle Rechte damit aufgegeben worden.

#### Aufgabe 2

Sebastian muss

- feststellen, ob die Lieferadresse mit der Adresse des TOP Baumarktes übereinstimmt
- alle Packstücke nachzählen und dabei auf 90 Groß-Schachteln und 60 kleinere Schachteln kommen (da die Anzahl der Paletten nicht auf dem Lieferschein steht, müssen sie auch nicht nachgezählt werden)
- feststellen, dass die von außen sichtbaren Packstücke äußerlich keine Schäden aufweisen.

Alle hierbei evtl. festgestellten Mängel müssen unverzüglich dokumentiert werden. Sebastian kann vom Fahrer verlangen, dass dieser die festgestellten Mängel durch datierte Unterschrift bestätigt (Mangelbestätigung).

#### Aufgabe 3

- Die „ADONISRÖSCHEN"-Steckzwiebeln und das „APULIA"-Rasensaatgut abhaken,
- bei den „TOSKANA"-Stühlen die Fehlmenge (es fehlen 2 Schachteln) eintragen
- bei den „REUS"-Vorschlaghämmern die Fehlmenge (es fehlt eine Schachtel) eintragen
- Datum (20.05.20..) und Unterschrift von Sebastian Fischer
- Sebastian muss sich die Beanstandungen vom Fahrer durch Unterschrift/Datum bestätigen lassen.

**Hinweise:**

Die Beschädigung der 7 „TOSKANA"-Stühle, die Falschlieferung der „NAPOLI"-Tische und die 22 beschädigten „REUS"-Vorschlaghämmer stellt Sebastian zusammen mit Frau Rose erst bei der späteren Warenprüfung fest. Sie können somit nicht auf dem Lieferschein eingetragen werden, den der Fahrer nach seiner Unterschrift bei der Abfahrt mitnimmt.

#### Aufgabe 4

Da es sich hier um Paletten mit entsprechendem Gewicht handelt, sollte ein Gabelhubwagen oder auch ein Gabelstapler eingesetzt werden.

Hinweis: Da der Fahrer von sich aus mit einem **fahrzeugeigenen** Entladegerät selbst entlädt, muss hier von einem Gabelhubwagen ausgegangen werden.

#### Aufgabe 5

Grundsätzlich gilt: Da das Entladen im Verantwortungsbereich des Empfängers, also des TOP Baumarktes, liegt, wird die Haftung für diesen Schaden vom TOP Baumarkt zu tragen sein, auch wenn ihn der Fahrer verursacht hat. Deshalb ist es sinnvoll, Entladungen grundsätzlich selbst vorzunehmen.

Hat der Fahrer allerdings unaufgefordert oder mit fahrzeugeigenem Gerät gehandelt (was hier der Fall ist), kann eine Haftung des TOP Baumarktes möglicherweise entfallen.

### Aufgabe 6

Da die Ware mehrere Paletten umfasst, die einer späteren Warenprüfung zu unterziehen sind, sollte eine geeignete Stellfläche mit ausreichend Platz im inneren oder zumindest überdachten Bereich des Wareneingangs gewählt werden. Die einzelnen Paletten sollten mit Abstand gestellt werden, damit äußerliche Schäden erkennbar werden. Dort kann dann auch ausgepackt werden.

### Aufgabe 7

Der Fahrer kann nach dem Abladen und dem Erhalt des datierten, unterschriebenen Begleitpapiers das Werksgelände verlassen. Sind offene Mängel aufgetreten (was hier der Fall ist), kann von ihm vor dem Abfahren noch das Unterzeichnen einer Mangelbestätigung (evtl. auf dem ergänzten Lieferschein) verlangt werden.

### Aufgabe 8

| **Tatbestandsaufnahme Reklamationen/Beanstandungen** | | | | | | |
|---|---|---|---|---|---|---|
| Lieferant: DACHS KG, Pirmasens | | | | | | |
| **Lieferschein-Nummer:** 341865 | | | | **Datum:** 20.05.20.. | | |
| **Pos.** | **Artikel-Nr.** | **Stück** | **Bezeichnung** | **auf Lieferschein stehende Menge** | **fehlerhafte bzw. fehlende Menge** | **Beanstandung** |
| 1 | 1223 | 30 | Stühle „TOSKANA" | 30 Groß-Schachteln | 2<br>7 | Es fehlen 2 Schachteln = 2 Stück<br>Bei 7 sind Löcher im Stoff |
| 2 | 4456 | 60 | Gartentische „NAPOLI" | 60 Groß-Schachteln | 60 | Falschlieferung: Es waren Gartentische „ROMA" bestellt |
| 3 | 8787 | 45 | Vorschlaghammer „REUS" | 9 Schachteln zu je 5 Stück | 1<br>22 | Es fehlt eine Schachtel = 5 Stück<br>Bei 22 Stück ist der Stiel angebrochen |
| 4 | | | | | | |
| 5 | | | | | | |
| **Datum:** 20.05.20. | | | | **Ware angenommen und kontrolliert von:** Sebastian Fischer | | |

### Aufgabe 9

- bei den „TOSKANA"-Stühlen: 2 x Zuweniglieferung (Mangel in der Menge)<br>7 x Mangel in der Beschaffenheit
- bei den „NAPOLI"-Gartentischen: 60 x Falschlieferung (Mangel in der Art)
- bei den „REUS"-Vorschlaghämmern: 1 x Zuweniglieferung (Mangel in der Menge)<br>22 x Mangel in der Beschaffenheit

### Aufgabe 10

a) Das fehlende Packstück muss während der Warenannahme, also noch am 20.05.20.. reklamiert werden.

**Ausnahme:** Könnte sich das Packstück von außen nicht einsehen lassen (weil es „umpackt" ist), darf diese Beanstandung auch noch bei der späteren Warenprüfung, also bis spätestens 27.05.20... (eine Woche später), erfolgen.

b) bis zum 27.05.20..(eine Woche später), weil der Fehler erst beim Vergleich mit der Bestellung auffiel. Hätte allerdings auf dem Lieferschein „Napoli", aber auf den Packstücken „ROMA" gestanden, wäre unverzüglich, also noch am 20.05.20.. zu reklamieren gewesen.

c) bis zum 27.05.20..(also eine Woche später). Transportschäden müssen innerhalb einer Woche angezeigt werden.

d) Versteckter Mangel: Bis zum 20.05.20.. (zwei Jahre später). Allerdings muss der versteckte Mangel bei Entdeckung unverzüglich angezeigt werden.

**Ausnahme:** Sind die beschädigten Stiele bereits abgebrochen oder offen sichtbar, ist von einem offenen Mangel auszugehen, bei dem die Reklamationsfrist spätestens am 27.05.20.. (eine Woche später) abläuft.

### Aufgabe 11

a) „REUS"-Vorschlaghämmer:

Bei der Fehlmenge von 1 Schachtel (mit 5 Hämmern) sollte eine unverzügliche Nachlieferung verlangt werden. Die angebrochenen Stiele sind als erheblich anzusehen, deshalb sollte eine Neulieferung („Ersatz") verlangt werden. Es empfiehlt sich, sofort eine Nachfrist zu setzen.

Ist dem Lieferanten ein Verschulden nachzuweisen, kann zusätzlich Schadenersatz verlangt werden.

b) „TOSKANA"-Stühle: Nachrangige Rechte können hier nur geltend gemacht werden, wenn zwei vergebliche Versuche der Nacherfüllung bzw. ein Ablauf der gesetzten Nacherfüllungsfrist vorliegen.

Da die Löcher als erheblicher Mangel einzustufen sind und eine Neulieferung nicht stattfand, sollte der Kauf rückgängig gemacht werden. Eine Preisminderung ist für den TOP Baumarkt hier nicht sinnvoll, da die Stühle nicht verkauft werden können.

Kann ein Verschulden nachgewiesen werden, können die Mehrkosten für den Deckungskauf sowie für weitere Schäden (Gewinneinbuße u.a.) geltend gemacht werden.

### Aufgabe 12

a) Deckungskauf: Kauf bei einem anderen Lieferanten, um den Bedarf der Nichtlieferung durch den ursprünglichen Lieferanten zu decken.

b) Konventionalstrafe: vertraglich zwischen Käufer und Verkäufer vereinbart, wobei der Verkäufer bei Nichteinhalten von Lieferzusagen eine festgelegte Geldstrafe an den Käufer entrichten muss.

## Lösungen zu Kapitel 2: Güter lagern

### Aufgabe 1

a) Spekulations- bzw. Vorratsfunktion

b) Sicherungsfunktion

c) Umformungsfunktion

d) Veredelungs- bzw. Reifungsfunktion

e) Überbrückungsfunktion

### Aufgabe 2

a) 2, b) 3, c) 5, d) 3, e) 4, f) 1

### Aufgabe 3

a) 1, b) 2, c) 2, d) 1, e) 2

### Aufgabe 4

a) 9, b) 1, c) 1, d) 9, e) 9

### Aufgabe 5

a) 2, b) 1, c) 3, d) 3

### Aufgabe 6

a) 9, b) 1, c) 9, d) 9, e) 1, f) 1

### Aufgabe 7

Die Stapelbarkeit ist abhängig von der Belastbarkeit der untersten Einheit. Hier gilt, dass die Auflast einer Gitterboxpalette im Stapel maximal 6 000 kg betragen darf.

Des Weiteren ist die Stapelbarkeit abhängig von der Standfestigkeit des Stapels. Hier ist z. B. maßgebend, ob der Untergrund asphaltiert oder gepflastert ist.

Auch die verfügbare Raumhöhe, die Bodentragfähigkeit und die vorhandenen Mittel zur Stapelung sind Kriterien, welche die Stapelfähigkeit bedingen.

### Aufgabe 8

| | | | | | | | | | | | | | |
|---|---|---|---|---|---|---|---|---|---|---|---|---|---|
| Grundnummer: | 6 | 1 | 0 | 4 | 2 | 5 | 9 | 3 | 8 | 1 | 2 | 6 | – |
| Rechts beginnend abwechselnd mit 3 und 1 durchnummerieren: | 1 | 3 | 1 | 3 | 1 | 3 | 1 | 3 | 1 | 3 | 1 | 3 | |
| Multiplizieren: | 6 | 3 | 0 | 12 | 2 | 15 | 9 | 9 | 8 | 3 | 2 | 18 | |
| addieren: | 6 + 3 + 0 + 12 + 2 + 15 + 9 + 9 + 8 + 3 + 2 + 18 = 87 | | | | | | | | | | | | |
| Differenz bis zum nächsten Zehner (hier 90): 3 ist die Prüfziffer | | | | | | | | | | | | | |

**Ergebnis**: Die selbstprüfende vollständige GTIN-13 lautet: 6104259381263

### Aufgabe 9

a) 9, b) 9, c) 1, d) 9, e) 9, f) 1, g) 9, h) 1, i) 1, j) 9

### Aufgabe 10

Bei der dynamischen Lagerung werden die Güter während ihrer Lagerzeit bewegt.

Diese Bewegung kann erfolgen, wenn sich die Güter

1) in feststehenden Regalen wie in Durchlauf- oder Einschubregalen bewegen.
2) wie in Verschiebe- oder Umlaufregalen mit den Regalen bewegen.
3) auf Fördermitteln bewegen und dort vorübergehend gelagert werden.

### Aufgabe 11

a) 9, b) 1, c) 1, d) 9, e) 1, f) 9, g) 1, h) 9, i) 1

### Aufgabe 12

Die Einlagerung kann nach dem Festplatzsystem, auch starre oder systematische Lagerhaltung genannt, oder nach dem Freiplatzsystem, auch chaotische oder flexible Einlagerung genannt, organisiert sein.

Beim Festplatzsystem hat jeder Artikel einen festen, gleichbleibenden Lagerplatz.

Ein Vorteil hierbei ist z. B. die nur kurze Einarbeitungszeit für neue Mitarbeiter.

Ein Nachteil ist z. B. der große Platzbedarf wegen freibleibenden Lagerplätzen.

Bei der Organisation der Einlagerung nach dem Freiplatzsystem werden die Artikel dort eingelagert, wo gerade ein freier Lagerplatz verfügbar ist.

Ein Vorteil ist z. B. die gute Nutzung der vorhandenen Lagerfläche.

Nachteilig ist z. B., dass die eingelagerten Güter ohne ein EDV-System aufgrund der ständig wechselnden Lagerplätze nicht einfach auffindbar sind.

### Aufgabe 13

a) 30 St. · 30 € + 35 St. · 29 € + 5 St. · 31 € = 900 € + 1015 € + 155 € = 2070 €.

b) 60 St. · 27 € + 40 St. · 22 € + 10 St. · 31 € = 1620 € + 880 € + 310 € = 2810 €.

c) 40 St. · 22 € + 10 St. · 27 € = 880 € + 270 € = 1150 €.

### Aufgabe 14

a)

| Rechte | Pflichten |
|---|---|
| ➢ Anspruch auf eine Vergütung,<br>➢ Pfandrecht an der Ware bei Nichtzahlung,<br>➢ Kündigungsrecht über den Lagervertrag bei Vorliegen eines wichtigen Grundes (z. B. Falschinformation über das Duschgel),<br>➢ Auskunftsrecht zu Besonderheiten der Ware (etwa Temperaturunverträglichkeiten). | ➢ Ordnungs- und vereinbarungsgemäße Lagerung der Kosmetikartikel,<br>➢ die Kosmetikartikel gegen Vorlage des Lagerscheins herauszugeben,<br>➢ die Kosmetikartikel auf Verlangen der Impex GmbH zu versichern,<br>➢ der Impex GmbH evtl. erkennbare Schäden an den Kosmetikartikeln sofort mitzuteilen und ggf. Gegenmaßnahmen zu ergreifen,<br>➢ Schadenersatz bei Schäden am Duschgel zu leisten. |

b) Ein Orderlagerschein vereinfacht Handelsgeschäfte. Er kann auf eine andere Person übertragen werden, indem man auf der Rückseite einen Übertragungsvermerk („Indossament") notiert. Mit einem solchen Vermerk geht auch das Eigentumsrecht an der Ware (und damit das Recht zur Herausgabe/Abholung der Ware) auf die neue Person oder „an deren Order" über.

Die Impex GmbH kann also die Kosmetikartikel an jedermann verkaufen, indem sie einfach den Orderlagerschein mit einem entsprechenden Übertragungsvermerk versieht und diesen gegen Zahlung des Warenpreises an den Käufer aushändigt. Der holt sich die Kosmetikartikel dann bei der Primus Logistik OHG selbst ab.

c)

| Artikel | Anzahl und Art der Packstücke | Inhalt je Packstück | Bruttogewicht | Bemerkungen |
|---|---|---|---|---|
| product | number and description of packages | contents per package | grossweight | notice |

d) 12 Stück · 48 Pack · 30 EUR-Paletten = 17 280 Flaschen Duschgel

e) Die Miete ist für zwei Monate im Voraus bezahlt (vom 29. Oktober bis 29. Dezember). Man kann davon ausgehen, dass das auch der geplante Fremdlagerungszeitraum ist.

### Prüfungsfall: Frau Cornelissen erweitert die Lagerkapazität der Impex GmbH

a) Im Fall der Eigenlagerung hätte Frau Cornelissen z. B.

- ➢ eine bessere Bestandsübersicht, weil sich die Ware direkt in der Impex GmbH befindet,
- ➢ keine Kosten für den Transport der einzulagernden Ware bis zum Lagerhalter Klaas,
- ➢ jederzeit Zugriff auf die gelagerte Ware, ohne sich an die Öffnungszeiten von Herrn Klaas halten zu müssen.

Im Fall der Fremdlagerung hätte sie z. B.

- ➢ keine Kosten für den Bau neuer Lagerhallen,
- ➢ keine Leerkosten bei schlechter Auslastung, denn beim Lagerhalter Klaas fallen nur variable Kosten und keine Fixkosten an,
- ➢ weniger Personal- und Materialkosten.

b) Der Lagerhalter Klaas hätte z. B. das Recht

- ➢ auf Vergütung seiner Leistungen durch Frau Cornelissen,
- ➢ darauf, dass Frau Cornelissen für den Schaden aufkommt, der durch mangelnde Verpackung ihrer Ware entsteht,

- auf Kündigung des Lagervertrags, wenn Frau Cornelissen ihren Vereinbarungen nicht nachkommt.

Der Lagerhalter Klaas muss z. B.

- die Ware wie mit Frau Cornelissen vereinbart lagern,
- der Unternehmerin Cornelissen erkennbare Schäden an der Ware sofort mitteilen,
- die Ware von Frau Cornelissen gegen Vorlage des Lagerscheins ausgeben.

c) Kostenfunktion für die Eigenlagerung: K(x) = 150 000 + 40x

Kostenfunktion für die Fremdlagerung: K(x) = 115x

Ermittlung der Menge, bei der die Kosten für Eigen- und Fremdlagerung gleich sind:

$$\begin{aligned} 150\,000 + 40x &= 115x && \mid -40x \\ 150\,000 &= 75x && \mid :75 \\ 2\,000 &= x \end{aligned}$$

Ergebnis: Bei einer Lagermenge von 2 000 Stück sind die Kosten bei Eigen- und Fremdlagerung gleich. Sie betragen 150 000 + 40 · 2 000 = 230 000 €.

d) **Kostenverläufe bei Eigen- und Fremdlagerung**

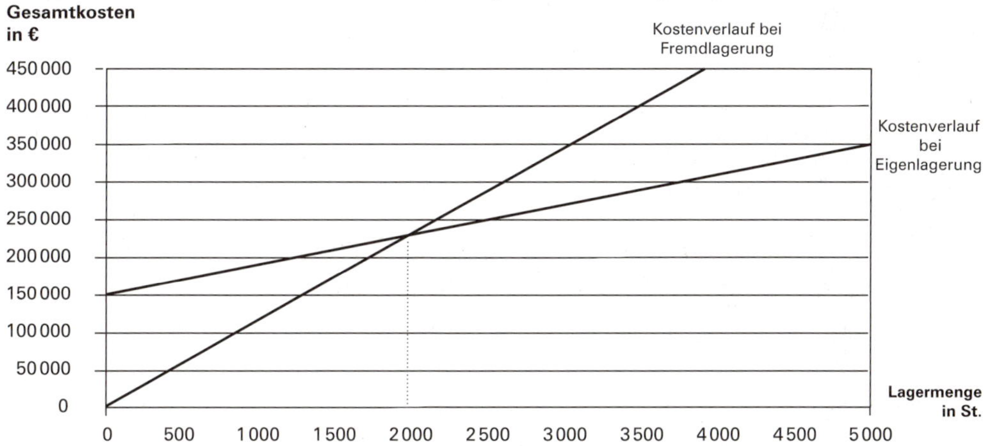


e) Betrachtet man ausschließlich die dargestellte Kostensituation, würde man Frau Cornelissen bei einer Lagermenge von bis zu 2 000 Stück zur Fremdlagerung und ab einer Lagermenge von mehr als 2 000 Stück zur Eigenlagerung raten.

Faktoren wie z. B. die Steigerung des Firmenansehens der Impex GmbH durch den Bau einer neuen Lagerhalle, die Umorganisation bestehender Arbeitsprozesse für die Dauer der Bauphase, die Beschäftigung zusätzlicher Mitarbeiter etc. sind aus der Betrachtung ausgeklammert.

## Lösungen zu Kapitel 3: Güter bearbeiten

### Aufgabe 1

a) 5, b) 5, c) 4, d) 3, e) 1, f) 5, g) 2

### Aufgabe 2

a) 2, b) 5, c) 1, d) 5, e) 1, f) 4, g) 3

## Aufgabe 3

a)

| | |
|---|---|
| Zähltag 15. 10.: | 5 580 000,00 € |
| + Zugänge seit 15. 10.: | 80 400,00 € |
| – Abgänge seit 15. 10.: | 85 800,00 € |
| **= Inventurwert 31. 12.:** | **5 574 600,00 €** |

b)

| | |
|---|---|
| Bestandswert am Zähltag 20. 02.: | 8 100 000,00 € |
| – Zugänge 31. 12. – 20. 02.: | 2 556 000,00 € |
| + Abgänge vom 31. 12. – 20. 02.: | 31 200,00 € |
| **= Inventurwert 31. 12.:** | **5 575 200,00 €** |

## Aufgabe 4

| | Berechnungsschema | Werte Produkt 1 | Werte Produkt 2 |
|---|---|---|---|
| | Bezugspreis/Einstandspreis<br>+ Handlungskostenzuschlag (39 %) / **vom** Hundert! | 180,00 €<br>+ 70,20 € | 95,00 €<br>+ 37,05 € |
| | = Selbstkostenpreis<br>+ Gewinnzuschlag (11 %) / **vom** Hundert! | = 250,20 €<br>+ 27,52 € | = 132,05 €<br>+ 14,53 € |
| | = Barverkaufspreis<br>+ Verkaufszuschlag Skonto (3 %) / **im** Hundert! | = 277,72 €<br>+ 8,59 € | = 146,58 €<br>+ 4,53 € |
| | = Zielverkaufspreis<br>+ Verkaufszuschlag Rabatt (4 %) / **im** Hundert! | = 286,31 €<br>+ 11,93 € | = 151,11 €<br>+ 6,30 € |
| a) | = Verkaufspreis (netto)<br>+ Umsatzsteuer (19 %) / **vom** Hundert! | **= 298,24 €**<br>+ 56,67 € | **= 157,41 €**<br>+ 29,91 € |
| b) | **= Verkaufspreis (brutto)** | **= 354,91 €** | **= 187,32 €** |

c) Kalkulations**zuschlag** = **Summe (!)** aller Zuschläge (also ohne Steuer!) in % des **Bezugs**preises (ist je Produkt gleich!)

**Produkt 1:**

Summe aller Zuschläge (= „Rohgewinn"): 70,20 € + 27,52 € + 8,59 € + 11,93 € = **118,24 €**

Kalkulationszuschlag (in % des Bezugspreises): 118,24 € / 180,00 € = 0,6569 x 100 = **65,69 %**

Probe:

Bezugspreis (= 100 %) (!) + Kalkulationsaufschlag = Verkaufspreis (netto)?

180,00 € + 65,69 % = **298,24 €**

**Produkt 2:**

Summe aller Zuschläge (= „Rohgewinn"): 37,05 € + 14,53 € + 4,53 € + 6,30 € = **62,41 €**

Kalkulationszuschlag (in % des Bezugspreises): 62,41 € / 95,00 € = 0,6569 x 100 = **65,69 %**

gleich!

Probe:

Bezugspreis (=100 %) (!) + Kalkulationsaufschlag = Verkaufspreis (netto)?

95,00 € + 65,69 % = **157,41 €**

d) Kalkulations**abschlag** = **Differenz** (!) zwischen Verkaufspreis und Bezugspreis in % des **Verkaufs**preises (ist je Produkt gleich!)

**Produkt 1:**

Differenz zwischen Verkaufspreis (netto) und Bezugspreis: 298,24 € – 180,00 € = 118,24 €

Kalkulationsabschlag (in % des Verkaufspreises): 118,24 € / 298,24 € = **39,65 %**

gleich!

Probe:

Verkaufspreis (=165,69 %) (!) – Kalkulationsabschlag = Bezugspreis?

298,24 € – 39,65 % = 180,00 €

**Produkt 2:**

Differenz zwischen Verkaufspreis (netto) und Bezugspreis: 157,41 € – 95,00 € = 62,41 €

Kalkulationsabschlag (in % des Bezugspreises): 62,41 € / 157,41 € = **39,65 %**

Probe:

Verkaufspreis (=165,69 %) (!) – Kalkulationsabschlag = Bezugspreis?

157,41 € – 39,65 % = 95,00 €

### Aufgabe 5

a) Verkaufspreis gesamt: 37 x 44,95 € = 1 663,15 €

Wertansatz für die Inventur: 156 % ≙ 1 663,15 €

100 % ≙ x

x = 1 663,15 € / 156 · 100 = **1 066,12 € für 37 Fußbälle.**

b) Ein Teilwertabschlag kommt hier nicht in Betracht, da die Ware weder beschädigt oder verschmutzt, sondern neu und einwandfrei ist.

### Prüfungsfall: Sebastian und Sandra helfen bei der Inventur in der Impex GmbH

a)

| **Mengenmäßige Erfassung** | | | | | | |
|---|---|---|---|---|---|---|
| Warengruppe: Haushaltswaren (Küche) | | | Zähltag: 31.12.20.. | | Blatt-Nr. 14 | |
| 1 | 2 | 3 | 4 | 5 | 6 | 7 |
| Nr. | Warenbezeichnung | Stück | Brutto-Verkaufspreis/ St. in € | Alter (Monate) | Zustand | Gesamtpreis in € |
| 501 | Pastamaschine | 12 | 58,31 | 3 – 6 | | 699,72 |
| 502 | Espressokocher | 7 | 17,85 | | neuwertig | 124,95 |
| 503 | Espressotassen | 24 | 15,47 | | verschmutzt | 371,28 |
| 504 | Kochset SIGNUM | 5 | 82,11 | 6 – 12 | | 410,55 |
| 505 | Auflaufform | 20 | 34,51 | | | 690,20 |
| 506 | Küchenuhr | 2 | 141,61 | | verkratzt | 283,21 |
| | **SUMME** | | | | | **2579,91** |

b)

| **Wertmäßige Erfassung** | | | | | | | | | |
|---|---|---|---|---|---|---|---|---|---|
| Warengruppe: Haushaltswaren (Küche) Zähltag: 31.12.20.. Blatt-Nr. 14 | | | | | | | | | |
| 1 | 2 | 3 | 4 | 5 | 6 | | 7 | | 8 |
| Nr. | Warenbezeichnung | St. | Verkaufspreis/St. in € (netto) | Verkaufspreis gesamt in € (netto) | Kalkulationsabschlag | | Teilwertabschlag (von Spalte 5 – 6) | | Wertansatz für die Inventur in € |
| | | | | | in % | in € | | | |
| 501 | Pastamaschine | 12 | 49,00 | 588,00 | 37,24 | 218,97 | 5 % | 18,45 € | 350,58 |
| 502 | Espressokocher | 7 | 15,00 | 105,00 | 37,24 | 39,10 | | — | 65,90 |
| 503 | Espressotassen | 24 | 13,00 | 312,00 | 37,24 | 116,19 | | — | 195,81 |
| 504 | Kochset SIGNUM | 5 | 69,00 | 345,00 | 37,24 | 128,48 | 10 % | 21,65 € | 194,87 |
| 505 | Auflaufform | 20 | 29,00 | 580,00 | 37,24 | 215,99 | | — | 364,01 |
| 506 | Küchenuhr | 2 | 119,00 | 238,00 | 37,24 | 88,63 | 50 % | 74,69 € | 74,68 |
| | **SUMME** | — | — | **2 168,00** | 37,24 | **807,36** | — | **114,79 €** | **1 245,85** |

**Verkaufspreise:**

Sebastian hat die Brutto-Verkaufspreise (= 119 %) vorgelesen, in der wertmäßigen Erfassung werden aber die Netto-Verkaufspreise (= 100 %) eingetragen, danach der Kalkulationsabschlag, am Ende der eventuelle Teilwertabschlag abgezogen, bevor der endgültige Wertansatz für die Inventur feststeht.

Der Bezugspreis muss **einmal** aus dem Verkaufspreis ermittelt werden, danach kann man mit dem Kalkulationsabschlag weiterrechnen.

**Ermittlung des Bezugspreises durch (einmalige) Rückrechnung (Beispiel Pastamaschine):**

| | **Ergebnis:** | | **Rückrechnung (Treppenschema):** | | |
|---|---|---|---|---|---|
| Brutto-Verkaufspreis: | 58,31 € (=119 %) | | | | |
| (./. Umsatzsteuer) | | | | | |
| = Netto-Verkaufspreis: | 49,00 € (=100 %) | ≙ | 113 % | ≙ | 49,00 € |
| | | | 100 % | ≙ | x (= Selbstkostenpreis) |
| (./. Gewinnzuschlag) | | | | | |
| = Selbstkostenpreis: | 43,36 € (=100 %) | ≙ | 141 % | ≙ | 43,36 € |
| | | | 100 % | ≙ | x (= Bezugspreis) |
| (./. Handlungskostenzuschlag) | | | | | |
| = Bezugspreis: | 30,75 € | | | | |

**Ermittlung des Kalkulationsabschlags durch Formel (gilt dann für alle Produkte der Liste!):**

| | | |
|---|---|---|
| Verkaufspreis (netto) | | = 49,00 € |
| Bezugspreis | | = 30,75 € |
| Differenz zwischen Verkaufspreis und Bezugspreis: | 49,00 € – 30,75 € | = 18,25 € |
| Bezugspreis (in % des Verkaufspreises): | 30,75 € / 49,00 € | = 62,76 % |
| Kalkulationsabschlag (in % des Verkaufspreises): | 18,25 € / 49,00 € | = **37,24 %** |

Der Bezugspreis beträgt 62,76 % des Verkaufspreises. Man muss also vom Verkaufspreis 37,24 % abziehen, um den Bezugspreis zu erhalten. Mit diesem Prozentsatz kann man dann für jedes weitere Produkt in der Inventurliste rechnen (= Kalkulationsabschlag). → Siehe vorstehende Tabelle, Spalte 6.

**Teilwertabschlag:**

Der Teilwertabschlag wird von dem Betrag gebildet, der sich nach (!) Abzug des Kalkulationsabschlags ergibt.

## Lösungen zu Kapitel 4: Güter kommissionieren

### Aufgabe 1

a) 9, b) 1, c) 1, d) 9, e) 1, f) 1, g) 9, h) 9

### Aufgabe 2

a) 3, b) 2, c) 3, d) 1 oder 2, e) 1, f) 1, g) 2

**Lösungshinweise:**

Zu d): Verschiedene Regalarten deuten auf verschiedene Eigenschaften von Lagergütern hin. Die Rundlaufstrategie ist geeignet, wenn der große Raum für mehr Verkehrsfläche verwendet wird, die Stichgangstrategie, wenn die Gütereigenschaften zu verschiedenem Lagerumschlag führen. Die Artikelkonzentration ist jedoch eher geeignet bei beengten Räumen.

Zu g): 80 % Wegzeitanteil kann allerdings auch andere Gründe haben, die etwa in der mangelnden Ausstattung mit angemessenen innerbetrieblichen Transportmitteln liegen.

### Aufgabe 3

Eine chaotische Lagerhaltung ist bei der Rundlaufstrategie eher unvorteilhaft, weil dies dazu führen kann, dass etwa bestimmte sperrige Güter bereits zu Beginn des Rundlaufs mitgeführt werden müssen oder weil der Gewöhnungsfaktor des Pickers gestört wird (Kunde im Supermarkt).

Auch bei der Stichgangstrategie könnten „Schnelldreher" in hintere Regalbereiche gelangen, was das Ziel einer Wegeoptimierung behindern würde.

Selbst bei der Artikelkonzentration gibt es Gründe, die Platzwahl nicht chaotisch vorzunehmen, etwa wenn Lagerguteigenschaften (Gewicht, Sperrigkeit, Empfindlichkeit u.a.) zu beachten sind.

Die Einführung chaotischer Lagerhaltung wird deshalb ohne sinnvolle Lagerzonenbildung nicht erfolgreich sein! Erst innerhalb der Lagerzonen können die anderen drei Strategien zum Einsatz kommen und sich die Vorteile des „chaotischen" Freiplatzsystems, nämlich die bessere Ausnutzung von Flächenkapazitäten und die Gleichgültigkeit des Fachstandortes, voll entfalten. Chaos braucht immer Größe und System!

### Aufgabe 4

a) 9, b) 9, c) 9, d) 9, e) 1, f) 1, g) 9, h) 1, i) 1

**Lösungshinweise:**

Zu a) und b): das widerspricht statischer Bereitstellung.

Zu c): das Pick-Pack-Verfahren widerspricht dezentraler Abgabe.

Zu d): die automatische Kontrolle widerspricht dieser Aussage.

Zu e): da erst dort der Auftrag zusammengestellt wird, ist auch dort die automatische Kontrolle anzusiedeln.

Zu f): möglich, da Pick-by-Voice nicht immer mit Pick-Pack kombiniert wird.

Zu g): eher ungeeignet, da Pick-by-Light vorwiegend im Kleinteilebereich eingesetzt und mit Pick-Pack kombiniert wird, was gegen die dezentrale Abgabe spricht.

Zu h) und i): Automatische Kontrolle wird meistens mit zentraler Abgabe und manuelle Kontrolle mit dezentraler Abgabe kombiniert, um die Ablaufreihenfolge nicht dort zu verzögern, wo Zeit gespart werden kann.

Außerdem verträgt sich statische Bereitstellung im Materialfluss meist nicht gut mit dezentraler Abgabe, weil ein erhöhter Technisierungsgrad bei der Abgabe (Förderbänder) auch den Einsatz von automatisierten Entnahmen (Regalbediengeräte, Kommissionierroboter u.a.) beinhaltet. Ausnahmefälle sind allerdings möglich (z.B. Brief- und Paketdienste).

### Aufgabe 5

| Lagerzone | Anzahl Aufträge | Positionen je Auftrag | Positionen gesamt | Mitarbeiter | Pickfehler gesamt | Fehlerquote in % | Pickpositionen je Mitarbeiter und Stunde | Pickkosten je Zone in € |
|---|---|---|---|---|---|---|---|---|
| Haushalt | 730 | 9 (6570/730) | 6570 | 3 | 50 | 0,76 (50/6 570 · 100) | 273,75 (6570/3/8) | 2 960,59 (9400/ 20860 · 6570) |
| Garten | 290 | 5 | 1450 | 5 | 17 | 1,17 | 36,25 | 653,40 |
| Werkzeug | 960 | 13 | 12480 | 5 | 18 | 0,14 | 312,00 | 5623,78 |
| Baumaterial | 180 | 2 | 360 | 2 | 4 | 1,11 | 22,50 | 162,22 |
| | | | 20860 | | | | | |

## Aufgabe 6

a) auftragsorientiert, seriell

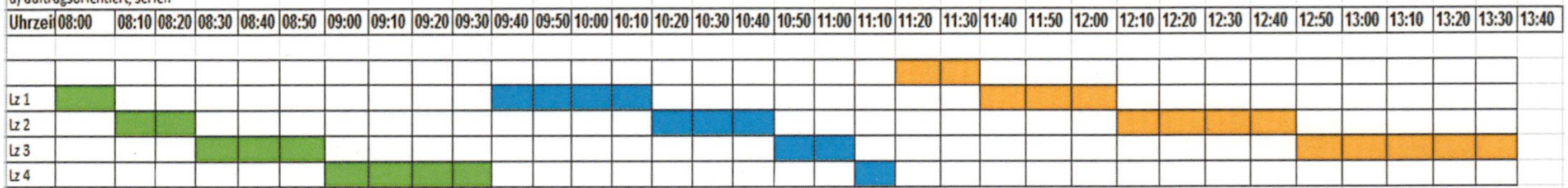


Auswertung:

Auftrag A
Arbeitszeit: 100 min
Durchlaufzeit: 100 min
Basiswartezeit: 0 min

Auftrag B
Arbeitszeit: 100 min
Durchlaufzeit: 100 min
Basiswartezeit: 0 min

Auftrag B
Arbeitszeit: 140 min
Durchlaufzeit: 140 min
Basiswartezeit: 0 min

Erläuterung:
Gesamtzeit für die Aufträge A - C

reine Arbeitszeit = 100 min + 100 min + 140 min = 340 min
Durchlaufzeit = 100 min + 100 min + 140 min = 340 min

Uhrzeit der Fertigstellung aller Aufträge A - C: 13:40 Uhr
Fazit: Bei der auftragsorientierten, seriellen Kommissionierung ist die Arbeitszeit gleich der Durchlaufzeit

b) auftragsorientiert, parallel mit Basiswartezeit

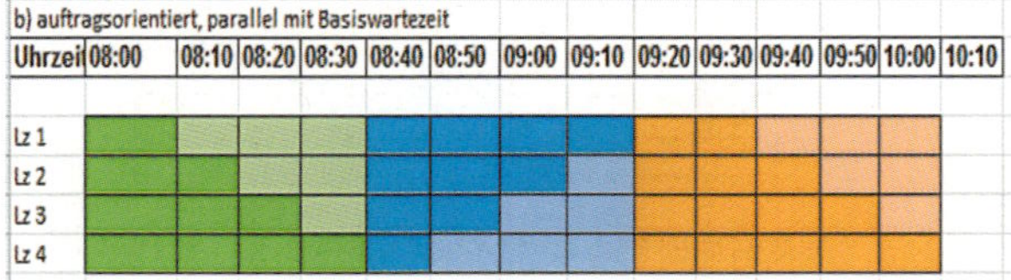


Auswertung:

Auftrag A
Arbeitszeit: 100 m
Basis-Wartezeit: 60 min
Durchlaufzeit: 40 min

Auftrag B
Arbeitszeit: 100 min
Basis-Wartezeit: 60 min
Durchlaufzeit 40 min

Auftrag C
Arbeitszeit: 140 min
Basis-Wartezeit: 60 min
Durchlaufzeit: 50 min

**Erläuterung für b):**
Gesamtzeit für die Aufträge A - C

Nettoarbeitszeit: 100 min + 100 min + 140 min = 340 min
+ Basiswartezeit: 60 min + 60 min + 60 min = 180
= Bruttoarbeitszeit: 340 min + 180 min = 520 min
Durchlaufzeit: 40 min + 40 min + 50 min = 150 min

Uhrzeit der Fertigstellung: 10:10 Uhr
Fazit: Bei der auftragsorientierten, parallelen Kommissionierung ist die Durchlaufzeit geringer als die Arbeitszeit. Die Bruttoarbeitszeit ist größer als die Nettoarbeitszeit, da die Wartezeiten berücksichtigt werden müssen.

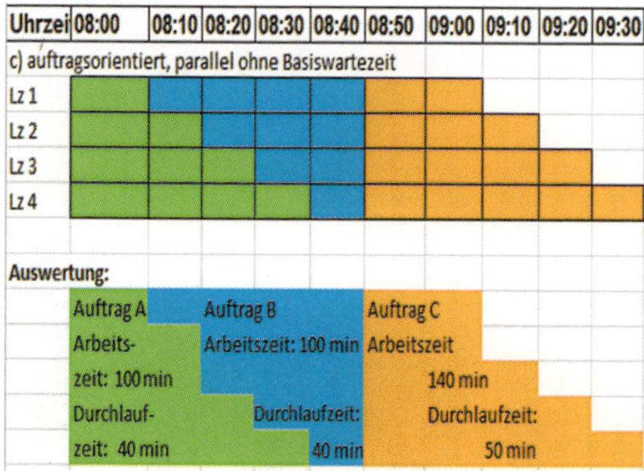


**Erläuterung für c):**

Gesamtzeit für die Aufträge A - C

Nettoarbeitszeit: 100 min + 100 min + 140 min = 340 min

Hier keine Basiswartezeit !

Durchlaufzeit: 40 min + 10 min (!) + 50 min = 100 min

Uhrzeit der Fertigstellung: 09:40 Uhr

Fazit: Bei der auftragsorientierten, parallelen Kommissionierung ist die Durchlaufzeit geringer als die Arbeitszeit. Wartezeiten müssen nicht berücksichtigt werden (Bruttoarbeitszeit = Nettoarbeitszeit).

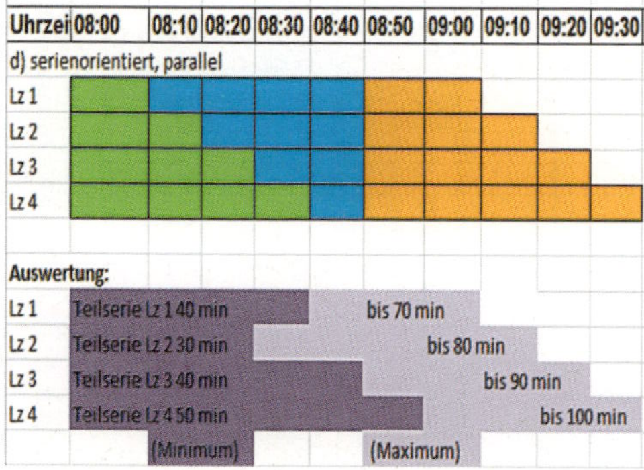


**Erläuterung für d):**

Gesamtzeit für die Aufträge A - C

Nettoarbeitszeit: 40 min + 30 min + 40 min + 50 min = 160 min (Minimum)

Nettoarbeitszeit: 70 min + 80 min + 90 min + 100 min = 340 min (Minimum)

Durchlaufzeit: 50 min (Minimum) bis 100 min (Maximum) (=längste Teilzonenzeiten

Uhrzeit der Fertigstellung: zwischen 09:00 Uhr und 09:40 Uhr

Fazit: Die serienorientierte, parallele Kommissioniermethode ermöglicht die schnellste Bearbeitung (Durchlaufzeit) verschiedener Aufträge. Voraussetzung ist, dass die Vor- und Nacharbeitung zur Serienbildung bzw. Aufteilung der Artikel auf die Kundenaufträge (2. Kommissionierstufe) wenig Zeit benötigt.

## Prüfungsfall (Teil 1): Die Impex GmbH überprüft ihre Kommissioniermethoden

### Aufgabe 1 u. 2

| | Aufgabe 1 | Aufgabe 2 |
|---|---|---|
| **Produkt** | **Regalart** | **Lagerzone** |
| Rohrleitungen | Kragarmregal<br>Gründe: Langware und Kranbeschickung | Halb offenes Lager |
| Computer-Rechner „Impact" | Fachbodenregal<br>Gründe: angenommene Kartonverpackung mit logistischen Normgrößen, Fifo unnötig, da alle Artikel neu | Verschlusszone |
| Edelwein „Chateauneuf du Pape" | Kassettenregal<br>Gründe: liegende Lagerung, ein Fach pro Flasche | Verschlusszone |
| Mineralwasser „Biobrunnen" | Palettendurchlaufregal<br>Grund: Fifo | Palettierte Ware |
| Milchpulver „Laitara" | Palettenregal<br>(auch: Einfahrregal und Einschubregal)<br>Gründe: nur von einer Seite nutzbar, große Lagereinheit | Palettierte Ware |
| Ersatzbohrer | Turmregal<br>(auch: Umlaufregal)<br>Grund: Dynamik nötig | Dynamische LZ |
| Damenparfum „Chantal Nr. 6" | Umlaufregal<br>(auch: Turmregal)<br>Grund: Dynamik nötig | Dynamische LZ |

### Aufgabe 3

| Methode | Beschreibung |
|---|---|
| **Auftrags-orientiert, seriell** | Alle Artikel werden nacheinander getrennt nach Kundenaufträgen, also zuerst für Kaufhaus „Merkur", dann für den „Top-Baumarkt", kommissioniert. Im Grunde reicht ein Kommissionierer aus, es können auch mehrere Kommissionierer im „Übergabeverfahren" (also nicht gleichzeitig!) arbeiten. |
| **Auftrags-orientiert, parallel** | Die Aufträge werden zwar noch immer nacheinander kommissioniert, *innerhalb* des „Merkur-" und des „Baumarkt"-Auftrages kann aber **gleichzeitig** (=parallel) kommissioniert werden. Man braucht dann für jede der vier Lagerzonen bei Impex einen, also insgesamt vier Kommissionierer.<br>Am Ende müssen die kommissionierten Teilaufträge wieder zusammengeführt werden. |
| **Serienorientiert, parallel** | Beide Aufträge werden zusammengefasst in eine „Serie" und dann gleichzeitig in den vier Lagerzonen kommissioniert. Am Ende müssen die Teilserien wieder ihren Ursprungsaufträgen zugeordnet werden. |

## Aufgabe 4

<table>
<tr><th>Methode</th><th>Positionen auf den Kommissionieraufträgen mit jeweiligen Arbeitszeiten</th></tr>
<tr><td>Auftrags-orientiert, seriell</td><td>
<table>
<tr><th>Auftrag A (Kaufhaus „Merkur“/Bonn)</th><th>Auftrag B („TOP-Baumarkt“/Köln)</th></tr>
<tr><td>4 x Computer-Rechner „Impact“<br>1 x Edelwein „Chateauneuf du Pape“<br>288 Kästen Mineralwasser „Biobrunnen“<br>6 x Tonnen Milchpulver „Laitara“<br>2 x Ersatzbohrer im 3er-Set „Superdrill“<br>5 x Damenparfum „Chantal Nr. 6“</td><td>26 x Rohrleitungen<br>2 x Computer-Rechner „Impact“<br>1 x Edelwein „Chateauneuf du Pape“<br>72 Kästen Mineralwasser „Biobrunnen“<br>6 x Ersatzbohrer im 3er-Set „Superdrill“<br>3 x Damenparfum „Chantal Nr. 6“</td></tr>
</table>
</td></tr>
<tr><td>Auftrags-orientiert, parallel (Hinweis Minuten-angaben aus Aufgabe 5)</td><td>
<table>
<tr><th colspan="4">Auftrag A</th><th colspan="4">Auftrag B</th></tr>
<tr><td>Halb offene LZ</td><td>Ver-schluss-LZ</td><td>Dyn. LZ</td><td>Palet-tierte LZ</td><td>Halb offene LZ</td><td>Ver-schluss-LZ</td><td>Dyn. LZ</td><td>Palet-tierte LZ</td></tr>
<tr><td>–</td><td>4 x Comp.<br>1 x Wein</td><td>2 x Bohrer<br>5 x Parfum</td><td>288 x Wasser<br>6 x Milchp.</td><td>26 x Rohre</td><td>2 x Comp.<br>1 x Wein</td><td>6 x Bohrer<br>3 x Parfum</td><td>72 x Wasser</td></tr>
<tr><td>–</td><td>10 min</td><td>5 min</td><td>30 min</td><td>20 min</td><td>5 min</td><td>10 min</td><td>10 min</td></tr>
</table>
</td></tr>
<tr><td>Serien-orientiert, parallel</td><td>
<table>
<tr><th colspan="4">Serie (= Auftrag A + Auftrag B)</th></tr>
<tr><td>Teilserie Halb offene LZ</td><td>Teilserie Verschluss-LZ</td><td>Teilserie Dynamische LZ</td><td>Teilserie Palettierte LZ</td></tr>
<tr><td>26 x Rohre</td><td>6 x Comp.<br>2 x Wein</td><td>8 x Bohrer<br>8 x Parfum</td><td>360 x Wasser<br>6 x Milchp.</td></tr>
<tr><td>20 min</td><td>10–15 min<br>(zu schätzender Zeitwert)</td><td>10–15 min<br>(zu schätzender Zeitwert)</td><td>30–40 min<br>(zu schätzender Zeitwert)</td></tr>
</table>
</td></tr>
</table>

## Aufgabe 5

| Methode | Durchlaufzeit |
|---|---|
| Auftrags-orientiert, seriell | Da Durchlaufzeit wie Arbeitszeit:<br>Auftrag A: 45 min<br>Auftrag B: 45 min<br>Gesamtsumme: **reine Arbeitszeit: 90 min; Durchlaufzeit/90 min** |
| Auftrags-orientiert, parallel | Da Durchlaufzeit so lange wie längster Teilauftrag:<br>Durchlaufzeit Auftrag A: 30 min<br>Durchlaufzeit Auftrag B: 20 min<br>Gesamtsumme **mit** Basiswartezeit: **reine Arbeitszeit: 90 min; Durchlaufzeit: 50 min**<br>(Die Durchlaufzeiten sind hier zu addieren, weil Auftrag B erst nach 30 min freigegeben wird, es gibt also eine sog. Basiswartezeit).<br>Gesamtsumme **ohne** Basiswartezeit: **reine Arbeitszeit: 90 min; Durchlaufzeit: 40 min**<br>(Die Durchlaufzeit ist hier so lange wie die längste Lagerzonen-Zeit für beide Aufträge, hier: Palettierte Lagerzone: 30 min + 10 min, alle anderen Lagerzonen sind früher fertig, weil sie mit B früher als nach 30 min beginnen können. |


28 Hummel - ISBN 978-3-8120-0570-8

| Methode | Durchlaufzeit |
|---|---|
| Serienorientiert, parallel | Da Durchlaufzeit so lange wie längste Teilserie (Teil**serien** haben erhöhte Greifzeiten aber verringerte Wegzeiten gegenüber den Teil**aufträgen**). Deshalb sind die Zeiten hier zu schätzen!<br>Gesamtsumme: **reine Arbeitszeit: 70 min (mindestens) – 90 min (höchstens)**<br>**Durchlaufzeit: 30 min (mindestens) – 40 min (höchstens)**<br>Hinweis:<br>Die durch die Serienbildung eingesparte Wegzeit (jedes Fach wird nur einmal angesteuert) sollte höher sein, als die Zeit, die für die Rückbildung in die ursprünglichen Kundenaufträge (2. Kommissionierstufe) benötigt wird. Sonst lohnt sich diese Methode nicht. |

### Aufgabe 6

| Produkt | Packmittel | Packhilfsmittel |
|---|---|---|
| Rohrleitungen | Flat-Container oder Platform-Container | Stoßsicherung mit Metallumreifungen |
| Computer-Rechner „Impact" | Kartons, Schachteln | Stoß-, Druck-, Diebstahlsicherung mit Styropor, Sicherheitsband |
| Edelwein „Chateauneuf du Pape" | Holzkiste, Sonderformat, liegend | Stoßsicherung mit Holzwolle, Styropor, Kippindikator, Chips + Flocken |
| Mineralwasser „Biobrunnen" | In Getränkekästen auf Paletten, je 36 Stück pro Palette, ISO-Container 40´ (=29 Paletten) | Fallschutz mit Kunststoffumreifung |
| Milchpulver „Laitara" | Liegend in Säcken, 1t pro Palette | Stahlbandumreifung |
| Ersatzbohrer | Pappkarton oder gefalzte Pappe | Stoß-, Feuchtigkeitssicherung mit Wellpappe, Luftpolsterfolie, Kantenschutz |
| Damenparfum | Pappkarton oder gefalzte Pappe | Wellpappe, Seidenpapier, Chips + Flocken |

## Prüfungsfall (Teil 2):

### Aufgabe 1

a) 9, b) 1, c) 1, d) 1, e) 1

### Aufgabe 2

a) 1, b) 1, c) 1, d) 1

Hinweis: überprüfen Sie genau, warum(!) alle Aussagen zutreffen!

### Aufgabe 3

a) 1, b) 1

Hinweis: überprüfen Sie genau, warum(!) alle Aussagen zutreffen!

### Aufgabe 4

a) 1, b) 1, c) 9, d) 9, e) 1

Hinweis: überprüfen Sie genau, warum(!) c) und d) nicht zutreffen!

### Aufgabe 5

a) Die hohe Kommissionierleistung hängt sicher ganz wesentlich mit dem Einsatz des „Ware-zum-Mann-Prinzips" bei dynamischen Systemen zusammen, also dem Einsatz IT-gesteuerter Technik. Die gilt insbesondere dort, wo die Lagereinheiten standardisierte Maße aufweisen und zudem in der „logistischen Kette" wenig verändert worden sind. Die Kommissionierzeiten sind gering, die Umschlagsmengen meist hoch. Das geringe Durchschnittsgewicht lässt etwa auf einen Kleinteilebereich im Zusammenspiel mit hoher Kundenvielfalt schließen.

b) Die geringe Fehlerquote geht sicher auf den Technikeinsatz zurück. Die Rolle des Menschen ist bei dynamischen Systemen auf Prozesskontrolle und die Optimierung der Dateneingabe (Informationsfluss!) verlagert.

c) Bei den vorliegenden Durchschnittsgewichten werden hier wohl Schüttgüter bewegt, deren Volumenabgriff häufig nur geschätzt wird oder durch die Wahl der Verpackungsmittel (Big Bags) ungenau bleibt.

## Lösungen zu Kapitel 5: Güter verpacken

### Aufgabe 1

a) 3, b) 10, c) 1, d) 6, e) 4, f) 5, g) 7, h) 2, i) 8, j) 9

### Aufgabe 2

a) 5, b) 6, c) 8, d) 4, e) 7, f) 1, g) 3, h) 2

### Aufgabe 3

a) 4, b) 3, c) 4, d) 3, e) 1, f) 2, g) 4, h) 2, i) 5, j) 2

### Aufgabe 4

a) 2, b) 1, c) 2, d) 1, e) 3, f) 3, g) 3, h) 2, i) 3, j) 1, k) 1/2, l) 3

### Aufgabe 5

a) Kippindikator, Stoßindikator, Temperaturindikator, Feuchtigkeitsindikator

b) Indikatoren sind Geräte oder meistens selbstklebende Etiketten mit Einrichtungen, die anzeigen, ob das Produkt gekippt oder gestoßen wurde, zu hohen oder zu niedrigen Temperaturen ausgesetzt wurde, oder unzulässig feucht wurde.

c) Damit Transportschäden oder auch Schäden durch falsches Handling bei den Schnittstellenkontrollen auch direkt erkannt werden können, werden Indikatoren insbesondere für teure und empfindliche Produkte eingesetzt. So kann im Schadensfall nachgewiesen werden, wo der Schaden entstanden ist.

### Aufgabe 6

Es gibt

- **einwellige Wellpappe,** die einseitig beklebt ist, d. h., die nur eine untere Decklage hat, worauf eine Wellenbahn geklebt ist,
- **einwellige Wellpappe,** die **zweiseitig beklebt** ist, d. h., diese hat eine untere und eine obere Decklage mit einer Wellenbahn dazwischen,
- **zweiwellige Wellpappe,** die zwischen den beiden Wellen eine Zwischenlage hat,
- **dreiwellige Wellpappe,** die jeweils eine untere und eine obere Decklage und zwei Zwischenlagen hat.
- Eine besonders stabile Wellpappe, die eine besonders hohe Stapelleistung und sehr große stoßdämpfende Eigenschaften hat nennt man **X-Ply,** eine sogenannte Schwerstwellpappe. Bei ihr kreuzen sich wie beim Sperrholzsystem die Wellenbahnen, womit diese Stabilität bewirkt wird

## Aufgabe 7

Bild 1: Die vorgeschriebenen Kennzeichnungen von EPAL oder des UIC oder das EUR-Zeichen rechts oder links fehlen.

Bild 2: Ein Brett fehlt.

Bild 3: Ein Boden- oder Deckrandbrett ist so abgesplittert, dass mehr als ein Nagel- oder Schraubenschaft sichtbar ist.

Bild 4: Ein Klotz fehlt oder ist so gespalten, dass mehr als ein Nagel sichtbar ist oder ist mehr als 1 cm verdreht.

Bild 5: Ein Brett ist quer oder schräg gebrochen.

Bild 6: Mehr als zwei Boden- oder Deckrandbretter sind so abgesplittert, dass mehr als ein Nagel- oder Schraubenschaft sichtbar ist.

Quelle: GPAL (Gütegemeinschaft Paletten e.V.; www.gpal.de)

## Aufgabe 8

a) Bei der linearen Stapelung oder Säulenstapelung werden die einzelnen Packstücke auf der Palette direkt übereinandergestapelt und

bei der Verbundstapelung werden die einzelnen Packstücke nicht direkt übereinandergestapelt, sondern versetzt, wie beim Mauern.

b) Lineare Stapelung | Verbundstapelung

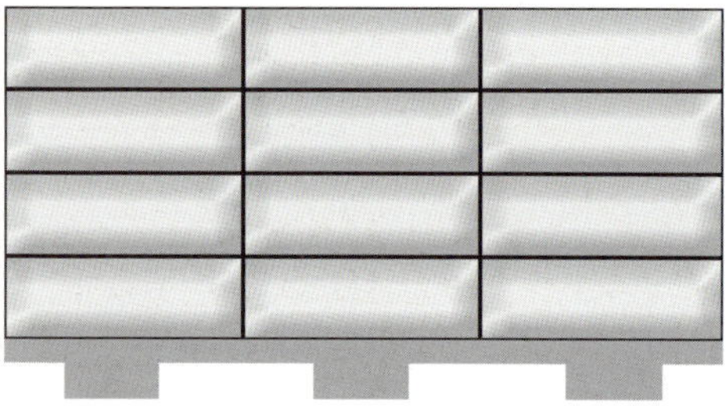

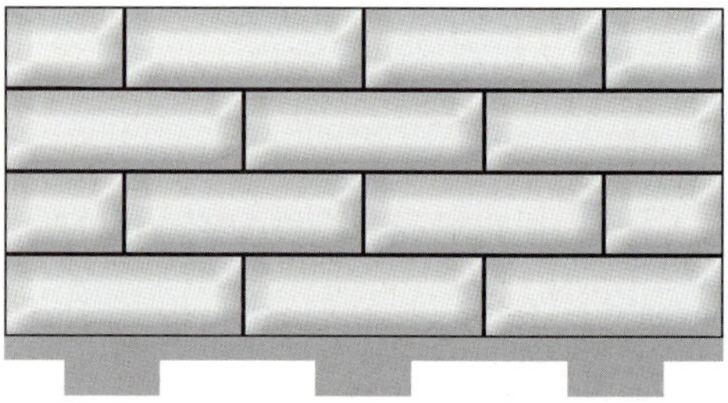

c) Die lineare Stapelung ist in der Durchführung einfacher und schneller. Weiterhin bewirkt sie z.B. bei Getränkekisten einen stabilen Formschluss.

Durch die Stapelung im Verbund wird eine zusätzliche Stabilität und damit ein besserer Halt der Packstücke untereinander erreicht.

## Aufgabe 9

- Im oberen Bereich der Tafel befinden sich die geprägten Zeichen **EUR** im Oval und **DB** im Emblem.
- Darunter steht eine sieben- oder achtstellige Y-Nummer mit vorangestelltem „Y“, die von EPAL nur einmal vergeben wird.
- Daneben ist ein fälschungssicheres goldenes Prüfsiegel bei positiv erfolgter Prüfung aufgeklebt.
- Darunter stehen Angaben zum Eigengewicht in kg,
- Tragfähigkeit in kg,
- Auflast in kg und
- der Laderaum in $m^3$.
- Ganz unten links ist das EPAL-Zeichen im Oval eingeprägt und
- rechts daneben der Name und Sitz des Herstellers oder seine Zulassungsnummer.

### Aufgabe 10

Tragen Sie für die folgenden acht Handhabungshinweise die Bezeichnungen a) in Deutsch und b) in Englisch ein!

| | Symbol | Bezeichnung | | | Symbol | Bezeichnung | |
|---|---|---|---|---|---|---|---|
| | | a) in Deutsch | b) in Englisch | | | a) in Deutsch | b) in Englisch |
| 1. |  | Zerbrechliches Packgut | Fragile, Handle with care | 6. |  | Schwerpunkt | Centre of gravity |
| 2. |  | Oben | This way up | 7. |  | Stechkarre hier nicht ansetzen | No hand truck here |
| 3. |  | Anschlagen hier | Sling here | 8. |  | Klammern in Pfeilrichtung | Clamp here |
| 4. |  | Vor Nässe schützen | Keep dry | 9. |  | Elektrostatisch gefährdetes Bauelement | Electrostatic sensitive device |
| 5. |  | Sperrschicht nicht beschädigen | Do not destroy barrier | 10. | 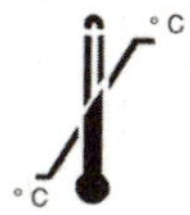 | Zulässiger Temperaturbereich | Temperature limitations |

### Aufgabe 11

a) 39 ft 5 in = 12,014 m
   7 ft 8 in = 2,337 m
   7 ft 9 in = 2,362 m

Volumen = 12,014 x 2,337 x 2,362 = 66,317 $m^3$

b) 1. Alternative: 12x in die Länge / 4x in die Breite / 4x in die Höhe
   12 x 4 x 4 = 192 Schachteln

   2. Alternative: 24x in die Länge / 2x in die Breite / 4x in die Höhe
   24 x 2 x 4 = 192 Schachteln

   1. Alternative

12,014 m lang

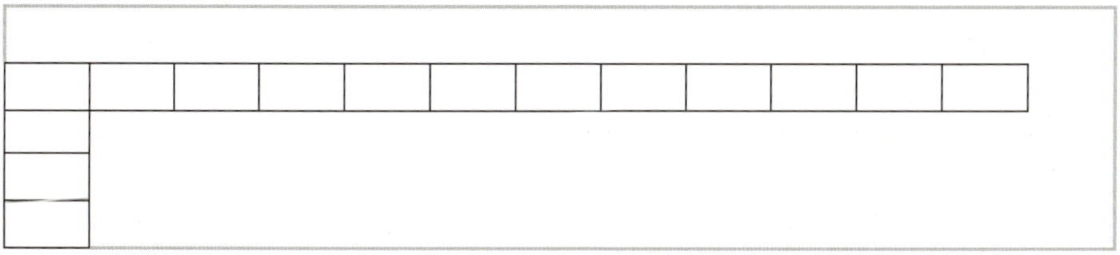

2,337 m breit

2. Alternative

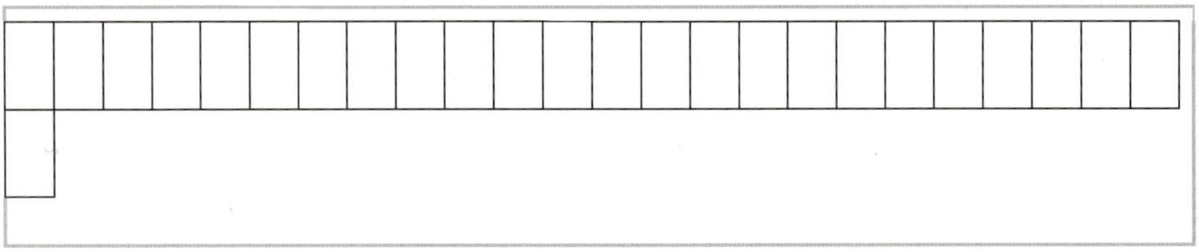

**Aufgabe 12**

a)

- Typ,
- Hersteller,
- Zulassungsnummer,
- Baujahr Serien-Nummer,
- maximales Bruttogewicht,
- erlaubtes Stapelgewicht,
- Belastungswert bei der Querverwindungsprüfung,
- Gültigkeitsdatum der Plakette,

b) Die erste technische Prüfung muss spätestens nach 5 Jahren erfolgen und dann immer spätestens alle 2 Jahre.

c) Jeder Container, der international eingesetzt wird, darf ohne eine gültige Zulassung nicht verladen werden.

**Aufgabe 13**

| Bild-Nr. | Containerart | Anwendungsbereich/Produktbeispiele |
|---|---|---|
| 1 | Standardcontainer | Für Standardladung |
| 2 | Flat | Für Schwergut, überhohe und überbreite Ladung. |
| 3 | Tankcontainer | Für Lebensmittel oder Chemikalien. |
| 4 | Isoliercontainer | Für Ladung, die konstante Minus- oder Plustemperaturen benötigt. |
| 5 | Bulk-Container | Für Schüttgüter und Sauggüter, Futtermittel, Getreide, Gewürze, Kunststoffgranulate etc. |
| 6 | Open-Top-Container | Für hohe oder kranbare Ladung geeignet. |
| 7 | Kühlcontainer | Für Ware, die bei einer konstanten Temperatur oberhalb oder unterhalb des Gefrierpunktes transportiert werden muss. |
| 8 | Platform | Für sehr schwere und übergroße Ladung. |

**Aufgabe 14**

a) 3, b) 9, c) 1, d) 6, e) 12, f) 10, g) 2, h) 5, i) 7, j) 11, k) 4, l) 13, m) 8

**Aufgabe 15**

Das **Bruttogewicht** ist das Gesamtgewicht, dass das Gewicht des Packgutes bzw. des Wägegutes **(= Nettogewicht)** beinhaltet. Die Differenz zwischen Brutto und Netto nennt man **Tara,** die sich durch das Gewicht der Verpackung oder des Ladungsträgers wie eine Palette ergibt.

### Aufgabe 16

a) 10 EUR-Paletten x 24 kg = **240 kg Tara**

b) 10 EUR-Paletten x 550 kg = 5500 kg Brutto ≙ 100 %

240 kg Tara ≙ 240 kg x 100 % / 5500 kg = **4,36 %**

c) Brutto – Tara = Netto

5500 kg – 240 kg = **5260 kg**

### Aufgabe 17

280 € ≙ 100 %

40 € ≙ 40 € x 100 % / 280 € = **14,29 %**

### Aufgabe 18

Brutto für netto bedeutet, dass das Nettogewicht der Ware und das Verpackungsgewicht (Tara) mit dem Preis für die Ware pro Kilogramm berechnet wird.

315 kg + 29 kg = 344 kg Brutto x 11,50 € = **3956,00 €**

### Aufgabe 19

a) Die ADR ist das Europäische Übereinkommen über die internationale Beförderung gefährlicher Güter auf der Straße, die aber auch Gültigkeit für die innerstaatlichen Beförderungen in der EU hat.

b)

| | **UN 4G / Y21.5 / S / 05 / D / BAM 1234 - ABC<br>UN 0336** |
|---|---|
| UN: | United Nations (Vereinte Nationen) |
| 4G: | Verpackungskategorie (hier eine Kiste aus Wellpappe) |
| Y21.5: | Entspricht der Verpackungsgruppe II (gefährlich), max. Bruttogewicht 21,5 kg |
| S: | Für Feststoffe (solid = fester Stoff) |
| 05: | Herstellungsjahr |
| D: | Staat, in dem die Zulassung erteilt wurde (hier Deutschland) |
| BAM: | Zulassende Behörde (Bundesanstalt für Materialforschung und –prüfung) |
| 1234: | Zulassungsnummer |
| ABC: | Kurzzeichen des Herstellers |

c) Nach der UN-Nr. 0336 handelt es sich nach ADR um FEUERWERKSKÖRPER.

d) Im Verzeichnis für gefährliche Güter in der ADR ist die Klasse 1 eingetragen, d. h., dies ist die Gefahrgutklasse, in der sich explosive Stoffe und Gegenstände mit Explosivstoff befinden.

e) Im Teil 2 der ADR (2.1.1.3), Klassifizierung, wird auf Ausnahmen verwiesen, die zur UN-Nr. keine Verpackungsgruppe zugeordnet bekommen haben. Dazu gehört u. a. auch die Klasse 1.

Im Teil 4 der ADR (4.1.5.5), Vorschriften für die Verwendung von Verpackungen und Tanks wird darauf verwiesen, dass die Verpackungen der Verpackungsgruppe II genügen müssen.

f) Die Verpackungsgruppe drückt den Gefahrengrad eines gefährlichen Stoffes aus.

Bei der Verpackungsgruppe 1 handelt es sich um Stoffe mit hoher Gefahr, bei 2 mit mittlerer Gefahr und bei 3 mit geringer Gefahr.

Bei den Feuerwerkskörpern genügt die Verpackungsgruppe II, d. h., dass diese Verpackungen **geprüft** sein müssen für die Verpackungsgruppen II und III bzw. für Stoffe mit mittlerer und geringer Gefahr.

g) Aus der Verpackungsanweisung P135 im Teil 4 der ADR ergibt sich, dass Innenverpackungen und -ausstattungen aus bestimmtem Material sein dürfen, dass Zwischenverpackungen und -ausstattungen nicht erforderlich sind und Außenverpackungen und -ausstattungen Kisten oder Fässer aus den dort angegebenen Materialien sein können. Die im o. a. Beispiel genannte Verpackungskategorie 4G ist erlaubt (Kisten aus Pappe).

Die Sondervorschrift MP 23 besagt, dass die Feuerwerkskörper nur mit Gefahrgütern, die unter dieselbe UN-Nummer fallen, zusammengepackt werden dürfen. Ansonsten dürfen diese Feuerwerkskörper nicht mit Gütern der übrigen Gefahrgutklassen zusammengepackt werden.

Die Sondervorschrift MP 24 dagegen besagt, dass Güter mit der in der darunter stehenden Tabelle aufgeführten UN-Nummern ohne besondere Massebegrenzungen zusammengepackt werden dürfen, wenn sie mit einem „A" angegeben sind oder eine Begrenzung in ihrer Gesamtexplosivstoffmasse erfahren, wenn sie mit einem „B" gekennzeichnet sind. Da die Feuerwerkskörper mit der UN-Nummer 0336 mit „A" gekennzeichnet sind, dürfen sie demnach mit Feuerwerkskörpern mit den UN-Nummern 0333, 0334 und 0335 zusammengepackt werden.

Frage b)

| Arten | Werkstoffe | Typ |
|---|---|---|
| 1 Fässer | A Stahl (alle Typen und alle Oberflächenbehandlungen) | 1 nicht abnehmbarer Deckel, kleiner als 7 cm |
| 2 offen seit ADR 2007 | | |
| 3 Kanister | B Aluminium | 2 abnehmbarer Deckel, größer als 7 cm |
| (4) Kisten | C Naturholz | |
| 5 Säcke | D Sperrholz | |
| 6 Konbinationsverpackungen | F Holzfaserwerkstoff | |
| | (G) Pappe | |
| 7 offen | H Kunststoff | |
| 0 Feinstblechverpackungen | L Textilgewebe | |
| | M Papier, mehrlagig | |
| 11; 13; 21; 31 IBC | N Metall | |
| 50; 51 Großpackung | P Glas, Porzellan oder Steinzeug | |

Frage f)

Frage b)

| Verpackungsgruppe | Gefahrenstufen | Verpackungsgruppe geprüft für | Verpackungskennzeichen |
|---|---|---|---|
| Verpackungsgruppe I | Stoffe mit hoher Gefahr | I, II und III | X |
| Verpackungsgruppe (II) | Stoffe mit mittlerer Gefahr | II und III | (Y) |
| Verpackungsgruppe III | Stoffe mit geringer Gefahr | II | Z |

**Auszug aus der ADR: Teil 3, Tabelle A, Verzeichnis der gefährlichen Güter**

| UN-Nummer | Benennung und Beschreibung | Klasse | Klassifizierungscode | Verpackungsgruppe | Gefahrzettel | Sondervorschriften | Begrenzte und freigestellte Mengen | | Verpackung: Anweisungen | Verpackung: Sondervorschriften | Verpackung: Zusammenpackung | ortsbewegliche Tanks und Schüttgut-Container: Anweisungen | ortsbewegliche Tanks und Schüttgut-Container: Sondervorschriften |
|---|---|---|---|---|---|---|---|---|---|---|---|---|---|
| | 3.1.2 | 2.2 | 2.2 | 2.1.1.3 | 5.2.2 | 3.3 | 3.4.6/3.5.1.2 | | 4.1.4 | 4.1.4 | 4.1.10 | 4.2.5.2<br>7.3.2 | 4.2.5.3 |
| (1) | (2) | (3a) | (3b) | (4) | (5) | (6) | (7a) | (7b) | (8) | (9a) | (9b) | (10) | (11) |
| 0336 | FEUERWERKSKÖRPER | 1 | 1.4G | | 1.4 | 645<br>651 | LQ0 | E0 | P135 | | MP23<br>MP24 | | |

Frage c) (UN-Nummer)

Frage d) (Klasse)

Frage f) (Verpackungsgruppe)

Frage g); Verpackungsanweisung P135 gem. ADR, Teil 4

Frage g); siehe Auszüge ADR, Teil 4, 4.1.10

**Auszug aus der ADR: Teil 4, 4.1.10 Sondervorschriften für die Zusammenpackung**

| UN-Nummer | 0012 | 0014 | 0027 | 0028 | 0044 | 0054 | 0160 | 0161 | 0186 | 0191 | 0194 | 0195 | 0197 | 0238 | 0240 | 0312 | 0333 | 0334 | 0335 | 0336 | 0337 | 0373 | 0405 | 0428 | 0429 | 0430 | 0431 | 0432 | 0505 | 0506 | 0507 |
|---|---|---|---|---|---|---|---|---|---|---|---|---|---|---|---|---|---|---|---|---|---|---|---|---|---|---|---|---|---|---|---|
| 0012 | | A | | | | | | | | | | | | | | | | | | | | | | | | | | | | | |
| 0014 | A | | | | | | | | | | | | | | | | | | | | | | | | | | | | | | |
| 0027 | | | | B | B | | B | B | | | | | | | | | | | | | | | | | | | | | | | |
| 0028 | | | B | | B | | B | B | | | | | | | | | | | | | | | | | | | | | | | |
| 0044 | | | B | B | | | B | B | | | | | | | | | | | | | | | | | | | | | | | |
| 0054 | | | | | | | | | B | B | B | B | B | B | B | B | | | | | | B | B | B | B | B | B | B | B | B | B |
| 0160 | | | B | B | B | | | B | | | | | | | | | | | | | | | | | | | | | | | |
| 0161 | | | B | B | B | | B | | | | | | | | | | | | | | | | | | | | | | | | |
| 0186 | | | | | | B | | | | B | B | B | B | B | B | B | | | | | | B | B | B | B | B | B | B | B | B | B |
| 0191 | | | | | | B | | | B | | B | B | B | B | B | B | | | | | | B | B | B | B | B | B | B | B | B | B |
| 0194 | | | | | | B | | | B | B | | B | B | B | B | B | | | | | | B | B | B | B | B | B | B | B | B | B |
| 0195 | | | | | | B | | | B | B | B | | B | B | B | B | | | | | | B | B | B | B | B | B | B | B | B | B |
| 0197 | | | | | | B | | | B | B | B | B | | B | B | B | | | | | | B | B | B | B | B | B | B | B | B | B |
| 0238 | | | | | | B | | | B | B | B | B | B | | B | B | | | | | | B | B | B | B | B | B | B | B | B | B |
| 0240 | | | | | | B | | | B | B | B | B | B | B | | B | | | | | | B | B | B | B | B | B | B | B | B | B |
| 0312 | | | | | | B | | | B | B | B | B | B | B | B | | | | | | | B | B | B | B | B | B | B | B | B | B |
| 0333 | | | | | | | | | | | | | | | | | | A | A | A | A | | | | | | | | | | |
| 0334 | | | | | | | | | | | | | | | | | A | | A | A | A | | | | | | | | | | |
| 0335 | | | | | | | | | | | | | | | | | A | A | | A | A | | | | | | | | | | |
| 0336 | | | | | | | | | | | | | | | | | A | A | A | | A | | | | | | | | | | |
| 0337 | | | | | | | | | | | | | | | | | A | A | A | A | | | | | | | | | | | |
| 0373 | | | | | | B | | | B | B | B | B | B | B | B | B | | | | | | | B | B | B | B | B | B | B | B | B |
| 0405 | | | | | | B | | | B | B | B | B | B | B | B | B | | | | | | B | | B | B | B | B | B | B | B | B |
| 0428 | | | | | | B | | | B | B | B | B | B | B | B | B | | | | | | B | B | | B | B | B | B | B | B | B |
| 0429 | | | | | | B | | | B | B | B | B | B | B | B | B | | | | | | B | B | B | | B | B | B | B | B | B |
| 0430 | | | | | | B | | | B | B | B | B | B | B | B | B | | | | | | B | B | B | B | | B | B | B | B | B |
| 0431 | | | | | | B | | | B | B | B | B | B | B | B | B | | | | | | B | B | B | B | B | | B | B | B | B |
| 0432 | | | | | | B | | | B | B | B | B | B | B | B | B | | | | | | B | B | B | B | B | B | | B | B | B |
| 0505 | | | | | | B | | | B | B | B | B | B | B | B | B | | | | | | B | B | B | B | B | B | B | | B | B |
| 0506 | | | | | | B | | | B | B | B | B | B | B | B | B | | | | | | B | B | B | B | B | B | B | B | | B |
| 0507 | | | | | | B | | | B | B | B | B | B | B | B | B | | | | | | B | B | B | B | B | B | B | B | B | |

Frage g)

## Prüfungsfall: Ein ganzes Gartenhaus auf einer Palette

**1. Schritt:**

| | |
|---|---|
| Kanthölzer | Umreifung mit Kantenschutz, ohne Karton |
| Boden- und Wandpaneele | W. o. ggf. in Karton packen (und zukleben) |
| Türelemente | Karton |
| Fensterelemente | In Wellpappe oder in Noppenschaum in Flachkarton (zukleben) |
| Dachplatten | Karton oder Umreifung |
| Schrauben/Nägel | Plastikbeutel |
| Beschläge | Ölpapier + Plastikbeutel oder nur Plastikbeutel |
| Maybetherm | Gesonderter Kleinkarton mit Noppenschaum (ggf. in einen anderen Karton beigeben) |

Benötigte Hilfsmittel: Umreifungsgerät (manuell/automatisch), Klebevorrichtung (manuell/automatisch), Kartons, Umreifungsband, Kleberolle, ggf. Füllstoff für Hydrometer/Beschläge

**2. und 3. Schritt:**

Es gibt folgende mögliche Pakete (ggf. zusammenfassen), Gewicht eines Packstücks muss berücksichtigt werden.

| | Pakete | Gewicht je Packstück | Anzahl Packstücke | Gesamt-gewicht | Paketmaße |
|---|---|---|---|---|---|
| A | 28 Kanthölzer 10 x 10<br>Je 4 in ein Paket | 24 kg | 7 | 168 kg | ca. 120 x 20 x 20 cm<br>(je 2x2 Kanthölzer) |
| B | 16 Bodenpaneele<br>Je 8 in ein Paket | 24 kg | 2 | 48 kg | ca. 120 x 30 x 12 cm<br>(je 2x4 Paneele) |
| C | 55 Wandpaneele<br>Je 5 in ein Paket | 15 kg | 11 | 165 kg | ca. 120 x 20 x 10<br>(je 1x5 Paneele) |
| D | 22 Wandpaneele<br>22 in ein Paket | 11 kg | 1 | 11 kg | ca. 40 x 22 x 20 cm<br>(je 2x11 Paneele) |
| E | Türelemente<br>Beide Elemente in ein Paket | 24 kg | 1 | 24 kg | ca. 100 x 80 x 25 cm<br>(2 Elemente übereinander) |
| F | 5 Dachlatten<br>Alle in ein Paket | 10 kg | 1 | 10 kg | ca. 120 x 12 x 10 cm<br>(3 und 2) |
| G | 6 Dachplatten<br>Je 3 in einem Paket | 21 kg | 2 | 42 kg | ca. 120 x 40 x 7 cm<br>(je 1x3 Dachplatten) |
| H | 3 Pakete Dachschindeln | 13 kg | 3 | 39 kg | ca. 30 x 30 x 30<br>(Paket bleibt erhalten) |
| I | Beschläge, Schrauben, Hydrometer etc. | 18 kg | 1 | 18 kg | ca. 40 x 25 x 20 |
| J | Fensterelement | 12 kg | 1 | 12 kg | 65 x 60 x 4 cm |
| | **Summe / Gesamt** | | **30** | **537 kg** | |

**4. + 5. Schritt:**

Eine mögliche Palettenbeladung („Muster-Versandeinheit")

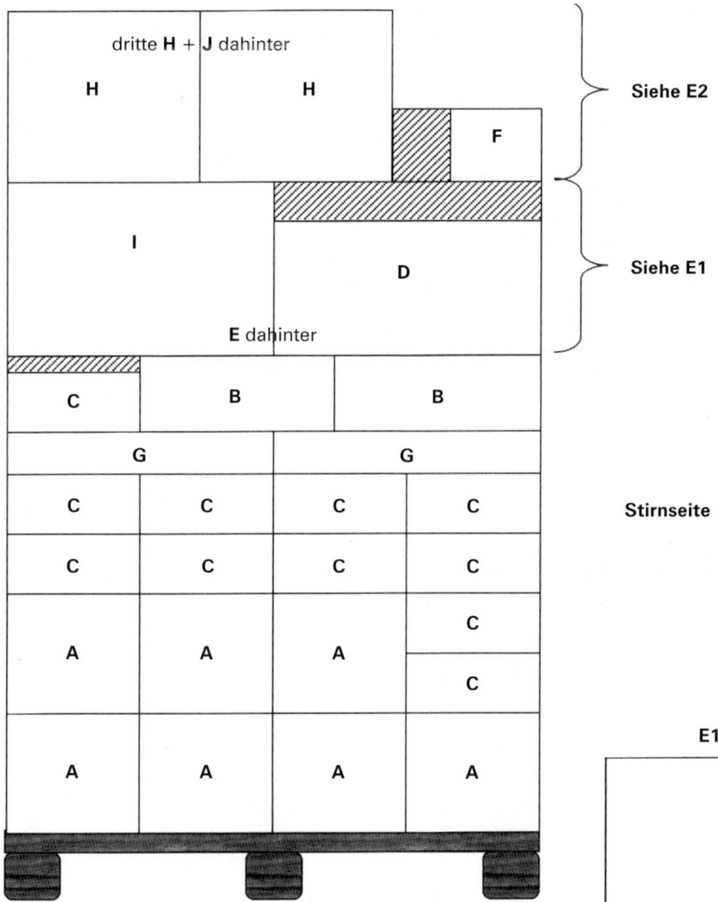


E1 – Draufsicht

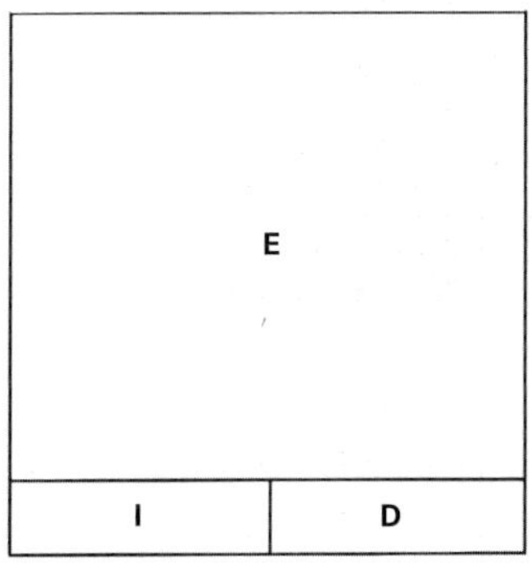


E2 – Draufsicht

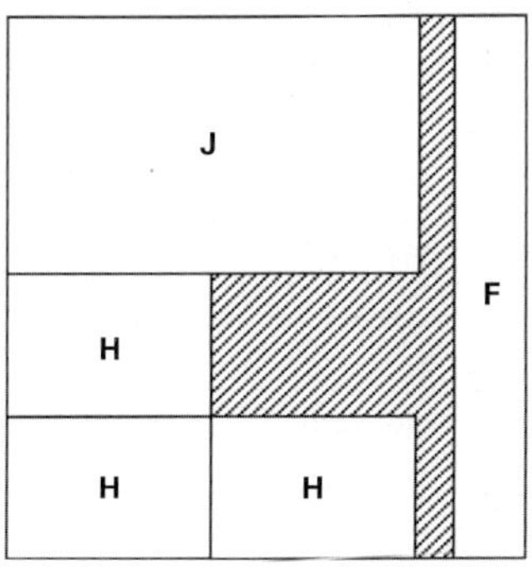


- Zur Sicherung wird die Palette zwei- oder dreifach umreift.
- Anschließende Umstretchung (Schutz vor Nässe / Feuchtigkeit).
- Eventuell genügt auch die Umstretchung, wenn die oberen Packstücke dadurch genügend gesichert sind.

## Lösungen zu Kapitel 6: Touren planen

### Aufgabe 1

| | | | | | |
|---|---|---|---|---|---|
| a) 1 | c) 8 | e) 3 | g) 9 | i) 6 | k) 11 |
| b) 5 | d) 2 | f) 7 | h) 10 | j) 12 | l) 4 |

### Aufgabe 2

| | | |
|---|---|---|
| a) Hamburg, Schleswig-Holstein, Niedersachsen | e) Niedersachsen | i) Baden-Württemberg |
| b) Rheinland-Pfalz, Hessen, Baden-Württemberg | f) Saarland | j) Sachsen, Sachsen-Anhalt |
| c) Bayern | g) Bayern | k) Berlin, Brandenburg |
| d) Bremen, Niedersachsen | h) Sachsen | l) Nordrhein-Westfalen |

### Aufgabe 3

| | | | |
|---|---|---|---|
| a) Hamburg und Köln | A1 | g) Erfurt und Chemnitz | A4 |
| b) Dortmund und Magdeburg | A2 | h) Saarbrücken und Mannheim | A6 |
| c) Bremen und Hannover | A27, A7 | i) Frankfurt/Main und Stuttgart | A5, A8 |
| d) Leipzig und Berlin | A9 | j) Kassel und Jena | A7, A4 |
| e) Dresden und Berlin | A13 | k) Köln und Hannover | A1, A2 |
| f) Nürnberg und München | A9 | l) Lübeck und Karlsruhe | A1, A7, A5 |

### Aufgabe 4

| | | | |
|---|---|---|---|
| a) Hamburg–Aachen | Bremen, Osnabrück, Münster, Dortmund, Wuppertal, Köln | d) München–Karlsruhe | Augsburg, Ulm, Stuttgart, Pforzheim |
| b) Bremen–Nürnberg | Hannover, Kassel, Würzburg | e) Kiel–Freiburg | Hamburg, Hannover, Kassel, Frankfurt, Heidelberg, Karlsruhe |
| c) Gelsenkirchen–Magdeburg | Dortmund, Gütersloh, Bielefeld, Hannover, Braunschweig | f) Berlin–Saarbrücken | Leipzig, Jena, Erfurt, Gießen, Frankfurt, Mainz |

### Aufgabe 5

| Ausgangsort | über | Zielort | Benötigte Fahrzeit in Std/Min |
|---|---|---|---|
| a) München | Stuttgart | Saarbrücken | 2:30 + 1:30 + 1:20 + 2:30 = 7:50 |
| b) Freiburg/Br. | Karlsruhe | Frankfurt/Main | 2:20 + 1:10 + 1:30 = 5:00 |
| c) Hannover | Leipzig | Dresden | 2:30 + 2:10 + 2:00 = 6:40 |
| d) Dortmund | Bremen | Flensburg | 2:00 + 1:10 + 0:50 + 1:50 + 2:40 = 8:30 |
| e) Rostock | Hamburg | Kassel | 3:00 + 2:30 + 2:50 = 8:20 |

### Aufgabe 6

| | | | |
|---|---|---|---|
| a) von Hamburg nach Köln | 425 | e) von Düsseldorf nach Kassel | 231 |
| b) von Leipzig nach Berlin | 189 | f) von Kiel nach Karlsruhe | 718 |
| c) von Bremen nach Hannover | 130 | g) von Frankfurt/Main nach Stuttgart | 204 |
| d) von Saarbrücken nach Mannheim | 135 | h) von Nürnberg nach München | 166 |

### Aufgabe 7

a) **Entfernungen ermitteln**

| | *Von* | *nach* | *km lt. Tabelle* |
|---|---|---|---|
| **Tour 1** | Nürnberg | Berlin | 437 |
| | Berlin | Hamburg | 291 |
| | Hamburg | Bremen | 127 |
| | Bremen | Nürnberg | 582 |
| | **Gesamtkilometer Tour 1** | | **1 437** |
| | *Von* | *nach* | *km lt. Tabelle* |
| **Tour 2** | Nürnberg | Kassel | 304 |
| | Kassel | Braunschweig | 152 |
| | Braunschweig | Nürnberg | 448 |
| | **Gesamtkilometer Tour 2** | | **904** |
| | *Von* | *nach* | *km lt. Tabelle* |
| **Tour 3** | Nürnberg | Dortmund | 440 |
| | Dortmund | Köln | 96 |
| | Köln | Frankfurt/Main | 186 |
| | **Gesamtkilometer Tour 3** | | **722** |
| | *Von* | *nach* | *km lt. Tabelle* |
| **Tour 4** | Nürnberg | Dresden | 314 |
| | Dresden | Leipzig | 113 |
| | Leipzig | Magdeburg | 137 |
| | Magdeburg | Nürnberg | 385 |
| | **Gesamtkilometer Tour 4** | | **949** |

b) **Berechnung der Mautbelastung, Annahme: Mautsatz 16,3 ct je km**

Tour 1: 1 437 km · 0,163 € = 234,23 €

Tour 2: 904 km · 0,163 € = 147,35 €

Tour 3: 722 km · 0,163 € = 117,69 €

Tour 4: 949 km · 0,163 € = 154,69 €

### Aufgabe 8

Die durchschnittliche Geschwindigkeit kann für die Touren nach Liverpool und nach Mailand wahrscheinlich nicht erreicht werden, weil die Wartezeiten am Kanal (Eurotunnel oder Fähre) bzw. die Durchquerung der Alpen (Steigungen, besondere Staugefahr, Tunnelbeschränkungen) die Gesamtdauer verlängern. Eventuell ist die durchschnittliche Geschwindigkeit geringer anzusetzen, z. B. 47 km/h.

Kopenhagen ist ohne diese Verkehrshindernisse zu erreichen. Bliebe allerdings die Frage, ob eine Fährverbindung über die Ostsee genutzt würde, wodurch es bei der Fährverbindung zu Wartezeiten kommen könnte.

## Aufgabe 9

**Lösungsweg:**

| Tätigkeit (allgemeines Schema) | Anwendung auf diese Aufgabe |
|---|---|
| ① Orientierung schaffen: Lage der Zielorte anhand einer Karte prüfen. | Hier ist nur eine Strecke zwischen zwei Städten zu planen, daher ist diese Tätigkeit nicht notwendig. |
| ② Sondereinflüsse berücksichtigen:<br>➢ vorgegebene Zeitfenster der Kunden,<br>➢ Aufnahme von Waren an einem Zielort für andere Zielorte,<br>➢ Zeitbedarf für Auf- und Abladungen,<br>➢ Lenk und Ruhezeiten,<br>➢ Verzögerungen aufgrund von Staugefahr, Verkehrshinderungen, Fahrverboten u. a. | Gemäß Aufgabenstellung sind keine Einschränkungen aufgrund von Sondereinflüssen zu berücksichtigen, daher kann dieser Arbeitsschritt entfallen. Lediglich die gesetzlichen Regelungen zu den Lenk- und Ruhezeiten sind zu beachten. |
| ③ Distanz ermitteln: Entfernungen (Kilometer) aus Tabellen oder Internetquellen entnehmen | Aus der Entfernungstabelle ablesen: Entfernung Dresden–Braunschweig |
| ④ Zeitbedarf berechnen: Umrechnung von Kilometern anhand der möglichen Durchschnittsgeschwindigkeit zur Berechnung der Fahrzeiten. | Die Entfernung ist durch die Durchschnittsgeschwindigkeit zu teilen, ganze Stunden notieren, Teilstunden in Minuten umrechnen. |
| ⑤ Detailplanung der Teilstrecken: Lenk- und Ruhezeiten planen. | Abfahrtzeit notieren,<br>Lenkzeit 4:30 Stunden (= 4,5 Stunden),<br>Ruhepause 0:45 Stunden (= 0,75 Stunden),<br>Lenkzeit 4:30 Stunden (= 4,5 Stunden),<br>ggf. 11 Stunden Ruhezeit,<br>Ankunftszeit angeben. |

**Lösung:**

| | | |
|---|---|---|
| ① | Entfällt hier | |
| ② | Entfällt hier | |
| ③ | Dresden–Braunschweig = 338 km | |
| ④ | ➢ 338 km bei 50 km/h = 338 : 50 = 6,76 Stunden, d. h. 6 Stunden und 0,76 Stunden<br>➢ Umrechnung der 0,76 Stunden in Minuten = > 0,76 · 60 Minuten = 45,6 Minuten<br>➢ insgesamt benötigter Zeitbedarf (reine Lenkzeit): 6 Stunden und 46 Minuten | |
| ⑤ | 13:00 Uhr | Abfahrt Dresden<br>Lenkzeit 4:30 Stunden (4,5 Stunden) |
| | 17:30 Uhr | Pause<br>0:45 Stunden |
| | 18:15 Uhr | Weiterfahrt (Restfahrzeit 2:16 Stunden)<br>Lenkzeit 2:16 Stunden |
| | 20:31 Uhr | Ankunft Braunschweig |

## Aufgabe 10

**Lösungsweg siehe vorherige Aufgabe**

| | |
|---|---|
| ① | Entfällt hier |
| ② | Entfällt hier |
| ③ | Hannover–Kiel = 247 km |
| ④ | ➢ 247 km bei 50 km/h = 247 : 50 = 4,94 Stunden, d. h. 4 Stunden und 0,94 Stunden<br>➢ Umrechnung der 0,94 Stunden in Minuten = > 0,94 · 60 Minuten = 56,4 Minuten<br>➢ insgesamt benötigter Zeitbedarf (reine Lenkzeit): 4 Stunden und 57 Minuten |
| ⑤ | Rückrechnung von der Ankunftszeit (10:00 Uhr) aus. |

Der Lkw benötigt an reiner Fahrzeit 4 Stunden und 57 Minuten bis zum Kieler Hafen. Hinzu kommen die gesetzlich vorgeschriebene Pause von 45 Minuten sowie die Ladezeit von 60 Minuten in Hannover. Somit ergibt sich ein Zeitbedarf von 6:42 Stunden für Verladung und Transport. Ankunft in Kiel ist spätestens um 10:00 Uhr, d. h., die Ware müsste spätestens um 03:18 Uhr zur Verladung bereit stehen.

Sie würde also wahrscheinlich am Vorabend spätestens zum Betriebsschluss verladen werden und der Lkw könnte bereits abfahren, um über Zeitreserven aufgrund von Stau oder Sperrungen zu verfügen.

## Prüfungsfall: Eine Tourenplanung in der Impex GmbH

**Lösungshinweis:**

Arbeiten Sie bei Aufgaben zur Tourenplanung zunächst die Besonderheiten der Aufgabe heraus, z. B. Zeitfenster, Ladungsgewichte, Zusammenladeverbote, Durchschnittsgeschwindigkeit o. Ä.! Nehmen Sie dann die zur Verfügung stehende Karte zur Hand sowie die Entfernungstabelle und planen Sie die Tour.

Die Ermittlung der Kilometer und die anschließende Berechnung der Mautzahlung dürfen für Sie kaum problematisch sein.

In dieser Aufgabe sind es **vier Dinge,** die unbedingt zu beachten sind:

1. die angenommene durchschnittliche Geschwindigkeit des Lkw (hier: 60 km/h),
2. die Anwendung der Lenk- und Ruhezeiten mit Rundungshinweisen (hier: keine Ausdehnung, Achtung z. B. VOR München muss die 11-h-Ruhezeit gehalten werden),
3. die Vorgabe der Anlieferungszeiten (hier z. B. München ab 6:00 Uhr zwingt zu einer Wartezeit vor dem Tor – keine Pause im Sinne der Lenk- und Ruhezeitbestimmungen),
4. die Aufnahme von Waren für spätere Orte (hier: Leipzig für Berlin, Bremen für Dortmund).

| Von–nach | km | Benötigte (Lenk-)Zeit | Geplante Abfahrts- und Ankunftszeit | Autobahnnutzung |
|---|---|---|---|---|
| Köln–München | 571 | 9:32 h (9:40 h) | Abfahrt Köln 8.00 Uhr am 10.<br>Ankunft München 5.25 Uhr am 11.<br>Entladung von 6.00 – 6.30 Uhr | A3, A5, A8 |
| München–Nürnberg | 166 | 2:46 h (2:50h) | Abfahrt München 6.30 Uhr<br>Ankunft Nürnberg 9.20 Uhr<br>Entladung bis 9.50 Uhr | A9 |
| Nürnberg–Leipzig . | 278 | 4:38 h (4:40 h) | Abfahrt Nürnberg 9.50 Uhr<br>Ankunft Leipzig 15.15 Uhr<br>Entladung bis 15.45 Uhr | A9 |
| Leipzig–Berlin | 189 | 3:09 h (3:10 h) | Abfahrt 15.45 Uhr<br>Ankunft Berlin 5.55 Uhr am 12.<br>Entladung von 7.00 – 7.30 Uhr | A9, A10, A115 |

| Von–nach | km | Benötigte (Lenk-)Zeit | Geplante Abfahrts- und Ankunftszeit | Autobahnnutzung |
|---|---|---|---|---|
| Berlin–Bremen | 394 | 6:34 h (6:40 h) | Abfahrt Berlin 7.30 Uhr<br>Ankunft Bremen 14.55 Uhr<br>Entladung bis 15.25 Uhr | A115, A10, A2, A27 |
| Bremen–Dortmund | 233 | 3:53 h (4:00 h) | Abfahrt Bremen 2.25 Uhr am 13.<br>Ankunft Dortmund 6.25 Uhr<br>Entladung bis 6.55 Uhr | A1 |
| Dortmund–Köln | 96 | 1:36 h (1:40 h) | Abfahrt Dortmund 6.55 Uhr<br>Ankunft Köln 9.20 Uhr | A1, A3 |
| Summe | 1927 | | | |

In der Praxis würde man wahrscheinlich die Ankunftszeit auf eine ganze Stunde aufrunden, z. B von 9:20 Uhr auf 10:00 Uhr.

Mautkosten: 1927 km · 16,3 ct/km = 314,10 €

**Lösungsweg für den ersten Abschnitt Köln–München:**

| | |
|---|---|
| Montag, 10.<br>8:00 Uhr ab Köln | Bis München 571 km–Fahrzeit (=Lenkzeit) 9:32 h<br>aufgerundet gemäß Aufgabenstellung 9:40 h |
| | 4:30 Lenkzeit |
| 12:30 Uhr Pause | 0:45 h |
| 13:15 Uhr weiter | Benötigt werden bis München noch 5:10 h, zur Verfügung stehen noch 4:30 h Lenkzeit, dann muss die 11 h Ruhepause eingelegt werden |
| 17:45 Uhr | 11 Stunden Ruhezeit |
| Dienstag, 11.<br>4:45 Uhr weiter | Bis München werden noch 0:40 h benötigt |
| 5:25 Uhr | Ankunft München<br>Hier 35 Minuten Wartezeit, denn das Betriebstor öffnet erst um 6:00 Uhr, anschließend 30 Minuten Ladezeit,<br>Abfahrt um 6:30 Uhr (bis Nürnberg 2:50 h)<br>Die erste Pause müsste nach 3:40 h erfolgen, also erst hinter Nürnberg.<br>Für den Tag stehen noch 8:20 h Lenkzeit zur Verfügung. |

## Lösungen zu Kapitel 7: Güter versenden

### Aufgabe 1

| a) Staat | b) Kontinent | c) Ozean/Meer |
|---|---|---|
| Frankreich | Europa | Atlantik, Mittelmeer |
| Großbritannien | Europa | Atlantik, Nordsee |
| Italien | Europa | Mittelmeer |
| Niederlande | Europa | Nordsee |
| Österreich | Europa | Ohne Hafen |
| Schweden | Europa | Ostsee |
| Spanien | Europa | Atlantik, Mittelmeer |
| Russland | Europa/Asien | Schwarzes Meer, Ostsee, Nordpolarmeer, Pazifischer Ozean |
| Südafrika | Afrika | Atlantischer Ozean, Indischer Ozean |
| Ägypten | Afrika | Mittelmeer |
| USA | Nordamerika | Atlantischer Ozean, Pazifischer Ozean |
| Mexico | Nordamerika | Atlantischer Ozean, Pazifischer Ozean |
| Brasilien | Südamerika | Atlantischer Ozean |
| Argentinien | Südamerika | Atlantischer Ozean, Pazifischer Ozean |
| China | Asien | Pazifischer Ozean |
| Japan | Asien | Pazifischer Ozean |
| Türkei | Asien/Europa | Mittelmeer |
| Indien | Asien | Indischer Ozean |
| Iran | Asien | Persischer Golf |
| Australien | Australien | Pazifischer Ozean, Indischer Ozean |
| Neuseeland | Australien | Pazifischer Ozean |
| u. a | | |

### Aufgabe 2

a) 1, b) 3, c) 2, d) 1, e) 2, f) 1, g) 2, h) 3, i) 1, j) 2, k) 1, l) 1

### Aufgabe 3

a) 1, b) 9, c) 9, d) 1, e) 9

### Aufgabe 4

a) 9, b) 9, c) 1, d) 1

### Aufgabe 5

Der Absender ist der Vertragspartner des Frachtführers beim Frachtvertrag. Der Versender ist der Vertragspartner des Spediteurs beim Speditionsvertrag. Der Spediteur wird wiederum zum Absender beim Frachtvertrag mit dem Frachtführer.



29 Hummel - ISBN 978-3-8120-0570-8

### Aufgabe 6

a)
- bessere Überwachung von Beständen
- Papierreduzierung
- keine Eingangsscannung bei Wareneingängen
- Personalkosteneinsparungen
- u. a.

b)
- Die Daten sind ohne Sichtkontakt erfassbar. Ein Artikel, der an einem Lesegerät vorbeigeführt wird, wird auch ohne direktes Scannen erfasst.
- Die elektromagnetischen Felder können durch Materialien hindurch aufgebaut und empfangen werden.
- Transponder sind unempfindlicher als Barcodes.
- Transponder können mehr Daten aufnehmen als Barcodes, die lediglich eine Ziffernkombination darstellen.
- u. a.

### Aufgabe 7

| | | |
|---|---|---|
| Sendung 1: Bonn–Berlin | Paket (national) bis 10 kg | 6,90 € |
| | Zuschlag für die Anlieferung vor 10.00 Uhr | 24,00 € |
| | **Gesamtpreis** | **30,90 €** |
| Sendung 2: Karlsruhe–Kiel | Paket bis 35 kg | 12,90 € |
| | Zuschlag für die Anlieferung vor 12.00 Uhr | 17,00 € |
| | Zuschlag für Sperrgut | 22,00 € |
| | Zuschlag für die Wertsicherung | 4,50 € |
| | **Gesamtpreis** | **56,40 €** |
| Sendung 3: Mannheim–Mailand | Paket international (Europa) bis 25 kg | 35,00 € |
| | **Gesamtpreis** | **35,00 €** |

### Aufgabe 8

| Abfahrthafen | Zielhafen | Binnenschifffahrtswege in der Reihenfolge der Nutzung |
|---|---|---|
| Nürnberg | Duisburg | Main-Donau-Kanal–Main–Rhein |
| Hamburg | Hannover | Elbe–Elbe-Seitenkanal–Mittellandkanal |
| Berlin | Münster | Elbe-Havel-Kanal–Mittellandkanal–Dortmund-Ems-Kanal |
| Trier | Dortmund | Mosel–Rhein–Rhein-Herne-Kanal |
| Dresden | Braunschweig | Elbe–Mittellandkanal |

### Prüfungsfall: Der Auszubildende Torsten Schneider hilft bei der Planung des Versands

a)

- Nach Hannover mit dem Lkw über die Autobahnen. Begründung: Die Städte liegen etwas mehr als 100 km auseinander, die Ware ist sowohl vom Volumen als auch vom Gewicht her mit einem Lkw zu transportieren.
- Nach Dresden mit dem Binnenschiff auf der Elbe.125 t Stahlschrott sind zu schwer und zu sperrig für Lkw-Transporte. Bliebe die Bahn oder das Binnenschiff. Mit der Elbe bietet sich eine leistungsfähige Binnenwasserstraße „vor der Haustür" geradezu an.
- Nach Zürich mit dem Flugzeug. Eilige, hochwertige Güter wie in diesem Fall sollten mit dem Flugzeug transportiert werden.

- Nach Rio de Janeiro mit dem Seeschiff. Die Größe und das Gewicht der gesamten Sendung schließen einen Transport mit dem Flugzeug nahezu aus. Da es keinen Hinweis auf eine vorliegende Dringlichkeit gibt, ist das Seeschiff zu empfehlen.
- Nach Madrid mit der Eisenbahn. Madrid liegt im Landesinneren Spaniens. Ein Transport mit Schiffen scheidet daher aus. Vom Gewicht und von der Größe her bieten sich sowohl der Güterkraftverkehr wie auch die Bahn an. Es bliebe vor dem Hintergrund der Entfernung und Kosten zu prüfen, was der günstigere Verkehrsträger wäre. Die Bahn ist auf diesen Distanzen sicher sehr konkurrenzfähig.

b)

Alle Verpackungen müssen mechanischen Beanspruchungen standhalten (→ s. Kap. 5 Güter verpacken).

- Der Transport nach Hannover mit dem Lkw dauert nicht sehr lang, Papier ist relativ unempfindlich gegen Erschütterungen, die Kartons auf den Paletten müssen gleichwohl gegen Feuchtigkeit geschützt werden.
- Stahlschrott bedarf keiner besonderen Verpackung.
- Der Hummer muss insbesonders vor den Temperaturschwankungen geschützt werden, die bei einem Transport per Flugzeug auftreten. Darüber hinaus darf die Ware nicht gequetscht oder gedrückt werden.
- Bei dem Schiffstransport nach Rio de Janeiro sind die klimatischen Beanspruchungen durch die geografischen Besonderheiten eines Seetransports hervorzuheben. Spritzwasser und Salzluft können einer Ware ebenso zusetzen wie die Temperaturschwankungen auf der Fahrt auf die Südhalbkugel der Erde.
- Das Kunststoffgranulat muss je nach Beschaffenheit und Zusammensetzung der Substanz auf dem Eisenbahntransport vor Feuchtigkeit, Sonneneinstrahlung und sonstigen Wetterbedingungen geschützt werden.

c)

- Nach Hannover: Es wird kein besonderes Frachtpapier verlangt, mögliche Beispiele wären ein Frachtbrief, eine Rechnung, ein Lieferschein, eine Packliste u. a.
- Nach Dresden: Hier wird ebenfalls keine Vorschrift gemacht, somit könnte ein Frachtbrief, aber auch ein Ladeschein ausgestellt werden.
- Nach Zürich: Für den Flugzeugtransport muss ein Luftfrachtbrief (Air Waybill) ausgestellt werden.
- Nach Rio de Janeiro: Für den Seetransport muss ein Konnossement erstellt werden. Darüber hinaus müssten noch zusätzlich Zollpapiere (Zolleinheitspapier, evtl. eine brasilianische Einfuhrgenehmigung und evtl. eine deutsche Ausfuhrgenehmigung, eine Handelsfaktura) erstellt werden. Inwieweit der brasilianische Importeur ein Ursprungszeugnis wünscht, muss geklärt werden.
- Nach Madrid: Im internationalen Eisenbahnversand muss ein CIM-Frachtbrief ausgestellt werden.

d)

Vom Hamburger Hafen elbabwärts in die Nordsee. Nach Durchqueren des Ärmelkanals/Straße von Dover über den Atlantik auf der Atlantischen Nord-Süd-Route Richtung Rio de Janeiro in Brasilien (Südamerika).

e)

Die Lösung muss in mehreren Schritten erfolgen:

1. Ermittlung der Anzahl der Waggons:
   15 250 kg entsprechen 15,25 t, d. h., es muss nur ein Waggon beladen werden.
2. Die Ermittlung der Grundfracht (entfernungsabhängig):
   Die Streckenlänge ist mit 2 150 km anzunehmen, d. h. 22 angefangene 100 km.
   $22 \cdot 425{,}00$ € = 9 350,00 €
3. Ermittlung des Koeffizienten (gewichtsabhängig):
   Der Koeffizient ist mit 0,055 je angefangene Tonne (16) angegeben.
   $16 \cdot 0{,}055 = 0{,}880$
4. Multiplikation der Grundfracht mit dem Koeffizienten:
   $0{,}88 \cdot 9350{,}00$ € = 8 228,00 €
5. Aufrundung auf ganze €: 8 228,00 €

Lösungssatz: An Fracht sind 8 228,00 € zu entrichten (zzgl. MwSt).

# Lösungen zu Kapitel 8: Kennzahlen ermitteln und auswerten

## Aufgabe 1

a)

| Inventar der Hinz & Kunz OHG | € | € |
|---|---|---|
| **A Vermögen** | | |
| **I. Anlagevermögen** | | |
| 1. Grundstück, In der Palmenkaule 2–8, Köln | | 650 000,00 |
| 2. Gebäude | | |
| – Verwaltungsgebäude, In der Palmenkaule 2, Köln | 360 000,00 | |
| – Lagergebäude, In der Palmenkaule 4–8, Köln | 310 000,00 | 670 000,00 |
| 3. Fuhrpark | | |
| – 1 Lkw (7,5-Tonner) | 45 600,00 | |
| – 3 Pkw (Kombis) | 35 000,00 | |
| – 4 Gabelstapler (Hubmaststapler) | 75 300,00 | 155 900,00 |
| 4. Betriebs- und Geschäftsausstattung (BGA) | | |
| – Büroausstattung des Verwaltungsgebäudes | 56 000,00 | |
| – Betriebs- und Geschäftsausstattung des Lagergebäudes | 78 500,00 | 134 500,00 |
| **II. Umlaufvermögen** | | |
| 1. Waren | | |
| – Waren von Bridgestone | 115 000,00 | |
| – Waren von Good Year | 225 400,00 | |
| – Waren von Michelin | 320 000,00 | 660 400,00 |
| 2. Forderungen | | |
| – Forderungen der Fa. Brassel | 33 000,00 | |
| – Forderungen der Fa. Huddel | 60 500,00 | 93 500,00 |
| 3. Kassenbestand | | 950,00 |
| 4. Banken- und Sparkassenguthaben | | |
| – Bankguthaben bei der Sparkasse KölnBonn | 67 500,00 | |
| – Bankguthaben bei der Deutschen Bank, Köln | 44 500,00 | |
| – Postbankguthaben | 35 000,00 | 147 000,00 |
| **Summe des Vermögens** | | **2 512 250,00** |
| **B Schulden** | | |
| I. Langfristige Schulden | | |
| 1. Hypothekenschulden bei der Sparkasse KölnBonn | | 450 000,00 |
| 2. Darlehen | | |
| – Darlehensschulden bei der Deutschen Bank, Köln | 55 000,00 | |
| – Darlehensschulden bei der Sparkasse KölnBonn | 70 000,00 | 125 000,00 |
| **II. Kurzfristige Schulden** | | |
| Verbindlichkeiten | | |
| – Verbindlichkeiten gegenüber dem Finanzamt | 56 400,00 | |
| – Verbindlichkeiten gegenüber Frachtführer | 152 200,00 | |
| – Verbindlichkeiten gegenüber Lieferanten | 578 600,00 | 787 200,00 |
| **Summe der Schulden** | | **1 362 200,00** |
| **C Ermittlung des Reinvermögens** | | |
| Summe des Vermögens | | 2 512 250,00 |
| – Summe der Schulden | | 1 362 200,00 |
| = **Reinvermögen (Eigenkapital)** | | **1 150 050,00** |

b)

| **Aktiva** | | **Bilanz zum 31. 12.** | | **Passiva** |
|---|---|---|---|---|
| **I. Anlagevermögen** | | **I. Eigenkapital** | | 1 150 050,00 |
| 1. Grundstück | 650 000,00 | **II. Fremdkapital** | | |
| 2. Gebäude | 670 000,00 | – langfristig | | |
| 3. Fuhrpark | 155 900,00 | 1. Hypothek | | 450 000,00 |
| 4. BGA | 134 500,00 | 2. Darlehen | | 125 000,00 |
| | | – kurzfristig | | |
| **II. Umlaufvermögen** | | Verbindlichkeiten | | 787 200,00 |
| 1. Waren | 660 400,00 | | | |
| 2. Forderungen | 93 500,00 | | | |
| 3. Kasse | 950,00 | | | |
| 4. Banken, Sparkassen, Postbank | 147 000,00 | | | |
| | 2 512 250,00 | | | 2 512 250,00 |

## Aufgabe 2

a) **ANLAGEVERMÖGEN** + Umlaufvermögen = Gesamtvermögen

b) Gesamtkapital – Anlagevermögen = **UMLAUFVERMÖGEN**

c) Eigenkapital + Fremdkapital (FK) = **GESAMTKAPITAL**

d) Gesamtvermögen – **FREMDKAPITAL** = Eigenkapital

e) Gesamtkapital – Eigenkapital = **FREMDKAPITAL**

f) **EIGENKAPITAL** + Fremdkapital = Anlagevermögen + Umlaufvermögen

## Aufgabe 3

| 1. Bilanzposten | 2. Aktiva (A)/ Passiva (P) | 3. Mehrung (+)/ Minderung (–) | 4. Art der Bilanzveränderung |
|---|---|---|---|
| a) Waren<br>Kasse | Aktiva<br>Aktiva | Mehrung<br>Minderung | Aktivtausch |
| b) Fuhrpark<br>Verbindlichkeiten | Aktiva<br>Passiva | Mehrung<br>Mehrung | Aktiv-Passiv-Mehrung |
| c) Verbindlichkeiten<br>Bank | Passiva<br>Aktiva | Minderung<br>Minderung | Aktiv-Passiv-Minderung |
| d) Verbindlichkeiten<br>Darlehen | Passiva<br>Passiva | Minderung<br>Mehrung | Passivtausch |

## Aufgabe 4

a) 3, b) 4, c) 4, d) 2, e) 1, f) 4, g) 1, h) 3

## Aufgabe 5

| | Geschäftsvorfälle | Mehrung des EK | Minderung des EK | Keinen Einfluss auf das EK |
|---|---|---|---|---|
| 1 | Kauf eines Lkw auf Ziel | | | X |
| 2 | Telefonrechnung wird per Banküberweisung bezahlt | | X | |
| 3 | Büromaterial wird gegen Rechnung gekauft | | X | |
| 4 | Kunde begleicht eine Rechnung durch Banküberweisung | | | X |
| 5 | Ein Kunde überweist auf unser Bankkonto | | | X |
| 6 | Zinsgutschrift unserer Bank | X | | |
| 7 | Banküberweisung der Gehälter | | X | |
| 8 | Verkauf eines betrieblichen Computers zum Buchwert gegen Barzahlung | | | X |
| 9 | Kauf eines Schreibtisches gegen Bankscheck | | | X |
| 10 | Mieteinnahmen für die Vermietung einiger Räume im Verwaltungsgebäude | X | | |

## Aufgabe 6

a)

**S — Waren — H**

| S | | H | |
|---|---|---|---|
| 1. AB | 60 000,00 | 3. SBK | 500 000,00 |
| 2. Zugänge | 1 880 000,00 | 4. AfW | 1 440 000,00 |
| | 1 940 000,00 | | 1 940 000,00 |

**S — AfW — H**

| S | | H | |
|---|---|---|---|
| 4. Waren | 1 440 000,00 | 5. GuV | 1 440 000,00 |

**S — Umsatzerlöse — H**

| S | | H | |
|---|---|---|---|
| 7. GuV | 2 016 000,00 | 6. Verkäufe | 2 016 000,00 |

b)

**S — Schlussbilanzkonto (SBK) — H**

| S | | H | |
|---|---|---|---|
| 3. Waren | 500 000,00 | | |

**S — GuV — H**

| S | | H | |
|---|---|---|---|
| 5. AfW | 1 440 000,00 | 7. U.-erlöse | 2 016 000,00 |
| 8. Eigenkap. | 576 000,00 | | |
| | 2 016 000,00 | | 2 016 000,00 |

Der Rohgewinn beträgt 576 000,00 €.

**Aufgabe 7**

a) bis f)

Buchungssätze:

| | | |
|---|---|---|
| 1. Bank | an Zinseinnahmen | 15 100,00 € |
| 2. Kasse | an Bank | 2 400,00 € |
| 3. Bank | an Forderungen | 16 500,00 € |
| 4. Forderungen | an Umsatzerlöse | 77 500,00 € |
| 5. Darlehen | an Bank | 18 000,00 € |
| 6. Kasse | an Mieteinnahmen | 3 300,00 € |
| 7. Gehälter | an Bank | 27 000,00 € |
| 8. Verbindlichkeiten | an Darlehen | 18 700,00 € |
| 9. Reparaturen | an Kasse | 1 500,00 € |
| 10. BGA | an Verbindlichkeiten | 1 250,00 € |
| 11. Bank | an Eigenkapital | 60 000,00 € |
| 12. Waren | an Verbindlichkeiten | 24 500,00 € |
| 13. BGA | an Verbindlichkeiten | 16 200,00 € |
| 14. Verbindlichkeiten | an Postbank | 600,00 € |
| 15. Kasse | an Umsatzerlöse | 9 200,00 € |

| A | EB | | P |
|---|---|---|---|
| Grundstücke | 350 000,00 | Eigenkapital | 1 150 050,00 |
| Gebäude | 670 000,00 | Hypothek | 450 000,00 |
| Fuhrpark | 155 900,00 | Darlehen | 125 000,00 |
| BGA | 134 500,00 | Verbindlichkeiten | 487 200,00 |
| Waren | 660 400,00 | | |
| Forderungen | 93 500,00 | | |
| Kasse | 950,00 | | |
| Bank | 88 000,00 | | |
| Postbank | 59 000,00 | | |
| | 2 212 250,00 | | 2 212 250,00 |

**S — Grundstücke — H**

| | | | |
|---|---|---|---|
| AB | 350 000,00 | SBK | 350 000,00 |

**S — Gebäude — H**

| | | | |
|---|---|---|---|
| AB | 670 000,00 | SBK | 670 000,00 |

**S — Fuhrpark — H**

| | | | |
|---|---|---|---|
| AB | 155 900,00 | SBK | 155 900,00 |

**S — BGA — H**

| | | | |
|---|---|---|---|
| AB | 134 500,00 | SBK | 151 950,00 |
| 10. Verbind. | 1 250,00 | | |
| 13. Verbind. | 16 200,00 | | |
| | 151 950,00 | | 151 950,00 |

**S — Waren — H**

| | | | |
|---|---|---|---|
| AB | 660 400,00 | SBK | 620 000,00 |
| 12. Verbind. | 24 500,00 | AfW | 64 900,00 |
| | 684 900,00 | | 684 900,00 |

**S — Forderungen — H**

| | | | |
|---|---|---|---|
| AB | 93 500,00 | 3. Bank | 16 500,00 |
| 4. Umsatzerl. | 77 500,00 | SBK | 154 500,00 |
| | 171 000,00 | | 171 000,00 |

**S — Kasse — H**

| | | | |
|---|---|---|---|
| AB | 950,00 | 9. Reparatur | 1 500,00 |
| 2. Bank | 2 400,00 | SBK | 14 350,00 |
| 6. Mieteinn. | 3 300,00 | | |
| 15. Umsatzerl. | 9 200,00 | | |
| | 15 850,00 | | 15 850,00 |

**S — Bank — H**

| | | | |
|---|---|---|---|
| AB | 88 000,00 | 2. Kasse | 2 400,00 |
| 1. Zinseinn. | 15 100,00 | 5. Darlehen | 18 000,00 |
| 3. Ford. | 16 500,00 | 7. Gehälter | 27 000,00 |
| 11. Eigenkap. | 60 000,00 | SBK | 132 200,00 |
| | 179 600,00 | | 179 600,00 |

**S — Postbank — H**

| | | | |
|---|---|---|---|
| AB | 59 000,00 | 14. Verbindl. | 600,00 |
| | | SBK | 58 400,00 |
| | 59 000,00 | | 59 000,00 |

**S — Eigenkapital — H**

| | | | |
|---|---|---|---|
| SBK | 1 221 750,00 | AB | 1 150 050,00 |
| | | 11. Bank | 60 000,00 |
| | | GuV | 11 700,00 |
| | 1 221 750,00 | | 1 221 750,00 |

**S — Hypothek — H**

| | | | |
|---|---|---|---|
| SBK | 450 000,00 | AB | 450 000,00 |

**S — Darlehen — H**

| | | | |
|---|---|---|---|
| 5. Bank | 18 000,00 | AB | 125 000,00 |
| SBK | 125 700,00 | 8. Verbind. | 18 700,00 |
| | 143 700,00 | | 143 700,00 |

**S — Verbindlichkeiten — H**

| | | | |
|---|---|---|---|
| 8. Darlehen | 18 700,00 | AB | 487 200,00 |
| 14. Postbank | 600,00 | 10. BGA | 1 250,00 |
| SBK | 509 850,00 | 12. Waren | 24 500,00 |
| | | 13. BGA | 16 200,00 |
| | 529 150,00 | | 529 150,00 |

| S | Aufwendungen für Waren (AfW) | | H |
|---|---|---|---|
| Waren | 64 900,00 | GuV | 64 900,00 |

| S | Kasse | | H |
|---|---|---|---|
| GuV | 86 700,00 | 4. Ford. | 77 500,00 |
| | | 15. Kasse | 9 200,00 |
| | 86 700,00 | | 86 700,00 |

| S | Gehälter | | H |
|---|---|---|---|
| 7. Bank | 27 000,00 | GuV | 27 000,00 |

| S | Mieteinnahmen | | H |
|---|---|---|---|
| GuV | 3 300,00 | 6. Kasse | 3 300,00 |

| S | Reparaturen | | H |
|---|---|---|---|
| 9. Kasse | 1 500,00 | GuV | 1 500,00 |

| S | Zinseinnahmen | | H |
|---|---|---|---|
| GuV | 15 100,00 | 1. Bank | 15 100,00 |

| S | GuV | | H |
|---|---|---|---|
| Aufwendungen für Waren (AfW) | 64 900,00 | Umsatzerlöse | 86 700,00 |
| Gehälter | 27 000,00 | Mieteinnahmen | 3 300,00 |
| Reparaturen | 1 500,00 | Zinseinnahmen | 15 100,00 |
| Eigenkapital | 11 700,00 | | |
| | 105 100,00 | | 105 100,00 |

| S | SBK | | H |
|---|---|---|---|
| Grundstücke | 350 000,00 | Eigenkapital | 1 221 750,00 |
| Gebäude | 670 000,00 | Hypothek | 450 000,00 |
| Fuhrpark | 155 900,00 | Darlehen | 125 700,00 |
| BGA | 151 950,00 | Verbindlichkeiten | 509 850,00 |
| Waren | 620 000,00 | | |
| Forderungen | 154 500,00 | | |
| Kasse | 14 350,00 | | |
| Bank | 132 200,00 | | |
| Postbank | 58 400,00 | | |
| | 2 307 300,00 | | 2 307 300,00 |

g) Der Rohgewinn/-verlust ist die Differenz zwischen den Umsatzerlösen und dem Wareneinsatz bzw. der Differenz zwischen den Salden der Konten Umsatzerlöse und Aufwendungen für Waren:

**86 700,00 € – 64 900,00 € = 21 800,00 € (Rohgewinn)**

Der Reingewinn/-verlust ist der GuV-Saldo (Gewinn oder Verlust des gesamten Unternehmens), der auf das Eigenkapitalkonto gebucht wird: **11 700,00 € (Reingewinn)**

h) Beim Reingewinn/-verlust finden noch sonstige Erträge und sonstige Aufwendungen, die nichts mit dem betrieblichen Zweck zu tun haben, ihre Berücksichtigung.

**Rohgewinn/-verlust + sonstige Erträge – sonstige Aufwendungen = Reingewinn/-verlust**

i) Der Reingewinn (GuV-Saldo) erhöht das Eigenkapital und der Reinverlust vermindert es.

## Lösungen zu Kapitel 9: Güter im Betrieb transportieren

### Aufgabe 1

a) Ein **Becherwerk** dient der vertikalen Förderung von Schüttgut nach oben. Kleine oder mittelgroße Schaufeln („Becher") laufen an einem Gurt oder an einer Kette um das Innere des Geräts herum und nehmen Güter, die durch eine unten gelegene Einfüllöffnung (Einlauföffnung) eingefüllt wurden, zum Transport nach oben auf. Durch den Kippmechanismus am oberen Ende werden die Güter in die Auslauföffnung (Auswurf) entladen.

Ein Becherwerk kann auch diagonal oder horizontal geneigt werden. In einem solchen Fall müssen die Becher frei schwingbar sein, damit das Gut nicht herausläuft oder herausrieselt.

b) Auf einer **Rollenbahn** mit Antrieb können je nach Größe der Anlage Kisten aus Kunststoff, Holz oder Metall, aber auch Kartons und Paletten in horizontaler Richtung durch das Lager transportiert werden. Bei diagonaler Ausrichtung der Rollenbahn ist es notwendig, Sicherungsmechanismen einzubauen, die das rückwärtige oder seitliche Abrutschen der Waren verhindern. Dies könnte durch gummierte Rollen geschehen.

Die Rollen sind in ständiger Bewegung, sodass eine aufgelegte Kiste in die entsprechende Richtung befördert wird. Automatisch oder manuell gesteuerte Weichen können die Nutzung erweitern, sodass verschiedene Ziele erreicht werden können.

c) Mittels einer **Rutsche** lassen sich Schüttgüter, aber auch Kartons, Paletten, Kisten u.a. abwärts befördern. Unter Nutzung der Schwerkraft erreichen sie ihr Ziel, das unterhalb der Einfüllöffnung liegt. Entscheidend für die Transportgeschwindigkeit ist die Neigung der Rutsche. Bei der Beförderung von Kartons, Paletten, Kisten u.a. muss daher entweder eine geringe Neigung berücksichtigt werden oder es muss ein Sicherungsmechanismus zum Abbremsen gegen das „Überschießen" der Ware eingerichtet werden. Es können großzügige Auslaufbereiche, ein Anstieg am Ende, gummierte Flächen u.a. diesen Effekt erzielen.

### Aufgabe 2

a) 1, 7, 8; b) 5, 7, 8; c) 4, 6, 8; d) 2, 7, 9; e) 3, 7, 8; f) 2, 7, 9; g) 1, 8; h) 2, 7, 9; i) 1, 7, 8; j) 4, 7, 8

### Aufgabe 3

- Gabelstapler mit Benzinmotoren sind auch für den Einsatz im Freien geeignet. Generell sind sie robuster und können aufgrund ihrer höheren Leistung mehr Last aufnehmen.
- Als vierrädriger Gabelstapler kann das Gerät schneller fahren, Steigungen besser bewältigen und auch auf unebenen Bodenflächen Lasten transportieren.
- Freitragende Gabelstapler können an Rampen oder Lkws mit unterschiedlichen Höhen heranfahren, sind also flexibler.
- Die Mehrzahl der Gabelstapler verfügen über einen Fahrersitz, weil der Fahrer viel Zeit im und am Gerät verbringt. Es ist bequemer. Ein seitwärts sitzender Fahrer kann den Gabelstapler im Vorwärts- wie Rückwärtsbetrieb mit einer 90-Grad-Drehung führen.
- Aufgrund eines festen Außenmastes und zweier beweglicher Innenmaste kann die gewünschte Hubhöhe vergrößert werden. Der Gabelstapler ist auch für die Beschickung und Entnahme von Waren in höheren Lagerplätzen einsetzbar.
- Vollgummireifen ermöglichen den Transport von schweren Lasten, da sie relativ pannensicher sind, auch bei unebenen Bodenflächen.

### Aufgabe 4

**Hinweise:**

Es ist stets zu ermitteln, von welcher Seite die Packstücke unterfahren werden müssen, um einen sicheren Transport zu gewährleisten.

Außerdem gilt bei Gewichten, die nicht in dem Tragfähigkeitsdiagramm angegeben sind: Aus Sicherheitsgründen ist die nächsthöhere Angabe zu wählen.

a) Der Schwerpunkt liegt in der Mitte, also bei 0,50 cm = 500 mm.
Ablesen: Bei 500 mm darf die Last von 1 310 kg bis zu 3,50 m angehoben werden.

b) Der Schwerpunkt liegt in der Mitte, also bei 0,40 m = 400 mm (Aufnahme erfolgt quer). Ablesen: Die Last ist unbedenklich für die Hubhöhe, somit bis 5,50 m.

c) Der Schwerpunkt liegt in der Mitte, je nach Aufnahme der Last entweder bei 0,65 m oder 0,45 m.
Ablesen:
Es ergeben sich somit zwei Lösungen:
- im ersten Fall (Schwerpunkt bei 0,65 m = 650 mm): 3,50 m,
- im zweiten Fall: (Schwerpunkt bei 0,45 m = 450 mm): 4,50 m.

### Aufgabe 5

**Hinweis:**

Auch hier ist zu ermitteln, von welcher Seite die Packstücke unterfahren werden müssen, um einen sicheren Transport zu gewährleisten.

a) Die Holzpalette (2,00 m x 1,00 m) ist von der langen Seite her aufzunehmen, sodass der Schwerpunkt bei 0,50 m liegt.

b) Die Holzkiste (2,00 m x 2,00 m) kann nicht transportiert werden.

c) Der Stahlbehälter (1,20 m x 1,20 m) hat den Lastschwerpunkt bei 0,60 m und kann somit aufgenommen werden.

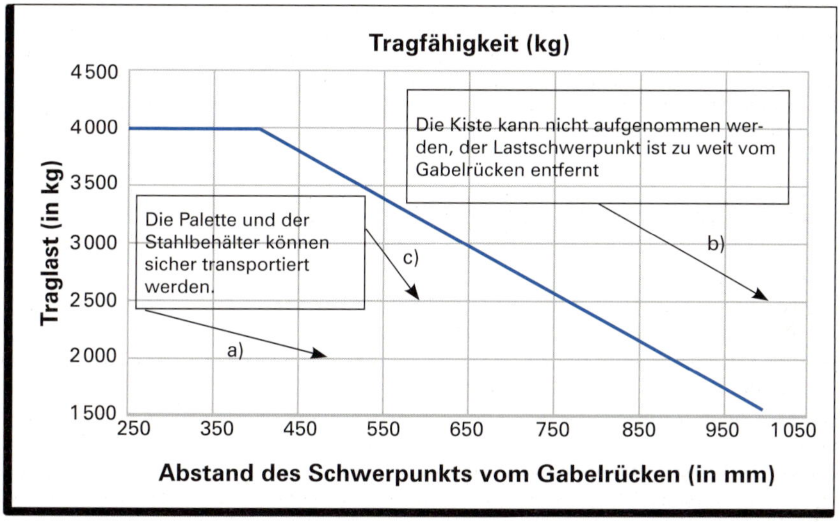


### Prüfungsfall: Die Transportmittel der Bockelmann GmbH stehen auf dem Prüfstand

| Gut | Transportmittel im Betrieb |
|---|---|
| Saatgut | ➢ Förderband oder Becherwerk zum Silo<br>➢ Gabelhubwagen, Elektrogabelhubwagen oder Gabelstapler für die Säcke |
| Kleinteile (Schrauben, Nägel u. a.) | ➢ Gabelhubwagen, Elektrogabelhubwagen oder Gabelstapler zur Beförderung der Drehstapelbehälter |
| Kleinwerkzeuge (Hammer, Zangen, Schraubendreher u. a.) | ➢ Gabelhubwagen, Elektrogabelhubwagen oder Gabelstapler zum Transport der Kartons |

| Gut | Transportmittel im Betrieb |
|---|---|
| Futtermittel | ➢ Förderband oder Becherwerk zum Silo<br>➢ Gabelhubwagen, Elektrogabelhubwagen oder Gabelstapler für die Säcke |
| Bedachungsmaterialien (Welldachelemente aus Kunststoff 2 m x 1,20 m, Teerrollen 25 m x 2 m u. a.) | ➢ Gabelstapler, evtl. mit Aufsatz (Greifer) |
| Gartengeräte (Schaufeln, Besen, Forken u. a.) | ➢ Gabelhubwagen, Elektrogabelhubwagen oder Gabelstapler |
| Metallrohre und Kunststoffrohre in verschiedenen Größen und Längen | ➢ Gabelstapler, evtl. mit Anbau oder Aufsatz (Greifer, Zinken) |
| Dünger (feinkörnig im Silo, flüssig in 10-l-Eimern) | ➢ Förderband oder Becherwerk zum Silo<br>➢ Gabelhubwagen, Elektrogabelhubwagen oder Gabelstapler |
| Insektenschutzmittel (Spraydosen und zum Selbstabfüllen) | ➢ Gabelhubwagen, Elektrogabelhubwagen oder Gabelstapler |

## Lösungen zu Kapitel 10: Güter verladen

### Aufgabe 1

a) Der Frachtführer hat gegen die Betriebssicherheit verstoßen. Er hätte den Lkw vor Fahrtantritt mit den notwendigen Ladungssicherungsmitteln wie Zurrgurten, Planen, Anti-Rutsch-Matten etc. ausrüsten müssen.

b) Sarah ist gesetzlich zur Herstellung der Beförderungssicherheit verpflichtet. Es ist ihre Aufgabe, das Gut auf dem Lkw beförderungssicher zu stauen und zu befestigen.

c) Horst hätte sich vor Fahrtantritt von der Betriebssicherheit seines Lkw und von der Beförderungssicherheit der Verladung überzeugen müssen. Schließlich nimmt er ja auch am Straßenverkehr teil.

d) Dass Frachtführer Norbert die Verladung übernimmt, ist sinnvoll, da davon auszugehen ist, dass er sich mit der Kranvorrichtung auf seinem Lkw gut auskennt. Voraussetzung für diesen Rollentausch ist allerdings eine vertragliche Vereinbarung, durch welche die Verantwortung für die beförderungssichere Verladung vom Verlader auf Frachtführer Norbert übergeht.

### Aufgabe 2

Aufgabe der Ladungssicherung ist es, die Sicherungskraft aufzubringen, um die Ladungen auch in Extremsituationen wie z.B. bei Vollbremsungen, starken Ausweichmanövern und schlechten Straßen auf der Ladefläche zu halten. Es gilt: Sicherungs- und Reibungskraft müssen dabei mindestens so groß sein wie die Massenkraft.

### Aufgabe 3

a) 1, b) 3, c) 2, d) 3, e) 1, f) 1

### Aufgabe 4

a) 1, b) 9, c) 1, d) 1, e) 9, f) 1, g) 9, h) 1, i) 1, j) 9, k) 1

### Aufgabe 5

a) 4, b) 1, c) 3, d) 5, e) 2, f) 4, g) 3, h) 1, i) 2, j) 2

### Aufgabe 6

a) 1, b) 9, c) 9, d) 1, e) 1

### Aufgabe 7

a) Zementsäcke könnten im Verbund gestapelt werden. Zusätzlich könnten sie mit Zurrnetzen aus vernähten Zurrgurten, die in den Zurrpunkten auf der Ladefläche eingehängt und mit Ratschen festgezurrt werden, gesichert werden.

b) Plastikfässer könnten auf Paletten zu Blöcken zusammengefasst und mit Folie ummantelt oder mit Bändern umreift werden.

c) Stahlrohre könnten mit Stahlbändern gebündelt und auf Lkw mit belastbaren Stirn- und Seitenwänden direkt verzurrt oder niedergezurrt werden. Darüber hinaus könnte rutschhemmendes Material zur Erhöhung der Reibungskraft als Zwischen- und Unterlage verwendet werden.

d) Papierrollen könnten liegend, längs in Fahrtrichtung auf Anti-Rutsch-Matten ausgerichtet, durch Holzkeile, die in den Fahrzeugboden vernagelt werden, vor dem Rollen nach vorne und hinten gesichert und mit Zurrgurten niedergezurrt werden. Seitlich angeordnete Kanthölzer könnten ein Verrutschen in Richtung der Seitenwände verhindern.

### Aufgabe 8

a) 5, b) 1, c) 3, d) 6, e) 8, f) 7, g) 4, h) 2

### Prüfungsfall: Transportplanung in der Impex GmbH

#### Vorüberlegungen

Bei der Einsatzplanung der Lkw für die Transporte nach Hamburg, München und Berlin dürfen die Lkw-Nutzlasten unter keinen Umständen überschritten werden; schließlich müssen die Betriebssicherheiten der Lkw gewährleistet sein.

Bei der Einsatzplanung ist außerdem zu berücksichtigen, dass die vorhandenen Transportflächen möglichst optimal ausgenutzt werden; schließlich sollen die Transporte so kostengünstig wie möglich durchgeführt werden.

#### Materialauswertung

Aus der Ladeliste ergibt sich, dass 29 EUR-Paletten mit den Maßen 80 cm x 120 cm, die nicht stapelbar sind, mit einem Gesamtgewicht von 22 040 kg nach Hamburg müssen.

Das Gesamtgewicht der 142 Holzkisten mit den Maßen 120 cm x 40 cm x 100 cm, die nach München müssen, beträgt 142 x 121 kg = 17 182 kg.

Die 87 Fässer, die nach Berlin transportiert werden sollen, haben jeweils einen Durchmesser von 2 x 25 cm = 50 cm und ein Gewicht von 87 x 179 kg = 15 573 kg.

#### Transport der EUR-Paletten nach Hamburg

Obwohl die EUR-Paletten auf die Ladefläche des Sattelzugs 2 gestellt werden könnten, dürfen sie nicht damit transportiert werden, weil die Nutzlast um 40 kg überschritten würde.

Eine Überprüfung des Sattelzugs 1 ergibt, dass rechnerisch 13,60 : 1,2 = 11 Paletten in eine Reihe passen und 2,44 : 0,8 = 3 Reihen zu stellen sind.

Es können somit 11 x 3 = 33 Paletten transportiert werden.

Fazit: Der Transport der 29 Paletten nach Hamburg sollte mit dem Sattelzug 1 durchgeführt werden.

#### Transport der Holzkisten nach München

Aufgrund des Gewichtes der Holzkisten könnten der Sattelzug 2 und der Gliederzug eingesetzt werden.

Eine Überprüfung der Zugmaschine des Gliederzugs ergibt, dass rechnerisch 7,825 : 0,4 = 19 Kisten in eine Reihe gestellt und 2,44 : 1,2 = 2 Reihen zu stellen sind.

Da eine 2,50 : 1,0 = 2-fache Stapelung möglich und der Anhänger des Gliederzugs die gleiche Größe wie die Zugmaschine bildet, können mit dem Gliederzug 19 x 2 x 2 x 2 = 152 Kisten transportiert werden.

Fazit: Der Transport der 142 Holzkisten nach München könnte mit dem Gliederzug durchgeführt werden.

**Transport der Plastikfässer nach Berlin**

Aufgrund des Gewichtes der Plastikfässer könnte der Sattelzug 2 eingesetzt werden.

Eine Überprüfung des Sattelzugs 2 ergibt, dass rechnerisch 12 : 0,5 = 24 Fässer in eine Reihe gestellt und 2,44 : 0,5 = 4 Reihen zu stellen sind.

Es können somit 24 x 4 = 96 Fässer transportiert werden.

Fazit: Der Transport der 87 Plastikfässer nach Berlin könnte mit dem Sattelzug 2 durchgeführt werden.

**Gesamtergebnis:**

Sie sollten dem Meister den Vorschlag unterbreiten, die Transporte nach Hamburg mit dem Sattelzug 1, nach München mit dem Gliederzug und nach Berlin mit dem Sattelzug 2 durchzuführen.

Außerdem könnten Sie dem Meister vorschlagen, zur leichteren Verladung und Sicherung der Plastikfässer jeweils 4 Fässer auf einer Flachpalette mit den Maßen 1 m x 1,2 m anzuordnen und mit Stretch- oder Schrumpffolie zu ummanteln. Theoretisch könnten auf diese Weise in 2 Reihen mit jeweils 12 Paletten insgesamt 24 Paletten mit jeweils 4 Fässern = 96 Fässer transportiert werden. Praktisch würden Sie 2 Reihen mit jeweils 11 Paletten bilden, sodass Sie 21 Paletten mit jeweils 4 Fässern und eine Palette mit nur 3 Fässern auf der Ladefläche des Sattelzugs 2 anordnen würden.

## Lösungen zu Kapitel 11: Logistische Prozesse optimieren

### Aufgabe 1

a) 1, b) 2, c) 1, d) 4, e) 4, f) 6, g) 1, h) 4, i) 6, j) 5, k) 6, l) 3, m) 1, n) 3, o) 6, p) 2, q) 6, r) 5

### Aufgabe 2

a) 6, b) 2, c) 1, d) 4, e) 5, f) 6, g) 7, h) 3

### Aufgabe 3

a) Damit steigen die Bestände im Lager, was zu höheren Lagerkosten und zu einer größeren Kapitalbindung führt.

b) Es wird häufiger zu Transportschäden kommen, die wiederum im Betrieb oder bei Kunden zu Störungen führen können (Produktionsverzögerungen oder -stillstand). Entsprechende Forderungen kämen auf den Lieferanten zu.

c) Es könnte zu Lieferschwierigkeiten und Problemen in dem eigenen Produktionsprozess oder im Kundenservice kommen. Wahrscheinlich steigen die Kosten auf der Beschaffungsseite aufgrund der häufigeren Bestellungen und Transporte.

### Aufgabe 4

a) 1, b) 1, c) 2, d) 2, e) 2, f) 1

### Aufgabe 5

| | | | |
|---|---|---|---|
| a) | aa) | Durchschnittlicher Lagerbestand | 60 000,00 Stück, dies entspricht 2 100 000,00 € |
| | ab) | Umschlagshäufigkeit | 23 |
| | ac) | Durchschnittliche Lagerdauer | 15,65 Tage, aufgerundet 16 Tage |
| | ad) | Lagerreichweite | 13,67 Tage, abgerundet 13 Tage |
| | ae) | Lagerzinsen | 3 195,67 € (mit 15,65 Tagen) bzw.<br>3 266,67 € (bei 16 Tagen) |
| | af) | Flächennutzungsgrad | 79,17 % |
| | ag) | Lieferbereitschaft | 83,33 % |

b) zu aa) Im Durchschnitt waren einerseits 60 000 Stück im Lager vorhanden. Diese Artikel müssen gepflegt und bewegt werden. Andererseits weiß die Betriebsleitung, dass vom unternehmerischen Kapital 2 100 000,00 € als Ware im Lager gebunden lag.

zu ab) Eine Umschlagshäufigkeit von 23 bedeutet, dass das Lager nahezu zwei Mal im Monat komplett ersetzt wird.

zu ac) Die durchschnittliche Lagerdauer von 15,65 Tagen wird benötigt, um die Lagerzinsen zu berechnen und eine Einschätzung des Lagerrisikos vorzunehmen. An dieser Stelle ist es sinnvoll, eine Aufrundung auf 16 volle Tage vorzunehmen, um dem kaufmännischen Vorsichtsprinzip Rechnung zu tragen: das Lagerrisiko besteht länger als 15 Tage.

zu ad) Die Lagerreichweite ist mit 13,67 Tage ermittelt worden. Dieser Wert ist nach dem Prinzip der kaufmännischen Vorsicht auf 13 abzurunden, da der letzte Tag nicht mehr ganz bedient werden kann. Das bedeutet, dass die aktuellen Bestände noch etwas mehr als 2 Wochen mit je fünf Werktagen ausreichen werden. Nach dem Vorsichtsprinzip würde abgerundet werden.

zu ae) Es war ein bestimmtes Kapital im Lager dauerhaft festgelegt. Alternativ hätte man 3 195,65 € bzw. 3 266,67 € mit einer (sicheren) Geldanlage verdienen können. Die Lagerzinsen sind Bestandteil der Kostenkalkulation.

zu af) Ein Flächennutzungsgrad von 79,17 % besagt, dass ca. 20 % der Fläche ungenutzt sind.

zu ag) Die Lieferbereitschaft ist mit 83,33 % relativ ungünstig zu bewerten: immerhin wurden zwar über 80 % der Kundenaufträge erfüllt, im Umkehrschluss heißt das jedoch, dass beinahe jeder 6. Kunde vertröstet werden musste.

## Aufgabe 6

a)
- Aufgrund der größeren Umschlagszahlen ist von einer geringeren Kapitalbindung auszugehen.
- Jeder Warenausgang sollte Gewinn bringen, d. h., die Rückflüsse sind höher.
- Da die einzelnen Artikel häufiger umgeschlagen werden, besteht ein geringeres Lagerrisiko für den einzelnen Artikel.
- Durch Verteilung der entstandenen Lagerkosten auf mehrere Artikel ergibt sich eine Senkung der Lagerkosten pro Stück, was in der Preiskalkulation berücksichtigt werden kann.

b)
- Wareneinsatz erhöhen (Werbung, Sonderpreise, Ladenhüter entfernen, auslisten),
- durchschnittlichen Lagerbestand verringern (weniger, dafür häufiger bestellen, im Extremfall just in time),
- Höchstbestände festlegen,
- permanente Bestandskontrollen durchführen.

## Aufgabe 7

a) **Tabelle**

| Bestellhäufigkeit | Bestellmenge (Stück) | Durchschnittlicher Lagerbestand (Stück) | Bestellkosten (€) | Lagerhaltungskosten (€) | Gesamtkosten (€) |
|---|---|---|---|---|---|
| 1 | 48 000 | 24 000 | 250,00 | 4 800,00 | 5 050,00 |
| 2 | 24 000 | 12 000 | 500,00 | 2 400,00 | 2 900,00 |
| 3 | 16 000 | 8 000 | 750,00 | 1 600,00 | 2 350,00 |
| 4 | 12 000 | 6 000 | 1 000,00 | 1 200,00 | 2 200,00 |
| 6 | 8 000 | 4 000 | 1 500,00 | 800,00 | 2 300,00 |
| 8 | 6 000 | 3 000 | 2 000,00 | 600,00 | 2 600,00 |
| 10 | 4 800 | 2 400 | 2 500,00 | 480,00 | 2 980,00 |
| 12 | 4 000 | 2 000 | 3 000,00 | 400,00 | 3 400,00 |

b) **Zeichnung**

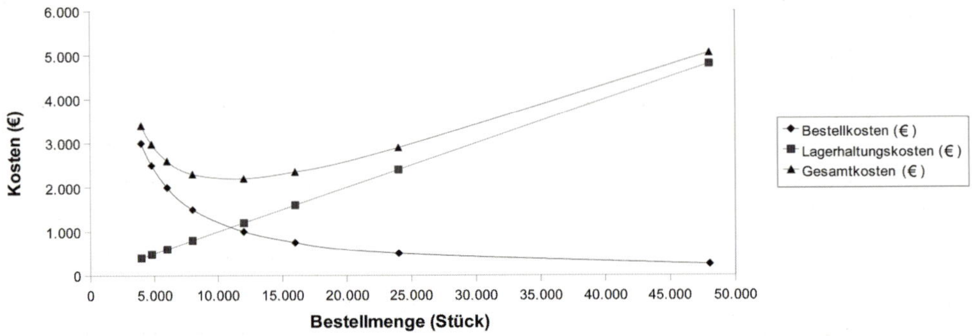


c) Die Bestandteile der Bestellkosten sind Kosten für die Kommunikation mit dem Lieferanten, Personalkosten, Transportkosten u. a.

d) Die Lagerhaltungskosten sind so hoch, weil bei einer Bestellung des Jahresbedarfs eine große Geldsumme für die Bezahlung aufgebracht wird, die Kapitalbindungskosten für einen langen Zeitraum zu berechnen sind, die Pflege der Güter durch die Mitarbeiter in dem größeren Zeitraum erfolgen muss u. a.

## Aufgabe 8

a) Mathematischer Ansatz:

Zunächst sind die Kosten für die Eigenherstellung gleichzusetzen mit denen des Fremdbezugs:

$20\,x + 12000 = 40\,x$

Auflösung nach x

$12000 = 20\,x$

$x = 600$

Bei 600 Stück sind die Kosten gleich hoch, d. h., ab 601 Stück lohnt sich aus kostenrechnerischer Sicht die Eigenfertigung.

b) Ausgangspunkt der zeichnerischen Lösung ist folgende Tabelle:

| Stückzahl | Kosten für die Eigenerstellung | | | Kosten bei Fremdbezug (€) |
|---|---|---|---|---|
| | variable Kosten (€) | fixe Kosten (€) | Gesamtkosten (€) | |
| 100 | 2000,00 | 12000,00 | 14000,00 | 4000,00 |
| 200 | 4000,00 | 12000,00 | 16000,00 | 8000,00 |
| 300 | 6000,00 | 12000,00 | 18000,00 | 12000,00 |
| 400 | 8000,00 | 12000,00 | 20000,00 | 16000,00 |
| 500 | 10000,00 | 12000,00 | 22000,00 | 20000,00 |
| 600 | 12000,00 | 12000,00 | 24000,00 | 24000,00 |
| 700 | 14000,00 | 12000,00 | 26000,00 | 28000,00 |
| 800 | 16000,00 | 12000,00 | 28000,00 | 32000,00 |
| 900 | 18000,00 | 12000,00 | 30000,00 | 36000,00 |
| 1000 | 20000,00 | 12000,00 | 32000,00 | 40000,00 |

Zeichnerische Darstellung

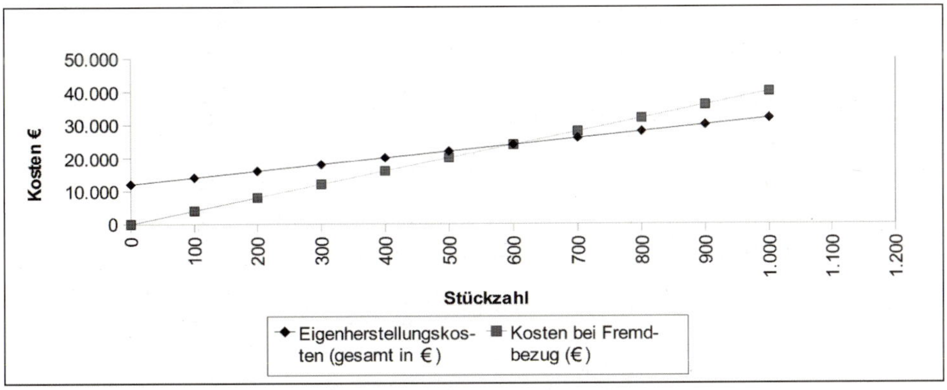


c) Die alleinige Beurteilung der Kosten lässt verschiedene Aspekte unberücksichtigt, die für den Erfolg entscheidend sein können. Weitere Kriterien müssen geprüft werden:

- die Branche, in dem der Betrieb agiert,
- die Anforderungen seines (Absatz-)Marktes,
- die eigene Kostenstruktur,
- die eigene Größe,
- die bestehenden und möglichen Lieferanten einer benötigten Dienstleistung,
- die Akzeptanz der Kunden und der Mitarbeiter,
- die Vorteile der Angebote von Dienstleistern,
- die Qualität der angebotenen Ware,
- langfristige Lieferbereitschaft des Lieferanten (es muss ausgeschlossen werden, dass es kurz- oder mittelfristig Probleme mit der Zuverlässigkeit des Lieferanten gibt),
- u. a.

### Aufgabe 9

a) Vorratshaltung

Die kurzfristige Verfügbarkeit der Güter und die Unabhängigkeit gegenüber Schwankungen auf den Beschaffungsmärkten sind zwei Vorteile dieses Prinzips.

Demgegenüber stehen die Lagerkosten für Bau und den Unterhalt eines Lagers, die Kosten für das Personal, das Risiko des Verderbs der Waren u. a.

b) Einzelbeschaffung im Bedarfsfall

Vorteilhaft ist, dass keine Lagerkosten anfallen, jedoch treten Probleme auf, falls es zu Schwankungen auf den Beschaffungsmärkten kommt. Es könnten auch Lieferantenprobleme sofort auf die eigene Situation durchschlagen. Hinzu kommen die Risiken der Staus auf Autobahnen, in Häfen u. a.

c) Lagerlose Sofortverwendung

Folgende Vorteile können für das Just-in-time-Prinzip herangezogen werden:

Es entstehen keine Lagerkosten, da keine Lagervorgänge stattfinden, sondern die Direktanlieferung zum Einsatz in den Produktionsprozess erfolgt. Um das Gelingen zu ermöglichen, muss eine enge Zusammenarbeit zwischen Unternehmen und Lieferanten hergestellt werden, die gegenseitige Zuverlässigkeit muss gegeben sein.

Einerseits kann sich dies positiv auf verschiedene Bereiche auswirken (Know-how-Transfer, Motivation, Informationsaustausch u. a.), andererseits birgt diese enge Bindung der Betriebe ein gewisses Risiko. Zudem verursachen Komplikationen auf Verkehrswegen Probleme in der Fertigung. Durch die Verlagerung des Lagers „auf die Straße" kommt es zudem zu Umweltbelastungen.



30 Hummel - ISBN 978-3-8120-0570-8

### Aufgabe 10

Die Lösungstabelle sieht folgendermaßen aus:

| Artikel | Einzelwert | Stück | Mengen-anteil | Gesamtwert (€) | Wertanteil | A-/B-/C-Gut |
|---|---|---|---|---|---|---|
| 13-20123-01 | 76,95 € | 1502 | 7,33 % | 115578,90 € | 3,06 % | C |
| 13-20123-02 | 430,81 € | 687 | 3,35 % | 295966,47 € | 7,84 % | B |
| 13-20123-03 | 46,87 € | 4639 | 22,64 % | 217429,93 € | 5,76 % | B |
| 13-20123-04 | 197,55 € | 872 | 4,26 % | 172263,60 € | 4,57 % | C |
| 13-20123-05 | 285,60 € | 655 | 3,20 % | 187068,00 € | 4,96 % | C |
| 13-20123-06 | 86,41 € | 237 | 1,16 % | 20479,17 € | 0,54 % | C |
| 13-20123-07 | 322,50 € | 1874 | 9,15 % | 604365,00 € | 16,02 % | A |
| 13-20123-08 | 250,00 € | 698 | 3,41 % | 174500,00 € | 4,62 % | C |
| 13-20123-09 | 188,70 € | 247 | 1,21 % | 46608,90 € | 1,24 % | C |
| 13-20123-10 | 448,50 € | 687 | 3,35 % | 308119,50 € | 8,17 % | B |
| 13-20123-11 | 658,60 € | 963 | 4,70 % | 634231,80 € | 16,81 % | A |
| 13-20123-12 | 22,40 € | 4871 | 23,77 % | 109110,40 € | 2,89 % | C |
| 13-20123-13 | 99,74 € | 367 | 1,79 % | 36604,58 € | 0,97 % | C |
| 13-20123-14 | 54,38 € | 963 | 4,70 % | 52367,94 € | 1,39 % | C |
| 13-20123-15 | 612,00 € | 895 | 4,37 % | 547740,00 € | 14,52 % | A |
| 13-20123-16 | 756,98 € | 331 | 1,62 % | 250560,38 € | 6,64 % | B |
| Summen | | 20488 | | 3772994,57 € | 100,00 % | |

Aus der Lösungstabelle kann durch Addition ermittelt werden, dass

- die drei A-Güter einen Mengenanteil von 18,22 % und einen Wertanteil von 45,35 % aufweisen,
- die B-Güter mit 30,96 % Mengenanteil und 28,41 % Wertanteil notieren und
- die C-Güter 50,82 % der Menge und 24,24 % des Wertes ausmachen.

### Prüfungsfall: Die Impex GmbH baut eine neue Halle

**Lösung Teil I. – ABC-Analyse**

a)

| ABC-Analyse (sortiert) | | | | | |
|---|---|---|---|---|---|
| Artikel | Verbrauch p. a. (Stück) | in % der Gesamtmenge | Preis pro Stück (€) | Wert insgesamt (€) | in % des Gesamtwertes |
| 2122 | 8210 | **5,31** | 213,00 | 1748730,00 | **13,59** |
| 2111 | 6722 | **4,34** | 199,00 | 1337678,00 | **10,40** |
| 2124 | 2250 | **1,45** | 566,00 | 1273500,00 | **9,90** |
| 2112 | 3569 | **2,31** | 340,00 | 1213460,00 | **9,43** |
| 2128 | 5765 | **3,73** | 203,00 | 1170295,00 | **9,09** |

| ABC-Analyse (sortiert) | | | | | |
|---|---|---|---|---|---|
| Artikel | Verbrauch p.a. (Stück) | in % der Gesamtmenge | Preis pro Stück (€) | Wert insgesamt (€) | in % des Gesamtwertes |
| 2110 | 7350 | **4,75** | 140,00 | 1029000,00 | **8,00** |
| 2120 | 10245 | **6,62** | 78,00 | 799110,00 | **6,21** |
| 2118 | 4958 | **3,20** | 160,00 | 793280,00 | **6,16** |
| 2113 | 7551 | **4,88** | 100,00 | 755100,00 | **5,87** |
| 2127 | 2221 | **1,44** | 309,00 | 686289,00 | **5,33** |
| 2117 | 6157 | **3,98** | 110,00 | 677270,00 | **5,26** |
| 2116 | 4555 | **2,94** | 50,00 | 227750,00 | **1,77** |
| 2114 | 5534 | **3,58** | 36,00 | 199224,00 | **1,55** |
| 2130 | 5462 | **3,53** | 35,00 | 191170,00 | **1,49** |
| 2121 | 7860 | **5,08** | 22,00 | 172920,00 | **1,34** |
| 2129 | 8789 | **5,68** | 17,80 | 156444,20 | **1,22** |
| 2115 | 6001 | **3,88** | 25,00 | 150025,00 | **1,17** |
| 2126 | 1523 | **0,98** | 98,00 | 149254,00 | **1,16** |
| 2119 | 12667 | **8,19** | 7,50 | 95002,50 | **0,74** |
| 2123 | 16200 | **10,47** | 1,30 | 21060,00 | **0,16** |
| 2125 | 21157 | **13,67** | 0,99 | 20945,43 | **0,16** |
| | 154746 | **100,00** | 2711,59 | 12867507,13 | **100,00** |

Folgende Einteilung der Güter ist vorzunehmen:

| | |
|---|---|
| **A-Güter** | 2111, 2112, 2122, 2124, 2128 |
| **B-Güter** | 2110, 2113, 2114, 2116, 2117, 2118, 2120, 2127, 2130 |
| **C-Güter** | 2115, 2119, 2121, 2123, 2125, 2126, 2129 |

Folgende Mengen- und Wertanteile ergeben sich aus den Berechnungen:

| | A-Güter | B-Güter | C-Güter |
|---|---|---|---|
| Mengen | 17,14 % | 34,92 % | 47,95 % |
| Werte | 52,41 % | 41,64 % | 5,95 % |

b) Ableitungen aus der ABC-Analyse

➢ Die A-Güter tragen nahezu die Hälfte zum Betriebserfolg bei, obwohl sie weniger als ein Fünftel der Menge ausmachen. Sie müssen daher besonders beobachtet und gepflegt werden. Eine genaue Einkaufsplanung muss dem Rechnung tragen, Bezugsquellen und Bestellzeitpunkte müssen optimiert werden. Außerdem ist eine stete Lagerbestandsüberwachung notwendig.

- Die C-Güter machen zwar in einer Mengenbetrachtung fast die Hälfte aller Güter aus, sie können aber vereinfacht bestellt werden, da sie weniger als 6 % des Wertes ausmachen, z. B. durch Anwendung des Bestellrhythmusverfahrens u. a., Kontrollmaßnahmen sind zu reduzieren.
- Die B-Güter liegen gewissermaßen dazwischen. Es ist abzuwägen, inwieweit sie näher an den A- oder C-Gütern sind. Dementsprechend ist mit ihnen in der Beschaffung zu verfahren. Der Aufwand für die Artikel 2110 und 2120 könnte sicherlich mit den Verfahren wie für die Bestellungen der A-Güter bestellt werden. Die Artikel 2113, 2114 und 2116 sind vergleichbar den Wertanteilen der C-Güter.

Zeichnerische Darstellung

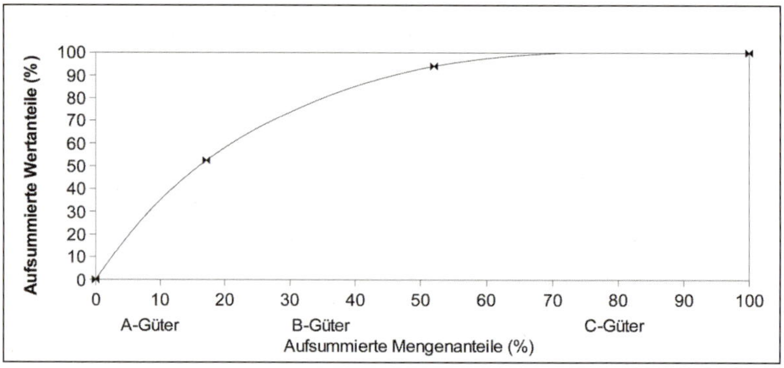


**Lösung Teil II. – Lagerplatzvergabe**

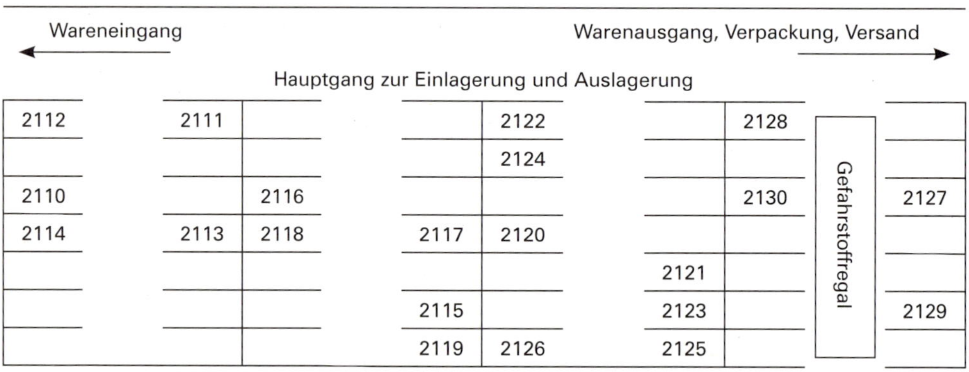


Es sind mehrere Lösungen denkbar. Sinnvoll erscheint u. a. die hier angegebene.

Begründung:

- Die wertvollen A-Güter lagern am Anfang des Regals. Sie sind somit besser unter Kontrolle. Die B-Güter lagern weiter hinten, die C-Güter ganz weit hinten.
- Die kleineren Nummern liegen jeweils vorn, die größeren hinten.
- Ungerade Artikelnummern liegen von der Einlagerung her gesehen links im Regal, gerade rechts.
- Die Regalgänge sind so genutzt, dass die Artikel 2110 bis 2114, die 2115 bis 2119, die 2120 bis 2125 in einem Regalgang zu finden sind.
- Neben den A-Gütern sind Reserveplätze frei gelassen, ebenso neben den B- und C-Gütern.
- Die Gefahrgüter lagern in einem gesonderten Regalgang.

Es ist bei der Lösung der Aufgabe zu bedenken, dass die Gütereinteilung nach A-, B- oder C-Gütern aufgrund einer ABC-Analyse in der Beschaffung erfolgte. Diese berücksichtigt nicht zwangsläufig die Überlegungen zur Kommissionierung oder zum Warenausgang.

**Zwei Alternativen zur Positionierung der A-, B-, und C-Güter:**

1. Es könnten die C-Güter aufgrund ihres hohen Mengenanteils vorn gelagert werden und die A-Güter weiter hinten im Gang. Das würde die Wege bei der Einlagerung und Auslagerung verkürzen. Die anderen Aspekte blieben unberührt.
2. Möglich wäre zudem eine Lagerplatzzuordnung der C-Güter nahe am Warenausgang, um die Kommissionierwege zu verkürzen. Die anderen Aspekte blieben unberührt.

   Das hätte eine entsprechend veränderte Aufteilung der Lagerzonen zur Folge:

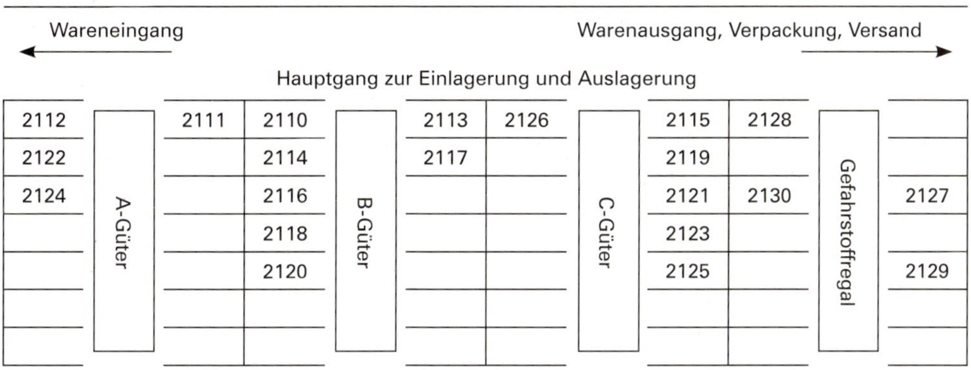


**Lösung Teil III. – Lagerlayout**

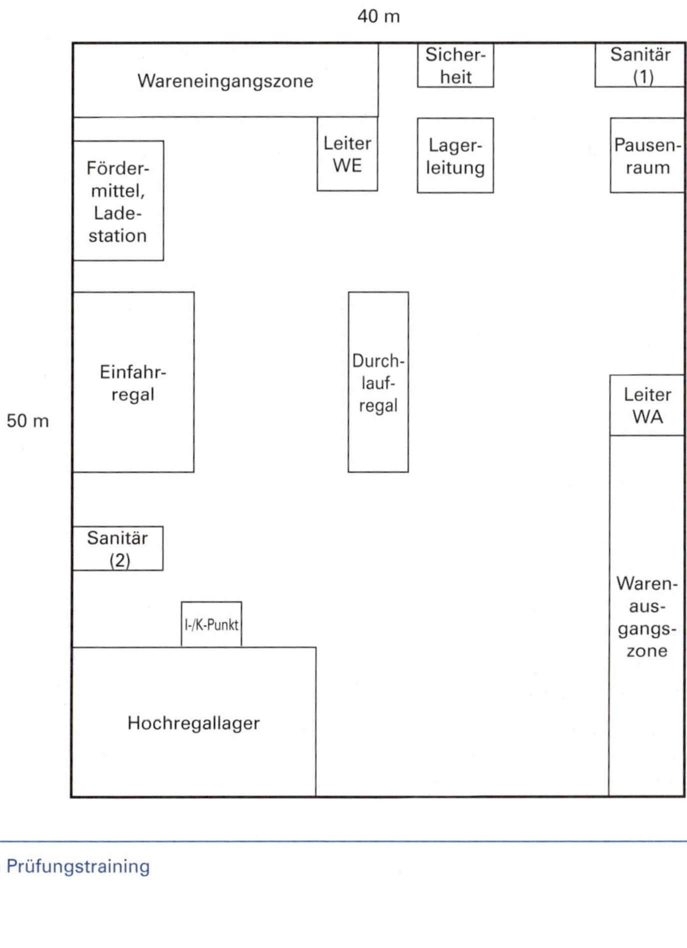

In diesem Fall sind mehrere Lösungsvorschläge zu diskutieren. Hier die Argumente für das vorliegende Lagerlayout:

- Der Aufbau folgt dem Waren-/Materialfluss von der Einlagerung am oberen Rand bis zur Auslagerung rechtsseitig.
- Das HRL (Hochregallager) ist aufgrund seiner Größe und der speziellen Fördermittel räumlich weiter hinten am Rand positioniert, dennoch aus Sicht des Materialflusses zentral.
- Die einzelnen Leitungsbüros sind ihren Aufgabengebieten und Zuständigkeiten zugeordnet.
- Der Informationsfluss ist durch räumliche Nähe der Leitungsbüros zueinander berücksichtigt.
- Die Personalräume liegen an den Sanitärräumen (wegoptimierend), nah an dem Sicherheitsbereich (Sicherheitsaspekte), aber auch nah an den Leitungsbüros (Kontrollfunktion der Leiter).
- Das Durchlaufregal hat die Einlagerungsseite nah am Wareneingang, die Kommissionierung erfolgt zur Verpackung hin.
- Die Fördermittel stehen zur Nutzung am Wareneingang bereit, sind durch den oberen Quergang auch zum Warenausgang hin verfügbar.

## Lösungen zu Kapitel 12: Güter beschaffen

### Aufgabe 1

Der zuständige Einkäufer erhält eine Materialanforderung einer Unternehmensabteilung oder einer Abrechnungsstelle, woraufhin er sich mit internen und/oder externen Informationsquellen über potenzielle Lieferanten auf dem Beschaffungsmarkt erkundigt *(Beschaffungsmarktforschung).*

Durch Anfragen holt er Angebote ein, die er hinsichtlich ihrer Quantität und Qualität miteinander vergleicht *(Angebotsvergleich).*

Mit den Lieferanten, die für die Bestellung in eine engere Auswahl gekommen sind, kommt es zu Vertragsverhandlungen, woraufhin die Bestellung bei dem bestmöglichen Lieferanten erfolgt *(Vertragsabschluss).*

Im Anschluss an den Eingang der Ware und die Rückmeldung aus dem Lager veranlasst die Einkaufsabteilung die Bezahlung der Ware durch die Buchhaltung *(Zahlungsvorgang).*

### Aufgabe 2

Sämtliche Materialbedarfe in Unternehmen lassen sich in **Primär-, Sekundär-** und **Tertiärbedarfe** einteilen.

Als **Primärbedarf** bezeichnet man den Bedarf an Enderzeugnissen und verkaufsfähigen Produkten wie Computerbildschirme, Navigationsgeräte, DIN-A4-Ordner etc. Der Primärbedarf wird anhand von Kundenbestellungen oder geplanten Absatzzahlen ermittelt.

**Sekundärbedarf** ist der Bedarf an Rohstoffen wie z. B. Holz oder Baumwolle und Halbfertigprodukten wie z. B. Bildröhren oder Airbags. Sekundärbedarfe werden zur Herstellung der Primärbedarfe benötigt und sind wesentliche Bestandteile der Fertigprodukte.

Als **Tertiärbedarf** bezeichnet man den Bedarf an Hilfsstoffen wie z. B. Reißverschlüsse oder Nägel und Betriebsstoffen wie z. B. Benzin oder Strom. Der Tertiärbedarf wird zur Herstellung der Primärbedarfe benötigt, geht aber nicht direkt in die fertigen Produkte ein.

**Aufgabe 3**

Zehn externe Informationsquellen sind:

- Fachzeitschriften,
- Ausstellungsbesuche,
- Branchenverzeichnisse,
- Statistiken: Umsatz-, Verbrauchs-, Preisstatistiken,
- Prospektmaterial, Kataloge, Preislisten,
- veröffentlichte Warentestergebnisse,
- Meldungen im Wirtschaftsteil von Tageszeitungen,
- Jahresberichte der Aktiengesellschaften,
- Hauszeitschriften von großen Firmen,
- Lieferantenverzeichnisse wie „ABC der deutschen Wirtschaft" oder „Wer liefert was?",
- u.a.

**Aufgabe 4**

Sandra sollte zunächst die Beschaffung der Bohrer für die Produktion organisieren, weil diese die höchste Dringlichkeit haben. Es handelt sich hierbei um eine Einzelbeschaffung im Bedarfsfall, bei der aus Zeitgründen Angebote schnellstmöglich per Telefon oder Fax eingeholt werden und bei der aufgrund des Termindrucks auf einen detaillierten Angebotsvergleich verzichtet wird. Bei der Einzelbeschaffung im Bedarfsfall steht die schnelle Entscheidung und Bestellung der benötigten Ware im Vordergrund.

Anschließend sollte Sandra die Ordnerrücken für die Personalstelle aufgrund der vorliegenden Bedarfsmeldung bestellen, weil diese i. d. R. so rechtzeitig ausgelöst wird, dass der vorhandene Bestand noch bis zum Eingang der Neubestellung ausreicht.

Zuletzt sollte Sandra die Beschaffung des „Edelweins" für das Firmenjubiläum im kommenden Jahr organisieren. Weil Sandra hier keinen Termindruck hat, kann er aus verschiedenen Quellen wie „ABC der Wirtschaft", Katalogen etc. Anfragen an mögliche Lieferanten starten, Angebote einholen, Konditionen vergleichen, den Kaufvertrag abschließen und anschließend bestellen.

**Aufgabe 5**

Kaufverträge kommen durch zwei übereinstimmende Willenserklärungen zustande. Die erste Willenserklärung heißt Antrag; die zweite Willenserklärung nennt man Annahme.

1. Möglichkeit: Ein Lieferant sendet einem Kunden ein Angebot (Antrag); der Kunde reagiert darauf mit einer Bestellung (Annahme).
2. Möglichkeit: Ein Kunde bestellt bei einem Lieferanten (Antrag); der Lieferant schickt daraufhin eine Auftragsbestätigung (Annahme).

**Aufgabe 6**

- Beim Barscheck begibt sich der Gläubiger in eine Bankfiliale, beim Zahlschein der Schuldner.
- Beim Barscheck muss auf jeden Fall der Schuldner ein Konto haben, beim Zahlschein der Gläubiger.
- Beim Barscheck erhält der Gläubiger das Geld in bar, beim Zahlschein als Kontoguthaben.

**Aufgabe 7**

a) Da Mercatti ab Werk liefert, gehen die Versandkosten vollständig zu Lasten der Impex GmbH.

Da Rajamaa frei Haus liefert, übernimmt Rajamaa vollständig die Versandkosten bis zum Firmensitz der Impex GmbH.

b)

| Kriterien / Anbieter | Rajamaa | Mercatti |
|---|---|---|
| Listeneinkaufspreis pro Stück | 89,90 | 96,80 |
| – Rabatt | 4,50 | 14,52 |
| = Zieleinkaufspreis | 85,40 | 82,28 |
| – Skonto | 2,56 | – |
| = Bareinkaufspreis | 82,84 | 82,28 |
| + Bezugskosten (Versandkosten) | – | 4,00 |
| = Bezugspreis pro Stück | 82,84 | 86,28 |

c) Das Angebot der Firma Rajamaa ist zwar quantitativ kostengünstiger als das Angebot der Firma Mercatti, allerdings könnte Mercatti die Stretchfolie sofort liefern, nähme die Ware bei Unzufriedenheit zurück und die Stretchfolie ist aus recycelfähigem Material. Eine Aussage über die Vorteilhaftigkeit eines der beiden Angebote wäre somit nur durch eine Bewertung der qualitativen Angebotskriterien seitens der Impex GmbH möglich.

**Aufgabe 8**

a) 5, b) 1, c) 3, d) 2, e) 4

**Aufgabe 9**

a) Da die Impex GmbH die Druckpatronen des Typs „XP-1147"nach dem Bestellpunktverfahren beschafft, werden genau zu dem Zeitpunkt neue Patronen bestellt, zu dem der Istbestand bis auf den Meldebestand in Höhe von 33 Stück (7 Stück · 3 Tage + 12 Stück) gesunken ist.

Während der dreitägigen Lieferzeit sinkt der Istbestand um 21 Stück (7 Stück · 3 Tage) auf den Sicherheitsbestand in Höhe von 12 Stück, der die Lieferbereitschaft des Lagers sicherstellen und die Fehlmengenkosten minimieren soll. Nach der Anlieferung der Patronen erhöht sich der Istbestand um die Bestellmenge, sodass der Höchstbestand erreicht wird. (s. Kap. 11.4 Kennzahlenberechnung)

b) Der eiserne Bestand (= Mindestbestand) von 12 Stück ist unplausibel, weil er höchstens den Verbrauch eines einzigen weiteren Tages (7 Stück) sicherstellt. Er sollte angehoben werden auf 14 Stück (für 2 Tage) oder 21 Stück (für 3 Tage) oder ggf. mehr.

**Aufgabe 10**

a) 3, b) 1, c) 3, d) 3, e) 2, f) 3, g) 3, h) 1, i) 3, j) 3, k) 3, l) 2, m) 3, n) 3, o) 3

**Aufgabe 11**

Die Abwicklung von SEPA-Lastschriftverfahren erfolgt entweder nach dem **SEPA-Basislastschriftverfahren** oder dem **SEPA-Firmenlastschriftverfahren.**

Beim SEPA-Basislastschriftverfahren erteilt der Schuldner einem Gläubiger und seiner Bank die Vollmacht, in Zukunft wechselnde Beträge von seinem Konto einzuziehen.

Beim SEPA-Firmenlastschriftverfahren erteilt eine Firma ihrer Bank und einer anderen Firma die Vollmacht, wechselnde Beträge vom Firmenkonto einzuziehen.

Ein wesentlicher Unterschied bei den beiden Arten des SEPA-Lastschriftverfahrens ist, dass ein per SEPA-Basislastschriftverfahren abgebuchter Betrag innerhalb von 8 Wochen zurückgefordert werden kann. Dies ist bei einem Geldbetrag, der mit dem SEPA-Firmenlastschriftverfahren eingezogen wurde, nicht möglich.

**Aufgabe 12**

a) 4, b) 1, c) 4, d) 2, e) 3, f) 1, g) 4, h) 4

## Prüfungsfall: Frau Cornelissen analysiert den internationalen Beschaffungsmarkt

Eine Empfehlung für einen der beiden Lieferanten kann nur auf der Grundlage eines quantitativen und qualitativen Angebotsvergleichs ausgesprochen werden.

### (1) Quantitativer Vergleich der Angebote

**Shanghai**

Ein Ballen hat eine Länge von etwa 32 Metern (35 Yards · 0,9144 Meter) und eine Breite von etwa 1,20 Meter (1,32 Yards · 0,9144 Meter).

Der Listeneinkaufspreis für einen Ballen Seidenstoff beträgt also 416,00 € (520,00 US-$ : 1,25 US-$).

Der Listeneinkaufspreis pro laufenden Meter Seidenstoff beträgt also 13,00 € (416,00 € : 32 Meter).

Abzüglich 1,30 € Rabatt (10 % von 13,00 €) ergeben einen Zieleinkaufspreis von 11,70 € pro laufenden Meter.

Zuzüglich 3,51 € Bezugskosten (30 % von 11,70 €) für cost, insurance, freight (CIF) bis nach Hamburg ergeben einen Bezugspreis von 15,21 € pro laufenden Meter Seide.

Die von Frau Cornelissen benötigte Gesamtmenge von 13600 Meter kostet somit 206856,00 € (15,21 € · 13600 Meter).

**Hamburg**

Die Kosten pro laufenden Meter Seidenstoff betragen 20,80 € (707,20 € : 34 Meter).

Abzüglich 4,16 € Rabatt (20 % von 20,80 €) ergeben einen Zieleinkaufspreis von 16,64 € pro laufenden Meter.

Abzüglich 0,50 € Skonto (3 % von 16,64 €) ergeben einen Bareinkaufspreis von 16,14 €.

Für die Gesamtmenge wären 219504,00 € (16,14 € · 13600 Meter) zu zahlen.

Ergebnis: Das Angebot des Anbieters aus China ist um 12648,00 € (206856,00 € – 219504,00 € ) kostengünstiger als das Angebot des inländischen Anbieters.

### (2) Qualitativer Vergleich der Angebote

Ein Angebotsvergleich mit einem ausländischen Lieferanten sollte immer auch vor dem Hintergrund des Länderrisikos, des Transportrisikos, des Lieferausfallrisikos, des Qualitätsrisikos und des Währungsrisikos getroffen werden.

Aufgrund der langen Transportzeit von China bis nach Hamburg, des hohen Risikos für die Beschädigung des anfälligen Seidenstoffes auf dem Seeweg und der fehlenden Erfahrung mit der Qualität chinesischer Ware etc. könnten Sie der Unternehmerin Cornelissen empfehlen, die Ware aus Hamburg zu beziehen.

Unter allen Umständen sollten Sie Frau Cornelissen darauf aufmerksam machen, dass in dem viel günstigeren Angebot aus China weder die Warenzölle noch die Transportkosten von Hamburg nach Köln berücksichtigt wurden.

# Lösungen zu Kapitel 13: Sicherheit und Gefahrenabwehr

### Aufgabe 1

| | |
|---|---|
| 1  | Funktion: Gebotszeichen<br>Bedeutung: Schutzkleidung benutzen |
| 2  | Funktion: Verbotszeichen<br>Bedeutung: Mit Wasser löschen verboten |
| 3  | Funktion: Brandschutzzeichen<br>Bedeutung: Feuerlöscher |
| 4  | Funktion: Gebotszeichen<br>Bedeutung: Handschuhe benutzen |
| 5  | Funktion: Warnzeichen<br>Bedeutung: Warnung vor giftigen Stoffen |
| 6  | Funktion: Warnzeichen<br>Bedeutung: Warnung vor explosionsgefährlichen Stoffen |
| 7  | Funktion: Rettungszeichen<br>Bedeutung: Sammelstelle |
| 8  | Funktion: Warnzeichen<br>Bedeutung: Warnung vor feuergefährlichen Stoffen |
| 9  | Funktion: Verbotszeichen<br>Bedeutung: Personenbeförderung verboten |
| 10  | Funktion: Brandschutzzeichen<br>Bedeutung: Feuerleiter |

### Aufgabe 2

a) 15 kg
b) 30 kg
c) 5 kg
d) 45 kg

### Aufgabe 3

a) Personenbeförderung verboten
b) Warnung vor Flurförderzeugen
c) Gehörschutz tragen
d) Feuerlöschgerät
e) Nichts abstellen oder lagern
f) Rauchen verboten
g) Warnung vor schwebenden Lasten
h) Hinweis auf „Erste Hilfe" und Schutzhandschuhe tragen
i) Warnung vor Gefahren durch Batterien
j) Warnung vor Stolpergefahr

### Aufgabe 4

Sie sollten auf jeden Fall Ruhe bewahren.

**Erste Maßnahmen**

- Sprechen Sie zuerst den Verletzten an, ob er bei Bewusstsein ist oder bewusstlos ist.
- Falls nötig, sollten Sie die Unfallstelle absichern, damit eine weitere Gefährdung der Verunfallten und der eigenen Person ausgeschlossen ist.
- In diesem Fall liegt er nicht im Gefahrenbereich, sodass er nicht verlegt werden müsste.
- Wenn er nicht ansprechbar ist und auch auf Anfassen und Rütteln nicht reagiert, dann müssen Sie den Notruf veranlassen und ggf. nach anderen Kollegen um Hilfe rufen.

**Notruf**

Beim Notruf müssen Sie jetzt Folgendes beachten:

- WER meldet den Unfall? (Name, Telefon etc.)
- WO geschah der Unfall? (genaue Adresse mit Straße, Hausnummer, Ort, besondere örtliche Gegebenheiten, Gebäude, Etage etc.)
- WAS geschehen ist? (Unfall, abgestürzte Person)
- WIE viele Verletzte? (eine Person)
- WELCHE Art von Verletzungen liegt vor? (Zustand der Personen, die Verletzungsschwere)
- Warten Sie auf Rückfragen der angerufenen Feuerwehr oder des Rettungsdienstes!

**Herz-Lungen-Wiederbelebung**

- Danach muss die Atmung geprüft werden.
- Ist die Atmung vorhanden, muss die Person in die stabile Seitenlage gebracht werden.
- Ist die Atmung nicht vorhanden, dann muss beatmet werden, nachdem die Atemwege ggf. freigemacht wurden, der Kopf nackenwärts gebeugt und der Unterkiefer angehoben wurde.
- Nach zweimaliger Beatmung wird die Person auf mögliche Lebenszeichen wie Husten, Bewegung etc. überprüft.
- Hat die Atmung nicht wieder eingesetzt, dann muss die Herz-Lungen-Wiederbelebung bis zum Eintreffen der Einsatzkräfte durchgeführt werden oder die Atmung des Betroffenen setzt wieder ein. Ggf. muss man sich mit einem anderen Helfer abwechseln.
- Die Herz-Lungen-Wiederbelebung besteht aus der Herzdruckmassage und der Atemspende, die im stetigen Wechsel von 30 x Drücken (Herzdruckmassage) und 2 x Beatmen durchgeführt wird.
- Wenn nach regelmäßiger Überprüfung der Atmung der Betroffene wieder atmet, dann wird die Person in die stabile Seitenlage gebracht.
- Ständige Kontrolle der Vitalfunktionen bis zum Eintreffen der Einsatzkräfte.

**Stabile Seitenlage**

Wenn sie den Verletzten in die stabile Seitenlage bringen, müssen Sie folgende Vorgehensweise beachten:

- Seitlich neben dem Bewusstlosen knien.
- Seine Beine strecken.
- Den nahen Arm anwinkeln, nach oben legen, Handinnenfläche zeigt nach oben.
- Fernen Arm am Handgelenk fassen, vor der Brust kreuzen und die Handoberfläche an seine Wange legen.
- Den fernen Oberschenkel fassen und sein Bein anwinkeln.
- Den Bewusstlosen zu sich hinziehen.
- Den obenliegenden Oberschenkel im rechten Winkel zur Hüfte ausrichten.
- Damit die Atemwege frei sind, muss der Hals überstreckt werden und der Mund des Bewusstlosen leicht geöffnet werden.
- Die an der Wange liegende Hand muss so ausgerichtet werden, dass der Hals überstreckt bleibt.

So ist sichergestellt, dass die Atemwege frei gehalten werden und Erbrochenes oder Blut ablaufen kann, sodass der Bewusstlose nicht an seinem Erbrochenen ersticken kann.

Die verunfallte Person bis zum Eintreffen der Rettungskräfte weiter betreuen, Blutstillung, Wärmeerhalt, Wundversorgung etc.

### Aufgabe 5

in Anlehnung an: www.ffw-nunkirchen.de/htm-infos/feuerloescher.htm auf der Basis von TOTAL Feuerschutz GmbH (www.TOTAL-Feuerschutz.de)

### Aufgabe 6

Aufgabe 5 a)

| Brandklassen |
|---|
|   |
|   |
|   |
|   |
|   |

Aufgabe 5 b)

| Stoffbeispiele | Brand-klasse |
|---|---|
| Speiseöle und -fette | F |
| Alkohol, Benzin, Fette, Lacke, Öle, Wachs | B |
| Aluminium, Kalium, Magnesium, Natrium | D |
| Acetylen, Methan, Propan, Stadtgas, Wasserstoff | C |
| Holz, Gummi, Kohle, Papier, Stroh | A |

Aufgabe 5 c)

| Löschmittel/-geräte | Brand-klasse |
|---|---|
| Wasser in Form von Sprühstrahl, Schaum, Light-Water, Glutbrand-Pulver (ABC-Pulverlöscher), Löschpulver (BC-Pulverlöscher), Kohlensäure ($CO_2$) | B |
| Wasser (Vollstrahl, Sprühstrahl), Schaum, Glutbrand-Pulver (ABC-Pulverlöscher) | A |
| Glutbrand-Pulver (ABC-Pulverlöscher), Löschpulver (BC-Pulverlöscher), Kohlensäure ($CO_2$) | C |
| Topfdeckel, Fettbrandlöscher | F |
| Löschpulver (Metallbrandpulver), behelfsmäßige Mittel sind Zementpulver, trockenes Streusalz, trockener Sand, Schweröle, Graugussspäne | D |

## Aufgabe 7

| | „Alte"Gefahrensymbole mit Kennbuchstaben nach EU-Stoff- und Zubereitungsrichtlinie | Gefahrenbezeichnung | GHS0... | | |
|---|---|---|---|---|---|
| a) |  E | Explosionsgefährlich | GHS01  | | |
| b) |  F+ | Hochentzündlich | GHS02  | | |
| c) |  F | Leichtentzündlich | GHS02  | | |
| d) |  O | Brandfördernd | GHS03  | | |
| e) |  C | Ätzend | GHS05  | | |
| f) |  T+ | Sehr giftig | GHS06  | | |
| g) |  T | Giftig | GHS06  | | |
| h) |  Xn | Gesundheitsschädlich | **0** keine Entsprechung | | |
| i) |  Xi | Reizend | 0 keine Entsprechung | | |
| j) |  N | Umweltgefährlich | GHS09  | | |
| k) | Keine Entsorgung nach EU-Stoff- und Zubereitungsrichtlinie | – | GHS04  | GHS07  | GHS08  |

## Aufgabe 8

| Gefahrenpiktogramme mit Kodierung | Symbolbezeichnung in Deutsch | Symbolbezeichnung in Englisch |
|---|---|---|
|  GHS01 | Explodierende Bombe | Exploding bomb |
|  GHS02 | Flamme | Flame |
|  GHS03 | Flamme über einen Kreis | Flame over circle |
|  GHS04 | Gasflasche | Gas cylinder |
|  GHS05 | Ätzwirkung | Corrision |
|  GHS06 | Totenkopf mit gekreuzten Knochen | Skull and crossbones |
|  GHS07 | Ausrufezeichen | Exclamation mark |
|  GHS08 | Gesundheitsgefahr | Health hazard |
|  GHS09 | Umwelt | Environment |

## Aufgabe 9

7, 2, 1, 5, 8, 9, 3, 4, 6

## Aufgabe 10

| Symbole | GEFAHRSTOFFBEZEICHNUNG | Beschreibungen |
|---|---|---|
| | | ③ |
| | GEFAHREN FÜR MENSCH UND UMWELT | |
| e) | | ④ |
| | SCHUTZMASSNAHMEN UND VERHALTENSREGELN | |
| b), d) | | ② |
| | VERHALTEN IM GEFAHRFALL | |
| a) | | ⑤ |
| | ERSTE HILFE | |
| c) | | ⑥ |
| | SACHGERECHTE ENTSORGUNG | |
| | | ① |

## Aufgabe 11

a) 4, b) 7, c) 1, d) 5, e) 6, f) 2, g) 3

## Aufgabe 12

a) 2, b) 2, c) 3, d) 1, e) 3, f) 1, g) 2, h) 1

## Aufgabe 13

a) 2, b) 1, c) 3, d) 2, e) 2, f) 1+2, g) 1, h) 1, i) 1

## Aufgabe 14

a)

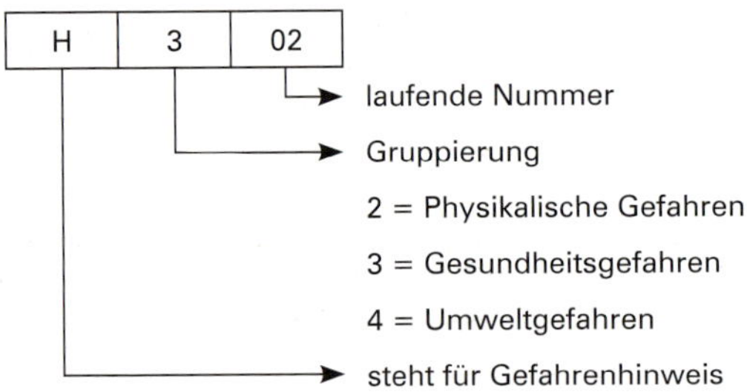


Englischer Begriff: Hazard Statement

a)

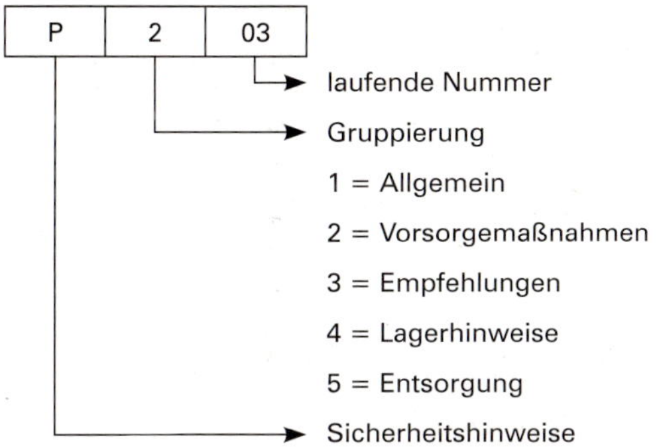


Englischer Begriff: Precautionary Statement

### Aufgabe 15

a) Produktidentifikatoren, b) Gefahrenpiktogramme, c) Signalwort, d) Angaben zum Lieferanten, e) ergänzende Informationen, f) Gefahrenhinweise, g) Sicherheitshinweise, h) Nennmenge

### Aufgabe 16

a) Bild 1: Warntafel, Bild 2: Gefahrzettel

b) Oben: Die Kemlerzahl ist die Nummer zur Kennzeichnung der Gefahr. Sie gibt Auskunft über die Hauptgefahr und über Zusatzgefahren des Gefahrstoffes bzw. eine Verdopplung der Ziffern bedeutet grundsätzlich die Zunahme der Gefahr.

Unten: UN-Nummer oder Stoffnummer stellt die Nummer zur Kennzeichnung des Stoffes dar. Anhand dieser Nummer kann man z. B. in entsprechenden Nachschlagewerken oder Gesetzen wie die ADR Informationen über den Stoff erhalten.

Beide Nummern sind besonders für die Einsatzkräfte Feuerwehr, Polizei oder Rettungsdienst wichtig.

c) Jede Gefahrenklasse und Gefahrenziffer hat entsprechende Gefahrenzettel, die national und international für die Gefahrgüter vereinheitlicht sind.

Im Kleinen dienen sie der Kennzeichnung von Gefahrgutpackstücken und als Großzettel (Placards) dienen sie der Kennzeichnung des Transportmittels.

Dieser Gefahrzettel gibt darüber Auskunft, dass es sich hierbei um ätzende Stoffe der Gefahrgutklasse 8 handelt.

d) Das X bedeutet, dass das Gefahrgut (in diesem Beispiel Natron) nicht mit Wasser in Berührung kommen darf, da eine heftige Reaktion (z. B. Explosion) die Folge sein kann. Dies ist besonders für die Einsatzkräfte im Brandfall wichtig.

### Aufgabe 17

**Personen**

① Absender
② Beförderer
③ Verlader
④ Fahrzeugführer

| **Verantwortlichkeiten** | |
|---|---|
| a) Das Beförderungspapier mitgeben. | ① |
| b) Den Fahrer auf Gefahrgut hinweisen. | ③ |
| c) Die Verpackung bei Übergabe auf Beschädigungen überprüfen. (2 Antworten) | ③ + ④ |
| d) Die Begleitpapiere mitführen. | ④ |
| e) Das Zusammenladeverbote beachten. (2 Antworten) | ③ + ④ |
| f) Die schriftlichen Weisungen übergeben. | ③ |
| g) Nur geschulte Fahrer einsetzen. | ② |


31 Hummel - ISBN 978-3-8120-0570-8

### Aufgabe 18

a) 4, b) 7, c) 9, d) 1, e) 6, f) 2, g) 8, h) 5, i) 3

### Aufgabe 19

a) 4, b) 1, c) 5, d) 3, e) 2, f) 4, g) 1

### Aufgabe 20

a)
- Da es ein grenzüberschreitender Transport ist, gilt CMR.
- Für den Gefahrguttransport gilt die nationale Vorschrift der GGVSEB und für den gesamten Transport nach Russland gilt die ADR.
- Ansonsten finden schon vorher z. B. folgende Vorschriften Anwendung: Gefahrstoffverordnung, Wasserhaushaltsgesetz, Technische Regeln für brennbare Flüssigkeiten u. a.

b) Fahrer: Personalausweis, Führerschein, ADR-Bescheinigung (Gefahrgutschein), EG-Kontrollgerät-Schaublätter oder Fahrerkarte bzw. Tagesausdrucke der laufenden Woche und der vorangegangenen 28 Tage, ggf. eine Bestätigung über freie oder Krankheitstage.

Fahrzeug: Zulassungsbescheinigung Teil I (Kraftfahrzeugschein), ggf. Anhängerschein, Maut-Bescheinigung.

Ladung: Erlaubnis bzw. EU-Lizenz, Nachweis der Güterschaden-Haftpflichtversicherung, schriftliche Weisungen (Unfallmerkblatt).

c) UN 1090 = Dies ist die Stoffnummer für Aceton.

Klasse 3 = Es handelt sich bei Aceton um einen gefährlichen Stoff der Gefahrgutklasse 3, d. h., brennbare Flüssigkeiten.

Verpackungsgruppe II = Diese Verpackungsgruppen sagen etwas über die Gefährlichkeit des Gefahrstoffes aus. Hier bedeutet es mittlere Gefährlichkeit. Zudem ergibt sich durch die Verpackungsgruppe die Anforderung an die Verpackung. Auf der Verpackung müsste die Verpackungsgruppe II mit Y gekennzeichnet werden.

Gefahrzettel 3 = Jede Gefahrenklasse und Gefahrenziffer hat entsprechende Gefahrenzettel, die national und international für die Gefahrgüter vereinheitlicht sind. Dieser Gefahrzettel gibt darüber Auskunft, dass es sich hierbei um eine brennbare Flüssigkeit der Gefahrgutklasse 3 handelt.

LQ4 = LQ bedeutet Limited Quantities. Es handelt sich um begrenzte Mengen in Versandstücken. Wenn bestimmte Bedingungen erfüllt sind, z. B., dass die Innenverpackung eine bestimmte Größe hat, (z. B. 3 Liter) und die Außenverpackung nur eine maximale Anzahl an Innenverpackungen aufnimmt mit einem begrenzten Gewicht (zusammengesetzte Verpackungen grundsätzlich 30 kg Bruttomasse), dann ergibt sich daraus eine Freistellung von den ADR-Vorschriften, sodass es sich nicht um einen kennzeichnungspflichtigen Gefahrguttransport handelt.

d) Das Tankfahrzeug ist zu kennzeichnen mit je einer Warntafel vorne und hinten, entweder neutral oder stoffbezogen mit Kemlerzahl und UN-Nummer beschriftet. Wenn es ein Mehrkammerfahrzeug ist, dann müssen an jeder Kammer auf beiden Seiten eine Warntafel mit der stoffbezogenen Bezifferung sowie die Großzettel (Placards) an beiden Seiten und hinten angebracht sein.

e) Grundsätzlich ist mitzuführen:

Ein Unterlegkeil, zwei selbststehende Warnzeichen (z. B. Warndreieck, Warnleuchte, Warnkegel), Warnweste, Warnkleidung, Handlampe, zwei tragbare 6-kg-Pulverlöscher.

Hinweis: Bei nicht kennzeichnungspflichtigen Mengen genügt ein tragbares Feuerlöschgerät mit einem Mindestfassungsvermögen von 2 kg Pulver.

Weiterhin:

- Persönliche Schutzausrüstung: Atemschutzmaske, Augenspülflasche, Schutzbrille, Schutzhandschuhe etc.
- Umweltschutzausrüstung: Auffangeimer, Besen, Bindemittel, Kanalisationsabdeckung, Schaufel, Spaten etc.
- und entsprechend der schriftlichen Weisungen für Aceton mit der UN-Nummer 1090 vorgeschriebene besondere Ausrüstungsgegenstände.

# Lösungen zu Kapitel 14: Umweltschutz

### Aufgabe 1

Vermeidung vor Wiederverwendung vor Verwertung (stofflich oder energetisch je nach Umweltverträglichkeit) vor Beseitigung!

### Aufgabe 2

a) 3, b) 2, c) 1, d) 1, e) 2, f) 1, g) 2

### Aufgabe 3

a) 3, b) 3, c) 4, d) 1, e) 2, f) 3

### Aufgabe 4

a) Mehrwegverpackung/Transportverpackung
b) Verkaufsverpackung
c) Umverpackung
d) Verbundverpackung
e) Transportverpackung

### Aufgabe 5

Hersteller und Vertreiber können von der Rücknahmepflicht für Umverpackungen gar nicht befreit werden. Ihnen bleibt nur, sooft wie möglich auf deren Verwendung zu verzichten, was auch Sinn der Verordnung ist.

### Aufgabe 6

Sie verwechselt den „Grünen Punkt" mit einem Umweltzeichen (etwa dem „Blauen Engel" u. a.). Der „Grüne Punkt" ist lediglich das freiwillige Erkennungszeichen eines von 9 bundesweit zugelassenen Dualen Entsorgungsunternehmen. Sie kann diese Verpackungen also auch ohne den „Grünen Punkt" in der „Gelben Tonne" („Holsystem") oder in einem Wertstoffcontainer bzw. dem Wertstoffhof in ihrer Nähe („Bringsystem") entsorgen.

Dies ist ein indirekter Beitrag zum Umweltschutz.

### Aufgabe 7

a) 9, b) 1, c) 1, d) 1, e) 1, f) 1, g) 1, h) 9, i) 1, j) 1

### Aufgabe 8

| | Foto voltaik | Brennstoff-zelle | Geo-thermie | Solar-thermie | Kraft-Wärme-Kopplung | Wind-energie |
|---|---|---|---|---|---|---|
| Abgasarm | x | x | x | x | | x |
| Nach Bedarf abrufbar | | | x | | | |
| Kurze Bauzeiten | x | | | | | x |
| Mit Abwärme kombinierbar | | x | | | x | |
| Leise | x | | | | | x |

## Lösungen zu Kapitel 15: Information und Kommunikation

### Aufgabe 1

a) 10, b) 5, c) 1, d) 2, e) 9, f) 6, g) 4, h) 3, i) 7, j) 8

### Aufgabe 2

a) 2, 4, b) 1, 3, c) 5, 6

### Aufgabe 3

**Begriffsdefinitionen:**

a) **Speichern** ist das Erfassen, Aufnehmen oder Aufbewahren personenbezogener Daten auf einem Datenträger zum Zwecke ihrer weiteren Verarbeitung oder Nutzung.

b) **Übermitteln** ist das Bekanntgeben gespeicherter oder durch Datenverarbeitung gewonnener personenbezogener Daten an einen Dritten.

c) Unter **Erheben** versteht man die Beschaffung von personenbezogenen Daten.

d) **Verändern** ist das inhaltliche Umgestalten gespeicherter personenbezogener Daten.

e) **Löschen** ist das Unkenntlichmachen gespeicherter personenbezogener Daten.

f) **Verarbeiten** ist das Speichern, Verändern, Übermitteln, Sperren und Löschen personenbezogener Daten.

g) **Sperren** ist das Kennzeichnen gespeicherter personenbezogener Daten, um ihre weitere Verarbeitung oder Nutzung einzuschränken.

h) **Nutzen** ist jede Verwendung personenbezogener Daten, soweit es sich nicht um Verarbeitung handelt.

### Aufgabe 4

a) 6, b) 5, c) 7, d) 2, e)1, f) 3, g) 4

### Aufgabe 5

a) 1, b) 2, c) 2, d) 1, e) 2, f) 2, g) 3, h) 1, i) 2, j) 3, k) 2, l) 2, m) 1, n) 2, o) 3, p) 2

### Aufgabe 6

| | Zellen | Formeln bzw. Funktionen |
|---|---|---|
| a) | D14 | =Summe(D2:D13) |
| b) | E2 | =C2*D2 |
| c) | G3 | =D3*100/$D$14 |
| d) | D15 | =Min(D2:D13) |
| e) | E16 | =Max(E2:E13) |
| f) | E17 | =Mittelwert(E2:E13) |
| g) | C18 | =Anzahl(A2:A13) |
| h) | C19 | =Anzahl2(B2:B13) |
| i) | F9 | =RANG(E9;$E$2:$E$13;0) oder =RANG(E9;$E$2:$E$13;) |
| j) | I6 | =Wenn(H6<5;„werben“;„o.k.“) |

# Lösungen zu Kapitel 16: Logistikrechnen

## Aufgabe 1: Zeitberechnung

**Lösung**

1,10 h = 1 h und 0,10 h · 60 Min. = 6 Min.

**Antwort**:

Pascal ist insgesamt 66 Minuten unterwegs.

## Aufgabe 2: Durchschnittsrechnen

**Lösung einfacher Durchschnitt**

$$x = \frac{8{,}25 + 7{,}80 + 9{,}20 + 10{,}44}{4} = 8{,}92\ €$$

**Antwort**

1 Arbeitsstunde kostete nach dem einfachen Durchschnitt berechnet 8,92 €.

**Lösung gewogener Durchschnitt**

| Arbeitsstunden | Stundensatz in € | Arbeitsstunden · Stundensatz in € |
|---|---|---|
| 48 | 8,25 € | 396,00 € |
| 62 | 7,80 € | 483,60 € |
| 18 | 9,20 € | 165,60 € |
| 22 | 10,44 € | 229,68 € |
| 150 | | 1 274,88 € |

$$x = \frac{1\,274{,}88}{150} = 8{,}50\ €$$

**Antwort**

1 Arbeitsstunde kostet nach dem gewogenen Durchschnitt berechnet 8,50 €.

## Aufgabe 3: Stauplanung

**Lösung**

| | | | |
|---|---|---|---|
| Alternative 1: | 6,15 m : 1,20 m = 5 Rest 0,15 m | | |
| | 8,30 m : 1,00 m = 8 Rest 0,30 m | | = 40 Einwegplatten |
| Alternative 2: | 6,15 m : 1,00 m = 6 Rest 0,15 m | | |
| | 8,30 m : 1,20 m = 6 Rest 1,10 m | | = 36 Einwegplatten |
| | Stellung auf der Restfläche: | 1,10 m : 1,00 m = 1 | |
| | | 6,15 m : 1,20 m = 5 | = 5 Einwegplatten |

**Antwort**

Auf der Lagerfläche können 6 · 6 = 36 + 5 = 41 Einwegplatten eingelagert werden.

## Aufgabe 4: Gerader Dreisatz

**Lösung**

70 km ≙ 1 Stunde

87,5 km ≙ x Stunden $x = \frac{87{,}5 \cdot 1}{70} = 1{,}25$ Stunden

Zeitumrechnung: 1,25 Stunden = 1 Stunde und 0,25 · 60 = 15 Minuten

**Antwort**

Der Lkw benötigt 75 Minuten für die Strecke.

## Aufgabe 5: Quadervolumen in Litern

**Lösung**

$V = 3{,}50\text{ m} \cdot 4{,}00\text{ m} \cdot 1{,}85\text{ m} = 25{,}90\text{ m}^3$

$1\text{ m}^3$ ≙ 1 000 Liter

$25{,}90\text{ m}^3$ ≙ x Liter $x = \frac{25{,}90 \cdot 1\,000}{1} = 25\,900$ Liter

**Antwort**

Das Fassungsvermögen des Wassertanks beträgt 25 900 Liter.

## Aufgabe 6: Prozentrechnen

**Lösung**

100 % ≙ 523,26 €

86 % ≙ x € $x = \frac{86 \cdot 523{,}26}{100} = 450{,}00$ €

100 % ≙ 450,00 €

92 % ≙ x € $x = \frac{92 \cdot 450{,}00}{100} = 414{,}00$ €

**Antwort**

Der Flachbildschirm kostet heute 414,00 €.

## Aufgabe 7: Quadratumfang

**Lösung**

$U = 4 \cdot 1{,}45\text{ m} = 5{,}80\text{ m}$

**Antwort**

Das Klebeband muss eine Mindestlänge von 5,80 m haben.

## Aufgabe 8: Verteilung nach Verhältnissen

**Lösung**

$x = \frac{84\,210\text{ €}}{15} = 5\,614{,}00$ € pro Anteil

| | | |
|---|---|---|
| Abteilung „Bad und Sanitär“: | x = 5 614,00 € · 7 Anteile = | 39 298,00 € |
| Abteilung „Lacke und Farben“: | x = 5 614,00 € · 5 Anteile = | 28 070,00 € |
| Abteilung „Garten“: | x = 5 614,00 € · 3 Anteile = | 16 842,00 € |
| | | 84 210,00 € |

**Antwort**

Von den gesamten Betriebskosten entfielen 39 298,00 € auf die Abteilung „Bad und Sanitär", 28 070,00 € auf die Abteilung „Lacke und Farben" und 16 842,00 € auf die Abteilung „Garten".

### Aufgabe 9: Kreisfläche

**Lösung**

$F = 6{,}40\ m \cdot 6{,}40\ m \cdot 3{,}14 = 128{,}61\ m^2$

**Antwort**

Die Abdeckplane hat eine Größe von 128,61 $m^2$.

### Aufgabe 10: Zusammengesetzter Dreisatz

**Lösung**

7 S ≙ 8 t ≙ 6 h ≙ 2 A

14 S ≙ 10 t ≙ 5 h ≙ x A

$$x = \frac{2 \cdot 14 \cdot 10 \cdot 6}{7 \cdot 8 \cdot 5} = 6$$

**Antwort**

Es werden insgesamt 6 Arbeitskräfte benötigt.

### Aufgabe 11: Rechteckfläche

**Lösung**

$F = 110\ m \cdot 55\ m = 6050\ m^2$

**Antwort**

Das offene Lager hat eine Größe von 6050 $m^2$. Das sind 0,605 ha.

### Aufgabe 12: Verteilung nach Bruchteilen

**Lösung**

Gewinn München: Da 25 % des Gewinns der Niederlassungen auf Köln und 60 % auf Hamburg entfallen, müssen die 15 000,00 € aus München 15 % des Gewinns der Niederlassungen entsprechen.

Gewinn Köln:

15 % ≙ 15 000,00 €

25 % ≙ x €

$$x = \frac{25 \cdot 15\,000{,}00}{15} = 25\,000{,}00\ €$$

Gewinn Hamburg:

15 % ≙ 15 000,00 €

60 % ≙ x €

$$x = \frac{60 \cdot 15\,000{,}00}{15} = 60\,000{,}00\ €$$

Gesamtgewinn: Der Gewinn der Niederlassungen in Höhe von 100 000,00 € entspricht 80 % des Gesamtgewinns der Impex GmbH.

80 % ≙ 100 000,00 €

100 % ≙ x €

$$x = \frac{100 \cdot 100\,000{,}00}{80} = 125\,000{,}00\ €$$

**Antwort**

Der Gesamtgewinn der Impex GmbH betrug in dem angegebenen Geschäftsjahr 125 000,00 €.

## Aufgabe 13: Gerader Dreisatz

**Lösung**

64 P. ≙ 96 Min.

48 P. ≙ x Min. $x = \frac{48 \cdot 96}{64} = 72$ Min.

**Antwort**

Pascal Peters benötigt 1 Stunde und 12 Minuten für die Kommissionierung.

## Aufgabe 14: Währungsrechnen

**Lösung**

1 120,50 € ≙ 8 291,70 dkr

1 € ≙ x dkr $x = \frac{8\,291{,}70 \text{ dkr} \cdot 1\text{ €}}{1\,120{,}50\text{ €}} = 7{,}40$

**Antwort**

Die Hausbank der Impex GmbH rechnete mit einem Kurs von 7,40.

## Aufgabe 15: Zylindervolumen

**Lösung**

$V = 2{,}25 \text{ m} \cdot 2{,}25 \text{ m} \cdot 3{,}14 \cdot 7{,}8 \text{ m} = 123{,}99 \text{ m}^3$

$\frac{700 \text{ m}^3}{123{,}99 \text{ m}^3} = 5{,}65$

**Antwort**

Die Impex GmbH benötigt 6 Silos, wobei ein Silo nur etwas mehr als die Hälfte mit Weizen gefüllt ist.

## Aufgabe 16: Bezugskalkulation

**Lösung**

| | | |
|---|---|---|
| Listeneinkaufspreis: | 7 056,00 € | (2 080 – 120 = 1 960 kg netto · 3,60) |
| – Lieferrabatt: | 705,60 € | (7 056 · 0,10) |
| = Zieleinkaufspreis: | 6 350,40 € | (7 056 – 705,60) |
| – Liefererskonto: | 190,51 € | (6 350,40 · 0,03) |
| = Bareinkaufspreis: | 6 159,89 € | (6 350,40 – 190,51) |
| + Bezugskosten: | 176,40 € | (21 · 8,40) |
| **= Bezugspreis:** | **6 336,29 €** | (6 159,89 + 176,40) |

**Antwort**

Der Bezugspreis der Sendung für die TOP-Baumarkt-GmbH beträgt 6 336,29 €.

## Aufgabe 17: Nichtmetrische Maße

**Lösung**

Umrechnung der Yards: 1,5 · 0,914 m = 1,371 m

Umrechnung der Feet: 3 · 0,3048 m = 0,9144 m

Umrechung der Inches: 14,5 · 0,0254 m = 0,3683 m

Volumen des Plastiktanks in $m^3$: $V = 1{,}371 \text{ m} \cdot 0{,}9144 \text{ m} \cdot 0{,}3683 \text{ m} = 0{,}4617 \text{ m}^3$

Volumen des Plastiktanks in Litern: 0,4617 · 1 000 = 461,70 Liter

**Antwort**

Die Lieferung aus den USA umfasst 461,70 Liter.

## Aufgabe 18: Währungsrechnen

**Lösung**

| | | |
|---|---|---|
| Ankauf des Euros in der Schweiz | 1 € ≙ 1,21 CHF | |
| | 1 800,00 € ≙ x CHF | $x = \frac{1\,800{,}00 \cdot 1{,}21}{1} = 2\,178{,}00$ CHF |
| Verkauf der USD in der Schweiz | 0,94 CHF ≙ 1 USD | |
| | 2 178,00 CHF ≙ x USD | $x = \frac{1 \cdot 2\,178{,}00}{0{,}94} = 2\,317{,}02$ USD |

**Antwort**

Frau Cornelissen erhält 2 317,02 USD

Hinweis: Die Schweizer Bank rechnet lt. Tabellenangabe mit „1 € = 1,21 CHF“ und mit „1 USD = 0,94 CHF“.

## Aufgabe 19: Metrische Maße

**Lösung**

$V = 145\text{ cm} \cdot 95\text{ cm} \cdot 50\text{ cm} = 688\,750\text{ cm}^3$

**Antwort**

Der Rauminhalt der Überseekiste beträgt 688 750 $cm^3$.

## Aufgabe 20: Zinsrechnen

**Lösung**

$$\text{Anlagedauer} = \frac{202{,}98\text{ €} \cdot 100 \cdot 12}{17650{,}00\text{ €} \cdot 2{,}3\,\%} = 6\text{ Monate}$$

**Antwort**

Das Geld wurde für 6 Monate angelegt.

# Literatur- und Internetverzeichnis



| | |
|---|---|
| Ausschuss für Gefahrstoffe (AGS): Bekanntmachung 220 zu Gefahrstoffen, Sicherheitsdatenblatt, Ausgabe: September 2007 | Fachliteratur |
| Autobahn- und Fernstraßenkarte Deutschland, Europa 2006/2007, Mairs Geographischer Verlag, Ostfildern, 2005 | Fachliteratur |
| Barth, Volker/Barth, Dominik: Kaufmännische Steuerung und Kontrolle, 7. Auflage, Troisdorf 2012 | Fachliteratur |
| Baumann, Gerd/Baumgart, Michael/Geltinger, Alfred/Kähler, Volker/Lewerenz, Wolfgang/Schliebner, Inka: Logistische Prozesse, Berufe der Lagerlogistik, 18. Auflage, Troisdorf 2014 | Fachliteratur |
| Bäune, Rolf/Martin, Heinrich/Schulze, Lothar: Handbuch der innerbetrieblichen Logistik, Band 2, Auswahl von Flurförderzeugen, Hamburg 1998 | Fachliteratur |
| Beckmann, Kai: Logistik, 3. Auflage, Rinteln 2013 | Fachliteratur |
| Berufsgenossenschaft Chemie: Das GHS – Global Harmonisiertes System zur Einstufung und Kennzeichnung von Chemikalien | Fachliteratur |
| Böhm, Jens (Hrsg.): Aktuelles Praxishandbuch für Verlader, Augsburg 2007 | Fachliteratur |
| Brandenburg, Hans/Grell, Andreas/Oelfke, Dorit/Oelfke, Wolfgang/Waschau, Siegfried: Güterverkehr – Spedition – Logistik, Leistungserstellung in Spedition und Logistik, 41. Auflage, Troisdorf 2014 | Fachliteratur |
| Bundesanstalt für Arbeitsschutz und Arbeitsmedizin (BAUA): Das Global Harmonisierte System (GHS) in der EU, die neue Einstufung und Kennzeichnung nach CLP-Verordnung (EG) Nr. 1272/2008<br>– Gefahren und Sicherheitshinweise –, Stand: September 2010 | Fachliteratur |
| Bundesanstalt für Arbeitsschutz und Arbeitsmedizin (BAUA): Das Global Harmonisierte System (GHS) in der EU, die neue Einstufung und Kennzeichnung nach CLP-Verordnung (EG) Nr. 1272/2008<br>– Einstufung und Kennzeichnung –, Stand: Februar 2012 | Fachliteratur |
| Danzas, A bis Z der Schifffahrt, Abkürzungen und Fachausdrücke | Fachliteratur |
| Deitermann, Manfred/Rückwart, Wolf-Dieter/Schmolke, Siegfried: Industrielles Rechnungswesen – IKR, 43. Aufl., Darmstadt 2014 | Fachliteratur |
| Deutsche Gesetzliche Unfallversicherung e.V.: Arbeit und Gesundheit, Berlin, Jg. 2006, 2007, 2008 | Fachliteratur |
| Diercke Weltatlas, Westermann Schulbuchverlag, Braunschweig 2008 | Fachliteratur |
| Eberhardt, Manfred/Egger, Norbert/Weckbach, Michael: Rechnungswesen, Spedition und Logistikdienstleistung, 15. überarb. Aufl., Darmstadt 2014 | Fachliteratur |
| Egger, Norbert/Stelling, Manuela: Fachkunde – Fachkraft für Lagerlogistik, 5. überarb. Auflage, Darmstadt 2012 | Fachliteratur |
| Gratzke, Jürgen/Köhler, Bernd: Kaufmännische Datenverarbeitung im Betrieb, Darmstadt 2008 | Fachliteratur |
| Großhandels- und Lagerei-Berufsgenossenschaft: Leitfaden für den Umgang mit Gabelstaplern, Mannheim 2004 | Fachliteratur |
| Güthner, W. A. (Hrsg.)/Blomeyer, N./Reif, R./(Schedlbauer, M.: Pick-by-Vision: Augmented Reality unterstützte Kommissionierung. Vorhaben am Lehrstuhl für Fördertechnik Materialfluss Logistik (fml)/TU München, München/Garching 2009 | Fachliteratur |
| Hansis, Hermann/Harzheim, Irina/Scherer, Dorothea/Hummel, Christof: Aufbau überfachlicher Kompetenzen auf der Grundlage lernfeldstrukturierter Lehrpläne, in: Horlebein, Schanz (Hrsg.): Wirtschaftsdidaktik für berufliche Schulen, Bd. 8, Hohengehren 2005 | Fachliteratur |

| | |
|---|---|
| Hompel, Michael ten/Heidenblut, Volker: Taschenlexikon Logistik, Berlin 2011 | Fachliteratur |
| Kloock, Josef/Sieben, Günter/Schildbach, Thomas/Homburg, Carsten: Kosten- und Leistungsrechnung, 10. bearbeitete Auflage, Stuttgart 2008 | Fachliteratur |
| Koether, Reinhard u. a.: Taschenbuch der Logistik, 2. aktl. Auflage, Leipzig 2006 | Fachliteratur |
| Logistik-Lotse 2005, Leitfaden für Logistik, 13. Auflage des ehem. Danzas-Lotsen, 2005 | Fachliteratur |
| Martin, Heinrich: Transport- und Lagerlogistik, Braunschweig/Wiesbaden 2006 | Fachliteratur |
| METRO-Group (Hrsg.): RFID-Innovation Center, Düsseldorf, Neuss 2007 | Fachliteratur |
| Österreichisches Bundesministerium für Wirtschaft, Familie und Jugend/Wirtschaftskammer Österreich (Hrsg): Das GHS-System in der EU, Neue Regelung für die Einstufung und Kennzeichnung von Chemikalien | Fachliteratur |
| Reschel-Reithmeier, Bettina/Sackmann, Friedrich: Spedition und Logistik, Heft 1: Grundlagen Speditionsrecht Marketing, 3. Auflage, Haan-Gruiten 2005 | Fachliteratur |
| Schlobohm, W. : Ladungsssicherung – aber richtig!, Sonderauflage der Balzer Bildungskonzepte GmbH, 5. Auflage, Rendsburg 2006 | Fachliteratur |
| Umweltbundesamt: Leitfaden zur Anwendung der GHS-Verordnung –, Das neue Einstufungs- und Kennzeichnungssystem für Chemikalien nach GHS – kurz erklärt –, Dessau 2009 | Fachliteratur |
| Verband der Chemischen Industrie e. V. (Hrsg.): Kennzeichnung für zugelassene Gefahrgutverpackungen, unverbindliche Normenempfehlung | Fachliteratur |
| Verband Deutscher Sicherheitsingenieure e. V., Arbeitskreis Gefahrstoffe: GHS, Weltweit einheitliche Einstufung und Kennzeichnung von Chemikalien, April 2009 | Fachliteratur |
| Verband für Lagertechnik und Betriebseinrichtungen (Hrsg.): Fachhandbuch, Lagertechnik und Betriebseinrichtung, 3. Ausgabe, Hagen 2000 | Fachliteratur |
| Voth, Martin: Leistungsprozesse, Informationshanduch, Spedition und Logistik, 10. Aufl., Troisdorf 2014 | Fachliteratur |
| Woitschützke, Claus-Peter: Verkehrsgeographie, 5. Auflage, Köln 2013 | Fachliteratur |
| Woitschützke, Claus-Peter: Pocket-Handbuch, Spedition und Logistik, Fachwörter von A bis Z, Deutsch und Englisch, 4. Auflage, Troisdorf 2013 | Fachliteratur |
| Abgabenordnung (AO) | Gesetz u. a. |
| Allgemeine Verwaltungsvorschrift zur Änderung der Verwaltungsvorschrift wassergefährdende Stoffe (VwVwS) | Gesetz u. a. |
| BGHW-Merkblatt, Feuerlöscher M 35 | Gesetz u. a. |
| DGUV-Informationen 205-001, Arbeitssicherheit durch vorbeugenden Brandschutz | Gesetz u. a. |
| DGUV Information 208-016, Handlungsanleitung für den Umgang mit Leitern und Tritten | Gesetz u. a. |
| DGUV Regel 112–189, Benutzung von Schutzkleidung | Gesetz u. a. |
| DGUV Vorschrift 1, Grundsätze der Prävention | Gesetz u. a. |
| DGUV Vorschrift 2, Betriebsärzte und Fachkräfte für Arbeitssicherheit | Gesetz u. a. |
| DGUV Vorschrift 4, Elektrische Anlagen und Betriebsmittel | Gesetz u. a. |
| DGUV Vorschrift 6, Arbeitsmedizinische Vorsorge | Gesetz u. a. |
| DGUV Vorschrift 9, Sicherheits- und Gesundheitsschutzkennzeichnung am Arbeitsplatz | Gesetz u. a. |
| DGUV Vorschrift 52, Krane | Gesetz u. a. |
| DGUV Vorschrift 68, Flurförderzeuge | Gesetz u. a. |

| | |
|---|---|
| Lärm- und Vibrations-Arbeitsschutzverordnung (aufgrund der Umsetzung der EG Richtlinie „Lärm" 2003/10/EG) | Gesetz u. a. |
| Technische Regeln für Arbeitsstätten, ASR A2.2, Maßnahmen gegen Brände | Gesetz u. a. |
| Bundesdatenschutzgesetz (BDSG) | Gesetz u. a. |
| CTU-Packrichtlinien, Richtlinien für das Packen von Ladungen außer Schüttgüter in oder auf Beförderungseinheiten (CTUs) bei Beförderungen mit allen Verkehrsträgern zu Wasser und zu Lande | Gesetz u. a. |
| Europäisches Übereinkommen über die Beförderung gefährlicher Güter auf dem Rhein (ADNR) | Gesetz u. a. |
| Europäisches Übereinkommen über die internationale Beförderung gefährlicher Güter (ADR) | Gesetz u. a. |
| Faltblatt „Sicherheitsdatenblatt" der Bundesanstalt für Arbeitsschutz und Arbeitsmedizin | Gesetz u. a. |
| Gefahrgutbeförderungsgesetz (GGbefG) | Gesetz u. a. |
| Gefahrgutverordnung Straße/Eisenbahn/Binnenschifffahrt (GGVSEB) | Gesetz u. a. |
| Gesetz für den Vorrang Erneuerbarer Energien (Erneuerbare-Energien-Gesetz – EEG) | Gesetz u. a. |
| Gesetz über Betriebsärzte, Sicherheitsingenieure und andere Fachkräfte für Arbeitssicherheit (Arbeitssicherheitsgesetz – ASiG) | Gesetz u. a. |
| Gesetz über die Durchführung von Maßnahmen des Arbeitsschutzes zur Verbesserung der Sicherheit und des Gesundheitsschutzes der Beschäftigten bei der Arbeit (Arbeitsschutzgesetz – ArbSchG) | Gesetz u. a. |
| Gesetz über explosionsgefährliche Stoffe (Sprengstoffgesetz – SprengG) | Gesetz u. a. |
| Gesetz über technische Arbeitsmittel und Verbraucherprodukte (Geräte- und Produktsicherheitsgesetz – GPSG) | Gesetz u. a. |
| Gesetz zum Schutz der erwerbstätigen Mutter (Mutterschutzgesetz – MuSchG) | Gesetz u. a. |
| Gesetz zum Schutz vor gefährlichen Stoffen (Chemikaliengesetz – ChemG) | Gesetz u. a. |
| Gesetz zum Schutz vor schädlichen Umwelteinwirkungen durch Luftverunreinigungen, Geräusche, Erschütterungen und ähnlichen Vorgängen (Bundesimmissionsschutzgesetz – BImSchG) | Gesetz u. a. |
| Gesetz zum Schutze der arbeitenden Jugend (Jugendarbeitsschutzgesetz – JArbSchG) | Gesetz u. a. |
| Gesetz zur Förderung der Kreislaufwirtschaft und Sicherung der umweltverträglichen Bewirtschaftung von Abfällen (Kreislaufwirtschaftsgesetz – KrWG) | Gesetz u. a. |
| Gesetz zur Ordnung des Wasserhaushalts (Wasserhaushaltsgesetz – WHG) | Gesetz u. a. |
| Handelsgesetzbuch (HGB) | Gesetz u. a. |
| IATA-Dangerous Goods Regulations (= Vorschriften für die Beförderung gefährlicher Güter der IATA; IATA-DGR), Technische Anweisungen für die sichere Beförderung gefährlicher Güter im Luftverkehr der ICAO (ICAO-TI) | Gesetz u. a. |
| International Maritime Dangerous Goods-Code (= Internationaler Code für die Beförderung gefährlicher Güter mit Seeschiffen; IMDG-Code) | Gesetz u. a. |
| Internationale Ordnung für die Beförderung gefährlicher Güter mit der Eisenbahn (RID) | Gesetz u. a. |
| Ladungssicherungs-Informations-System (LIS), hrsg. von Bundesanstalt für Materialforschung und -prüfung (BAM) | Gesetz u. a. |
| REACH, Das neue EU Chemikalienrecht, Faltblatt von ECHA (Europaen Chemicals Agency) der Eurpäischen Kommission, 2007 | Gesetz u. a |
| Sozialgesetzbuch (SGB) VII | Gesetz u. a. |

| | |
|---|---|
| Technische Regeln für Arbeitsstätten, Sicherheits- und Gesundheitsschutzkennzeichnung (ASR A1.3) | Gesetz u. a. |
| Technische Regeln für brennbare Flüssigkeiten, Läger (TRbf 20) | Gesetz u. a. |
| Technische Regeln für brennbare Flüssigkeiten, ortsbewegliche Behälter (TRbf 60) | Gesetz u. a. |
| Technische Regeln für Gefahrstoffe, Das Technische Regelwerk zu Gefahrstoffverordnung (TRGS 001, 200, 220, 555, 900) | Gesetz u. a. |
| Umweltbundesamt (Hrsg.): Einstufung wassergefährdender Stoffe auf der Basis der Verwaltungsvorschrift wassergefährdender Stoffe (VwVwS) | Gesetz u. a. |
| Gefahrgutverordnung Seeschiffe | Gesetz u. a. |
| VERORDNUNG (EG) Nr. 1907/2006 DES EUROPÄISCHEN PARLAMENTS UND DES RATES vom 18. Dezember 2006 zur Registrierung, Bewertung, Zulassung und Beschränkung chemischer Stoffe (REACH), zur Schaffung einer Europäischen Agentur für chemische Stoffe | Gesetz u. a |
| VERORDNUNG (EG) Nr. 1272/2008 DES EUROPÄISCHEN PARLAMENTS UND DES RATES vom 16. Dezember 2008 über die Einstufung, Kennzeichnung und Verpackung von Stoffen und Gemischen, zur Änderung und Aufhebung der Richtlinien 67/548/EWG und 1999/45/EG und zur Änderung der Verordnung (EG) Nr. 1907/2006 (GHS-Verordnung) | Gesetz u. a |
| Verordnung über die Vermeidung und Verwertung von Verpackungsabfällen (Verpackungsverordnung – VerpackV) | Gesetz u. a. |
| Verordnung über Sicherheit und Gesundheitsschutz bei der Bereitstellung von Arbeitsmitteln und deren Benutzung bei der Arbeit, über Sicherheit beim Betrieb überwachungsbedürftiger Anlagen und über die Organisation des betrieblichen Arbeitsschutzes (Betriebssicherheitsverordnung – BetrSichV) | Gesetz u. a. |
| Verordnung zur Arbeitsmedizinischen Vorsorge (ArbMedVV) vom 18. 12. 2008 | Gesetz u. a |
| Gefahrstoffverordnung | Gesetz u. a. |
| lexikon.meyers.de, Meyers Lexikon online 2.0 | Links |
| www.arbeitssicherheit.de, Berufsgenossenschaftliche Vorschriften und Regelwerk | Links |
| www.bam.de, Bundesanstalt für Materialforschung und -prüfung | Links |
| www.baua.de, Bundesanstalt für Arbeitsschutz und Arbeitsmedizin (BAUA) | Links |
| www.bfd.bund.de, Bundesbeauftragter für den Datenschutz und die Informationsfreiheit (BFD) | Links |
| www.bmas.bund.de, Bundesministerium für Arbeit und Soziales (BMAS) | Links |
| www.bmg.bund.de, Bundesministerium für Gesundheit (BMG) | Links |
| www.bmu.de, Bundesministerium für Umwelt, Naturschutz und Reaktorsicherheit (BMU) | Links |
| www.bsi.de, Bundesanstalt für Sicherheit in der Informationstechnik (BSI) | Links |
| www.bundesfinanzministerium.de, Bundesministerium der Finanzen (BMF) | Links |
| www.dergefahrgutbeauftragte.de, vom Storck-Verlag | Links |
| echa.europa.eu, Europäische Chemikalienagentur (ECHA) | Links |
| www.epal.eu, European Pallett Association (EPAL) e. V. | Links |
| www.gefahrgut.de, vom Storck-Verlag | Links |
| www.gefahrstoffe-im-griff.de, vom Institut ASER e. V. | Links |
| www.gloria.de, Gloria GmbH | Links |
| www.gpal.de, Gütergemeinschaft Paletten e. V. | Links |

| | |
|---|---|
| portal.wko.at/wk/startseite.wk, Wirtschaftskammer Österreich (WKO) | Links |
| www.provinzial.de, Provinzial Versicherung | Links |
| www.reach-clp-helpdesk.de, REACH CLP Helpdesk der Bundesbehörden | Links |
| www.rechnungswesen-unterricht.de vom Bildungsverlag EINS | Links |
| www.rheinenergie.com, Stichworte Konzernverbund, Engagement, Umwelt, Luftreinhaltung, Gewässerschutz, Umweltschutz im Unternehmen | Links |
| www.stadtwerkekoeln.de, Stichworte Konzernverbund, onlineservice | Links |
| www.teletrak.de, E&K TELETRAK, fahrerlose Transportsysteme nach Maß | Links |
| www.tis.gdv.de, Transport-Informations-Service, Fachinformationen der Deutschen Transportversicherer | Links |
| www.total-feuerschutz.de, Total Feuerschutz GmbH | Links |
| www.uba.de, www.umweltbundesamt.de, Umweltbundesamt | Links |
| www.unfallkassen.de, Bundesverband der Unfallkassen | Links |
| www.vci.de, Verband der Chemischen Industrie | Links |
| www.verpackung.org, Deutsches Verpackungsinstitut e. V. | Links |
| www.wikipedia.de, Wikipedia, Die freie Enzyklopädie | Links |

**DGUV Regelwerk (DGUV = Deutsche Gesetzliche Unfallversicherung)**

- DGUV Vorschrift
- DGUV Regel
- DGUV Information
- DGUV Grundsatz

| | Alte Bezeichnung | Neue Bezeichnung | Titel |
|---|---|---|---|
| 1 | BGI 560 | **DGUV Information 205-001** | Arbeitssicherheit durch vorbeugenden Brandschutz |
| 2 | M35 | **BGHW-Merkblatt** | Feuerlöscher M 35 |
| 3 | BGR 189 | **DGUV Regel 112-189** | Benutzung von Schutzkleidung |
| 4 | BGR 133 | Gibt es nicht mehr | Ausrüstung von Arbeitsstätten mit Feuerlöschern |
| | Jetzt beinhaltet in:<br>**Technische Regeln für Arbeitsstätten, ASR A2.2, Maßnahmen gegen Brände** | | |
| 5 | BGV A3 | **DGUV Vorschrift 4** | Elektrische Anlagen und Betriebsmittel |
| 6 | BGV A4 | **DGUV Vorschrift 6** | Arbeitsmedizinische Vorsorge |
| 7 | BGV A2 | **DGUV Vorschrift 2** | Betriebsärzte und Fachkräfte für Arbeitssicherheit |
| 8 | BGV D27 | **DGUV Vorschrift 68** | Flurförderzeuge |
| 9 | BGV A1 | **DGUV Vorschrift 1** | Grundsätze der Prävention |
| 10 | BGV D6 | **DGUV Vorschrift 52** | Krane |
| 11 | BGV B3 | Gibt es nicht mehr | UVV Lärm |
| | **Lärm- und Vibrations-Arbeitsschutzverordnung** (aufgrund der Umsetzung der EG-Richtlinie „Lärm" 2003/10/EG | | |
| 12 | BGV D36 | Gibt es nicht mehr | Leitern und Tritte<br>Handlungsanleitung für den Umgang mit Leitern und Tritten (bisher BGI 694) |
| | | Eingeflossen in:<br>**DGUV Information 208-016** | Handlungsanleitung für den Umgang mit Leitern und Tritten |
| 13 | BGV A8 | **DGUV Vorschrift 9** | Sicherheits- und Gesundheitsschutzkennzeichnung am Arbeitsplatz |

Stand: Mai 2014

# Alphabetische Wortliste (Deutsch-Englisch)

| | |
|---|---|
| ab Werk | ex works |
| Abfallverwertung | recycling |
| Akute Toxizität | Acute Toxicity |
| Ankaufkurs | buying rate |
| Anzahl | quantity |
| Art der Packstücke | description of packages |
| Aspirationsgefahr | Aspiration hazard |
| Ätz-/Reizwirkung auf die Haut | skin corrosion / irritation |
| ätzend | caustic |
| ätzend | corrosive |
| Ätzwirkung | corrision |
| auf Rollen transportieren | use rollers |
| aufrecht lagern | keep upright |
| aufrecht transportieren | keep upright |
| Ausfuhr | export |
| Auslagerung | outsourcing |
| Ausrufezeichen | exclamation mark |
| Axt | hatchet |
| Bankgeschäfte über das Internet | internetbanking |
| Becherwerk | bucket elevator |
| Beförderer, Frachtführer etc. | carrier |
| begrenzte Mengen | limited quantities (LQ) |
| Bemerkung, Mitteilung etc. | notice |
| Bescheinigung der Ladung (Konnossement, Ladeschein etc.) | bill of lading |
| Beschreibung | description |
| Betriebssystem | operating system (EDV) |
| bezahlt bis | paid up to |
| bezahlt bis einschließlich | paid up to and inclusive |
| Brückenkran | gantry crane |
| Bruttogewicht | gross weight |
| das mit dem höchsten Preis Eingelagerte wird zuerst ausgelagert | hifo = highest in, first out |
| das zuerst Eingelagerte wird zuerst ausgelagert | fifo = first in, first out |
| das zuletzt Eingelagerte wird zuerst ausgelagert | lifo = last in, first out |
| Datei | file (EDV) |
| Datenbank | database / databank (EDV) |
| Datenfeld | field (EDV) |
| Datensatz | record (EDV) |
| die Ozonschicht schädigend | hazardous for the ozone layer |
| digitale (vielseitige) Scheibe | DVD = digital video (versatile) disk |
| Echtzeit | realtime |
| Eigengewicht | tare |
| eingeschaltet, angeschlossen etc. | online |
| Elektrobohrer | electrical drill |
| elektrostatisch gefährdetes Bauelement | electrostatic sensitive device |
| Entzündbare Aerosole (Gemisch aus festen und/ oder flüssigen Schwebeteilchen und einem Gas) | flammable aerosol |
| Entzündbare Feststoffe | flammable solid |
| entzündbare flüssige Stoffe | flammable liquid |
| Entzündbare Flüssigkeiten | flammable liquid |
| Entzündbare Gase | flammable gas |
| Ermäßigung | discount |
| Europäischer Palettenverband (-vereinigung) | EPAL (Europaen Pallet Association) |
| Explodierende Bombe | exploding bomb |
| explosive Stoffe | explosives |
| Explosive Stoffe/Gemische und Erzeugnisse mit Explosivstoff | explosive |
| fest | solid |
| festes abnehmbares Dach (Coupédach, Hardtop) | hardtop(-Container) |
| Fläche, Ebene / flache Ablage | flat / flatrack |
| Flamme | flame |
| Flamme über einem Kreis | flame over circle |
| Fließband - doppelt | conveyer |
| Flurförderzeug | ground conveyor |
| flüssig | liquid |
| Förderband, Fließband | conveyer |
| Fracht bezahlt bis ... | carriage paid to |
| Fracht und Versicherung bezahlt bis ... | carriage and insurance paid to |
| Frachtbrief | waybill |
| frachtfrei | CPT = carriage paid to |
| frachtfrei versichert | CIP = carriage and insurance paid to |
| frei an Bord | FOB = free on board |
| frei Frachtführer | free carrier |
| frei Längsseite Schiff | FAS = free alongside ship |
| freigestellte Mengen | excepted quantities (EQ) |
| Fuß | foot |
| Gabelhubwagen | pallet truck |
| Gabelstapler | fork lift truck |
| Gabelstapler hier nicht ansetzen | do not use fork lift truck here |
| Gase unter Druck | Gases under pressure |
| Gasflasche | Gas cylinder |
| Gefahrenhinweise (H-Sätze) | hazard statements |
| geliefert benannter Bestimmungsort | DAP = delivered at place |
| geliefert bis zum Ort ... | delivered at place |

| | |
|---|---|
| geliefert bis zum Terminal ... | delivered at terminal |
| geliefert Terminal | DAT = delivered at terminal |
| geliefert und verzollt | DDP = delivered duty paid |
| geliefert Zoll bezahlt | delivered duty paid |
| gesamte Qualitätssteuerung (TQM) | total quality management |
| geschlossener Laden, Betrieb etc. (EDV) (z.B. für Benutzer ist der Zutritt zur EDV-Anlage gesperrt) | Closed-Shop-Prinzip |
| Gesundheitsgefahr | health hazard |
| Gewässergefährdend - akut gewässergefährdend - chronisch (langfristig) gewässergefährdend | hazardous to the aquatic environment |
| Gewichtseinheit Pfund | pounds |
| Gewichtseinheit Tonne | ton |
| Gewichtseinheit Unze | ounces |
| Gewichtseinheit Zentner | hundredweights |
| Gift | poison |
| giftig | toxic |
| Globale Artikelidentnummer | GTIN (global trade item number) |
| globales (weltweites) Positionssystem | GPS = global positioning system |
| Greifstapler, Bereichsstapler | reach stacker |
| Gurtförderer | belt conveyor |
| Hammer | hammer |
| Handelsnummer | trade number |
| Handkettensäge | chain saw |
| Handzange | pliers |
| Hebebühne | hoisting platform |
| heben | lift |
| hier anheben | lift here |
| hier anschlagen (Kette hier anschlagen) | sling here |
| hier aufreißen | tear off here |
| hier oben | this side up |
| hier oben | this way up |
| hier öffnen | open here |
| high | FEU (fourty foot equivalent unit) |
| hohes Volumen | high-cube(-Container) |
| Hohlmaß Fass | barrel |
| Hohlmaß Galone | gallon |
| Hohlmaß Pint | pint |
| in die Versandeinheit hinein kommissionieren | pick-pack(-Verfahren) |
| Inhalt, Inhalte, auch: beinhalten | content, contents |
| Karzinogenität | carcinogenicity |
| Keimzellmutagenität | Germ cell mutagenicity |
| keine Handhaken verwenden | use no hooks |
| Klammer | clamp |
| klammern in Pfeilrichtung | clamp here |

| | |
|---|---|
| Klebeband | adhesive tape |
| Kleinteilelager | small parts store |
| Kopfhörer | headset |
| Korrosiv gegenüber Metallen | substance or mixture corrosive to metals |
| (kosten)frei (bis zum) Frachtführer | FCA = free carrier |
| Kosten und Fracht, Ladung | CFR= cost and freight |
| Kosten, Versicherung und Fracht | CIF = cost, insurance and freight |
| Lager, Lagerhaus | warehouse |
| lagern | stock |
| Lagerraum | stock room |
| Lagerschein, Garantie, Berechtigung etc. | warrant |
| Lagerung | storage |
| Längenmaß Fuß | foot |
| Längenmaß Inch | inches |
| Längenmaß Meile | mile |
| Längenmaß Yard | yard, yards |
| Laufkran | overhead crane |
| Leichter, Schute an Bord eines Schiffes | lash (-Schiff) Abk. für lighter aboard ship |
| Leichtwasser | light-water |
| Licht (beleglose Kommissionierung) | light (pick by light) |
| liefern / geliefert | deliver / delivered |
| Lieferschein | delivery note |
| Lieferung | delivery |
| Lift | elevator |
| lokal, nicht am Netz | offline |
| Luftfrachtbrief | air waybill |
| maximale (zulässige) Nutzlast | maximum payload |
| maximales Bruttogewicht | maximum gross |
| Miete, Lagergeld | rent |
| Mindesthaltbarkeitsdatum (MHD) | best before |
| Muster, Stichprobe | samples |
| Nabe und Speiche | hub and spoke |
| Nägel | nails |
| nehmen, auswählen etc. | to pick |
| Nettogewicht | net |
| nicht berühren | don't touch |
| nicht werfen | don't throw |
| oben | this side up |
| oben, oben liegen | top |
| offene Seiten | open-side(-container) |
| offenes Dach | open-top(-container) |
| Organische Peroxide | organic peroxide |
| Oxidierende (entzündend wirkende) Feststoffe | oxidising solid |
| Oxidierende (entzündend wirkende) Flüssigkeiten | oxidising liquid |
| Oxidierende (entzündend wirkende) Gase | oxidising gases |

| | |
|---|---|
| packen | to pack |
| Packstück | package |
| Paket | parcel |
| Palette | pallet |
| Personal | personnel |
| Plakat, Aushang, Großzettel (Gefahrgut) | placard |
| Plattform, Pritsche, Ladefläche etc. | platform |
| Produkt | product |
| Punkt der Zahlung, Kasse | point of sale |
| pünktlich, rechtzeitig, fertigungssynchron etc. | just in time |
| Pyrophore (selbstentzündliche) Feststoffe | pyrophoric solid |
| Pyrophore (selbstentzündliche) Flüssigkeiten | pyrophoric liquid |
| Radiofrequenzidentifikation | RFID (radio frequency identification) |
| Rechnung | bill |
| Rechnung | invoice |
| Regalförderzeuge | rack access equipment |
| Reproduktionstoxizität | reproductive toxicity |
| Ruhe bewahren | keep cool |
| scannen, abtasten etc. (beleglose Kommissionierung) | scan (pick by scan) |
| schlanke Verwaltung, Unternehmensleitung | lean management |
| Schraubenzieher | screwdriver |
| Schüttgut, Massengut, große Menge etc. | bulk |
| Schüttgutcontainer | bulk-container |
| Schwere Augenschädigung/ Augenreizung | serious eye damage / Eye irritation |
| Schwerpunkt | centre of gravity |
| Sehen, Sicht, Vision etc. (beleglose Kommissionierung) | vision (pick by vision) |
| Selbsterhitzungsfähige Stoffe und Gemische | Self-heating substance or mixture |
| Selbstzersetzliche Stoffe und Gemische | self-reactive substance or mixture |
| Sensibilisierung der Atemwege oder der Haut | respiratory / skin sensitisation |
| Sicherheitshinweise (P-Sätze) | precautionary statements |
| Sperrschicht nicht beschädigen | do not destroy barrier |
| Spezifische Zielorgan-Toxizität STOT (einmalige Exposition) | toxicity, single exposure |
| Spezifische Zielorgan-Toxizität STOT (wiederholte Exposition) | toxicity, repeated exposure |
| Stapel | batch |
| stapeln | stack |
| Stechkarre hier nicht ansetzen | no hand truck here |
| Stetigförderer | continuous conveyer |
| Stimme (beleglose Kommissionierung) | voice (pick by voice) |
| Stoffe und Gemische, die in Berührung mit Wasser entzündbare Gase entwickeln | substance or mixture, which in contact with water, emits flammable gas |
| Stretchfolie | stretch film |
| Stückzahl | pieces |
| Taschen-Computer (Tasche, Hosentasche etc.) | pocket-PC / pocket |
| Teppichmesser | utility knife |
| Totenkopf mit gekreuzten Knochen | skull and crossbones |
| transportieren | transport |
| trocken halten/ vor Nässe schützen | keep dry |
| Umreifungsmaschiene | strapping tool |
| Umwelt | environment |
| Unstetigförderer | discontinuous conveyer |
| verdichtete, komprimierte Scheibe, Datenträger | CD-ROM = compact disk-read only memory |
| Verfolgen und Spuraufzeichnung (Sendungsverfolgung) | tracking and tracing |
| Verfolgung und Spur | track and trace |
| Verkaufkurs | selling rate |
| verspätet | delayed |
| violettes Buch | purple pook (= UN-GHS) |
| Volumen | cube |
| Volumen Kapazität | cube capacity |
| vor Hitze schützen | keep away from heat |
| vor Hitze schützen | keep away from heat, keep cool |
| vor Hitze und radioaktiven Strahlen schützen | protect from heat and radiactive sources |
| vor Kälte schützen | keep away from frost |
| vor Nässe schützen | keep dry |
| vorsichtig behandeln | handle with care |
| Währung | currency |
| Waren | goods |
| weiterrollen-abrollen(-Schiff) | roll-on-roll-off(-ship) |
| weltweites angeglichenes Klassifikations- und Kennzeichnungs-System von Chemikalien | GHS = Globally Harmonized System of Classification and Labelling of Chemicals |
| werksseitig, ab Fabrik | EXW = ex works |
| Werkzeuge | tools |
| zerbrechlich | fragile |
| zerbrechliches Packgut | fragile, handle with care |
| Zoll | inch |
| Zubringer(-Schiff), füttern, zuführen etc. | feeder(-Schiff), to feed |
| zulässige Stapellast | stacking limitation |
| zulässiger Temperaturbereich | temperature limitations |
| zwanzig Fuß äquivalente Einheit (Zwanzig-Fuß-Container) | TEU (twenty foot equivalent unit) |
| Zwischen-Schüttgut-Container | Intermediate Bulk Container (IBC) |



32 Hummel - ISBN 978-3-8120-0570-8

# Alphabetical wordlist (english-german)

| | |
|---|---|
| Acute Toxicity | Akute Toxizität |
| adhesive tape | Klebeband |
| air waybill | Luftfrachtbrief |
| Aspiration hazard | Aspirationsgefahr |
| barrel | Hohlmaß Fass |
| batch | Stapel |
| belt conveyor | Gurtförderer |
| best before | Mindesthaltbarkeitsdatum (MHD) |
| bill | Rechnung |
| bill of lading | Bescheinigung der Ladung (Konnossement, Ladeschein etc.) |
| bucket elevator | Becherwerk |
| bulk | Schüttgut, Massengut, große Menge etc. |
| bulk-container | Schüttgutcontainer |
| buying rate | Ankaufkurs |
| carcinogenicity | Karzinogenität |
| carriage and insurance paid to | Fracht und Versicherung bezahlt bis ... |
| carriage paid to | Fracht bezahlt bis ... |
| carrier | Beförderer, Frachtführer etc. |
| caustic | ätzend |
| CD-ROM = compact disk-read only memory | verdichtete, komprimierte Scheibe, Datenträger |
| centre of gravity | Schwerpunkt |
| CFR= cost and freight | Kosten und Fracht, Ladung |
| chain saw | Handkettensäge |
| CIF = cost, insurance and freight | Kosten, Versicherung und Fracht |
| CIP = carriage and insurance paid to | frachtfrei versichert |
| clamp | Klammer |
| clamp here | klammern in Pfeilrichtung |
| Closed-Shop-Prinzip (EDV) | geschlossener Laden, Betrieb etc. (z.B. für Benutzer ist der Zutritt zur EDV-Anlage gesperrt) |
| content, contents | Inhalt, Inhalte, auch: beinhalten |
| continuous conveyer | Stetigförderer |
| conveyer | Förderband, Fließband |
| conveyer | Fließband - doppelt |
| corrision | Ätzwirkung |
| corrosive | ätzend |
| CPT = carriage paid to | frachtfrei |
| cube | Volumen |
| cube capacity | Volumen Kapazität |
| currency | Währung |
| DAP = delivered at place | geliefert benannter Bestimmungsort |
| DAT = delivered at terminal | geliefert Terminal |
| database / databank (EDV) | Datenbank |
| DDP = delivered duty paid | geliefert und verzollt |
| delayed | verspätet |
| deliver / delivered | liefern / geliefert |
| delivered at place | geliefert bis zum Ort ... |
| delivered at terminal | geliefert bis zum Terminal ... |
| delivered duty paid | geliefert Zoll bezahlt |
| delivery | Lieferung |
| delivery note | Lieferschein |
| description | Beschreibung |
| description of packages | Art der Packstücke |
| discontinuous conveyer | Unstetigförderer |
| discount | Ermäßigung |
| do not destroy barrier | Sperrschicht nicht beschädigen |
| do not use fork lift truck here | Gabelstapler hier nicht ansetzen |
| don't throw | nicht werfen |
| don't touch | nicht berühren |
| DVD = digital video (versatile) disk | digitale (vielseitige) Scheibe |
| electrical drill | Elektrobohrer |
| electrostatic sensitive device | elektrostatisch gefährdetes Bauelement |
| elevator | Lift |
| environment | Umwelt |
| EPAL (Europaen Pallet Association) | Europäischer Palettenverband (-vereinigung) |
| ex works | ab Werk |
| excepted quantities (EQ) | freigestellte Mengen |
| exclamation mark | Ausrufezeichen |
| exploding bomb | Explodierende Bombe |
| explosive | Explosive Stoffe/Gemische und Erzeugnisse mit Explosivstoff |
| explosives | explosive Stoffe |
| export | Ausfuhr |
| EXW = ex works | werksseitig, ab Fabrik |
| FAS = free alongside ship | frei Längsseite Schiff |
| FCA = free carrier | (kosten)frei (bis zum) Frachtführer |
| feeder(-Schiff), to feed | Zubringer(-Schiff), füttern, zuführen etc. |
| FEU (fourty foot equivalent unit) | high |
| field (EDV) | Datenfeld |
| fifo = first in, first out | das zuerst Eingelagerte wird zuerst ausgelagert |
| file (EDV) | Datei |
| flame | Flamme |
| flame over circle | Flamme über einem Kreis |
| flammable aerosol | Entzündbare Aerosole (Gemisch aus festen und/oder flüssigen Schwebeteilchen und einem Gas) |
| flammable gas | Entzündbare Gase |

| | |
|---|---|
| flammable liquid | entzündbare flüssige Stoffe |
| flammable liquid | Entzündbare Flüssigkeiten |
| flammable solid | Entzündbare Feststoffe |
| flat / flatrack | Fläche, Ebene / flache Ablage |
| FOB = free on board | frei an Bord |
| foot | Fuß |
| foot | Längenmaß Fuß |
| fork lift truck | Gabelstapler |
| fragile | zerbrechlich |
| fragile, handle with care | zerbrechliches Packgut |
| free carrier | frei Frachtführer |
| gallon | Hohlmaß Galone |
| gantry crane | Brückenkran |
| Gas cylinder | Gasflasche |
| Gases under pressure | Gase unter Druck |
| Germ cell mutagenicity | Keimzellmutagenität |
| GHS = Globally Harmonized System of Classification and Labelling of Chemicals | weltweites angeglichenes Klassifikations- und Kennzeichnungs-System von Chemi kalien |
| goods | Waren |
| GPS = global positioning system | globales (weltweites) Positions-system |
| gross weight | Bruttogewicht |
| ground conveyor | Flurförderzeug |
| GTIN (global trade item number) | Globale Artikelidentnummer |
| hammer | Hammer |
| handle with care | vorsichtig behandeln |
| hardtop(-Container) (Coupédach, Hardtop) | festes abnehmbares Dach |
| hatchet | Axt |
| hazard statements | Gefahrenhinweise (H-Sätze) |
| hazardous for the ozone layer | die Ozonschicht schädigend |
| hazardous to the aquatic environment | Gewässergefährdend - akut gewässergefährdend - chronisch (langfristig) gewässergefährdend |
| headset | Kopfhörer |
| health hazard | Gesundheitsgefahr |
| hifo = highest in, first out | das mit dem höchsten Preis Eingelagerte wird zuerst ausgelagert |
| high-cube(-Container) | hohes Volumen |
| hoisting platform | Hebebühne |
| hub and spoke | Nabe und Speiche |
| hundredweights | Gewichtseinheit Zentner |
| inch | Zoll |
| inches | Längenmaß Inch |
| Intermediate Bulk Container (IBC) | Zwischen-Schüttgut-Container |
| internetbanking | Bankgeschäfte über das Internet |
| invoice | Rechnung |
| just in time | pünktlich, rechtzeitig, fertigungssynchron etc. |

| | |
|---|---|
| keep away from frost | vor Kälte schützen |
| keep away from heat | vor Hitze schützen |
| keep away from heat, keep cool | vor Hitze schützen |
| keep cool | Ruhe bewahren |
| keep dry | trocken halten/ vor Nässe schützen |
| keep dry | vor Nässe schützen |
| keep upright | aufrecht lagern |
| keep upright | aufrecht transportieren |
| lash (-Schiff) Abk. für lighter aboard ship | Leichter, Schute an Bord eines Schiffes |
| lean management | schlanke Verwaltung, Unternehmensleitung |
| lifo = last in, first out | das zuletzt Eingelagerte wird zuerst ausgelagert |
| lift | heben |
| lift here | hier anheben |
| light (pick by light) | Licht (beleglose Kommissionie-rung) |
| light-water | Leichtwasser |
| limited quantities (LQ) | begrenzte Mengen |
| liquid | flüssig |
| maximum gross | maximales Bruttogewicht |
| maximum payload | maximale (zulässige) Nutzlast |
| mile | Längenmaß Meile |
| nails | Nägel |
| net | Nettogewicht |
| no hand truck here | Stechkarre hier nicht ansetzen |
| notice | Bemerkung, Mitteilung etc. |
| offline | lokal, nicht am Netz |
| online etc. | eingeschaltet, angeschlossen |
| open here | hier öffnen |
| open hier | hier öffnen |
| open-side(-container) | offene Seiten |
| open-top(-container) | offenes Dach |
| operating system (EDV) | Betriebssystem |
| organic peroxide | Organische Peroxide |
| ounces | Gewichtseinheit Unze |
| outsourcing | Auslagerung |
| overhead crane | Laufkran |
| oxidising gases wirkende) Gase | Oxidierende (entzündend |
| oxidising liquid wirkende) Flüssigkeiten | Oxidierende (entzündend |
| oxidising solid wirkende) Feststoffe | Oxidierende (entzündend |
| package | Packstück |
| paid up to | bezahlt bis |
| paid up to and inclusive | bezahlt bis einschließlich |
| pallet | Palette |
| pallet truck | Gabelhubwagen |
| parcel | Paket |

| | |
|---|---|
| personnel | Personal |
| pick-pack(-Verfahren) kommissionieren | in die Versandeinheit hinein |
| pieces | Stückzahl |
| pint | Hohlmaß Pint |
| placard (Gefahrgut) | Plakat, Aushang, Großzettel |
| platform etc. | Plattform, Pritsche, Ladefläche |
| pliers | Handzange |
| pocket-PC / pocket Hosentasche etc.) | Taschen-Computer (Tasche, |
| point of sale | Punkt der Zahlung, Kasse |
| poison | Gift |
| pounds | Gewichtseinheit Pfund |
| precautionary statements | Sicherheitshinweise (P-Sätze) |
| product | Produkt |
| protect from heat and radiactive sources | vor Hitze und radioaktiven Strahlen schützen |
| purple pook (= UN-GHS) | violettes Buch |
| pyrophoric liquid | Pyrophore (selbstentzündliche) Flüssigkeiten |
| pyrophoric solid | Pyrophore (selbstentzündliche) Feststoffe |
| quantity | Anzahl |
| rack access equipment | Regalförderzeuge |
| reach stacker | Greifstapler, Bereichsstapler |
| realtime | Echtzeit |
| record (EDV) | Datensatz |
| recycling | Abfallverwertung |
| rent | Miete, Lagergeld |
| reproductive toxicity | Reproduktionstoxizität |
| respiratory / skin sensitisation | Sensibilisierung der Atemwege oder der Haut |
| RFID (radio frequency identification) | Radiofrequenzidentifikation |
| roll-on-roll-off(-ship) | weiterrollen-abrollen(-Schiff) |
| samples | Muster, Stichprobe |
| scan (pick by scan) | scannen, abtasten etc. (beleglose Kommissionierung) |
| screwdriver | Schraubenzieher |
| Self-heating substance or mixture | Selbsterhitzungsfähige Stoffe und Gemische |
| self-reactive substance or mixture | Selbstzersetzliche Stoffe und Gemische |
| selling rate | Verkaufkurs |
| serious eye damage/ Eye irritation | Schwere Augenschädigung/ Augenreizung |
| skin corrosion / irritation | Ätz-/Reizwirkung auf die Haut |
| skull and crossbones | Totenkopf mit gekreuzten Knochen |
| sling here | hier anschlagen (Kette hier anschlagen) |

| | |
|---|---|
| small parts store | Kleinteilelager |
| solid | fest |
| stack | stapeln |
| stacking limitation | zulässige Stapellast |
| stock | lagern |
| stock room | Lagerraum |
| storage | Lagerung |
| strapping tool | Umreifungsmaschiene |
| stretch film | Stretchfolie |
| substance or mixture corrosive to metals | Korrosiv gegenüber Metallen |
| substance or mixture, which in contact with water, emits flammable gas | Stoffe und Gemische, die in Berührung mit Wasser entzündbare Gase entwickeln |
| tare | Eigengewicht |
| tear off here | hier aufreißen |
| temperature limitations | zulässiger Temperaturbereich |
| TEU (twenty foot equivalent unit) | zwanzig Fuß äquivalente Einheit (Zwanzig-Fuß-Container) |
| this side up | hier oben |
| this side up | oben |
| this way up | hier oben |
| to pack | packen |
| to pick | nehmen, auswählen etc. |
| ton | Gewichtseinheit Tonne |
| tools | Werkzeuge |
| top | oben, oben liegen |
| total quality management (TQM) | gesamte Qualitätssteuerung |
| toxic | giftig |
| toxicity, repeated exposure | Spezifische Zielorgan-Toxizität STOT (wiederholte Exposition) |
| toxicity, single exposure | Spezifische Zielorgan-Toxizität STOT (einmalige Exposition) |
| track and trace | Verfolgung und Spur |
| tracking and tracing | Verfolgen und Spuraufzeichnung (Sendungsverfolgung) |
| trade number | Handelsnummer |
| transport | transportieren |
| use no hooks | keine Handhaken verwenden |
| use rollers | auf Rollen transportieren |
| utility knife | Teppichmesser |
| vision (pick by vision) | Sehen, Sicht, Vision etc. (beleglose Kommissionierung) |
| voice (pick by voice) | Stimme (beleglose Kommissionierung) |
| warehouse | Lager, Lagerhaus |
| warrant | Lagerschein, Garantie, Berechtigung etc. |
| waybill | Frachtbrief |
| yard, yards | Längenmaß Yard |

# Stichwortverzeichnis